材料科学与工程学科系列教材

现代表面工程

主　编　钱苗根
副主编　郭兴伍

上海交通大学出版社

内容简介

本书以纲要的形式概括了读者所需要的表面工程的基本理论和基本知识。全书共分10章,分别为:表面工程概论、固体表面结构、固体表面性能、表面覆盖工程、表面沉积工程、表面改性工程、表面复合工程、表面加工制造、表面工程设计、表面测试分析。本书在阐明基本概念和基本理论的基础上着重介绍新技术、新理论的应用。

本书可作为高等院校材料科学、材料工程、材料物理、材料化学等专业的本科生和研究生的教材,也可供相关专业的师生和从事产品设计、工艺制订、设备维修、质量管理、技术管理等工作的工程技术人员阅读和参考。

图书在版编目(CIP)数据

现代表面工程/钱苗根主编. —上海:上海交通大学出版社,2012

材料科学与工程学科教材系列

ISBN 978-7-313-08256-5

Ⅰ.①现… Ⅱ.①钱… Ⅲ.①金属表面处理-高等学校-教材 Ⅳ.①TG17

中国版本图书馆 CIP 数据核字(2012)第 054462 号

现代表面工程

钱苗根 主编

上海交通大学出版社出版发行

(上海市番禺路 951 号 邮政编码 200030)

电话:64071208 出版人:韩建民

昆山市亭林印刷有限责任公司印刷 全国新华书店经销

开本:787mm×1092mm 1/16 印张:31 字数:762 千字

2012 年 9 月第 1 版 2012 年 9 月第 1 次印刷

印数:1~2 030

ISBN 978-7-313-08256-5/TG 定价:54.00 元

版权所有 侵权必究

告读者:如发现本书有印装质量问题请与印刷厂质量科联系

联系电话:0512-57751097

材料科学与工程学科系列教材
编委会名单

顾问委员会
主任： 徐祖耀　上海交通大学
委员： 周尧和　上海交通大学
　　　 潘健生　上海交通大学
　　　 吴人洁　上海交通大学
　　　 涂善东　华东理工大学
　　　 张立德　中科院固体物理所
　　　 姜茂发　东北大学
　　　 李春峰　哈尔滨工业大学

编委会
主任： 林栋樑　上海交通大学
副主任：吴毅雄　上海交通大学
　　　 蔡　珣　上海交通大学
　　　 王　敏　上海交通大学
　　　 冯吉才　哈尔滨工业大学
　　　 赵升吨　西安交通大学
委员（按姓氏笔画为序）：
　　　 王　磊　东北大学
　　　 孔向阳　上海交通大学
　　　 李　强　上海交通大学
　　　 李建国　上海交通大学
　　　 陈世朴　上海交通大学
　　　 戎咏华　上海交通大学
　　　 金学军　上海交通大学
　　　 金朝晖　上海交通大学
　　　 钱苗根　上海交通大学
　　　 黄永昌　上海交通大学
　　　 张建旗　内蒙古科技大学
　　　 顾剑锋　上海交通大学
　　　 赵　震　上海交通大学
　　　 唐新华　上海交通大学

总　　序

材料是当今社会物质文明进步的根本性支柱之一,是国民经济、国防及其他高新技术产业发展不可或缺的物质基础。材料科学与工程是关于材料成分、制备与加工、组织结构与性能,以及材料使用性能诸要素和他们之间相互关系的科学,是一门多学科交叉的综合性学科。材料科学的三大分支学科是材料物理与化学、材料学和材料加工工程。

材料科学与工程专业酝酿于20世纪50年代末,创建于60年代初,已历经半个世纪。半个世纪以来,材料的品种日益增多,不同效能的新材料不断涌现,原有材料的性能也更为改善与提高,力求满足多种使用要求。在材料科学发展过程中,为了改善材料的质量,提高其性能,扩大品种,研究开发新材料,必须加深对材料的认识,从理论上阐明其本质及规律,以物理、化学、力学、工程等领域学科为基础,应用现代材料科学理论和实验手段,从宏观现象到微观结构测试分析,从而使材料科学理论和实验手段迅速发展。

目前,我国从事材料科学研究的队伍规模占世界首位,论文数目居世界第一,专利数目居世界第一。虽然我国的材料科学发展迅速,但与发达国家相比,差距还较大:论文原创性成果不多,国际影响处于中等水平;对国家高技术和国民经济关键科学问题关注不够;对传统科学问题关注不够,对新的科学问题研究不深入等等。

在这一背景下,上海交通大学出版社组织召开了"材料学科学及工程学科研讨暨教材编写大会",历时两年组建编写队伍和评审委员会,希冀以"材料科学及工程学科"系列教材的出版带动专业教育紧跟科学发展和技术进步的形势。为保证此次编写能够体现我国科学发展水平及发展趋势,丛书编写、审阅人员汇集了全国重点高校众多知名专家、学者,其中不乏德高望重的院士、长江学者等。丛书不仅涵盖传统的材料科学与工程基础、材料热力学等基础课程教材,也包括材料强化、材料设计、材料结构表征等专业方向的教材,还包括适应现代材料科学研究需要的材料动力学、合金设计的电子理论和计算材料学等。

在参与本套教材的编写的上海交通大学材料科学与工程学院教师和其他兄弟院校的公共努力下,本套教材的出版,必将促进材料专业的教学改革和教材建设事业发展,对中青年教师的成长有所助益。

林栋樑

前　　言

　　表面、表面现象和表面过程是自然界中普遍存在的，人们对它们的研究、探索和利用已有悠久的历史。"表面工程"这一概念自1983年被提出后，引起人们的很大关注。表面工程是当今经济和技术发展的需要，而近代科学技术的发展为它得以形成提供了充分的条件。

　　表面工程是一门正在迅速发展的综合性边缘科学。它是根据人们的需要，运用各种物理、化学、生物的方法，使材料、零部件、构件以及元器件等表面，具有所需求的成分、结构和性能。同时，它也包括表面加工制造等内容，尤其是表面微细加工或微纳加工。

　　表面工程涉及面极广泛，它的发展在学术上丰富了材料科学、冶金学、机械学、电子学、物理学、化学和生物学等学科，开辟了一系列新的研究领域。表面工程在实际应用上，为国民经济发展和国防建设作出了十分重要的贡献。材料或产品的破坏往往自表面开始，尤其是磨损、腐蚀、疲劳断裂、高温氧化和辐照损伤等，而表面工程的优势是能制备出具有优异性能的表面薄层，使材料或产品具有比本体更高的耐磨性、耐蚀性、抗疲劳断裂、抗高温氧化和抗辐照损伤等性能，有效地提高了使用可靠性，延长了使用寿命，节约了资源和减少了环境污染。表面工程可赋予材料或产品表面一系列所需要的力学、物理、化学、生物等性能，因而在各个工业部门以及农业、生物医药工程乃至人们日常生活中有着广泛而重要的应用。表面工程中大量技术属于高技术范围，为新材料、光电子、微电子等许多先进产业的迅速发展奠定了科学技术基础。大力加强表面工程这门学科的建设，是教育改革的需要，也是科技发展和经济建设的需要。

　　近十多年来，国内外许多高等院校都开设了表面工程或与此紧密相关的课程，并且出版了不少教材和参考书。目前已到了新的发展时期，教材要更上一层楼，要具有新的特色及突破，以适应高校教育教学改革和培养新世纪新人才的需要。我受上海交通大学出版社委托，编撰《现代表面工程》新教材，经过一年多的努力，现已脱稿完成。本书特点和有关说明如下：

　　(1) 本书是在我们编写《表面技术概论》讲义和先后出版《现代表面技术》和《表面科学和技术》两本教材的基础上，经过多年的教学、科研、生产实践后重新编写的，因此凝结了许多教师、学生和科技人员的心血。本书共分10章。我编写了9章；郭兴伍副教授编写了第4章，并且他对全书的编撰，提出了诸多宝贵的意见和建议。

　　(2) 表面工程涉及的科学领域广，知识面很宽，内容非常丰富。本书在有限的篇幅内，以纲要的形式概括了读者所需要的表面工程基本知识。近10年来，我深入企业生产第一线，在实践中深感到从事表面工程的研究和生产，需要有较扎实的理论基础和较广博的科技知识。其重要性不仅在于自身创新能力的提高，还在于能够更好地与各领域的专家学者、技术人员的合作，共同攻克难关，完成重大课题。

　　(3) 表面工程是一门综合性边缘科学，本书努力将有关的基础理论与表面工程实践紧密结合起来。表面工程又是一门应用性很强的学科，除了用基础理论作为指导，还与其他有关的科学技术紧密结合，并且在阐明基本概念和基本理论的基础上介绍新技术、新理论的应用。

　　(4) 本书虽以纲要的形式介绍表面工程的基础知识，但对课程的一些重点和难点仍做了较详细的阐述,以利于提高学生分析和解决问题的能力。本书给出大量应用实例,鼓励学生自学,勤于思考,丰富想像,激发兴趣,勇于创新。

(5) 本书可作为高等院校材料科学、材料工程、材料物理、材料化学专业的本科生和研究生的教材,也可供相关专业的师生和从事产品设计、工艺制订、技术改造、设备维修、质量管理、技术管理等工作的工程技术人员阅读和参考。

(6) 本书在编写过程中,征求了有关教师、学生以及科技人员的意见和建议并参阅和引录了不少文献资料,同时又得到了湖州金泰科技股份有限公司研发中心技术人员的热情帮助,在此一并表示衷心的感谢。

由于条件和水平有限,本书不妥之处,希望读者提出宝贵意见,帮助我们改进提高。

钱苗根
2011 年 7 月于上海

目 录

第1章 表面工程概论 ... 1
1.1 表面工程的提出 ... 1
1.2 表面工程的内容 ... 6
1.3 表面工程的应用 ... 9
1.4 表面工程的发展 ... 27

第2章 固体表面结构 ... 30
2.1 固体的结合键和表面的不饱和键 ... 30
2.2 理想表面、清洁表面和实际表面 ... 31
2.3 表面特征力学和势场 ... 39
[选择阅读]表面科学的某些概念和理论 ... 47
2.4 表面晶体学 ... 47
2.5 表面热力学 ... 56
2.6 表面动力学 ... 60
2.7 表面电子学 ... 75

第3章 固体表面性能 ... 84
3.1 固体表面的力学性能 ... 84
3.2 固体表面的化学性能 ... 103
3.3 固体表面的物理性能 ... 142

第4章 表面覆盖工程 ... 187
4.1 电镀与化学镀 ... 187
4.2 金属表面的化学处理 ... 208
4.3 表面涂敷 ... 226

第5章 气相沉积工程 ... 261
5.1 气相沉积与薄膜 ... 261
5.2 物理气相沉积 ... 265
5.3 化学气相沉积 ... 300

第6章 表面改性工程 306

6.1 金属材料表面改性 306
6.2 无机非金属材料表面改性 359
6.3 高分子材料表面改性 370

第7章 表面复合工程 377

7.1 电化学技术与某些表面技术的复合 377
7.2 真空镀膜与某些表面技术的复合 380
7.3 表面镀(涂)覆与微/纳米技术的复合 394
7.4 表面热处理与某些表面技术的复合 403
7.5 高束能表面处理与某些表面技术的复合 405

第8章 表面加工制造 409

8.1 表面加工技术简介 409
8.2 微电子工业和微机电系统的微细加工 434

第9章 表面工程设计 440

9.1 表面工程设计的要素与特征 440
9.2 表面工程设计的类型与方法 442

第10章 表面测试分析 450

10.1 表面分析的类别、特点和功能 450
10.2 表面分析仪器和测试技术简介 458

参考文献 477

Contents

Chapter 1 Introduction to surface engineering ·· 1

1.1 Proposition of the concept of surface engineering ································ 1
1.2 Contents of surface engineering ·· 6
1.3 Application of surface engineering ··· 9
1.4 Development of surface engineering ·· 27

Chapter 2 Surface structure of solid ··· 30

2.1 The chemical bond and the unsaturated bonds of surface ···················· 30
2.2 Ideal surface, clean surface and practical surface ································ 31
2.3 Characteristic mechanics of surface and potential field ························ 39
【Selective Reading】Some concepts and theories of surface science ············ 47
2.4 Surface crystal science ·· 47
2.5 Surface thermodynamics ··· 56
2.6 Surface kinetics ·· 60
2.7 Surface electronics ·· 75

Chapter 3 Properties of solid surface ··· 84

3.1 Mechanical properties of solid surface ·· 84
3.2 Chemical properties of solid surface ·· 103
3.3 Physical properties of solid surface ··· 142

Chapter 4 Engineering of surface coverage ·· 187

4.1 Electrolating and electroless plating ·· 187
4.2 Chemical treatment of metallic surface ·· 208
4.3 Surface coating ··· 226

Chapter 5 Engineering of vapor deposition ··· 261

5.1 Vapor deposition and film ·· 261
5.2 Physical vapor deposition, PVD ··· 265
5.3 Chemical vapor deposition ··· 300

Chapter 6 Enineering of surface modification ········ 306

6.1 Suface modification of metallic materials ········ 306
6.2 Surface modification of inorganic non-metallic materials ········ 359
6.3 Surface modification of polymer materials ········ 370

Chapter 7 Surface composite engineering ········ 377

7.1 Combination of elector-chemical technolygy and some surface techniques ········ 377
7.2 Combination of vacuum coating and some surface techniques ········ 380
7.3 Combination of surface coatng and micro-/nano-technology ········ 394
7.4 Combination of surface heat treatment and some surface techniques ········ 403
7.5 Combination of high energy surface treatment and some surface techniques ········ 405

Chapter 8 Surface machining and manufacturing ········ 409

8.1 Introduction to surface machining techniques ········ 409
8.2 Micro-machining in the micro-electron industry and micro electro-mechanical system(MEMS) ········ 434

Chapter 9 Surface engineering design ········ 400

9.1 Elements and features of surface engineering design ········ 400
9.2 Types and methods of surface engineering design ········ 442

Chapter 10 Surface test analysis ········ 450

10.1 Types, features and functions of surface analysis ········ 450
10.2 Introduction to surface analyzing devices and test techniques ········ 458

Referemces ········ 477

第1章　表面工程概论

表面工程是一门正在迅速发展的综合性边缘学科。它是根据人们的需要,运用各种物理、化学、生物的方法,使材料、零部件、构件以及元器件等表面,具有所要求的成分、结构和性能。表面工程的应用有耐蚀、耐磨、修复、强化、装饰等,也有光、电、磁、声、热、化学、生物和特殊机械功能方面的应用。表面工程所涉及的基体材料,不仅是金属材料,也包括无机非金属材料、有机高分子材料以及复合材料的各种固体材料。表面工程在知识经济发展过程中,与新能源、新材料、计算机、信息技术、先进制造、生命科学等一样,具有十分重要的作用。今后表面工程仍将快速发展,努力满足人们日益增加的需求,并且更加重视节能、节材和环境保护的研究,促使绿色的表面工程广泛应用。

本章首先阐述表面工程的发展历程,探讨表面工程的特点。接着,介绍表面工程学科的主要内容,包括应用基础理论、表面覆盖工程、表面改性工程、表面沉积工程、表面复合工程、表面加工制造、表面工程设计和表面测试分析。本章第三部分是概述表面工程的应用,按金属材料、无机非金属材料、有机高分子材料、复合材料等四个领域分别介绍。本章最后着重讨论表面工程的发展方向和前景。本章除了介绍一些与表面工程有关的基本概念或名词外,对本书的阅读作一提纲。

1.1 表面工程的提出

1.1.1 表面界面

物质存在的某种状态或结构,通常称为某一相。严格地说,相是系统中均匀的、与其他部分有界面分开的部分。所谓均匀的,是指这部分的成分和性质从给定范围或宏观来说是相同的,或是以一种连续的方式变化。在一定温度或压力下,含有多个相的系统为复相系。两种不相同之间的界面区称为界面。其类型和性质由两体相的性质决定。物质的聚集态有固、液、气三态,由于气体之间接触时通过气体分子间的相互运动而很快混合在一起,成为由混合气体组成的一个气相,即不存在气-气界面,因此界面有固-固、固-液、固-气、液-液、液-气五种类型。但是,习惯上将两凝聚相之间的边界区域称为界面(interface),两凝聚相与气相形成的界面称为表面(surface)。按此,界面有固-液、液-液、固-固三种类型,表面有固-气、液-气两种类型。

自然界存在着无数的、与界面和表面有关的现象,人们由此进行深入研究,开发出大量的新技术、新产品。某些界面和表面现象示例如下:

1. 固—液界面

液体对固体表面有润湿作用以及与润湿密切相关的黏结、润滑、去污、乳化、分散、印刷等作用。润湿是一种重要的表(界)面现象,人们有时要求液体在固体表面上有高度的润湿性,而有的却要求有不润湿性,这就要求人们在各种条件下采用表面湿润及反湿润技术。洗涤是一个熟悉的例子，它是用来除去黏在固体基质表面上的污垢，虽然固体基质和污垢是各种各样的，但能否洗净的基本条件是：洗涤液能润湿且直接附着在基质的污垢上，继而侵入污垢—基质界面，削弱两者之间的附着力，使污垢完全脱离基质形成胶粒而漂浮在洗涤液介质中。又一个熟悉的例子是矿物浮选，它是借气泡力来浮起矿石的一种物质分离和选别矿物技术，所用的浮选剂是由捕集剂、起泡剂、pH调节剂、抑制剂和活化剂等配制而成的，其中主要成分是捕集剂，它能使浮游矿石的表面具有疏水性，从而能粘附于气泡上或由疏水性低密度介质润湿而浮起。

催化是另一种重要的界面现象。固体催化剂使液体在表面发生的化学反应显著加快，这种催化作用是一种化学循环，反应物分子通过和催化剂的短暂化学结合而被活化，转化成产物分子最终脱离催化剂，紧接着新来的反应物分子又重复前者，形成周而复始的催化作用，直到催化剂活性丧失。

电极浸入电解液中通直流电后发生电解反应，即正极氧化，负极还原，由此可用来进行各种电化学的制备和生产。除电解外，还有电镀、电化学反应、腐蚀与防腐等许多涉及到固—液界面的电现象和过程。

2. 液—液界面

表面张力或表面能是液体的一种特性，通常说的表面张力均是对液—气界面而言的。如果是液—液界面，即两种不互溶的液体接触界面，则为"界面张力"。

一相的液滴分散在另一相的液体内，构成乳化液，它在热力学上是不稳定的，为了使其较为稳定，必须加入一定的乳化剂，通常是表面活性剂或其混合物，其他有细粉状固体、天然或合成的表面活性聚合物。乳化液在工农业生产和日常生活中得到广泛应用。油基泥浆、牛奶、原油都是乳化液，乳液聚合、农药乳剂制剂、洗涤作用、原油脱水等都与乳化液的形成或破坏有关。

3. 固—固界面

固—固界面分为两类：两固相为同一结晶相，只是结晶学方向不同，该界面称为晶界；若两固相不仅结晶学方向不同，而且晶体结构或成分也不同，即它们是不同的相，则两者的界面称为相界。

晶界的存在状态及其在一定条件下发生的行为，如晶界能、晶界中原子排列或错排、晶界迁移、晶界滑动、晶界偏析、晶界脆性、晶间腐蚀等，对材料的变形、相变过程、化学变化以及各种性能都有着极为重要的影响。一般晶界是非共格界面。晶粒内部可出现取向差较小的亚晶粒，而亚晶粒之间的亚晶界可看作由位错行列拼成的半共格界面。完全共格的晶界很少，主要是共格孪生晶界。相对来说，相界的共格、半共格、非共格的特征较为明显，这些特征对材料行为和性能的影响较为显著。

工程上广泛使用各种类型的固体材料，在加工制造过程中会形成各种各样的固—固界面。例如，由切割、研磨、抛光、喷砂、形变、磨损等形成的机械作用界面；由黏结、氧化、腐蚀以及其他化学作用而形成的化学作用界面；由液相析出或气相沉积而形成的液、气相沉积界面；由热压、热锻、烧结、喷涂等粉末工艺而形成的粉末冶金界面；由焊接等方法而形成的焊熔界面；由涂料涂覆和固化而形成的涂装界面；等等。深入研究这些界面或形成过程，在工程上具有重要的意义。

4. 液—气表面

液体分子不像气体分子那样可以自由移动，但又不像固体分子那样在固定位置做振动，而是在分子间引力和分子热运动共同作用下形成的"近程有序，远程无序"的结构。液—气表面上的液体分子与液体内部所受的力不相同。表面张力或表面能是液-气表面所具有的一种力或能量。

在液-气表面处，少部分能量较高的液体分子可以克服体内部对它的引力而逸出液相，形成蒸发过程。在密闭容器中，由液体进入气相中的分子不能跑出容器，在气相分子的混乱运动中，一些分子与液面碰撞有可能被液体分子的引力抓住重新进入液相，形成冷凝过程。

当气体与液体不互溶时，气体可以分散在液膜内部而形成泡沫现象。

5. 固—气表面

通常所说的表面是指固—气表面，也是我们研究的主要对象。对于固—气表面，又有两种不同的研究对象：

(1) 清洁表面——在特殊环境中经过特殊处理后获得的，不存在吸附、催化反应或杂质扩散等物理、化学效应的表面。例如，经过诸如离子轰击、高温脱附、超高真空中解理、蒸发薄膜、场效应蒸发、化学反应、分子束外延等特殊处理后，保持在 $10^{-6} \sim 10^{-9}$ Pa 超高真空下外来沾污少到不能用一般表面分析方法探测的表面。这类表面指的是物体最外面的几层原子，通常为 $0.5 \sim 2$ nm 厚度。

(2) 实际表面——暴露在未加控制的大气环境中的固体表面，或者经过切割、研磨、抛光、清洗等加工处理而保持在常温和常压下，也可能在高温和低真空下的表面。例如，金属材料的实际表面，由里到外，可能依次有基体金属表层、加工硬化层（厚度大于 $5\mu m$）、氧化层（厚约 10nm）、吸附气体层（厚约 0.5nm）和污染层（厚约 5nm）。实际表面的组成、各层结构和厚度，与材料本身结构、性质有关，也与制备过程、环境介质等因素有关。在现代表面分析技术中，通常把一个或几个原子厚度的表面称为"表面"，而厚一些的表面称为"表层"。表面工程和许多实用表面技术所涉及的表面厚度达数十纳米，有的为微米级，因此在研究实际表面时，要考虑的范围包括表面和表层两部分。

研究清洁表面需要复杂的仪器设备。对于一定的材料，表面的清洁度需要用相应的特殊处理方法和超真空获得的情况来决定，并且，清洁表面与实际应用的表面往往相差很大，得到的研究结果一般不能直接应用到实际中去。但是，它对表面可得到确定的特殊性描述。以此为基础，深入研究表面成分和结构在不同真空度条件下的变化规律，对揭示表面的本质和了解影响材料表面性能的各种因素是重要的。研究实际表面，虽然受到氧化、吸附和沾污的影响而得不到确定的特性描述，但是它可取得一定的具体结论，直接应用于实际，这在控制材料和器件的质量以及研制新材料等方面起着很大的作用。

人们日常生活中和工程上涉及固-气表面的现象和过程随处可见。例如：

气体吸附于固-气表面，形成吸附层。气体或蒸气还可能透过固体表面融入其体相成为吸收。吸附与吸收的区别在于前者发生在表面上，后者发生在体相内。但是，有时两者无法界定。麦克贝因（Mc Bain）建议将吸附、吸收、无法界定吸附与吸收的作用、毛细凝结统称为吸着（sorption）。

上面曾谈及表面催化现象，实际上催化剂可以是气体（如一氧化碳催化二氧化硫氧化成硫酸）、液体（如盐酸催化淀粉水解成葡萄糖）或固体（如合成氨的铁催化剂），并且催化反应可以发生在各种表面和界面上。对于固-气表面，这种催化反应的主要步骤是：反应物在表面上发生化学吸附；吸附分子经表面扩散相遇；表面反应或键重排；反应产物吸附。微观研究表明，催化剂表面不同位置有不同的激活能，台阶、扭折或杂质、缺陷所在处构成活性中心。这说明表面状态对催化作用有显著影响。催化剂可以加速那些具有重要经济价值但速率特慢的反应。合成氨是个典型的实例。铁催化剂等用于合成氨工业,不仅显著提高反应速率,实现从空气中固定氮而廉价地制得氨,并且建立能耗低、自动化程度高和综合利用好的完整的工艺流程体系。

纳米粒子的粒径大约为 $1\sim100$nm,表面积很大,当粒径为 10nm 左右时,其表面原子数与总原子数之比高达 50%。纳米粒子因有大的表面能,表面有严重的失配价态,而具有独特的物理和化学性质。许多高效多相催化剂的活性组分都是纳米粒子。目前已有许多较为成熟的物理方法和化学方法来制备纳米粒子,并且能控制粒径、粒径分布和粒子状态。由一种或多种纳米粒子在一定工艺条件下有可能制备出具有优异性能的纳米材料。

热力学计算表明,大多数金属在室温就能自发地氧化,但在表面氧化层之后,扩散受到阻碍,从而使氧化速率降低。因此,金属的氧化与温度、时间有关,也与氧化物层的性质有关。氧化物层的形成过程是:当氧分子开始与金属表面接触时便发生分解,形成单层的氧原子吸附层,氧与电子的亲和力比金属大,因而形成氧离子;负的氧离子与正的金属离子结合,逐步生成金属氧化物层。在氧化物-金属界面上发生还原反应,即 $Me \rightarrow Me^{2+}+2e$。在氧化物-氧界面上发生氧化反应,即 $\frac{1}{2}O_2+2e \rightarrow O^{2-}$。合起来的反应便是 $Me+\frac{1}{2}O_2 \rightarrow MeO$。可见,氧化时金属离子必须向外(阴极界面)扩散,或氧离子必须向内(阳极界面)扩散,或是两者同时进行。当氧化物层增厚时扩散距离增加,跨越氧化物层的电场减弱,因而使氧化物层的长大速度减缓。通常把厚度小于 300nm 的氧化物层称作氧化膜;厚度大于 300nm 后,就称为氧化皮。这种氧化皮能否起保护作用,基本条件是氧化皮的体积(V_{meo})比用来形成它的金属体积(V_{me})大,能够形成连续的氧化皮。但是,氧化皮的保护作用如何,还取决于它对金属离子和氧离子的阻碍情况。例如,铁在高于 560℃时,生成三种氧化物:外层是 Fe_2O_3;中层是 Fe_3O_4;内层是溶有氧的 FeO,是一种以化合物为基的缺位固溶体,称作郁氏体。这三种氧化物对扩散物质的阻碍作用很小,保护性较差,尤其是厚度较大的郁氏体,结构不致密,保护性更差,因此碳钢零件一般只能用到 400℃左右。对于更高温度下使用的零件,就需要用抗氧化钢来制造。另外,有些金属,例如镁,其氧化皮的长大是空气中的氧通过氧化物层中的缝隙向内扩散与金属作用而实现的,生成的氧化皮不连续和多孔,不具有保护作用。

需要指出,有时界面与表面交织在一起,难以区分,并且,材料在加工、制造过程中,界面与表面状况经常是变化的。例如许多固-固界面在形成过程中,许多反应物质先以液态或气态存在,即先出现固-气表面和固-液界面,然后在一定条件下(通常为冷凝)才转变为固-固界面。因此,表面工程的研究,经常要涉及多种界面与表面问题;除了固-气表面之外,固-固等界面也是表面工程的重要研究对象。

1.1.2 表面技术

表面现象和过程在自然界中是普遍存在的。广义地说,表面技术(surface technology; surfacing)是直接与各种表面现象或过程有关的、能为人类造福或被人们直接利用的技术。

人们使用表面技术已有悠久的历史。我国早在战国时期已进行钢的淬火,使钢的表面获得坚硬层。欧洲使用类似的技术也有很长的历史。但是,表面技术的迅速发展是从 19 世纪工业革命开始的,近 50 多年来则发展得更为迅速。一方面,人们在广泛使用和不断试验摸索过程中积累了丰富的经验;另一方面,20世纪60年代末形成的表面科学以及其他学科的各种先进技术的介入给予了有力促进,从而使表面技术进入了一个新的发展时期。

现在表面技术的应用已经十分广泛。使用表面技术的主要目的是:提高材料抵御环境作用的能力;赋予材料表面某种功能特性,包括光、电、磁、热、声、吸附、催化、分离等各种物理性能和化学性能;实现特定的表面加工来制造构件、零部件和元器件等。

表面技术主要是通过以下两条途径来提高材料抵御环境作用的能力和赋予材料表面某种功能特性:

(1) 施加各种覆盖层。主要是采用各种涂层技术,包括电镀、电刷镀、化学镀、涂装、黏结、堆焊、熔结、热喷涂、塑料粉末涂覆、热浸涂、搪瓷涂覆、陶瓷涂覆、真空蒸镀、溅射镀、离子镀、分子束外延制膜、化学气相沉积、离子束合成膜技术等。此外,还有其他形式的覆盖层,例如各种金属经氧化和磷处理后的膜层、包箔、贴片的整体覆盖层,缓蚀剂的暂时覆盖层,等等。

(2) 用机械、物理、化学等方法,改变材料表面的形貌、化学成分、相组成、微观结构、缺陷状态或应力状态,即采用各种表面改性技术。主要有喷丸强化、表面热处理、高密度太阳能表面处理、离子注入表面改性等。

除了上面举例的表面技术之外,还有许多直接与表面现象或过程有关的表面技术,例如表面润湿及反润湿技术、表面催化技术、膜技术、表面化学技术等。它们在工程上也有着重要的应用。

表面技术是一个非常宽广的科学技术领域,是一门广博精深和具有极高实用价值的基础技术,大量表面技术属于高技术范畴,在知识经济社会发展过程中占有重要的地位。

1.1.3 表面科学

表面科学(surface science)是经过逐步发展而在20世纪60年代末形成的一门边缘学科。那时人们已经从理论和实验上充分认识到固体表面与固体内部(体相)具有不同的结构和组成,因而有着不同的物理性质和化学性质。也就是说,描述三维体相物质属性的定律,已经不能描述固体的表面现象和过程,需要有表面科学这门新学科从理论上确切地描述表面原子、分子和电子的存在状态及运动规律。

表面科学主要包括以下三部分内容:

(1) 表面物理 它所研究的表面是指固体最外面的几层原子(通常为 0.5~20nm),以及在表面上可能存在的吸附层。表面物理是研究 表面和吸附层的各种物理性质与表面成分、结构之间的关系。

(2) 表面化学 它研究表(界)面现象的物理化学。表(界)面现象涉及吸附作用、润湿作用、表面电现象、膜化学、黏附作用、液体与固体的表面性质、表面活性剂以及有关和各种作用等。

(3) 表面分析 它是用各种显微镜、分析谱仪器和方法,深入了解表面形貌和显微结构、表面成分、表面原子排列结构、原子动态和受激态以及表面的电子结构等,即从宏观到微观对表面进行分析研究,从而正确描述固体、液体表面和利用各种表面特性。

表面的研究涉及半导体物理、金属物理、超高真空物理、电化学、催化理论、材料科学、生物科学、能源科学、环境保护等学科,人们采用"表面科学"这一名词概括其研究内涵。表面科学的基本原理广泛应用于工业、农业、生物、医药乃至人们的日常生活中。表面科学的形成和发展,给予表面技术有力的促进,使得它们进入了一个新的发展时期。

1.1.4 表面工程

学术界通常认为表面工程(sruface engineering)就是表面技术、表面改性(surface modification)等,即这些名词术语互为通用,彼此没有严格的界定。如果在涵义上有所区分,那么表面工程有以下两个特点:

(1) 根据工程需要,用比较大而复杂的设备来实施工艺,使材料表面具有所要求的成分、结构和性能。相对来说,表面工程需要较多的人力和物力。

(2) 表面工程常需要多种学科的交叉,多种表面技术的复合或多种先进技术、适用技术的集成。它把各类表面技术和基体材料以及经济核算、资源选择、能源使用、环境保护等作为一个系统工程进行优化设计,以最佳的方式满足工程需要。

"表面工程"这一概念是英国格兰伯明翰大学 T. Bell 教授在 1983 年提出的,并且由他组建了英国伯明翰大学表面工程研究所,1985 年创办了《表面工程》杂志。同年,日本京都大学远藤吉朗出版了《表面工学》专著,阐述了金属表面的损伤类型及防止方法。1986 年,在国际材料与热处理第五届年会上,按照 T. Bell 教授的提议,国际材料与热处理联合会改名为国际热处理与表面工程联合会,促进了国际表面工程的发展。

近 20 多年来我国表面工程事业取得了长足的进步。1987 年我国机械表面工程学会组建了表面工程研究所,次年召开了"全国首届表面工程现状与未来研讨会"和创办了中国《表面工程》期刊(现已改版为《中国表面工程》,国内外公开发行)。许多重要的期刊经常刊登表面工程的研究、生产、动态、市场方面的文章。一系列有关表面工程的专著、教材、手册、论文集相继出版发行。国家和地方政府积极扶持一些表面工程的重大项目,安排专项资金开展工作。许多院校相继开设表面工程专业和研究机构。全国各地表面工程及相关企业纷纷建立,形成了一个庞大的市场。经过多年的发展,表面工程的内涵已有了较大的延伸和丰富。我国表面工程事业的蓬勃发展,为经济建设做出了巨大的贡献,同时在科学技术上做出了广泛和独特的贡献。

1.2 表面工程的内容

1.2.1 应用基础理论

表面工程是一门应用性很强的学科,但是它涉及的基础理论却十分广泛,并且随着表面工程的发展而扩展和深化。本书主要从应用出发,涉及下列应用基础理论:

1. 真空状态及稀薄气体理论

许多表面工程的研究与应用都涉及到真空方面的理论和技术,为此要深入研究有些气体尤其是稀薄气体中的现象和基本定律。其中的重点有两个:一是用气体分子运动论来研究稀薄气体中的现象,二是稀薄气体的一些电现象。

2. 液体及其表面现象

液体的聚集状态介于气体和固体之间。液体的表面张力、润湿与毛细管现象、粘滞性、表面吸附等原理在表面工程中经常应用。表面活性剂能显著改善表(界)面性质,应用甚广。

3. 固体及其表面现象

固体材料是工程技术中最普遍使用的材料。固体表面结构不能简单地看作体相结构的终止,而是看作发生了显著的变化:一是化学组成常和体相不同,包括化学组成在表面上的分布和垂直方向上的浓度梯度;二是表面原子往往倾向于进入新的平衡位置,改变原子间的距离,改变配位数,甚至重建表面原子排列结构;三是表面电子结构的改变,例如晶体表面由于原子排列三维平移周期性中断,或因表面重构、吸附等变化而产生的不同于体相的电子能态;四是表面上外来物的吸附。由于上述结构和组成上的变化,固体表面性质有了显著的改变,并且描述三维体相物质属性的定律,已经不能使用于描述固体的表面现象。因此,掌握表面工程中有关固体及表面结构和组成、表面热力学、表面动力学等方面的知识显得更为重要。

4. 等离子体的性质与产生

自从18世纪中期人们发现物质存在的第四态——等离子体以来,对它的认识和利用一直在不断的深化,尤其是近30年中,等离子体的应用范围迅速扩展。现代表面工程已越来越多地采用等离子体技术,将它作为一种低温、高效、节能、无污染的基本方法,在许多工程项目中取得了很大的成功,因此需要深入了解等离子体的性质和产生原因等知识。

5. 固体与气体之间的表面现象

固体分子亦有表面自由能,但是固体不具有流动性,难于通过减小表面积来降低表面自由能,而只能通过吸附,使气体分子在固体表面上聚集,以减少气-固表面来降低表面自由能。同时,停留在固体表面上的气体分子在一定条件下可以重新回到气相,即存在解吸。若吸附速率与解吸速率相等,则吸附达到平衡。目前固—气吸附理论已广泛应用于相催化、气相分离纯化、废气处理、色谱分析等生产实际和科学研究中,也在表面工程中得到广泛应用,因此需要掌握吸附类型、吸附曲线、吸附等温式、固—气相催化等理论知识。另外,越来越多的表面镀覆过程是在密闭的容器中、在一定的真空条件下进行的,各种吸附与解吸对容器内压强以及镀覆质量产生显著影响,如果容器内有带电质点,那么还会出现一系列的新现象,因此要深入了解这些现象以及研究得到的理论。

6. 胶体理论

一种或几种物质分散在另一种物质中构成了分散系统,按其分散粒子的大小可大致分为分子分散系统(分散粒子半径小于10^{-9} m)、胶体分散系统(分散粒子半径在$10^{-9}\sim 10^{-7}$ m 范围内)、粗分散系统(分散粒子半径在$10^{-7}\sim 10^{-5}$ m范围内)三类。胶体分散系统中的分散粒子可简称为胶体或胶体粒子,它们可以是单个分子(高分子化合物),也可以是多个分子的聚集物,其大小不限于三维尺寸均在上述范围内。胶体粒子可以是固体也可以是液体或气体。胶体分散系统有许多独特的表面性质和其他性质,已在生产实际和日常生活中得到广泛应用,并且在当代科学技术前沿如纳米材料制备、生物膜模拟、LB膜和自组装等技术中也获得重要应用。胶体理论主要是胶体化学,对深入研究胶体、大分子溶液、乳状液和其他各种分散体系及与表面现象有关的体系的物理、化学和力学性质是十分重要的。

7. 电化学与腐蚀理论

电化学是涉及电流与化学反应的相互作用以及电能与化学能相互转化的一门科学。电化学方法的特点是在溶液中施加外电场,由于在电极/溶液界面形成的双电层厚度很薄,电场强度极强,因而属于极限条件下制备的方法。电化学系统包括电极和电解质两部分,其实质为电池,在基础内容上相应分为电极学(电极的热力学和动力学)和电解质学(电介质的热力学和动力学)两方面。电化学在工业上用于电镀、电解、化学电源、金属防蚀以及功能材料制备等重要领域。在腐蚀方面,绝大部分金属腐蚀是电化学原因引起的,研究电化学腐蚀理论对于金属防腐蚀工程有着重要的指导意义。

8. 表面摩擦与磨损理论

自然界中只要有相对运动就一定伴随摩擦。两个相互接触物体在外力作用下发生相对运动或具有相对运动的趋势时，在接触面之间产生切向的运动阻力即摩擦。没有摩擦，人们的生活和生产难于进行，同时由摩擦造成的磨损又可能带来很大的危害。材料的磨损失效已成为三大失效方式（腐蚀、疲劳、磨损）之一。磨损的过程是很复杂的，按磨损机理可分为粘着磨损、磨料磨损、表面疲劳磨损和磨蚀磨损四个主要类型。每个类型的磨损又可分为若干不同的磨损方式。深入研究磨损理论和各种磨损的具体规律以及磨损的评定方式，对于把磨损的危害降低到尽可能低的程度是必要的。

1.2.2 表面覆盖工程

表面覆盖工程的内容广泛，主要涉及电镀与化学镀、材料表面化学处理和表面涂覆等，而通过物理气相沉积和化学气相沉积得到的镀膜也属于表面覆盖工程，但考虑到它涉及的应用基础理论有一定的独立性，因而从表面覆盖工程的内容中分离出去，按"表面沉积工程"独立阐述。

1.2.3 表面改性工程

表面改性是指采用机械、物理、化学等方法，改变材料表面形貌、化学成分、相组成、微观结构、缺陷状态或应力状态，从而使材料表面获得某些特殊性能。表面改性是一个涵义广泛的概念，各种覆盖和沉积等都属于"表面改性"，但为分类需要，常将表面改性限定为"改变材料表面、亚表面的组织结构，从而改变材料的表面性能"。例如，喷丸强化、表面热处理、化学热处理、等离子扩散处理、激光表面处理、电子束表面处理、高密度太阳能表面处理、离子注入表面改性等。

1.2.4 表面沉积工程

气相沉积（vapor deposition）是利用气相之间的反应，在各种材料表面沉积单层或多层薄膜，从而使材料或制品获得所需要的各种优异性能。这种技术的应用有着十分广阔的前景。

气相沉积需要一个特定的真空环境，使各种气相之间的反应和沉积在材料或制品表面上不致受到大气中气体分子的阻挡或干扰以及杂质的不良影响。可以说，气相沉积是以真空技术为基础的。

气相沉积有物理气相沉积（physical vapor deposition，PVD）与化学气相沉积（chemical vapor deposition，CVD）之分。物理气相沉积有真空蒸镀、溅射镀膜、离子镀膜等。化学气相沉积有常压化学气相沉积、低压化学气相沉积、等离子体化学气相沉积、有机金属化学气相沉积和激光化学气相沉积等。PVD 和 CVD 这两类气相沉积在表面工程中有着重要的应用。

1.2.5 表面复合工程

表面工程的一个重要特点是多种学科的交叉、多种表面技术的复合或多种先进技术和适用技术的集成，即把各种表面技术及基体材料作为一个系统工程进行优化设计和优化组合，以最经济或最有效的方式满足工程的需求，因此表面复合工程（surface complex engineering）在表面工程中占有很大的比重。多种技术的优化组合可以取得良好的效果，目前已有许多成功的范例，并且发现了一些重要的规律，通过深入研究，它将发挥越来越大的作用。

1.2.6 表面加工制造

表面加工制造,尤其是表面微细加工或微纳加工(micro-and nano-fabrication)制造,是表面工程的一个重要组成部分。目前,高新技术不断涌现,大量先进、高端产品对表面加工技术和精细化的要求越来越高。

表面加工制造有微细加工制造和非微细加工制造之分。在微电子工业中所谓的微细加工,通常是指加工尺度从微米到纳米量级的、制造微小尺寸元器件或薄膜图形的先进制造技术,它是微电子工业的发展基础,也是半导体微波技术、声表面波技术、光集成等许多先进技术发展的基础。其他涉及加工尺度从微米到纳米量级的精密、超精密加工制造也越来越多。因此,对于这样的精细加工尺度,可以将微电子工业中的"细微加工制造"一词延伸过来,统称为"微细加工制造"

1.2.7 表面工程设计

表面工程设计通常要将下列因素综合起来,作为一个系统进行优化设计:

① 材料或制品整体的技术和经济指标。
② 表面或表层的化学成分、组织结构、膜层厚度、性能要求。
③ 基体材料的化学成分、组织结构和状态等。
④ 实施表面处理或加工的流程、设备、工艺及质量监控和检验等设计。
⑤ 环境评估与环保设计。
⑥ 原材料、能源、水资源等分析设计。
⑦ 生产管理和经济成本的分析设计。
⑧ 施工厂房、场地等选择与设计。

当前,表面工程设计的研究正在不断地深入,逐步形成一种充分利用计算机,借助数据库、知识库、推理机等工具,通过演绎和归纳等科学方法来获得最佳的设计效能。

1.2.8 表面测试分析

现代科学技术为表面测试分析提供了强有力的手段,各种显微镜和分析谱仪的不断出现和完善,使人们有可能精确地直接获取各种表面信息,有条件地从电子、原子、分子水平去认识表面现象,从而推动表面工程的迅速发展。在工程上各种表面检测对保证产品质量,分析产品失效原因,都是十分必要的。另一方面在进行表面分析前对"大量的"或"大面积的"的性能进行测量和有关项目检测,这样才能对表面分析结果有正确的和合理的解释。因此,表面检测和表面分析都是表面工程的重要内容。

1.3 表面工程的应用

1.3.1 表面工程的重要性

1. 应用极其广泛

表面工程可以使材料表面获得各种表面性能,用于耐蚀、耐磨、修复、强化、装饰等,也可以应用于光、电、磁、声、热、化学、生物方面。表面工程所涉及的基体材料,不仅是金属材料,也包括无机非金属材料、有机高分子材料和复合材料。在结构、功能、机械、化工、建筑、汽车、船舶、航天、航空、生物、医用、仪表、电子、电器、信息、能源、纳米、农业、包装等方面所用的各种材料中都可找到表面工程广泛而重要的应用,因此可以说表面工程的应用遍及各行各业,在工业、农业、国防和人们日常生活中占有很重要地位。

2. 抵御环境作用

材料的磨损、腐蚀、氧化、烧伤、辐照损坏以及疲劳断裂等,一般都是因环境作用而从表面开始的,它们带来的破坏和损失十分惊人,其经济损失占国民经济总值显著超过水灾、火灾、地震和飓风所造成的总和。表面工程可以有效地加强材料的表面保护,因而具有十分重要的意义。

3. 节省宝贵资源

在许多情况下,构件、零部件和元器件的性能主要取决于表面的特性和状态,因而基体可以选择较廉价的材料和最低的经济成本来生产优质产品。许多产品经过适当的表面处理,可以成倍、甚至数十倍地提高使用寿命,从而节省大量宝贵资源。另外,节省能源也是表面工程的重要任务,尤其在普遍廉价使用太阳能等方面,表面工程将起着关键的作用。

4. 保护人类环境

目前,大量使用的能源往往有严重的污染,因此要大力推广太阳能利用、磁流体发电、热电半导体、海浪发电、风能发电等,以保护人类生存环境。表面工程是许多绿色能源装置如太阳能电池、太阳能集热管、半导体制冷器等制造的重要基础之一。另外,表面工程在净化大气、抗菌灭菌、吸附杂质、去除污垢、活化功能、生物医学、治疗疾病和优化环境等方面也大有可为。

5. 开发新型材料

表面工程在制备高临界温度超导膜、金刚石膜、纳米多层膜、纳米粉末、纳米晶体材料、多孔硅、碳60等新型材料中起着关键作用,同时又是光学、光电子、微电子、磁性、量子、热工、声学、化学、生物等功能器件的研制和生产的最重要的基础之一。表面工程使材料表面具有原来没有的性能,大幅度地拓宽了材料的应用,充分发挥了材料的作用。

1.3.2 表面工程在金属材料中的应用

自然界大约75%的化学元素是金属。以金属为基的材料称为金属材料,包括金属和合金,也包括金属间化合物。纯金属的应用较少,通常是制成合金。按照材料所起的作用,金属材料大致可分为金属结构材料和金属功能材料两大类。

1. 在金属结构材料中的应用

金属结构材料主要用来制造建筑中的构件、机械装备中的零部件以及工具、模具等,在性能要求上以力学性能为主,同时在许多场合还要求有良好的耐蚀性和装饰性。在这方面表面工程主要起着防护、耐磨、强化、修复、装饰等作用。

(1) 防护　表面防护具有广泛的涵义,而这里所说的防护主要是指防止材料表面发生化学腐蚀和电化学腐蚀。腐蚀问题是普遍存在的。工程上主要从经济和使用可靠性角度来考虑这个问题。有时宜用价廉的金属制件定期更换腐蚀件,但在大多数情况下必须采用一些措施来防止或控制腐蚀,如改进工程构件的设计、在构件金属中加入合金元素、尽可能减少或消除材料上的电化学不均匀因素,控制工作环境,采用阴极保护法等。另一方面,表面工程通过改变材料表面的成分或结构以及施加覆盖层都能显著提高材料或制件的防护能力。例如,现代的、具有彩色涂层的热镀锌钢板就是在高速连续涂层生产线上生产的。冷轧钢板(厚 0.3～2.0mm)经热镀锌(层厚 2.5～25μm)、磷化(层厚约 1μm)、上底漆(3～6μm)、上面漆(8～20μm)等处理后,既有热镀锌钢板的高强度、易成型和锌层具有电化学保护作用,又有有机涂层美丽鲜艳的色彩和高的耐腐蚀性,在建筑和家用电器等领域有广泛的用途。

(2) 耐磨　耐磨是指材料在一定摩擦条件下抵抗磨损的能力。这与材料特性和材料磨损条件(如载荷、速度、温度等)有关,常以磨损量或磨损率的倒数表示。为在一定程度上避免磨损过程中因条件变化及测量误差造成的系统误差,常用相对耐磨性(即两种材料在相同磨损条件下测定的磨损量的比值)来表示。磨损有磨料磨损、粘着磨损、疲劳磨损、腐蚀磨损、冲蚀磨损、微动磨损等类型。正确判断磨损类型,是选材和采取保护措施的重要依据,而表面工程是提高材料表面、制品耐磨性的有效途径之一。例如用真空阴极电弧离子镀膜机,在直径为 6～8mm 的高速钢麻花钻头上沉积氮化钛(TiN)薄膜,工作周期约 40min,膜层呈金黄色,膜厚约 2～2.5μm,表面硬度>2 000HV,附着力划痕试验临界负荷≥60N,膜层组织致密,细晶结构,使用寿命按 BG1436—85 标准测试,镀 TiN 钻头的钻削长度平均值为 13.8m,比未镀钻头的 1.98m 约高 6 倍。

(3) 强化　强化与防护一样,具有广泛的涵义。这里所说的"强化",主要指通过表面工程来提高材料表面抵御腐蚀和磨损之外的环境作用的能力。有的金属制件要求表面有较高的强度、硬度、耐磨性,而心部保持良好的韧性,以提高使用寿命;也有许多金属制件,要求有高的抗疲劳性能,但疲劳破坏是从材料表面开始的,因此除了提高表面强度、硬度以及降低表面粗糙度外,往往要求材料表面有较大的残余压应力。以最常用的化学热处理渗碳为例:通常对于耐磨的机械零件,多选用低碳钢渗碳,使表面耐磨性显著提高,而心部保持良好的韧性,所以一般不会选用高碳钢渗碳,但有时为了提高机械抗疲劳性能,可以考虑高碳钢在适当条件下进行渗碳淬火,使表层出现残余的压应力,从而大幅度提高疲劳寿命,经渗碳后 GCr15 轴承钢的接触疲劳寿命比未渗碳的约提高 50％便是一个实例。

(4) 修复　在工程上,许多零部件因表面强度、硬度、耐磨性等不足而逐渐磨损、剥落、锈蚀,使外形变小以致尺寸超差或强度降低,最后不能使用。表面工程中如堆焊、电刷镀、热喷涂、电镀、黏结等方法,具有修复功能,不仅可以修复尺寸精度,而且还可以提高表面性能。延长使用寿命。例如,有一台大型通风机,它的主轴在运行过程中出现异声,振动严重,经检查发现主轴颈与轴承内圈有间隙,主轴颈磨损量高达 5mm,后来采用氧乙炔金属末喷涂修复,运行 3 000h 后进行检查,轴与喷涂层仍结合良好,无剥落,也无开裂,达到了预期的修复要求。

(5) 装饰　表面装饰主要包括光亮(镜面、全光亮、亚光、光亮缎状、无光亮缎状等)、色泽(各种颜色和多彩等)、花纹(各种平面花纹、刻花和浮雕等)、仿真(仿贵金属、仿大理石、仿花岗岩等)等多方面的表面处理。

通过表面工程,可以对各种金属材料表面进行装饰,不仅方便、高效,而且美观、经济,故应用广泛。例如汽车和摩托车的轮毂,全世界生产量很大,其中铝合金轮毂美观、质轻、耐久、防腐、散热快、尺寸精度高,经表面处理后又可显著提高防护性能和装饰效果,目前已经成为轮毂制造业的主流产品。表面处理有涂装、阳极氧化、电镀、真空镀膜等,其中涂装法用得最多,电镀和涂装—真空镀膜复合镀方法因可获得近似镜面的装饰效果而正在扩大应用。

2. 在金属功能材料中的应用

虽然材料根据所起作用大致可分为结构材料和功能材料两大类,但是并非结构材料以外的材料都可以称为功能材料。实际上,功能材料主要是指那些具有优良的物理、化学、生物和相互转化功能。而被用于非结构的高科技材料,常用来制造各种装备中具有独特功能的核心部件。此外,功能材料与结构材料相比较,除了性能上的差异和用途不同之外,另一个重要特点是功能材料与元器件成"一体化",即常以元器件形式对其性能进行评价。表面工程在金属功能材料中有一系列重要应用,现按性能特点举例如下:

(1) 磁学特性 磁性物质最基本的属性之一。物质按其性质可分为顺磁性、抗磁性、铁磁性、反铁磁性和亚铁磁性等物质。其中,铁磁性和亚铁磁性属于强磁性,通常说的磁性材料是指具有这两种磁性的物质。广义的磁性材料除了铁磁性材料,亚铁磁性材料,螺旋型和成角型的磁性、亚铁磁性材料,以及非晶型的散铁磁性、散亚铁磁性材料之外,还包括应用其磁性和磁效应的弱磁性(抗磁性和顺磁性)、反铁磁性材料等。

磁性材料大致分为金属磁性材料和铁氧体磁性材料两大类。按其磁性特性和不同应用,又可分为软磁、永磁、磁记录、矩磁、旋磁、压磁、磁光等材料。这些材料能以多晶、单晶、非晶、薄膜等形式使用。在一些重要领域中,金属磁性薄膜引起人们的关注。例如磁性记录材料,主要包括磁头材料和磁记录介质材料。为了提高记录密度,需要更高的矫顽力和膜层更薄的磁记录介质。早在 20 世纪 70 年代末,人们就开发出以垂直记录磁头和垂直记录介质基本结构的垂直磁记录方式。目前常用的垂直磁记录介质主要有溅射 Co-Cr 合金膜,垂直记录磁头主要采用长方形的高磁导率膜(如 Ni-Fe 合金膜等),并使其端部与介质接触的、具有记录和再生两用的单磁极型磁头。

(2) 电学特性 金属电性材料的种类较多,包括导电金属与合金、超导合金、精密电阻合金、电热合金、电阻温度计金属与合金、电接点合金等。其中不少重要材料与表面工程有关。例如,目前已实用化的铌锡超导合金(主要用于超导磁体),因质脆而难以加工成型,一般采用先成型然后通过表面扩散的方法制成 Nb_3Sn 型材,也可采用等离子喷涂等方法把 Nb_3Sn 制成多股细丝复合体。又如利用镀覆、塑性加工等方法,将铝的外表面包覆上铜,得到导电性优于铝而密度小于铜的导体,以节省大量的贵金属;在钢线外层包覆铝,兼具钢线的高强度与铝的优良导电性,可用做大跨度的架空导线。

(3) 热学特性 材料的热学特性可以用与热有关的技术参数来描述:表征物质热运动的能量随温度变化而变化的热容量;表征物质导热能力的导热系数;表征物体受热时长度或体积增大程度的热膨胀系数;表征均温能力的导热系数;表征物质辐射能力的热发射率;表征物质吸收外来热辐射能力大小的吸收率;等等。这些参数都有一系列的实际应用。例如有一种广泛用于软玻璃封接灯泡、电子管引线的覆铜铁镍合金(又称杜美丝),它是以铁镍合金 4J43 为芯丝,外表镀铜再经硼化处理的一种复合材料,镀铜使其径向膨胀系数基本上与软玻璃一致,同时使导电性和导热性显著提高,而表面硼酸盐层能使玻璃与金属融合在一起,具有溶剂和保护双重作用,防止铜镀层生成黑色氧化铜,以免造成玻璃封接后芯柱漏气。

(4) 光学性能 光波是一种电磁波,通常分为紫外、可见、红外三个波段。光波与其他电磁波都具有波粒两象性。一定波长的电磁波可认为是由许多光子构成的,每个光子的能量为 $h\nu$。电磁波辐射强度就是单位时间射到单位面积上的光子数目。电磁波辐射与物质的相互作用表现为电子跃迁和极化效应,而固体材料的光学性质却取于电磁辐射与材料表面、近表面以及材料内部的电子、原子、缺陷之间的相互作用。由于光波的频率范围包括固体中各种电子跃迁所需的频率,故固体材料对于光的辐射所表现出来的光学性能,如反射、折射、吸收、透射、防反射性、增透性、光选择透过、分光性、光选择吸收、偏光性、光记忆以及可能产生的发光、色心、激光等,是很重要的。

在光学材料中金属薄膜有重要的用途,其较为突出的光学性能是反射性。例如,在金属—电介质干涉光片中,根据法布里—珀路干涉仪原理,由两个金属反射膜夹一个介质间隔层组成:在可见光区域,金属反射膜常用 Ag,介质层为 Na_3AlF_6;在紫外光区域常用 Al,介质层为 MgF。两个或更多个法布里—珀路滤光片耦合得到矩形多腔带通滤光片,即多半波滤光片,其中反射膜可用金属薄膜。又如在激光技术中,即多半波滤光片,其中反射膜可用金属薄膜。又如在激光技术中,反射膜主要用于激光谐振腔和反射器,而固体激光器采用金属反射镜最多,金属反射膜主要有 Au、Ag、Al、Cu、Cr、Pt 等薄膜(实际使用时通常要加镀电介质保护膜)。

(5) 声学性能　声波与电磁波不同,它是一种机械波,即在媒质中通过的弹性波(疏密波)表现为振动的形式。一般在气体、液体中只发生起因于体积弹性模量的纵波,而在固体中因有体积弹性模量和剪切弹性模量,因此除纵波还会产生横波和表面波,或其他形式的波如扭转波或几种波的复合。波可以是正弦的,也可以是非正弦的,而后者可分解为基波和谐波。基波是周期波的最低频率分量,谐波是其频率等于基波数倍的周期波分量。声的频率范围很广,大致包括声频($20\sim20kHz$)、次生频段($10^{-4}\sim20Hz$)、超声频段($20kHz\sim5\times10^8Hz$)、特超声频段($5\times10^8\sim10^{12}Hz$)等。各频段的声波都有一些重要应用。声波与电磁波各有一定特点,因而在应用上也各有特色。

根据工程需求,对材料提出各种声学性能要求,如需要高保真传声、声反射、声吸收、声辐射、声接收、声表面波等。目前有一些金属镀膜已用在声学上,例如用气相沉积方法制备纯钛振膜组装成高保真喇叭。如果用真空阴极电弧离子镀等方法制备 DLC(类金刚石薄膜)/Ti 复合扬声器振膜,可以进一步增加频响上限,即提高保真度主观听感,高音清晰亮丽。

(6) 化学特性　化学特性是指只有在化学反应过程中才能表现出来的物质性质,如可燃性、酸性、碱性、还原性、络合性等,这取决于物质的组成、结构和外界条件。

材料通过表面工程可获得所需的化学特性,如选择过滤性、活性、耐蚀性、防沾污性、杀菌性等。例如在化学、石油、食品工业中,为防止产品受污染,往往对生产设备的零部件进行电镀镍,其镀层厚度根据腐蚀环境的严酷程度来决定,通常要求镀镍层的厚度达 $75\mu m$。

(7) 生物特性　生物医学材料被单独地或与药物一起用于人体组织及器官,具有替代、增强、修复等医疗功能。这类材料不仅要满足强度、耐磨性以及较好的抗疲劳破坏等力学性能的要求,还必须具有生物功能和生物相容性,即满足生物学方面的要求,无毒,化学稳定性,不引起人体组织病变,对人体内各种体液具有足够的抗侵蚀能力。目前金属类材料已大量应用于生物医疗。

例如:人工关节是置换病变或损伤的关节以恢复功能的植入性假体。其除具备良好的生物相容性和化学稳定性之外,还应满足与摩擦、磨损等相关的特殊要求。表面工程在这个领域有独特的应用优势。以钛合金为例,它是一类重要的人工关节材料,质轻,力学性能优良,耐腐蚀性能也很好,但是耐磨性较差。目前,用离子注入法在钛合金材料表面注入 N^+、C^+ 等离子,显著提高了耐磨性能,其效果超过 Co-Cr-Mo 合金,也超过了镀覆氮化钛(TiN)薄膜等效果,成为新一代的人工关节材料。

(8) 功能转换 许多材料具有把力、热、电、磁、光、声等物理量通过"物理效应"、"化学效应"、"生物效应"进行相互转换的特性,因而可用来制做重要的器件和装置,在现代科学技术中发挥重要的作用,其中与表面工程有关的金属薄膜或涂层很多,现举例如下:

例1:透明导电薄膜(电—热转换)。目前透明导电薄膜使用最广的是 ITO(氧化铟锡)、SnO_2 等氧化物。通常认为金属是不透明的,但是一些金属在极薄时却具有良好的可见光透过率和其他的光学性能。其中较为突出的是银(Ag),它是最好的光波热能反射体,而在其厚度控制在 12~18nm 时有良好的远红外光反射率,又有良好的可见光透过率。另一方面,银还具有非常好的导电性能,银膜的电阻率低,因此可在低电压下快速加热,这对于需要在低电压下快速加热,以实现迅速融冰、化雪、去雾、除霜的汽车挡风玻璃等产品来说,具有重要的使用价值。银的缺点是硬度低,不耐磨,易受侵蚀,并且与无机玻璃或有透明材料的附着力不高,因此必须用其他的合适薄膜层予以保护和增强附着力。同时,还要在光学上匹配。作为以金属为核心的透明导电膜,常用对称的三层膜,如 ZnS/Ag/ZnS、TiO_2/Ag/TiO_2、SnO_2/Ag/SnO_2、ITO/Ag/ITO 等。这类多层膜一般为电介质/金属层/电介质(Dielectric/Metal/Dielectric),简称 D/M/D 多层膜。为了更可靠使用,这类多层膜通常夹在两块黏结玻璃中间,即作为夹层玻璃使用。

例2:薄膜型光衰减器(光—热转换)。光无源器是光纤通信设备的重要组成部分,包括光纤连接器、光衰减器、光耦合器、光波分复用器、光隔离器、光开关、光调节器等。其中光衰减器用于光通信线路、系统评估、研究和调整、校正等方面,可以按用户的要求将光信号的能量进行预期的衰减。光衰减器按工作原理可分为直接镀膜型、衰减片型和位移型等多种类型。其中,直接镀膜型(即薄膜型)光衰减器是在光纤维端面或玻璃基体上镀覆金属吸收和反射膜来衰减光能量。金属膜吸收光能后转化为热能释出。常用的蒸镀金属膜有 Al、Ti、Cr、W 等薄膜。如果采用 Al 膜,要在上面加镀一层 SiO_2 或 MgF_2 薄膜作为保护层。

1.3.3 表面工程在无机非金属材料中的应用

非金属材料包括高分子材料和无机非金属材料。除金属材料和高分子材料以外的几乎所有材料都属于无机非金属材料,主要有陶瓷、玻璃、水泥、耐火材料、半导体、碳材料等。它们具有高熔点、耐腐蚀、耐磨损等优点以及优良的介电、压电、光学、电磁等性能。作为结构性用途,这类材料的抗拉强度和韧性偏低,应用受到限制。然而,通过表面工程,这些不足可以在一定程度上得到改善,从而扩大了用途。另一方面,把无机非金属材料作为涂层或镀层,牢固地覆盖在金属材料或高分子材料的表面上,可以显著提高金属材料或高分子材料的耐腐蚀、耐磨损、耐高温等性能,具有很大的使用价值。无机非金属材料作为功能性用途,已经在国民经济和科学技术中发挥着巨大的作用,而表面工程在这个领域中使用与发展,使功能材料的应用更加广泛和重要。

1. 表面工程在无机结构材料中的应用

现举例说明如下:

(1) 陶瓷表面的金属化 陶瓷可以通过物理气相沉积、化学气相沉积、烧结、喷涂、离子渗金属、化学镀、被银(镍)等方法,使表面覆盖金属镀层或涂层,获得金属光泽等优良性能。例如,目前生产金属光泽釉的方法有三种:一是在炽热的陶瓷釉表面直接喷涂有机或无机金属盐溶液;二是用气相沉积等方法在陶瓷釉面上镀覆金属膜;三是在一定组成的釉料中加入适量的金属氧化物再热处理(称为高温烧结法),釉面析出某种金属化合物,使釉面呈现一定的金属光泽,即为陶瓷金属光泽釉。

(2) 玻璃表面的强化　普通的无机玻璃是以 SiO_2 为主要成分的硅酸盐玻璃,理论强度很高,如果表面无损伤,理论应力可达 10 000MPa 以上。在生产中,玻璃是靠与金属辊道接触摩擦带动前进的,玻璃在似软非软的状态下与金属辊上的细小杂质摩擦,使表面产生大量的微裂纹,当玻璃受到拉伸时裂纹端处产生应力集中,玻璃的实际强度只有 40~60MPa 或以下,比理论强度低 100~200 倍。玻璃受力破碎后,碎片呈片形刀状,容易伤人。

目前主要有两条途径来提高玻璃的强度:一是用表面化学腐蚀、表面火焰抛光和表面涂覆等方法来消除或改善表面裂纹等缺陷,或采取措施,保护玻璃使之不再遭受进一步的破坏;二是采用物理钢化、化学钢化和表面结晶等方法,使玻璃表面形成压力层,即增加一个预应力,来提高玻璃总的抗拉伸应力。例如物理钢化法,是将玻璃放在加热炉中加热到软化点附近,然后在冷却设备中用空气等冷却介质快冷,使玻璃表面形成压应力,内部形成张应力,强度提高了 3~5 倍,耐热冲击可达到 280~320℃。又如化学钢化法,是将玻璃放在有一定温度的特定熔液中进行离子交换,利用离子半径的显著差异,使玻璃表面产生压应力和较厚的压应力层。实际效果与离子交换成分、设备及工艺有关。一个典型的数据是:经离子交换后,表面压应力≥400MPa,压应力层厚度≥15μm。抗冲击性以 227g 钢球落下而无碎裂的高度为检验指标:厚 1.1mm 的玻璃,落球高度≥1m;厚 0.7mm 的玻璃,落球高度≥0.7m。如果没有经过化学钢化,则厚 1.1m 的玻璃的落球高度约为 0.7m。

(3) 陶瓷表面的玻化和微晶化　用于内墙、外墙、地面、厨房和卫生间的陶瓷制品,不仅要有高硬度、耐磨、耐蚀和较高强度,还应具有良好的装饰性、抗污性和抗菌性,这需要通过表面工程来达到要求,其中陶瓷制品的表面玻化处理和微晶化处理是两项实用技术。

(4) 新型结构陶瓷的表面改性　新型陶瓷有氮化物、碳化物、氧化物等陶瓷,性脆,延性小,容易发生脆性断裂。有些陶瓷如氮化硅等,在高温时容易氧化,造成裂纹、熔洞以及晶界强度降低和磨损加快,使其在应用上受到很大的限制。目前,结构陶瓷的表面改性方法很多,如表面镀膜、表面涂覆、离子注入、离子萃取等,都能有效改善某些表面性能,从而拓宽了结构陶瓷材料的应用。例如,将无机盐做先驱体、铵盐为催化剂的溶胶-凝胶方法在 SG_4 氧化铝基体表面上制备出结合紧密、无明显界面的 ZrO_2 涂层和 $Al_2O_3-ZrO_2$ 涂层,使 Al_2O_3 基工程陶瓷的表面质量有很大的提高。同时,溶胶层因弥合基体表面微裂纹而显著提高了陶瓷的抗弯强度,一次涂层抗弯强度就提高了 29%,两次涂层抗弯强度可提高 34%。

(5) 金属材料表面陶瓷化　用镀膜、涂覆、化学转化等各种方法,在金属材料表面形成陶瓷膜或生成陶瓷层,可以获得优异的综合性能,材料心部保持金属的强度和韧性,而表面或表层具有高的硬度、耐磨性、耐蚀性及耐高温性,从而显著提高了结构件的使用寿命,拓宽了它的用途,尤其能在某些重要场合承担原有金属材料难以承担的工作。例如,用化学气相沉积或等离子体化学气相沉积等方法制备的金刚石薄膜具有一系列优异的性能,其硬度接近天然金刚石,摩擦系数很低,热导率很高,镀覆在硬质合金刀具的基体上,制成金刚石镀膜工具,可以用来代替高压金刚石聚晶工具。

2. 表面工程在无机功能材料中的应用

无机非金属材料有着许多独特的物理、化学、生物等性质以及相互转化的功能,用来制造各种功能器件,产量很大,应用广泛,作用巨大。随着它们的使用和研究的不断深入,人们越来越多地采用表面镀膜、涂覆、改性等方法来改善和提高材料性能,或者赋予材料新的性质和功能,进一步拓宽应用范围。现按材料特性举例说明如下:

(1) 电学特性　用气相沉积等方法制备的半导体薄膜、超导薄膜和其他电功能薄膜在现代工业和科学技术中有着许多重要的作用。

① 半导体薄膜。半导体可以分为无机半导体和有机半导体两大类。无机半导体又可分为元素和化合物两种类型,主要有硅、锗、砷化镓等。在无机半导体材料和器件的生产中,外延生长是关键技术之一。在单晶衬底上沿个晶向生长的具有预定参数的单晶薄膜的方法称为外延生长法。工业生产中主要采用化学气相外延、液相外延等方法。在高精密超薄外延方面,则采用分子束外延或金属有机化学气相外延。目前,外延生长技术已广泛用于制备高速电子器件、光电器件、硅器件和电路用薄膜材料等。例如硅单晶的生长方法主要有直拉法(CZ)、磁控拉制法(MCZ)、悬浮区熔法(FZ)和化学气相外延法(CVD)四种。其中,用化学气相外延法生产的外延片,约占整个硅片生产量的35%。

上述方法得到的无机半导体具有优良的性能,但生产成本较高。实际上用简单的陶瓷工艺也可获得某些生产成本较低的半导体陶瓷,但其电阻率容易受温度、光照、电场、气氛、湿度等变化的影响,因此可以将外界的物理量转化为可测量的电信号,从而可制成各种传感器。表面工程在陶瓷传感器中有许多应用,并且发展前景良好。

具有间隙结构的碳化物等硬质化合物有着良好的导电性,属于电子导电。还有些陶瓷在适当条件下具有与液体强电解质相似的离子导电。例如在钠硫蓄电池中,钠为负极,硫加石墨毡为正极,管状钠-β氧化铝陶瓷作为固体电解质,工作温度为300~350℃,电压为1.8V,比能量和比功率可分别达120wh/kg和180wh/kg,属高能电池,并且充放电循环寿命长,原材料丰富,成本低,故受到人们的重视,尚需解决的主要问题是固体电解质的寿命和电导性,以及熔融钠和反应产物多硫化钠对电池结构材料的腐蚀。要解决这些问题,除了改进固体电解质材料和电池结构材料的性能外,采用材料表面覆盖或改性方法,也是主要途径之一。

② 超导薄膜。超导陶瓷由于具有完全的导电性和完全的抗磁性,因而在磁悬浮列车、无电阻损耗的输电线路、超导电机、超导探测器、超导天线、悬浮轴承、超导陀螺、超导计算机、高能物理以及废水净化、去除毒物等领域,有广阔的应用前景。在超导体的发展过程中,超导体的薄膜化越来越受到重视。超导体是完全抗磁性的,超导电流只能在与磁场浸入深度30~300nm相应的表层范围内流动,因此使用薄膜是合适的。目前,超导薄膜已是制作约瑟夫森效应电子器件(如开关元件、磁传感器及光传感器等)所必不可少的基础材料。所谓约瑟夫森效应(Josephson effect),是库柏电子对隧穿两块超导体之间绝缘薄层的现象,也就是被绝缘薄层(厚度小于10nm)隔开的两个超导体之间会产生超导电子隧道的效应。约瑟夫森隧结开关时间为10^{-12}s,超高速开关时产生的热量仅为10^{-6}W,耗能低,由它制成的器件运算速度比硅晶体管快50倍,产生的热量仅为硅晶体管的千分之一以下,故能高度集成化。应用约瑟夫森效应还可实现几种极精确的测量,如对极微弱磁场的测量以及对基本物理常数h/e的最精确测定。陶瓷超导薄膜有BI型化合物膜、三元素化合物膜和高温铜氧化物膜三种类型,具体材料种类很多,成膜方法主要是气相沉积。

③ 其他电功能陶瓷薄膜。主要有下面几种类型:一是陶瓷导电薄膜,如In_2O_3、SnO_2、ITO($In_2O_3-SnO_2$)、ZnO等透明导电膜,用于面发热体、显示器、电磁屏蔽、透明电极等;二是陶瓷电阻薄膜,如Cr-SiO、Cr-MgF_2、Au-SiO等金属陶瓷混合膜以及Ta_2N、(Ti,Ae)N、

(Ta,Ae)N、ZrN 等氮化物膜,用于混合集成电路、精密电阻、热写头发热体等;三是介电薄膜材料,即在电场作用下正负电荷中心可相对运动产生电矩的薄膜功能材料,依其电学特性分别有电气绝缘、介电性、压电性、热释电性、铁电性等类型,具体种类很多,用途各异,可以说新型介电薄膜材料的开发和使用,有力地推动了一些科学技术的进步。例如,由 Si_3N_4(介电常数为 $\varepsilon_r \approx 7$)与 SiO_2($\varepsilon_r=3.8$)复合的"三明治"膜层在动态随机存取器(DRAM)中做蓄积电荷用的电容器膜,DRAN 在半导体 IC 存储器中占有重要地位。又如金刚石薄膜为制作大规模集成电路基片开辟了新的道路。

(2) 磁学特性　随着计算机、信息等产业的迅速发展以及表面加工技术的不断进步,磁性材料除了块状使用外还大力发展薄膜磁性材料,为电子产品和元器件的小型化、集成化和多功能化提供了必要的基础。其中,陶瓷磁性薄膜的发展尤为引人注目。下面例举了陶瓷磁性薄膜的某些重要应用。

① 磁记录薄膜材料。磁记录是一种利用磁性物质做记录、存储和再生信息的技术。它包括录音(音频应用)、录像(视频应用)、计算机(硬盘、软盘)、磁卡等方面的应用,具有频率范围宽、信息密度高、信息可以长期保存、失真小、寿命长等优点。磁记录系统主要部分是磁头组体、磁带或磁盘,以及传动装置、记录放大器、伺服系统。

涂覆在磁带、磁盘和磁鼓上面的用于记录和存储信息的磁性材料称为磁记录介质。它主要有氧化物和金属两类,通常要求有较高的矫顽力和饱和的磁化强度,矩形比高,磁滞回线陡直,温度系数小,老化效应小。氧化物中以 γ-Fe_2O_3 应用最广泛,其他还有添加 Co 的 γ-Fe_2O_3、CrO_2、α-Fe、Be 铁氧体等。除了涂覆外,还采用真空镀膜方法制备陶瓷磁性薄膜。例如,用溅射镀膜法在硬盘上制作铁氧体 γ-Fe_2O_3 磁记录介质,膜厚为 160nm。还有用 Fe 膜的高温氮化和等离子氮化法制作 Fe-N 基的氮化物磁性薄膜,其兼具优良的磁学物性和耐磨、耐蚀性能,故可用于磁记录介质和磁头两个方面。这种陶瓷性薄膜也可用溅射镀膜法制作。涂覆法制作的磁带是涂覆型介质的一个典型应用,它是在 PET(聚对苯二甲酸乙二酯)带基上涂覆磁性记录层而制成的,其中,磁性记录层由磁性粉末颗粒和聚合物(包括黏结剂、活性剂、增加剂、溶剂等)组成。为了克服颗粒涂覆型介质矩形比较小和剩磁不足等缺点,采用连续型磁性薄膜是一个重要途径。

② 巨磁阻锰氧化物薄膜材料。薄膜材料的电阻率由于磁化状态的变化呈现显著改变的现象,称为巨磁电阻效应(giant magnetoresistance effect,GMR effect)。它通常用磁电阻变化率表征。1988 年,Baibich 等人首次发现(Fe/Cr)n 多层膜的 GMR 效应:在 4.2K 温度,2T 磁场下的电阻率为零场时的一半,磁电阻变化率 $\Delta\rho/\rho$ 约为 50%,比 FeNi 合金的各向异性磁阻效应约大一个数量级,呈现负值,各向同性。颗粒膜是微小磁性颗粒弥散分布于如 Co/Cu 等薄膜中所构成的复合体系,也具有 GMR 效应。GMR 效应的发现极大地促进了磁电子学的发展和完善,对物理学、材料科学和工程技术的发展有重要意义。

人们研究金属和合金巨磁电阻薄膜的同时,在一系列具有类钙钛矿结构的稀土锰氧化物 $Re_{1-x}A_xMnO_3$(Re 为 La、Nd、Y 等三价稀土离子,A 为 Ca、Sr、Ba 等二价碱金属离子)薄膜及块状材料中观察到具有更大磁阻的超大磁电阻(colossal magnetoresistance,CMR)效应,又称庞磁电阻效应。为简单起见仍可用 GMR 记述 CMR 效应。目前,在锰氧化物中磁阻的普遍定义是 MR=$\Delta\rho/\rho=(\rho_O-\rho_H)/\rho_H\times 100\%$。其中,$\rho_O$ 是无外加磁场时的电阻,ρ_H 是外加磁场下的电阻。例如,在 La-Ca-Mn-O 系列中,MR 最大为在 57K 时的 $10^8\%$ 量级。这可以与超导引起的磁电阻变化相类比。

巨磁电阻材料易使器体小型化、廉价化。它与光电传感器相比,具有功耗小,可靠性高,体积小,价廉和更强的输出信号以及能工作于恶劣的环境中等优点。对于 $Re_{1-x}A_xMnO_3$ 型锰氧化物等材料,获得最大磁阻的温度较低,但可以通过改变掺杂组分(Re,A)和掺杂浓度(x)来调节体系的磁有序转变温度(50~300K)和磁阻率($10^{1~8}$%)。目前,人们对它的应用做了多方面探索,如读写磁头、自旋阀器件、激光感生电压、微磁传感器以及辐射热仪等,有着良好的应用前景。

(3) 光学特性　陶瓷光学薄膜有着许多重要的应用,包括反射、增透、光选择透过、光选择吸收、分光、偏光、发光、光记忆等,现举例如下:

① 介质薄膜材料。介质(dielectric)又称电介质、介质体,指电导$<10^{-6}$s的不良导体。MgF_2、ZnS、TiO_2、ZrO_2、SiO_2、Na_3AlF_6 等一系列介质薄膜在光学应用中起着很大的作用。例如,MgF_2 在波长为550nm波段的折射率约为1.38,透明区为0.12~10μm,与玻璃附着牢固,广泛用做单层增透膜,也可与其他薄膜组合成多层膜。又如按照全电介质多层膜的光学理论,当光学厚度为 $\lambda_0/4$ 的高、低折射率材料膜交替镀覆在玻璃表面时,可以在λ_0处获得最大的光反射。高折射率介质膜 TiO_2 与低折射率介质膜 SiO_2 构成的多层膜便是其中一例。

② 低辐射膜。在玻璃表面涂镀低辐射膜,称作低辐射玻璃(low emissivity glass, low-E glass)。它在降低建筑能耗上具有重要意义。在住宅建筑中,对室内温度产生影响的热源有两个方面:一是室外的热源,包括太阳直接照射进入室内的热能(主要集中在 0.3~2.5μm 波段)以及太阳照射到路面、建筑物等物体上而被物体吸收后再辐射出来的远红外热辐射(主要集中在 2.5~40μm 波段);二是室内的热源,包括由暖气、火炉、电器产生的远红处热辐射以及由墙壁、地板、家具等物体吸收太阳辐射热后再辐射出来的远红外热辐射两者都集中在 2.5~40μm 波段。低辐射膜能将80%以上的远红外热辐射反射回去(玻璃无低辐射膜时,远红外反射率仅在11%左右),使低辐射玻璃在冬季的时候,将室内暖气及物体散发的热辐射的绝大部分反射回室内,节省了取暖费用;在炎热的夏季,可以阻止室外地面、建筑物发出的热辐射进入室内,节省空调制冷费用。目前,低辐射玻璃主要有离线和在线两种生产方式。离线法是将玻璃原片经切割、清洗等预加工后进行磁控溅射镀膜。在线法是对浮法玻璃在锡槽部位成形过程中采用化学气相沉积技术进行镀膜,此时玻璃处于 650℃ 以上的高温,保持新鲜状态具有较强的反应物性,膜层依次由 SnO_2(厚度 10~50nm)、氧化物过渡层(厚度 20~200nm)和 SiO_2 半导体膜(厚度 10~50nm),膜层与玻璃通过化学键结合很牢固,并且具有很好的化学稳定性与热稳定性。Low-E 玻璃的表面辐射率(0.84),有着很好的节能效果,而且可见光透过率可达 80%~90%,光反射率低,完全满足建筑物采光、装饰、防光污染等要求。

(4) 生物特性　具有一定的理化性质和生物相容性的生物医学材料受到人们的重视。使用医用涂层可在保持基体材料特性的基础上增进基体表面的生物学性质,或阻隔基体材料中离子向周围组织溶出扩散,或提高基体表面的耐磨性、绝缘性等,有力地促进了生物医学材料的发展。例如,在金属材料上涂以生物陶瓷,用做人造骨、人造牙、植入装置导线的绝缘层等。目前,制备医用涂层的表面技术有等离子喷涂、气相沉积、离子注入、电泳等。

除了生物医学材料外,还有一些与人体健康有关的陶瓷涂层材料。例如,水净化器中安装的能活化水的远红外陶瓷涂层装置,通过活化水而有利于人的健康。又如用表面技术和其他技术制成的磁性涂层敷在人体的一定穴位,有治疗疼痛、高血压等功能,涂敷驻极体膜有促进骨裂愈合等功能。

(5) 功能转换特性　通过涂装、黏结、气相沉积、等离子喷涂等方法制备陶瓷涂层或薄膜,可以实现光-电、电-光、电-热、热-电、光-热、力-热、力-电、磁-光、光-磁等转换,有着广泛的应用,举例如下:

① 太阳能电池。它将光能转换为电能。半导体材料能实现这种功能,其装置称为太阳能电池,是最清洁的能源。它不仅是最重要的空间技术用能源,而且在地面上也获得一定规模的应用。主要材料有单晶 Si、多晶 Si、非晶 Si,还有 GaAs、GaAlAs、InP、CdS、CdTe 等。为了使地面太阳能电池的电力成本能与火力发电成本相竞争,须降低材料的成本并提高其转换效率。其中一个重要途径是薄膜化,如非晶硅薄膜、多晶硅薄膜以及 GaAs、CdTe、$CuInSe_2$(CIS) 和 $CuIn_xGa_{1-x}Se_2$(CIGS) 等化合物薄膜,虽然目前总体目标尚未完全达到,但有着良好的发展前景。

② 磁光器体。在磁场作用下,材料的电磁特性发生变化,从而使光的传输特性发生变化,这种现象称为磁光效应。利用磁光效应,做成各种磁光器件,可对激光束的强度、相位、频率、偏振方向及传输方向进行控制,如利用磁光法拉第效应可制成调制器、隔离器、旋转器、环行器、相移器、锁式开关、Q 开关等快速控制激光参数的器件,可用在激光雷达、测距、光通信、激光陀螺、红外探测和激光放大器等系统的光路中。目前,磁光效应在计算机存储上的应用也受到重视。

③ 声表面波滤波器。声表面波(surface acoustic wave,SAW)是一种弹性波,这种波在压电材料表面上产生与传播,其振幅随深入材料深度的增加而迅速减小。人们利用这一性质制成了 SAW 滤波器。这种滤波器的应用十分广泛,可以说没有它就谈不上现代通信。压电材料是具有压电效应的材料。所谓压电效应,是指某些电解质在机械应力下产生形变,极化状态发生变化,致使表面产生带电现象。表面电荷密度与应力成正比,称为正压电效应;反之施加外电场,介质内产生机械变形,应变与电场强度成正比,称为逆压电效应。在 SAW 滤波器中,压电元件由压电薄膜和非压电基底组成多层结构,SAW 的传播特性由压电薄膜与基底共同确定。压电薄膜有 ZnO、AlN、CdS、$LiNbO_3$ 等,其中以 ZnO 用得最多,由溅射镀膜法制备。

(6) 其他重要应用

① 传感器薄膜材料。传感器是以敏感器件为核心而制成的能够响应、检测或转移待测对象如气体、温度、压力、湿度、放射线、离子活度等信息,将它们转换成电信号再进行测量、控制及信息处理的装置。传感器材料分为半导体、陶瓷、金属材料、有机材料四类。利用半导体、陶瓷的各种功能,以薄膜形式用于传感器,受到重视,如 SnO_2、ITO、ZnO、In_2O_3、$CdO-SnO_2$ 等薄膜用于气体传感器。又如通过磁控溅射,在 Si 或 MgO 基板上形成 C 轴取向的 $PbTiO_3$ 矩形单元构成传感器阵列,用做温度传感器。

② 陶瓷光电子薄膜材料。如在光通信及光信息处理中,为提高半导体激光器、光开关、光分路器、光合路器等工作效率,需要将光封闭于薄膜中,这种薄膜称为光波导,所用的陶瓷薄膜有非晶态的 SiO_2、Nb_2O_5、Ta_2O_5 和晶态的 $LiNbO_3$、$LiTiO_3$、ZnO、PLZT 薄膜等。又如电致发光(electrolumi nescence,EL)膜通常用掺 Mn 的数百纳米厚的 ZnS 夹在第一绝缘层(SiO_2 和 Si_3N)和第二绝缘层(Si_3N_4 和 Al_2O_3)之间,并在位于其外侧的背面电极 Al 和 ITO 之间施加电压(约 $10^6 V/cm$),通过电子加速碰撞 ZnS:Mn,荧光体被激发而在复合时产生发光,主要用于高质量的显示。

③ 陶瓷保护膜和隔离膜。最常见的是用于金属的保护膜,它能使金属镜面不受外界侵蚀和增加镜面的机械强度,如 SiO、SiO_2、Al_2O_3、MgF_2 等。实际上,介质保护膜不仅用于金属,也可用于半导体及介质膜本身。激光薄膜中的保护膜,可以用来提高薄膜的抗激光强度。此外,陶瓷薄膜可用做隔离膜,这在微细加工等应用中是很重要的。

1.3.4 表面工程在有机高分子材料中的应用

1. 有机高分子材料表面覆盖层的应用

有机高分子表面覆盖层的制作方法主要有涂装、电镀、化学镀、物理气相沉积、化学气相沉积、印刷等,应用举例如下:

(1) 涂装的应用 例如,ABS 制品采用丙烯酸清漆、丙烯酸-聚氨酯、金属闪光漆等涂料进行涂装,应用于家电制品、汽车和摩托车零件。又如聚碳酸脂(PC),用双组分的环氧底漆和丙烯酸清漆或聚氨酯面漆进行涂装,应用于汽车外部零部件。涂装的作用主要是表面保护、增加美观和赋予塑料特殊的性能。

(2) 电镀的应用 塑料电镀是在塑料基体上先沉积一层薄的导电层,然后进行电镀加工,使塑料既保持密度小、质量轻、成本低等特点,又具有金属的美观,提高强度等性能,或赋予新的功能。

(3) 真空镀膜的应用 真空镀膜即物理气相沉积法,主要有真空蒸镀、磁控溅射和离子镀膜法三种。它们与塑料电镀相比,优点是可镀制膜层的材料和色泽种类很多,易操作,基材前处理简单,生产效率高,成本低,能耗低,金属材料耗量低,不存在废水、废气、废渣等污染,易于工业化生产,因此获得了广泛的应用,在光学、磁学、电子学、建筑、机械等领域发挥着越来越大的作用。在装饰-防护镀层方面,经常采用"底涂-真空镀-面涂"的复合镀层技术,取得了良好的效果。塑料真空镀膜除了用于装饰性镀膜外,还大量用于功能性镀膜,使塑性表面获得优异的性能。

(4) 热喷涂的应用 热喷涂是采用各种热源使喷涂材料加热熔化或半熔化,然后用高速气体使热喷涂材料分散细化并高速撞击基材表面上形成涂层的工艺过程。主要特点是:可用各种材料做热喷涂材料;可在各种基材上进行热喷;基材温度一般在 30~200℃ 之间;操作灵活;涂层范围宽,从几十微米到几毫米。因此,塑料的热喷涂包括两个方面:一是用塑料做喷涂材料,在金属、陶瓷等基材表面形成涂层;二是用其他热喷涂材料,在塑料表面形成涂层,此时要求喷涂温度低于塑料的热变形温度。采用热喷涂方法,可以使材料表面具有不同的硬度、耐磨、耐蚀、耐热、抗氧化、隔热、绝缘、导电、密封、防微波辐射等各种物理、化学性能,对提高产品性能、延长使用寿命、降低成本等起着重要的作用。

(5) 印刷的应用 各种印刷技术的发展,使印刷成为塑料产品装饰和标记的主要途径。目前,塑料制品的印刷既包括以包装材料为代表的装潢印刷,又包括以电子产品为代表的功能性印刷。

(6) 化学气相沉积的应用 聚合物的 CVD 是将需要聚合的单体气体导入反应系统中,利用光等离子体和热等能量的活化,引起聚合反应,形成聚合物薄膜。根据活化手段的不同,聚合物的化学气相沉积可分为几种,主要有:一是光化学气相沉积,即利用直接光激活(多为水银灯光和激光)和利用增感剂激活的方法,使游离基(自由基)活化并聚合成膜,其特点是仅在光照射的部位形成聚合物薄膜;二是等离子体聚合法,即在反应容器中导入单体的气体,利用射频放电或辉光放电,使气体活化,通过聚合反应在基板表面形成聚合物薄膜;三是蒸镀聚合法,即以真空蒸镀法为基础,通过热能使单体蒸发和活化,在基板表面发生聚合反应而形成聚合物薄膜。它又可分为两种类型:一种是通过对聚体(二聚物)进行热分解,形成游离基,再经聚合形成聚合物薄膜,或者对单体进行热丝加热使其游离化,经聚合形成聚合物薄膜;另一种是将两种单体同时蒸发,然后在基板上发生缩聚反应或加聚反应,形成聚合物薄膜。蒸镀聚合法有不少实际应用。例如用蒸镀聚合法,在厚度约 $120\mu m$ 的非对称聚酰亚胺基底上形成厚度约为 $0.2\mu m$ 的聚酰亚胺薄膜,可以提高从水/酒精混合溶液中分离出酒精的功能。又如气阀的关键部件——阀芯,可采用蒸镀聚合法,在阀芯表面沉积一层合成聚对二甲苯树脂薄膜或聚酰胺薄膜,具有自润滑作用,代替润滑油脂。

2. 有机高分子材料表面改性的应用

有机高分子材料的表面的性质往往不能满足实际应用的需要,为此除了采用各种覆盖层方法外,还可采用各种表面改性方法来满足使用要求。举例说明如下。

(1) 偶联剂处理的应用　偶联剂的分子结构中存在的两种官能团:一种是能与高分子基体发生化学反应或至少有好的相溶性;另一种是能与无机物形成化学键,因此可以提高高分子材料与无机物之间界面的黏合性。具体种类较多,可根据具体材料来选择。

(2) 化学改性的应用　它主要有以下两种类型:一是化学表面氧化或磺化,以改变表面粗糙度和表面极性基团含量,例如常用铬酸-硫酸系氧化剂,在塑料表面引入 $>C=O$、$-COOH$、$>C-H$、$-SO_3H$ 等极性基因以及使部分分子链断裂,从而增加了表面结合力;二是化学法表面接枝,其接枝改性的材料是固体,而接枝单体则多为气相和液相,表面发生接枝的产物是接枝共聚物,可以在基材性能不受影响的情况下得到显著的表面改性效果。

(3) 辐射处理的应用　它是用各种能量的射线,如紫外线、γ 射线、x 射线等,进行辐照,促使表面氧化、接枝和交联等。例如经紫外线辐射处理的聚酯,其附着力可比未处理的提高 15 倍左右。

(4) 等离子体改性　利用非聚合性无机气体 Ar、N_2、H_2、O_2 等的辉光放电等离子体,对塑料、纤维、聚合物薄膜等高分子材料进行表面改性处理,可有效地改善其表面性质以适合于各种用途。例如,利用氧化性的气体等离子体对聚丙烯(PP)进行表面改性处理,并且将其在真空条件下热压到低碳钢板上,可以大大提高热压材料的剪切强度。

(5) 酶化学表面改性　酶是由生物体内自身合成的生物催化剂。酶在聚合物表面改性中的应用,主要在天然的纤维织物以及皮革制品方面。例如,制革是一个复杂的过程,需要几十道工序。其中,脱毛和修饰是两个重要环节。使用酶制剂,相对于传统的处理工艺,则具有快捷、高效和环保的优点。

1.3.5　表面工程在复合材料中的应用

1. 复合材料及其界面

复合材料是由两种或两种以上性质不同的材料组合而成的。它在性能上具有所选定的各材料的优点,克服或削弱了各单一材料的弱点,因此可以根据使用性能的要求,合理地选择组成材料和增强方法,这样为新材料的研制和使用提供了更大的自由度,有着广阔的应用前景。复合材料在具体性能上有许多优点,如较高的比强度和比刚度,较高的疲劳强度,耐高温及良好的隔热性能,耐蚀性好,还有耐冲击、减振性好、容伤性(即发现裂纹后仍可承载,可检查和维修,破坏前也有征兆)以及特殊的电、磁、光等性质。复合材料一般可在条件下提高产品性能,又可满足许多特殊的要求。

复合材料一般是由基体材料(如树脂、陶瓷、金属)与增强体材料(如玻璃纤维、碳纤维、碳化硅纤维或颗粒、各种有机纤维等)复合而成。复合材料有多种分类方法,若按基体材料分类,则主要有聚合物基、陶瓷基和金属基三类复合材料。

复合材料内由多相间所构成的界面是影响复合材料性能的关键因素之一。研究表明:界面不是理想的单分子层,而是有一定厚度(纳米级—亚微米级)的界面层,其结构与两相本体结构不同;界面应具有最佳的结合状态,结合过强则易引起脆性断裂,若结合过弱则不能起到将应力由基体传递到增强体的作用。

从提高复合材料的力学性能来考虑,各类复合材料改善界面的重点有所不同:

① 在聚合物基复合材料中,要对增强体表面进行处理来提高两界面的相容性和和减少界地残余应力等。

② 在陶瓷基复合材料中,增强体的作用主要是增韧,要求界面有适中的结合,允许界面有一定的松动,即利用拔出、脱粘和相间摩擦来吸收断裂功,并且使裂纹发生转移,同时要求两相的膨胀系数相近,以免界面残余应力诱发裂纹萌生。如果界面上存在氧化物陶瓷的玻璃态物质,则有可能提高复合材料的韧性。

③ 在金属基复合材料中,由于金属的活泼性,故要控制好界面上的反应。适度的反应有助于界面结合,过分的反应则会产生脆性的界面反应物,造成低应力破坏,同时要防止某些元素或金属间化合物富集于界面而造成有害的作用。

界面结构和反应及其影响是复杂的,需要深入分析和研究。针对复合材料的界面问题,已研究了许多表面处理方法,现择要介绍某些表面处理方法。

2. 玻璃纤维的表面处理及其应用

聚合物基复合材料是目前复合材料的主要品种,产量大,其中用树脂做基料、玻璃纤维或其他织物做增强体制成的玻璃纤维增强塑料占有较大的比例。它分为两大类:一是增强热塑性材料,如增强聚丙烯、增强尼龙、增强聚酯等;二是增强热固性塑料,如增强不饱和聚酯、增强环氧树脂、增强酚醛树脂等。常用的玻璃纤维形式有长纤维、短纤维以及布、绳、毡等。玻璃纤维由熔融玻璃拉制而成。纤维可以加工成布、绳和毡。制作原料主要有高碱性玻璃(A-玻璃)、电工玻璃(E-玻璃)或改进的E-玻璃、抗化学腐蚀玻璃(ECR-玻璃)和高强度玻璃(S-玻璃)四种。

为了充分发挥玻璃纤维在复合材料中的承载作用,减少玻璃纤维与树脂基之间差异对界面的不良影响,以及减少玻璃纤维表面缺陷所导致的与树脂基的不良黏合,因此要对玻璃纤维进行表面处理,主要是偶联剂处理。偶联剂的特点是分子中含有两种不同性质的基因,使两种原本不易结合(黏结)的材料,通过偶联剂的化学、物理作用而较为牢固地结合起来。常见的偶联剂是有机酸铬络合物(甲基丙烯酸氯化铬络合物)、有机硅偶联剂(乙烯基三乙氧基硅烷、γ-氨丙基三乙氧基硅烷等)、钛酸酯偶联剂(异丙基三异硬脂酰基钛酸酯、异丙基三油酰基钛酸酯等)、铝酸酯偶联剂和磺酰叠氮偶联剂五类。研究表明,偶联剂在玻璃表面,有弱吸附层(可被冷水洗去)、强吸附层(可被沸水洗去)和化学键结合层三个复杂的结构层次。通过偶联剂的偶联作用,使玻璃纤维与基体树脂以化学键形成界面层,有效提高了复合材料的性能。例如,在偶联剂中用得较多的是硅烷偶联剂。研究表明,含有氨基的偶联剂比不含氨基的对玻璃纤维的处理效果好,原因是偶联剂的氨基与添加剂以及基体中的氨基有亲和性,再加上交联作用的助剂,使得复合材料的界面有较好的黏合性。氨基还能与接枝的酸酐官能团反应,生成跨越界面的化学键,使界面的黏结强度提高,从而使复合材料的整体性能提高。又如铝酸酯偶联剂具有处理方法多样性、偶联反应快、使用范围广、处理效果好、分解温度高、价格性能比好等优点而被广泛应用。

偶联剂处理是玻璃纤维表面处理的首选方法,但有时达不到处理的预期目标,尤其是偶联剂在聚烯烃类树脂基体中(缺乏活性反应官能团)会失去应有的作用,因此要采用其他表面处理方法,大致有以下几种:ⓐ玻璃纤维表面的接枝处理,即用各种方法使玻璃纤维上接枝小分子或大分子物质;ⓑ等离子体表面处理,用适当的方式使玻璃纤维表面的官能团发生变化,产生轻微的刻蚀,改善浸润状况,使界面黏合性加强;ⓒ稀土元素表面处理,它是基于稀土元素有特殊的4f层结构、电负性较小、突出的化学活性,来改善界面性能,这对于用常规的偶联剂处理难以见效的聚四氟乙烯(PTFE)和聚乙烯等热塑性材料为基体的复合材料来说是有效的。但是,过多的加入稀土元素可能会产生不利的影响。

3. 高性能增强纤维的表面处理及其应用

玻璃纤维增强塑料的强度高,相对密度小,但模量不足,因此人们努力开发高性能复合材料(high performance composite, HPC)或先进复合材料(advanced composite materials, ACM)。它是用高性能增强体与高性能树脂(如高强、高模、耐高温树脂等)基体复合成力学性能与耐热性能均有显著提高的材料。

高性能纤维增强体是指强度大于 17.8cN/dtex、模量在 445cN/dtex 以上的特种纤维,这种纤维可以分成两类:一是无机纤维,主要是碳纤维、碳化硅纤维、氧化铝纤维等,具有高比强度、蠕变小、耐热性能好等优点,但它们的断裂应变小,韧性较低,难以满足高韧性要求的应用领域;二是有机纤维,主要有 Kevlar(对位芳纶,即聚对苯二甲酰间苯二胺,芳纶1313)、超高分子量的高强高模量聚乙烯纤维、聚苯并双噁唑(PBO)纤维、高强度高模量聚乙烯醇(PVA)纤维等,具有轻质、高强、高模、韧性和耐磨性好等特点,特别为抗冲击应用提供了可供选择的优良材料。

无机高性能纤维,如碳纤维,是以聚丙烯腈纤维、黏胶纤维、沥青纤维、酚醛纤维、聚乙烯醇纤维及有机耐高温纤维等为原丝,通过加热除去碳以外的其他元素制得的含碳量在90%以上一种高强度、高模量纤维。这种纤维的制造方法主要有原丝法、离心纺丝法、熔喷法(纺制沥青和酚醛基碳纤维)和化学气相沉积法(制碳晶须)。有机高性能纤维大都采用低温溶液缩聚和干纺、湿纺或干喷-湿法纺丝等方法。

高性能纤维虽有优良的性能,但一般难以与聚合物基体结合。为了提高高性能复合材料的界面结合强度,通常要对高性能纤维增强体进行表面处理,其方法较多,主要有:ⓐ表面清洁处理,除去吸附水分及有机污染物;ⓑ气相氧化法,在加热下用空气、氧气、二氧化碳、臭氧处理纤维表面,使表面产生羧基、羟基、羰基等含氧的极性基团;ⓒ液相氧化法,用浓 HNO_3、H_3PO_4、$HClO$、$KMnO_4$ 等溶液或混合溶液为氧化剂,对纤维表面进行氧化处理;ⓓ阳极氧化法,因碳纤维导电,故可用阳极氧化法进行表面处理;ⓔ表面涂层法,即用某聚合物涂覆在纤维表面,改变界面层的结构和成分;ⓕ化学气相沉积,即在高温还原性气氛中,使烃类、金属卤化物等还原成碳或碳化物、硅化物等,在纤维表面形成沉积膜或成长出晶须,以改善纤维的表面形态结构；⑧电聚合处理，即以碳纤维为阳极或阴极，在电质溶液中使乙烯基单体在碳纤维表面聚合；⑨低温等离子处理，使纤维表面引入极性基团等，改善了界面性能；⑩表面接枝法，包括表面接枝聚合（通过光化学、射线辐照、紫外线、等离子体等各种技术，使聚合物表面产生活性点，以此引发乙烯基单体在材料表面的接枝聚合）和表面偶合接枝（利用材料表面的官能团 A 与带有活性官能团 B 的接枝聚合物反应，把聚合链 B 接枝到材料表面）两种类型。

4. 纳米粒子在复合材料中的应用和表面修饰

（1）纳米粒子 粒径为 1~100nm 的固体粒子称为纳米粒子（Nanoparticle）。其尺度大于原子簇（Cluster），小于通常的微粒。从化学上看纳米粒子属胶体大小范围内，具有胶体粒子的一般特点。当粒子尺寸进入纳米量级时，其本身具有量子尺寸效应、小尺寸效应、表面效应和宏观量子隧道效应，因而呈现出许多特有的性质，在催化、滤光、光吸收、医药、磁介质及新材料等方面有广阔的应用前景。

纳米粒子的制备有物理法、化学法和综合法三类：

① 物理法。有蒸气冷凝法、粉碎法、溅射法、混合等离子法、氢脆法、电火花爆炸法等。

② 化学法。有水热法、水解法、熔融法、溶胶-凝胶法、微乳和乳状液法、分子模板法等。

③ 综合法。有激光诱导化学沉积（LICVD）、等离子化学沉积（PECVD）等。

制备工艺的关键是控制粒径及其分布，获得具有清洁表面、量大、成本低的纳米粒子。

（2）纳米复合材料 纳米材料可分为纳米金属材料、纳米陶瓷材料、纳米半导体材料、纳米复合材料等。其中，纳米复合材料是增强体的尺寸至少有一维小于 100nm 的复合材料，或者是两种及两种以上纳米厚度的薄膜交替叠层或纳米粒子与薄膜的复合材料。在纳米尺寸效应等作用下，复合材料的强度和韧性得到了提高。由于纳米结构和界面效应，在纳米尺度上形成的无机/无机、无机/有机及纳米薄膜交替叠层的复合材料可能会产生一些特异的效应，如力学、光、热、化学性能及良好的生物活性、生物相溶性和可降解性等。例如，在无机/无机纳米复合材料中，纳米碳化硅增强氧化铝陶瓷的韧性和强度得到了显著的改善，特别是提高了高温性能。又如用纳米羟基磷灰石与壳聚糖复合而制备的有机/无机复合材料，羟基磷灰石具有良好的生物相容性和生物活性，但其强度低、韧性差。壳聚糖是含游离氨基的碱性多糖物质，能溶于有机酸和强酸稀溶液而成透明胶体，具有良好的生物相溶性和可降解性。两者的复合提高了材料的可降解性和塑性，可用于骨缺损的恢复。

纳米复合材料的制备方法较多。聚合物基纳米复合材料的制备主要有插层复合法、原位复合法、溶胶-凝胶法、纳米粒子直接分散法、LB 膜法、分子自组装法和共混法等。陶瓷与金属基纳米复合材料的制备主要有高能球磨法、原位复合法、大塑性变形法、快速凝固法、纳米复合镀法、溅射法等。关于聚合物基纳米复合材料的一些制备方法介绍如下：

① 插层复合法。聚合物中加入无机纳米材料是制备高性能材料的重要手段之一。聚合物基无机纳米复合材料的制备有插层复合法、溶胶-凝胶法、共混法与原位分散聚合法等。其中，插层复合法是将具有典型层状结构的无机化合物，如硅酸盐类黏土、磷酸盐类、石墨、金属氧化物、二硫化物等作为主体，而将聚合物作为客体插入主体的层间，用来制备聚合物基纳米复合材料。插层复合法又可分为三种方法：一是插层聚合法，它是将高分子物单体分散，插入层状无机物片层中，然后单体在氧化剂、光、热等外界条件下发生原位聚合，利用聚合时放出的大量热量克服硅酸盐片层间的库仑力而使其剥离，从而使纳米尺度硅酸盐片层与聚合物基体以化学键的方式结合；二是溶液插层法，它是高分子链在溶液中借助于溶剂而插层进入无机物

层间,然后挥发除去溶剂;三是熔体插层法,它是将高分子物加热到熔融状态,在静止或剪切力的作用下直接插入片层间来制得聚合物基纳米复合材料。

② 原位复合法。其来源于原位结晶和原位聚合的概念,即材料中的第二相或复合材料中增强相是在材料制备过程中原位形成的。原位复合法是将热致液晶高分子物与热塑性树脂进行熔融共混,用挤塑或注塑方法进行加工。液晶分子易于自发取向,沿外力形成微纤结构,熔体冷却时这种微纤结构被原位固定下来,故称为原位复合法。

③ 溶胶-凝胶法。有机-无机相的复合(杂化),综合了有机聚合物和无机结构组分两者的优点,在结构和功能两方面都有良好的应用前景,所以这种复合材料发展得很快。有机-无机分子间的相互作用有共价键型、配位键型和离子键型,它们各有对应的制备方法。其中,制备共价键型纳米复合材料基本上采用溶胶-凝胶法。它是用烷氧金属或金属盐等前驱物,溶于水或有机溶液中形成均质溶液,溶质发生水解反应形成纳米级粒子并形成溶胶,溶胶经蒸发干燥转变为凝胶。如果条件控制适当,在凝胶形成与干燥过程中聚合物不发生相分离,这样就可获得聚合物基纳米复合材料。

④ 纳米粒子直接分散法。它是将无机纳米粒子直接分散于有机基质上来制备聚合物基纳米复合材料。由于纳米粒子易发生团聚,难以均匀分散,所以无机纳米粒子要经过表面处理后再用一定的方法直接分散到聚合物基体中。主要有两种方法:一是将纳米粒子分散在聚合物的溶液或熔体中,也可以将纳米粒子直接与聚合物粉体混合,用机械方法分散;二是纳米粒子分散在单体中,然后进行本体聚合、乳液聚合、氧化聚合和缩聚。

⑤ LB膜法。LB膜(langmuir-blodgett film)是一种超薄有机膜,由美国I. Langmuir和其学生K. Blodgett首先提出:在水-气界面上,两亲分子(一端亲水一端增水)有序排列,可形成单分子膜,即为L-B膜,然后再转移到固体表面上。由于LB膜具有紧密排列和各向异性的特点,可用于微电子和信息技术领域,如超薄薄膜、各向异性导电体、光开关、双稳态元件、传感器及非线性光学部件等。目前,利用LB膜法制备聚合物基纳米复合材料主要有两种方法:一是利用含金属离子的LB膜,通过与H_2S等进行化学反应获得;二是已制备的纳米粒子直接进行LB膜组装。用LB膜法制备的纳米复合材料,除具有纳米粒子特有的量子尺寸效应外,还具有LB膜分子层有序、膜厚可控、易于组装等优点。

⑥ 分子自组装法。分子自组装(molecular self-assembly)的涵义是:通过对系统表面、界面分子层的结构研究来进行分子设计,在分子水平上控制功能分子的结构,制作优良的功能材料;利用化学吸附和化学嫁接两种制膜方法,在固体表面自组装形成有一定取向的紧密排列的单分子层膜或多分子层膜;自组装过程的关键因素是界面分子识别和内部驱动力,包括各种键合类型和大小。例如,适宜的两亲有机物在某种固体表面发生化学吸附,在一定的介质中该吸附单层表面的某基团又可与两亲有机物反应形成紧密排列的多层自组装膜。目前,研究较多的自组装系统有含硫化合物在某些金属表面的自组装功能膜、聚合物在溶液状态下的自组装系统和在聚合物基材上的自组装功能膜等。有Si、Si-Ge、Ⅲ-Ⅴ族以及Ⅱ-Ⅵ族化合物中,利用自组装技术,已成功地生长出半导体低维微结构材料,这种材料在新型微电子和光电子器件领域中有较广泛的应用。

⑦ 共混法。纳米粒子和聚合物可以通过溶液共混、悬浮液或乳液共混、熔融共混的方式来制备有机-无机纳米复合材料。例如,将表面改性的微粒掺混到聚合物溶液中,制得聚甲基丙烯酸甲酯(PMMA)/SiO_2整体纳米复合材料,分析表明,SiO_2微粒相当均匀地以纳米级尺

寸分布在聚合物基体中。

(3) 纳米薄膜复合材料 按微结构可以把它分为两类:一是含有纳米粒子的基质薄膜,其厚度若超出纳米量级,则因膜内有纳米粒子或原子团的掺入,薄膜仍然会呈现出一些奇特的调制掺入效应;二是由两种或两种以上不同的纳米薄膜交替组合形成的多层膜,若其厚度在纳米量级,接近电子特征散射的平均自由程,则具有显著的量子统计特性,可组装成新型的功能器件,另一方面各层的性能和结构相互制约和互补又可呈现出一些新的性能。

纳米薄膜复合材料在磁、电、光等性能上有着一些突出的表现。例如,前面曾介绍过,在 $(Fe/Cr)n$ 多层膜中发现了巨磁阻效应,后来又发现某些磁性纳米多层膜具有特别强的巨磁阻效应,1994年IBM公司制成巨磁阻效应的读出磁头,将磁盘的记录密度提高了17倍。

含有金属、半导体等纳米粒子的基质薄膜有可能做成量子点复合材料。量子点材料的涵义是:把电子局限于点状结构内;约束在一个量子点内的电子在任何维都是没有运动自由度的;量子点的尺寸减小了,电子的最低能级将会增高,纳米微晶的光吸收阈值随晶粒减少而增高。这种人为的"设计原子"将导致全新的电子器件和光学器件的出现。

(4) 纳米材料改性涂料 其制备方法一般采用物理共混法、插层和原位聚合法以及溶胶-凝胶法。将纳米科技应用于涂料领域,主要是为了满足以下三方面的要求:

① 显著提高涂料的使用性能。将纳米材料(主要是二氧化硅、二氧化钛、碳酸钙、氧化锌、氧化铁等)或纳米结构组分引入有机涂料中,实现有机/无机相的复合(杂化),使之兼具有机聚合物和无机结构组分两者的优点,使涂料的使用性能,如机械性能、耐磨性能、耐蚀性能、耐候性能、电学性能、光学性能、阻燃性能、防霉灭菌性能等得到显著的提高。

② 解决涂料使用上的难题,拓宽应用领域。例如将纳米氧化铟锡(ITO)等引入涂料中,解决了"透明与隔热"的矛盾,使纳米透明隔热涂料在大量使用玻璃的场合得到推广应用。又如纳米二氧化钛复合钛铁粉,能大量替代防锈性能优良但毒性很大的红丹(Pb_3O_4)颜料,为推广符合环保要求的防腐涂料创造了良好的条件。

③ 涂料常见弊病得到大幅度的改进。涂料涂覆在工件上常见膜层脱落、早期起泡、锈蚀损坏、化学介质渗漏、涂膜粉化、褪色、失光、易划伤、磨耗、霉菌滋生、沾污等弊病,采用一般的改进方法,往往效果不大,而通过纳米材料改性,可能有大幅度改进。

纳米材料显著改进涂料性能的原因大致有三个:一是高表面能大大增加了与涂料各组分间的链接、交联、重组的概率;二是相界面层体积分数的极大提高;三是纳米粒子尺寸($1\sim100nm$)较可见光波长($370\sim760nm$)小得多,故对可见光传输的影响很小,同时有些纳米粒子材料对紫外线或红外线有屏蔽作用。

目前已有不少品种的纳米材料改性涂料实现了产业化和商品化,今后这种涂料将会不断拓展应用领域。

(5) 纳米粒子的表面修饰 纳米粒子表面的原子,配位不足,悬、残键较多,具有高活性,很不稳定,极易与周围其他原子结合而造成团聚和失去活性,因此要进行纳米粒子的表面修饰,或称表面改性、表面处理。其效果是增强体与聚合物基体间产生化学结合,使纳米粒子与带功能性的基团接枝,为复合功能材料打下基础。修饰后的纳米粒子处于一种新的化学状态。目前,纳米粒子的表面修饰方法很多,大致可以分为物理修饰和化学修饰两类:

① 表面物理修饰,即改性物质与纳米粒子表面通过物理的相互作用来改变纳米粒子表面的特性。主要方法有两个:一是表面活性剂法,即在范德瓦耳斯力的作用下将改性剂吸附在纳

米粒子表面,形成一层分子膜,使纳米粒子分散和稳定悬浮;二是表面沉积包覆法,它是将改性剂沉积在纳米粒子表面,形成与粒子表面无化学结合的一个包覆壳层来达到粒子表面改性目的。

② 表面化学修饰,即改性物质与纳米粒子表面通过化学反应来改变纳米粒子表面的特性。主要有以下三个类型:一是偶联剂法,例如 SiO_2、Al_2O_3、TiO_2、$CaCO_3$ 等纳米粒子,常用硅烷偶联剂、钛酸酯偶联剂,在粒子表面发生化学反应,使纳米粒子稳定,并能进一步与聚合物基体(乳液)很好地结合;二是酯化反应,其最主要是将原来亲水疏油的纳米粒子如 Mn_2O_3、ZnO、Fe_3O_4、TiO_2、Fe_2O_3、Al_2O_3 等 修饰成为疏水亲油的表面,有利于这些粒子在聚合物中均匀分散,并且与聚合物基体进行有效的结合,这对于表面呈弱酸及中性的纳米粒子如 TiO_2、SiO_2 等最有效;三是表面接枝修饰,即修饰层聚合物材料的活性基团与纳米粒子表面活性团羟基、羧基发生强相互作用,甚至引起化学键合的方法,也就是通过化学反应将高分子链接到无机纳米粒子表面上的方法。这种方法又可分为偶联接枝法、粒子表面聚合生长接枝法、聚合与表面接枝同步进行法三种。

近十年来纳米粒子材料在工业领域的应用不断扩大,新的纳米粒子体系和制备技术不断开发出来,纳米粒子的表面修饰已形成一个专门的研究领域,其重要性逐渐凸显。

1.4 表面工程的发展

1.4.1 表面工程发展方向

表面工程这一概念自1983年提出以来,其内涵有了显著的延伸和丰富。表面工程不仅是20世纪后期工业发展的关键技术之一,而且在21世纪仍会处于重要的位置。展望今后数十年,结合我国的实际情况,表面工程的发展方向大致可以归纳为以下一些方面:

1. 努力服务于国家重大工程

重点发展先进制造业中关键零部件的强化与防护新技术,显著提高使用性能和工艺形成系统成套技术,为先进制造的发展提供技术支撑。同时,解决高效运输技术与装备如重载列车、特种重型车辆、大型船舶、大型飞机等新型运载工具关键零部件在服役过程中存在的使用寿命短和可靠性差等问题。另外,国家在建设大型矿山、港口、水利、公路、大桥等项目中,都需要表面工程的积极参与或领衔。

2. 切实贯彻可持续发展战略

表面工程可以为人类的可持续发展作出重大贡献,但是在表面工程的实施过程中,如果处理不当,又会带来许多污染环境和大量消耗宝贵资源等严重问题。为此,要切实贯彻可持续发展战略。这是表面工程的重要发展方向,而且在具体实施上有许多事情要做。例如:ⓐ建立表面工程项目环境负荷数据库,为开发生态环境技术提供重要基础;ⓑ深入研究表面工程的产品全寿命周期设计,以此为指导,用优质、高效、节能、节水、节材、环保的具体方法来实施工程,并且努力开展再循环和再制造等活动;ⓒ尽力采用环保低耗的生产技术取代污染高耗生产技术,如在涂料涂装方面尽量采用水性涂料、粉末涂料、紫外光固化涂料等环保涂料,又如对于几何形状不是过分复杂的装饰-防护电镀工件尽可能用"真空镀-有机涂"复合镀工件来取代;ⓓ加强"三废"处理和减少污染的研究,如对于几何形状较复杂的装饰-防护电镀铬工件,在电镀生产过程中尽可能用三价铬等低污染物取代六价铬高污染物,同时做好"三废"处理工作。

3. 深入研究极端、复杂条件下的规律

许多尖端和高性能产品,往往在极端、复杂的条件下使用,对涂覆、镀层、表面改性等提出了一些特殊的需求,使产品能在严酷环境中可靠服役,有的还要求产品表面具有自适应、自修复、自恢复等功能,即有智能表面涂层和薄膜。同时,要研究在极端、复杂条件下材料的损伤过程、失效机理以及寿命预测理论和方法,实现材料表面的损伤预报和寿命预测。

4. 不断致力于技术的改进、复合和创新

表面工程是在不断改进、复合和创新中发展起来的,今后必然要沿着这个方向继续迅速发展,具体内容很多,主要有:ⓐ改进各种耐蚀涂层、耐磨涂层和特殊功能涂层,根据实际需求开发新型涂层;ⓑ进一步引入激光束、电子束、离子束等高能束技术,进行材料及其制品的表面改性与镀覆;ⓒ深入运用计算机等技术,全面实施生产过程自动化、智能化,提高生产效率和产品质量;ⓓ加快建立和完善新型表面技术如原子层沉积(ALD)、纳米多层膜等创新平台,推进重要薄膜沉积设备和自主设计、制造和批量生产;ⓔ加大复合表面工程的研究力度,充分发挥各种工艺和材料的最佳组合效应,探索复合理论和规律,扩大表面工程的应用;ⓕ将纳米材料、纳米技术引入表面工程的各个领域,使材料表面具有独特的结构和优异的性能,建立和完善纳米表面工程的理论,开拓表面工程新的应用领域;ⓖ大力发展表面加工技术,提高表面工程的应用能力和使用层次,尤其关注微纳米加工技术的研究开发,为发展集成电路、集成光学、微光机电系统、微流体、微传感、纳米技术以及精密机械加工等科学技术奠定良好的制造基础;ⓗ重视研究量子点可控、原子组装、分子设计、仿生表面智能表面等涂层、薄膜或表面改性技术,同时要高度重视表面工程中一些重大课题的研究,如太阳能电池的薄膜技术、表面隐形技术、轻量化材料的表面强化-防护技术、空间运动体的表面防护技术、特殊功能涂层的修复技术等。

5. 积极开展表面工程应用基础理论的研究

表面工程涉及的应用基础理论广泛而深入。许多应用基础理论,如真空状态及稀薄气体理论、液体及其表面现象、固体及其表面现象、等离子体的性质与产生、固体与气体之间的表面现象、胶体理论、电化学与腐蚀理论、表面摩擦与磨损理论等,对于表面工程的应用和发展,有着十分重要的作用,今后必将会不断扩大和深化。同时,通过对应用基础理论的深入研究和对一些关键技术的突破,逐步实现了在原子、分子水平上的组装和加工,制造新的表面,以及借助于计算机等技术,形成从原子分子水平层次上对材料表面的计算和设计。

6. 继续发展和完善表面分析测试手段

现代科学技术的迅速发展,为表面分析和测试提供了强有力的手段。对材料表面性能的各种测试以及对表面结构从宏观到微观的不同层次的表征,是表面工程的重要组成部分,也是促使表面工程迅速发展的重要原因之一,今后必将得到继续发展和完善。从实际应用出发,今后需要加快研制具有动态、实时、无损、灵敏、高分辩、易携带等特点的各种分析测试设备和仪器以及科学的测试方法。

1.4.2 表面工程发展前景

表面工程是一门涉及面广而边缘性很强的学科。它的发展必然受到许多学科和技术的促进或制约,而现代科学和工业技术的迅速发展促使表面工程发生巨大的变革,并对社会的发展起着越来越重要的作用。

表面工程在下面一些领域或工业中有着良好的发展和应用前景：

一是现代制造领域，表面工程是它的重要组成部分，并为制造业的发展提供关键的技术支撑；

二是现代汽车工业，充分利用表面工程的各种方法，把现代技术与艺术完美地结合在一起，使汽车成为快捷、舒适、美观、安全，深受人们喜爱的交通工具；

三是航空航天领域，通过涂、镀等各种技术提高飞机、火箭、卫星、飞船、导弹等在恶劣环境下的防护性能，使航天航空的飞行器避免因环境影响而导致的失效；

四是冶金石化工业，尤其是在解决各种重要零部件的耐磨、耐蚀等问题中，表面工程将继续发挥巨大的作用；

五是舰船海洋领域，表面工程大有发展潜力。例如，涂料要满足海洋环境的特殊要求，不仅用于高性能的舰船，而且还要广泛应用于码头、港口设施、海洋管道、海上构件等，因此必须开发各种新型涂料；

六是现代电子电器工业，需要通过表面工程来制备各类光学薄膜、微电子学薄膜、光电子学薄膜、信息存储薄膜、防护薄膜等，今后这方面需求将更加迫切；

七是生物医学领域，表面工程的作用日益突出，例如使用特殊的医学涂层可以在保持基体材料性质的基础上增加生物活性，阻止基材离子向周围组织溶出扩散，并且显著提高基体材料表面的耐磨性、耐蚀性、绝缘性和生物相溶性，随着老龄化高峰的到来，对特殊生物医学材料的需求越来越多；

八是新能源工业，包括太阳能、风能、氢能、核能、生物能、地热能、海洋潮汐能等工业，都对表面工程提出了许多需求。近年来，核电站重大事故频发，唤起了人们对太阳能等工业迅速发展的渴望，其中薄膜太阳能电池是一个研究重点；

九是建筑领域，我国每年建成房屋高达 16~20 亿平方米，并且还有增长的趋势，但是其中 95% 以上属于高耗能建筑，单位建筑面积采暖能耗为发达国家新建房屋的 3 倍以上，因此对我国来说，建筑节能刻不容缓，采取的措施有在建筑中使用保温隔热墙体材料、低散热窗体材料、智能建筑材料等，而表面工程如制备低辐射镀膜玻璃、智能窗，是其中的一些重要措施；

十是新型材料工业，如制备金刚石薄膜、类金刚石碳膜、立方氮化硼膜、超导膜、LB 薄膜、超微颗粒材料、纳米固体材料、超微颗粒膜材料、非晶硅薄膜、微米硅、多孔硅、碳 60、纤维增强陶瓷基复合材料、梯度功能材料、多层硬质耐磨膜、纳米超硬多层膜、纳米超硬混合膜等，表面工程起着关键或重要的作用；

十一是人类生活领域，如城市建设、生活资料、美化装饰、大气净化、水质净化、杂质吸附、抗菌灭菌等，都与表面工程息息相关；

十二是军事工业，各种军事装备的研究和制造都离不开表面工程，这与其他工业有着共同之处，同时军事上有一些特殊的需求要通过特殊的表面处理来满足，如隐身（与装备结构形成整体）、隐蔽伪装（侧重于外加形式）等。

表面工程还涉及其他许多工业或领域。可以说，表面工程遍及各行各业，并且与人类的生活紧密相连。表面工程是主导 21 世纪的关键技术之一，应用广阔，前景光明。不断发展具有我国特色和自主知识产权的表面工程，是我国科学技术工作者的历史使命。

第 2 章 固体表面结构

固体表面结构的涵义是丰富而多层次的,要全面描述固体表面的结构和状态,阐明和利用各种表面特性,需从微观到宏观逐层次对固体表面进行分析研究。可能涉及的表面结构主要有表面形貌和显微组织结构、表面成分、表面的化学键、表面的吸附、表面原子排列结构、表面原子动态和受激态、表面的电子结构(即表面电子能级分布和空间分布)等。然而,我们在研究表面工程的实际问题时,通常根据实际情况,着重从某个或多个层次的表面结构进行分析研究。本章扼要介绍固体表面结构的某些重要情况,而与此有关的表面科学的某些基本概念和理论则放在本章"选择阅读"中阐述。

2.1 固体的结合键和表面的不饱和键

2.1.1 物理键与化学键

固体是一种重要的物质结构形态。它大致分为晶体和非晶体两类。晶体中原子、离子或分子在三维空间呈周期性规则排列,即存在长程的几何有序。非晶体包括传统的玻璃、非晶态金属、非晶态半导体和某些高分子聚合物,内部原子、离子或分子在三维空间排列无长程序,但是由于化学键的作用,大约在 $1\sim 2nm$ 范围内原子分布仍有一定的配位关系,原子间距和成键键角等都有一定的特征,然而没有晶体那样严格,即存在所谓的短程序。

在固体中,原子、离子或分子之间存在一定的结合键。这种结合键与原子结构有关。最简单的固体可能是凝固态的惰性气体。这些元素因其外壳电子层已经完全填满而有非常稳定的排布。通常惰性气体原子之间的结合键非常微弱,只有处于很低温度时才会液化和凝固。这种结合键称为范德瓦耳斯(Van der Waals)键。除惰性气体外,在许多分子之间也可通过这种键结合为固体。例如甲烷(CH_4)在分子内部有很强的键合,但分子间依靠范德瓦尔斯键结合成固体。此时的结合键又称为分子键。还有一种特殊的分子间作用力——氢键,可把氢原子与其他原子结合起来而构成某些氢的化合物。分子键和氢键都属于物理键或次价键。

大多数元素的原子最外电子层没有填满电子,在参加化学反应或结合时都有互相争夺电子成为惰性气体那样稳定结构的倾向。由于不同元素有不同的电子排布,故可能导致不同的键合方式。例如氯化钠固体是通过离子键结合的;硅是共价键结合,而铜是金属键结合。这三种键都较强,同属于化学键或主价键。固体也可按结合键方式来分类。实际上许多固体并非由一种键把原子或分子结合起来,而是包含两种或更多的结合键,但是通常其中某种键是主要的,起主导作用。

2.1.2 固体表面的不饱和键

固体表面或固体断裂时出现新的表面,存在着不饱和键,又称断键,悬挂键。以金属为例,常见金属的晶体结构主要有面心立方(fcc)、密排六方(hcp)和体心立方(bcc)三种。前两种金属结构是密排型的,配位数为12。体心立方配位数的晶格为8,是非密排的。上述的配位数是对晶体内部的原子而言,如果是位于晶体表面的原子,情况则有了变化。图2-1为面心立方金属以(100)面作为表面的原子排列示意图,可以看出上面的每一个原子(图中灰色圆球),除了有平面的4个最接近的相邻原子(图中实线圆)外,在这个表面的正下方还有4个最接近的相邻原子(图中虚线圆),但是在表面上方的能量就会升高,这种高出来的能量就是表面能。同样,面心立方晶体中以(111)面做表面时,表面(111)面上的每个原子的最近邻原子数为9,断键数为3。如果表面能主要由断键数决定,那么面心立方的(111)面的表面能比(100)面的低。单晶体中表面能是各面异性的。对于面心立方,密排面(111)的表面能最低。体心立方晶体中,(110)面的表面能最低。

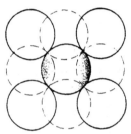

图2-1 面心立方金属以(110)面作为表面的原子排列示意图

2.2 理想表面、清洁表面和实际表面

2.2.1 理想表面

固体材料的结构大体分为晶态与非晶态两类。作为基础,我们以晶态物质的二维结晶学来看理想表面的结构(见选择阅读"表面晶体学")。理想表面是一种理论的、结构完整的二维点阵平面。这里忽略了晶体内部周期性势场在晶体表面中断的影响,也忽略了表面上原子的热运动以及出现的缺陷和扩散现象,又忽略表面外界环境的作用等,在这些假设条件下把晶体的解离面认为是理想表面。

2.2.2 清洁表面

晶体表面是原子排列面,有一侧是无固体原子的键合,形成了附加的表面能。从热力学来看,表面附近的原子排列总是趋于能量最低的稳定状态。达到这个稳定态的方式有两种:一是自行调整,原子排列情况与材料内部明显不同;二是依靠表面的成分偏析和表面对外来原子或分子的吸附以及这两者的相互作用而趋向稳定态,因而使表面组分与材料内部不同。表2-1列出了几种清洁表面的情况,由此来看,晶体表面的成分和结构都不同于晶体内部,一般大约要经过4~6个原子层之后才与体内基本相似,所以晶体表面实际上只有几个原子层范围。另一方面,晶体表面的最外一层也不是一个原子级的平整表面,因为这样的熵值较小,尽管原子排列作了调整,但是自由能仍较高,所以清洁表面必然存在各种类型的表面缺陷。

表 2-1 几种清洁表面结构和特点

序号	名称	结构示意图	特　点
1	弛豫	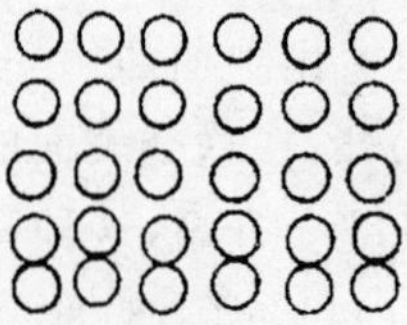	表面原子最外层原子与第二层原子之间的距离不同于体内原子间距（缩小或增大；也可以是有些原子间距增大，有些缩小）
2	重构	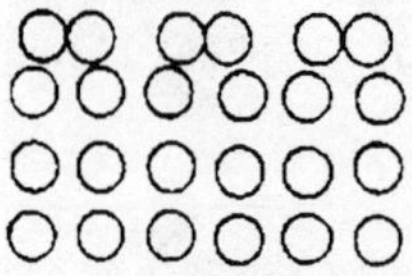	在平行基底的表面上，原子的平移对称性与体内显著不同，原子位置做了较大幅度调整
3	偏析	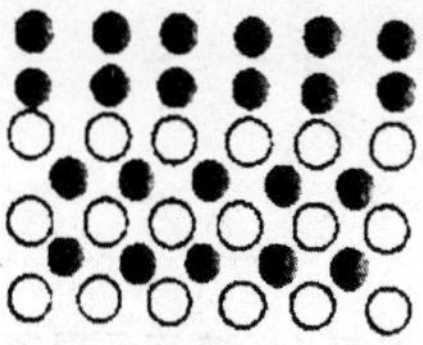	表面原子是从体内分凝出来的外来原子
4	化学吸附	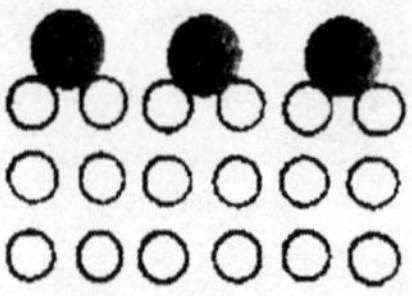	外来原子（超高真空条件下主要是气体）吸附于表面，并以化学键合
5	化合物	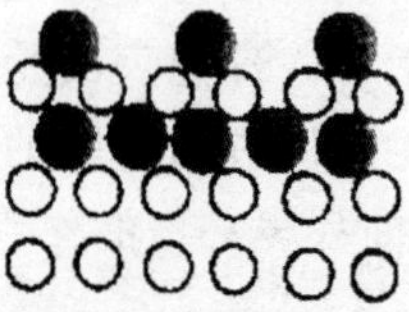	外来原子进入表面，并且与表面原子键合形成化合物
6	台阶	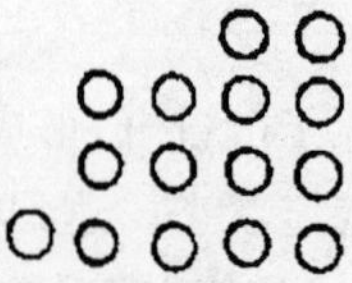	表面不是原子级的平坦，表面原子可以形成台阶结构

图 2-2 为单晶表面的 TLK 模型。这个模型由 Kossel 和 Stranski 提出。TLK 中的 T 表示低晶面指数的平台（Terrace）；L 表示单分子或单原子高度的台阶（Ledge）；K 表示单分子或单原子尺度的扭折（Kink）。如图 2-2 所示，除了平台、台阶和扭折外，还有表面吸附的单原子（A）以及表面空位（V）。

单晶表面的 TLK 模型已被低能电子衍射（LEED）等表面分析结果所证实。由于表面原子的活动能力较体内大,形成点缺陷的能量小,因而表面上的热平衡点缺陷浓度远大于体内。各种材料表面上的点缺陷类型和浓度都依一定条件而定,最为普遍的是吸附(或偏析)原子。

另一种晶体缺陷是位错(线)。由于位错只能终止在晶体表面或晶界上,而不能终止在晶体内部,因此位错往往在表面露头。实际上位错并不是几何学上定义的线而近乎是一定宽度的"管道"。位错附近的原子平均能量高于其他区域的能量,容易被杂质原子所取代。如果是螺位错的露头,则在表面形成一个台阶。无论是具有各种缺陷的平台,还是台阶和扭折都会对表面的一些性能产生显著的影响。例如 TLK 表面的台阶和扭析对晶体生长、气体吸附和反应速度等影响较大。

严格地说,清洁表面是指不存在任何污染的化学纯表面,即不存在吸附、催化反应或杂质扩散等一系列物理、化学效应的表面。因此,制备清洁表面是十分困难的,通常需要在 10^{-8} Pa 的超高真空条件下解理晶体,并且进行必要的操作以保证表面在一定的时间范围内处于"清洁"状态。在几个

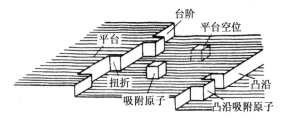

图 2-2 单晶表面的 TLK 模型

原子层范围内的清洁表面,其偏离三维周期性结构的主要特征应该是表面弛豫、表面重构以及表面台阶机构。

2.2.3 实际表面

若固体材料的表面暴露在大气中,或暴露在具有一定大气压的某些元素气氛中,则固体表面将出现吸附、催化、分凝等物理化学过程,使表面结构复杂化。另外,固体材料的表面可能经过切割、研磨、抛光、清洗等加工处理,保持在常温和常压下,也可能处在低真空或高温下,各种外界因素都会对表面结构产生影响。为了描述实际表面的构成,早在 1936 年西迈尔兹曾把金属材料的实际表面区分为两个范围(见图 2-3):一是所谓"内表面层",包括基

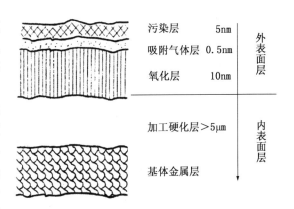

图 2-3 金属材料实际表面的示意图

体材料层和加工硬化层等;另一部分是所谓"外表面层",包括吸附层、氧化层等。对于给定条件下的表面,其实际组成及各层的厚度,与表面的制备过程、环境介质以及材料性质有关。因此,实际表面结构及性质是很复杂的。

实际表面与清洁表面相比较,有下列一些重要情况:

1. **表面粗糙度**

经过切削、研磨、抛光的固体表面似乎很平整,然而用电子显微镜进行观察,可以看到表面有明显的起伏,同时还可能有裂缝、空洞等。

表面粗糙度是指加工表面上具有较小间距的峰和谷所组成的微观几何形状的特性。它与波纹度、宏观几何形状误差不同的是:相邻波峰和波谷的间距小于 1mm,并且大体呈周期性起

伏,主要是由于加工过程中刀具与工件表面间的摩擦、切削分离工件表面层材料的塑性变形、工艺系统的高频振动以及刀尖轮廓痕迹等原因形成的。

表面粗糙度对材料的许多性能有显著的影响。控制这种微观几何形状误差,对于实现零件配合的可靠和稳定,减小摩擦与磨损,提高接触刚度和疲劳强度,降低振动与噪声等有重要作用。因此,表面粗糙度通常要严格控制和评定。其评定参数大约有30种。

表面粗糙度的测量有比较法、激光光斑法、光切法、针描法、激光全息干涉法、光点扫描法等,分别适用于不同评定参数和不同粗糙度范围的测量。

2. 贝尔比层和残余应力

固体材料经切削加工后,在几个微米或者十几个微米的表层中可能发生组织结构的剧烈变化。例如金属在研磨时,由于表面的不平整,接触处实际上是"点",其温度可以远高于表面的平均温度,但是由于作用时间短,而金属导热性又好,所以摩擦后该区域迅速冷却下来,原子来不及回到平衡位置,造成一定程度的晶格畸变,深度可达几十微米。这种晶格畸变是随深度变化的,而在最外约 5—10nm 厚度处可能会形成一种非晶态层,称为贝尔比(Beilby)层,其成分为金属和它的氧化层,而性质与体内明显不同。

贝尔比层具有较高的耐磨性和耐蚀性,这在机械制造时可以利用。但是在其他许多场合,贝尔比层是有害的,例如在硅片上进行外延、氧化和扩散之前要用腐蚀法除掉贝尔比层,因为它会感生出位错、层错等缺陷而严重影响器件的性能。

金属在切割、研磨和抛光后,除了表面产生贝尔比层之外,还存在着各种残余应力,同样对材料的许多性能产生影响。实际上残余应力是材料经各种加工、处理后普遍存在的。

残余应力(内应力)按其作用范围大小可分为宏观内应力和微观内应力两类。材料经过不均匀塑性变形后卸载,就会在内部残存作用范围较大的宏观内应力。许多表面加工处理能在材料表层产生很大的残余应力。焊接也能产生残余应力。材料受热不均匀或各部分热胀系数不同,在温度变化时就会在材料内部产生热应力,这也是一种内应力。

微观内应力的作用范围较小,大致有两个层次:一种是其作用范围大致与晶粒尺寸为同一数量级,例如多晶体变形过程中各晶粒的变形是不均匀的,并且每个晶粒内部的变形也不均匀,有的已发生塑性变形,有的还处于弹性变形阶段。当外力去除后,属于弹性变形的晶粒要恢复原状,而已产生塑性流动的晶粒就不能完全恢复,造成了晶粒之间互相牵连的内应力,如果这种应力超过材料的抗拉强度,就会形成显微裂纹。另一种微观内应力的作用范围更小,但却是普遍存在的。对于晶体来说,由于普遍存在各种点缺陷(空位、间隙原子)、线缺陷(位错)和面缺陷(层错、晶界、孪晶界),在它们周围引起弹性畸变,因而相应存在内应力场。金属变形时,外界对金属做的功大多转化为热能而散失,大约有小于 10% 的功以应变能的形式储存于晶体中,其中绝大部分用来产生位错等晶体缺陷而引起弹性畸变(点阵畸变)。

残余应力对材料的许多性能和各种反应过程可能会产生很大的影响,也有利有弊。例如材料在受载时,内应力与外应力一起发生作用。如果内应力方向和外应力方向相反,就会抵消一部分外应力,从而起到有利的作用;如果方向相同则相互叠加,则起坏作用。许多表面技术就是利用这个原理,即在材料表层产生残余压应力,来显著提高零件的疲劳强度,降低零件的疲劳缺口敏感度。

3. 表面的吸附

(1) 固体表面上气体的吸附　固体与气体的作用有三种形式:吸附、吸收和化学反应。固体表面出现原子或分子间结合键的中断,形成不饱和键,这种键具有吸引外来原子或分子的能力。外来原子或分子被不饱和键吸引住的现象称为吸附。固体表面吸附外来原子或分子后可使其自由能减少,趋于稳定。伴随吸附发生而释放的一定能量称为吸附能。反之,将吸附在固体表面上的外来原子或分子除掉称为解吸,而除掉被吸附外来原子或分子所需的能量称为吸附能。吸收则是固体的表面和内部都容纳气体,使整个固体的能量发生变化。吸附与吸收往往同时发生,难于区分。化学反应是固体与气体的分子或离子间以化学键相互作用,形成新的物质,整个固体能量发生显著的变化。

吸附有物理吸附和化学吸附两种。如果固体表面分子与吸附分子间的作用力是范德瓦耳斯力,则为物理吸附,吸附热数量级为 $\Delta H_a < 0.2 \text{eV}/$分子(约 20kJ/mol)。如果固体表面分子间形成强得多的化学键,则为化学吸附,吸附热数量级为 $\Delta H_a > 0.5 \text{eV}/$分子。两种吸附的特点列于表 2-2。

表 2-2 物理吸附与化学吸附的比较

吸附性质	物理吸附	化学吸附
作用力	范德瓦耳斯力	化学键
选择性	无	有
吸附热	较小,近于液化热	较大,近于化学反应热
吸附层数	单分子层或多分子层	单分子层
吸附稳定性	不稳定而易解吸	较稳定而不易解吸
吸附效率	较快,一般不受温度影响	较慢,升高温度速率加快
活化能	较小或为零	较大
吸附温度	低于吸附质的临界温度	高于吸附质的沸点

由于范德瓦耳斯力存在于任何分子之间,因此物理吸附没有选择性,即任何固体均可吸附任何气体,吸附量与吸附剂和吸附质的种类有关,通常越容易液化的气体越容易被吸附。吸附可以发生在固体表面分子与气体分子之间,也可以发生在已被吸附的气体分子与未被吸附的气体分子之间,物理吸附层有单分子层和多分子层。物理吸附的速度一般较快,通常不受温度影响,即物理吸附过程不需要活化能或只需要很小的活化能。

在化学吸附中,固体表面分子与气体分子之间形成化学键,有选择性地进行吸附,吸附热接近于化学反应热。这类吸附只能在吸附剂与吸附质之间进行,吸附层总是单分子层的,并且较为稳定,不易解吸。化学吸附与化学反应相似,需要有一定的活化能,吸附与解吸速率都较慢,温度升高时速率加快。

物理吸附与化学吸附有区别,但在同一个吸附体系中两者却可同时或相继发生,往往难于区分。

由于气体分子的热运动,被吸附在固体表面上也会解吸离去,当吸附速率与解吸速率相等时为吸附平衡,吸附量达到恒定值。该值大小与吸附体系的本质、气体的压力、温度等因素有关。对于一定的吸附体系,当气体压力大和温度低时,吸附量就大。

研究实际表面结构时,可将清洁表面作为基底,然后观察吸附表面结构相对于清洁表面的变化。吸附物质可以是环境中外来原子、分子或化合物,也可以是来自体内扩散出来的物质。吸附物质在表面或简单吸附,或外延形成新的表面层,或进入表面层的一定深度。

吸附层是单原子或单分子层,还是多原子或多分子层,则与具体的吸附环境有关。例如氧化硅在压力为饱和蒸气压的 0.2~0.3 倍时,表面吸附是单层的,只在趋于饱和蒸气压时才是多层的。又如玻璃表面的水蒸气吸附层,在相对湿度为 50% 之前为单分子吸附层,随湿度增加,吸附层迅速变厚,当达到 97% 时,吸附的水蒸气有 90 多个分子层厚。

吸附层原子或分子在晶体表面是有序排列还是无序排列,则与吸附的类型、吸附热、温度等因素有关。例如在低温下惰性气体的吸附为物理吸附,并且通常是无序结构。

化学吸附往往是有序结构,排列方式主要有两种:一是在表面原子排列的中心处的吸附,二是在两个原子或分子之间的桥吸附。具体的表面吸附结构与吸附物质、基底材料、基底表面结构、温度以及覆盖度等因素有关。吸附原子在固体表面的排列结构可参见后述的"表面晶体学"。

(2) 固体内部的吸附　材料的表面吸附方式,受到周围环境的显著影响,有时也会受到来自材料内部的影响,所以在研究实际表面成分和结构时必须综合考虑来自内、外两方面因素。例如,当玻璃处在黏滞状态时,使表面能减小的组分,就会富集到玻璃表面,以使玻璃表面能尽可能低;相反,赋于表面能高的组分,会迁离玻璃表面向内部移动,所以这些组分在表面比较少。常用的玻璃成分中,Na^+、B^{3+} 是容易挥发的。Na^+ 在玻璃成形温度范围内自表面向周围介质挥发的速度大于从玻璃内部向表面迁移的速度,故用拉制法或吹制法成形玻璃表面是少碱的。只有在退火温度下,Na^+ 从内部迁移到表面的速度大于 Na^+ 从表面挥发的速度。但是实际生产中,退火时迁移到表面的高 Na^+ 层与炉气中 SO_2 结合生成 Na_2SO_4 白霜,而这层白霜很容易洗去,结果表面层还是少碱。金属等材料也有类似的情况。例如 Pd-Ag 合金,在真空中表面层富银,但吸附一氧化碳后,由于 CO 与表面 Pd 原子间强烈的作用,Pd 原子趋向表面,使表面富 Pd。又如 18-8 不锈钢氧化后表面氧化铬层消失而转化为氧化铁。

(3) 固体表面上液体的吸附　固体表面对液体中溶剂和溶质的吸附程度是不一样的。倘若吸附层内溶质的浓度比液体中原溶质的浓度大,称为正吸附;反之,则称为负吸附。显然,溶质被正吸附时,溶剂必然被负吸附;溶质被负吸附时,溶剂必然被正吸附。在稀溶液中可以将溶剂的吸附影响忽略不计,溶质的吸附就可以简单地如气体的物理吸附一样处理。而在溶液浓度较大时,则必须同时考虑溶质的吸附和溶剂的吸附。

固体表面对液体中的电解质和非电解质产生不同的吸附现象。对电解质的吸附将使固体表面带电或者双电层中的组分发生变化,也可能是溶液中的某些离子被吸附到固体表面,而固体表面的离子则进入溶液之中,产生离子交换作用。对非电解质溶液的吸附,一般表现为单分子层吸附,吸附层以外就是液体溶液。液体吸附的吸附热很小,差不多相当于溶解热。

固体表面对溶质或溶剂的吸附一般都有一定的选择性,并受到许多因素的影响,主要表现如下:

①使固体表面自由能降低得越多的物质,越容易被吸附。

②与固体表面极性相近的物质较易被吸附。通常极性物质倾向于吸附极性物质,非极性物质倾向于吸附非极性物质。例如,活性炭吸附非电解质的能力比吸附电解质的能力为大,而一般的无机固体类吸附剂吸附电解质离子比吸附非电解质为大。

③与固体表面有相同性质或与固体表面晶格大小适当的离子较易被吸附。离子型晶格的固体表面吸附溶液中的离子,可以视为晶体的扩充,故与晶体有共同元素的离子,能结成同晶型的离子,较易被吸附。

④溶解度小或吸附后生成化合物的物质,较易被吸附。例如在同系有机物中,碳原子越多溶解度越小,较易被同一固体吸收。

⑤固体表面带电时,较易吸附反电性离子或易被极化的离子。固体表面在溶液中略显电性的原因很多,可以是吸附离子带电,或是自身离解带电,或是对于液体移动带电,也可以是固体表面不均匀或本身极化带电。因此,表面带电的固体易于吸附电性相反的离子,特别是高价反电性离子。

⑥固体表面污染程度对吸附有很大影响。表面污染会使粘附力大大减小,这种污染往往是非常迅速的。例如,铁片若在水银中断裂,两裂开面可以再粘合起来;而在普通空气中断裂就不能再粘合起来,因为铁迅速与氧气反应,形成一个化学吸附层所致。表面净化一般会提高黏结强度。

⑦液体表面张力对吸附有重要的影响。设固-液吸附黏结力为 $F_{固液}$,λ 为液体的表面张力,θ 为液—固接触角,则有

$$F_{固液} = \lambda(1+\cos\theta) \tag{2-1}$$

可见,固—液吸附黏结力的大小与液体的表面张力和液—固接触角有关。

⑧被吸附物质的浓度对吸附的影响。设固体表面仅能吸附溶液中的溶质,溶质的浓度为 C,被吸附溶质的量为 x,m 为固体表面吸附剂的质量,单位吸附剂的吸附量为 γ。当研究血炭在酚、草酸、苯甲酸水溶液中的吸附规律时,可得出图 2-4 曲线,并符合以下关系式:

$$\gamma = x/m = kc^{\frac{1}{n}} \tag{2-2}$$

式中,n 及 k 是相应的常数。当然不是所有的吸附现象都适于上式。

⑨温度对吸附的影响。因为吸附是放热过程,故温度升高,吸附量应减少,如木炭在水溶液中吸附醋酸就是一例。但有时并非如此,吸附量反而随温度升高而增加,如木炭在浓的丁醇溶液中吸附丁醇即是如此。这是因为温度升高,影响了溶质的溶剂化、表面张力等。

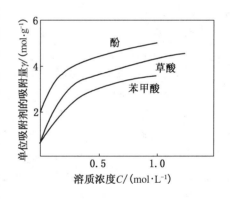

图 2-4 血炭的吸附等温曲线

(4) 固体表面之间的吸附 当两固体表面之间接近到表面力作用的范围内(即原子间距范围内)时,固体表面之间产生吸附作用。如将两根新拉制的玻璃丝相互接触,它们就会相互粘附,粘附功表示了粘附程度的大小。黏附功 W 定义为

$$W_{AB} = \gamma_A + \gamma_B - \gamma_{AB} \tag{2-3}$$

若 $W_{AB} = 3 \times 10^{-6} J/cm^2$,取表面力的有效距离为 1nm,则相当于黏结强度为 30MPa。两个不同物质间的粘附功往往超过其中较弱物质的内聚力。

固体的粘附作用只有当固体断面很小并且很清洁时才能表现出来。这是因为粘附力的作用范围仅限于分子间距,而任何固体表面从分子的尺度看总是粗糙的,因而它们在相互接触时仅为几点的接触,虽然单位面积上的粘附力很大,但作用于两固体间的总力却很小。如果固体断面相当光滑,接合点就会多一些,两固体的粘附作用就会明显。或者使其中一固体很薄(薄膜),它和另一固体容易吻合,也可表现出较大的吸附力。

研究表明,材料的变形能力大小,即弹性模量的大小,会影响两个固体表面的吸附力。就是说,如果把两个物体压合,其柔软性特别重要。把很软的金属铟半球用 1N 的压力压到钢上,则必须使用 1N 的力才能把它们分开,而把铟球换为铜球,球就会马上松开。铝和软铁的

冷焊属于这方面的例子。锻焊中,常采用高温,因黏结强度只与表面自由能有关而与温度几乎无关,高温的主要作用是降低材料的刚性,增加变形,从而增加接合面积。

综上所述,吸附是一种或若干种物质(包括气体、液体和固体物质)在其他物质表面或界面的富集,以及一定条件下固体内部元素向表面或界面的富集。吸附对固体表面的结构及性能可能产生显著影响,并且涉及的范围很广。研究吸附问题是重要的。

4. 表面反应与污染

如果吸附原子与表面原子之间的电负性差异很大而有很强亲和力时,则有可能形成表面化合物。在这类表面反应中,固体表面上的空位、扭折、台阶、杂质原子、位错露头、晶界露头和相界露头等各种缺陷,提供了能量条件,并且起着"源头"的作用。

金属表面的氧化是表面反应的典型实例。金属表面暴露在一般的空气中就会吸附氧或水蒸气,在一定的条件下,可发生化学反应而形成氧化物或氢氧化物。金属在高温下的氧化是一种典型的化学腐蚀,形成的氧化物大致有三种类型:一是不稳定的氧化物,如金、铂等的氧化物;二是挥发性的氧化物,如氧化钠等,它以恒定的、相当高的速率形成;三是在金属表面上形成一层或多层的一种或多种氧化物,这是经常遇到的情况。

实际上在工业环境中除了氧和水蒸气外,还可能存在 CO_2、SO_2、NO_2 等各种污染气体,它们吸附于材料表面生成各种化合物。污染气体的化学吸附和物理吸附层中的其他物质,如有机物、盐等,与材料表面接触后,也留下痕迹。图2-5是金属材料在工业环境中被污染的实际表面示意图。

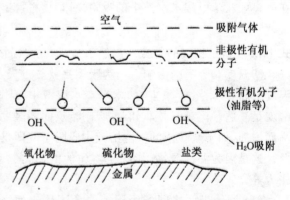

图2-5 金属被环境污染的实际表面示意图

固体表面的污染物在现代工业,特别是高新技术方面,已引起人们的高度关注。例如集成电路的制造包括高纯度材料制造和超微细加工等技术。其中,表面净化和表面处理在制作高质量和高可靠性的集成电路中是必须做到的,因为在规模集成电路中,导电带的宽度为微米或亚微米级尺寸,一个尘埃大约也是这个尺寸,如果刚好落在导电带位置,在沉积导电带时就会阻挡金属膜的沉积,从而影响互联,使集成电路失效。不仅是空气,还有清洗水和溶液中,如果残存各种污染物质,而且被材料表面所吸附,那么将严重影响集成电路和其他许多半导体器件的性能、成品率和可靠性。除了空气净化、水纯化等的环境管理和半导体表面的净化处理之外,表面保护处理也是十分重要的,因为不管表面净化得如何细致,总会混入某些微量污染物质,所以为了确保半导体器件实际使用的稳定性,必须采用钝化膜等保护措施。

5. 特殊条件下的实际表面

实际表面还包括许多特殊的情况,如高温下实际表面、薄膜表面、粉体表面、超微粒子表面等,深入研究这些特殊条件下的实际表面,具有重要的实际意义。兹举两例说明:

(1) 薄膜表面 薄膜通常是按照一定的需要,利用特殊的制备技术,在基体表面形成厚度为亚微米至微米级的膜层。薄膜的表面和界面所占比例很大,表面弛豫、重构、吸附等会对薄膜结构和性能产生较大影响。气相沉积是薄膜制备的主要方法之一,它涉及气相到固相的急冷过程,形成的薄膜往往是非稳定态结构,外界条件的变化和时间的延长也会对薄膜的结构和性能造成影响。气相沉积薄膜一般具有非化学计量组成。薄膜中往往含有较多的缺陷,如空位、层错、位错、空洞、纤维组织,并且有杂质的混入。薄膜中一般都存在应力,例如真空蒸镀膜层往往存在拉应力,溅射膜层往往存在压应力。用各种工艺方法,控制一定的工艺参数,可以得到不同结构的薄膜,如单晶薄膜、多晶薄膜、非晶态薄膜、纳米级的超薄膜以及晶体取向外延薄膜等,应用于各个领域。

(2) 微纳米固体粒子的表面　纳米粒子的结构、表面结构和纳米粒子的特殊性质引起了科学界的极大关注。特别是当粒子直径为10nm左右时,其表面原子数与总原子数之比达50%,因而随着粒子尺寸的减小,表面的重要性越来越大。

具有弯曲表面的材料,其表面应力正比于其表面曲率。由于纳米粒子表面曲率非常大,所以表面应力也非常大,使纳米粒子处于受高压压缩(如表面应力为负值则为膨胀)状态。例如,对半径为10nm的水滴而言,其压力有14MPa。对于固体纳米粒子而言,如果形状为球形,且假定表面应力各向同性,其值为σ,那么粒子内部的压力应为$\Delta P=2\sigma/r$,这里r为纳米粒子半径。由于该式与边长为L的立方体推出的结果非常类似,而并非与曲率相关,因而该式也应适于具有任意形状的小面化晶体颗粒。当然不同的小面有不同的表面能,情况要复杂得多。如果由此而发生点阵参数的变化,那么这种变化也将是各向异性的。

粒子尺寸减小的另一重要效应是晶体熔点的降低。由于表面原子有较多的断键,因而当粒子变小时,其表面单位面积的自由能将会增加,结构稳定性将会降低,使其可以在较低的温度下熔化。实验观测表明,纳米金粒子尺寸小于10nm时,其熔点甚至可以降低数百度。

此外,非常小的纳米粒子的结构具有不稳定性。在高分辨电镜中观测发现,Au、TiO_2等纳米粒子的结构会非常快速地改变:从高度晶态化到近乎非晶态,从单晶到孪晶直至五重孪晶态,从高度完整到含极高密度的位错。通常结构变化极快,但相对稳定态则往往保留稍长时间。这种状态被称为准熔化态,这是由于高的表面体积比所造成的,它大大降低了熔点,使纳米粒子在电镜中高强度电子束的激发下发生结构涨落。

在热喷涂、粉体喷塑、表面重熔等表面技术中经常会和微纳米粉末打交道。由于纳米粉末物质的饱和蒸气压大和化学势高,造成微粒的分解压较大、熔点较低、溶解度较大。对纳米固体粒子的结构研究表明,纳米固体粒子可以由单晶或多晶组成,其形状与制备工艺有关。纳米固体粒子的表面原子数与总原子数之比,随固体粒子尺寸的减小而大幅度增加,粒子的表面能和表面张力也随之增加,从而引起纳米固体粒子性质的巨大变化。纳米固体粒子的表面原子存在许多"断键",因而具有很高的化学活性,纳米固体粒子暴露在大气中表层易被氧化。例如,金属的纳米固体粒子在空气中会燃烧,无机的纳米固体粒子在空气中会吸附气体,甚至与气体发生化学反应。

2.3　表面特征力学和势场

作用于固体表面原子和分子的力与体内不同,即固体表面存在着一些与作用于固体内部原子和分子所不同的力。这些力的存在都可能对固体表面的结构和性能以及各种镀层、涂层的结构和性能产生显著的影响。

2.3.1 表面吸附力

考虑固体表面为晶体的固—气表面。晶体内存在的力场在表面处发生突变,但不会中断,会向气体一侧延伸。当其他分子或原子进入这个力场范围时,就会和晶体原子群之间产生相互作用力,这个力就是表面吸附力。由表面吸附力把其他物质吸引到表面即为吸附现象。表面吸附力有物理吸附力与化学吸附力两种类型。

1. 物理吸附力

物理吸附力是在所有的吸附剂与吸附质之间都存在的,这种力相当于液体内部分子间的内聚力,视吸附剂和吸附质的条件不同,其产生力的因素也不同,其中以色散力为主。

(1) 色散力 色散力是因为该力的性质与光色散的原因之间有着紧密的联系而得到的。它来源于电子在轨道中运动而产生的电矩(Electric moment)的涨落,此涨落对相邻原子或离子诱导一个相应的电矩;反过来又影响原来原子的电矩。色散力就是在这样的反复作用下产生的。

实际上,色散力在所有体系中都存在。例如,极性分子在共价键固体表面上的吸附以及球对称惰性原子在离子键固体表面上的吸附中,虽然静电力起明显的作用,但也有色散力存在并且是主要的。由于考虑到金属中传导电子的非定位特性,有人认为,非极性分子在金属表面上的吸附现象似乎不完全符合色散力的近似模型,但其吸引力仍可以考虑为色散力。研究指出,只有非极性分子在共价键固体表面上的物理吸附中的吸引力,才可以认为几乎完全是色散力的贡献。

(2) 诱导力 Debye 曾发现一个分子的电荷分布要受到其他分子电场的影响,因而提出了诱导力。当一个极性分子接近一种金属或其他传导物质时,例如石墨,对其表面将有一种诱导作用,但诱导力的贡献比色散力的贡献低很多。

(3) 取向力 Keesom 认为,具有偶极而无附加极化作用的两个不同分子的电偶极矩间有静电相互作用,此作用力称之为取向力。其性质、大小与电偶极矩的相对取向有关。假如被吸附分子是非极性的,则取向力的贡献对物理吸附的贡献很小。但是,如果被吸附分子是极性的,取向力的贡献要大得多;甚至超过色散力。

2. 化学吸附力

化学吸附与物理吸附的根本区别是吸附质与吸附剂之间发生了电子的转移或共有,形成了化学键。这种化学键不同于一般化学反应中单个原子之间的化学反应与键合,称为"吸附键"。吸附键的主要特点是吸附质粒子仅与一个或少数几个吸附剂表面原子相键合。纯粹局部键合可以是共价键,这种局部成键,强调键合的方向性。吸附键的强度依赖于表面的结构,在一定程度上与底物整体电子性质也有关系。对过渡金属化合物来讲,已证实化学吸附气体化学键的性质,部分依赖于底物单个原子的电子构型,部分依赖于底物表面的结构。

关于化学吸附力提出了许多模型,诸如定域键模型、表面分子(局域键)模型、表面簇模型,这些模型都有一定的适用性,也有一定的局限性。

定域键模型是把吸附质与吸附剂原子间形成的化学吸附键,认为与一般化学反应中的双原子分子成键情况相同,即当做共价键对待。该模型对气体分子在金属表面上的解离吸附较为适用,但由于没有考虑到吸附剂的性质和特点,把化学吸附的键合过于简化,因而不具有普遍性。

表面分子(局域键)模型是用形成表面分子的概念来描述被吸附物的吸附情况,该模型假定吸附质与一个或几个表面原子相互作用形成吸附键。因此,它属于局部化学相互作用,在干净共价或金属固体上的吸附和在离子半导体或绝缘体表面上的酸—碱反应(共价键的电子对仅由一个组元提供),用表面分子模型能得到很好的说明。表面簇模型是被吸附物与固体键合的量子模型。前两种模型,很少考虑参加成键的原子实际是固体的一部分这一事实。固体中许多能级用宽带来描述比用表面分子图像中所假定的局部原子能级来描述似乎更合理。此模型是将被吸附物和少数基质原子视为一个簇状物,然后进行定量分子轨道近似计算。该模型对吸附行为提供了一个本质性的见解,目前仍在研究中。

3. 表面吸附力的影响因素

(1) 吸附键性质会随温度的变化而变化　物理吸附只是发生在接近或低于被吸附物所在压力下的沸点温度,而化学吸附所发生的温度则远高于沸点。不仅如此,随着温度的增加,被吸附分子中的键还会陆续断裂以不同形式吸附在表面上。现以乙烯在 W 上的吸附为例进行说明。当温度达 200K 时,乙烯以完整分子形式吸附在 W(110)表面;当温度升高到 300K 时,它断掉了两个 C—H 键,即以乙炔 C_2H_2 形式吸附在表面;如果再加热到 500K,剩下的两个 C—H 键也断裂,紫外光电子谱(UPS)实验证明在 W 表面上出现 C_2 单元;温度进一步增高到 1 100K,C_2 分解,只有碳原子留在表面上。

(2) 吸附键断裂与压力变化的关系　由于被吸附物压力的变化,即使固体表面加热到相同的温度,脱附物并不相同。以 CO 在 Ni(111)面的吸附为例,若 CO 的压力小于 1 333.3Pa 或接近真空,加热固体温度到 500K 以上,被吸附的分子脱附为气相,仍为 CO 分子,即脱附之前未解离;可是,如果在较高压力下加热到 500K,CO 分子则解离。其原因是压力不同覆盖度也不一样,较高压力下覆盖度大,那些较长时间停留在表面上的 CO 分子可以解离。

(3) 表面不均匀性对表面键合力的影响　如果表面有阶梯和折皱等不均匀性存在,对表面化学键有明显的影响。表现最为强烈的是 Zn 和 Pt。当这些金属表面上有不均匀性存在时,一些分子就分解,而在光滑低密勒指数表面上,分子则保持不变。乙烯在 200K 温度的 Ni(111)面上为分子吸附,而在带有阶梯的 Ni 表面上,温度即使低到 150K 也可完全脱掉氢形成 C_2。有些研究还指出,表面阶梯的出现会大大增加吸附概率。

(4) 其他吸附物对吸附质键合的影响　当气体被吸附在固体表面上时,如果此表面上已存在其他被吸附物或其他被吸附物被同时吸附时,则对被吸附气体化学键合有时会产生强烈的影响。这种影响可能是由于这些吸附物质的相互作用而引起。例如,在镍表面上铜的存在使氧的吸附速度减慢;硫可以阻止 CO 的化学吸附。

2.3.2 表面张力与表面能

表面张力是在研究液体表面状态时提出来的。处在液体表面层的分子与处在液体内部的分子所受的力场不相同。在液气表面上,气体方面比液体方面的吸引力小得多,因此气—液表面的分子仅受到液体内部垂直于表面的引力。这种分子间的引力主要是范德瓦耳斯力,它与分子间距离的 7 次方成反比,表面分子受邻近分子的吸引力只限于第一、二层分子,超过这个距离,分子受到的力基本是对称的。表面张力本质上是由分子间相互作用力产生的,这种范德瓦斯力由色散力、诱导力、偶极力、氢键等分量组成,其中色散力由分子间的非极性相互作用而引起,诱导力、偶极力、氢键等都与分子间的极性相互作用有关,因此表面张力 σ 可分解为色散

分量 σ^d 和极性分量 σ^p,即
$$\sigma = \sigma^d + \sigma^p \tag{2-4}$$
从热力学来定义,分子在液体内部运动无需作功,而液体内部的分子若要迁移到表面,必须克服一定引力的作用,即欲使表面增大就必须做功。表面过程既是等温等压过程,也是等容过程,故形成单位面积系统的吉布斯自由能 Gs 的变化与和亥姆霍兹自由能 Fs 的变化是相同的,比表面能可以定义为
$$\gamma = \left(\frac{\partial Gs}{\partial A}\right)_{T,P} = \left(\frac{\partial Fs}{\partial A}\right)_{T,V} \tag{2-5}$$
式中,A 为表面积,Gs 与 Fs 都是总表面能。对于液体来说,表面自由能与表面张力是一致的,即
$$\gamma = \sigma \tag{2-6}$$

固体与液体不同,即使是非晶态固体,也受到结合键的制约,固体中原子、分子或离子彼此间的相互运动比液体要困难得多。严格地说,有关固体表面的问题,往往不采用表面张力这个概念。固体的表面能在概念上不等同于表面张力。根据热力学关系,固体的表面能包括自由能和束缚能。设 Es 为表面总能量(代表表面分子相互作用的总能量),T 为热力学温度,Ss 为表面熵,TSs 为表面束缚能,则
$$Es = Gs - TSs \tag{2-7}$$
表面熵是由组态熵(若为晶体表面,则表示表面晶胞组态简并度对熵的贡献)、声子熵(又称振动熵,表征晶格振动对熵的贡献)和电子熵(表示电子热运动对熵的贡献)三部分组成。实际上组态熵、声子熵和电子熵在总能量中所做贡献很小,可以忽略不计,因此表面能取决于表面自由能。固体的比表面自由能 γ 常简称为表面能。影响表面能的因素很多,主要有晶体类型、晶体取向、表面温度、表面形状、表面曲率、表面状况等。从热力学的角度来看,表面温度和晶体取向是很重要的因素。表面能对晶体外形和表面形貌、吸附和表面偏析等具有重要作用。

2.3.3 表面振动与表面扩散

1. 表面振动

晶体中原子的热运动有晶格振动、扩散和溶解等。晶格振动是原子在平衡位置附近做微振动。这种微振动破坏了晶格的空间周期规律性,因而对固体的热容、热膨胀、电阻、红外吸收等性质以及一些固态相变有着重要的影响。

晶体中相邻原子的相互制约使原子的振动以格波的形式在晶体中传播。在由大量原子组成的晶体中存在着各种原子组成的格波。格波不一定是简谐的,但可以用傅里叶方法将其他的周期性波形分解成许多简谐波的叠加。当振动微弱时格波就是简谐波,彼此之间作用可以忽略,从而可以认为它们的存在是相互独立的,称为独立的模式。总之,能用独立的简谐振子的振动来表达的独立模式。晶格振动中简谐振动的能量量子称为声子,它具有 Ei 的能量。这就是说,一个谐振子的能量只能是能量单元 hv_i 的整倍数,具体可写为
$$E_i = \left(n_i + \frac{1}{2}\right)hv_i \tag{2-8}$$
式中,E_i 为第 i 个谐振子的能量,v_i 是第 i 个谐振子的能量的频率,h 是普朗克常数,n_i 是任意的正整数。有了声子的概念,振动着的晶体点阵可看做该固体边界以内的自由声子气体,而格波与物质的相互作用理解为声子与物质的碰撞。例如,格波在晶体中传播受到散射的过程可

理解为声子同晶体中原子和分子的碰撞。这样,对处理许多问题带来了很大的方便。

表面振动局域在表面层,具有一定的点阵振动模式,称为"表面振动模",简称表面模。其每一种振动模式对应一种表面声子,又称为声表面波(surface acoustic wave; SAW)。表面结构呈现点阵畸变,其势场与体内正常的周期性势场不同,振动频谱也不同。另一方面,晶体表面具有无限的二维周期性点阵结构,表面模在晶面平行方向的传播具有平面波性质;而在垂直于晶体表面的方向,声表面波向体内方向迅速衰减,成为迅衰波。对于长波长(大于 10^{-6} cm)的声表面波可近似运用连续介质模型来讨论,而对于短波长(小于 10^{-6} cm)的声表面波,由于晶格的色散很显著,就必须用晶格动力学理论来讨论。

声表面波具有多种形式。例如,在均匀固体半空间表面中的形式称为瑞利波(Rayleigh wave)。其速度在 $10^5 \sim 6 \times 10^5$ cm/s 之间,沿着表面(平面)传播,其波矢在此平面内。随着深入表面内部,质点运动按指数形式衰减。这种以位移振幅随与表面深度的增加呈指数衰减的波称为"平常瑞利波"。瑞利表面波的能量 90% 以上集中在距离表面的一个声波波长的深度范围内。在各项同性介质中只能存在"平常瑞利波"。瑞利波无色散,其简约波仅与介质弹性系数有关,与波的频率无关。瑞利波可以用中子束或电子束激励,也可以用机械方法(换能器)激励。对于瑞利波的研究,能够得到关于表面吸附层中几个、几十个、几百个原子层的重要信息。在技术应用方面,它对于超声波技术,特别是表面超声波技术及有关的表面声波器件有重要意义。已展开多种器件的研制如与滤波、振荡、放大、非线性、声光等有关的多种器件。

实际晶体比较复杂。不能简单用各向同性模型处理,但在一些特殊方向上传播的表面波基本上具有上述模式。在各向异性介质中,可以存在"广义瑞利波"。这种声表面波的振幅以振荡形式随距离而衰减。

2. 表面扩散

表面扩散是指原子在晶体表面的迁移。原子在多晶体中的扩散可按体扩散(晶格扩散)、表面扩散、晶界扩散和位错扩散四种不同途径进行。其中表面扩散所需的扩散激活能最低。随着温度的升高,越来越多的表面原子可以得到足够的激活能使它与近邻原子的键断裂而沿表面迁移。表面扩散与表面吸附、偏析等一样,是一种基本的表面过程。表面扩散速度的快慢对原子的吸附过程以及表面化学反应过程如氧化、腐蚀现象等有重要影响。

固体中原子或分子从一个位置迁移到另一个位置,不仅要克服一定的位垒(扩散激活能),还要到达的位置是空着的,这就要求点阵中有空位或其他缺陷。原子或分子在固体中扩散,最主要是通过缺陷来完成的,即缺陷构成扩散的主要机制。同样,缺陷在表面扩散中也起着重要的作用。但是表面缺陷与固体内部的缺陷情况有着一定的差异,因而表面扩散与体扩散也有差异。

固体表面上的扩散包括两个方向的扩散:一是平行表面的运动;二是垂直表面向内部的扩散运动。通过平行表面的扩散可以得到均质的、理想的表面强化层;通过向内部的扩散,可以得到一定厚度的合金强化层,有时候希望通过这种扩散方式得到高结合力的涂层。

这里讨论的表面扩散主要是指完全发生在固体外表面上的扩散行为,即固体表面吸附态。表面空穴将被当作一个吸附的扩散缺陷,这就是说表面扩散层仅等于一个晶面间距。表面原子向内部扩散只作简要讨论。

(1) 随机行走扩散理论与宏观扩散系数

① 表面原子的扩散。表面扩散是指原子、离子、分子和小的原子簇等单个实体在物体表

面上的运动。其基本原因与体相中的扩散一样，是通过热运动而激活的。表面原子围绕它们平衡位置作振动，随着温度升高，原子被激发而振动的振幅加大，但一般情况下能是不足以使大多数的原子离开它们的平衡位置的。要使一个原子离开它们的相邻的原子沿表面移动，对许多金属的表面原子来说，需要的能量大为 62.7~209.4kJ/mol。但是，一方面由于原子热运动的不均匀性，随着温度的升高，有越来越多的表面原子可以得到足够的激活能，以断掉与其相邻原子的价键而沿表面进行扩散运动；另一方面，由于表面原子构造的特点，使得许多表面原子的能量比其他地方的高，或者说高于平均表面能，有时在不高的温度下某些原子就可以获得足够高的激活能而发生扩散。当温度升高时，由此引起的表面扩散也将随之加剧。在固体材料的表面处理中，表面扩散往往比体扩散更重要。

如图 2-2 所示，晶体表面存在单原子高的阶梯并带有曲折，平台还有两个重要的点缺陷——吸附原子和平台空位，这两种缺陷也可以发生在阶梯旁。显然这些不同位置原子的近邻原子数目是不相等的，原子间的结合能也是不同的。当表面达到热力学平衡时，表面缺陷的浓度会固定不变。浓度的大小仅是温度的函数。从定性意义上来说，平台—阶梯—曲折表面的最简单的缺陷就是吸附原子和平台空位，它们与表面的结合能比所有其他缺陷的大，至少在相当大的温度范围内是如此。在这样条件下，表面扩散主要是靠它们的移动来实现的。

表面扩散的理论尚不完善。表面扩散可看做是多步过程，即原子离开其平衡位置沿表面运动，直至找到其新的平衡位置。假定仅有吸附原子的扩散，该原子为了跳到相邻的位置需要一定的热能。因为吸附原子在起始和跳跃终结时均只能占据平衡位置，那么在两个位置之间区域，原子一定处于较高的能态，即越过一个马鞍型峰点。

现以 fcc 金属在(100)面平台的吸附原子为例来说明表面扩散与体相内部扩散的不同。由图 2-6 可见，吸附原子扩散的最低能量路径是 1，此路径跨过一个马鞍型峰点，跳越间距是原子间距的数量级。不过，如果该吸附原子积累了更高的能量，也可能越过一个原子的顶部，沿路径 3 移动，路径 3 比原子间距长得多，因此跳跃路径 3 需要的能量大于路径 1 需要的能量，但要小于原子在表面平台上的结合能 ΔH_S。我们定义，如果吸附原子的能量 ΔH 在路径 1 与路径 3 之间引起的扩散称为—定域扩散；

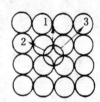

图 2-6 (110)面上吸附原子的扩散

吸附原子的能量 ΔH 在路径 3 与原子在表面平台上的结合能 ΔH_S 之间的扩散称为非定域扩散。由此可见，非定域扩散是扩散的缺陷部分地跳到固体外的自由空间，而在体相中就没有这种自由的场所，这也是表面扩散的特点。

②随机行走(Random Walk)理论。假定原子运动方向是任意的，原子每次跳越的距离是等长的，并等于最近的距离 d。设 D 为扩散系数，则有

$$D = z \frac{d^2 v_0}{2b} \exp\left(\frac{\Delta H_m + \Delta H_f}{k_B T}\right) \quad (2-9)$$

式中，T 为热力学温度；k_B 为 Boltzmann 常数；ΔH_m 为扩散势垒的高度或迁移能；ΔH_f 为吸附原子的生成能；v_0 为原子冲击势垒的频率；b 为坐标的方向数；z 为配位数。

可见，D 与温度 T 呈指数关系，实验证实大部分固体都是如此，D 是一个重要的扩散参量，可求得扩散时间，而且 $\ln D$ 对 $1/T$ 作图可测定表观扩散激活能。

③宏观扩散的扩散系数。在实际的表面上，不是一个原子而是许多原子同时进行扩散。原子的浓度大约在 $10^{10} \sim 10^{13} \mathrm{cm}^{-2}$ 范围，因此扩散距离是表面原子扩散长度统计数字的平均

值,必须用宏观参量定义扩散过程,假定不同能态吸附原子之间存在着玻耳兹曼(Boltzmann)分布为特征的平衡,则扩散系数为

$$D = D_0 \exp\left(-\frac{Q}{RT}\right) \tag{2-10}$$

式中,Q 为整个扩散过程中的激活能;D_0 为扩散常数,可在 $10^{-3} \sim 10^3 \mathrm{cm/s}$ 一个很宽的范围里变动。

(2) 表面扩散定律。要导出表面沿某个方向(一维)的扩散速率,先建立图 2-7 的表面原子排列模型。图中 A、B、C 为相邻的三排原子,取其宽度 L、d 为排间距。显然在扩散时,对于 B 排原子来说,从 A 排和 C 排都会有原子跳进来,现设 A 排的原子浓度为 c_A,C 排的原子浓度为 c_C,且 $c_A \neq c_C$,或 $c_A > c_C$,则会显示出如图的原子扩散流。再设 N_B 为 B 排在 Ld 面积中所占的原子数,f 为扩散原子的跳跃频率,则自 A 排向 C 排会有一净原子流,通过 B 排发生迁移,即

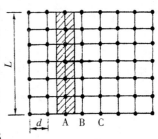

图 2-7 表面原子扩散模型

$$\frac{dN_B}{dt} = \frac{1}{2} fLd(c_A - c_C) \tag{2-11}$$

式中的常数 1/2,表示每排原子具有相等的前后跳越机会。浓度差可以梯度表示,即

$$c_A - c_C = -\frac{\partial c}{\partial x} d \tag{2-12}$$

假定不是稳态扩散,且进入 B 区的原子多于流出 B 区的原子。吸附原子在 dt 时间内自左进入 B 区的原子数为

$$dN_B^1 = -\left(D\frac{\partial c}{\partial x}\right)_x L\, dt \tag{2-13}$$

而向右离开 B 区的原子数为

$$dN_B^2 = -\left(D\frac{\partial c}{\partial x}\right)_{x+dx} L\, dt \tag{2-14}$$

在 dt 时间内,吸附原子在 B 区中的净增量为

$$\begin{aligned} dN_B &= dN_B^1 - dN_B^2 \\ &= \left[\left(D\frac{\partial c}{\partial x}\right)_{x+dx} - \left(D\frac{\partial c}{\partial x}\right)_x\right] L\, dt \\ &= \frac{\partial}{\partial x}\left(D\frac{\partial c}{\partial x}\right) dL\, dt \end{aligned} \tag{2-15}$$

在 B 区中净增加的浓度 c 为

$$dc = \frac{dN_B}{Ld} = \frac{\partial}{\partial x}\left(D\frac{\partial c}{\partial x}\right) dt \tag{2-16}$$

$$\frac{dc}{dt} = \frac{\partial}{\partial x}\left(D\frac{\partial c}{\partial x}\right) \tag{2-17}$$

上式即为 Fick 第二扩散定律的一维形式。具体应用时可通过边界条件和初始条件求出扩散原子的浓度分布函数 $c = f(x, t)$。

(3) 表面的自扩散和多相扩散 在一个单组分的基底上同种原子的表面扩散称为自扩散,在表面上其他种类的吸附原子的扩散称为多相扩散。此外,扩散系数分为本征扩散系数和

传质扩散系数,前者是指不包括缺陷生成能的扩散系数,后者是包括缺陷生成能的扩散系数。

① 金属表面的自扩散。在自扩散中,无论本征扩散系数或传质扩散系数,它们对于了解表面缺陷的情况都很重要。如果求得此两扩散系数与温度的关系,就可以确定扩散缺陷的生成能和迁移能。

从表面传质扩散系数的测量中得到了一些经验关系式。例如,对于一些 fcc 和 bcc 金属将 $\ln D$ 对 T_m/T(T_m 为熔点的热力学温度)作图可得一直线。通过数学处理可得到一些关系式。对于 fcc 金属如 Cu、Au、Ni 等,有

$$D = 740\exp(-\varepsilon_1 T_m/RT) \qquad 0.77 \leqslant T/T_m < 1 \qquad (2-18)$$

$$D = 0.014\exp(-\varepsilon_2 T_m/RT) \qquad T/T_m < 0.77 \qquad (2-19)$$

式中,$\varepsilon_1 = 125.8 \text{J}/(\text{mol} \cdot \text{K})$;$\varepsilon_2 = 54.3 \text{J}/(\text{mol} \cdot \text{K})$。

对于 bcc 金属如 W(100)、Nb、Mo、Cr 等,有

$$D = 3.2 \times 10^4 \exp(-\varepsilon'_1 T_m/RT) \qquad 0.75 \leqslant T/T_m < 1 \qquad (2-20)$$

$$D = 1.0\exp(-\varepsilon'_2 T_m/RT) \qquad T/T_m < 0.75 \qquad (2-21)$$

式中,$\varepsilon'_1 = 146.3 \text{J}/(\text{mol} \cdot \text{K})$;$\varepsilon'_2 = 76.33 \text{J}/(\text{mol} \cdot \text{K})$。

测量本征扩散系数的实验较少。Ehrlich 和 Hudden 曾用实验证实吸附原子的均方位移 $\langle x^2 \rangle$ 是扩散时间的线性函数。

$$\langle x^2 \rangle = Dt/a \quad (\text{一维扩散时};a = 1/2;\text{表面扩散时};a = 1/4)$$

② 多相表面扩散。多相表面扩散大多借助场电子发射显微镜(FEM)和放射性示踪原子技术,一般可观察到三种扩散:一是物理吸附气体的扩散,扩散温度很低,激活能很低;二是覆盖度为 0.3~1 个单层时,扩散发生在中温到高温之下,是化学吸附物类的扩散,测量到的激活能高;三是小覆盖的情况,激活能比第二种的情况还要高,仍属于化学吸附物类的扩散,扩散温度更高。CO 和 O_2 在 W 和 Pt 上就能观察到这三种扩散过程。许多表面扩散的研究都指出扩散存在各向异性效应以及与覆盖度的依赖关系,多相表面扩散的激活能与基体表面自扩散激活能相比低很多,这在 W 上表现特别明显。

以上讨论的扩散都是在单组分的基底表面上;如果是多组分,扩散过程可能更复杂。

(4) 表面向体内的扩散 固体表面层原子除了蒸发或升华等向外运动外,也会向内扩散,其速度与温度、压力等因素有很大关系。表面向体内的扩散是严格按照 Fick 扩散定律进行的。

① Fick 第二定律的 Gauss 解。Fick 第二定律一维的表达式是

$$\frac{\partial c(x,t)}{\partial t} = D \frac{\partial^2 c(x,t)}{\partial x^2} \qquad (2-22)$$

要解此方程,需要边界条件。我们假设:

a. 扩散介质在表面上的浓度为常数 c_s。

b. 体相为一半无限体积。

由此可知边界条件为

$$c = c_s \qquad (x=0, t)$$

初始条件

$$c = 0 \qquad (x=\infty, t) \qquad (2-23)$$

$$c = 0 \qquad (x, t=0)$$

可以推导出 Gauss 解的标准表达式为

$$c = c_s \left[1 - \Psi\left(\frac{x}{2\sqrt{Dt}}\right)\right] \qquad (2-24)$$

$\Psi\left(\dfrac{x}{2\sqrt{Dt}}\right)$ 可根据 gauss 误差函数表 2-3 求出。因此，若已知表面浓度 c_s 和时间 t，可根据式 (2-24) 求出任一 x 处的渗层浓度。

②扩散元素沿深度的分布。工程上经常希望知道扩散深度与时间的关系，根据 Fick 定律的 Gauss 解，对于不同的时间 t 可以得出浓度沿深度的分布曲线。设 c_0 为元素扩散到某深度 x 处的元素浓度，则可通过 Gauss 解求得

$$c_0 = c_s\left[1 - \Psi\left(\dfrac{x}{2\sqrt{Dt}}\right)\right] \tag{2-25}$$

显然，扩散深度 x 和扩散时间 t 之间呈抛物线关系。

表 2-3 Gauss 误差函数表

$\dfrac{x}{2\sqrt{Dt}}$	0.0	0.1	0.2	0.3	0.4	0.5	0.6	0.7
Ψ	0.000 0	0.112 5	0.222 7	0.328 6	0.428 4	0.520 4	0.603 9	0.677 8
$\dfrac{x}{2\sqrt{Dt}}$	0.8	0.9	1.0	1.1	1.2	1.3	1.4	1.5
Ψ	0.742 1	0.796 9	0.842 7	0.880 2	0.910 3	0.934 0	0.952 3	0.966 1
$\dfrac{x}{2\sqrt{Dt}}$	1.6	1.7	1.8	1.9	2.0	2.2	2.4	2.7
Ψ	0.976 3	0.983 8	0.989 1	0.992 8	0.995 3	0.998 1	0.999 3	0.999 9

3. 表面浓度低于体相浓度的扩散

如果表面浓度 c 低于材料的原始浓度，例如钢材在空气中加热的时候表面脱碳即属此例，这时扩散将由内向外进行，Fick 定律的 Causs 解将呈下列形式：

$$c(x,t) = c_s + (c_0 + c_s)\Psi\left(\dfrac{x}{2\sqrt{Dt}}\right) \tag{2-26}$$

式中，c_0 为体相扩散物质浓度。显然随时间的增长，会引起体相表面附近更深的浓度下降，在极端的情况下，或 $t \to \infty$ 时，整个体相的 c_0 会变为 c_s。

【选择阅读】表面科学的某些概念和理论

2.4 表面晶体学

2.4.1 理想表面结构

理想表面是一种理论的结构完整的二维点阵平面。这里忽略了晶体内部周期性势场在晶体表面中断的影响，也忽略表面上原子的热运动以及出现的缺陷和扩散现象，又忽略表面外界环境的作用等，因而把晶体的解理面认为是理想表面。

1. 晶格的周期性与对称性

为了研究晶体结构的周期性规律,我们用一个点代表一个基元(即周期性结构中最基本的重复单元),这个点称为格点。格点在平面上沿两个不相重合的方向周期地排列所形成的无限平面点阵称为网格或格子。

二维晶格的周期性可以用一个平移群来表示。图 2-8 为一个二维网格。任选一格点为原点(0),二维网格中任何格点都可以由原点通过下列平移而得:

$$T = n\boldsymbol{a} + m\boldsymbol{b} \quad (2-27)$$

式中,$\boldsymbol{a}$ 和 $\boldsymbol{b}$ 是两个不相重合的单位矢量,称为二维格子的"基矢'",n 和 m 为任意整数。

$$n, m = 0, \pm 1, \pm 2, \cdots \quad (2-28)$$

由 $\boldsymbol{a}$ 和 $\boldsymbol{b}$ 所构成的平行四边形称为"元格",它是二维周期性排列的最小重复单元。整个二维格子亦可以看成是元格在平面内作周期性的排列而成。或者说,对于任一组选定的 n, m 值,可完成一个平移对称操作,而操作所得到的任何格点均全同于初始格点。

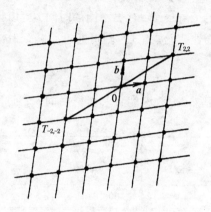

图 2-8 二维网络

除了平移操作以外,二维格子还可以有旋转与镜面反映对称操作。旋转对称操作指围绕某一固定点,沿点阵平面垂直轴旋转的对称操作,其旋转角 $\theta = 2\pi/n$。其中,n 为非零正整数,作为旋转操作要素的标志,称为旋转的度数。与三维晶格中的情况相同,由于周期性结构的制约,旋转对称操作的度数只能取

$$n = 1, 2, 3, 4, 6, \cdots \quad (2-29)$$

镜面反映对称操作是对于某一条固定的线做镜像反映,使格点具有镜面对称性。在二维点阵中只存在一种镜面反映操作要素,以 m 表示,其图形以直线标出。

旋转与镜面反映组合共产生 10 个二维点群,如图 2-9 所示。图中黑点代表等价点的位置,数字表示旋转度数,m 表示镜面。

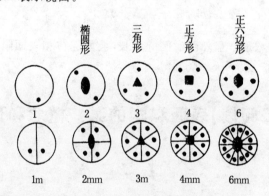

图 2-9 二维点阵中的 10 种点群

正如周期性对于对称操作有限制一样,点群对称性对基矢 $\boldsymbol{a}$ 和 $\boldsymbol{b}$ 之间的关系也有一定的制约。例如,具有四种旋转轴对称性的格子必然是正方格子;具有三重与六重旋转轴对称性的格子必然是正六角形格子。因此,二维格子的数目归纳起来只可能有五种形式,称为五种二维

布喇菲格子(见图2-10),属于四大晶系。此五种布喇菲格子基矢 a 和 b 的关系和特点列表2-4中。

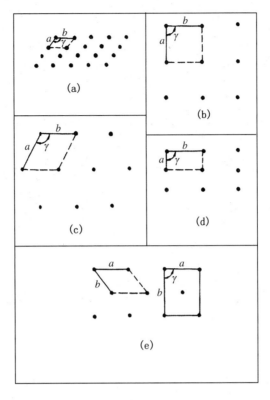

图 2-10　五种二维布喇菲格子

二维点阵除个平移群和点移群两种基本对称操作外,还存在镜像滑移群,即对于某一直线做镜像反映后再沿此线平行方向滑移平移基矢的半个周期而完成的对称操作(该直线称为镜像滑移线,符号为"g")。

镜像滑移群与点群结合,共得到17种二维对称群,称为"二维空间群"。其中"空间"一词是对二维点阵对称性抽象的空间表达,而不是指几何上的三维空间。二维空间群全面地概括了二维晶体所具有的对称性。17种二维对称群列于表2-5。

表 2-4　二维布喇菲格子

名称	格子符号	基矢之间的关系	晶系
斜方形	P	$\|a\| \neq \|b\|; \gamma = 90°$	斜方
长方形	P	$\|a\| \neq \|b\|; \gamma = 90°$	长方
有心长方形	C	$\|a\| \neq \|b\|; \gamma = 90°$	长方
正方形	P	$\|a\| \neq \|b\|; \gamma = 90°$	正方
六角形	P	$\|a\| \neq \|b\|; \gamma = 90°$	六角

表 2-5　二维点阵、点群及空间群

点阵符号	点群符号	空间符号 全称	空间符号 简称	序号
斜方 P	1	P1	P1	1
	2	P211	P2	2
正交 PC	1m	P1m1	Pm	3
		P1g1	Pg	4
		C1m1	Cm	5
	2mm	P2mm	Pmm	6
		P2mg	Pmg	7
		P2gg	Pgg	8
		C2mm	Cmm	9
正方 P	4	P4	P4	10
正方 P	4mm	P4mm	P4m	11
		P4gm	P4g	12
六角 P	3	P3	P3	13
	3m	P3m1	P3m1	14
		P3m1	P3m1	15
	6	P6	P6	16
	6mm	P6mm	P6m	17

注:P 表示简单格子;C 表示有心格子

2. 晶列与晶列指数

二维晶格排列在一条直线上的格点组成晶列。二维晶格可以看成由任意一组平行晶列所构成。为了表示这些平行晶列的取向,在二维格子的平面取一坐标系,其坐标轴与基矢 a、b 平行。坐标轴上的单位长度分别为 a 和 b。若某一晶列在 a 和 b 轴上截数分别为 t 和 s,则

$$\frac{1}{t} : \frac{1}{s} = h : k$$

(h,k) 为一组互质的整数,称为晶列指数,表示晶列的方向。每一组 (h,k) 表示一组相互平行的晶列系。

各种二维格子的同一晶列系中,相邻晶列之间的距离 d 可由该组晶列的指数求得:

(1) 正方格子:
$$\frac{1}{d^2} = \frac{h^2 + k^2}{a^2} \tag{2-30}$$

(2) 长方格子:
$$\frac{1}{d^2} = \left(\frac{h}{a}\right)^2 + \left(\frac{k}{b}\right)^2 \tag{2-31}$$

(3) 六角格子:
$$\frac{1}{d^2} = \frac{4}{3}\left(\frac{h^2 + k^2 + hk}{a^2}\right) \tag{2-32}$$

(4) 斜方格子:
$$\frac{1}{d^2} = \frac{h^2}{a^2 \sin^2 a} + \frac{k^2}{b^2 \sin^2 a} + \frac{2hk\cos a}{ab\sin^2 a} \tag{2-33}$$

3. 二维倒易格子

在晶体中倒易格子并非真实存在,而是为了便于讨论能带论和晶体衍射等问题而引入的

一种数学概念。

二维倒易格子的定义如下:二维倒易格子的基矢 a^* 和 b^* 与二维正格子基矢 a 和 b 之间的关系为

$$a \cdot a^* = b \cdot b^* = 1 \qquad (2-34)$$

$$a^* \cdot b = b^* \cdot a = 1 \qquad (2-35)$$

即 $\qquad a^* \perp b, b^* \perp a$

a 在 a 方向上的投影等于 $1/a$,b 在 b 方向上的投影等于 $1/b$。以 a,b 为基矢,二维倒易格子的平移群为

$$K = h'a^* + k'b^* \qquad (2-36)$$

$$h' = nh, k' = hk \qquad (2-37)$$

K 称为倒格矢,K 的方向与晶列(hk)垂直,长度等于晶列间距倒数的 n 倍,即

$$|Kn'k'| = \frac{n}{d_{hk}} \qquad (2-38)$$

2.4.2 清洁表面结构

在 2.2.2 节,曾介绍了清洁表面结构的一般情况,并且指出在几个原子层范围内的清洁表面,其偏离三维周期性结构的主要特征应该是表面弛豫、表面重构以及表面台阶结构。现将这三个结构特征进一步阐述如下。

1. 表面弛豫

晶体的三维周期性在表面处突然中断,表面上原子的配位情况发生变化,并且表面原子附近的电荷分布也有改变,使表面原子所处的力场与体内原子不同,因此表面上的原子会发生相对于正常位置的上、下位移以降低体系能量。表面上原子的这种位移(压缩或膨胀)称为表面弛豫。

表面弛豫的最明显处是表面第一层原子与第二层之间距离的变化;越深入体相,弛豫效应越弱,并且是迅速消失。因此,通常只考虑第一层的弛豫效应。这种弛豫能改变键角,但是不影响表面单胞(二维),故不影响 LEED 图像。在金属、卤化碱金属化合物、MgO 等离子晶体中,表面弛豫是普遍存在的。

通常所观察到的大部分表面层间距缩短,即存在表面负弛豫,但也观察到表面层间距膨胀,即表面正弛豫的现象。例如,纯铝的表面为(110)面时,会有 3%～5% 的负弛豫;纯铜的表面为(110)面时,会有 20% 的正弛豫。一般简单地认为,负弛豫是将一个晶体劈裂成新表面时表面原子原来的成键电子会部分地从断开的键移到未断的键上去,从而使未断键增强,因此会减少键长。不过,一旦有被吸附的原子存在,键长的变化应减少或消失。而认为正弛豫是由于表面原子间的键合力比体内弱,表面原子的热振动频率会降低,使振幅增大,从而推断表面原子会发生重组,重组后的点阵常数大于体内。Cheng 等人曾证明某些体心立方金属的表面,其弛豫的正负自表向内可能交替地改变,即自外向内的几个表面原子层的层间距是收缩、膨胀交替地变化的。

表面弛豫主要取决于表面断键即悬挂键的情况。弛豫作用对杂质、缺陷、外来吸附很敏感。对于离子晶体,表层离子失去外层离子后破坏了静电平衡,由于极化作用,可能会造成双电层效应。

2. 表面重构

在平行基底的表面上,原子的平移对称性与体内显著不同,原子位置做了较大幅度的调整,这种表面结构称为重构(或再构)。

为了描述重构现象,通常将基底晶格作为比较。设基底晶格的周期性由下式表示:

$$T = n\boldsymbol{a} + m\boldsymbol{b} \tag{2-39}$$

表面晶格的周期性由下式表示:

$$T_s = n'\boldsymbol{a}_s + m'\boldsymbol{b}_s \tag{2-40}$$

在最简单情况下:

$$\boldsymbol{a}_s = p\boldsymbol{a}, \boldsymbol{b}_s = q\boldsymbol{b} \tag{2-41}$$

式中,p、q 为整数,即表面晶格基矢 $\boldsymbol{a}_s$、$\boldsymbol{b}_s$ 与基底晶格的基矢 $\boldsymbol{a}$、$\boldsymbol{b}$ 平行,但长度不等。表面晶格可表示为

$$R(hkl) - p \times q - D \tag{2-42}$$

式中,R 表示基底材料的符号;(hkl) 为基底平面的密勒指数;D 是表面覆盖层或沉积物质的符号。若 D 与 R 相同,D 可以略去不写。例如,25℃时 Si 在真空中解理的 Si(111)面具有(2×1)结构,表面结构符号用 Si(111)-2×1 表示,其中(2×1)表示表面原子的 $\boldsymbol{a}$ 面间距扩大了 2 倍。这种结构不稳定,在 350℃退火后变成 Si(111)-7×7 结构即 $\boldsymbol{a}$ 和 $\boldsymbol{b}$ 比体内扩大了 7 倍。在一般情况下

$$\boldsymbol{a}_s = p_1\boldsymbol{a} + q_1\boldsymbol{b}$$
$$\boldsymbol{b}_s = p_2\boldsymbol{a} + q_1\boldsymbol{b}$$

若表面晶格的基矢 $\boldsymbol{a}$ 和 $\boldsymbol{b}$ 之间的夹角与基底晶格的基矢 $\boldsymbol{a}$ 和 $\boldsymbol{b}$ 之间的夹角相等,则此种表面结构常用下列符号表示:

$$R(hkl) - \frac{|\boldsymbol{a}_s|}{|\boldsymbol{a}|} \times \frac{|\boldsymbol{b}_s|}{|\boldsymbol{b}|} - \alpha - D \tag{2-43}$$

式中,α 为表面晶格相对于基底晶格所转过的角度。例如

$$\text{Ni}(001) - \sqrt{2} \times \sqrt{2} - 45° - S \tag{2-44}$$

表示在 Ni(001)表面上吸附了硫(S)原子,S 原子排列的晶格常数为 Ni 的 2 倍,而且两种晶格相对旋转了 45°。

基底与表面原子晶格基矢间更一般的关系为

$$\boldsymbol{a}_s = p_1\boldsymbol{a} + q_1\boldsymbol{b}$$
$$\boldsymbol{b}_s = p_2\boldsymbol{a} + q_1\boldsymbol{b}$$

它们表示晶格的形状和大小都与基底晶格不同,无法用上述表面晶格的结构记号表示。

另一种表示表面晶格的记号是矩阵记号。

$$\boldsymbol{a}_s = m_{11}\boldsymbol{a} + m_{12}\boldsymbol{b}$$
$$\boldsymbol{b}_s = m_{21}\boldsymbol{a} + m_{22}\boldsymbol{b}$$

则

$$\begin{pmatrix} \boldsymbol{a}_s \\ \boldsymbol{b}_s \end{pmatrix} = \begin{pmatrix} m_{11} & m_{12} \\ m_{21} & m_{22} \end{pmatrix} \begin{pmatrix} \boldsymbol{a} \\ \boldsymbol{b} \end{pmatrix} \tag{2-45}$$

表面重构与表面悬挂键有关,这种悬挂键是由表面原子价键的不饱和而产生的。当表面吸附外来原子而使悬挂键饱和时,重构必然发生变化。

表面重构能使表面结构发生质的变化,因而在许多情况下,表面重构在降低表面能方面比表面弛豫要有效得多。最常见的表面重构有两种类型:一是缺列型重构;二是重组型重构。

(1) 缺列型重构　是表面周期性地缺失原子列造成的超结构。所谓超结构是指晶体平移对称周期,即晶胞基矢成倍扩大的结构状态,合金的无序—有序转变和复合氧化物固溶体的失稳分解都是造成超结构的物理过程。作为表面超结构,则是表面层二维晶胞基矢的整数倍扩大。在洁净的面心立方金属铱、铂、金、钯等{110}表面上的(1×2)型超结构,是最典型的缺列型重构的例子,这时晶体{110}表面上的原子列每间隔一列即缺失一列。

(2) 重组型重构　其并不减少表面的原子数,但却显著地改变表面的原子排列方式。通常,重组型重构发生在共价键晶体或有较强共价成分的混合键晶体中。共价键具有强的方向性,表面原子断开的键,即悬挂键处于非常不稳定的状态,因而将造成表面晶格的强烈畸变,最终重排成具有较少悬挂键的新表面结构。必须指出的是,重组型重构常会同时伴有表面弛豫而进一步降低能量,仅就对表面结构变化的影响程度而言,表面弛豫比重组要小得多。

综合以上两种重构方式的系统研究结果可以认为,当原子键不具有明显方向性时,表面重构较为少见,即使有重构也以缺列性重构为主;当原子键具有明显方向性如共价键时,洁净的低指数表面上的重组型重构是极为常见的。近年来发现,多种具有较强共价成分的晶体中也存在着重组型重构,最典型的例子就是 $SrTO_3$ 晶体。

3. 表面台阶结构

清洁表面实际上不会是完整表面,因为这种原子级的平整表面的熵很小,属热力学不稳定状态,故清洁表面必然存在台阶结构等表面缺陷。如前所述,由 LEED 等实验证实许多单晶体的表面有平台、台阶和扭折(见图 2-4)。电子束从不同台阶反射时会产生位差。如果台阶密度较高,各个台阶的衍射线之间会发生相干效应。在台阶规则分布时,表面的 LEED 斑点分裂成双重的斑点;如果台阶不规则分布,则一些斑点弥散,另一些斑点明锐。

台阶结构可用下式表示:

$$R(S)-[m(hkl)\times n(h'k'l')]-[uvw] \qquad (2-46)$$

式中,R 表示台阶表面的组成元素;(S) 为台阶结构;m 表示平台宽度为 m 个原子列(晶列);(hkl) 为平台的晶面指数;n 表示台阶的原子层高度;$(h'k'l')$ 为台阶侧面的晶面指数;$[uvw]$ 为平台与台阶相交的原子列方向。例如:

$$Pt(S)-[6(111)\times(100)]-[011]$$

表示 Pt 的台阶表面;平台有 6 个原子列宽;平台指数为(111);台阶高度为 1 个原子层;台阶侧面指数为(100);平台与台阶相交的晶列方向为[011]。

如果 $[uvw]$ 是原子的密排方向,那么不产生扭折;若 $[uvw]$ 不是原子的密排方向,则原来的直线台阶变为折线台阶;台阶的转折处称为扭折。

2.4.3 吸附表面结构和吸附理论

1. 吸附表面层结构

研究实际表面结构时,可将清洁表面作为基底,然后观察吸附表面结构相对于清洁表面的变化。吸附物质可以是环境中外来原子、分子或化合物,也可以是来自体内扩散出来的物质。吸附物质在表面,或简单吸附,或外延形成新的表面层,或进入表面层的一定深度。下面着重介绍外来原子吸附在表面上的排列情况。

外来原子吸附在表面上形成覆盖层,并往往能使表面重构,其结构可记为

$$R(hkl)-p\times q-\alpha-m\times n-\beta-D \qquad (2-47)$$

式中,m、n 为覆盖层点阵基矢与基底表面基矢的长度比;β 为覆盖层点阵基矢与基底点阵基矢之间的偏转角;D 为吸附元素符号。其他符号同前。为了只表示吸附原子相对于基底表面的结构变化,可将 $p\times q$ 省略,即

$$R(hkl)-m\times n-\beta-D-\alpha \qquad (2-48)$$

或将吸附元素写到前面,即

$$D/R(hkl)-m\times n-\beta-\alpha \qquad (2-49)$$

对于有心结构,常冠以符号"C"。

在单原子覆盖层的情况下,若 N 为吸附原子紧密排列于基底表面时应有的原子总数,N' 为基底表面实际吸附的原子数,则表示单原子吸附的覆盖度 θ 定义为

$$\theta=N/N' \qquad (2-50)$$

吸附层是单原子或单分子层,还是多原子或多分子层,则与具体的吸附环境有关。例如氧化硅在压力为饱和蒸气压的 0.2～0.3 倍时,表面吸附是单层的,只在趋于饱和蒸气压时才是多层的。又如玻璃表面的水蒸气吸附层,在相对湿度为 50% 之前为单分子吸附层。随湿度增加,吸附层迅速变厚,当达到 97% 时,吸附的水蒸气有 90 多个分子层厚。

吸附层原子或分子在晶体表面是有序排列还是无序排列,则与吸附的类型、吸附热、温度等因素有关。例如在低温下惰性气体的吸附为物理吸附,并且通常是无序结构。

化学吸附往往是有序结构,排列方式主要有两种:一是在表面原子排列的中心处的吸附,二是在两个原子或分子之间的桥吸附。具体的表面吸附结构与吸附物质、基底材料、基底表面结构、温度以及覆盖度等因素有关。表 2-6 列出了某些材料的表面吸附层结构。

表 2-6 某些材料表面的吸附结构

吸附表面	结构类型	吸附点及 d(吸附层与基底之间原子距离)
O/Ni{100}	C(2×2),C(2×4),(2×2)	4 度对称点,$d=0.09$nm
		$d=0.15$nm
Na/Ni{100}	C(2×2)	4 度对称点,$d=0.29$nm
		$d=0.223$nm
O/Cu{110}	C(2×2),	
O/Cu{111}	无序	
O/Pt{111}	(2×2)	
CO/Pt{111}	C(4×2),(3×3) −30°	
I/Ag{111}	(3×3) −30°	3 度对称点,$d=0.225$nm
O/Ni{110}	(2×1)	
CO/Ni{110}	(2×1),C(2×1),C(2×2),(4×1)	
O/W{110}	(2×1)	

2. 固体表面吸附理论

(1) Langmuir 吸附理论　在大量实验的基础上，Langmuir 从动力学的观点出发，提出了单分子吸附层理论如下：

①固体中的原子或离子按照晶体结构有规则地排列着，表面层中排列的原子或离子，其吸引力（价力）一部分指向晶体内部，已达饱和；另一部分指向空间，没有饱和。这样就在晶体表面上产生一吸附场，它可以吸附周围的分子。但是这个吸引力（剩余价力）所能达到的范围极小，只有一个分子的大小，即数量级为 10^{-10} m，所以固体表面只能吸附一层分子而不重叠，形成所谓"单分子层吸附"。

②固体表面是均匀的，即表面上各处的吸附能力相同。

③气体被吸附在固体表面上是一种松懈的化学反应，因而被吸附的分子还可以从固相表面脱附下来进入气相。吸附质的分子从固相脱附的几率只受吸附剂的影响而不受周围环境的影响，即只认为吸附剂与吸附质分子间有吸引力，而被吸附的分子之间没有吸引力。

④吸附平衡是一动态平衡。固体吸附气体时，最初的吸附速率是很快的，后来因为固相表面已有很多分子吸附着，空位减少，吸附速率便减慢；与此相反，脱附速率则不断增快。当吸附速率等于脱附速率时，吸附就达到平衡。

气体在固体表面上的吸附速率取决于气体分子在单位时间内单位面积上的碰撞次数，即与压力 p 成正比，但吸附是单分子层的，只是还没有发生吸附的那部分固体才具有吸附能力，因而吸附速率又正比于固体表面未被吸附分子的面积与固体总表面之比。Langmuir 由此导出

$$\frac{1}{\gamma} = \frac{1}{\gamma_m} + \frac{1}{\gamma_m C p} \tag{2-51}$$

上式称为 Langmuir 等温方程。式中，C 为吸附系数；γ 是平衡压力为 p 时的吸附量；γ_m 为饱和吸附量，即固体表面吸附满一层分子后的吸附量。

若以 $\frac{1}{\gamma}$ 对 $\frac{1}{P}$ 作图，则得一直线，该直线的斜率为 $\frac{1}{\gamma_m C}$，截距则为 $\frac{1}{\gamma_m}$。把实验数据代入可求 γ_m 和 C。

一般说来，若固体表面是均匀的，且吸附层是单分子层时，Langmuir 等温方程式能满意地符合实验结果，否则此式与实验不符。尤其当吸附剂是多孔物质，气体压力较高时，气体在毛细孔中可能发生液化，Langmuir 的理论和方程式就不适用。

(2) Freundlich 吸附等温方程　Freundlich 公式描述如下：

$$\gamma = \frac{x}{m} = k p^{\frac{1}{n}} \tag{2-52}$$

式中，m 为吸附剂的质量，常以 g 或 kg 表示；x 为被吸附的气体量，常以 mol、g 或标准状况下的体积表示；γ 为单位质量吸附剂吸附的气体之量；p 为吸附平衡时气体的压力；k 和 $1/n$ 为经验常数，它们的大小与温度、吸附剂和吸附质的性质有关。$1/n$ 是一个真分数，在 0~1 之间。

Freundlich 公式是经验公式，在气体压力（或溶质浓度）不太大也不太小时一般能很好地符合实验结果。

(3) BFT 多分子层吸附理论　1883 年，Brunauer、Fmmett 和 Tellor 接受了 Langmuir 理论中关于吸附和脱附两个相反过程达到平衡的概念，以及固体表面是均匀的、吸附分子的脱附不受周其他分子的影响等看法，在 Langnuir 模型的基础上提出了多分子层的气—固吸附理论(BET)。BET 吸附模型假定固体表面是均一的，吸附是定位的，并且吸附分子间没有相互作

用。BFT 吸附模型认为,表面已经吸附了一层分子之后,由于气体本身的范德瓦耳斯引力还可继续发生多分子层的吸附。不过第一层的吸附与后面的吸附有本质的不同,第一层是气体分子与固体表面直接发生关系,而以后各层则是相同分子间的相互作用,显然第一层的吸附热也与以后各层不相同,而第二层以后各层的吸附热都相同,接近于气体的凝聚热,并且认为第一层吸附未满前其他层也可以吸附。在恒温下吸附达到平衡时,气体的吸附量应等于各层吸附量的总和,因而可得到吸附量与平衡压力之间存在如下定量关系:

$$\gamma = \frac{\gamma_m Cp}{(p_0-p)[1+(C-1)(p/p_0)]} \quad (2-53)$$

式(2-53)即 BET 方程。式中,γ 为吸附量;γ_m 为单分子层时的饱和吸附量;p/p_0 为吸附平衡时,吸附质气体的压力 p 对相同温度时的饱和蒸气压 p_0 的比值,称为相对压力,以 x 表示,即 $x = p/p_0$;$C = e^{Q-q}RT$,其中 Q 为第一层的吸附热,q 为吸附气体的凝聚热。因此,BET 方程也可写成

$$\frac{\gamma}{\gamma_m} = \frac{Cx}{[(1-x)(1-x+Cx)]} \quad (2-54)$$

此 BET 方程主要用于测定比表面。用 BET 法测定比表面必须在低温下进行,最好是在接近液态氮沸腾时的温度(78K)下进行。这是因为作为公式的推导条件,假定是多层的物理吸附,在这样低温度下不可能有化学吸附。此方程通常只用于相对压力 x 在 0.05~0.35 之间,超出此范围会产生较大的偏差。相对压力太低时,难于建立多层物理吸附平衡,这样,表面的不均匀性就显得突出;相对压力过高时,吸附剂孔隙中的多层吸附使孔径变细后,就发生毛细管凝聚现象,使结果产生偏离。

2.5 表面热力学

2.5.1 固体表面能的概念与测量

1. 固体表面能的概念

液体中原子或分子之间的相互作用力较弱,原子或分子的相对运动较易进行。液体内部原子或分子克服引力迁移到表面,形成新的表面,此时很快达到一种动平衡状态。可以认为,液体的比表面自由能与表面张力在数值上是一致的。

但是,固体与液体不同。固体中原子或分子、离子之间的相互作用力较强。固体可大致分为晶态和非晶态两大类。即使是非晶态固体,由于受到结合键的制约,虽然不具有晶体那样的长程有序结构,但在短程范围内(通常为几个原子)仍具有特定的有序排列。因此,固体中原子或分子、离子彼此间的相对运动比液体要困难得多,于是带来了下面一些后果:

①固体的表面自由能中包含了弹性能,它在数值上已不等于表面自由能。

②固体表面上的原子组成和排列呈各向异性,不像液体那样表面能是各向同性的。不同晶面的表面能彼此不同。若表面不均匀,表面能甚至随表面上不同区域而改变。固体的表面张力也是各向异性的。

③实际固体的表面通常处于非平衡状态,决定固体表面形态的主要是形成条件和经历的历史,而表面张力的影响变得次要。

④液体表面张力涉及到液体表面的拉应力。张力功可以通过表面积测算而得到;而固体表面的增加,涉及到表面断键密度等概念,所以固体的表面能具有更复杂的意义。

表面张力是在研究液体表面状态时提出来的,严格地说对于有关固体表面的问题,往往不采用这个概念。固体的表面能在概念上不等同于表面张力。但是在一定条件下,尤其是接近于熔点的高温条件下,固体表面的某些性质类似于液体,此时常用液体表面理论和概念来近似讨论固体表面现象,从而避免复杂的数学运算。

根据热力学关系;固体的表面能包括自由能和束缚能:

$$E_s = G_s - TS_s \tag{2-55}$$

式中,E_s 表示表面总能量,代表表面分子互相作用的总内能;G_s 表示总表面(自由)能;TS_s 表示表面束缚能,其中表面熵 S_s 由组态熵(若为晶体表面,则表示表面晶胞组态简进度对熵的贡献)、声子熵(又称振动熵,表征了晶格振动对熵的贡献)和电子熵(表示电子热运动对熵的贡献)三部分组成;T 表示热力学温度。

实际上组态熵、声子熵和电子熵在总能量中所做贡献很小,可以忽略不计,所以表面能取决于表面自由能。

对于纯金属,比表面自由能 γ 可写为

$$\gamma = dF_s/dA \tag{2-56}$$

式中,dF_s/dA 表示形成单位面积表面时系统亥姆霍兹自由能 F_s 的变化;A 为表面积。固体的比表面(自由)能 γ 也常简称为表面能。

对于合金系,当温度 T、体积 V 及晶体畸变为常数时

$$\gamma = df_s/dA - \sum_{\mu_i}(dN_i/LdA) \tag{2-57}$$

式中,i 表示合金中的所有组元;μ_i 为 i 组元的化学势,dN_i/dA 表示由晶体表面积 A 的改变所引起的晶体内 i 组元原子数的变化;L 表示阿伏伽德罗常量。

2. 固体表面能的测量

实际测定固体的表面能和表面张力是非常困难的。对于金属晶体,通常采用"零蠕变法"测表面能的大小。如果已知晶界能的大小,对长度为 Z,半径为 R,共含有 $(N+1)$ 个晶粒的试样,其自身重力使它在高温下伸长。但另一方面,表面能及晶界能及晶界能使试样收缩,这样通过测定蠕变的条件,便可计算试样表面能大小。

2.5.2 影响表面能的主要因素

影响表面能的因素很多,主要有晶体类型、晶体取向、温度、杂质、表面形状、表面曲率、表面状况等。现用热力学讨论其中两个因素。

1. 表面温度

由 $\left(\dfrac{\partial F_s}{\partial T}\right)V = -S$,可得

$$U = F_s - T\frac{\partial F_s}{\partial T} \tag{2-58}$$

式中,U 为表面内能,若以 u_A 表示单位面积表面内能,则有

$$u_A = \gamma - T\frac{\partial \gamma}{\partial T} \tag{2-59}$$

$$\frac{\partial \gamma}{\partial T} = \frac{1}{T}(\gamma - u_A) \tag{2-60}$$

由自由能定义可得：$u_A - \gamma = TS/A$，其 TS/A 恒为正，可知 $u_A > \gamma$ 恒成立，由此

$$\frac{\partial \gamma}{\partial T} = -\frac{1}{T}(u_A - \gamma) \tag{2-61}$$

可以看出 $\partial \gamma/\partial T < 0$ 恒成立，这说明表面能 γ 随温度 T 的升高而降低。

2. 晶体取向

晶体发生劈裂而形成新的表面时，要破坏原子间的结合能（或称键能）。在取向不同的晶面上，原子的密度不相同，因而形成新表面时断键的数目也不同。我们可以根据断键的情况来估算不同晶面的表面能。其主要方法是测定表面蒸发潜热，即通过表面原子在蒸发态与结合态的能量差来决定表面能。

现以面心立方结构为例，设气化潜热为 uM/L。其中，M 是摩尔质量；L 是阿伏加德罗常量；u 是质量内能。由于面心立方结构中具有 12 个最近邻的原子，蒸发时平均 6 个最近原子的键被切断，因此键的能量为 $uM/6L$。对于 (111) 晶面，每单位面积有 $2/a^2\sqrt{3}$ 个原子（其中，a 为原子间距离），而对其上的一个原子来说有 3 个键被切断，出现 2 个新的表面，故每单位面积的能量为

$$\lambda = \frac{uM}{6L} \cdot \frac{1}{2} \cdot 3 \cdot \frac{2}{a^2\sqrt{3}} = \frac{uM}{2\sqrt{3}a^2 L}$$

若以 (111) 面的表面能为标准，则面心立方结构各晶面的相对表面能列于表 2-7 中。

表 2-7 面心立方结构中各晶面上被切断的键数与表面能

结晶面	被切断的键的密度	相对表面能
(111)	$6/(a^2\sqrt{3})$	1.00
(100)	$4/a^2$	1.154
(110)	$6/(a^2\sqrt{2})$	1.223
(210)	$14/(a^2\sqrt{10})$	1.275

上面是较粗略的估算，只计算了最邻近原子间的键，而没有考虑全部原子间的位能之和，也没有考虑表面电子云再分布等因素的影响，因此要精确计算还必须采用严密的方法。

2.5.3 表面吸附热力学

用热力学理论可以讨论表面润湿、新相形成、表面吸附等许多表面过程，但限于篇幅，这里仅讨论固—气界面的表面吸附问题。

现讨论简单的情况，即气体在固体表面的吸附而形成单元系不与基底表面发生化学变化和互不相溶的惰性吸附物。

吸附膜的吉布斯自由能 G_s 是吸附膜的平衡压力 p、温度 T、覆盖面积 A 和吸附物的物质的量 n 的函数。现考虑只含一种组分，在平衡吸附的等温等压条件下，$dT = dp = 0$，因此

$$dG_s = \gamma dA + \mu dn + A d\gamma + n d\mu \tag{2-62}$$

式中，$\gamma = \left(\frac{\partial G_s}{\partial A}\right)_{P,T,n}$ 为吸附膜表面能；

$\mu = \left(\dfrac{\partial G_s}{\partial n}\right)_{T,P,A}$ 为吸附化学势。

达到吸附平衡时，A 与 n 不发生宏观变化，$dA = dn = 0$，系统吉布斯自由能为最低值，即 $dG_s = 0$，故有

$$Ad\gamma + nd\mu = 0$$

$$d\gamma = -\dfrac{n}{A}d\mu \tag{2-63}$$

令 $\Gamma = n/A$，为单位面积上所吸附的气体的物质的量，称为"表面过剩量，或"吸附量"，则 $d\gamma = -\Gamma d\mu$，或

$$\Gamma = \dfrac{-d\gamma}{d\mu} \tag{2-64}$$

对于多组分物质，有 $\Gamma_i, i = 1, 2, 3, \cdots$，则吉布斯方程可表示为

$$d\gamma = -\sum_i \Gamma_i d_i\mu_i$$

或

$$\Gamma = -\left(\dfrac{\partial \gamma}{\partial \mu_i}\right)_{T,\mu,j} \quad (j \neq i) \tag{2-65}$$

该方程在具体应用时，需要选择气体的具体模型，以确定化学势的形式。例如，当气体较稀薄时，可近似运用理想气体模型；化学势为

$$\mu = RT\left[\varphi_T + \ln\left(\dfrac{P}{P^\theta}\right)\right] \tag{2-66}$$

式中，p^θ 为标准状态下的大气压力；R 为摩尔气体常数；φ_T 温度的函数。当温度恒定时，$d\varphi_T = 0$。

$$d\gamma = -\Gamma RT d\ln\left(\dfrac{P}{P^\theta}\right) \tag{2-67}$$

可通过吸附膜的表面能随压力的变化来表示吸附等温线。

吸附等温线是指一定温度下，当吸附平衡时，吸附量对吸附物质浓度的关系曲线。若吸附质为气体，则其浓度用压力 p 表示，此时吸附等温线为"$\Gamma - p$"曲线。吸附等温度的类型和形状可随具体条件而变化。

通常固—气界面能即表面能难于直接测定，因而常利用式（2-66）做适当的变化后求得。若气体体积为 V，气体的摩尔体积为 V_m，吸附面积为 A，则

$$\Gamma = V/(V_m A)$$

$$d\gamma = -\Gamma RT d\ln\left(\dfrac{P}{P^\theta}\right)$$

可将 $(-d\gamma)$ 定义为"表面压"或"膜压力"。Harkins-jura 在 1943 年按热力学从表面压导出如下的吸附等温式：

$$\ln\left(\dfrac{P}{P^\theta}\right) = a - \dfrac{b}{\Gamma^2} \tag{2-68}$$

式中，p 为吸附平衡的气体压力；P_0 为该温度的饱和蒸气压；P/P_0 即为相对压力；a 和 b 为与吸附比表面有关的常数，称为吸附量。该式称为 Harbins-Jura 方程，它表示 $\ln\left(\dfrac{P}{P^\theta}\right)$ 与 $1/\Gamma^2$ 直线关系。

2.6 表面动力学

2.6.1 晶格中原子的热振动

在讨论表面原子的热振动之前，先简要回顾晶格中的热振动情况。

晶体中原子的热运动有晶格振动、扩散和熔解等，本节仅说明晶格振动，即原子在平衡位置附近做微振动。这种微振动破坏了晶格的空间周期规律性，因而对固体的热容、热膨胀、电阻、红外吸收等性质以及一些固态相变有着重要的影响。

晶体中相邻原子的相互制约使原子的振动以格波的形式在晶体中传播。在由大量原子组成的晶体中存在着各种频率的格波。现讨论简单情况的解。

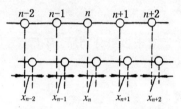

图 2-11 一维单原子晶格的振动

1. 由相同原子组成的一维无限长晶格的振动

用于最简单间的情况，即由相同原子组成的一维于限长晶格的振动，参照图 2-11 可得到第 n 个原子的运动方程为

$$m\ddot{x}_n = a(x_{n+1} + x_{n-1} - 2x_n) \quad (2-69)$$

式中，m 为原子质量；x_n 为第 n 个原子离开平衡位置的位移，其余依次类推；a 是与原子间结合力有关的常数。设此式的试探解具有下列波的形式：

$$x_n = A e^{i(\omega t - 2\pi n a k)} \quad (2-70)$$

式中，A 为振幅；ω 为角频率；na 为第 n 个原子相对于原点的平衡位置；$k=1/\lambda$（λ 为波长），称为波数，表示任一瞬间在波前进的方向上单位距离内经过多少周期。将式(2-69)代入式(2-68)得

$$\omega^2 = \frac{4a}{m}\sin^2(\pi a k)$$

或

$$\omega^2 = \omega_{\text{mak}}^2 \sin^2(\pi a k) \quad (2-71)$$

式中

$$\omega_{\max} = 2\sqrt{\frac{a}{m}} \quad (2-72)$$

或

$$v_{\max} = \frac{1}{\pi}\sqrt{\frac{a}{m}} \quad (2-73)$$

其中，$v_{\max}$ 为最大频率。当 $\sin(\pi a k)=\pm 1$ 即 $\pi a k=\pm \pi/2$ 时，ω 有最大值。ω 与 k 的关系如图 2-12(a)所示，当 k 由 0 变到 $\pm 1/2a$ 时，ω 由 0 变到 $\omega_{\max}$；当 $|k| \geqslant 1/2a$ 时，产生周期性的重复。因此，为了使 X_n 是 k 的单值函数，将 k 限制在下列范围：$-1/2a < k \leqslant 1/2a$。

若 k 很小即为长波时，$\sin(\pi a k) \approx \pi a k$，则由式(2-70)可得 $\omega = \omega_{\max}\pi a k$，或 $2\pi v = 2\sqrt{\frac{a}{m}}\pi a k$，即

$$v = a\sqrt{\frac{a}{m}}k \quad (2-74)$$

设此波动以速度 v_0 沿波方向行进，波长为 λ，在某一给定处波动重复一次所需时间即波动的周期 $T=\lambda/v_0$ 因此 $v=1/T=v_0/\lambda$，或 $v=v_0 k$。由式(2-74)可知，此时波的传播速度 $v_1 = a\sqrt{\frac{a}{m}}$

为一常数,因而可把晶格近似地看成连续介质,格波弹性波。

若 k 很大即为短波时,式(2-71)可整理为

$$v = a\sqrt{\frac{a}{m}}\left[\frac{\sin(\pi ak)}{(\pi ak)}\right]k = vk \qquad (2-75)$$

式中

$$v = v_0\frac{\sin(\pi ak)}{(\pi ak)} \qquad (2-76)$$

可见此时波的传播速度 v 与 k 有关,也就是随波长而变化,并且 $v \leqslant v_0$。这说明晶格中的格波不能一律都看成是连续介质中的弹性波。

2. 由不同原子组成的一线无限长晶格的振动

对于由不同原子组成的一维无限长晶格的振动,可以得到下式:

$$\omega_2 = \frac{a}{m_1 m_2}[(m_1+m_2) \pm (m_1^2+m_2^2+2m_1 m_2\cos 4\pi ka)^{\frac{1}{2}}] \qquad (2-77)$$

式中,m_1 和 m_2 分别为两种原子的质量,其他符号与前面相同。该式表明,对于每一个 k 的值有两支不同的格波(见图 2-12(b))。一是与 ω_- 对应的声学支,代表晶格振动中低频(声频)的那部分;二是与 ω_+ 对应的光学支,代表晶格振动中高频的那部分。两者是分开的。ω 是 k 周期函数,周期为 $1/2a$;当 k 增加或减少 $1/2a$ 时 ω 值不变。因此可选择 k 的变化范围为 $-1/4a < k \leqslant 1/4a$。当 $k=0$ 时,由式(2-77)可算出

$$\omega_+ = \left[2a\left(\frac{1}{m_1}+\frac{1}{m_2}\right)\right]^{1/2}; \omega_- = \left(\frac{2a}{m_2}\right)^{1/2} \qquad (2-78)$$

当 $k = 1/4a$ 时,可算出

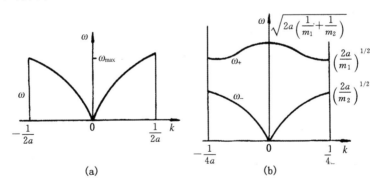

图 2-12 ω 与 k 的关系

(a) 单原子晶格;(b) 双原子晶格

$$\omega_+ = \left(\frac{2a}{m_1}\right)^{1/2}, \omega_- = \left(\frac{2a}{m_2}\right)^{1/2} \qquad (2-79)$$

这两支格波的振动特点如下(假定 $m_2 > m_1$):

对于声学支,两种原子的振幅比可计算得到:

$$\left(\frac{A}{B}\right)_+ = \frac{2a\cos 2\pi ka}{2a - m_1\omega_-^2}$$

因为 $\omega_- = \left(\frac{2a}{m}\right)^{\frac{1}{2}}$,故上式中的分母为正;而分子因 $|k|<1/4a$,$\cos(2\pi ka) > 0$,故也是正的,所以 $(A/B) > 0$。可见相邻两种不同原子的振幅都有相同的正号或负号,即相邻两原子沿同一方向振动(见图 2-13(a))。当波长相当长时,声学波实际上代表原胞质心的振动,可看做弹性波。

对于光学支,两种原子的振幅比可计算得到:

$$\left(\frac{A}{B}\right)_+ = \frac{2a - m_2\omega_+^2}{2a\cos 2\pi ka}$$

式中,分母是正的;因 $\omega_+^2 > (2a/m_1) > (2a/m_2)$,所以分子是负的,故 $(A/B)_+ < 0$,即相邻不同原子的振动方向相反(见图 2-13(b))。对于长光学波(即 k 很小),$\cos(2\pi ka) \approx 1$,又

$$\omega_+^2 = \frac{2a}{m_1 m_2/(m_1 m_2)}$$

可得到 $\left(\dfrac{A}{B}\right)_+ = \dfrac{m_2}{m_1}$;$m_1 A + m_2 B = 0$,即此时原胞的质心保持不动。由此可定性地认为,光学支是代表原胞中两个原子的相对振动。长光学波可看做是极化波。对于离子晶体,此时正、负离子的振动方向相反,显著地影响电偶极矩,因而对晶体的光学性质有很大影响,用光来激发这种振动。例如离子晶体的红外吸收就是光学支振动引起的。正因如此,这一支振动被称为光学支。

3. 波恩-冯·卡门的边界条件

上面讨论了一维无限长的原子链。对于一维有限长的原子链,波恩-冯·卡门把 N 个原子构成的链看做是无限长原子链中的一段,而令这 N 个中第一个原子的振动情况与 N 以后的完全相同。分析表明,图 2-12 中实际的 k 和 ω 都应取分立的值,只因其很密集,ω—k 曲线似乎为连续曲线。由于每个 k 对应于一个振动方式,故线晶格的振动方式数等于其原子数、在线晶格中,每个原子的振动自由度为 1,故晶格的独立振动方式数又等于晶体的自由度数。这个结论也适用于三维晶体,即:若此晶体有 N 个原子,则自由度数为 $3N$,独立的振动方式数为 $3N$。

4. 声子

1907 年,爱因斯坦提出:根据普朗克的假设,振动能量与其他能量一样,必须取一系列分立的量子化数值。这个观点产生了深刻的后果。又考虑到晶体中振动的原子大体上可看成是定域子,故通常可用经典统计来处理问题。人们在 20 世纪 30 年代前

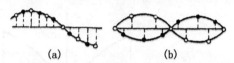

图 2-13 声学支与光学的振动特点
(a) 声学支;(b) 光学支

已建立了物质热性能的定量理论,其取得的成功正是基于经典统计加简单的量子概念。

晶体中原子做集体的振动表现为格波,而格波不一定是简谐的,但可以用傅里叶方法将其他的周期性波形分解成许多简谐波的叠加。当振动微弱时格波直接就是简谐波,彼此间作用可以忽略,从而可以认为它们的存在是相互独立的,称为独立的模式。总之,能用独立的简谐振子的振动来表达格波的独立模式。晶格振动中简谐振子的能量量子称为声子,具有 E_i 的能量。这就是说,一个谐振子的能量只能是能量单元 $h\upsilon_i$ 的整数倍,具体可写为

$$E_i = \left(n_i + \frac{1}{2}\right)h\upsilon_i \tag{2-80}$$

式中,E_i 为第 i 个谐振子的能量;υ_i 是第 i 个谐振子的频率;h 是普朗克常数;n_i 任意的正整数。如果晶体中有 N 个原子,每个原子的振动自由度是 3,则振动总能量

$$E = \sum_{i=1}^{3N} \left(n_i + \frac{1}{2}\right)h\upsilon_i$$

谐振子的能量随温度降低而减少,但在热力学温度为零时还有一个不等于零的数值:

$$E_0 = \frac{1}{2}h\upsilon \tag{2-81}$$

称为零点能量,说明 OK 时晶格原子的运动也不会停止。

有了声子的概念,振动着的晶体点阵可看做该固体边界以内(箱中)的自由声子气体,而格波与物质的相互作用理解为声子与物质的碰撞。例如,格波在晶体中传播受到散射的过程可理解为声子同晶体中原子和分子的碰撞。又如电子波在晶体中被散射也可看成是电子与声子碰撞的结果。这样,对处理许多问题带来了很大的方便。

2.6.2 表面原子的热振动

表面振动局域在表面层,具有一定的振动模式,称为"表面振动模",简称"表面模"。表面结构呈现点阵畸变,其势场与体内正常的周期性势场不同,振动频谱也不同。另一方面,晶体表面具有无限的二维周期性点阵结构,表面模在晶面平行方向的传播具有平面波性质;而在垂直晶体表面的方向,表面波向体内方向迅速衰减,成为迅衰波。对于长波长(大于 10^{-6} cm)的表面波可近似运用连续介质模型来讨论,而对于短波长(小于 10^{-6} cm)的表面波就需要用晶格动力学理论来讨论。

1. 表面振动模的晶格动力学理论

当波长小于 10^{-6} cm 时,晶格的色散很显著,此时必须采用晶格动力学理论。

(1) 单原子链 现考虑只有在最邻近作用的半无限单原子链。系统的运动方程为

$$m\ddot{u}_1 = \beta'(u_2 - u_1) \qquad n=1 \qquad (2-82)$$

$$m\ddot{u}_2 = \beta'(u_3 - u_2) + \beta'(u_2 - u_1) \quad n=2 \qquad (2-83)$$

$$\vdots \qquad \qquad \vdots$$

$$m\ddot{u}_n = \beta'(u_{n+1} - u_{n-1} - 2u_n) \qquad n \geq 3 \qquad (2-84)$$

式中,β 和 β' 分别是体内原子和表面原子间的耦合系数;m 是原子质量;$\ddot{u}_n$ 表示位移对时间的二次导数,$n=1$ 代表表面原子。

对于一个无限长的链,每个原子的运动方程都与式(2-84)一样,此时振动的解可写为

$$u_n = U\exp[i(\boldsymbol{q}n - \omega t)] \qquad (2-85)$$

式中,波矢 $\boldsymbol{q}$ 在这里是一个无量纲的量;ω 是频率。代入运动方程,得

$$\omega^2 = \left(\frac{4\beta}{m}\right)\sin^2\left(\frac{\boldsymbol{q}}{2}\right) \qquad (2-86)$$

波矢 $\boldsymbol{q}$ 的范围从 $-\pi$ 到 $+\pi$,故频率 ω^2 的范围由 0 到 $4\beta/m$。

晶体内部点列具有无限排列的特点,而对于晶体表面,由于点列终止在表面,所以属于"半无限"原子链。在后一种情况下,振动可采用下列形式的解:

$$u_1 = U_1\exp(i\omega t) \qquad (2-87)$$

$$u_n = U\exp(-an + i\omega t) \quad (n>1) \qquad (2-88)$$

将式(2-88)代入式(2-84),得出

$$m\omega^2 = 2\beta(1-\cosh a) \qquad (2-89)$$

式中,a 是一个能区别表面模频率和体模频率的参数。由于式(2-88)概括了表面原子与体内原子的情况,所以式(2-89)也概括了表面模频率与体模频率。

对于表面模来说,其特点是局限于表面。表面模频率应该向体内方向迅速衰减。在数学上的表征是 a 必须为正实数或包含有正实部的复数。只有这样,式(2-89)才能给出 ω 的衰减解。为此引入一正实数 a_s 以表示表面模的衰减特征。a_s 称为衰减系数。将 $a=a_s+i\pi$ 代入

式(2-89),得到表面模频率为

$$\omega_s^2 = \frac{2\beta}{m}(1+\cosh a_s) \tag{2-90}$$

由于 $\cosh a_s \geqslant 1$,恒成立。所以

$$\omega_s^2 \geqslant \frac{4\beta}{m}$$

或

$$\omega_s \geqslant \sqrt{4\beta/m} \tag{2-91}$$

对于晶体的体内格波,由于体内原子链是无限原子链,链上的每个原子情况相同,无衰减现象,数学上的表征要求 a 为虚数。现引入 a_b,并以 $a=ia_b$。代入式(2-89),可得表面模频率为

$$\omega_b^2 = \frac{2\beta}{m}[1-\cos(ia_b)] = \frac{4\beta}{m}\sin^2\frac{a_b}{2} \tag{2-92}$$

ω_b 是 a_b 的周期性函数。在物理上,a_b 为相邻两原子的位相差。显然,$na_b = 2\pi$。若原子间距(晶格常数)为 a,体内格波波长 λ 为同位相的原子间距,即 $\lambda = na$,则有

$$a_b = \frac{2\pi a}{\lambda} = |\mathbf{k}|a$$

式中,$\mathbf{k}$ 为波矢,当 $\sin(a_b/2) = \pm 1$ 时,体模频率 ω_b 具有极值:

$$\omega_{\max} = \sqrt{4\beta/m} \tag{2-93}$$

将式(2-93)与式(2-91)相比较,可知

$$\omega_s \geqslant \omega_b, \text{恒成立} \tag{2-94}$$

图2-14(a)给出表面模频率与体模频率的关系。实线为体模频率;虚线为表面模频率。可以看出:表面模出现于体内格波频率范围之外,而且恒大于体内格波频率。

(2)双原子链 对于半无限双原子链,可用同样的方法来讨论表面模。所得到的表面模非零解为

$$\omega_s^2 = \frac{\beta}{\mu} = \frac{\beta(m+m')}{mm'} \tag{2-95}$$

或

$$\omega_s^2 = \frac{1}{2}\left(\frac{2\beta}{m'} + \frac{2\beta}{m}\right) \tag{2-96}$$

式中,m 和 m' 分别为小质量原子和大质量原子的质量,$m' > m$;β 为耦合系数;μ 为折合质量,$\mu = \frac{mm'}{m+m'}$。

计算得到的体模频率为

$$\omega_b^2 = \frac{\beta}{\mu}(1 \pm \cos^2 a_b + \mu\sin^2 a_b)^{\frac{1}{2}} \tag{2-97}$$

式中,a_b 为体模格波位相差。若原子链共有 $2N$ 个原子,则

$$a_b = n\pi/2N, 0 \leqslant n \leqslant N$$

由此求出 ω_b 的取值范围为

$$0 \leqslant \omega_b^2 \leqslant \frac{2\beta}{m'} \tag{2-98}$$

$$2\beta \leqslant \omega_b^2 \leqslant \frac{2\beta}{\mu} \tag{2-99}$$

这两个式子分别对应子格波的声频支和光频支,如图2-14(b)所示。在 $2\beta/m'<\omega^2<2\beta/m$ 之间不存在体模格波,成为体模禁区。可以看出,双原子半无限链中表面模频率正落入体模禁区中具有给定值。

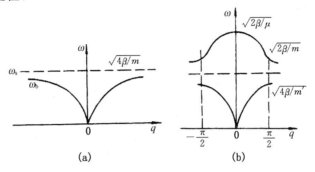

图 2-14 表面频率与体频率的关系
(a) 半无限单原子链的情况;(b) 半无限双原子链的情况

(3) **表面模存在条件** 在讨论半无限原子链振动时,将 a 和 a' 分别代表体内原子和表面原子间的耦合系数,$a \neq a'$。令

$$\varepsilon = (a'-a)/a \tag{2-100}$$

上式表示 a' 与 a 的相对差。将式(2-87)和(2-88)分别代入运动方程式(2-82)和式(2-83)、式(2-84),取 u_1 和 U 的系数行列式为零,并结合式(2-89)表示的 $\omega-q$ 的关系,消去 ω,得到

$$e^q = -\varepsilon - (\varepsilon^2 - \varepsilon)^{\frac{1}{2}} \tag{2-101}$$

表面模存在条件要求 q 的实部必须是正的,但只有当 $q>1/3$ 时才可能有这样的解,这时 $q=q_0+i\pi$,q_0 是实数并大于零。与这种复数 q 相对应的频率为

$$\omega = \left[\left(\frac{2a}{m} \right) (1+\cosh q_0) \right]^{\frac{1}{2}} \tag{2-102}$$

它比式(2-72)的最大体内振动模的频率 $\sqrt{4a/m}$ 还要大。因此,对于 $q>1/3$,存在一个频率高于无限链的许可频带的表面振动模。

(4) **三维情况** 通常所说的表面,大约为几个原子层范围,表面振动可沿这些原子层的各个方向传播,形成各种表面波分支。在处理的方法和步骤上,三维问题与一维问题基本相同,只是数学上要繁琐得多。

许多学者对三维晶体的表面模做了研究。例如,Wallis 等人对半无限双原子简单立方晶体的表面模进行了讨论,在只考虑最近邻和次近邻原子之间的虎克力相互作用的前提下,计算了一个具有 2 个表面、18 个原子层厚的晶体的振动模。由于在任意的平行波矢下计算半无限晶体的振动模非常复杂,故计算只局限于(001)面上沿[100]方向传播的表面波。图 2-15 表示计算的结果,即存在体相光学带、体相声学带和表面光学模。可以看到表面光学模

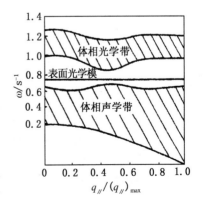

图 2-15 NaCl 晶体(100)表面沿[100]方向传播的光学模

在体相光学带与体相声学带之间的禁隙中。

2. 表面振动模的连续介质理论

波长较长的表面波可以由晶体的连续介质模型得出。连续介质的弹性振动遵从虎克定律。由于晶体为各向异性介质,振动方程中的应力、应变和弹性模量各参量需用张量表示。设介质的密度为 ρ,任意点的坐标为 (x_1,x_2,x_3),这一点质粒的位移在三个坐标轴的分量为 (u_1,u_2,u_3)。现以 e_{ij} 表示弹性应变张量元,其中 $i,j=1,2,3$。对于较小的应变,有

$$e_{ij}=\frac{1}{2}\left(\frac{\partial u_i}{\partial x_j}+\frac{\partial u_j}{\partial x_i}\right) \tag{2-103}$$

应变张量元为二阶对称张量元,用矩阵表示为

$$e_{ij}=\begin{pmatrix} e_{11} & e_{12} & e_{13} \\ e_{21} & e_{22} & e_{23} \\ e_{31} & e_{32} & e_{33} \end{pmatrix} \tag{2-104}$$

式中,由于对称性,只存在 6 个独立元素:

$$S_l \begin{cases} S_1=e_{11}=\left(\dfrac{\partial u_1}{\partial x_1}\right) & (x_1 \text{ 方向的伸缩应变}) \\ S_2=e_{22}=\left(\dfrac{\partial u_2}{\partial x_2}\right) & (x_2 \text{ 方向的伸缩应变}) \\ S_3=e_{33}=\left(\dfrac{\partial u_3}{\partial x_3}\right) & (x_3 \text{ 方向的伸缩应变}) \\ S_4=e_{23}=\left(\dfrac{\partial u_2}{\partial x_3}+\dfrac{\partial u_3}{\partial x_2}\right) & (\text{垂直于 } x_1 \text{ 的切应变}) \\ S_5=e_{31}=\left(\dfrac{\partial u_2}{\partial x_1}+\dfrac{\partial u_1}{\partial x_2}\right) & (\text{垂直于 } x_2 \text{ 的切应变}) \\ S_6=e_{12}=\left(\dfrac{\partial u_1}{\partial x_2}+\dfrac{\partial u_2}{\partial x_1}\right) & (\text{垂直于 } x_3 \text{ 的切应变}) \end{cases} \tag{2-105}$$

又以 σ_{ij} 表示弹性应变张量元,是二阶对称张量,用矩阵表示为

$$\sigma_{ij}=\begin{pmatrix} \sigma_{11} & \sigma_{12} & \sigma_{13} \\ \sigma_{21} & \sigma_{22} & \sigma_{23} \\ \sigma_{31} & \sigma_{32} & \sigma_{33} \end{pmatrix} \tag{2-106}$$

同样,它们只有 6 个独立张量元:

$$T_k=\begin{cases} T_1=\sigma_{11}(\text{发生于 } x_2x_3 \text{ 面,方向为 } x_1 \text{ 的正应力}) \\ T_2=\sigma_{22}(\text{发生于 } x_1x_3 \text{ 面,方向为 } x_2 \text{ 的正应力}) \\ T_3=\sigma_{33}(\text{发生于 } x_1x_2 \text{ 面,方向为 } x_3 \text{ 的正应力}) \\ T_4=\sigma_{23}(\text{发生于 } x_1x_2 \text{ 面,方向为 } x_2 \text{ 的切应力}) \\ T_5=\sigma_{31}(\text{发生于 } x_2x_3 \text{ 面,方向为 } x_3 \text{ 的切应力}) \\ T_6=\sigma_{12}(\text{发生于 } x_3x_1 \text{ 面,方向为 } x_1 \text{ 的切应力}) \end{cases} \tag{2-107}$$

T_k 与 S_l 遵从虎克定律,有

$$T_k=C_{kl}S_l$$

式中,$k,l=1,2,3,4,5,6$;C_{kl} 定义为弹性模量张量元。

C_{kl} 共有 36 个张量元,但由于对称性,只有 21 个独立张量元。随晶体的对称性增加,其独

立数减少。立方晶系只有 3 个独立张量元。C_{11},C_{12},C_{44}，它们可构成 6 个振动方程：

$$\left. \begin{aligned} T_1 &= \sigma_{11} = C_{11}\frac{\partial u_1}{\partial x_1} + C_{12}\left(\frac{\partial u_2}{\partial x_2} + \frac{\partial u_3}{\partial x_3}\right) \\ T_2 &= \sigma_{22} = C_{11}\frac{\partial u_2}{\partial x_2} + C_{12}\left(\frac{\partial u_3}{\partial x_3} + \frac{\partial u_1}{\partial x_1}\right) \\ T_3 &= \sigma_{33} = C_{11}\frac{\partial u_3}{\partial x_3} + C_{12}\left(\frac{\partial u_1}{\partial x_1} + \frac{\partial u_2}{\partial x_2}\right) \\ T_4 &= \sigma_{23} = C_{44}\left(\frac{\partial u_3}{\partial x_2} + \frac{\partial u_2}{\partial x_3}\right) \\ T_5 &= \sigma_{31} = C_{44}\left(\frac{\partial u_1}{\partial x_3} + \frac{\partial u_3}{\partial x_1}\right) \\ T_6 &= \sigma_{12} = C_{44}\left(\frac{\partial u_2}{\partial x_1} + \frac{\partial u_1}{\partial x_2}\right) \end{aligned} \right\} \quad (2-108)$$

由介质密度 ρ，写出振动方程组：

$$\left. \begin{aligned} \rho\frac{\partial^2 u_1}{\partial t^2} &= \frac{\partial \sigma_{11}}{\partial x_1} + \frac{\partial \sigma_{12}}{\partial x_2} + \frac{\partial \sigma_{13}}{\partial x_3} \\ \rho\frac{\partial^2 u_2}{\partial t^2} &= \frac{\partial \sigma_{21}}{\partial x_1} + \frac{\partial \sigma_{22}}{\partial x_2} + \frac{\partial \sigma_{23}}{\partial x_3} \\ \rho\frac{\partial^2 u_3}{\partial t^2} &= \frac{\partial \sigma_{31}}{\partial x_1} + \frac{\partial \sigma_{32}}{\partial x_2} + \frac{\partial \sigma_{33}}{\partial x_3} \end{aligned} \right\} \quad (2-109)$$

通式为

$$\rho\frac{\partial^2 \boldsymbol{u}_i}{\partial t^2} = \sum_{ij}\frac{\partial \boldsymbol{\sigma}_{ij}}{\partial x_j} \quad i,j = 1,2,3, \quad (2-110)$$

用这个方程，利用一定的边界条件和简化模型，便可讨论长波长的表面波。由式(2-88)和式(2-90)，可得相应的三个方程式，例如其中之一为

$$\rho\frac{\partial^2 u_1}{\partial t^2} = \frac{\partial}{\partial x}\left[C_{11}\frac{\partial u_1}{\partial x_1} + C_{12}\left(\frac{\partial u_2}{\partial x_2} + \frac{\partial u_3}{\partial x_3}\right)\right] + C_{44}\left[\frac{\partial}{\partial x_2}\left(\frac{\partial u_1}{\partial x_2} + \frac{\partial u_2}{\partial x_1}\right) + \frac{\partial}{\partial x_3}\left(\frac{\partial u_1}{\partial x_3} + \frac{\partial u_3}{\partial x_1}\right)\right]$$
$$(2-111)$$

设自由表面的坐标为 $x_3 = 0$ 平面，边界条件为

$$\sigma_{rx_3} = 0, \quad (r = x_1, x_2, x_3)$$

即

$$\left. \begin{aligned} \frac{\partial u_3}{\partial x_1} + \frac{\partial u_1}{\partial x_3} &= 0 \\ \frac{\partial u_3}{\partial x_2} + \frac{\partial u_2}{\partial x_3} &= 0 \\ C_{12}\left(\frac{\partial u_1}{\partial x_1} + \frac{\partial u_2}{\partial x_2}\right) + C_{11}\frac{\partial u_3}{\partial x_3} &= 0 \end{aligned} \right\} \quad (2-112)$$

由于表面波的位移振幅是向体内（即 x_3 的正方向）指数衰减，所以波动解应具有下列形式：

$$(u_1, u_2, u_3) = (U_1, U_2, U_3)\exp\{\boldsymbol{K}[-qz + i(lx_1 + mx_2 + ct)]\} \quad (2-113)$$

式中，c 是相速度；$\boldsymbol{K}$ 是平行表面的二维波矢的模；q 是一个无量纲的衰减常数；l、m 是二维波矢的方向余弦，表示波的传播方向；z 代表与原子终结平面的距离（这里把自由表面的坐标定

为 $z=0$)。显然,k_q 就是与表面垂直向上的波矢分量,k_c 是频率 ω。

式(2-113)描述了一个在 (x_1,x_2) 平面内传播的波,其振幅沿 x_3 方向衰减。将其代入运动方程(2-111)即得关于 U_1,U_2,U_3 的一组线性齐次方程。要使 U_1,U_2,U_3 有非零解,其系数行列式必须为零:

$$\begin{vmatrix} g_1 l^2 + m^2 - p - q^2 & lm(g_2+1) & lq(g_2+1) \\ lm(g_2+1) & l^2 + g_1 m^2 - p^2 - q^2 & mq(g_2+1) \\ lq(g_2+1) & mq(g_2+1) & p^2 + g_1 q^2 - 1 \end{vmatrix} = 0 \tag{2-114}$$

式中,$g_1 = C_{11}/C_{44}$,$g_2 = C_{12}/C_{44}$,$P^2 = \rho c^2/C_{44}$。一定的传播方向 (l,m) 和波的相速 c,由式(2-114)可解得3个,它们与介质的弹性模量和波的相速 c 有关。

在三维周期性的情况下,是实数或复数则无意义,即对应 $\omega(K)$ 中的禁带。对于表面,实数或复数 q 所对应的波是可能存在的:

① q 是实数时,振幅随与表面的距离而呈指数衰减,这种波称为"平常瑞利波"。
② q 是复数时,波将以振荡形式随距离衰减,这种波称为"广义瑞利波"。
③ q 是虚数时,振幅不随距离衰减,这种波不是表面波,而是一般的体内波。

用 $q_j (j=1,2,3)$ 标记3个 q 值的正的实部,可写出

$$U_1,U_2,U_3 = (\zeta_j \eta_i \zeta_j) B_j$$

式中,B_j 是一个任意常数。将 U_1,U_2,U_3 写成 $q=q_j (j=1,2,3)$ 的3个波动的叠加

$$(U_1,U_2,iU_3) = \sum_{j=1}^{3}(\xi_j,\eta_i,\zeta_j)B_j \exp$$
$$\{K[-q_j x_3 + i(lx_1 + mx_2 - ct)]\} \tag{2-115}$$

式中

$$\left.\begin{aligned} \xi_j &= (l^2 + g_1 m^2 - p^2 - q_j^2)(p^2 + g_1 q_j - 1) - m^2 q_j (g_2+1) \\ \eta_i &= lm(g_2+1)[q_j^2(g_2+1-g_1) + 1 - p^2] \\ \xi_j &= lq_j(g_2+1)[m^2(g_2+1-g_1) - l^2 + p^2 + q_j^2] \end{aligned}\right\} \tag{2-116}$$

将式(2-116)代入边界条件(2-112),可得关于 B_j 的线性齐次方程。要 B_j 有非零解,其系数行列式必须为零

$$|f_{ij}| = 0 \tag{2-117}$$

式中

$$\left.\begin{aligned} f_{1j} &= l\zeta_j - q_j \zeta_j \\ f_{2j} &= lm\zeta_j - q_j \eta_j \\ f_{3j} &= l\zeta_j + m\eta_j + (C_{11}/C_{12})q_j \zeta_j \end{aligned}\right\} \tag{2-118}$$

由上可知,一般情况下表面波的性质取决于材料的弹性模量、表面所在的晶面以及波的传播方向。

早在1885年,瑞利(Rayleing)已经较为成功地研究了具有自由表面的各向同性连续介质的表面波,这种表面波模型称为瑞利表面波。对于各向同性介质,经分析可得到以下结论:

① 瑞利表面波是属于表面模,其速度在 $10^5 \sim 6 \times 10^5$ cm/s 约低于固体内部的横波速度。瑞利表面波又称声表面波(SAW)或表面声子。这是一种仅存在于固体表面的点阵振动模式。

② 瑞利表面波是满足自由表面边界条件的行波,由纵波与横波叠加而成,其中质点运动轨迹为椭圆。

③瑞利表面波沿表面(平面)传播,其波矢在此平面内。随着深入表面内部,质点运动按指数形式衰减。瑞利表面波的能量90%以上集中在距离表面的一个声波波长的深度范围内。

④在各向同性介质中只能存在"平常瑞利波"。

⑤瑞利表面波无色散,其简约波速仅与介质弹性系数有关,与波的频率无关。

实际晶体比较复杂,不能简单用各向同性模型处理,但在一些特殊方向上传播的表面波基本上具有以上模式。例如在立方对称的{100}面上沿[100]和[110]方向传播的表面波,它们的位移图形定性来看,与同性介质的情况类似。解出简约波速和衰减系数 q_j,发现在各向异性介质中可以存在"广义瑞利波"。图 2-16 表示了 Gazls 等人研究结果:一些材料在{100}晶面上沿[100]方向上有传播的表面波。该图以 C_{12}/C_{44} 与 C_{11}/C_{44} 为纵横坐标轴。晶体稳定区存在的区域在 $C_{11}-C_{12}=0$ 和 $C_{11}+2C_{12}=0$ 的右边,即材料的数据均落在晶体稳定区内。直线 L 满足 $C_{44}=1/2(C_{11}-C_{12})$,表征各向同性的理想情况。在分界线 L' 左边的材料均具有广义瑞利表面波;而在 L' 右方的均具有平常瑞利表面波。

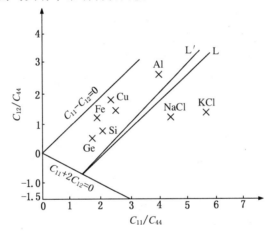

图 2-16 按 C_{ij} 分类的表面模(在{100}晶面上沿[100]方向传播)

瑞利表面波(即声表面波)可以用中子束或电子束激励,也可以用机械方法(换能器)激励。对于瑞利表面波的研究,能够得到关于表面吸附层中几个、几十个甚至几百个原子层的重要信息。在技术应用方面,它对于超声波技术,特别是表面超声波技术及有关的表面波器件研制有重要意义。目前已研制出滤波、振荡、放大、非线性器件和声光器件等多种声表面波器件。

2.6.3 表面扩散

扩散是指原子、离子或分子因热运动而发生的迁移。固体的扩散是通过固体中原子、离子或分子的相对位移来实现的。原子在多晶体中扩散可按体扩散(晶格扩散)、表面扩散、晶界扩散和位错扩散四种不同途径进行。其中表面扩散(即原子在晶体表面的迁移)所需的扩散激活能最低。许多金属的表面扩散所需的热能大约为 62.7~209.4kJ/mol。随着温度的升高,越来越多的表面原子可以得到足够的激活能,使它与近邻原子的键断裂而沿表面运动。固体表面的任何原子或分子要从一个位置移到另一个位置,也像晶体点阵内一样,必须克服一定的位垒(扩散激活能)以及要到达的位置是空着的,这要求点阵中有空位或其他缺陷。缺陷构成了扩散的主要机制。但是,表面缺陷与晶体内部的缺陷情况有着一定的差异,因而表面扩散与体扩散亦不相同。下面先简略地介绍表面缺陷情况,然后讨论表面扩散过程及其规律。表面扩散在表面工程和其他一些实际应用方面具有重要意义。

1. 表面缺陷及其能量

(1) 表面缺陷 在本章第一节中介绍了单晶表面 TLK 模型,说明晶体表面存在着平台、台阶和扭折(见图 2-2)。表面热缺陷,即由热激发所引的表面空位、表面增原子和表面杂质原子等容易发生在 TLK 结构的台面上。

表面空位指在二维点阵的格点上失去原子所形成的空位缺陷。它除了经常出现在 TLK 结构表面外,也可出现在一般重构表面。在热激发下,某些表面原子有可能脱离格点而进入晶体内部成为填隙原子,并在表面留下空位;或者,某些表面原子脱离格点挥发以及在表面迁移形成空位。

表面增原子指二维点阵以外出现的额外同质原子。其位置可在 TLK 结构的台面、台阶和扭折处。在热激发下,某些晶体内部的位移原子可能连续不断地迁移而最后定位在表面处,成为表面增原子,而在晶体内部留下空位,这种缺陷称为肖脱基(Schottky)缺陷。表面增原子也可以通过表面原子的迁移而形成。

表面杂质原子是指杂质原子占据表面的一些位置(取代表面原子,占据表面空位或填隙于表面原子之间等)后形成的缺陷。吸附、晶体内部向表面扩散杂质、合金化等,都是这种缺陷的来源。

碱卤化合物等离子晶体表面在辐射、渗入杂质或成分、电解等条件下,常出现由于正负离子缺位,或电子进入表面而形成荷电中心,这类缺陷称为色心和极化子。色心根据形成机理大致可分为俘电子心、俘获空穴心和化学缺陷心等。目前研究最多的色心是碱卤化合物(如 NaCl)中的 F 心。它是一个负离子空位俘获一个电子所构成的系统。其他重要的色心还有正离子空位俘获空穴形成的 V 心(及 V_k 心),以及复合结构的 H 心、M 心、R 心等。极化子是指电子进入离子晶体表面所造成的点阵畸变。当电子进入晶格后,其附近正离子被吸引,负离子被排斥,产生离子位移极化,其构成的库仑场反过来又成为束缚电子的"陷阱"。一个"自陷"态电子和晶格的极化畸变,形成了一个"准粒子",称为"极化子"。或者说,进入离子晶体的电子与周围极化场构成的总体称为极化子。

(2) 表面缺陷的能量和熵 严格计算表面缺陷的能量和熵的参数方面,需要采用量子力学法,这较为复杂。通常仍采用经典的近似方法,假设固体中原子之间存在成对作用,按表面原子之间的结合势,来计算表面缺陷形成能和迁移能。

空位缺陷(vacancy)形成能 ΔE_f^V 为

$$\Delta E_f^V = \Delta E_T + \Delta E_K + \Delta E_R^V \tag{2-119}$$

式中,ΔE_T 为从平台上移动一个原子离开平台点阵所需的能量;ΔE_K 为该移动原子落入另一格点(扭折或台阶边缘)时所消耗的能量;ΔE_R^V 为平台失去一个原子后平台空位周围点阵弛豫畸变所消耗的能量。

表面增原子(adatom)的形成能 ΔE_f^a 为

$$\Delta E_f^a = \Delta E_K + \Delta E_A + \Delta E_R^a \tag{2-120}$$

式中,ΔE_K 为原子脱离格点(多自 TLK 结构的扭折处)所需的能量;ΔE_A 为原子占据台阶格点所消耗的能量;ΔE_R^a 为由于平台或台阶吸附一个增原子而引起点阵畸变所消耗的表面弛豫能。

以上各项能量,与表面原子之间的结合势有关。Wynblatt 和 Gjostein(1968)利用 Norse 势对 Cu、W 等进行了计算。Morse 为计算金属表面能提出的势能函数为

$$V_{ij} = D(e^{-2\alpha r_{ij}} - 2e^{-\alpha r_{ij}}) \tag{2-121}$$

式中,D、α 为两个调节参数。Wynblatt 等对此修正为

$$V(r_{ij}) = A\{\exp[-2a(r_{ij}-r_0)] = 2\exp[-a(r_{ij}-r_0)]\} \tag{2-122}$$

式中,α、r_0、A 为常数,r_{ij} 是两原子 i 和 j 之间的距离。

表 2-8 为对铜晶体计算的结果。从表中可见,在原子密排面{111}处,$\Delta E_f^v = 80.75$ kJ/mol,$\Delta E_f^a = 95.40$ kJ/mol,而铜晶体结合能为 336.39 kJ/mol,约为表面点缺陷形成能的 4 倍。

表 2-8 铜晶体表面缺陷形成能和迁移能

表面	ΔE_f / kJmol^{-1}		ΔE_m / kJmol^{-1}		$\Delta E_D = (\Delta E_m + \Delta E_f)$ / kJmol^{-1}	
	ΔE_f^V	ΔE_f^a	ΔE_m^V	ΔE_m^a	ΔE_D^V	ΔE_D^a
{100}	47.28	98.32	16.32	23.85	63.6	122.17
{100}{100}	48.95	57.74	29.29	5.86	78.24	63.6
{111}	80.75	95.40	63.18	≈2.51	143.93	≈97.91

表 2-8 中,$\Delta E_D = \Delta E_m + \Delta E_f$。$\Delta E_D$ 为跃迁激活能;ΔE_f 为表面点缺陷形成能;ΔE_m 表示表面原子的迁移能。即表面原子或表面空位由一个平衡位置越过势垒跃迁在到邻近格点位置时所需的能量,其数值上等于原子互作用势垒的高度。

同样,Wynblatt 等对表面缺陷迁移能做了计算(见表 2-9)。假定唯一的扩散物质是吸附原子,图 2-17 为说明有关各项能量项的势能示意图,它表示一个吸附原子从一个平衡位置到另一平衡位置伴随扩散跳跃的能量变化。由于缺陷在迁移前、后或过程中,正常格点的弛豫都要受到周围格点弛豫的影响,所以缺陷的迁移能实际上包含了原子处于势垒和势谷时的弛豫能。图中实线为扩散跳跃时真正的能量变化;虚线表示原子在跳跃过程中周围格点的弛豫能。ΔE_2 为弛豫势垒高度;ΔE_1 为势谷弛豫能,ΔE_3 为势垒(鞍点)弛豫能,则表面点缺陷迁移能 ΔE_m 为

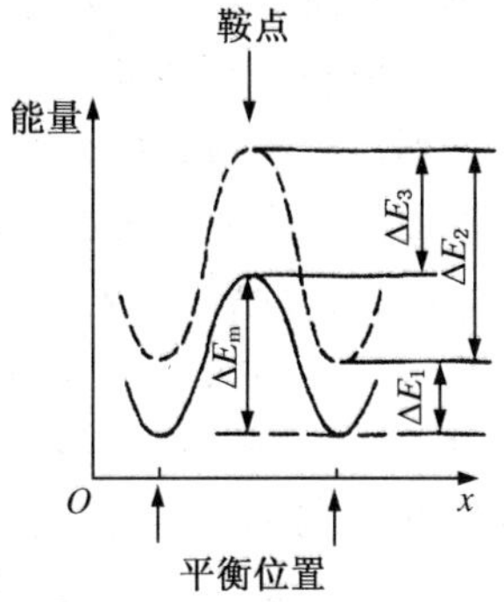

$$\Delta E_m = \Delta E_1 + \Delta E_2 - \Delta E_3 \tag{1-123}$$

图 2-17 表面缺陷迁移时各能量的意图

由玻耳兹曼关系式 $S = k\ln W$,可以写出表面缺陷所引起的熵增。例如由表面增原子引起的熵增(组态熵),即此时表面缺陷形成熵为

$$\Delta S_f = k\ln\left(\frac{W_f}{W_0}\right)$$

式中,W_0 为表面未出现缺陷时的平衡态热力学几率;W_f 为表面出现缺陷时的非完整表面态热力学可几率;k 为玻耳兹曼常数。W_0 和 W_f 可以用原子振动频率来计算,从而近似计算出 ΔS_f。同样,也可近似计算得到表面缺陷迁移熵。Wynblatt 等人计算铜晶体的 ΔS_f 和 ΔS_m 见表 2-9。表中 v 表示表面空位;a 表示表面增原子;ΔS_f 为形成熵;ΔS_m 为迁移熵;D_0 为频率因子,定义为

$$D_0 = al^2\nu\exp\left[\frac{\Delta S_f + \Delta S_m}{k}\right] \tag{2-124}$$

式中,a 为常数;ν 为频率;l 为缺陷迁移的平均自由程。

表 2-9 铜晶体表面缺陷形成熵与迁移熵

表面	$\Delta S_f/k$		$\Delta S_m/k$		$\Delta S_D/\text{cm}^2 \cdot \text{s}^{-1}$	
	ν	a	ν	a	ν	a
{100}	2.82	1.46	0.095	0.28	3.38×10	9.28×10
{110}	0.58	0.90	0.10	1.15	2.45×10	6.17×10
{111}	1.04	2.45	0.056	0.24	1.51×10	2.49×10

2. 表面扩散系数的微观表述

扩散是物质中原子、离子或分子的迁移现象，是物质传输的一种方式。在气体及液体中，物质传输一般是由对流和扩散进行的。在固体中不存在对流，扩散成为传输的唯一方式。扩散问题可以从两方面进行讨论：一是根据所测量的参数描述质量传输的速率和数量，讨论扩散现象的宏观规律，可以称为扩散的唯象理论；二是扩散的微观机制，把一个原子的扩散系数与它在固体中的跳动特性联系起来，这是扩散的原子理论。

表面扩散与体内扩散一样，也有自扩散和互扩散两种情况，前者是基质原子在表面的扩散过程，后者是外来原子沿表面的扩散。

研究表明，表面原子的自扩散机制与晶体体内基本相同，但存在两个区别：ⓐ 表面原子有更大的自由度，并且扩散激活能远小于体内，因而扩散速度远大于体内。ⓑ 表面扩散机制可能因不同晶面而异。例如，面心立方晶面{100}的表向扩散主要为表面空位机制，而{110}面主要是增原子扩散机制。

如前所述，TLK 模型是单晶表面的基本模型。TLK 表面的势能是一个复杂的三维函数。表面原子沿这种表面扩散，不可能保持均匀单一速率。为简化计算程序，粗略地建立以下模型，即设表面原子以平均长度 l 做无序跳动，连续两次跳动之间的平均时间为 τ，根据无序跳动理论，扩散系数的一般表达式为

$$D'_s = a(l^2 \tau) \tag{2-125}$$

式中，a 是与晶体结构和缺陷运动状况有关的常数，例如对于简立方晶系，一维运动取 1/2；表面二维运动取 1/4；体内三维运动取 1/6。

又设 p 为单位时间内原子跳动的次数，称为跳动几率，即

$$p = \frac{1}{\tau} \tag{2-126}$$

由统计理论可得

$$p = \nu_0 \exp(-\Delta E_D/kT) \tag{2-127}$$

式中，ν_0 为表面原子的本征频率；ΔE_D 是跳动激活能，分析表明它是表面缺陷形成能 ΔE_f 与迁移能 ΔE_m 之和，即

$$\Delta E_D = \Delta E_f + \Delta E_m \tag{2-128}$$

这样，可得表面自扩散系数表达式

$$D'_s = al^2 \nu_0 \exp(-\Delta E_D/kT) \tag{2-129}$$

如果考虑到原子周围缺陷的形成几率 p_f 和迁移几率 p_m，则表面自扩散系数应表达为

$$D_s = D'_s p_f p_m = al^2 \nu_0 \exp(-\Delta E_D/kT) \tag{2-130}$$

令
$$D_0 = al^2 \nu_0 p_f p_m \quad (2-131)$$
则
$$D_s = D_0 \exp(-\Delta E_D/kT) \quad (2-132)$$

式中,D_0 是与温度无关的频率因子。由于表面缺陷的形成和迁移都使系统的熵增加,以及
$$p_f = \exp(\Delta S_f/k) \quad (2-133)$$
$$p_m = \exp(\Delta S_m/k) \quad (2-134)$$
因而
$$D_0 = al^2 \nu_0 [(\Delta S_f + \Delta S_m)/k] \quad (2-135)$$
$$D_s = al^2 \nu_0 \exp[(\Delta S_f + \Delta S_m)/k] \cdot \exp[-(\Delta S_f + \Delta S_m)/kT] \quad (2-136)$$

以上讨论的表面自扩散是原子跳动的长度与点阵原子间距具有相同数量级的情况,属于"短程扩散",可称为"局域扩散"。如果温度升高,表面原子能量随之增加,可以处于较高的激发态,其跳动的长度会比点阵原子距离长得多,即属于"长程扩散",称为"非局域扩散"。为了说明这个概念,可参考图 2-18(a)所示的体心立方(100)平台上吸附原子运动的例子。在这个表面上的吸附原子,由于声子的相互作用(热涨落现象),在某一时刻可从平衡位置越过势垒跳跃到邻近位置,其最小能量的路径是沿<110>晶向,图中用 1 表示。该路径穿过一个鞍点,鞍点位置的能量为迁移能 ΔE_m^{++},扩散跳跃长度与点阵原子间距同数量级。如果吸附原子积累的能量,比表面扩散最小能量 ΔE_m^{++} 大得多(隧道效应除外),它就有能力沿图中箭头 3 跳到远处,此时跳跃路径比点阵原子间距长得多,若以 ΔE_m^* 表示完成这种跳跃的最小能量,并以 ΔE_s 表示平台吸附原子的束缚能,则 $\Delta E_m^{++} < \Delta E_m^* < \Delta E_s$。当然它可能沿箭头 2 的路径扩散到次邻近 A、B 位置。我们把图中 1、2 的短程扩散称为局域扩散,而把图中 3 的长程扩散称为非局域扩散。

图 2-18(b)给出了吸附原子做局域扩散、非局域扩散以及处于蒸发态下的能量范围。每种状态各有不同的自由度分配。例如,局域扩散原子具有两个振动自由度和一个平移自由度;在非局域扩散状态下,则具有两个平移自由度和一个振动自由度。至于大分子物质的表面扩散,具有更复杂的自由度分配。

由上述分析可见,表面扩散时原子可能跳跃到固体表面上的三维空隙位置后进入另一个新位置,此时能量只要大于 ΔE_m^*、小于 ΔE_s,体扩散就不可能出现这种情况,因为不存在这种"附加自由度"。

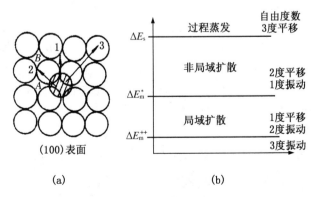

图 2-18 体心立方(100)表面原子的运动及其激活能
(a) 吸附原子的假象平面平衡位置及可能的跳跃路径;
(b) 吸附原子的局域、非局域以及蒸发态下的能量图

表面互扩散(异质扩散)是外来原子沿表面的扩散。外来原子在表面以填隙、置换、化合、吸附等方式存在,由于受势场束缚较弱,其跳动速度远大于自扩散。如果外来原子是置换式的,那么在点阵弛豫作用下,表面缺陷的形成和迁移几率增加,从而使扩散系数增大;如果外来原子是填隙式的,那么它们的迁移仅与表面势垒有关,扩散系数表示式(2-107)中的ΔE_D仅有ΔE_m一项,此时,v_0为外来原子的振动频率。

3. 表面扩散的实验研究和唯象理论

表面扩散的主要特征表现于表面扩散系数。现在有许多测定表面扩散系数的方法:

(1) 示踪法 它可用来求出不同杂质的表面扩散系数和激活能。这是一种较为古老的方法。该方法由于蒸发和体扩散,容易使示踪物质流失。

(2) 传质法 即用光学方法观察表面扩散传质引起表面形貌变化并进而计算出表面扩散系数和激活能。用于实验研究的传质方法有晶界沟槽化、单划痕衰减、划痕衰减(正弦轮廓)、小面化、烧结、晶界孔洞生长、钝化等。主要测量方法有干涉显微镜、激光衍射轮廓和场发射成像。实验时要设法减少表面沾污的影响。

(3) 场离子发射显微镜法(FIM)和场电子发射显微镜法(FEM)等 它们通常是观察吸附原子在难熔金属制成的场发射尖端表面上的位移,进而测量异质表面扩散系数和激活能。

在讨论扩散问题时,经常遇到"下坡扩散",即扩散从浓度高处向浓度低处扩散。但在自然界中,亦可由于某种原因出现从浓度低处向浓度高处扩散,也就是形成"上坡扩散"。因此,真正的扩散驱动力并不是浓度梯度,而是化学势的变化$\frac{\partial \mu}{\partial x}$。在多组元系统中,组元$i$为化学势,可看成每个$i$组元原子的自由能,而化学势对距离的求导就是原子所受的化学力F_c,即扩散驱动力$(F_c)_i = -\frac{\partial \mu_i}{\partial x}$。其中,负号表示扩散总是沿化学势减小的方向进行。至于引起扩散的具体原因,要做具体分析。对于表面扩散来说,大致有以下两种重要类型:

(1) 由浓度梯度引起的表面扩散。处理这一类表面扩散问题的步骤与体扩散类似。如果已知扩散系数,那么可用费克第一定律或第二定律,根据边界条件求解,以此计算出由于浓度梯度引起的表面扩散通量或各区域浓度随时间的变化值等。

(2) 由毛细管作用力引起的表面扩散。也就是由表面自由能最小化引起的的扩散。属于这类表面扩散的有许多种类型。例如,为使表面能与晶粒间界达到平衡而在晶粒间界附近的原来是平坦抛光表面上形成晶粒间界沟(槽)的表面扩散;人为造成周期性(正弦)表面原子密度分布引起表面平坦化的表面扩散;非周期性表面原子密度分布引起表面痕迹衰变的表面扩散;与线性小面横向生长(即在一定的条件下原先是平坦的表面会出现不同于邻位表面取向的独立小面)有关的表面扩散;在高温下粒子靠吸附原子从高化学势到低化学势而实现聚结的表面扩散;在场电子发射显微镜中触针由尖变钝的表面扩散。

上述各种表面扩散原子的化学势$\mu(x)$通常可用吉布斯—汤姆逊(Gibbs-Thomson)公式表示为

$$\mu(x) = \left[\gamma(\theta) + \frac{\partial^2 \gamma(\theta)}{\partial \theta^2}\right] V_m k(x) \qquad (2-137)$$

式中,表面能$\gamma(\theta)$与表面的结晶取向有关;V_m是摩尔体积;$k(x)$是与表面形状有关的主曲率函数,且

$$k(x) = -\frac{d^2 y(x)}{dx^2}\left[1+\left(\frac{dy(x)^2}{dx}\right)^2\right]^{-\frac{3}{2}} \tag{2-138}$$

式中,$y(x)$描写表面原子分布。

如果表面扩散只在结晶取向的小范围内进行,$\gamma(\theta)$和$\gamma''(\theta)$可用平均值γ_0和γ''_0代替,那么扩散流通量为

$$J = -\frac{(\gamma_0+\gamma''_0)N_0 D_s V_m}{kT}\frac{\partial k(x)}{\partial x} \tag{2-139}$$

式中,N_0为单位面积的原子位置总数目;D_s为表面扩散系数。扩散流引起表面原子密度分布改变,$y(x)$的变化速度率为

$$\frac{dy(x)}{dt} = -B\frac{d^4 y(x)}{dx^4} \tag{2-140}$$

式中

$$B = -\frac{(\gamma_0+\gamma''_0)N_0 D_s V_m}{kT} \tag{2-141}$$

利用适当的边界条件,可以对式(2-139)求解。

2.7 表面电子学

2.7.1 基本概念

1. 固体中的电子

原子外层的电子状态对固体材料性能的影响很大,而内层的电子状态对材料的影响不很显著,因为内层电子在很大程度上被外层电子的场所隔离。外层电子通常称为价电子。各种元素的原子对外层电子的束缚是不同的,有的束缚甚紧,称为紧束缚电子;有的束缚很松,可能成为自由电子;有的介于两者之间,称为半自由电子。在一定条件下孤立原子有一定的电子状态。当大量原子结合成固体后,由于原子间距甚小,相邻原子互相作用,使电子状态发生变化,尤其是外层电子状态会有显著的变化。讨论固体中的电子状态是个十分重要而又复杂的问题。

为了讨论和研究电子的运动状态,首先要求解薛定谔(Schrödinger)方程,这是因为电子的运动遵守该方程

$$\nabla^2 \Psi + \frac{8\pi^2 m}{h^2}(E-V)\Psi = 0 \tag{2-142}$$

式中,Ψ为电子波函数;m为电子质量;h为普朗克常数;E为电子能量;V为电子势能。

在三维晶体中,电子势能V是晶格坐标的周期函数,即

$$V = V(\boldsymbol{r}) = V(\boldsymbol{r}+\boldsymbol{R}_i) \tag{2-143}$$

式中,$\boldsymbol{r}$为坐标矢量;$\boldsymbol{R}_i$为晶格矢量。

布洛赫曾证明,对于晶体中的电子运动,薛定谔方程的解具有以下形式:

$$\Psi = u_n(\boldsymbol{k},\boldsymbol{r})e^{i\boldsymbol{k}\cdot\boldsymbol{r}} \tag{2-144}$$

式中,$\boldsymbol{k}$为波矢;$\boldsymbol{r}$为坐标矢量;n为能带指标,$u_n(\boldsymbol{k},\boldsymbol{r})$为晶格的周期函数。这个结论称为布洛赫定理,式(2-144)的波函数称为布洛赫函数。也就是说,原子组成晶体后,价电子的状态用

布洛赫波描述。波函数的平方$|\Psi|^2$反映了电子的空间分布。当波矢k为实数时,布洛赫波不衰减地在晶体中传播,对应的能量$E(k)$构成允带。如果波矢k为复数,则布洛赫波在空间衰减,此时能量$E(k)$处于禁带内。这就是说能量E与波矢k的关系,$E(k)$构成能带(允许的准连续能级)及能隙(不允许的能量值)。同一能级可能对应多种布洛赫波。具有理想的三维平移周期性的晶体内,布洛赫波为行进波,态密度呈空间周期性变化,电子非局域化。

2. 表面电子态(表面态)

上面描述的是三维无限晶体中的电子状态。若形成表面,则原子排列发生变化,首先是在垂直于表面的方向上的平移周期性中断。此时,属于原有能带(体能带)的布洛赫波在表面发生反射,在真空一侧则迅速衰减。处在这种态的电子仍为非局域化的电子。同时,还出现表面态,即平行于表面的行进波$k_{//}$为实数,而在垂直于表面的方向上的波矢分量$k_\perp$为复数,因而是向体内衰减的布洛赫波。处在这种状态的电子将局域在表面几个原子层内,故称表面态。它是由于表面的存在而造成的附加能态,其能量是在体内能带的禁带中。因为如能量和体内能带重叠,其电子态就会和体内布洛赫波连结起来,在体内便有不为零的几率分布,严格地说这不是表面态。但这种连结波函数在表面的振幅可能远大于在体内的振幅,这称为表面共振。表面态和表面共振在实验中有时不易区分。

表面态有两种:ⓐ外诱表面态。在表面处,杂质与缺陷往往比体内多得多。在表面杂质和缺陷周围形成的局域电子态就称为外诱表面态。ⓑ本征表面态。在清洁有序的表面,由于体内周期性的中断所形成的局域电子态。从化学键的观点看,表面上的"悬挂键"可能形成本征表面态。例如在硅晶体内每个原子与周围四个原形成共价键(每键由两个电子构成),而表面上Si原子有键被割断,形成"空悬"键(电子态),电中性时每个"悬挂键"中有一个电子。这些悬挂键局域于表面而形成表面态。此外,表面原子与第二层原子之间的"背键"以及表面原子之间的"桥键"也可能联系着表面态。

电子处在周期性势场中服从布洛赫定理。这里为简单起见,把表面假定为一维周期势场(z方向);a_z为z方向上的原子l间距。处于表面态的电子波函数具有衰减特性:

$$|\Psi|(z+na_z)|^2=|\Psi(z)|^2 e^{-2n\xi a_z} \tag{2-145}$$

而波矢的复数形式为

$$k=k_r+i\xi \tag{2-146}$$

式(2-145)描述了这种具有复数波矢的布洛赫波的衰减特性,即在真空和体内两个方向上都衰减,处于这些能态的电子被局限在固体表面区。

表面态的研究工作始于20世纪30年代,以后有了一系列的研究成果,较为重要的有:

①塔姆(Tamm)在1932年用克罗宁—彭宁势[图2-19(a)]来解薛定谔方程,发现表面电子函数是一个随距离做指数衰减的函数,并且在禁带中出现了一个允许能级,这个能级可以接受一个电子。他的结论是,矩形势阱阵列的终止是产生表面态的来源。这个表面态通常称为塔姆能级或塔姆态[见图2-19(b)]。

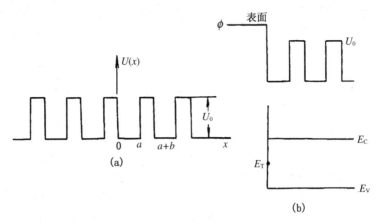

图 2-19 克罗宁-彭宁矩形势阱和塔姆能级
(a) 克罗宁-彭宁矩形势阱；(b) 塔线能级

② 毛厄(Mane)在 1935 年利用准自由电子态模型，用傅里叶级数展开晶体势函数，取波函数及其一阶导数在表面处连续的边界条件，证明波矢 $|k|$ 取复数时在基本禁带中确有表面态存在。

③ 古德温(Goodwin)在 1939 用紧束缚模型原子轨道线性组合法，由求解久期矩阵，同样得到表面态存在于禁带的结论。

④ 肖克莱(Shockley)也在 1939 年得到了重要的研究成果。他指出，塔姆态是周期性势场在表面处的非对称中断引起的，应该用更切合实际的一维晶体势函数取代，并且证明在一定条件下能够产生两个表面能级。这种条件可以用图 2-20 所示的晶体电子能级和原子间距的关系曲线来说明。由图可见，随着原子间距的减小，能带变宽。当原子间距缩小到一定值时两个能带相邻的能级相交(图中虚线)。肖克莱证明，只有原子间距较小、能带交叠时才能分裂出两个位于禁带的、在表面定域的电子态，这被称为肖克莱表面态。这个条件在共价晶体表面上能够实现，如硅、锗晶体表面的悬挂键，它们局域在表面，可形成肖克莱态。

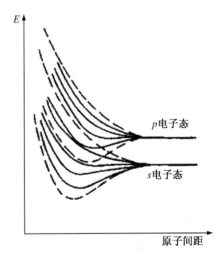

图 2-20 有限晶体电子能级和原子间距的关系

⑤ 巴丁(Bardeen)在 1974 年利用表面态使费米能级钉扎于界面的概念，解释了金属-半导体接触的势垒只与半导体有关的现象。

在 20 世纪 70 年代以后，表面分析技术的迅速发展，给实验测量和较为精确的理论计算创造了良好的条件。

从原则上说，金属、绝缘体和半导体的表面都可能存在表面态。但是金属没有禁带，体电子在费米能级处的能级密度很高，因此金属的表面态难与体态区分开来。一些卤化物、金属氧化物和玻璃等，在块体的禁带中有着如电子和空穴的陷阱、F 心、U 心、V 心等各种附加能级，故表面态也难以从这些附加能级中区别开。半导体具有适当宽度的禁带,并且由于可制备出高纯度和完整性的半导体材料,体内陷阱甚少,因此这种材料的表面态容易检测,这也是目前大多数表面态的数据来自于半导体的原因。随着测量技术的发展,现在对金属和绝缘体的表面态已开始能半定量地检测。虽然不同材料的表面态检测难度不同,但表面态对它们的光学、电学、磁学以及在催化和化学反应中都有着重要的影响作用。

3. 界面电子态(界面态)

它是与固—固界面相关而不同于体内的一种电子态。常见的固—固界面如半导体—半导体、绝缘体—半导体、金属—半导体等界面,它们都可能出现界面态。典型的界面态与表面态相似,即能级出现在能隙中间或边缘附近,波函数在平行于界面方向仍为行进的布洛赫波,而在垂直于界面方向则为向两侧体内迅速衰减的布洛赫波。处在这种态的电子只分布在界面附近几个原子层内,所以是局域化的。

界面态是否出现,取决于相邻两种固体的结构和性质以及两种固体的差别。例如半导体—半导体界面态的形成与两者离子性的差别和界面晶格错配程度有关;差别小的不易形成界面态。又如在 SiO_2—Si 界面或靠近界面的氧化层中,由于 Si 的价键不饱和,可在基本禁带中产生界面态能级。

4. 表面态和界面态的重要性

表面与体内有许多不同之处,其中两个重要区别是:ⓐ表面的原子排列与体内不同,例如表面常有一到几个原子层厚度的弛豫和重构;ⓑ从电荷分布来看,表面局域电子态波函数自最外一层原子面分别向体内和真空呈指数衰减,分布在表面的两侧约 1~1.5nm 范围范内。这种表面态(或界面态)是分析表面(或界面)发生的各种物理和化学现象的重要基础,也是控制和改善许多材料和器件性能的重要基础。在微电子技术领域中,表面态(或界面态)对半导体材料和器件的性质,尤其是对表面电导和光学性质有重大影响。

如上所述,表面态能级常出现在体能带的能隙中。例如 Si{111} 表面,在能隙中有悬挂键表面态,分布在表面 4~5 原子层内。过渡金属常会形成 S-d 杂化的表面态。表面态能级在半导体材料中就像杂质能级一样影响着半导体的电学、光学等性质。

除了由于表面的存在而造成附加能态之外,还有一个表面能态弯曲问题。在固体物理中,通常把固体最外一层原子上下两侧各 1~1.5nm 范围的区域称为"表面",这大致是紫外光电子能谱和低能电子衍射所探测的范围。对金属来说,在表面以下 1~1.5nm 处势场与体内无明显区别,电子性能已完全不受表面的影响。然而,半导体和绝缘体的情况却大不相同,这种表面电荷密度表现为长程势场扰动,它能扩展到体内达数百纳米的深处;这种扰动通常用能带弯曲来表征。或者说,由于表面态和体能态的空间分布不同,电子在两者之间转移会引起表面电荷集中,在半导体中会产生厚达几百纳米的空间电荷层,并导致体能带的弯曲。这种扰动依赖于杂质浓度和温度,在固体电子学中十分重要。

在实际应用中,半导体—金属界面由于其整流特性而显得重要。该界面上费米能级和半导体导带下限之差称为肖特基势垒。人们发现,硅、锗等共价键半导体的肖特基势垒和接触的金属无关。这个现象的解释是:在半导体—金属界面上,半导体原有的表面态消失,在对应的能隙处出现一种金属诱生能隙态,其波函数在金属一侧类似金属态而在半导体一侧类似悬挂键表面态,因而在 Si、Ge 与金属界面上,正是此种态钉扎费密面,使肖特基势垒不随接触金属的改变而变化。

另一种常用的界面是绝缘体—半导体界面,它对 MOS 电路十分重要。其中 SiO_2—Si 界面是硅平面器件和集成电路工艺中最常用的界面系统。在这个界面或靠近界面的氧化层中,由于缺氧而有过剩硅,硅的正离子是固定正电荷的来源,而 Si 的价键不饱和则在硅禁带中产生界面态能级。在半导体异质结或 MOS 器件中,电子在此种界面态的填充会引起界面电场并导致耗尽层的形成,因而对电子学系件的功能有着显著的影响。

半导体—半导体界面在半导体技术中称为异质结,具有多种多样的电子特性,对半导体器件也十分重要。晶格匹配对于获得优质的异质结具有重要作用。当两种半导体材料接触时两者费米能级拉平,能带发生弯曲并在界面形成价带和导带的突变,能带弯曲深度达数百纳米。这类界面是否存在界面态与具体条件有关。对于 AlAs-GaAs(110) 界面,没有找到明显的界面态,这可能是它们的点阵常数和势都十分接近,在界面上离子性和对称性的变化很小,界面突变不足以束缚住界面态。与此相反,Ge-GaAs、Ge-ZnSe、GaAs-ZnSe、InAs-GaSb 等体系的(110)界面上却存在界面态,而其变化则受离子性、对称性等因素的影响。

2.7.2 清洁表面的电子结构

1. 表面势

清洁表面指不存在任何污染的化学纯表面,它的制备很困难,一般需要在超高真空条件下解理晶体,同时采取必要措施以保证表面在一个"相当长"的时间(约几分钟)内处于"清洁"状态。

在讨论这类表面的电子状态和能量时,同样要求解薛定谔方程,为此应知道表面区存在的相互作用。表面区总电势 $V_{ST}(r)$ 由三部分组成:

$$V_{ST}(r) = V_{core}(r) + V_{es}(r) + V_{xc}(r) \tag{2-147}$$

式中,$V_{core}(r)$ 为价电子与离子实(或称离子芯,包括核和内层芯电子)的交换势和相关势(两者合称交换关联势);$V_{es}(r)$ 为离子实和价电子产生的总静电势;$V_{xc}(r)$ 是价电子间的交换关联势;r 为空间坐标。

$V_{core}(r)$ 是一种多体效应,难于精确写出。由于固体中离子实所产生的势具有高度运域性,可以假定表面区的 $V_{core}(r)$ 和体内单个离子实产生的势大体相同,其常用固体物理中的赝势模型来计算,最简单的是阿锡山洛夫(Ashcroft)赝势模型,它可表示为

$$V_{core}(r) = \begin{cases} -\dfrac{2q}{r}, & |r| \geqslant Rc \\ 0, & |r| < Rc \end{cases} \tag{2-148}$$

式中,R_C 是一个可调参数,具有离子实半径的意义;$2q$ 是离子实的价电荷;r 是距离。

$V_{es}(r)$ 可由离子实和价电子的总电荷密度 $\rho_T(r)$ 通过解泊松方程确定。

$$\nabla^2 V_{es}(r) = -4\pi\rho_T(r) \tag{2-149}$$

$$\rho_T(r) = \sum_n \rho_{ic}(r - R_n) + \rho_v(r) \tag{2-150}$$

式中,右面第一项表示对不同位置离子实电荷求和,并假定各个离子实正电荷和离子实电子电荷密度之和 $\rho_{ic}(r-R_n)$ 的中心在各自的 R_n 处,R_n 是电子实中心位置矢量;右面第二项 $\rho_v(r)$ 是价电子或导电子电荷密度。

$V_{xc}(r)$ 的计算,目前普遍采用维格纳(Wiger)近似:

$$V_{xc}(r) = -\left\{0.00984 + \dfrac{8.77f(r) + 0.944}{[1.0 + 12.57f(r)]^2}\right\}f(r) \tag{2-151}$$

式中，$f(r)=\rho_v^{1/3}(r)$ 是体内价电子电荷密度。由于一般情况下式中 { } 内的数量变化缓慢，故常用常数 a 代替，从而式(2-151)简写为

$$V_{xc}(r)=-a\rho_v^{1/3}(r) \qquad (2-152)$$

此式通常称为斯莱特(Slater)x-a 近似。由于表面势取决于表面区域电荷密度，而电荷密度又需要表面势通过薛定谔方程求得，所以是一个自洽问题。

V_{core}、V_{es}、V_{xc} 三项对总表面势的贡献是不同的。现以硅为例给予说明(见图 2-21)。计算得到的价带总宽度约为 12.5eV，平均体势能约在价带底(即价带极小值)上方 2.7eV 处。由功函数和光发射实验知道价带顶(即价带极大值)比真空能级低约 5eV，因而综合得出体内平均势能与真空电子能级相差约 14.8eV。另一方面，取硅的平均价电子密度时，算出价电子间的交换关联势约 9.6eV。这表明 V_{xc} 几乎占总表面势变化的 2/3。实验证明，V_{xc} 在表面势中占优势是半导体和金属的特点。例如像碱金属这类低价电子密度金属，V_{xc} 可能占总表面势的 80% 以上。

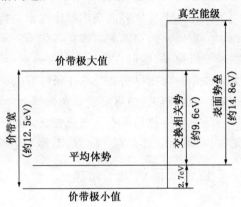

图 2-21 Si(111)表面势垒能级图

2. 清洁表面电子结构的计算方法

如前所述，在三维无限晶体中电子的运动遵守薛定谔方程。根据布洛赫定理，其解具有布洛赫函数形式。为了求解薛定谔方程，以得到电子运动的波函数，需要简化周期势场，据此确定相应的计算方法。然而，在计算表面电子结构时由于三维周期场中断等原因而变得大为复杂。近年来，利用自洽赝势法、紧束缚近似法等多种方法，对清洁理想简单金属表面和过渡金属表面以及一些半导体表面的电子结构做了大量的计算。

这里对自洽赝势法作一简略的介绍。

为了获得晶体表面电子结构的精确物理图像，需要进行自洽计算。实际上这种"自洽方法"是测定表面结构所采用的一种基本方法。它是利用晶体内部点阵结构的知识，提出某种表面结构的第一步模型，取出有关数据，代入描述某种能获得表面信息的实验方程中，经适当简化后，求出方程的近似解，再把这些解与实验结果进行比较，然后根据这个比较的差异对第一步模型的某些参数做适当的调整，提出第二步模型，把用上述过程得到的解和实验比较再提出第三步模型，经多次往复，直到近似解能尽可能完满地说明实验为止。

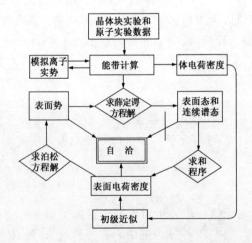

图 2-22 表面势和表面电荷密度的自洽计算流程图

所谓赝势，其定义如下：在原子球内部用一个假设的势代替真正的原子势，求解原子间空间的薛定谔方程，若所得能量本征值不变，即与真实原子势的结果一样，则这虚拟的势为赝势。

在做晶体表面结构的自洽计算时,先把半无限(单端有限势垒)晶体考虑为两大部分,包括真空区和晶体表面的最外几层原子平面,其性质有待计算。然后参照图 2-22 所示的程序,一方面利用晶体实验数据、原子实验数据以及赝势模型[例如对于 Na(100)表面可取前述的阿锡可洛夫赝势模型]计算出体能带结构和体电荷密度,作为初级近似;另一方面,假定一个相当接近表面实际情况的电荷密度公式,利用泊松方程,解出静电势,由价电子密度计算价电子的交换关联势,这样就能得到表面势,并利用表面/体内边界波函数及其导数的边界条件,求表面单电子薛定谔方程的数值解,包括体连续谱解和局域面态解,然后在此基础上求出电子密度。如此循环,直到表面势、表面电荷密度及表面能带结构彼此协调,完全自洽为止。

3. 金属清洁表面电子结构

在研究金属清洁表面的电子结构时,先选定合适的模型,然后用一定的方法进行计算。对于 s-P 键简单金属,所采用的模型有胶体法、点阵模型法和薄片结构模型法等。常用的方法是赝势法。这个方法最初被 N. D. Long 和 W. Kohn 用于计算多种简单金属(Na、K、Cs、Al 等)的表面态密度、表面电子电荷密度、功函数和表面能。他们在胶体模型(视金属中自由电子在均匀连续分布的正背景电场中运动情况,然后依次计入各种相互作用,考查表面电子行为)计算中忽略 V_{core},即把表面势简化为

$$V_{ST}(z) = V_{es}(z) + V_{xc}(z) \quad (2-153)$$

式中,z 为与终结平面的距离,$+z$ 指向晶体内部,$-z$ 指向真空;静电势 $V_{es}(z)$ 由求解泊松方程确定;价电子间交换关联势 $V_{xc}(z)$ 用式(2-151)或式(2-152)计算。对于 Na 和 Al 做自洽计算,所得表面电子电荷密度、静电势 V_{es} 和总表面自洽势 V_{ST} 与表面垂直距离的关系如图 2-23 和图 2-24 所示。在这两个图中,左纵轴为电荷密度 ρ_s(ρ_s 用荷电密度 ρ_b 归一化,ρ_b 的单位是 $R_F^3/3n^2$,R_F 是费米波数);右纵轴代表表面势(以费米能 E_F 为单位);横轴代表与原子终结平面(0 点)的距离(以费米波长 λ_{E_F} 为单位)。

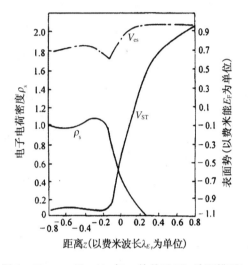

图 2-23　ρ_s、V_{es}、V_{ST} 与 z 的关系(Na 胶面模型)

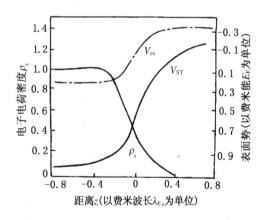

图 2-24　ρ_s、V_{es}、V_{ST} 与 z 的关系(Al 胶面模型)

后来一些科学家对上述方法做了改进,提高计算精度,扩大研究范围,他们对过渡族金属 W、Mo、Fe 等也做了许多计算。研究结果表明,在 W 和 Mo 最外的二到三层原子表面的表面态是高度定域化的,这些表面态对表面原子弛像非常敏感。1974 年,J. W. Daugenport 等人利用类似于处于体内杂质能级时的格林(Creen)的函数法,计算了 Ni(100)表面最外层原子面的局域态密度(LDS)。LDS 是在固体物理中常用的状态密度 $g(E)$(表示电子态按能量 E 分布)

的基础上引进的,它的一般定义是

$$N(E,r) = \sum_i |\Psi_i(r)|^2 \delta(E-E_i) \tag{2-154}$$

式中,$\Psi_i(r)$是能量本征值E_i的本征函数。

又如 Jepen 等人计算了 Ni 和 Cu 的表面电子结构,发现在 Ni 中存在比费米能级低 4~5eV 的表面态,而在 Cu 中存在比费米能级低 5~6eV 的表面态。这些表面态位于 s-p 能带和 d 能带混合后的杂化禁带中,具有肖克莱态的特征。

4. 半导体清洁表面的电子结构

半导体表面态的起源和性质,不仅与表面原子的悬挂键有关,而且与表面的不完整性(表面台阶、扭折、空位、平台原子等)、表面重构(及超点阵)、表面原子弛豫等因素有关。表面原子的离化也会强烈影响表面态的性质。因此,实际半导体表面态的分布及性质,与理想情况是不同的。如前所述,在清洁表面上由于原子排列周期而形成的表面态称为本征表面态。其他能改变晶体势能的因素,如弛豫、重构、各种结构缺陷和各种表面杂质(如表面杂质原子、吸附物、氧化膜等)也都能产生表面态,称为外诱表面态。如果给出的表面能级特别容易吸引电子,则称为电子陷阱表面态能级;反之,如果容易吸引空穴,则称为空穴陷阱表面态能级。

当有氧化膜存在时,它与块体之间的界面能级称为内表面能级,而氧化膜表面上的能级称为外表面能级。前者与块体交换电子快,弛豫时间短,称为快态;后者因电子从块体进入外表面能级要穿过氧化层,弛豫时间较长,故称慢态。另外,表面态与体内杂质定域态一样,可以分为类受主态与类施主态两大类。

半导体表面态问题是较为复杂的,作为初步知识,下面仅介绍 Si 表面态的某些基本情况。

图 2-25 为 Si 原子排列结构的主体图,块体与真空之间的界面为 Si(111),它与 Si(110) 面相垂直。这里的 Si(111) 为未弛豫和未重构的理想表面。球代表 Si 原子;棒代表化学键;表面有伸入真空的悬挂键。对于 Si(111)-1×1 非重构表面,研究了下面两种情况:

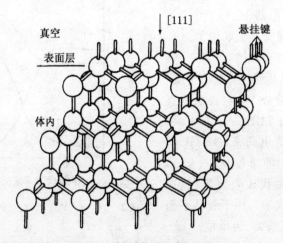

图 2-25 硅原子结构立体图

① 表面原子在晶面上的位置与体内一致,称非弛豫位置。
② 先假定表面原子占据正常格点位置,然后向内弛豫 0.033nm。

对于这两种情况,分别用自洽法确定表面势,再求解薛定谔方程。计算结果表明,在 Si

(111)—1×1 非弛豫结构中,体禁带之内的表面态能带宽约 0.6~0.8eV,在体价带以及价带以下的能量区无表面态能带。在弛豫结构中出现另外两个附加的表面态:一个位于价带顶下 2~4eV 范围内;另一个恰好在价带底下面。这两个表面态能带都与背向键的强化有关。当表面原子向内弛豫 0.033nm 时,表面费米级位于价带顶上方 0.3eV 处。弛豫的 Si(111)—1×1 结构的一些计算结果,与 Si(111)—7×7 的实验数据相接近。

对于弛豫结构的原子弛豫方向和弛豫量,可根据 Pauling(1960)结构化学测定进行估计。预计在形成表面时,解理面上原子的一个(111)键断裂形成悬挂键,其余三个四面体键发生收缩,即表面原子向它的位于第二个原子平面中的三个最近邻原子靠拢。表面弛豫量约为 0.033nm。

实际上,Si(111)面远不是理想的表面。它存在 (2×1)重构。Schluter 等人用自洽方法计算了第一层分别抬高(即推向外)0.011nm 和降低(即拉向内)0.011nm 的原子交替排列的 Si(111)—2×1 表面。为了保持背向键不变,第二层原子要相应地横向移动。计算表明,由于重构效应,悬挂键表面态发生分裂,其中一个在价带顶附近,宽约 0.2eV;另一个在禁带中,宽约 0.2eV,如图 2-26 所示。表面重构使其能带分裂成间隙很小的一个满带和一个空带,从而使

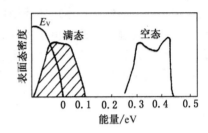

图 2-26 Si(111)—2×1 重构表面上分裂后的悬挂件表面太密度

Si 表面具有半导体特性。如果是理想情况,则所有的表面 Si 原子都是等价的,从而给出单峰和一个半充满的能带,使 Si 表面具有金属特性。

第3章 固体表面性能

固体表面的性能包含使用性能和工艺性能两方面。使用性能是指固体表面在使用条件下所表现出来的性能,包括力学、物理和化学性能;工艺性能是指固体表面在加工处理工艺过程中适应加工处理的性能。本章阐述固体表面的使用性能,而有关的工艺性能将在以后章节中结合各种加工处理来阐述。由于固体表面与内部的结构存在明显的差异,因而在使用性能上也存在明显的差异。固体整体的使用性能包含表面与内部两部分,在许多情况下固体表面的使用性能往往对固体整体的使用性能有着决定性的影响。例如固体的磨损、腐蚀、氧化、烧损以及疲劳断裂和辐照损伤等,通常都是从表面开始的,深入了解和改进固体表面的使用性能具有重要意义。

3.1 固体表面的力学性能

3.1.1 附着力

1. 附着与附着力的概念

附着是指涂层(包括涂与镀)与基材接触而两者的原子或分子互相受到对方的作用。异种物质之间的相互作用能称为附着能。把附着能对其与基材间的距离微分,该微分的最大值为附着力。或者,把附着力理解为单位表面积的涂层从基体(或中间涂层)上剥离下来、又不使涂层破坏和变形时所需的最大力。

附着力是涂层能否使用的基本参数之一。涂层成分不当、涂层与基材的热膨胀系数差异较大、涂覆工艺不合理以及涂前基材预处理不良等因素,都使附着力显著降低,以至涂层出现剥落、鼓泡等现象而难于使用。

2. 附着力的测量方法

目前,按照附着力的物理定义来精确测量附着力是十分困难的。具体的测量方法较多,对于不同类型的涂层有不同的测量方法。尽管测量的结果难以精确,有时测量数据较为分散,但是测量方法仍有较大的实用性。大多数方法是把涂层从基材上剥离下来,测量剥离时所需的力。对于较厚的涂层,较多的采用黏结法,即用黏结剂把一种施力物体贴在涂层表面,加力使涂层剥离。对于薄的涂层,大多采用非黏结法,即直接在涂层上施加力,使涂层剥离。这种方法还适用于具有较高附着力的涂层。定量测定附着力,需要特定的设备和试样,较为复杂和费时。在生产现场,通常采用定性或半定量的检验方法。

涂层附着力的定量评定方法主要有拉伸试验法、剪切试验法和压缩试验法三种,即以拉伸强度、剪切强度、压缩强度来分别表示涂层单位面积上的附着力:

(1) 拉伸试验法　利用试验工具或设备使试样承受垂直于涂层表面的拉伸力,测出涂层剥离时的荷载,以试样的断面积除该荷载,算出涂层的拉伸强度。

(2) 剪切试验法　通常将试样做成圆柱形,在圆柱外表面中心部位制备涂层并磨制到要求尺寸,置于滑配合的阴模中,在万能材料试验机上缓慢加载,测出涂层被剪切剥离时的载荷,算出涂层的剪切强度。

(3) 压缩试验法　试样用高强度材料制成,放在万能材料试验机上缓慢加压,试样受力方向与涂层表面垂直,加压至涂层被破坏,测出此时最大负荷,算出涂层的压缩强度。

在以上三种试验中,涂层拉伸强度是评定附着力的最重要指标。但是有些场合,需要测定涂层的剪切强度和压缩强度。例如对各种轴承,抗压强度是一项重要的指标。

定性法根据涂层的种类和使用环境可选择多种试验方法。

(1) 弯曲试验法　在长方形试样上制备涂层,加力使试样弯曲,涂层与基材间产生分力,当该分力大于附着力时,涂层从基材上剥落或开裂。以弯曲试验后涂层是否开裂、剥落来评定涂层附着力是否合格。

(2) 缠绕试验法　将线状或带状试样按规定要求沿一中心轴缠绕,以涂层不起皮、剥落为合格。

(3) 锉磨试验法　用锉刀、磨轮或钢锯对试样自基材向涂层方向进行锉、磨或锯,在机械作用力及热膨胀作用下,涂层与基材之间产生分力,当该分力大于涂层附着力时,涂层将剥落。此法适宜于镍、铬等较硬的金属涂层以及不易弯曲、缠绕或使用中承受磨损的涂件。

(4) 划痕试验法　用硬质钢针或刀片在试样表面划穿成一定间距的平行线或方格,涂层受力与基材产生作用力,当作用力大于涂层附着力时,涂层将从基材上剥落下来。以涂层划痕后是否起皮或剥落来评定涂层附着力是否合格。此法适用于一些中等硬度、较薄的涂层以及有机涂层、松孔镀铬层等。

(5) 胶带剥离法　对于有机涂层和其他一些涂层,常采用这种方法,即用一定黏着力的胶带粘到涂层表面,在剥离胶带的同时,观察涂层从基材上被剥离的难易程度。对于较软的涂层,通常用刀或针划穿涂层成一定数量的方格,例如 100 格(各方格边长 1 mm),用一种黏性高的胶带(常用 3M 公司 600 号胶带)紧贴在划格的试样表面,待固化黏结后迅速撕去胶带,以涂层不脱落和方格脱落数目来评级。

(6) 摩擦法　它是用橡皮、毛刷、布等材料在一定力的作用下往复摩擦涂层表面,以涂层脱落时所需的摩擦次数和力的大小来评定涂层与基材之间的附着力。

(7) 超声波法　它先在涂层试样周围充填一定的液体介质,如水等,然后用超声波的方法使介质振动,对涂层产生破坏作用,以涂层剥落时对应的超声波能量水平及超声振动时间来评定。

(8) 冲击试验法　用锤或落球对试样表面的涂层反复冲击,使局部表面受到变形、震动、冲击,使之产生发热和疲劳,在涂层与基材间产生力的作用,当作用力大于涂层附着力时,涂层从基材上剥落下来。此法适用于受冲击、震动的涂件。

(9) 杯突试验法　它是在杯突试验机上进行的。试验用钢球直径为 20 mm,杯口直径为 27.5 mm,试验中,将钢球以 10 mm/min 的速度由试样背面向有涂层面的方向压入,并压入一定距离(一般为 7 mm),以涂层随基体变形而是否开裂、起皮和剥落来评定附着力。

(10) 加热骤冷试验法　它是试样经历加热和骤冷,利用涂层与基材热膨胀系数不同而发生变形差异来评定涂层附着力是否合格。由温度造成的变形而产生的作用力大于附着力时,涂层剥落。此法适用于涂层与基材的热膨胀系数有显著差异的情况。

(11) 气相沉积薄膜附着力的评定方法　用 PVD 和 CVD 方法在各种基材表面制备薄膜，薄膜很薄，但具有优异的性能，应用甚广。其附着力的评定方法，有许多是与上述方法相似的，如拉伸法、胶带剥落法、划痕法、摩擦法、超声波法检测法等，也有某些方法是不相同的，主要是划痕法。薄膜的划痕法具有可量化的特点。国内已有部颁行业标准《气相沉积薄膜与基体附着力的划痕试验法》(JB/T 8554—1997)。其基本点是用划痕仪的压头在镀层上进行直线滑动，滑动时载荷从零不断加大，通过监测声发生信号和滑动摩擦力变化，结合对划痕形貌的观察，定量判断镀层破坏时对应的临界载荷，将此载荷作为薄膜与基材附着力的表征值。通常是用洛氏硬度计压头在薄膜表面上滑动，载荷 L 从零连续增加，当到达临界值 L_c 时，薄膜与基体开始剥离，压头与薄膜—基材组合体的摩擦力相应发生变化，如果是脆性薄膜还会产生声发射信号，L_c 为薄膜附着力的判据，结合对划痕形貌的显微观察可以更准确地判断薄膜与基材开始剥离的时间。除国内标准外，国外有关标准（如德国标准）可以参考。

3. 附着的机理和提高附着力的方法

关于附着的机理，目前仍不十分清楚，但是不同物质原子或分子之间最普遍的相互作用力是范德瓦耳斯力，用这种力可以解释许多附着现象。对范德瓦耳斯力有两种理解。一种是将它与分子间作用力等同；另一种是将分子间作用能与 $1/r^6$ 有关的三种作用力的总称：静电力，即偶极子—偶极子的相互作用；诱导力，即偶极子—诱导偶极子的相互作用；色散力，即诱导偶极子—诱导偶极子的相互作用。设两个分子间相互作用能为 U，则

$$U = -\frac{3\alpha_A \alpha_B}{2r^6} \frac{I_A I_B}{I_A + I_B} \tag{3-1}$$

式中，α 为分子极化率；r 为分子间距离；I 为分子的离化能；下标 A 和 B 分别表示 A 分子和 B 分子。

在考虑附着力时，还应计入涂层与基材间的电荷交换而在界面上形成双电层的静电相互作用。若涂层与基材都为导体，两者的费米能不同，涂层的形成会从一方到另一方发生电荷转移，界面上形成带电的双层，设涂层与基材间产生的静电相互作用力为 F，则

$$F = \frac{\sigma^2}{2\varepsilon_o} \tag{3-2}$$

式中，σ 为界面上出现的电荷密度；ε_o 为真空中的介电常数。

再有，要考虑到两种异质物之间的扩散，这种扩散特别在涂层与基材之间的两种原子相互作用大的情况下发生，甚至通过两种原子的混合或化合，使界面消失。此时，附着能变成混合物或化合物的凝聚能，而凝聚能要比附着能大。生产上，界面处异种原子的混合或化合而使界面趋于消失的效果，可通过一定的工艺方法来获得。例如，采用离子束辅助沉积(IBAD)工艺，即在镀膜的同时，通过一定功率的大流强宽束的离子源，使具有一定能量的轰击离子不断地射到膜与基材间的界面上，借助于级联碰撞导致界面原子混合，初始界面附近形成原子混合过渡区，提高膜与基材间的附着力，然后在原子混合区上，再在离子束参与下继续外延生长出所要求的厚度和特性的薄膜。

为了保证涂层与基材间有足够的附着力，涂覆前基材表面的预处理十分重要。基材表面的脏物和油污等，都会大大降低涂层与基材间的附着力，所以一定要清除干净。

在多数情况下，基材表面能较小，为此可通过表面活化方法来提高它的表面能，从而使涂层的附着力增大。活化的方法主要有清洗、腐蚀刻蚀、离子轰击、电清理、机械清理等。

加热也是一种提高附着力的有效方法。加热会提高基材的表面能,也会促进异种原子的互扩散。尤其在真空镀膜等工艺中,加热是一种经常采用的方法。

涂层与基材间相互浸润,可显著提高涂层的附着力。在涂层与基材间难以结合的情况下,可通过与涂层、基材都能良好结合的"中间过渡层"来提高涂层的附着力。这种中间过渡层的重要性可从下面的实验观察体会到:在玻璃表面,金膜的附着是一种弱附着;银膜也是一种弱附着,但随放置时间的增长,其附着力增大;铝膜的附着较强些,且随时间增长而附着力显著增大;铬膜的附着性好,刚镀完就相当牢固。一般定性地说,在玻璃表面上易氧化的金属膜附着性比难氧化的金属膜附着性要好,在空气中经过充分放置后易氧化的金属膜附着性变得更强了,这表明在这种情况下金属氧化膜是一种良好的中间过渡层。但是,也存在一些例外的情况,表明人们对附着的认识有待深入。用中间过渡层来显著提高涂层附着力,是生产中常用的工艺方法。过渡层可以是单层,也可以是多层。

基材的表面从微观看并非平整,微观的粗糙状况往往有利于外来原子的"钉扎",从而提高涂层的附着力。用各种方法使基材表面微观粗糙化,是生产上常用的工艺。例如,某些工程塑料表面镀膜时,可利用辉光放电的等离子体轰击塑料表面,使之微观粗糙化,就有可能显著提高真空金属镀层的附着力。

3.1.2 表面应力

1. 应力产生的原因

作用在表面或表层的应力称为表面应力。它主要有两种类型:一是作用于表面的外应力;二是由表层畸变引起的内应力或残余应力。很多工艺过程,如喷丸、表面淬火和表面滚压等均能在表面或表层产生极高的压缩残余应力,从而显著提高材料的疲劳寿命。沉积于基材表面的薄膜,由于它的热膨胀系数与基材不同,从高温冷却后,薄膜中将存在热残余应力。有些涂层在形成过程中,伴随从液态至固态的转变,发生了体积的变化,或者经历了一些组织结构的变化,都会导致应力的产生。

表面应力的产生原因是多方面的,特别对沉积的薄膜来说,其形成过程中发生了体积的变化,而一个面附着在基材上被固定,发生畸变的晶格在薄膜中得不到修复,致使内应力产生。具体的应力状况与工艺过程有关,例如,同样成分的薄膜,用真空蒸镀法制备会得到拉压力或压应力,而用溅射法制备往往得到压应力。实验表明,当薄膜厚度大于 $0.1~\mu m$ 时,它的应力通常为确定值。真空蒸镀的金属薄膜中应力大部分在 $-10^8 \sim +10^7$ Pa 范围(拉压力为正,压应力为负)。对于 Fe、Al、Ti 等易氧化的薄膜,因形成条件不同,它的应力状况比较复杂。一般来说,氧化会使应力趋向压应力。在溅射镀膜中,由于高速粒子对薄膜的轰击,使薄膜中原子离开原来的点阵位置,进入间隙位置,产生钉扎作用,高速粒子进入晶格中,从而容易产生压应力。薄膜中存在内应力,即存在应变能,当其大于薄膜与基材间的附着能时,薄膜就会剥落下来,尤其在膜层太厚时更易剥落。

其他涂层也会出现类似的问题。例如,热喷涂涂层存在热残余应力,其大小及方向主要取决于喷涂温度、基材预热温度、涂层的密实度和材料的特性。残余应力影响到涂层的各种性能,较高时会使涂层发生变形、皱折、龟裂、剥落;对于薄板金属,还可能发生弯曲变形。

2. 应力测量方法

残余应力可使薄板样品发生弯曲,拉应力有形成以涂层为内侧的趋势,而压应力则有形成以涂层为外侧的趋势。基于这一现象,形成了经典的涂层残余应力测试方法——薄板弯曲法。1903年,Stoney针对薄膜内应力测量提出,当试样为长度远大于宽度的窄薄片时,薄膜的内应力σ表现为

$$\sigma = \frac{E}{\sigma(1-v)} \frac{h_s^2}{h_f} \left(\frac{1}{R_2} - \frac{1}{R_1} \right) \tag{3-3}$$

该式称为Stoney公式。式中,E和v为基片的弹性模量和泊松比,h_s和h_f分别为基片和薄膜的厚度;R_1和R_2分别是镀膜前后基片弯曲的曲率半径。在其他参数已知的情况下,通过测量镀膜前后基片弯曲的曲率半径就可以计算出薄膜的内应力。测量基片曲率变化的方法有光学干涉法、激光扫描法、触针法、全息摄影法和电微量天平法等。这些方法需要专门制备样品。对于有些基材(例如钢)经历热喷涂、化学气相沉积等高温热循环处理后,有可能由于组织转变或加热—冷却中的不均匀性造成基片曲率的附加变化,从而影响测量的准确性。

另一种常用的方法是X射线衍射法。对一个各向同性的弹性体,当表面承受一定的应力σ时,与试样表面呈不同位向的晶面间距将发生有规律的变化。因此,用X射线从不同的方位测量衍射峰位2θ角的位移,就可以求出约10 μm厚涂层的应力值。X射线衍射法测量材料表面应力有许多具体的测量方法和计算公式。其中一个计算式是:

$$\sigma = \frac{E}{2v} \frac{d_o - d}{d_o} \tag{3-4}$$

式中,σ为涂层的内应力;E和v分别是涂层的杨氏模量和泊松比;d_o和d分别为无应力时的某晶面间距和存在内应力σ时的该晶面间距,它们是用X射线衍射峰的位置来测定的。由这种X射线法测量的应力是与基片平行方向上的应力。要注意的是,衍射图像的变化也可能由晶体缺陷引起的,所以有时还要研究来自高指数面(例如Au薄膜的(111)面,高指数面为(222)等)的反射。X射线衍射法原则上可以探测出表面层内点与点或晶粒与晶粒之间随应力产生的空间变化。但是,这种方法仅限于晶化程度较高的各种表面层。对于一些非晶态和具有高度择优取向的薄膜,则由于其晶面的X射线衍射峰漫散和仅有强烈织构的低指数衍射峰而无法采用此方法。另外,太薄的膜层所出现的衍射图像显得很不清晰。

3.1.3 表面硬度

1. 显微硬度

硬度是用一个较硬的物体向另一个材料压入而该材料所能抵抗压入的能力。实际上,硬度是被测材料在压头和力的作用下强度、塑性、塑性变形强化率、韧性、抗摩擦性能等综合性能的体现。硬度试验的结果在许多情况下能反映材料在成分、结构以及处理工艺上的差异,因此经常用于质量检验和工艺研究。

由于基材的影响,要对表面层进行全面的力学性能测试是困难的,因此表面硬度的测试结果成为表面力学性能的重要表征。较厚的表面层如堆焊层、热喷层、渗碳层、渗氮层、电镀层等,厚度通常大于10 μm,有的可以采用洛氏硬度测试方法。但是,一般采用显微维氏硬度法,即采用显微硬度计上特制的金刚石压头,在一定的静载荷作用下,压入材料表面层,得到相应的正方形锥体压痕,放大一定倍率后,测量压痕对角线的长度,然后按计算式换为显微硬度值。实际使用时可查表获得,或在显示屏上直接显示。为保证测试结果准确和可靠,有一些严格的测试规定。例如,试验力必须使压痕深度小于膜层厚度的1/10,即显微维氏硬度测定的表面

层或覆盖层的厚度应大于或等于 1.4d,这里的 d 表示压痕对角线的长度。另一种显微硬度为努氏硬度,其压头所得压痕深度的对角线长短相差很大,长者平行于表面,测定时表面层或覆盖层厚度只要大于或等于 0.35d 就可,因此努氏硬度法可以测量更薄的表面层或覆盖层。显微维氏硬度法与显微努氏硬度法两者所用压头的比较见表3-1。显微硬度的符号、单位和计算公式列于表3-2中。由表可见,显微维氏硬度在计算时分母为压痕投影的面积。

表3-1 显微硬度用维氏与努氏压头的比较

显微维氏硬度压头/HV	显微努氏压头/HK
金刚石角锥压头	金刚石菱形压头
相对面夹角 136°	长边夹角 172°30′
相对边夹角 148°6′20″	短边夹角 130°
压痕深度 $t \approx d/7$	压痕深度 $t \approx L/30$

表3-2 显微硬度的符号、单位和计算公式

符号	测量单位	说明	
		维 氏	努 氏
F	N	试验力/N	试验力/N
D	μm	压痕两对角线长度和的算术平均值 $d = d' + d''/2$	压痕长对角线的长度
HV	—	维氏硬度值:$(0.102 \times F)A_v$ $= 1.854 \times 10^4 \times (0.102 \times F)/d^2$	—
HK	—	—	努氏硬度值:$(0.102 \times F)A_k$ $= 14.229 \times 10^6 \times (0.102 \times F)/d^2$

注:A_v 为压痕倾斜表面的面积,单位为 mm²;
　　A_k 为压痕投影的面积,单位为 mm²

2. 超显微硬度

对于各种气相沉积薄膜以及离子注入所获得的表面层等,往往有着厚度薄和硬度高的特点。例如气相沉积硬质薄膜 TiN、TiC 等,硬度高达 20 GPa 以上,厚度约为几个微米或更薄,在较小的压入载荷下压痕难于用光学显微镜分辨和测量,而过大的压入载荷则会造成基材变形,无法得到正确可靠的测量结果。

为适应上述需求,硬度测试采用了先进的传感技术,从而一些超显微硬度试验装置相继被研制出来。例如,一种被称为微力学探针的显微硬度仪,可以使压头对材料表面进行小至纳牛顿力的步进加载和卸载,并用能同步测量加、卸载过程中压头压入被测表面微小深度时的变化值,由此准确测定显微硬度和弹性模量等性能。

图3-1为一种纳米压痕系统

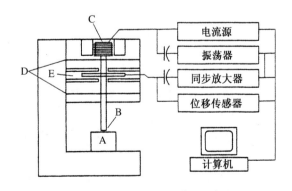

图3-1 纳米压痕仪装置示意图
A-试样;B-压头;C-加载;D-压头阻尼;E-电容位移传感器

装置的示意图。它装有高分辨率的制动器和传感器,控制和监测压头在材料表面的压入和退出,连续测量载荷和位移,直接从载荷-位移曲线中获得接触面积,从而显著减少测量误差。其最小载荷为 1 nN,可测量的位移为 0.1 nm。

图 3-2(a)为一种典型的载荷(P)与位移(压入深度 h)之间的关系曲线,包含加载与卸载两部分,加载时先发生弹性变形,后随着载荷增加逐渐发生塑性变形,加载曲线呈非线性,最大载荷与最大压入深度分别以 P_{max} 和 h_{max} 标记,卸载曲线端部的斜率 $S=dp/dh$ 称为弹性接触刚度。

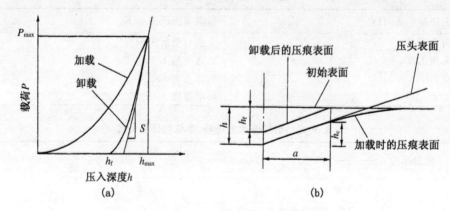

图 3-2 加载和卸载曲线及其压痕剖面变化
(a) 典型的加卸载曲线;(b) 加、卸载过程中压痕剖面的变化

图 3-2(b)为加、卸载荷过程中压痕剖面的变化,其中 a 是接触圆半径,h_c 是加载后压痕接触深度,h_f 是卸载后残余深度。表面硬度和弹性模量可从 P_{max}、h_{max}、h_f 和 S 中获得。但是,根据载荷—位移数据计算出硬度值,必须准确知道 S 和接触表面的投影面积 A。通过卸载后的残余压痕照片来获得纳米尺度的压痕面积是很困难的,目前用连续载荷—位移曲线计算出接触面积,Olives-Pharr 法是一种常用的方法:

$$P = B(h - h_f)^m \tag{3-5}$$

式中,B 和 m 是通过测量获得的拟合参数,h_f 为完全卸载后的位移。S 可从该式的微分得到:

$$S = (dp/dh)_{h=h_{max}} = Bm(h_{max} - h_f)^{m-1} \tag{3-6}$$

确定接触刚度的曲线拟合只取卸载曲线顶部的 25%~50%。式(3-6)虽然来源于弹性接触理论,但对塑性变形也符合得很好。

接触表面的投影面积 A 通常由经验公式 $A = f(h_c)$ 计算。对于理想的三棱锥压头,$A = 24.56 h^2$。实际使用的压头,A 通常为一个级数:

$$A = 24.56 h_c^2 + \sum_{i=0}^{T} C_i h_c^{(1/2)^i} \tag{3-7}$$

式中,C_i 对不同的压头有不同的值,具体由实验确定。知道 A 后,硬度便可由 $H=P/A$ 求出。

3.1.4 表面韧性与脆性

1. 表面韧性

韧性是表示材料受力时虽然变形但不易折断的性质。进一步说,韧性是材料能吸收功的性能。功包含塑性变形功和断裂功两部分:前者是材料在塑性流变过程中所消耗的能量,后者主要是形成新的表面而需要的表面能所消耗的能量。韧性有以下三种。

(1) **静力韧性** 它是指材料试样在拉伸试验机中引起破坏而吸收的塑性变形功和断裂功的能量,可从应力—应变下的面积减去弹性恢复的面积来计算,单位是牛·米/米²($N \cdot m/m^2$)。

(2) **冲击韧性** 它是指材料在冲击载荷下材料断裂所消耗能量,常用冲击功来衡量。

(3) **断裂韧性** 它是指含裂纹材料抵抗裂纹失稳扩展(从而导致材料断裂)的能力,可用应力场强因子的临界值 K_{IC}、裂纹扩展的能量释放率临界值 G_{IC}、J 积分临界值 J_{IC} 以及裂纹张开位移的临界值 δ_C 等来衡量。

静力韧性与冲击韧性都包含了材料塑性变形、裂纹萌生和裂纹扩展至断裂所需的全部能量,而断裂韧性只包含了使裂纹扩展至断裂所需的能量。在工程上,尤其对于涂层抗摩擦磨损等应用场合,常需要研究和测量涂层的断裂韧性。对于较薄的涂层,测量断裂韧性是困难的。通常在定性和半定量评价时,采用塑性测量法或结合强度划痕测试法,而在定量评价时则采用选择弯曲法、弯折法、划痕法、压痕法和拉伸法等。现以压痕法中的能量差法为例简要说明如下:

压痕法是较为普遍使用的评价涂层韧性的方法,包括基于应力和基于能量的两种方法。基于能量的方法又有能量差法和碎片脱落法等。能量差法认为,涂层开裂前后的能量差造成了涂层的断裂。能量释放速率 G_C 定义为裂纹扩展单位裂纹面积而释放的应变能,于是

$$K_{IC} = \sqrt{E^* G_C} \tag{3-8}$$

式中,平面应力 I 型断裂时,$E^* = E$;平面应变 I 型断裂时,$E^* = E(1/v^2)$。其中,E 和 v 分别为涂层材料的弹性模量和泊松比。

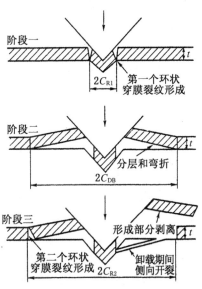

图 3-3 硬质涂层压痕断裂示意图

(1) 阶段一:接触区的高应力使第一个环状穿膜裂纹在压头周围形成;
(2) 阶段二:高的侧向应力使涂层/衬底界面的接触区周围出现分层和弯折;
(3) 阶段三:第二个环状穿膜裂纹形成,因弯折的涂层边缘处的高弯应力而产生剥落。

在载荷可控的压痕实验中,硬质涂层的断裂可简化为如图 3-3 所示的三个阶段,而释放的应变能可用图 3-4 所示的载荷—位移曲线上的相应平台来计算。图 3-4 中 OACD 是加载曲线,DE 为卸载曲线。环状穿膜裂纹形成前后的能量变化为曲线 ABC 下的面积,它是以应变能形式释放而产生裂纹的,因此涂层的断裂韧性可表示为

$$K_{\text{IC}} = \left(\frac{E}{(1-v_f^2)2\pi G_R} \times \frac{\Delta U}{t} \right)^{1/2} \quad (3-9)$$

式中，E 和 v_f 分别为涂层材料的弹性模量和泊松比；$2\pi G_R$ 为涂层表面的裂纹长度；t 为涂层厚度；ΔU 为开裂前后的应变能差。

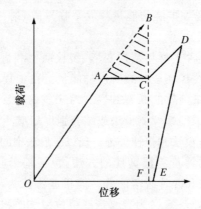

图 3-4 加载—卸载曲线与环状穿膜裂纹形成前后能量变化的示意图

2. 表面脆性

材料受拉力或冲击时容易破碎的性质称为脆性。进一步说，材料宏观塑性变形能力受到抑制就显示脆性；材料的脆性就是宏观变形受抑制程度的度量。本质上是脆性的材料如玻璃、陶瓷、金属间化合物等，通常显示明显的脆性，而本质上是韧性的材料在一定条件下，如降低温度、增大应变速率、受三向应力作用、疲劳、材料含氢、应力腐蚀、中子辐照、浸在液态金属中等，有可能转变为脆性。材料变脆后，塑性与韧性指标如拉伸塑性、冲击韧性、断裂韧性等发生明显的下降；断裂应力低于拉伸强度，甚至低于屈服强度，或者断裂应力强度因子低于断裂韧性；在材料断口中如沿晶、解理或准解理的脆性断口比例明显增加。

表面处理能显著提高材料抵御环境作用的能力，可以赋予材料表面某种功能特性，但是如果处理不当或者处理后未能采取必要的措施，也可能损害材料的使用性能。例如，表面酸洗、电镀和阴极去油等处理过程常常是造成金属基体渗氢的主要原因，而金属材料在氢和应力联合作用下可能会造成氢脆，使材料发生早期脆断。某些高强度结构钢特别是超高强度钢，对氢脆非常敏感，因此表面处理后要进行去氢处理。

在许多场合下，表面脆性是材料发生早期破坏失效的重要原因，因此常将表面脆性列为测试项目。例如，电镀层脆性的测试是经常进行的，为镀层质量控制的一项指标。它一般通过试样在外力作用下发生变形，直至镀层产生裂纹，然后以镀层产生裂纹时的变形程度或挠度值大小作为评定镀层脆性的依据。测定镀层脆性的方法有杯突法和静压挠曲法等。其中金属杯突法用得较多，它是用一个规定钢球或球状冲头，向夹紧于规定压模内的试样均匀施加压力，直到镀层开始产生裂纹为止，然后以试样压入的深度值作为镀层脆性的指标，杯突深度越大，脆性越小，反之则脆性越大。

脆性与韧性是材料一对性能相反的指标，脆性大则韧性小，反之亦然，因此研究和测试材料的韧性，其结果在很大程度上反映了材料脆性的大小，即可以用韧性的测试结果来作为材料的脆性判据之一。

3.1.5 表面耐磨性能

1. 摩擦与磨损

摩擦是自然界普遍存在的一种现象。相互接触物体在外力作用下发生相对运动或具有相对运动的趋势时,接触面之间就会产生切向的运动阻力——摩擦力,该现象称为摩擦。这种摩擦仅与接触表面的相互作用有关,称为外摩擦。通常在液体或气体内部,阻碍各部分之间相对移动的摩擦,称为内摩擦。

摩擦时一般会伴随着磨损的发生。磨损是物体接触表面时由于相对运动而产生材料逐渐分离和损耗的过程。对于一般的金属材料来说,磨损的全过程多半包括机械力作用下的塑性应变积累、裂纹形成、裂纹扩展以致最终与基体脱离等阶段。实际上,磨损并不局限于机械作用,其他如伴同化学作用而产生的腐蚀磨损、由界面放电作用而引起物质转移的电火花磨损、伴同热效应而造成的热磨损等,都在磨损的范围之内。但是,如橡胶表面老化、材料腐蚀等非相对运动造成的材料逐渐分离和损耗,以及物体内部而非表面材料的损失或破坏,都不属于磨损研究的范畴。

磨损是材料不断损失或破坏的现象。材料的损失包括直接耗失材料以及材料从一个表面转移到另一个表面上;材料的破坏包括产生残余变形、失去表面精度和光泽等。磨损与腐蚀、断裂一起,是结构材料失效的主要形式。这三种失效方式所造成的经济损失是十分巨大的。

2. 摩擦的分类和理论

摩擦有多种分类方法。按摩擦副的运动状态,摩擦有静摩擦与动摩擦之分:前者为一个物体沿另一个物体表面有相对运动的趋势时产生的摩擦,而后者为一个物体沿另一个物体表面相对运动时产生的摩擦。按摩擦副的运动形式,摩擦又可分为滑动摩擦与滚动摩擦两种。若按摩擦副表面的润滑状况,则摩擦可分为以下几种:

(1) 干摩擦 无润滑或不允许使用润滑剂的摩擦。

(2) 边界润滑摩擦 接触表面被一层厚约一个分子层至 $0.1\ \mu m$ 的润滑油膜分开,使摩擦力降低 2~10 倍,磨损显著减少。

(3) 液体润滑摩擦 接触表面完全被油膜隔开,由油膜的压力平衡外载荷,此时摩擦阻力决定于润滑油的内摩擦系数(黏度)。在滑动摩擦中,液体润滑摩擦具有最小的摩擦系数,摩擦力大小与接触表面的状况无关。

(4) 滚动摩擦 这种摩擦的状况和机理,与滑动摩擦有显著差别,其摩擦系数也比滑动摩擦小得多。

摩擦理论的研究已有 500 多年的历史,大致可以分为滑动摩擦理论与滚动摩擦理论两方面。

滑动摩擦有机械啮合、分子作用、粘着等多种理论。

机械啮合理论认为摩擦的起因是接触表面因微小凹凸不平相互啮合而产生了阻碍两固体相对运动的阻力所致。该理论完全建立在固体表面的纯几何概念上,摩擦力为所有啮合点的切向阻力的总和,表面越粗糙,摩擦系数越大。但是,这个理论只适用于刚性粗糙表面,当表面粗糙度达到使表面分子吸引力有效发生作用时,例如超精加工表面,摩擦系数反而加大,这个理论就不适用了。

分子作用理论认为两物体相对滑动摩擦时,由于表面存在粗糙度,某些接触点的分子间距离很小而产生分子斥力,另一些接触点的分子间距离较大而产生分子吸力,这种分子力是产生摩擦力的主要原因。进一步研究认为,摩擦是由分子运动时键的断裂过程所引起,表面和次表面分子周期性的拉伸、破裂和松弛,导致能量的消耗。

粘着理论认为:当金属表面相互压紧时,只有微凸体顶端的接触,才能引起微凸体的塑性变形和牢固粘着,以致形成粘合点,然后在表面相对滑动时被切断。设摩擦力的粘着分量为 F_{adh},剪切的总面积为 A,焊合点的平均抗剪强度为 τ_b,则 $F_{adh}=A\tau_b$。当较硬材料滑过较软材料的表面时,较硬材料表面的微凸体会对较软材料表面造成犁削作用。摩擦力的犁削分量 F_{pl} 在大多数情况下远小于粘着分量 F_{adh},因此总的摩擦力 $F=F_{adh}+F_{pl}\approx F_{adh}$。按照阿蒙顿-库伦(Amontons-coulomb)摩擦定律,摩擦力 F 与作用于摩擦面间的法向载荷 N 成正比,即 $F=\mu N$,其中 μ 为摩擦系数。于是,

$$\mu = F_{adh}/N \approx \tau_b A/HA = \tau_b/H \tag{3-10}$$

式中,N 为法向载荷,H 为材料的压入硬度。

关于滚动摩擦的理论,目前认为滚动的摩擦阻力主要来自微观滑动、弹性滞后、塑性变形和粘着作用等。假定一个轮子沿固定基础做无滑动滚动,轮子半径为 R,作用于轮子的法向载荷为 N,平行于固定基础而作用在轮子上的滚动驱动力为 F。则滚动摩擦系数 μ_r 定义为驱动力矩 M 与法向载荷 N 之比,即

$$\mu_r = M/N = F_oR/N \tag{3-11}$$

μ_r 是一个具有长度因次的量纲,单位是 mm。

摩擦的大小通常用摩擦系数来表征。对于各类轴承、活塞、油缸等摩擦副一般要求具有低的摩擦系数,而对于制动摩擦副则要求具有高和稳定的摩擦系数。摩擦过程是复杂的,影响摩擦系数的因素很多,如摩擦副材料、接触表面状况、工作环境和润滑条件等,因此摩擦系数不是材料本身固有的特性,而是与材料、环境有关的系统特性。

3. 影响摩擦的主要因素

现以滑动摩擦为例介绍影响摩擦的主要因素:

(1)材料性质 当摩擦副由同种材料或非常类似的金属组成,而这两种金属有可能形成固溶合金时,则摩擦系数较大,如铜—铜摩擦副的摩擦系数可达 1.0 以上,铝—铁、铝—低碳钢摩擦副的摩擦系数大于 0.8。由不同金属或低亲合力的金属组成的摩擦副,它们的摩擦系数约为 0.3。

如果摩擦副材料的性质一致或接近,而且表面硬度又较低,那么接触点处容易粘合,导致摩擦副较快损坏。材料的弹性模量越高,摩擦系数越低;材料的晶粒越细,强度和硬度越高,抗塑性变形的能力越强,越不容易在接触点处发生粘合,摩擦系数也就越小。

(2)表面粗糙度 摩擦副材料表面粗糙度发生变化时,摩擦机理有可能发生变化。如前所述,通常表面光滑,摩擦系数就小,但是当表面光滑到表面分子吸引力有效发生作用时,摩擦系数反而增大。因此,摩擦副材料一般有某个摩擦系数最小的粗糙度区间。

(3)粘合点长大 滑动摩擦时有粘合点长大的现象,从而增大了摩擦系数。从粘着理论可知,$\mu=\tau_b/H$(见式(3-10)),由于粘合点发生破坏一般是在摩擦副较软材料处,式中剪切强度 τ_b 和硬度 H 均属较软材料。研究发现,摩擦副滑动时材料的屈服(塑性变形)是由法向载荷造成的压应力 σ 与切向载荷造成的切应力 τ 合成作用的结果。当切应力逐渐增大到材料的抗剪屈服强度 τ_s 时,摩擦接触面上的粘合点发生塑性流动,使接触面积增大 ΔA,导致摩擦系

数增大,即实际值要大于计算值。与滑动摩擦不同的是,滚动摩擦产生的粘合点分离,其方向垂直于界面,因此没有粘合点长大的现象。

(4) 环境温度 升温使摩擦材料的粘合性增大,强度下降,导致粘合程度增加,从而增大了摩擦系数。同时,升温又会使接触表面氧化程度增大,有可能导致摩擦系数的下降。因此,环境温度的影响,要综合方面影响的结果。

(5) 滑动速度 其影响也要综合接触表面微凸体的变形速度、变形程度和表面温度等因素,通常要针对具体的摩擦副进行试验确定。

(6) 表面膜 其对摩擦系数的影响很大。摩擦前、摩擦中以及特意加入一些物质,都会存在各种表面膜,如氧化膜、吸附膜、污染膜、润滑膜等。由于摩擦主要发生在表面膜之间,表面膜的剪切强度一般低于本体材料的剪切强度,所以摩擦系数较小。只要表面膜能起到润滑剂的作用,就会减轻粘着,降低摩擦系数。除了表面膜的性质,表面膜的厚度、表面膜的自身强度以及表面膜与基体的结合强度都会对摩擦系数产生显著的影响。

4. 磨损的分类

摩擦通常会造成材料的磨损。对于不同材料,或者同一种材料在不同的摩擦系统中,磨损机制可能不相同,并且在同一磨损过程中往往同时有几种机制起作用。按照磨损机制可以将磨损分为以下七类。

(1) 磨料磨损(abrasive wear) 在摩擦过程中由接触表面上硬突起物和粗糙峰以及接触面之间存在的硬颗料所引起的材料损失,称为磨料磨损。按具体条件不同,磨料磨损又可分为三种类型:一是凿削式磨料磨损,即磨料中含有大而尖锐棱角的磨粒,在高应力下冲击材料表面,把材料大块地凿下;二是高应力碾碎性磨料磨损,即磨料与材料表面的接触应力大于磨料的压碎强度,磨料碾碎并且作用到材料表面,引起塑性变形、疲劳断裂和破裂;三是低应力擦伤性磨料磨损,即磨料作用在材料表面上的应力低于磨料的压碎强度,磨料保持完整不碎,磨损的结果是材料表面产生擦伤。

(2) 粘着磨损(adhesion wear) 它是两个相对滑动的材料表面因产生固相粘合作用而使一个表面的材料转移到另一表面所引起的磨损。其基本过程是:在摩擦力的作用下,表面层发生塑性变形,表面的氧化膜或污染膜被破坏,裸露出"新鲜"表面,在接触表面上发生粘合,当外力大于粘合接点的结合力时,粘合接点将被剪断,在强度较高的材料表面上粘附强度较低的材料,即产生粘着磨损,在以后摩擦过程中,粘着物可能从材料表面脱落下来形成磨屑。如果剪切刚好发生在接触表面上,那么没有物质转移,即不产生磨损,若外力小于粘合接点的结合力,由两固体不能做相对运动而产生"咬死"现象。影响粘着磨损的因素很多,如材料间互溶性、点阵结构、硬度、载荷、滑动速度等。通常,降低接触材料的互溶性,提高材料表面硬度和抗热软化能力以及采用六方点阵的金属等,都会减小粘着倾向。

(3) 冲蚀磨损(erosive wear) 由含有微细磨料的流体以高速冲击材料表面而造成的磨损现象。在自然界和工业生产中存在着大量的冲蚀磨损现象,如锅炉管道被燃烧的粉末冲蚀、喷砂机喷嘴受砂料冲蚀等。微细磨料的粒径、密度和入射速度以及材料表面的硬度、韧性等因素对冲蚀磨损量有着显著的影响。冲蚀磨损量还与磨料冲击角存在一定的关系。冲击角<45°时,磨削作用是磨损的主要原因;冲击角>45°时,由磨料冲击引起材料表面的变形和凹坑是主要的原因。

(4) 疲劳磨损(fatigue wear) 由于交变接触应力引起疲劳而使材料表面出现麻点或脱落

的磨损现象。它主要产生于滚动接触的机械零件如滚动轴承、齿轮、凸轮、车轮等的表面。一般认为其过程为:两个接触物体相对滚动时,在接触区产生很大的应力和塑性变形,由于交变接触应力的长期反复的作用,使材料表面的薄弱区域出现疲劳裂纹,并逐步扩展,以致最终呈薄片状断裂剥落下来。这种磨损与摩擦条件、材料成分、组织结构、冶金质量等许多因素有关。提高材料硬度和韧性,表面光滑无裂纹,加工精度高以及材料内部没有或很少有非金属夹杂物等,都能降低疲劳磨损量。疲劳除接触疲劳之外,还有热疲劳、腐蚀疲劳、高周疲劳和低周疲劳等,它们具有不同的疲劳特性。

(5) 微动磨损(fretting wear) 它是接触表面之间经历振幅很小的相对振动而造成的磨损。这种磨损发生在相对静止、但受外界变载荷影响下而有小振幅相对振动的机械零件上,如螺钉联接、键连接、过盈配合体和发动机固定零件等。其过程是:接触应力使材料表面微凸体产生塑性变形和粘着,在小振幅振动的反复作用下,粘合点被剪断,粘着材料脱落,剪切处断口被氧化,由于接触面是紧密配合的,磨屑不易排去,起着磨料的作用,加速了微动磨损的过程。若振动应力足够大,微动磨损处将引发疲劳裂纹,然后可能不断扩展至断裂。微动磨损造成材料表面破坏的主要形式是擦伤、粘着、麻点、沟纹和微裂纹。主要影响因素有材料成分、组织结构、载荷大小、循环次数、振动频率、振幅、温度、气氛、润滑及其他环境条件。能抵抗粘着磨损的材料,接触表面不具有相溶性,加入 Cr、Mo、V、P、稀土等元素,提高材料的强度、耐蚀性和表面氧化物与基体结合能力以及改善抗磨料磨损能力等,都可降低微动磨损程度。

(6) 腐蚀磨损(corrosion wear) 在腐蚀性气体或液体中摩擦时,材料与周围介质发生化学或电化学反应,使表面生成反应物,并在继续摩擦中剥落下来,同时新的表面又继续与介质发生反应而产生新的腐蚀产物及剥落,这种由磨损与腐蚀交互或共同作用所产生的磨损称为腐蚀磨损。按腐蚀机制,腐蚀磨损可分为化学和电化学腐蚀磨损两类。化学腐蚀磨损又可分为氧化磨损和特殊介质腐蚀磨损两种。在磨损过程中,材料受空气中氧化或润滑剂中氧的作用所形成的氧化物的磨损称为氧化磨损。摩擦件在除氧以外的其他腐蚀介质中发生作用而生成的各种产物,经摩擦而脱落,使材料产生损耗,这种磨损称为特殊介质腐蚀磨损。金属摩擦件在酸、碱、盐等电介质中、由于形成微电池电化学反应而产生的磨损,称为电化学腐蚀磨损。在腐蚀磨损过程中,腐蚀与磨损的交互或共同作用,显著加剧了材料的损坏,其程度往往是单纯腐蚀和单纯磨料磨损代数和的几倍至几十倍。材料、介质、载荷、温度、润滑等因素稍有变化,有可能使腐蚀磨损发生很大的变化。

还有一种在柴油机缸套外壁、水泵零件、水轮机叶片及船舶螺旋桨等处经常发生的磨损叫气蚀浸蚀磨损,可归入腐蚀磨损范围,它的机制为:当零件与液体接触并有相对运动时,若液体与零件接触处的局部压力低于液体的蒸发压力,则会形成气泡,同时溶解在液体中的气体也可能会析出形成气泡,这些气泡流到高压区,在液体与零件接触处的局部压力高于气泡压力的情况下,气泡便溃灭,瞬间产生极大的冲击力及高温,这种气泡形成和溃灭的反复过程使材料表面物质脱落,形成麻点状和泡沫海绵状的磨损痕迹。如果介质与零件有化学反应,会加速气蚀侵蚀磨损。改进机件外形的结构,使其在运动时不产生或少产生涡流,同时采用抗气蚀性能好的材料,如强韧性较好的不锈钢等,可以减少气蚀浸蚀的产生。

气蚀浸蚀磨损的英文名称是 cavitation erosion wear。另一种磨损叫浸蚀磨损(erosion wear),其含义是:材料表面与含有固体颗粒的液体相接触并有相对运动,导致材料表面产生磨损。如果液体中的固体颗粒运动方向与物体表面垂直或接近垂直,那末所产生的磨损称为冲击浸蚀(impact erosion);如果液体中的固体颗粒运动方向与物体表面平行或接近平行,则称为磨料浸蚀(abrasive erosin)。这两种磨损可归入磨料磨损的范围。

(7) 高温磨损(high-temperature wear)　在摩擦过程中,由于高温导致软化、熔化和蒸发,或者原子从一固体析出扩散至另一固体,从而使微量材料从表面消失。这种磨损称为高温磨损或称为热磨损。高速飞行的物体与空气摩擦与造成的烧蚀磨损,也可归入高温磨损。高温下材料的硬度会下降,氧化、硫化等反应会加剧,往往导致磨损过程的加速。但是,高温磨损并非都是严重的磨损,例如材料在高温下熔化,如果局限于很薄的界面层,反可使严重的粘着磨损变为较轻微的、缓慢的去除过程。

5. 磨损的评定

材料磨损的评定方法至今尚无统一的标准,常用磨损量、磨损率和耐磨性来表示。

(1) 磨损量　材料的磨损量的三个基本参数是长度磨损量 W_l、体积磨损量 W_v 和质量磨损量 W_m。实践中往往是先测定质量磨损量再换算成体积磨损量。对于密度不同的材料,用体积磨损量来评定磨损的程度比用质量磨损量来评定更为合理些。W_l 的单位是 μm 或 mm。W_v 的单位是 mm^3。W_m 的单位是 g 或 mg。

(2) 磨损率　它是单位时间或单位摩擦距离的磨损量。以单位时间计的磨损率,符号为 W_t,单位是 mm^3/h 或 mg/h。以单位距离计的磨损率,符号为 W_l,单位是 mm^3/m 或 g/m。除了 W_t 和 W_l 的表示方法之外,磨损率还可以有其他表示方法,例如:完成单位工作量(如旋转一周或摆动一次等)时的材料磨损量,单位为 $\mu m/n$、mm^3/n、mg/n 等(其中 n 为旋转或摆动次数);冲蚀磨损试验中单位磨料重量产生的材料冲蚀磨损量,单位是 $\mu g/g$,$\mu m^3/g$ 等;在某些情况下,也可采用相对磨损率(即相对于基准材料的磨损率)表示磨损量随时间的变化。

(3) 耐磨性　其含义是材料在一定摩擦条件下抵抗磨损的能力。它可分为绝对耐磨性与相对耐磨性两种。绝对耐磨性通常用磨损量或磨损率的倒数来表示,符号为 W^{-1}。磨损量倒数的单位是 $1/mm$、$1/mg$、$1/mm^3$;磨损率倒数的单位是 h/mm,m/mg,h/mm^3。相对耐磨性是指两种材料(A 与 B)在相同的磨损条件下测得的磨损量的比值,符号为 ε。而

$$\varepsilon = W_A/W_B \tag{3-12}$$

式中,W_A 和 W_B 分别为标准样(或参考样)与试样的磨损量。ε 是一个无量纲参数。采用相对耐磨性来评定材料的耐磨性,可以在一定程度上避免磨损过程中因条件变化和测量误差造成的系统误差。

磨损的试验方法很多,分为试样试验、零件台架试验及现场试验。一般以试样试验为常见。具体试验方法和设备常因磨损类型和材料不同而不同。例如磨料磨损试验,可考虑多种方法,其中有下面两种方法:一是橡胶轮磨料磨损试验,即用一定粒度的磨料通过下料管以固定的速度落到旋转着的橡胶磨轮与方块试样之间,试样借助杠杆系统受力压在转动的磨轮上,橡胶轮的转动方向与接触面的运动方向、磨料方向一致,经一定摩擦行程后测定试样失重量;二是销盘式磨料磨损试验,即试样做成圆柱状,在其平面端制备涂层,以销钉形式受力压在圆盘砂纸或砂布上,圆盘转动,试样沿圆盘的径向做直线运动,以一定摩擦行程后测定试样的失重量。

又如涂层的耐冲蚀磨损性可采用吹砂试验来评定,即试样置于喷砂室的电磁盘上,并有橡胶板保护,喷砂枪固定在夹具上,以一定的角度、距离、喷砂空气压力和供砂速率,向试样涂层表面吹砂,经一定时间后测定试样失重量。

实际上,材料的摩擦磨损试验机类型很多。在设计试验机时,要考虑到各种磨损类型、润

滑特征、载荷特征、环境条件、磨损配对物特征等。早在1965年,英国流体学会根据相对运动的形式给予简化和分类,介绍了34种类型的磨损试验机。1975年美国润滑工程师学会(ASLE)编著的《摩擦磨损装置》一书中扩大到102种。目前,百种以上的磨损试验机都是为某些摩擦副或磨损零部件的典型工作条件而设计制造的。也就是说,在进行摩擦磨损试验时,应尽可能接近零部件的实际服役条件。虽然摩擦磨损试验机的种很多,但是国内外经常使用的试验机为数不多。有些试验机是对已有的试验机改造而成,使之更接近服役条件。有的试验机是从实际出发采用了新的设计。例如,对于硬度较低的有机涂层,可考虑使用纸带摩擦磨损试验机,即用纸带在一定负荷下摩擦规定行程后测量涂层失重量,或者涂层局部磨损完时计算纸带行程量。但是,不论采用何种试验机,为保证试验数据的可靠性,必须建立标准、正确的试验规范。试样试验完成后,如有必要,需进一步做零部件台架试验和现场试验。

6. 提高材料耐磨性的途径

(1) 正确选择材料　摩擦磨损是一个复杂的过程,影响材料耐磨性的因素很多,并且不同的磨损类型,影响材料耐磨性的因素也有不少的差别。如前所述,按照磨损的机理,大致可将磨损分为七个类型,表3-3归纳了各类磨损的特点以及为了减少磨损而对材料提出的要求。

表3-3　各类磨损的特点及对材料提出的要求

磨损类型	磨损过程的特点	对材料提出的要求
磨料磨损	在摩擦过程上由接触表面上硬突起物和粗糙峰处及接触面之间存在的硬颗粒引起材料的损失	具有比磨料更高的硬度和较高的加工硬化能力
粘着磨损	两个相对滑动的材料表面因产生固相粘(焊)合作用而使一个表面的材料转移到另一表面	降低接触材料的互溶性,尽量避免使用性质相同或相近的材料;高硬度和良好的抗热软化能力;低的表面能,或高的原子密度
冲蚀磨损	由含有微细磨料的流体以高速冲击材料表面而造成磨损	在小角度冲击时要有高的硬度;在大角度冲击时,除要求有较高的硬度外,还需要较高的韧性
疲劳磨损	由交变接触应力引起疲劳而使材料表面出现麻点或脱落的磨损	高的硬度和良好的韧性;表面光滑和无微裂纹;加工精度高;材料内部没有或有很少的非金属夹杂物
微动磨损	接触表面之间经历振幅很小的相对振动而造成的磨损	接触表面不具有相溶性;良好的耐蚀性;高的抗磨料磨损性能;着重考虑采用能抵抗粘着磨损的材料
腐蚀磨损	由磨损与腐蚀交互或共同作用而造成的磨损	优良的耐蚀性,兼有高的抗磨料磨损性;对于气蚀,要求材料有良好的强韧性
高温磨损	在摩擦过程中,由高温导致软化、熔化和蒸发,或者原子从一固相析出扩散至另一固相,使材料从表面去除,造成磨损	对于有些高温磨损,要求材料具有良好的热硬性和抗氧化能力

人们为了提高结构件、零部件、元器件的可靠性和使用寿命,开发出了一系列耐磨性材料,如各种耐磨合金、耐磨有机玻璃、耐磨陶瓷材料等。但是,材料的耐磨性不是材料的固有特性,而是与许多摩擦磨损条件和材料特性有关。因此,所谓的耐磨材料只是针对某一特定的摩擦磨损系统而言,不存在适用于各种工况条件的耐磨材料。例如,耐磨铸铁有多种类型而适用于不同的工况条件:低合金灰口铸铁或球墨耐磨铸铁,其显微组织中的石墨相起着良好的固体润滑作用,磷共晶、钒和钛的化合物、氮化物等硬质相具有较高的硬度和耐磨性,因而适于制作缸套、活塞环、机床导轨等耐磨零件;高铬合金铸铁因存在大量高硬度的 M_7C_3 型碳化物(它们的硬度高达 HV1300~1800)足以抵抗石英砂(HV900~1280)的磨损而适于制作球磨机磨球、衬板、磨煤机辊套、杂质泵过流部件以及输送物料管道等耐磨零部件。

(2) 运用表面技术　磨损发生在材料表面,采用各种表面技术可以显著提高材料表面性能和降低摩擦系数,从而有效提高材料的耐磨性,如果表面技术运用恰当,通常可使耐磨性提高一倍、数倍、几十倍甚至上百倍及以上。可选用的表面技术很多,包括各种表面涂层技术、表面改性技术以及复合表面处理三类:

一是表面涂层技术。例如:电镀硬铬;化学镀 Ni-P、Ni-P-SiC、NiP-金刚石;刷镀 Fe、Ni、Ni-SiC、Ni、Ni-Co-SiC;热喷涂氮化铝、氮化铬、镍基或钴基碳化钨;热喷焊自熔性合金 NiCrBSi、NiCrBSi-WC、CoCrBSi、CoCrBSi-WC、铸铁、硅锰青铜;堆焊低合金钢镍基合金、钴基合金、碳化钨复合材料;真空蒸镀 Cr、Ti、Cr-Ti;磁控溅射 TiN、TiC、MoS_2、Pb-Sn;离子镀 TiN、TiC、CrN;化学气相沉积 TiN、TiC;涂装厚膜型聚氨酯硬玉涂料、含有石英粉和重晶石粉等的环氧树脂涂料;轻金属及其合金的阳极氮化、微弧氮化涂层;用化学方法转化的磷化膜、氮化膜等。它们在实际生产中用得很广泛。总之,耐磨涂层的品种非常多,制备的方法也可根据实际需要来择优选择。耐磨涂层在工业、农业和人们日常生活中获得了广泛的应用。

二是表面改性技术。例如:用喷丸方法在工件表面形成储油性良好的大量均匀小坑而降低摩擦副的摩擦系数;用感应、火焰、接触电阻、电解液、脉冲、激光和电子束等各种加热淬火方法来提高钢的耐磨性;用渗碳、渗氮、碳氮共渗、渗硼、渗金属等各种化学热处理在钢的表面形成具有优良耐磨性的处理层;利用激光的高辐射亮度、高方向性和高单色性三大特点使材料表面改性而得到耐磨层;用高能密度的电子束热源使材料表面的结构发生一定的变化来显著改善材料的耐磨性;用离子注入 N^+ 和金属离子 Cu^+、Co^+、Fe^+ 等在材料表面获得薄而耐磨性优良的表层,等等。

三是复合表面处理,它们不仅可以发挥各种表面处理技术的特点,而且更能显示组合使用的突出效果。例如:C-N 共渗+Ni-P 化学镀;离子注入+PVD;渗 N+离子注入 N^+;电镀+C-N 共渗;等离子喷涂+注入 N^+;渗 C+B-N 共渗;离子渗 N+激光淬火;电镀 Cr+盐浴渗 V;B-C 共渗+渗 S;等离子喷涂 Cr_2O_3+离子注入 N^+;等离子化学气相沉积(Ti,Si)N+离子渗 N 等。它们可以大幅度提高材料的耐磨性。

(3) 改善润滑条件　许多科学家对润滑现象、机制、影响因素及其相互关系曾作过深入的研究。其中之一是 Stribeck 在 1900~1902 年期间在滑动与滚动轴承摩擦综合试验基础上获得了摩擦系数与粘度 η、载荷 F_N、速度 v 之间的关系曲线——Stribeck 曲线,如图 3-5 所示。现在普遍认为该曲线可以表示润滑运动表面随润滑黏度 η、速度 v 和法向载荷 F_N 而变化的一般特征。在 Stribdck 曲线上,可将润滑分为三个区域和不同的机制:

Ⅰ区:流体动压润滑或弹性流体动压润滑区。在Ⅰ区,物体表面被连续的润滑油膜所隔开,油膜厚度远大于物体表面粗糙度,摩擦阻力主要来自润滑油的内摩擦,系统的摩擦学特性取决于润滑油的流变性能,并可以用流体力学的方法进行计算。这属于同曲表面的情况,即两接触表面保持高度的几何相似关系,润滑机制为流体动压润滑。如果是异曲表面,即两接触表面不如同曲表面那样彼此配合紧密,整个载荷是由很小的接触面积承担的,虽然接触面积会随载荷增加而扩大,但仍小于同曲表面的接触面积,此时必须考虑表面的弹性变形和润滑油的压粘特性,润滑机制为弹性流体动压润滑。

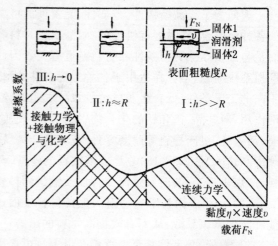

图 3-5 Stribeck 曲线及分区示意图

Ⅱ区:部分弹性流体动压流体动压润滑或混合润滑区。在流体动压润滑或弹性流体动压润滑条件下,随载荷增加或速度降低,或润滑油黏度变小,润滑油膜将会变薄,当出现微凸体接触时,润滑状态将进入Ⅱ区,载荷同时由微凸体与油膜承担,摩擦阻力也分别来自微凸体的相互作用力和油膜的剪切力。$\eta v F_N^{-1}$ 的数值越小,前者的作用越突出,使 Stribeck 曲线上升。

Ⅲ区:边界润滑区。随着 Stribeck 曲线向左移动,油膜润滑零件承受的压力进一步增加,或运行速度太低,油膜厚度将减少到几个分子层甚至更薄,曲线将进入Ⅲ区。如果表面粗糙度太高,也可能发生油膜刺穿现象,使微凸体之间相互接触而导致磨损增加。在Ⅲ区,润滑剂的流变性质失去意义,摩擦学特性主要由固体与固体、固体与润滑剂之间界面的物理化学作用来决定。尽管如此,从图 3-6 可以看出,边界润滑的摩擦系数虽然比流体动压润滑高得多,但仍比无润滑情况低得多。

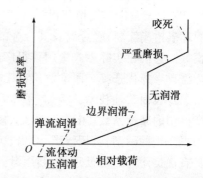

图 3-6 不同润滑机制的摩擦系数

改善润滑条件,可以显著降低摩擦磨损,因而工业上大量使用了各种润滑剂。其大致可以分为气体、液体、半固体和固体四类。最常用的气体润滑剂是空气,如气体轴承。应用最广的液体润滑剂是润滑油,包括矿物油、动植物油、合成油和各种乳剂。半固体润滑剂主要是指各种润滑脂(包括有机脂和无机脂)与油膏,为润滑油、稠化剂和各种添加剂的稳定化合物。固体润滑剂是指能减少摩擦磨损的粉末、涂层和复合材料等。

固体润滑首先是从要求零部件能在高负荷、高温、超低温、强氧化、超高真空、强辐射等苛刻条件下工作的工业部门开始发展的,后来推广到其他工业部门,成为简化工艺、节约材料、提高性能、延长寿命的有效方法。其中润滑涂层可以用于不能使用润滑油和润滑脂的场合,也可用于腐蚀环境、塑料加工、微动磨损和导弹火箭等的润滑。它通常是由固体的润滑剂与粘合剂组成的。常用的固体润滑剂有层状结构物(二硫化钼、二硫化钨、石墨、酞菁、氮化硼)、软金属化合物(氧化铅、硫化铅等)、软金属(银、铟、铅等)、金属盐(钙、钠、镁、铝盐)和合成树脂(聚四氟乙烯)。常用黏结剂有聚丙烯、聚氯乙烯、聚醋酸乙烯、聚丙烯酸酯、聚氨酯、环氧树脂、酚醛树脂等有机黏结剂及氟化钙、氟化钡、硅酸钠、磷酸铝、硅酸钙、氟硼等无机黏结剂。此外,可利用硫化、磷化、氧化等化学反应,在钢铁表面形成具有低剪切强度的硫化铁膜、磷酸盐膜和氧化膜,也可以材料表面用电镀、气相沉积方法形成固体润滑膜,其组成主要是软金属和二硫化钼等。

(4) 合理设计产品　在产品设计中已经形成了较为完整的体系,其中强度设计往往是重点。随着人们对材料耐磨性、产品可靠性和使用寿命的进一步重视,摩擦学的设计也变得日益重要,使产品在满足工作条件的前提下将磨损速度和数量控制在允许的范围内。

3.1.6 表面抗疲劳性能

1. 疲劳

材料在循环(交变)载荷作用下发生损伤及至断裂的过程称为材料的疲劳。例如用金属材料制成的轴、齿轮、轴承、叶片、弹簧等零部件,在运行过程中各点所承受的载荷(应力)随时间做周期性的变化,即处在循环(交变)载荷(应力)作用下,虽然金属零部件所承受的应力低于材料的屈服点,但经过长时间运行会产生裂纹或突然发生完全的断裂,这种过程称为金属的疲劳。在疲劳初期,材料内部结构将发生疲劳硬化或软化;接着,出现疲劳裂纹的成核和扩展,一旦达到临界尺寸就会失稳扩展,导致疲劳断裂。疲劳不仅在金属材料中发生,也可能在一些非金属材料中发生。例如大多数氧化物陶瓷由于含有碱性硅酸盐玻璃相,通常也有疲劳现象。

疲劳是一种危险的失效方式,在最大应力低于屈服强度的情况下,疲劳裂纹也能成核和扩展,从而出现灾难性断裂事故,疲劳与磨损腐蚀一样,是结构材料的主要失效方式。

2. 疲劳的分类

(1) 按失效形式分类　可分为机械疲劳(由外加应力或应变波动造成)、热机械疲劳(由循环载荷与波动温度联合作用造成的)、蠕变—疲劳(由循环载荷与高温联合作用造成的)、腐蚀疲劳(由腐蚀性环境中施加循环载荷而造成的)、接触疲劳(由载荷反复作用与滑移、滚动接触相结合而造成的)、微动疲劳(由循环载荷与表面间来回相对摩擦滑动联合作用造成的)和热疲劳(由周期热应力造成的)等。

(2) 按加载方式分类:可分为拉压、弯曲、扭转和复合载荷疲劳等。

(3) 按控制变量分类:可分为应力疲劳和应变疲劳。前者应力幅值恒定,应力较低,频率高,断裂周次高,又称为高周疲劳;后者应变恒定,应力高(接近或超过屈服强度σ_s),频率低($<$10Hz),断裂周次低($<10^5$),又称为低周疲劳。

3. 疲劳断裂的过程

疲劳断裂过程经历了疲劳裂纹成核、疲劳裂纹亚稳扩展和疲劳裂纹失稳扩展三个阶段。现以金属材料的机械疲劳为例给以说明。

(1) 疲劳裂纹成核阶段　当材料受到循环应力作用时,在不同表面层上无规则地产生不同的滑移量,形成挤出峰和挤入槽,引起疲劳裂纹源或疲劳裂纹核心的萌生。循环应力继续作用时,裂纹源逐步扩展成为显微裂纹。其主要在切应力作用下从表面向内部扩展,与拉伸轴大约呈45°角。产生裂纹的循环次数称为孕育期。应力增加时,孕育期减少;应力减小时,孕育期增加。

(2) 疲劳裂纹亚稳扩展阶段　在这个阶段,主要断裂面的特征发生了变化,即原来与拉伸轴呈45°角的滑移面转变到与拉伸轴呈90°角的凹凸不平的断裂面,表示由平面应力状态转变为平面应变状态。疲劳裂纹的扩展是在拉压力区进行的,而不能在压应力区内进行。起初裂纹扩展较慢,以后加快。

(3) 疲劳裂纹失稳扩展阶段　在交变应力作用下,裂纹扩展尺寸一旦达到临界尺寸时,裂纹扩展便从亚稳扩展转变到失稳扩展阶段,应力循环进行到最后一次,零部件发生瞬时断裂。在这个阶段,断裂由原来与拉伸由呈 90°角转变为 45°角的方向,受力状态也从平面应变状态转变为平面应力状态。

4. 材料的疲劳性能

疲劳大多发生在材料表面,因此表面抗疲劳性能的好坏,通常可用材料的疲劳性能参量来衡量:

(1) 疲劳极限或疲劳强度　疲劳强度是指材料抵抗疲劳破坏的能力。常用疲劳极限来表征材料的疲劳强度。疲劳极限是指材料在交变应力作用下经过无限次循环而不发生破坏的最大应力,一般用 σ_r 表示,其中 $r=\sigma_{min}/\sigma_{max}$ 称为应力比。在对称应力循环时,$r=-1$,这种情况下疲劳极限用 σ_{-1} 表示。有些材料没有无限寿命的疲劳极限,因而要预先规定循环次数,测定达到这一循环次数而不发生断裂的最大交变应力,称为条件疲劳极限。例如有色金属及其合金在工程上规定循环数到 10^8 次时的最大应力的其条件疲劳极限。一般钢铁材料虽然有无限寿命的疲劳极限,但为了测试方便,通常取循环周期数为 10^7 次时能承受的最大循环应力为疲劳极限。

(2) 疲劳寿命　它是指疲劳断裂的循环周次,可用 N_f 表示。

(3) 疲劳裂纹扩展速率　材料在交变应力作用下,经应力循环 ΔN 次后裂纹扩展量为 Δa,则应力每循环一次时裂纹的扩展量 $\Delta a/\Delta N$ 称为疲劳裂纹扩展速率,微分形式为 da/dN。

(4) 疲劳门槛应力强度因子　从疲劳裂纹扩展机制的研究可知,裂纹的扩展是和裂纹张开相关联的,因此,疲劳裂纹扩展速率 da/dN 与裂纹张开位移 σ 有关,即 $da/dN=f(\sigma)$,而裂纹顶端张开位移 σ 和裂纹前端的应力强度因子 K 有关,因此,da/dN 应与裂纹前端的应力强度因子的差值 $\Delta K_1=K_{max}\sim K_{min}$ 有关,即 $da/dN=f(\Delta K_1)$。

具体的函数关系可由实验获得,当 ΔK_1 小于某个界限值 ΔK_{th} 时,裂纹基本上不扩展。当 $\Delta K_1>\Delta K_{th}$ 时,裂纹开始扩展。该 ΔK_{th} 称为裂纹扩展的门槛值,即疲劳门槛应力强度因子。

5. 疲劳强度的测定

疲劳强度是随交变载荷的构件设计中最重要的力学性能指标之一。测定材料的疲劳强度时,要用较多的试样(至少 10 个),在预测疲劳极限的应力水平下开始试验,若前一试样发生疲劳断裂,则后一试样的应力水平要下降,反之则应力上升,然后作出疲劳曲线,即作出交变应力 σ 与断裂前的应力循环次数 N 关系曲线。可以按试验规范测定疲劳极限或条件疲劳极限。影响材料疲劳强度的因素很多,如材料的成分、显微组织、夹杂物、内应力状态、试样尺寸、加工精度以及试验方法等,因此要严格按照规范做好试样和试验,同时对分散的试验数据要妥加处理。用对数正态分布函数与韦伯分布函数等进行统计方法处理,是符合疲劳试验结果和要求的。疲劳试验机按交变载荷有旋转弯曲、拉压、扭转等类型。在疲劳强度试验数据中,σ_{-1} 是疲劳强度设计的主要参数。疲劳试验费时、费力、数据较分散,通常只有在必要时才进行。

6. 提高表面抗疲劳性能的途径

(1) 提高材料表面光洁度　疲劳裂纹常起源于材料表面,光洁度越高,材料的疲劳强度就越高。

(2) 改善显微组织稳定性和均匀性　合金组织中若存在疏松、发裂、偏析、非金属夹杂物、铁素体条状组织、游离铁素体、石墨、网状碳化物、粗晶粒、过烧、脱碳、大量的残余奥氏体、魏氏组织等缺陷和不均匀分布,都会降低材料的疲劳强度。

（3）采用表面技术　这是提高表面疲劳强度的有效途径。常用的技术很多,如喷丸强化、渗碳、渗氮、低温离子渗氮、碳氮共渗、S-N-C共渗、渗铬、渗硼、激光表面热处理、离子注入等。

3.2 固体表面的化学性能

3.2.1 表面耐化学腐蚀性能

1. 腐蚀及其分类

腐蚀是材料与环境介质作用而造成材料本身损坏或性能恶化的现象。金属材料与非金属材料都会发生腐蚀,尤其是金属材料的腐蚀给国民经济带来了巨大的损失。

腐蚀的分类方法很多。按照腐蚀原理的不同,可分为化学腐蚀（chemical corrosion）和电化学腐蚀（electrochemical corrosion）。金属材料的化学腐蚀是在干燥的气体介质或不导电的液体介质中通过化学反应而发生的。金属材料的电化学腐蚀是在液体的介质中因电化学作用而造成的,腐蚀过程中有电流产生。潮湿大气、天然水、土壤和工业生产中采用的各种介质等,都具有不同程度的导电性,统称为电解质溶液。在电解质溶液中,同一金属表面各部位,或者不同金属的相接触,都可以因电位不同而构成腐蚀电池,其中电位较负的部分称为阳极,电位较正的部分称为阴极,阳极上的金属溶解为金属离子进入溶液,放出的电子流到阴极消耗掉。因此,金属腐蚀主要是电化学腐蚀,即为腐蚀电池产生的结果。除上述两类腐蚀外,还有一类是单纯的物理溶解作用而引起的破坏,称为物理腐蚀,本节不做深入讨论。

另外,按环境不同,可将腐蚀分为自然环境腐蚀和工业环境介质腐蚀两类;按腐蚀形态不同,可分为全面腐蚀和局部腐蚀,实际上按照金属遭受腐蚀后显示的破坏形态来分类是方便的,在大多数情况下可用肉眼观察,必要时借助仪器,可以将腐蚀分为均匀腐蚀、点蚀、缝隙腐蚀、晶间腐蚀、应力腐蚀、腐蚀疲劳、磨损腐蚀等。

2. 金属的氧化

金属在高温处的氧化是一种典型的化学腐蚀。其腐蚀产物氧化物大致有三种类型:一是不稳定的化合物,如金、铂等的氧化物;二是挥发性的氧化物,如氧化钼等,它以恒定的、并且相当高的速率形成;三是在金属表面上形成一层或多层的一种或多种氧化物。

热力学计算表明,大多数金属在室温就能自发地氧化,但在表面形成氧化物层之后,扩散受到阻碍,从而使氧化速率降低。因此,金属的氧化与温度、时间有关,也与氧化物层的性质有关。

通常把厚度小于300 nm的氧化物层称作氧化膜。由于它很薄,在一般的金属零件表面上引起的破坏效果可以忽略不计,相反还可起保护作用。它的厚度是随温度和时间而变化的。例如,钢加热到230～320℃范围,氧化膜厚度随时间延长和温度升高而增大,所产生的光干涉效应使钢的表面从草黄逐渐变为深蓝色,即所谓的回火色。

氧化物层的厚度大于300 nm后,就称为氧化皮,这有以下两种情况:

（1）保护性氧化皮　其形成的基本条件是:氧化皮的体积V_{MeO}比用来形成它的金属体积V_{me}大。此时氧化皮是连续的,它的形成过程可用图3-7来说明。当氧分子开始与金属表面接触时就发生分解，形成单层的氧原子吸附层，由于氧与电子的亲合力比氧与金属的亲合力大，所以形成负的氧离子，它与正的金属离子结合，逐步生成金属氧化物层，图中所示的情况是：在氧化物-金属界面上发生的是氧化反应，即 $Me \rightarrow Me^{2+} + 2e$；在氧化物-氧界面上发生的是还原反应，即 $\frac{1}{2}O_2 + 2e \rightarrow O^{2-}$；合起来的全反应便是 $Me + \frac{1}{2}O_2 \rightarrow MeO$。可见，氧化时金属离子必须向外扩散，或氧离子必须向内扩散，或是两者同时进行。当氧化物层增厚时扩散距离增加，氧化物层的长大速度减缓。因为它是受扩散控制的，故氧化的速率应遵循抛物线规律：

$$W^2 = A_1 t \tag{3-13}$$

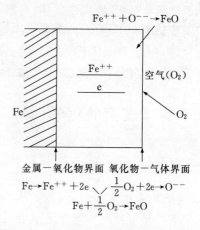

图 3-7 金属离子与氧离子通过氧化物层进行双向扩散示意图

式中，W 为氧化皮的重量，A_1 是取决于温度的常数，t 是时间。这个规律已在许多实验（如铜及铜合金的氧化等）中得到证实。但是有些具有保护性氧化皮的金属偏离这个规律。例如，铁和镍在温度不高（即中等温度，Fe＜375℃，Ni＜650℃）时，遵循对数规律：

$$W = A_3 \log(A_4 t + A_5) \tag{3-14}$$

式中，A_3、A_4、A_5 都是取决于温度的常数。这与氧化皮增厚时弹性应力增大和外层变得更致密有关。

铁及其合金在高温下与空气接触会发生氧化，表面氧化膜的结构稳定性与温度、成分有关。如第 1 章所述，铁在高于 560℃ 时，生成三种氧化物：外层是 Fe_2O_3；中层是 Fe_3O_4；内层是溶有氧的 FeO，是一种以化合物为基的缺位固溶体，称作郁氏体。在郁氏体中，铁离子有很高的扩散速率，因而 FeO 层增厚最快。相对而言，Fe_3O_4 与 Fe_2O_3 层较薄。铁在低于 560℃ 氧化时不存在 FeO。氧化膜的生长依靠铁离子向表层扩散，氧离子向内层扩散。由于铁离子半径比氧离子的小，因而氧化膜的生长主要靠铁离子向外扩散。实际上，Fe_2O_3、Fe_3O_4 及郁氏体对扩散物质的阻碍均很小，它们的保护性都较差，尤其是厚度较大的郁氏体，其晶体结构不够致密，保护性更差，故碳钢零件一般只能 400℃ 左右。对于更高温度下使用的零件，就需要用抗氧化钢来制造。

要提高钢的抗氧化性，首先要阻止 FeO 的出现，同时加入能形成稳定而致密氧化膜的合金元素，能使铁离子和氧离子通过膜的扩散速率减慢，并使膜与基体牢固结合。钢中加铬、铝、硅，可以提高 FeO 出现的温度，例如：质量分数为 1.03% 的 Cr，可使 FeO 在 600℃ 出现；1.14%Si 使 FeO 在 750℃ 出现；1.1%Al+0.4%Si 可使 FeO 在 800℃ 出现。当铝和铬含量较高时，钢的表面可生成致密的 Al_2O_3 和 Cr_2O_3 保护膜。通常在含 Al 或 Cr 或 Si 时，可分别在钢的表面生成 $FeAl_2O_4$ 或 $FeCr_2O_4$ 或 $SiFe_2O_4$ 的尖角石类型的氧化膜，它们都有良好的保护作用。尖角石结构通式为 AB_2X_4，A 离子可以是 Mg^{2+}、Fe^{2+}、Mn^{2+}、Co^{2+}、Ni^{2+}、Zn^{2+} 等，B 离子可以是 Al^{3+}、Ga^{3+}、In^{3+}、Fe^{3+}、Co^{3+}、Cr^{3+} 等，X 离子可以是 O^{2-}、S^{2-}、Se^{2-}、F^-、CN^-、Te^{2-} 等。尖晶石结构分为正型及反型两种。在抗氧化钢中，铬是提高抗氧化能力的主要元素，铝也能单独提高钢的抗氧化性能。硅因增加钢的脆性而加入量受到限制，一般作辅加元素。加入微量稀土金属或少量碱土金属，能提高耐热钢和耐热合金的抗氧化能力，特别在 1 000℃ 以上时,能使高温下晶界优先氧化的现象几乎消失。

目前抗氧化钢(又称耐热不起皮钢、高温不起皮钢)分为铁素体类和奥氏体类。铁素体类抗氧化钢主要以铬为主的 1Cr13Si2、1Cr18Si2 和 1Cr25Si2 钢,都含有少量 Si,不宜受冲击载荷,但抗氧化性好,适用于制造承受应力不大、温度为 800～1 000℃ 条件下工作的炉子构件。奥氏体类抗氧化钢有 Mn18Al5 无铬镍钢、3Cr18Mn12Si2N 无镍的铬锰氮钢以及 0Cr19Ni19、1Cr25Ni20Si2 铬镍钢,可分别用于 850～900℃ 和 900～1 200℃,做石油、化工装备的管材和板材。

(2) 非保护性氧化皮　如果 V_{Meo} 小于 V_{me},则生成的氧化皮是不连续的、多孔的,是保护性低或不具有保护性的氧化皮(见图 3-8)。例如,镁的氧化属于这种类型。这种氧化皮的生长,是气体中的氧通过氧化物层中的缝隙向内扩展与金属作用而实现的,通常遵循直线规律:

$$W = A_2 t \tag{3-15}$$

式中,A_2 是取决于温度的常数。

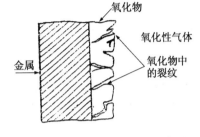

图 3-8　非保护性氧化皮示意图

在钢和合金中加入钨、钼等元素,会降低抗氧化能力。W、Mo 可在金属表面氧化膜内生成含钨和钨的氧化物,而 MoO_3 和 WO_3 具有低熔点和高挥发性,使抗氧化能力变坏。

3. 抗高温氧化涂层

经过多年的发展,高温涂层已获得广泛的应用。高温涂层通常以非金属、金属氧化物、金属间化合物、难熔化合物等为原料,用一定的表面技术涂覆在各种基材上,保护基材不受高温氧化、腐蚀、磨损、冲刷,或赋予材料某种功能。最初有些高温涂层主要用于导弹、火箭等,后来部分技术转向民用,并且获得迅速的发展。

用于抗高温氧化的膜或涂层,称为抗高温氧化涂层,大多用于金属和合金的高温防护。例如,高温结构材料 Ni_3Al 表面渗铬、渗铝,生成 Cr_2O_3、Al_2O_3 保护层,可明显改善 Ni_3Al 在 900～950℃ 下的高温抗氧化性能;钼合金锻模经渗硅及离子渗氮复合处理后,表面形成 Mo-Si-N 复合保护层,表面硬度是基体的三倍,至少在 1 100℃ 以下能有效地避免灾难性氧化失重,其氧化失重率为钼合金的 1/1 400,能承受 15s 内从室温到 1 150℃ 的 200 次冷热循环,表面与基体无裂纹;Ni-15Cr-6Al 合金渗铝层离子注入 Y^+,可改变渗铝层的氧化膜形貌,细化晶粒,增强了氧化膜的粘附性,防止剥落;用于石油、化工、冶金等部门的碳钢零件经热浸渗铝处理后,抗氧化性是未浸渗铝的 149 倍,可代替或部分代替不锈钢;用 Si、SiO_2、Si_3N_4 镀层,使不锈钢在 950℃ 和 1050℃ 恒温氧化、循环氧化抗力大大提高;0.5 μm 厚的氮化硅膜,可使 TiAl 金属间化合物在 1 300K 温度下经受 600 多小时的纯氧气氛中的循环氧化,Si_3N_4 和 Al_2O_3 膜还被用于保护 Ni 及 Ni 基合金免受高温氧化;航空及能源用 Nb 基合金可用多层膜涂层的方法来进一步改善其抗高温氧化性能。

前面谈及的高温氧化问题是针对金属材料来分析的,实际上不少非金属的高温氧化也是很重要的。例如,碳化硅材料具有优异的高温力学性能,是高温结构材料和电热元件等材料的优先选择。它在干燥的高温氧化环境中,当温度超过 900℃ 时,表面会生成致密的 SiO_2,具有优异的抗氧化性能,但在较高温度下 SiO_2 保护膜发生变化,并且其膨胀系数与碳化硅不同,反复加热冷却易产生裂纹,使碳化硅的电阻率增大,使用寿命缩短。另外,水蒸气及碱性杂质都会加速碳化硅材料的氧化。采取涂层法是提高碳化硅抗氧化能力的有效途径之一。常用的方法有浸渗法、等离子喷涂法、化学气相沉积法、溶胶—凝胶法等。采用莫来石涂层、MoSi 涂层等,可使 SiC 的使用温度达到 1 600℃。

又如用做含碳耐火材料的抗氧化涂层,其涂料采用长石粉、蜡石粉、玻璃和金属氧化物做填料,以改性硅酸做结合剂,加入少量性能调节剂,不需专门烧烤,制成涂料后涂覆在含碳耐火材料(如镁碳砖等)上,可以在 650～1 200℃ 范围内有效保护含碳耐火材料不被氧化。涂层在高温下形成的特殊釉层热震性强,气密性好,可经历多次升降温循环不开裂。它以钢包做工业试验,表明可延长钢包寿命 3～5 炉。

3.2.2 表面耐电化学腐蚀性能

1. 一般原电池和腐蚀电池

在电解质溶液中,同一金属表面各部位,或者不同金属相接触,都可以因电位不同而构成腐蚀电池,其结果构成了电化学腐蚀。腐蚀电池的工作原理与一般原电池没有本质区别,但腐蚀电池通常是一种短路的电池。因此,腐蚀电池在工作时虽然也产生电流,但其电能不能利用,而以热量的形式散发掉。

图 3-9 为 Cu-Zn 原电池示意图。Zn 的电极电位较负,为阳极。两者发生氧化反应,即

$$Zn \rightarrow Zn^{2+} + 2e^- \text{(氧化反应)} \qquad (3-16)$$

Cu 的电极电位较正,为阴极,发生还原反应时,溶液中的 H 离子与从 Zn 电极流过来的电子相结合放出氢气,即

$$2H^+ + 2e^- \rightarrow H_2 \uparrow \text{(还原反应)} \qquad (3-17)$$

原电池的总反应为

$$Zn + 2H^+ \rightarrow Zn^{2+} + H_2 \uparrow \text{(总反应)} \qquad (3-18)$$

随着反应的不断进行,锌极上的锌原子持续放出电子变成锌离子 Zn^{2+} 进入溶液,锌电极上积累的电子通过导线流到铜电极,在外电路形成电流,作为阳极的锌片不断被腐蚀。

腐蚀电池实质是一个短路原电池。如图 3-9 所示,如果将锌与铜直接接触,就构成了锌为阳极、铜为阴极的腐蚀电池:锌(阳极)失去的电子流向与锌接触的铜(阴极),并与铜表面上溶液中的氢离子结合形成氢原子,聚合成氢气逸出。

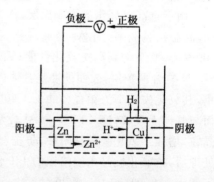

图 3-9 锌—铜原电池

2. 腐蚀电池的类型

(1) 宏观腐蚀电池 它通常是指电极可以用肉眼观察到的腐蚀电池。构成方式有以下三种:一是异种金属接触电池,即由两种不同金属材料相互接触,或用导线连接,在电解质溶液中电极电位较负的金属材料将不断溶解而腐蚀,电极电位较正的金属材料得到了保护,这种腐蚀称为接触腐蚀或电偶腐蚀;二是浓差电池,即同一金属不同部位与不同浓度介质相接触构成的腐蚀电池;三是温差电池,即由浸入电解质溶液中的金属材料因处于不同温度区域而形成的温差腐蚀电池,常发生在热交换器、浸式加热器、锅炉等设备中。

(2) 微观腐蚀电池 它是因金属材料表面的电化学不均匀性,出现许多微小电极而构成

的微电池。其微小电极的极性很难用肉眼分辨出来。引起金属材料表面电化学不均性的原因很多,主要有以下四种情况:一是化学成分的不均匀性,例如工业纯金属的杂质、碳钢中含碳量较高的渗碳体,这些物质的电极电位往往高于基体金属,因而构成了微电池;二是组织结构的不均匀性,由金属材料内部各相之间的电极电位之差异而构成的微电池;三是物理状态的不均匀性,例如金属材料内部因经历各种加工过程而出现各种内应力,或者因光照、温差等的不均匀性而构成的微电池;四是表面膜的不完整性,例如表面膜的孔隙、破损处的金属,电极电位较负,成为阳极,从而构成微电池。

3. 双电层理论

金属材料的电化学腐蚀是由不同金属之间或同一金属内部各区域之间存在电极电位差异而造成的。电极电位存在的根本原因在于双电层的产生。

双电层又称电双层,简称双层。任何两个物体相接触时,过剩电荷集中于界面,就会形成双电层。其厚度一般约 0.2~20 nm。由正、负电荷分离而在两相间产生的电势(位)界面电势(位),如果其中一相为气相或真空,则称为表面电势(位)。对电极而言,其金属与电解质的界面同样存在双电层,产生电极电位。这种双电层可以在瞬间(通常在百万分之一秒内)自发形成,也可以在外电源作用下建立。根据金属的性质,双电层有图 3-10 所示的两种类型:

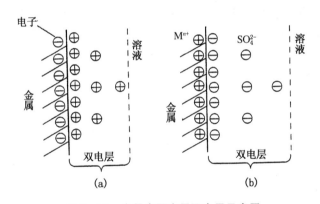

图 3-10 金属表面离子双电层示意图
(a) 电负性离子双电层;(b) 电正性离子双电层

(1) 电负性离子双电层 电负性较强的锌、镁、铁等金属在酸、碱、盐类的溶液中形成这种类型的双电层,如图 3-10(a)表示。金属表面上的金属正离子在溶液中的极性水分子作用下向溶液迁移,而金属中的自由电子又阻碍这个过程,结果是金属表面上具有较高能量的部分正离子摆脱自由电子的库仑引力而进入溶液,使金属一边带负电荷,溶液一边带正电荷。并且,溶液中的正电荷被金属负电荷吸引金属电极表面附近区域。由双电层引起的电位差对金属离子继续转入溶液有阻碍作用,而且有利于返回金属表面。这两个相反的过程逐渐趋于速度相等,最终在相界面建立起稳定的双电层及其电位差。

(2) 电正性的离子双电层 它是由正电性金属在含有正电性金属离子的溶液中形成,例如铜在铜盐溶液中,铂在铂盐溶液中、铂在银盐溶液中形成的双电层。其特点是金属表面与电解质溶液接触作用时,金属离子不能克服自由电子库仑引力而进入溶液;相反,电解质溶液中部分负离子却沉积在金属表面上,造成金属带正电荷,紧靠金属的溶液层带负电荷,构成了如图 3-10(b)所示的电正性双电层。

4. 电极电位

　　金属与电解质的界面处形成双电层和建立相应的电位,这种金属与电解质的界面处存在的电位差称为金属的电极电位,又称电极电势。电极电位主要是由电极反应引起的,因此某种电极电位总是同一定的电极反应相联系的。所谓电极反应是指电极的金属/电解质界面上发生的化学反应。下面列出一些与电极电位或电极有关的名词术语。

　　(1) 参比电极　又称参考电极。由于单个电极的电位无法测量,因而要采用另一个电位稳、制备较易的电极作为参比,与待测电极组成测量电池,测量电池的电位扣除参比电极的电位,即为待测电极的电位。写出电极电位时,一般都要说明是用哪种参比电极测得的。

　　(2) 标准氢电极　在各种参比电极中,标准氢电极最为重要。它是将镀了铂黑的铂片浸在氢分压为101.3kPa的氢气氛中,氢离子的有效浓度是1克离子/升,由此构成的电极称为标准氢电极。它的电位在任何温度下都规定为零。

　　(3) 平衡电极电位　它是指电极反应处在平衡态时的电位。

　　(4) 标准电极电位　金属浸在只含该金属盐的溶液中达到平衡时所具有的电极电位,称为该金属的平衡电极电位。当温度为25℃、金属离子的有效浓度是1g离子/L时,测得的平衡电极电位,称为标准电极电位。由于金属电极电位的绝对值无法测量,因而以氢的标准电极电位为零,将金属的电极电位与氢进行比较测得的,这种电位称为金属的标准电极电位。通常所说的电极电位是指以标准氢电极做参比电极、参加电极反应的物质都处于25℃和101.3kP$_a$的标准状态下测得的电动势数值。根据标准电极电位数值高低,可对各种金属的化学活泼性进行热力学判断。标准电极电位较正的金属化学活泼性小,而标准电极电位较负的金属化学活泼性大。

　　(5) 过电位(超电势)　它是在外电流通过时出现的,反映电极反应按一定方向和速率进行时的难易程度。

　　(6) 多极反应　当电极上有多个反应同时进行时,电极电位将反映速率最快的电极反应的情况;若其中两个电极反应的速率较接近,就形成混合电位,这是金属在腐蚀时常见的。

　　(7) 理想可极化电极　它是在一定条件下不可能发生任何反应的电极,其电位将随外加电压的变化而改变,无固定值。例如,汞在氯化钾水溶液中就会出现这种情况。

　　(8) 理想不极化电极　它是电极反应时正、负方向的反应速率都很大,平衡时电极电位非常稳定的电极。各种参比电极属于这类电极。

　　(9) 膜电极　一些没有电子参与的物理过程,如浓差扩散,可利用"膜"构制电极,膜两边的浓差可产生电位,这被称为膜电极。

5. 电位—pH图

　　(1) 金属在电解质中自发进行电化学腐蚀的判别方法　一般有三种:一是系统自由能变化值 ΔG,即按照吉布斯自由能减小原理来判断电化学腐蚀是否自发进行;二是金属在电解质溶液中的标准电极电位,即利用金属在一定介质条件下的电极电位高低来判断某一电化学腐蚀过程是否自发进行;三是电位-pH图,即根据一些必要的平衡数据,制成以电极反应的平衡电极电位为纵坐标、溶液pH值为横坐标的热力学平衡图,表示出在某一电位和pH值条件下体系的稳定物态或平衡物态,这样就能直接从图上判断在给定条件下发生电化学腐蚀反应的可能性。

　　(2) 电位-pH图中线段的类型　金属的电化学腐蚀大多是金属同水溶液相接触时发生的腐蚀过程。电位-pH图一般是指金属同水溶液体系的热力学平衡数据图。它表示出金属在与水和不涉及络合离子的酸、碱接触时的稳定区(免蚀区)、腐蚀区和钝化区的电位及介质 pH 值的范围,从中可以查出金属同水体系的酸碱平衡、氧化还原平衡以及氧化物和氢氧化物沉淀平衡的稳定区域等。电位-pH 图是由比利时 M. Pourbaix 在 1938 年首先提出的,在 20 世纪 60 年代他及其学派已将当时已知的所有元素的电位-pH 图作出,因此电位-pH 图又称为鲍倍图(Pourbaix Diagram)。这种图指示人们借助控制电位或改变 pH 值来达到防止金属电化学腐蚀的目的。如果涉及络合平衡和非氧化物以及非氢氧化物的平衡时,则电位-pH 图需要做一定的修正。

电位-pH 图上有三种类型的线段,如图 3-11 所示。现以 Fe—H_2O 体系所涉及的化学反应为例给予说明。

① 水平线段——只与电极电位有关,而与溶液的 pH 值无关。电极反应有:

$$Fe \rightleftharpoons Fe^{2+} + 2e^-$$

$$Fe^{2+} \rightleftharpoons Fe^{3+} + e^-$$

这类反应的特点是只有电子交换,而不产生氢离子或氢氧离子,即整个反应与 pH 值无关。其平衡电位分别为

$$E_{Fe/Fe^{2+}} = E^°_{Fe/Fe^{2+}} + \frac{RT}{2F} \ln a_{Fe^{2+}} \tag{3-19}$$

$$E_{Fe^{2+}/Fe^{3+}} = E^°_{Fe^{2+}/Fe^{3+}} + \frac{RT}{F} \ln \frac{a_{Fe^{3+}}}{a_{Fe^{2+}}} \tag{3-20}$$

式中,$E^°_{Fe/Fe^{2+}}$ 和 $E^°_{Fe^{2+}/Fe^{3+}}$ 分别为 Fe/Fe^{2+} 和 Fe^{2+}/Fe^{3+} 的标准电位;$a_{Fe^{2+}}$ 和 $a_{Fe^{3+}}$ 分别为 Fe^{2+} 和 Fe^{3+} 的活度系数;F 为法拉第常数;R 为气体常数;T 为热力学温度。当温度为 25℃时,可得:

$$E_{Fe/Fe^{2+}} = -0.441 + 0.0295 \lg a_{Fe^{2+}} \tag{3-21}$$

$$E_{Fe^{2+}/Fe^{3+}} = -0.746 + 0.059 \lg \frac{a_{Fe^{2+}}}{a_{Fe^{3+}}} \tag{3-22}$$

这类反应的电极电位与 pH 值无关,只要已知反应物和生成物的离子活度,就可求出反应的电位。若以 R 表示物质的还原态,O 表示物质的氧化态,并以 x 和 y 表示参与反应物质的摩尔分数,n 表示参与反应的电子数,则一般反应式可写成:

$$xR \rightleftharpoons yO + ne^- \tag{3-23}$$

其平衡电位可表示为

$$E_{R/O} = E^°_{R/O} + \frac{RT}{nF} \ln \frac{a_O^y}{a_R^x} \tag{3-24}$$

② 垂直线段——只与 pH 值有关,而与电极电位无关。化学反应有:

$$Fe^{2+} + 2H_2O = Fe(OH)_2 + 2H^+ \quad (沉淀反应) \tag{3-26}$$

$$Fe^{3+} + H_2O = Fe(OH)^{2+} + H^+ \quad (水解反应) \tag{3-27}$$

这些反应的特点是只有氢离子或氢氧根离子出现,而无电子参与反应,不构成电极反应,不能用斯特方程式来表示电位与 pH 值的关系。因为它们是腐蚀过程中与 pH 值有关的金属离子的水解和沉淀反应,故可以从反应的平衡常数表达式得到表示电位-pH 图上相应曲线的方程。

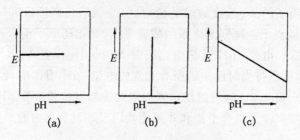

图 3-11 电位-pH 图中三种线段
(a) 水平；(b) 垂直；(c) 倾斜

在一定温度下，沉淀反应的平衡常数为

$$K=\frac{a_{H^+}^2 a_{Fe(OH)_2}}{a_{Fe}^{2+} a_{H_2O}^2}=\frac{a_{H^+}^2}{a_{Fe}^{2+}} \tag{3-28}$$

上式两边取对数得：

$$\ln K=2\lg a_{H^+}-\lg a_{Fe}^{2+}=-2pH-\lg a_{Fe^{2+}} \tag{3-29}$$

查表得反应的 $\lg K$ 值为 -13.29，所以

$$pH=6.65-\frac{1}{2}\lg a_{Fe^{2+}} \tag{3-30}$$

对于水解反应，可得：

$$pH=2.22+\lg \frac{a_{Fe(OH)^{2+}}}{a_{Fe^{3+}}} \tag{3-31}$$

此类反应的通式可写成

$$\gamma A+ZH_2O \rightleftharpoons qB+mH^+ \tag{3-32}$$

$$pH=-\frac{1}{m}\lg \frac{Ka_A^8}{a_B^q}=-\frac{1}{m}\lg K \times \frac{1}{m}\lg \frac{a_A^\gamma}{a_B^q} \tag{3-33}$$

上式可见此类反应的 pH 值与电位关系。

③ 倾斜线段——既同电极电位有关，又同溶液 pH 值有关。电极反应有：

$$Fe^{2+}+H_2O \rightleftharpoons Fe(OH)^{2+}+H^++e^- \tag{3-34}$$

$$Fe^{2+}+3H_2O \rightleftharpoons Fe(OH)_3+3H^++e^- \tag{3-35}$$

这类反应的特点是氢离子(或氢氧根离子)和电子都参加反应。反应通式可写成：

$$xR+zH_2O \rightleftharpoons yO+mH^++ne^- \text{（沉淀反应）} \tag{3-36}$$

$$E_{R/o}=E_{R/o}^o+\frac{RT}{nF}\ln \frac{a_o^y a_{H^+}^m}{a_R^x a_{H_2O}^z}$$

$$=E_{R/o}^o-2.303\frac{mRT}{nF}pH+2.303\frac{RT}{nF}\ln \frac{a_o^y}{a_R^x} \tag{3-37}$$

上式表明：在一定温度下，反应的平衡条件与电位、pH 值有关，给定 a_o^y/a_R^x 时平衡电位随 pH 值升高而降低，在电位-pH 图上为一斜线，斜率为 $-2.303mRT/nF$。

(3) 电位-pH 图的应用　对于给定体系，一般按下列步骤绘制：首先列出体系中各物质的组成、状态及其标准生成自由能或标准化学位；其次，列出有关物质间可能发生的化学反应平衡方程式，并计算相应的电位-pH 表达式；最后，把这些条件用图解法绘制在电位-pH 图上，并且加以汇总而得到综合的电位-pH 图。可见，绘制电位-pH 图是较为复杂的，但是其应用价值较大，主要有以下三方面用途：一是预测反应的自发方向，即可从热力学上判断金属腐蚀趋势；二是估计腐蚀产物的成分；三是预示减缓或防止腐蚀的环境因素，从中选择控制腐蚀的途径。

现以图 3-12 所示的 $Fe-H_2O$ 系简化电位-pH 图为例扼要说明电位-pH 图的一些应用。此时假定以平衡金属离子浓度为 10^{-6} mol/L 作为金属是否腐蚀的界限，即低于这个界限不发生腐蚀。

图 3-12 中有三种区域：一是腐蚀区，即在此区域内金属不稳定，可随时被腐蚀，而可溶的离子、络合离子是稳定的；二是免蚀区，即在该区域内，金属处于热力学稳定状态，电位和 pH 的变化将不会引起金属的腐蚀；三是钝化区，即在此区域的电位和 pH 值条件下，生成稳定的氧化物、氢氧化物或盐等固态膜，提供了基体金属受保护的必要条件。

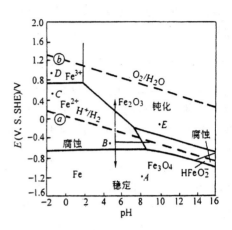

图 3-12　$Fe-H_2O$ 体系的简化电位-pH 图

作为例子，现判断图中 A、B、C、D 四点对应的状态及可能发生的腐蚀情况：

①Fe 在 A 点，处于免蚀区，不会发生腐蚀。

②Fe 在 B 点，处于腐蚀区，并且在氢线以下，即处于 Fe^{2+} 和 H_2 的稳定区，铁将发生析氢腐蚀。

$$阳极反应：Fe \rightarrow Fe^{2+} + 2e^- \tag{3-38}$$

$$阴极反应：2H^+ + 2e^- \rightarrow H_2 \uparrow \tag{3-39}$$

$$总反应：Fe + 2H^+ \rightarrow Fe^{2+} + H_2 \uparrow \tag{3-40}$$

③Fe 在 C 点，处于腐蚀区，并且在氢线以上，Fe^{2+} 和 H_2O 是稳定的，铁将发生吸氧腐蚀。

$$阳极反应：Fe \rightarrow Fe^{2+} + 2e^- \tag{3-41}$$

$$阴极反应：4H^+ + O_2 + 4e^- \rightarrow 2H_2O \tag{3-42}$$

④Fe 在 D 点，处于腐蚀区，生成 $HFeO_2^-$。

由上可见，Fe 在 A、B、C、D 四个位置上，电位、pH 值不同，各腐蚀倾向和腐蚀产物也不同。此外，还可从图中的曲线和区域来选择控制腐蚀的途径。例如 B 点，其移出腐蚀区有三个途径：一是采用阴极保护法，降低电极电位至免蚀区；二是采用阳极保护法，提高电极电位至钝化区；三是调整 pH 值至 9~13 之间，提高溶液 pH 值至钝化区。

电位-pH 图有多方面应用，但也有不少局限性：只能用来预示金属腐蚀倾向的大小，而无法预测金属的腐蚀速度；只表示平衡状态的情况，而实际腐蚀往往偏离平衡态，还可能受环境其他因素的影响；只考虑了 OH^- 阴离子对平衡产生的影响，而忽略了经常存在的 Cl^-、SO_4^{2-}、PO_4^{3-} 等阴离子的影响；在钝化区只预示固体产物膜而未告知这些膜是否具有保护作用。

虽然理论电位-pH 图有局限性，但若补充一些金属钝化方面的实验或实验数据，就可得到经验或实验电位-pH 图，如再综合考虑有关动力学因素，它将在金属腐蚀研究中发挥更广泛的作用。

6. 腐蚀速率

热力学可用来判断金属腐蚀的发展趋势，而腐蚀速率的问题需要用动力学来回答。

腐蚀速率表示单位时间金属腐蚀的程度。测量腐蚀速率的方法很多。最直接的方法有失重和深度法。除了失重和深度之外,也可用电流密度来表示腐蚀速率。腐蚀电池工作时,阳极金属发生氧化反应,不断失去电子,失去越多,即输出的电量越多,金属溶解的量也越多。金属溶解量或腐蚀量与电量之间的关系服从法拉第定律:电极上溶解(或析出)每一摩尔质量的任何物质所需的电量为 96 484C(A·S)。这表明,若已知电量就能算出溶解物的质量,即金属腐蚀量为

$$m = \frac{Q}{F}\frac{A}{n} = \frac{It}{F}\frac{A}{n} = N\frac{It}{F} \tag{3-43}$$

式中,m 为金属腐蚀量(g);Q 为电量(C);I 为电流(A);t 为时间(s);A 和 n 分别为金属相对原子质量和化合价数,$N=A/n$;F 为法拉第常数,$F=96\,484$C/mol。按照失重法,腐蚀速率是金属在单位时间、单位面积上所损失的质量,若单位为 g/(m²·h),则

$$V^- = \frac{\Delta m}{st} = \frac{3600IA}{SnF} \tag{3-44}$$

式中,V^- 为每小时单位面积上金属所损失的质量;S 为面积。由此可见,金属腐蚀电池的电流越大,金属腐蚀速率越大。因此,可用电池电流或电流密度来衡量腐蚀速率的大小。

另一种测量腐蚀速率的常用方法是深度法。它是采用单位时间的腐蚀深度来表示,一般使用的单位为 mm/a,其中 a 表示年。

间接测量腐蚀速率的方法有多种,其中最常用的电化学测量方法是极化电阻法(polarization resistance method)。它是把金属做成试样,放入腐蚀介质中构成腐蚀电位 E,并进行 $\Delta E=10$mV 以内的阳极极化,测量阳极电流 I,得到极化电阻 $\Delta E/I$,然后可以根据电化学腐蚀的机制计算出金属的腐蚀速率。在此电位范围内,极化是近似线性的,即 $\Delta E/I$ 接近常数,故该法又称线极化法(linear polarization method)

7. 极化

(1) 极化的含义 极化是指事物在一定条件下发生两极分化,其性质相对于原来的状态有所偏离的现象。英文写作 polarigation,含义很广。例如,中性分子在外电场作用下电荷分布改变,正负电荷中心不重合,变成偶极子,增大偶极矩,使分子间的作用力增加。又如球形的离子在周围异号离子电场的作用下发生变形,一般离子半径大的负离子比半径小的正离子容易变形极化,离子的极化使离子晶体的点阵能增加。再如用于光学时,其意为光的偏振。

在研究腐蚀电池时,极化是指"当电极上有净电流通过时,电极电位显著偏离了未通净电流的起始电位值(平衡电位或非平衡的稳态电位)的现象"。图 3-13 为电极极化的 i—t 曲线,其表示原电池两个电极刚连通时,电流随时间逐渐上升,达到最大值 i_1 后,就随时间延长而迅速下降到 i_2,因回路中总电阻没有变化,其原因只可能是两是电极之间的电位差发生了变化。

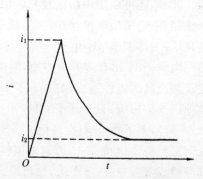

图 3-13 电极极化的 i—t 曲线

腐蚀电池在开路和短路时阳极与阴极的电位变化如图 3-14 所示。从该图可以看出电解质溶液中阳极与阴极在短路状态(此时腐蚀电池的阳、阴极之间有电流通过)下测得的电位差,要比开路时测得的电位差小得多。腐蚀电池发生极化可使腐蚀电流减小,从而降低了腐蚀速度。

(2) 阳极极化　腐蚀电池接通而有电流时,阳极电位向正方向移动的现象(见图3-14)称为阳极极化。产生阳极极化的原因主要有三个方面:一是活化极化(或称电化学极化),即因阳极过程进行缓慢,使金属离子进入电解质溶液的速率小于电子由阳极通过导线向阴极的速率,阳极有过多的正电荷积累,改变了双电荷分布及双电层间的电位差,阳极电位向正方向移动;二是浓差极化,即金属溶解时,在阳极过程产生的金属离子向外扩散得很慢,使阳极附近的金属离子浓度增加,产生浓度梯度,阻碍金属继续溶解,必然使阳极电位向正方向移动;三是电阻极化,即因金属表面生成保护膜,其电阻显著高于基体金属,电流通过时,产生压降,使电位向正向变动。

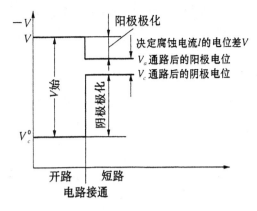

图3-14　腐蚀电池在开路和短路时阳极与阴极的电位变化示意图

(3) 阴极极化　阴极上有电流通过时,其电位向更负的方向移动(见图3-12),称为阴极化。产生阴极极化的原因主要有两个:一是活化极化(或电化学极化),即因阴极过程是获得电子的过程,若阴极还原反应速率小于电子进入阴极的速率,使电子在阴极积累剩余电子,阴极越来越负;二是浓差极化,即阴极附近反应物或反应产物扩散速率缓慢引起阴极学浓差极化,使阴极电位更负。

如上所述,过电流是在外电流通过时出现的,现在可以将它定义为:某一极化电流密度下而发生的电极电位 E 与其平衡电位 E_e 之差的绝对值。同时规定阳极极化时过电位 $\eta_a = E - E_e$,阴极极化时过电位 $\eta_c = E_e - E$。据此,不管是阳极极化还是阴极极化,电极反应的过电位都是正值。应当注意,极化与过电位是两个不同的概念。

(4) 去极化　它是极化的相反过程。凡是能消除或抑制原电池阳极或阴极极化的过程,称为去极化;能起到这种作用的物质为去极化剂。对腐蚀电池阳极起去极化作用的,称作阳极去极化;对腐蚀电池阴极起去极化作用的,称作阴极去极化。显然,去极化具有加速腐蚀的作用。

8. 钝化

(1) 钝化的概念　一些具有化学活性的金属及其合金,可以有特定的环境中失去化学活性而呈惰性,这种现象称为钝化。从电化学来分析,当金属或合金在一定条件下电极电位朝正值方向移动时,将发生阳极溶解,形成腐蚀电流,电极电位正移到一定值后,一些如铁、镍、铬等过渡金属及其合金,因在表面生成氧化膜或吸附膜而会使腐蚀电流突然下降,腐蚀趋于停止,此时金属或合金便处于钝化状态,简称钝态。但是,金属能处于稳定的钝态,主要取决于氧化膜的性质和致密程度,以及所处的环境条件。例如镍、铬等金属在空气中会生成致密的氧化膜,处于钝态,具有优良的耐蚀性,而铁表面生成的氧化膜不够致密,仍易生锈。又如不锈钢因含有一定的镍、铬等元素而经常处于钝态,但在介质中含有大量氯离子时,氧化膜的致密性被破坏,使腐蚀加快。

能使金属钝化的物质称为钝化物,除了氧化性介质外,具有强氧化性的硝酸、硝酸银、氯酸、氯酸钾、重铬酸钾、高锰酸钾、H_2O_2,以及空气或氧气等,都可在一定条件下用做钝化剂。非氧化性介质可使某些金属钝化,例如氢氟酸可使镁钝化。

(2) 钝化的分类 金属钝化有化学钝化和阳极钝化之分。化学钝化是指金属与钝化剂的化学作用而产生的钝化现象,又称自钝化。阳极钝化是指用外加阳极电流的方法使金属由活化状态变为钝态的钝化现象,又称电化学钝化。图 3-15 为典型的阳极化曲线,它有四个特性电位(E_{corr}、E_{pp}、E_p、E_{pt})、四个特性区(活化区、活化-钝化过渡区、钝化区、过钝化区)和两个特性电流密度(i_{pp}、i_p),它们的含义见图 3-13 下的说明。如果金属的电极电位保持在钝化区则可大大降低腐蚀速率。

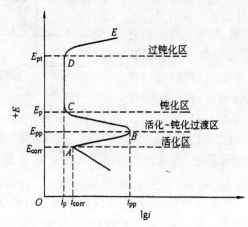

图 3-15 钝化金属典型的阳极极化曲线

特性电位:

E_{corr}——自腐蚀电位(A 点对应的电位,即从 A 点开始,金属进行正常的阳极溶解。A 点对应的电流密度称为金属腐蚀电流密度 i_{corr})

E_{pp}——初始钝化电位,或称致钝电位(B 点对应的电位。当电极电位到达 E_{pp} 时,金属表面状态发生突变,电位继续增加,电流急剧下降)

E_p——初始稳态钝化电位(C 点对应的电位。从 C 到 D 为稳定钝化区,阳极电流密度基本上与电极电位无关)

E_{pt}——过钝电位(D 点对应的电位。从 D 点开始到 E,阳极电流密度再次随着电极电位升高而增大)

特性区:

活化区——AB 段,即 E_{corr} 到 E_{pp} 之间的金属阳极活化溶解阶段;

活化-钝化过渡区——BC 段,即 E_{pp} 到 E_p 之间的活化-钝化过渡阶段;

钝化区——CD 段,即 E_p 到 E_{pt} 的稳定钝化阶段;

过钝区——DE 段,即从 D 点开始到 E 腐蚀速率再次加快。

特性电流密度:

i_{pp}——B 点对应的电流密度,称为致钝电流密度;

i_p——C 点对应的电流密度,称为维钝电流密度。

(3) 钝化的理论 目前主要有两种理论:一是成相膜理论,认为金属表面生成一层致密的、覆盖性良好的固体产物薄膜(成相膜),厚度在 10~100 nm 之间,把金属表面与介质隔离开来,阻碍阳极过程的进行,使金属溶解速率降低;二是吸附理论,认为氧或含氧粒子在金属表面吸附,改变了金属与溶液界面的结构,并阳极反应的活化能显著提高,即金属钝化是由于金属本身的活化能力下降,而不是由于膜的机械隔离作用。这两种理论都能解释部分实验结果,但不能解释所有的钝化现象。

9. 工程上常见的腐蚀及防护

工程上常见的腐蚀按破坏形式可分为全面腐蚀和局部腐蚀两类。全面腐蚀是指腐蚀作用均匀遍布材料全部表面或绝大部分表面的腐蚀。局部腐蚀是指腐蚀作用局限在材料表面的某些部分或某个区域，而其他区域未受破坏的腐蚀。局部腐蚀可分为无应力作用和有应力作用两种情况。

(1) 全面腐蚀　又称均匀腐蚀，腐蚀作用发生在全部暴露的表面或绝大部分面积上，各处的腐蚀速度基本相同，金属逐渐变薄而最终失效。暴露在大气中的桥梁、设备、管道等钢结构的腐蚀，基本上都为全面腐蚀。又如：锌片在稀硫酸中表面大量析出氢气泡，同时以均匀的速度溶解；铜器件在大气中长时间存放，表面失去金属光泽或生成铜绿。全面腐蚀的机理是：腐蚀电池的阴极与阳极面积很小，这些微阴极与微阳极的位置是变化不定的；整个金属在溶液中处于活化状态，各点随时间有能量起伏，能量高时为阳极，能量低时为阴极。

从腐蚀量看，全面腐蚀造成金属的大量损失，但是从工程观点来分析，这类腐蚀并不可怕，不会造成突然的破坏事故。其腐蚀速率较易测定，例如采用浸泡试验或现场挂片试验，以试验后的失重算出平均腐蚀速度，从而准确估计工程构件或设备的使用寿命。为减缓全面腐蚀速率，可采用多种措施：设计时增加合理的腐蚀裕量；合理选用金属材料；采用表面技术涂覆保护层；加入缓蚀剂；采用阴极保护法。其中涂覆保护层是用得最普遍的方法。

(2) 无应力作用下的局部腐蚀　局部腐蚀与全面腐蚀相比较有一些明显的不同点。例如，金属表面某些部分或某个区域的腐蚀速率远大于其他区域的腐蚀速率，造成局部区域的破坏；局部腐蚀时，阳极和阴极通常是截然分开的；阳极面积远小于阴极面积；阳极电位小于阴极电位。常见的无应力作用的局部腐蚀有电偶腐蚀、点蚀、缝隙腐蚀、丝状腐蚀、晶间腐蚀、选择性腐蚀、剥蚀等。它们的主要特征、形成条件、腐蚀机理、影响因素、控制措施见表3-4。

表3-4　几种无应力作用的局部腐蚀

名称	主要特征	形成条件	腐蚀机理	影响因素	控制措施
电偶腐蚀（接触腐蚀）	两种不同电位的金属相接触，并浸入电解液，其中电位较负的金属腐蚀加快，而电位较正的金属腐蚀减缓；腐蚀主要发生在金属与金属或金属与非金属导体的接触边线附近，而远离边线的区域，腐蚀程度轻得多	必须同时满足两个条件：两种不同电位的金属或非金属导体相接触或有导线连接；有电解质溶液存在	电化学腐蚀机理	①电偶序电位差，即两种材料之间的电位差，相差越大则低电位材料的腐蚀越快；②环境介质包括组成、温度、电解液电阻、溶液PH值、搅拌等；③阴、阳极面积比例，其中大阴极、小阳极的状况极为有害	①避免异种材料接触；②选用电偶序相近的材料；③异种材料接触面或连接处采取绝缘措施；④选用容易更换的阳极部件或使其加厚；⑤采用电化学法；⑥采用涂层保护

续表

名称	主要特征	形成条件	腐蚀机理	影响因素	控制措施
点蚀（孔蚀）	腐蚀集中于金属表面的很小范围内，并深入到金属内部；形貌多种多样，蚀孔口多数有腐蚀产物覆盖，少数呈开放式；多发生在表面生成钝化膜的金属材料上或有阴极性镀层的金属上；发生在有氧化剂以及同时有活性阴离子存在的钝化液中；腐蚀电位超过点蚀电位时，点蚀迅速形成与发展	金属表面钝化膜存在一定的缺陷部位，当这些部位达到了给定条件下的临界电位时，钝化膜被击穿，容易发生点蚀。当介质中有活性阴离子（如Cl^-离子）时，这些离子优先吸附在钝化膜的缺陷处，与阳离子结合成可溶性化合物，形成活性溶解点，即蚀核	点蚀有成核和生长两个阶段，在成核之前有一段长时间的孕育期；点蚀成核有钝化膜破坏和吸附两种理论；点蚀生长机制有多种理论，其中自催化理论（即闭塞电池作用）较受到公认	①材料成分与表面状态；②热处理工艺，有沉淀时往往会增加点蚀倾向；③腐蚀介质的种类与浓度，在含卤素介质中，点蚀敏感性最大，其作用大小的顺序为$Cl^- > Br^- > I^-$，若同时存在Fe^{3+}、Cu^{2+}、Hg^+等离子时，点蚀加速	①选择耐点蚀能力强的材料；②降低介质中Cl^-等离子的含量和介质的温度，增加介质的流速；③采用缓蚀剂；④采用电化学保护措施
缝隙腐蚀	在金属与金属（或非金属）形成的缝隙处发生腐蚀；可发生在所有金属材料上，尤其是钝化的耐蚀材料上；各种介质，尤其是含氯离子的溶液最易造成缝隙腐蚀；同种金属可发生缝隙腐蚀，其临界电位比点蚀电位低	下列条件有可形成缝隙腐蚀：①金属与金属之间的连接、铆接、焊接、螺纹连接等；②金属与非金属（塑料、橡胶、木材、石棉、织物等）的连接；③金属表面有沉积物、附着物，如灰尘、泥巴、腐蚀产物等	缝隙腐蚀是氧的浓差电池与闭塞电池自催化效应共同作用造成的	①腐蚀介质中活性阴离子，其中Cl^-浓度越高，或温度越高，越易发生缝隙腐蚀；②缝隙宽度有显著影响，宽度在0.025～0.1 mm内，并有介质存在时会造成缝隙腐蚀，具体影响程度与材料、介质有关；③自钝化能力越强的金属，越易发生缝隙腐蚀	①设计时，尽量避免缝隙和死角的存在，设计引流孔；②少用铆接与螺栓连接，多用焊接；③正确选材采用含高镍、铬、钼的不锈钢，不宜用吸湿性的材料做垫圈；④采用电化学保护；⑤采用缓蚀剂

续表

名称	主要特征	形成条件	腐蚀机理	影响因素	控制措施
丝状腐蚀	它是缝隙腐蚀的一种特殊形式,发生在一些金属的有机涂层下面,呈浅型的膜下腐蚀,其一旦形成后形成后发展很快,最后形成密集分布的网状花纹,分布于金属表面;腐蚀产物呈丝状,丝由活性头部和非活性尾巴构成,丝宽为0.1~0.5mm;对于钢铁材料,活性头部呈亚铁离子的蓝绿色,非活性的尾巴呈锈蚀产物 $Fe_2O_3 \cdot H_2O$ 的棕红色	仅在铝、镁、钢铁等有机涂层下生长,其中铝最为敏感;相对湿度为65%~90%时,会出现不同程度的丝状腐蚀,湿度大于90%时,腐蚀表现为鼓泡;大气中氧含量21%是产生丝状腐蚀的最低浓度	一般认为它是缝隙腐蚀的特殊形式	①基材的组成和性质;②介质的湿度、温度、氧含量和活性离子;③磷酸盐处理以及磷化后进行铬酸盐处理或能延缓或抑制钢材丝状腐蚀的发生;④有机涂层覆盖在铝、镁、钢铁表面,可发生丝状腐蚀	①降低环境中的相对湿度,或采用密封等措施;②采用磷化等表面处理,并消除工艺过程中带来的不良介质;③采用透水率低的涂料
晶间腐蚀	它是金属材料内部沿着晶界发生的腐蚀,使晶粒间的结合力严重损害,导致金属的强度和塑性、韧性大幅度下降,严重时,金属表面虽看不出明显变化,但轻轻一敲打,不但没有金属的声音,而且很易发生破碎,甚至形成粉状	金属材料中含有S、P、Si等少量杂质,或者沿晶界析出如碳化物、硫化物、σ相等第二相,晶界与晶粒内的化学成分有差异,在一定环境介质中形成腐蚀电池,晶界或第二相为阳极、造成晶界的腐蚀	有贫乏理论,第二相析出理论、晶界吸附理论和应力理论	①合金元素的性质和含量,其中钛、铌可以防止钢中晶界处铬的贫化;②热处理的工艺规范	①正确制订热处理工艺;②在不锈钢中减少碳含量;③在不锈钢中加入Ti、Nb等固定碳的合金元素;④采用奥氏体与铁素体的双相不锈钢;⑤采用表面技术,使不锈钢表面与腐蚀介质隔离

续表

名称	主要特征	形成条件	腐蚀机理	影响因素	控制措施
选择性腐蚀	某些合金在一定条件下,电位低的金属元素或相,被选择性地溶解,留下未被腐蚀掉的金属或非金属。最典型的实例有:黄铜脱锌,即锌被选择性地溶解,而留下多孔的富铜区;石墨化腐蚀,即网状石墨分布在铁素体内的灰口铸铁,在一定介质中发生铁素体的选择性腐蚀,使石墨沉积在铸铁表面	在合金中存在低电位和高电位的金属或非金属,在一定介质中构成腐蚀电池,使低电位的金属元素或相,作为阳极,被优先溶解而腐蚀	对于不同材料的选择性腐蚀可能存在不同的机理:黄铜脱锌,多数学者认为它经历了黄铜溶解、锌离子留在溶液中、铜镀回基体上的三个阶段;石墨化腐蚀,按去极化理论,硫酸还原菌 SRB 引起铁的腐蚀反应	主要是合金成分、组织结构以及介质的组成与性质	对于黄铜脱锌,主要是选用对脱锌不敏感的黄铜,如 Zn 含量小于 15% 的铜锌合金,以及在黄铜中加入抑制脱锌的元素(例如在 α 黄铜中加入少量砷、锑、磷)
剥蚀(层蚀)	它是为变形铝合金材料的一种特殊的晶间腐蚀形式:腐蚀沿平行于表面的晶界处萌生、逐渐发展,形成的腐蚀产物使金属剥落而呈现层状形貌,多见于挤压材料或经高度冷加工而使晶粒拉长和扁平的材料,尤其是 Al-Cu-Mg 系合金发生最多	合金具有晶间腐蚀倾向;合金晶粒的长度、宽度远大于厚度;一定的介质,例如有降低阴极极化作用的物质存在,尤其是一些氯类、NO_3^-、H_2O_2 和沿海地区雷雨天气所产生的腐蚀介质	变形铝合金具有层状晶粒结构,沿晶界生成的腐蚀产物,产生膨胀效应,不断使片状晶粒自内向外鼓起,合金表面生成鼓泡,最终使表层剥落	主要是合金的晶间腐蚀倾向、材料的变形程度以及介质因素	改变晶粒结构,呈等轴晶;采用适当的热处理工艺,使晶间腐蚀倾向减小或消除;采用阳极氧化、涂层等保护措施;采用牺牲阳极的阴极保护法

(3) 有应力作用的局部腐蚀　主要有应力腐蚀、腐蚀疲劳、氢脆（氢损伤）和磨损腐蚀，它们的基本情况见表 3-5。

表 3-5　几种有应力作用的局部腐蚀

名称	主要特征	形成条件	腐蚀机理	影响因素	控制措施
应力腐蚀	它是由张应力与特定腐蚀介质共同作用引起的脆性开裂；即使塑性很好的金属材料，在这种开裂断口上看不到颈缩及杯锥状现象，断口在腐蚀介质作用下呈黑色或灰黑色，突然脆断区的断口常有放射花样或人字纹；张应力的来源有外加应力、残余应力、热应力、焊接应力等，据统计，应力腐蚀裂缝多发生在焊接应力区；对于每种合金—环境组合，有一个最低的临界应力。称为应力腐蚀开裂门槛值；宏观上裂纹方向与主拉应力方向垂直，裂纹发展有沿晶型、穿晶型和混合型，这与材料及腐蚀条件有关	通常需要具备三个条件：①材料条件，即很纯的金属一般不会发生这类腐蚀，合金比纯金属容易发生；②张应力的来源很多，其中以焊接应力较为敏感；③各种合金对各自特定的腐蚀介质敏感，例如对于高强度钢是蒸馏水、湿大气、氯化物溶液、硫化氢	目前有多种理论，观点各不相同。主要有阳极溶解型和氢致开裂型两类。阳极溶解型包括电化学的活性通路理论、表面膜破裂理论、闭塞电池腐蚀理论等。氢致开裂机理是指腐蚀过程中阴极产生氢，并扩散到裂纹尖端的金属处，使这一区域变脆，在拉应力下发生脆断。有关氢脆的理论较多，但氢的作用得到公认	①材料因素，包括成分、成分的不均匀性、晶体结构、晶体缺陷及组织结构等，它们与合金设计、冶炼和各种加工过程有关；②应力因素，包括各种应力、裂纹尖端处应力集中、材料变形、裂纹组态等，它们与载荷状况有关；③环境因素，包括介质中离子、pH 值、气体、缓蚀剂、温度、压力、辐射、外加电流等，它们将引起各种电化学行为	应力腐蚀与材料、应力、环境三大因素有关，因此控制措施要从这三方面着手：①合理选材，尽量避免合金在容易发生应力腐蚀的环境介质中使用；②控制应力，尽量使金属构件具有最小的应力集中，并与介质接触的部位具有最小的应力；③减弱介质的腐蚀性，即通过各种方法除去环境介质中危害较大的组分；④采用阴极保护：从电化学角度看，应力腐蚀在一定的临界电位范围内产生（通常与合金阳极极化曲线上的钝化—活化区相对应），因此可通过阴极保护法，使合金的电位避开该敏感电位区；⑤采用涂层技术，隔离腐蚀环境

续表

名称	主要特征	形成条件	腐蚀机理	影响因素	控制措施
腐蚀疲劳	是金属材料在腐蚀介质与循环应力共同作用下所发生的破坏;实际工程中遇到的疲劳破坏大多数是腐蚀疲劳,使疲劳裂纹扩展速度加快和条件疲劳极限降低;钢铁等材料在腐蚀环境中没有疲劳极限,故设定在 $10^7 \sim 10^8$ 循环次数下不发生断裂的应力值为条件疲劳极限,其与无腐蚀时的疲劳极限之比为损伤比;除合金外,钝金属同样会发生腐蚀疲劳;其与抗拉强度无直接关系,而与循环应力的频率及波形强烈相关;没有明显的敏感电位范围;其断口通常大面积被腐蚀产物覆盖,只有一小部分是最终脆断造成的粗糙面;常有若干裂纹呈群体出现	循环应力与腐蚀介质的共同作用	腐蚀疲劳过程可分为循环塑性变形、微裂纹形核、小裂纹长大和连接聚集形成单个短裂纹以及宏观裂纹扩展四个连续阶段。腐蚀疲劳按介质可分为气相腐蚀疲劳和液相腐蚀疲劳两类。前者气相的作用属于化学腐蚀,而后者液相的作用属于电化学腐蚀,它们与循环应力共同作用所发生的腐蚀疲劳各有多种机理,例如液相腐蚀疲劳有蚀孔应力集中、择优溶解、表面膜破裂、表面吸附和氢脆等机理,这些机理往往是相辅相成的随条件变化,各作用的程度也有变化	①材料因素,包括组织结构、表面状态以及材料的成分和耐蚀性等;②环境因素,包括溶液成分、PH值、氧含量、温度以及电位等。即使干燥、纯净空气,也会降低条件疲劳极限,只是它的影响比强腐蚀介质要小得多;③应力因素,包括应力比、加载方式、加载波形和加载频率等	①合理选材与设计,例如选用含 Ni、Cr 的不锈钢和慎用高抗拉强度的钢等;②采用阴极保护方法,它可降低氢在裂纹尖端的集中浓度。但是这种方法不宜在酸性腐蚀介质以及有氢脆的环境中使用;③表面预处理或涂层,例如化学热处理和喷丸等工艺使材料表面形成压应力以及涂覆适当的涂层,都可能显著改善抗腐蚀疲劳的性能。但是,在实施电镀等工艺时,不允许镀层产生拉应力和引入氢至材料内部;④加缓蚀剂,例如添加重铬酸盐对提高碳钢的抗腐蚀疲劳有显著影响,加碳酸钠对防止蒸馏水中的腐蚀疲劳很有效

续表

名称	主要特征	形成条件	腐蚀机理	影响因素	控制措施
磨损腐蚀（磨蚀）	由腐蚀介质与金属表面间的相对运动引起的金属加速破坏；磨蚀时，金属材料先在介质中以溶解的离子状态脱离表面，或是生成固体腐蚀产物，而后在机械力冲刷下脱离金属表面；外表特征是光滑的金属表面上呈现出带有方向性的槽、沟、波纹、圆孔和山谷状	材质与介质流速是形成磨蚀的基本条件。大多数金属材料会遭受磨损腐蚀，性质较软的材料更易发生。介质在设备中各个部位流速是变化的，有的特定部位流速可能很高，故有不同的磨蚀；介质流体从层流转变为湍流时造成的湍流磨损；金属表面与介质流体之间因高速相对运动使腐蚀产物受冲击下离开金属表面的冲击腐蚀；由高流速液体和压力变化而造成的空泡腐蚀。另外还有一种特殊形态称为摩振腐蚀（微振腐蚀），是指金属—金属或金属—非金属交界面上在承载时发生微小的振动或往复运动而导致金属的破坏	①湍流腐蚀：湍流使金属更频繁以及附加了液体对金属表面切应力，使腐蚀加剧；②冲击腐蚀：腐蚀产物在高速流体或含颗粒、气泡的高速流体冲击下而离开金属表面，保护膜被破坏的区域腐蚀加速；③空泡腐蚀：由金属表面附近的液体中有蒸汽泡的产生和破灭所引起的，空泡的形成是因为液体的湍流或温度变化引起局部压力下降，而空泡破裂时产生的冲击波压力可高达405.3MPa	①材质：较软一些金属容易发生；②介质流速：增大速度会引起磨损，并且随着磨损类型的改变，磨蚀加剧；③介质中气泡和固体颗粒会使磨蚀更加严重	冲击腐蚀是磨损腐蚀的主要形态，控制措施主要是：合理选材；改进设计，例如增加管径可减小流速，并保证层流；涂层保护；阴极保护，但在很高的流速下，冲蚀以机械作用为主，阴极保护失效。 对于空泡腐蚀：改进设计，以减小流程中流体动压差；选用耐空蚀的材料；精磨表面使表面不形成空泡的核点；用塑料或橡胶等弹性保护层；阴极保护。 对于摩振腐蚀：在接触表面加强润滑，减少摩擦，并排除氧；磷化处理；选用硬质合金；用冷加工或表面处理提高表面硬度

续表

名称	主要特征	形成条件	腐蚀机理	影响因素	控制措施
氢脆(氢损伤)	氢以某种状态存在于金属中，使材料产生不可逆损伤或塑性下降，或低应力下延迟断裂。表现形式有：①氢分子聚集造成巨大内压，引起氢鼓泡或微裂纹的产生。钢中的白点、酸洗裂纹、H_2S浸泡产生的鼓泡或裂纹，焊接冷裂纹均属于这一类。②高温氢腐蚀，例如碳钢中 $4H+C \rightarrow CH_4$，甲烷在晶界富集，其内压可产生微裂纹。③氢促进材料中脆性相的产生，例如对 V、Nb、Ti、Zr 等材料可形成脆性的氢化物。④氢使材料的塑性、韧性下降。⑤氢使材料在低应力下产生延迟断裂。另外，氢脆还有其他一些特征，例如：对含氢量、缺口敏感；裂纹源一般不在表面；钢的强度越高，氢脆的敏感性往往越大	金属材料中氢的来源主要有两方面：一是材料在使用前的冶炼、热处理、酸洗、表面处理、焊接等过程中吸收的氢；二是材料在使用过程中与含氢介质接触或进行电化学反应所吸收的氢。这些氢如果在各种条件下以 H^-、H、H^+、H_2、固溶、氢化物、碳氢化合物以及位错气团等形式保留在材料中，并在数量、地点、状态达到一定程度后，就会产生氢脆(氢损伤)	关于氢脆(氢损伤)，目前有多种理论，如氢分子聚集造成巨大内压；吸附氢可降低表面能；氢影响原子键结合力；氢能促进位错运动；容易形成氢化物的金属，在高温下与氢反应生成脆性的氢化合物	对不同的氢脆表现形式，可能有不同的影响因素。例如当环境中含有能阻止释放氢的硫化物、氰化物、含磷离子等物质时，就容易促使材料产生氢鼓泡。对低强度钢特别是含有大量非金属夹杂时，容易吸收氢生成氢鼓泡。然而对于氢脆破断来说，往往发生在高强度钢中	为避免氢鼓泡的产生，要设法去除阻碍释放氢的物质；选用无空穴的镇静钢；采用不易渗透氢的奥氏体不锈钢或镍的衬里，或橡胶、塑料、瓷砖衬里；加入缓蚀剂。防止氢脆破断的措施主要是：在容易发生氢脆的环境中，不用高强度钢，改用 Ni、Cr 合金钢；在加工处理过程中尽可能减少氢进入材料；酸洗液中放缓蚀剂；进行脱氢热处理

10. 在自然环境中的金属腐蚀与防护

自然环境中的金属腐蚀类型很多，主要有大气腐蚀、海水腐蚀、土壤腐蚀、二氧化碳腐蚀和微生物腐蚀，简介如下：

(1) 大气腐蚀　大气又称空气，是包围地球的气体混合物的总称。因受地心引力的作用，大气在垂直地面方向的分布不均匀，按质量计90%集中在30 km以下。大气的主要成分为N_2、O_2、Ar、CO_2及H_2O等。除水蒸气外，大气的组成基本上是稳定的，平均组成(%体积)N_2为78.084，O_2为20.948，Ar为0.934，CO_2为0.031，这四种气体占大气总量的99.997%，剩余的有He、Ne、Kr、Xe、H_2、CH_4、NO_x、SO_2、O_3、CO等。

大气腐蚀是金属与所处的大气环境间因环境因素而引起材料变质或破坏的现象。参与金属大气腐蚀过程的主要组成是氧和水气，其中氧主要参与电化学腐蚀过程，水气在金属表面形成水膜，成为电解液层，水膜的形成与大气的相对湿度密切相关。根据腐蚀金属表面的潮湿程度，大气腐蚀可分为干大气腐蚀(金属表面没有水膜，仅有几个分子厚的吸附膜)、潮大气腐蚀(大气相对湿度低于100%，金属表面的水膜厚度在10 nm～1 μm)和湿大气腐蚀(大气相对湿度在100%左右或雨水直接落在金属表面，水膜厚度在1 μm～1 mm，甚至更厚)三类。干大气腐蚀属化学腐蚀中的氧化。潮、湿大气腐蚀的规律符合电化学腐蚀的一般规律，其中潮的大气腐蚀主要受阳极过程控制，而湿的大气腐蚀主要受阴极过程控制。

在阳极进行金属的溶解：$M + nH_2O \rightarrow M^{n+} \cdot nH_2O + ne$

在阴极上主要进行氧的去极化作用。若在中性及碱性水膜中进行，则为

$$O_2 + 2H_2O + 4e^- \rightarrow 4OH^-$$

若在酸性水膜中进行，由于氧扩散到阴极的速度较大，氧的去极化作用仍占主要地位，故进行下列反应：

$$O_2 + 4H^+ + 4e^- \rightarrow 2H_2O$$

大气腐蚀的影响因素较为复杂，主要有大气的相对湿度、温度、温差、大气成分和污染物质等。可以根据金属件所处环境和要求来选择控制措施，例如：选用合适的耐蚀材料，采用覆盖保护，控制环境的相对湿度、温度及含氧量，采用缓蚀剂保护和电化学保护等。

(2) 海水腐蚀　海水是一种含盐量相当大的腐蚀性介质，盐分占总量为3.5%～3.7%。盐分中主要是$NaCl$，占总盐分的77.8%，其次是$MgCl_2$，故常以3%或3.5%的$NaCl$溶液近似地代替海水。它的平均电导约为$4 \times 10^{-2} S \cdot cm^{-1}$，远远超过了河水($2 \times 10^{-4} S \cdot cm^{-1}$)和雨水($1 \times 10^{-5} S \cdot cm^{-1}$)。正常情况下，海水表面被空气完全饱和，氧的溶解量随水温大约在5×10^{-6}～10×10^{-6}范围内波动。海水中Cl^-离子含量约占离子数的5和%氧和Cl离子含量是影响海水腐蚀的主要因素。

海水腐蚀的电化学过程的特征是除了负电性很强的镁及其合金既有吸氧腐蚀又有析氢腐蚀外，其他金属的海水腐蚀都属氧去极化阴极过程。在含有大量H_2S的缺氧海水中，也有可能发生H_2S的阴极去极化作用，如Cu、Ni是易受H_2S腐蚀的金属。大量Cl^-离子的存在，使金属钝化膜易遭破坏，产生孔蚀，不锈钢也难免，只有Ti、Zr、Nb、Ta等少数易钝化金属才能在海水中保持钝态，有较强的耐海水腐蚀性能。局部腐蚀除孔蚀外，还易发生缝隙腐蚀以及高流速海水所产生的冲击腐蚀和空泡腐蚀。另外，由于海水的电导率很大，电阻性阻滞很小，在金属表面形成的微电池和宏观电池都有较大的活性，而且在海水中异种金属的接触能造成显著的电偶腐蚀，并且作用强烈，影响范围较远。

按照金属件与海水接触的情况,可将海洋的腐蚀环境大致分为海洋大气区、飞溅区、潮差区、全浸区和海底泥浆区。由于飞溅区金属表面潮湿,海水供应充足,更因为干湿交替,盐分浓缩,腐蚀条件最充分,所以腐蚀速率最大。海底泥浆区氧分不足,虽可能存在海水与泥浆间的腐蚀电池或者微生物腐蚀,但腐蚀速率最小。潮差区相对低潮线以下的全浸区部分形成明显的氧浓差电池,潮差区氧充足为阴极,全浸区供氧较少而为阳极,有较大的腐蚀速率。

影响海水腐蚀的主要因素有含盐量、含氧量、金属件所处腐蚀环境、温度、海水流速和海洋生物等。控制海水腐蚀的方法有:合理选材,涂层保护,电化学保护(阴极保护、外加电流和牺牲阳极法)等。

(3) **土壤腐蚀** 大多数土壤是中性的,但有些是碱性的砂质黏土和盐碱土,pH 值为 7.5～9.5,也有的土壤是酸性腐殖土和沼泽土,pH 值为 3～6。土壤通常由土粒、水和空气组成,是一个复杂的多相结构。土壤颗粒间形成大量毛细管微孔和空隙,空隙中充满空气和水,常形成胶体体系,是一种离子导体。溶解有盐类和其他物质的土壤水,也是一种电解质溶液。土壤的导电性与土壤的干湿程度及含盐量有关。土壤的性质和结构是不均匀的,多变的,土壤的固体部分对埋在土壤中的金属表面来说是固定不动的,而土壤中的气、液相则可做有限运动。另外,要关注的是土壤污染所引起的腐蚀,大量的化石燃料,工矿业的三废排放,农业生产中化肥、农药的使用不当,城市生活污水、垃圾的排放倾倒以及大气污染物的沉降,使土壤中积累了重金属及酸、碱、盐类等无机物和各种难降解的有毒物质、洗涤剂、生物残体、排泄物、塑料残片等有机物,这些污染物与土壤中原有的矿物质、有机质、微生物发生复杂化学反应和生化作用,改变了土壤原来的结构和性质,从而直接影响着土壤腐蚀的过程。

土壤腐蚀是一种电化学腐蚀,其过程包括阳极过程与阴极过程。铁在干燥和透气性良好的土壤中,阳极过程因钝化现象及离子水化的困难而产生很大的极化,其进行方式接近于铁在大气中腐蚀的阳极行为。金属在潮湿、透气不良且含有氯离子的土壤中的阳极极化行为可将金属分成四类:一是阳极溶解时没有显著阳极极化的金属,如镁、锌、铝、锰、锡等;二是阳极溶解的极化率较低,取决于金属离子化反应的过电位,如铁、碳钢、铜、铅等;三是因阳极钝化而具有高的起始极化率的金属,在更高的阳极电位下,阳极钝化又因土壤中存在氯离子而受到破坏,如铬、锆和含有铬或铬镍的不锈钢;四是在土壤条件下不发生阳极溶解的金属,如钛、钽等。在土壤中阴极过程是氧的去极化;只有在酸性很强的土壤中才发生氢的去极化;在某些情况下,还有微生物参与的阴极还原过程。

土壤腐蚀主要有三种类型:ⓐ微电池和宏观电池引起的土壤腐蚀。除了因金属组织不均匀性引起的腐蚀微电池外,还可能由于土壤介质的不均匀性引起的腐蚀宏观电池。由于土壤透气性不同,使氧的渗透速度不同。这种土壤介质的不均匀性影响着金属各部分的电位,是促使建立氧浓差电池的主要因素。浓差腐蚀是土壤腐蚀的主要形式之一。ⓑ杂散电流引起的土壤腐蚀。尤其是应用直流电的大功率电气装置漏失而流入土壤的杂散电流促使地下埋设的金属发生腐蚀,据计算每流入 1A 的电流,每年就会腐蚀掉 9.15 kg 铁或 11 kg 左右的铜。交流电也会引起这类腐蚀,但破坏作用小得多。ⓒ由微生物引起的腐蚀。

影响土壤腐蚀的因素有土壤的孔隙度、含水量、导电性、酸碱度、含盐量和微生物等。控制土壤腐蚀的措施有:合理选材,覆盖层保护,处理土壤(减少其腐蚀性,进行阴极保护等)。

(4) **微生物腐蚀** 微生物如细菌、真菌、病毒等,是生物的一大类,形体微小,构造简单,繁殖迅速,广泛分布在自然中。微生物腐蚀是指由于微生物的存在与生命活动参与下所发生的腐蚀过程。与腐蚀有关的微生物主要有硫酸盐发原菌、硫氧化菌和铁细菌。这些细菌以下列四种方式影响腐蚀过程：一是细菌能产生某些腐蚀性的代谢产物，如硫酸、有机酸、硫化物、氨等；二是细菌的活动过程影响电极反应，例如硫酸盐还原菌的活动过程对腐蚀的阴极去极化过程起促进作用；三是细菌的活动过程改变金属所处的环境状况，如氧浓度、盐浓度、PH值等；四是破坏金属表面覆盖层或缓蚀剂的稳定性。由于细菌在自然界中分布广泛，与水、土壤或湿润空气接触的金属件，都能发生微生物腐蚀。最严重的微生物腐蚀发生在微生物群落出现的地方，很多具有不同生理学特点的细菌相互作用，造成点蚀、缝隙腐蚀、沉积膜下腐蚀、选择性腐蚀以及增强电偶腐蚀和冲刷腐蚀等。控制微生物腐蚀的措施往往是针对具体情况制订的，主要从抑制茵茵繁殖和抑制电化学腐蚀两方面着手的，例如：在介质中投放高效、低毒的杀菌剂和除垢剂；采用非金属覆盖层、金属镀层；使用有机涂层，必要时加入适当的灭菌剂；外加电流阴极保护或牺牲阳极保护。

(5) 二氧化碳腐蚀　二氧化碳是一种无色、无臭、无毒气体，在工业上有重要应用，也是植物光合作用的重要原料。但是，它为大气中主要的温室气体，来自大量化石燃料以及木材等有机物的燃烧，人类、动植物、微生物的呼吸排放以及大气中各种含碳物种的光化学氧化。目前 CO_2 的环境浓度约为 370×10^{-6}（体积）。每年排入的 CO_2 约一半分配到海洋和生物群落，另一半留存大气圈，致使全球 CO_2 的浓度（体积）平均以 0.7×10^{-6} 的速度逐年上升。若大气中 CO_2 增加10%，全球平均气温将升高 0.3℃！

二氧化碳对金属的腐蚀作用已引起人们关注。二氧化碳溶于水，溶解度为 $0.385g/100gH_2O$（0℃），在40℃时为 $0.097g/100gH_2O$。在 CO_2 水溶液中极少部分 CO_2 生成 H_2CO_3，绝大部分是 CO_2 的水合物。CO_2 水溶液有很强的腐蚀性，在相同PH值条件下总酸度比盐酸高，因此对钢铁的腐蚀很严重。常见的 CO_2 腐蚀为油田井下油管的腐蚀。

二氧化碳腐蚀根据形态可分为点蚀、台地腐蚀和流动诱使局部腐蚀三种。例如钢质油套管在流动的含 CO_2 水介质中会发生点蚀，并且存在一个温度敏感区间，主要处于 80～90℃ 的部位；当钢铁表面形成大量碳酸亚铁膜而此膜又不是很致密和稳定时，极易发生台地侵蚀，即局部发生平台状形式的损坏；在湍流介质条件下易造成流动诱使局部腐蚀，此时在被破坏的金属表面形成沉积物层，但表面很难形成具有保护性的膜。

影响二氧化碳腐蚀主要有两类因素：一是环境因素，包括介质含水量、介质温度、CO_2 分压、介质 pH 值、介质中 Cl^-、HCO_3^-、H_2S、O_2、细菌等含量、油气混合介质中的蜡含量、介质载荷、流速、运动状态、材料表面垢的结构和性能；二是材料因素，包括材料种类合金元素含量、表面膜等。控制二氧化碳腐蚀的措施有：合理选材、定期清理管道、添加缓蚀剂，电化学保护，保护性覆盖层以及改善使用环境等。

11. 金属耐蚀性的评定

金属材料的腐蚀绝大多数为电化学腐蚀。根据腐蚀破坏形式，评定金属耐蚀性有不同的方法，归纳起来大致有下列几种：一是重量法，即用失重或增重方法表示；二是深度法，即用腐蚀深度表示；三是容量法，在析氢腐蚀时，如果氢气析出量与金属腐蚀量成正比，则可用单位时间内试样单位析出的氢气量来表示金属的腐蚀速率；四是腐蚀电流密度，即用金属的电极上单位时间通过单位面积的电量表示腐蚀速率；五是电阻性能指标，即根据腐蚀前后试样电阻的变化来评定腐蚀程度；六是机械性能指标，如对于某些晶界腐蚀和氢腐蚀，可用试验前后一些机械性能的变化来评定。

在表面工程中,特别对于防护性涂层及防护装饰性涂层,在涂层的耐腐蚀性指标上有明确和严格的要求。虽然将涂件置于实际使用条件下进行耐蚀性评定可获得准确的结论,但十分费时费力,因此除特定产品外,通常希望采用简便而有效的方法进行评定。目前评定涂层耐蚀性的测试方法一般有以下几类:

(1) 使用环境试验 将涂制产品置于实际使用环境的工作过程中进行评定。

(2) 大气暴露腐蚀试验 将涂制产品或试样放在室内或室外的试样架上,进行各种自然大气条件(包括工业性大气、海洋性大气、农村大气和城郊大气)下的腐蚀试验,定期观察试件的腐蚀状况,用称重法或其他方法测定腐蚀速度。

(3) 人工加速和模拟腐蚀试验 采用人为方法,模拟某些腐蚀环境,对涂件进行快速腐蚀试验,以快速有效的方法评定涂层的耐蚀性。主要有以下几种方法:

① 盐雾试验 即模拟沿海环境大气条件对涂层进行快速腐蚀试验,主要用来评定涂层质量和比较不同涂层抗大气腐蚀的性能。根据试验所用溶液成分和条件的不同,盐雾试验分为三种方法:一是中性盐雾试验(NSS),采用一定浓度的氯化钠溶液在加压下以细雾状喷射,实现测定涂层的加速腐蚀作用;二是醋酸盐雾试验(ASS),采用中性氯化钠溶液加醋酸酸化后进行喷雾,使涂层腐蚀速度加快;三是铜盐加速醋酸盐试验(CASS),它是在醋酸盐雾溶液中加入少量氯化铜,Cu^{2+} 使金属在介质中的腐蚀电池电位差增大,对镍、铬等阴极性涂层具有显著的腐蚀作用,其试验结果也较接近城市大气对金属的腐蚀。

② 腐蚀膏试验(CORR),是测定涂层腐蚀性的另一种人工加速腐蚀试验方法。它采用由高岭土 $Al_2O_3 \cdot 2SiO_2 \cdot 2H_2O$ 加入硝酸铜 $Cu(NO_3)_2 \cdot 3H_2O$、氯化铁 $FeCl_3 \cdot 6H_2O$、氯化铵 NH_4Cl 和水 H_2O 后按一定比例和程序配制成腐蚀膏,涂覆在涂层试样表面,经自然干燥后放在潮湿箱中进行腐蚀试验,到规定时间后取出并适当清洗和干燥,即可检查评定。腐蚀膏中三价铁盐、铜盐和氯化物起着加速腐蚀的作用。

③ 湿热试验,包括恒温恒湿试验、交变温湿度试验、高温—高湿试验等,用来模拟涂制产品在温度和湿度恒定或交变条件下引起凝露的环境,对涂层做加速腐蚀试验。

④ 二氧化碳工业气体腐蚀试验,是采用一定浓度的二氧化碳气体,在一定温度和湿度下对涂层进行腐蚀。

⑤ 周期浸润腐蚀试验,是模拟半工业海洋大气对涂层进行加速腐蚀的试验方法。其设备常为各种型号的轮式周浸试验机,对各种涂层都有一定的试验规范。

⑥ 电解腐蚀试验,是把试样作为阳极,在规定条件下进行电解和浸渍,然后用含有指示剂的显色液处理,使腐蚀部位显色,最后以试样表面显色斑点的大小、密度来评定其耐蚀性。

⑦ 硫化氢试验,是人为制造一个含硫化氢的空气介质,对涂层进行腐蚀试验的方法。

上述加速腐蚀试验原来都有一定的适用范围,后来随着研究的深入以及新产品、新技术的不断出现,这些试验方法经常有条件地被引用,或经过适当修改后被引用,同时又出现新的试验方法。另一方面,腐蚀试验后材料或涂层耐蚀性的评定方法和所用的仪器也有了很大的发展。在宏观评定方面,除了前述重量法、深度法、容量法、腐蚀电流密度、电阻性能指标、机械能指标等六种方法外,还可通过目测、图像仪、色度计等来定性和定量描述腐蚀形态腐蚀面积、腐蚀点密度、腐蚀点平均大小和腐蚀产物的颜色。在微观评定方面,可以用一些先进仪器如电子探针、扫描电镜、俄歇能谱仪等来深入观察和分析腐蚀形貌、产物成分、组织结构,作出科学评定。在电化学试验方面,可用多种方法来评定。其中,极化曲线是电极极化引发的电极反应中电流、电压之间各种变化关系的统称,又称伏安图,它是测量和研究金属腐蚀的重要依据,如用恒电位法(即以电位为自变量,让电位恒定有某一数值,测定相应电极表面通过的电流值,得到电位—电流的关系曲线),测出材料的阳极极化曲线,以此了解点蚀及缝隙腐蚀敏感性,并且通过测出电位-pH—电流密度等方法来评定各种电位-pH状态下合金涂层的腐蚀速度。目前,通过恒电位仪、快速扫描信号发生器、X—Y记录仪等设备的联合使用,极化曲线的测定方法已趋完善。

3.2.3 非金属材料的耐蚀性

非金属材料包括无机非金属材料和有机高分子材料。前者有陶瓷、玻璃、水泥、耐火材料和半导体等。后者有各种聚合物制得的材料,除塑料、橡胶、纤维三大合成材料外,还有涂料、胶黏剂、化学建材、感光材料、生物医学用的高分子材料、树脂基复合材料、液晶、离子交换树脂和各种高功能性材料及高性能高分子材料等。由于它们的品种繁多,应用甚广,生产量和消费量逐年上升,又大量用于基础设施和重大工程,面临苛刻的自然环境,所以它们的腐蚀与防护受到人们的重视。非金属材料的腐蚀有很大不同,有些方面是完全不同的。一些高分子材料和硅酸盐材料的腐蚀及控制简介如下:

1. 硅酸盐材料的腐蚀及控制

(1) 混凝土和钢筋混凝土的腐蚀及控制:

①混凝土腐蚀的分类。按其腐蚀形态可分为五类:一是溶出腐蚀,即在水(主要是软水)的作用下水泥石中的 $Ca(OH)_2$ 被溶解和洗出,使水化硅酸盐、水化铝酸盐发生水解,析出 CaO,生成硅酸、氢氧化铝、氢氧化铁等非结合性产物,导致水泥石降低和发生腐蚀,当混凝土中的 CaO 损失达 33% 时,混凝土就会被破坏;二是分解型腐蚀,主要是酸性溶液和镁盐溶液两种介质,与水泥石中的 $Ca(OH)_2$ 发生反应,分别生成可溶性化合物和无胶结性能的产物,导致 $Ca(OH)_2$ 丧失,使水泥石分解;三是膨胀型腐蚀,由溶液中某些离子(例如硫酸盐溶液中的 SO_4^{2-}),与水泥石中 $Ca(OH)_2$ 作用生成体积远远大于反应前组成物体积的新产物,或者一些盐类溶液(例如 Na_2SO_4、Na_2CO_3)在水泥石空隙中结晶引起体积显著增大,造成水泥石的开裂和破坏;四是细菌腐蚀,较为典型的是硫杆菌在氧和水存在的条件下,与污水中的硫或来源于矿物、油田中的硫发生反应生成硫酸,使混凝土受到腐蚀;五是碱集料反应,是水泥石中的强碱 Na_2O 和 K_2O,与骨料中的活性二氧化硅发生反应,在骨料表面生成一层致密的碱—硅酸盐凝胶,其遇水后产生膨胀,使骨料与水泥石之间的界面胀破,导致混凝土整体破坏。

钢筋混凝土按腐蚀形态分为两类:一是混凝土被腐蚀破坏,同时钢筋裸露被腐蚀,导致整体结构的破坏;二是由于外部介质的作用使混凝土的化学性质发生变化,或者引入了能激发钢筋腐蚀的离子使钢筋表面的钝化作用丧失,而引起钢筋锈蚀。

②影响混凝土腐蚀的因素。主要是混凝土的化学成分、孔隙率、环境和水。除了混凝土成分和生产质量的影响外,环境因素受到重视。混凝土在自然环境中会发生腐蚀,尤其在海洋、盐渍地区以及在抛洒冰盐的寒冷地区,基础设施的腐蚀较为严重;大气中较高含量的 CO_2、SO_2,则会加快混凝土的腐蚀。

③混凝土腐蚀的控制。主要有五项措施:一是选用耐蚀水泥以及通过混凝土密实度的增加来提高抗渗性能;二是在混凝土表面增设耐蚀层,如涂刷氯磺化聚氯乙烯涂料等;三是加入阴极型、阳极型、复合型等类型的钢筋阻锈剂,这是一种长期防护钢筋的方法;四是采用聚合物

水泥混凝土,即在由胶结料与骨料组成的混凝土中用聚合物来改良胶结料,以此提高混凝土的密实度、黏结力、耐蚀、耐磨性;五是阴极保护,即采用施加外加电流或牺牲阳极的方法,使混凝土内钢筋受到电化学保护。

(2) 玻璃的腐蚀及控制

①玻璃腐蚀的类型。玻璃是一种由过冷液体形成的非晶态固体物质。广义的玻璃包括单质玻璃、有机玻璃和无机玻璃,狭义上仅指无机玻璃。大规模生产的是以 SiO_2 为主要成分的硅酸盐玻璃,由于资源丰富、价格低廉、对一般试剂和气体介质的化学稳定性好、硬度高和生产方法简单等优点而成为实用价值最大的一类玻璃。虽然玻璃是较为惰性的材料,但在大气、水、酸或碱等介质参与下也会发生化学、物理侵蚀作用,首先玻璃表面变质,随后侵蚀作用逐渐深入,甚至达到玻璃整体完全变质的程度。玻璃腐蚀大致可分六种类型:一是水化,即玻璃与水接触时,可以发生溶解和化学反应(包括水解及在酸、碱、盐水溶液中的腐蚀),而水化的程度与变质层的性质是由玻璃成分、结构、表面积、介质特性等因素决定的,不同条件下玻璃的耐久性可以相差很大,例如低碱硅酸盐玻璃的耐久性好,而含碱量较高的二元或三元硅酸盐玻璃因 SiO_2 含量较低导致耐久性很差;二是风化,即玻璃与空气长期接触,在吸附水膜等作用下表面会出现雾状薄膜、点片状白斑、细线状膜、彩虹等,甚至形成白霜及平板玻璃粘片,俗称"玻璃发霉";三是酸侵蚀,即在酸的作用下玻璃发生腐蚀,例如为了获得某些光学性能的光学玻璃,降低 SiO_2 含量和加入大量 Ba、Pb 等重金属氧化物,因这些氧化物的溶解而易使玻璃被醋酸、硼酸、磷酸等弱酸所腐蚀,对于一般的硅酸盐玻璃因有足够的 SiO_2 含量而具有良好的耐蚀能力(氢氟酸和磷酸除外);四是碱侵蚀,即在碱的作用下玻璃发生腐蚀,由于 OH^- 破坏了 Si-O-Si 链,形成 Si-OH 及 Si-O-Na,故碱侵蚀较重些,其腐蚀程度不仅与 OH^- 的浓度有关,而且与阳离子和种类有关,顺序为 $Ba^{2+}>Sr^{2+}\geqslant NH_4^+>Rb^+\approx N_a^+\approx Li^+>N(CH_3)_4^+>Ca^{2+}$;五是大气侵蚀,即在水汽、二氧化碳、二氧化硫等作用下玻璃发生腐蚀,其过程是表面某些离子吸附空气中的水分子,这些水分子以 OH^- 覆在表面,不断吸收水分和其他物质,形成薄层,若其中碱性氧化物较多,则水膜变成碱金属氢氧化物的溶液,随后进一步吸收水分,使玻璃受到破坏;六是选择性腐蚀,即一些玻璃通过一定的热处理,形成易蚀的第二相弥散分布在耐蚀的高 SiO_2 含量的基体上,在酸中易蚀的第二相被腐蚀掉,而耐蚀的基体保留下来,制成有弥散小孔的玻璃。

②影响玻璃腐蚀的因素。主要是玻璃的化学组成、结构、热处理、表面状态与环境。硅酸盐玻璃的耐水性和耐酸性主要决定于硅氧和碱金属氧化物的含量。其中,硅金属氧化物不仅含量而且种类的影响都很大。例如在 $SiO_2 \cdot Na_2O \cdot RO$(或 RO_2 或 R_2O_3)的玻璃中,ZrO_2、Al_2O_3、MgO、CaO、BaO、TiO_2、ZnO 等氧化物置换部分 Na_2O 后,表现出不同的化学稳定性:氧化锆、氧化铝等对耐水、耐酸、耐碱都有良好的影响,氧化锌、氧化钙等也对耐水和耐酸性有利,而氧化钡对耐水、耐酸和耐碱性都不好。玻璃在退火过程中若缺乏酸性气体的存在,会造成表面碱的富集,使耐蚀性变差;反之,若退火炉中存在较多的二氧化硫等酸性气体,则会与玻璃表面部分碱性氧化物反应生成主要成分为硫酸钠的"白霜"层而易被除去,降低表面的碱性氧化物的含量,使玻璃的耐蚀性提高。在环境因素方面,温度的影响是显著的,在 100℃ 以下每升高 10℃,侵蚀介质对玻璃的腐蚀速率增加 50%~150%,100℃ 以上时除含锆多的玻璃外,对一般玻璃的侵蚀作用显得剧烈。压力的影响也很大,当压力提高 $(29.4 \sim 98) \times 10^5 Pa$ 时,玻璃会迅速破坏。

③玻璃腐蚀的控制。玻璃的种类很多,除了大量使用的以 SiO_2 为主要成分的硅酸盐玻璃外,还有以 B_2O_3、P_2O_5、PbO、Al_2O_3、GeO_2、TeO_2、TiO_2 和 V_2O_5 为主要成分的氧化物玻璃,以硫系化合物(例如 As_2S_3)或卤化物(例如 BeF_2)为主的非氧化物玻璃,还有以某些合金形成的金属玻璃(例如 Au_rSi)。除惰性气体外,几乎所有的元素均可引入或掺入玻璃。然而,玻璃化学组成和结构对其耐蚀性的影响往往是复杂的,所以应根据实际需要选择好玻璃。此外,表面处理是改善玻璃耐蚀性的有效途径。例如,在玻璃表面涂覆有机硅或有机硅烷类物质,生成一层有机聚硅氧烷憎水膜,能减缓水对玻璃表面的水化作用。又如玻璃表面脱碱处理是玻璃生产的一项重要技术,通常是在退火中通以酸性气体(包括能释放气体的固态物质)或喷涂溶液,使玻璃与气体或溶液中的盐类反应,其表面的碱金属离子生成易溶于水的盐类,清洗后的玻璃表面就贫碱,从而提高玻璃的强度和化学稳定性。在安瓿(装注射剂用的密封的小玻璃瓶)、输液瓶等对耐碱性要求高的玻璃制品中,采用此法可大幅度地提高玻璃的耐久性。输液瓶等小口径瓶用气体脱碱时,往往瓶外表面的脱碱效果高于瓶的内壁,若在瓶中放置 $(NH_4)_2SO_4$ 或 $AlCl_3$ 等片剂,退火时片剂分解,放出酸性气体,则能产生脱碱作用。

2. 高分子材料的腐蚀及控制

(1) 高分子材料的腐蚀类型 由于高分子材料一般不导电,在介质中通常不以离子形式溶解,其腐蚀过程主要是物理或化学作用过程,而不是电化学过程,这与金属的腐蚀有很大的不同。高分子材料的腐蚀有物理腐蚀与化学腐蚀等类型。

①物理腐蚀。高分子材料的分子为大分子,本身难以扩散,但由于分子间隙大,分子间作用力弱,腐蚀介质的小分子却容易通过渗透和扩散,进入高分子材料的内部,引起高分子材料的溶剂化过程,产生溶胀及溶解,即造成物理腐蚀。所谓溶剂化是指进入高分子材料内部的介质分子与高分子材料分子亲合力较大时,高分子链段间的结合力削弱,分子链段间距增大,并与介质分子溶为一体。溶剂化的高分子因其结构特征而很难直接扩散到溶剂中,使材料在宏观上体积增大或重量增加,这种现象称为高分子材料的溶胀。然后,能否发生溶解,则取决于高分子材料的结构:若是线性结构,溶胀往往继续发生,直到材料充分溶剂化,此时材料表面开始逐渐溶入介质,形成均匀的溶液,到溶解完成;若是网状结构,溶胀将使交联键伸直,但难使其断裂,故不能溶解;若为结晶态高分子材料,则因分子间作用力强和结构紧密而难于溶胀和溶解。

②化学腐蚀。进入高分子材料内部的介质分子,有可能与高分子材料发生一些化学反应,尤其在光、热、氧、潮湿、应力、化学侵蚀等环境影响下发生氧化、水解、取代、交联等化学反应,使材料的强度、弹性、硬度、颜色等性能逐渐恶化,即造成材料的老化,甚至裂解破坏,这类腐蚀称为高分子材料的化学腐蚀。其中常见的化学反应有:

一是在酸、碱、盐等介质中的水解反应,即高分子材料(化合物)与水作用分解成两个或两个以上的部分,并且经常与水分子中的 H 或 OH 相结合,生成两个或几个产物的反应。或高分子含有易水解的基团,如 $-CONH-$、$-COOR-$、$-CN$、$-CH_2-O-$ 等,则在酸或碱的催化下水解,从而发生降解。所谓降解,是因各种外在因素(如光、热、辐照、氧化、水解、微生物、化学作用、机械作用、超声波作用等),或多种因素共同作用而引起高分子链断裂、分子量下降、分子量分布变宽、力学性能变差的现象。水解降解是其中一种类型。例如尼龙和线型聚酯较易水解降解,因为它们分别含有亲水的 $-CONH-$ 基团和易水解的酯基。

二是在空气中由于氧、臭氧等作用而发生的氧化反应。例如,天然橡胶、聚丁二烯、聚氯乙烯等烃高分子材料,在辐射或紫外线等外界因素作用下,能与空气中的氧发生作用,使高分子被氧化降解。又如空气中微量的臭氧可破坏橡胶中的 C=C 链，使主链破断。

三是取代反应，即高分子材料中某些原子或基团被其他原子或基团所置换的反应。高分子材料发生取代反应后，有可能发生腐蚀。例如聚四氟乙烯是聚乙烯中的氢原子全部被氟原子所取代，氟原子将长碳链严密保护起来，因此可耐各种介质的腐蚀，但在熔融态金属钠的作用下表面大分子中的氟被置换，又会发生腐蚀。

四是交联反应，即造成线性高分子链之间以共价键（含离子键）连接成网状或体形（三维结构）高分子的反应。这种反应可能使高分子材料硬化变脆和耐蚀性下降。

③应力腐蚀开裂。应力与腐蚀联合作用不仅在金属材料而且在非金属材料中都可发生应力腐蚀开裂。对于高分子材料，拉应力可降低化学反应激活能，以及拉开大分子的距离，增加介质分子的渗透和高分子材料的局部溶解，从而促使材料在低于正常断裂应力下产生银纹、裂纹、直至断裂。其中银纹是因介质小分子渗入高分子材料内部，使材料表面塑性增加，屈服强度降低，在应力作用下材料表面层产生塑性变形和大分子的定向排列，使表面形成由一定量物质和浓集空穴组成的纤维结构。在更大的应力作用下，一部分大分子与另一部分大分子完全断开而成为裂纹。但是，有的高分子材料在应力腐蚀开裂之前只很少量的银纹或没有银纹，这与介质特性有关。介质为表面活性物质时，应力腐蚀开裂过程包括出现银纹、裂纹及裂纹扩展几个阶段；介质为溶剂型物质时，大分子链间易于相对滑动，从而在较低应力作用下高分子材料就可发生应力腐蚀开裂，称为溶剂开裂或溶剂龟裂；介质为强氧化介质时，只形成少量银纹，并且迅速发展至开裂，称为氧化应力开裂。

④微生物腐蚀。微生物对高分子材料的腐蚀，表现在微生物新陈代谢所产生的酸性产物具有腐蚀作用，还有可能使密封圈失去密封性、绝缘件失去绝缘性。

⑤选择性腐蚀。在一定的腐蚀环境中，高分子材料的某种或几种成分，有可能选择性地溶出或产生变质破坏，使材料解体。

⑥因热造成的腐蚀。高分子材料因其独特的结构而具有一系列优异的性能，但也存在许多不足，其中不耐高温和容易老化是两个突出的问题。从腐蚀的涵义来看，高分子材料在热、光、辐射等作用下引起降解或交联而造成本身损坏和性能恶化的现象，都可作为腐蚀问题来研究。

高分子材料受热时发生软化、熔融等物理变化和降解、交联、环化、分解、氧化、水解等化学变化，这些变化都可能使材料的许多性能变坏。其中，热降解使主链断裂，相对分子质量降低，导致力学性能恶化。热降解与化学键的强度密切相关：化学键的键能越大，材料的热稳定性越好。例如聚苯只有苯环结构，其中 C—C 键 C—H 键都很稳定，而聚氯乙烯因含不稳定的 C—Cl 键而热稳定性很差。高分子材料在高温下也可能发生交联，过度的交联会使材料变得硬而脆。因此，为了提高高分子耐热性，不仅要提高玻璃化温度和熔融温度，而且应考虑热降解和高温下可能发生的过度交联。

⑦因光造成的腐蚀。太阳光是造成高分子材料光老化的主要影响因素之一。太阳光的波长范围为 10 pm～10 km，但 97% 以上的太阳光辐射的波长位于 0.29～3.0 μm。太阳光经过大气层时的衰减主要包括臭氧层对紫外线的吸收、水蒸气对红外线的吸收以及大气中尘埃和悬浮物的散射等。然而，其中波长短、能量高的紫外光与近紫外光，对许多高分子材料有很大的破坏作用，原因是吸收紫外光后，分子和原子跃迁到激发状态，发生光化学反应。特别是有些高分子材料配制结构中具有强烈吸收紫外光的基团（羰基、双键等），例如涤纶对波长 280 nm 的紫外光有强烈的特征吸收而导致光降解，主要产物为 CO、H_2、CH_4，并且降解后的大分

子游离基之间还会发生交联反应。空气中的氧,水,材料制品中加入的添加剂,引进的杂质,催化剂的残渣,微量的金属元素(特别是过渡金属及其化合物),高温等因素都有可能加速光老化速度。由于造成腐蚀的紫外光和近紫外乐为300～400 nm波长范围,而不同高分子材料各吸收一定波长的光。例如,醛和酮的羰基吸收光的波长范围是187 nm、280～320 nm,C-C键吸收波长为195 nm、230～250 nm的光,羟吸收波长为230 nm的光,所以照射到地球表面的紫外光和近紫外光只能为含有醛、酮羰基的材料所吸收,而只含C-C键和羟基的高分子材料将不会发生由紫外光引起的老化。

⑧因辐射造成的腐蚀。高能辐射可同时引发高分子材料的降解与交联。哪种反应占优势,则与材料结构有关。通常,聚乙烯、聚丙烯、聚苯乙烯、聚氯乙烯及大多数橡胶品种、尼龙、涤纶等在高能辐射下都以交联占优势,而聚四氟乙烯、聚甲基丙烯酸甲酯、聚异丁烯等则是以降解为主。

(2) 影响高分子材料腐蚀的因素　可以分为内、外两个方面。内在因素主要是高分子材料的基本组成、化学结构、聚集态结构以及添加剂等。外在因素有:物理因素,包括介质的物理特性、热、光、辐射、机械应力等;化学因素,包括介质的化学特性、氧、臭氧、水、酸、碱等的作用;生物因素,如微生物等。对于不同类型高分子材料腐蚀,各种内外因素的影响有着一定的特点和复杂性。

(3) 高分子材料腐蚀的控制　主要有以下措施:ⓐ根据实际要求,选择合适的高分子材料;ⓑ在实际使用过程中,尽可能避免或减轻有机溶剂、光、热、辐射、氧、潮湿、水、应力等侵蚀或影响;ⓒ在控制微生物腐蚀时,要注意环境的清洁和干燥,以及在有可能的情况下选用不含增塑剂的塑料(因为增塑剂往往含有微生物所必需的养分);ⓓ为保持高分子材料良好的热稳定性,要在高分子链中避免弱键,引入较大比例的环状结构,以及在解决加工成型困难的情况下可考虑采用梯形、螺型、片型结构的高分子材料(因为它们的分子链不容易同时被打断);ⓔ为避免或延缓高分子材料的光老化过程,可考虑加入能强烈吸收紫外光的紫外光吸收剂(如邻羟二苯甲酮等)、能反射紫外光或吸收紫外光的光屏蔽剂(炭黑和氧化锌等)、与有加速氧化作用的微量金属元素螯合而使其失去活性的螯合剂以及能吸收已受激发的分子能量而使高分子材料稳定的能量转移剂(如含镍或钴的络合物);ⓕ修补,例如管道或设备发生局部损坏时可考虑用玻璃钢修复。

3.2.4　表面选择过滤与分离性能

1. 过滤与分离过程

过滤与分离是一类重要的科学技术,已深入到国民经济、日常生活和环境保护的各个领域。现代社会对物质的精密分离、资源的循环利用、环保的节能减排等方面提出越来越高的要求,使过滤与分离科学技术的重要性日益突出。

过滤与分离通常需要添加一定的过滤介质或分离剂,在特定的过滤与分离设备中进行。过滤是一种使流体通过滤纸或其他多孔材料,把所含的固体颗粒或有害成分分离出去的过程,即过滤是从固—液两相混合物(悬浮液)中分离出固相粒子的过程。过滤是分离的一个组成部分。分离有着广泛的涵义。按照分离过程的基本原理,可将其分为四类:一是根据物理颗粒大小不同而实现分离的机械分离过程;二是根据物体密度不同而实现分离的重力和离心分离过程;三是根据体系平衡状态不同相态(气-液、气-固、液-固等)中浓度不同而实现分离的平衡分离过程;四是根据物质分子在外力作用下迁移速率不同而实现分离的速率控制分离过程。其中第二种可归入第一种分离过程,因此可按三种类型的分离过程进行具体分类,见表3-6。

表 3-6 分离过程分类[62]

过程		原料	分离剂	产品	分离原理
机械分离过程	过滤	液+固	过滤介质	固+液	固体颗粒大小
	沉降	液+固	重力	固+液	密度差
	离心分离	液+固	离心力	固+液	密度差
	旋风分离	液+固或液	惯性力	气+固或液	密度差
	静电除尘	气+固体细颗粒	电场	气+固	使细颗粒带电
平衡分离过程	蒸发	液	热	液+蒸气	蒸气压不同
	蒸馏	液	热	液+蒸气	蒸气压不同
	吸收	气	不挥发性液体	液+气	溶解度不同
	萃取	液	不互溶液体	液+液	溶解度不同
	结晶	液	冷或热	液+固	利用过饱和度
	离子交换	液	固体树脂	液+固	质量作用定律
	吸附	气+液	固体吸附剂	固+液或气	吸附差异
	干燥	湿物料	热	固+蒸气	湿分蒸发
	浸取	固	溶剂	液+固	溶解度
	泡沫分离	液	表面活性剂	液+液	表面吸附
速率控制分离过程	热扩散	气+液	温度梯度	气+液	热扩散速率不同
	电泳	液(含胶体)	电场	液	胶体的迁移速率不同
	微滤	含细菌等液体	压差+膜	悬浮物、细菌等+液	筛分作用
	超滤	含蛋白质胶体液体	压差+膜	蛋白质、胶体等+液	筛分作用
	纳滤	二价盐、糖等液体	压差+膜	二价盐、糖+液	筛分+溶解扩散机理
	反渗透	小分子、盐等溶液	压差+膜	小分子、盐+溶液	溶解扩散机理
	气体分离	气体	压力差	气体	溶解扩散机理
	电渗析	含盐液体	离子交换膜	盐+液体	离子交换膜选择渗透
	渗析	含盐或溶质的液体	浓度差	含盐或溶质的液体	扩散速度不同
	渗透汽化	液体	分压差	气体或液体	溶解扩散机理
	膜蒸馏	气	温度差	气体	气液平衡
	液膜分离	液	电解质溶液	液体	促进反应+浓差扩散
	膜接触器	液+气	浓度差	液体或扩散	分配系数

上述的平衡分离过程和速率控制分离过程都属于传质分离过程,有别于机械过程。

2. 过滤介质

(1) 过滤的基本类型　按机理可将过滤分为三种基本类型:一是筛滤,它又分为表面筛滤和深部筛滤两种,前者是尺寸大于过滤介质孔隙的粒子随滤液一起通过介质(如在杆筛、平纹纺织网及膜上的过滤),后者是固体粒子可出现在过滤介质的深处即流道窄小到比固体粒子尺寸还小的地方(如毡子、非织造布及膜等过滤介质);二是深层过滤,其过滤介质具有立体的孔隙结构,能捕集小于孔隙的固体粒子,甚至远小于孔隙(流道)的固体粒子,也能在过滤介质的深部捕集到,它具有复杂的混合机理,包括拦截、惯性碰撞、扩散、重力沉降、流体动力的影响等机理;三是滤饼过滤,使固体粒子截留在滤饼表面,而液体则透过滤饼和过滤介质成为滤液,滤饼逐渐增厚,滤液也逐渐清澈。滤饼过滤的目的主要是回收固体,而深层过滤和筛滤的主要目的是澄清,为使过滤变得容易,要选用一定的预处理方法,如改变液体的特性、淘析和分级、结晶法、冻结和融化处理,超声波处理滤浆的预浓缩和稀释等,以及选用凝结剂、絮凝剂、助滤剂等作为预处理材料。过滤完成后要进行后处理,包括洗涤和脱液。

(2) 过滤介质的分类 有多种分类方法:按过滤介质构造,可分为柔性、刚性、松散性等类型(表3-7);按过滤介质的形状,可分为颗粒状、纤维状等;按过滤介质组成,可分为天然矿物滤料、合金滤料和复合滤料等;按使用场合,可分为用于水中悬浮物去除的悬浮物过滤介质、用于废气中粉尘去除的过滤介质等。

表 3-7 过滤介质的分类及能截留的最小粒径(μm)[62]

柔性过滤介质			刚性过滤介质		松散性过滤介质
织造介质	非织造介质				
金属丝网(5~40) 天然纤维布(5~10) 合成纤维布(5~10)	板状金属筛(20) 滤纸(2~5) 滤片(0.5~20) 毡(10) 非织造布(0.5~10)		金属条筛(100) 多孔陶瓷(0.2~1) 多孔塑料(10)		天然、合成纤维(1) 纤维素纤维(1) 活性炭(一)
	有机高分子膜	精滤膜(0.1~10) 超滤膜(0.001~0.1) 反渗透膜(0.001~0.01)	烧结金属	纤维毡(3~59) 粉末(5~55) 多层网(2~60)	无烟煤(一) 木屑(一) 石英砂(一) 硅藻土(<0.1) 珍珠岩(<0.1)
			滤芯	表面式(3~5) 深层式(3~5)	

3. 吸附分离材料

(1) 吸附分离材料的特性及选择 吸附是一种从液相或气相到固体表面的传质现象。吸附分离是一种传统的化工分离技术,可从液相或气相中收集某些有用的物质或除去某些有害成分,在水处理及环境保护中有着广泛的用途。吸附分离材料按组成大致可分为无机吸附剂、高分子吸附剂和碳质吸附剂三类,此外还有一类生物吸附剂。由于吸附过程主要发生在吸附剂表面,因此吸附剂的表面特性,包括比表面积、表面能和表面化学性能,有着重要的影响。其中比表面积提供了被吸附物与吸附剂之间的接触机会,表面能是吸附剂具有吸附作用的基本原因,而表面化学性能吸附过程起着重要的作用。吸附剂在制造过程中会形成一些选择性吸附中心的氧化物。这些氧化物往往有助于对极性分子的吸附,削弱对非极性分子的吸附。

选择吸附分离材料时应遵循两个重要的原则:一是相似相溶原则,因为吸附剂与吸附质的组成和结构越接近则吸附分离能力越强,例如,具有类似于石墨(六碳环层状)结构的活性碳对具有高碳氢比的有机物会产生强烈吸附;二是孔径匹配原则,因为只有那些内部孔道直径适当大、最好达到吸附质分子3~6倍尺寸的吸附剂,才具有最佳的吸附分离能力和最高的分离效率。根据这两个原则,得到的一般规律如下:工业废水中电解质或离子型污染物的去除,宜选择离子交换树脂或离子交换纤维;工业废水中重金属污染物的去除,宜选择整合树脂或螯合纤维;大气中气态分子型污染物的去除,宜选择具有高比表面积和 0.5 nm 以下孔径孔道占主导地位的活性炭和分子筛等;气体和废水中分子型有机污染物的去除,宜选用各种类型的吸附树脂。通过这些选择,通常可以获得很高的分离效率,达到最佳的环境净化和控制目标。在有些情况下或在特定的情况下可考虑选择其他材料,例如去除气体或废水中的分子型有机污染物时,在不需要解吸再生和污染物回收利用的特殊情况下,也可选择活性炭。

(2) 无机吸附剂 常见的有沸石、膨润土、硅藻土、海泡石等,大多为天然的无机矿物。

①沸石。其为一族含水的碱或碱土金属网状结构的铝硅酸盐晶体,有天然沸石与合成沸石两类,前者发现有 40 余种,后者已有 150 余种。沸石可用 $M_{n/2} \cdot Al_2O_3 \cdot xSiO_2 \cdot yH_2O$ 通式表示,式中 M 为阳离子的碱或碱土金属,n 为其电价,x 为硅铝比。沸石属架状硅酸盐一类结构,$[(Si,Al)O_4]$ 四面体以顶角相互连结形成架状硅铝氧骨架,但与其他具有架状骨干的铝硅酸盐不同的是,它的构造开放性较大,有许多大小均一的空洞和孔道,并被离子和水分子占据,经脱水或 Na^+、K^+ 等与硅铝氧骨架联系很弱的阳离子被其他阳离子所置换后,其结构不变,可重新吸水和吸附其他物质分子,此时只有直径小于孔道的分子才能进入孔道,从而起到对分子进行筛选的作用。每种沸石的空洞和孔道的直径不同,因而可筛选的分子大小亦不相同。归纳起来,沸石具有阳离子交换、选择吸附和分子筛等作用,加上沸石结构具有坚固的刚性骨架,对较高的温度、氧化还原作用、电离辐射下都是稳定的,不易磨损,比表面积达 $400\sim800m^2/g$,因而广泛用于除氟改良土壤、废水处理、除去或回收重金属离子、放射性废物处理、海水提取钾、海水淡化、硬水软化、气体净化和提纯、除臭等。

②膨润土。主要成分为蒙脱石,典型化学式为 $Na_{0.7}(Al_{3.3}Mg_{0.7})Si_8O_{20}(OH)_4 \cdot nH_2O$,属 2:1 型层状硅酸盐。天然产出的膨润土以钙基膨润土为主,其他还有钠基、镁基和铝(氢)基膨润土。它们在实际使用时,需先改性处理,包括钠化改性、有机改性、酸化改性等。蒙脱石吸附的阳主离子与晶体的连接不很牢固,易为原子价低的离子所置换,这种交换主要在晶层之间进行,并不影响膨润土的结构。钠化改性时,向钙基膨润土中加入钠盐,用 Na^+ 置换蒙脱石层基的 Ca^{2+}、Mg^{2+},转化为钠基膨润土。有机改性时,将大分子有机物引入膨润土(一般为钠基膨润土)的层间,使亲水性的无机膨润土改性为亲油性的有机膨润土,即一种无机矿物和有机铵或胺的复合物。酸化改性是用一定浓度和用量的酸以一定方法除去膨润土中部分酸溶性物质如方解石等,尤其是由 H^+ 取代层间可交换性阳离子,并在不改变原结构的情况下溶出尺寸较大的阳离子,使内部空隙增大,比表面积可由原来 $80m^2/g$ 增加到 $200\sim800m^2/g$,同时蒙脱石层电荷升高,负电性增强,因而具有更强的吸附性和化学活性。膨润土在水质净化、污水处理等方面很有应用前景,尤其是有机膨润土已用于水处理。

③硅藻土。一种由硅藻及一部分放射虫类的硅质遗体组成的沉积岩。主要成分是含水的 SiO_2,含量为 $63.25\%\sim88.56\%$,还有少量的 Al_2O_3、Fe_2O_3、CaO、MgO 及一定的有机质等。硅藻土颗粒细小,粒径约 0.5 mm,质轻多孔,气孔率 $90\%\sim92\%$,比表面积达 $3.1\sim60m^2/g$,可溶于浓碱和氢氟酸而不溶于水,酸和稀碱液,性质稳定,吸水和吸附能力强,是一种重要的吸附剂。改性硅藻土在污水处理上有着投资少、占地小、成本低等显著优点。

④海泡石。属斜方晶系,为链层状水镁硅酸盐或镁铝硅酸盐矿物,主要成分是硅和镁,基本化学式为 $Mg_8Si_{12}O_{30}(OH)_4(H_2O)_8H_2O$。其结构有两层硅氧四面体,中间一层为镁氧八面

体。硅氧四面体的顶层是连续的,沿 C 方向平行延伸,每六个硅氧四面体顶角相反,通过四角的公共氧原子相互连接形成 2∶1 的层状结构,上下层相间排列与键平行,形成截面积约为 0.38 nm×0.94 nm 的孔道,内有水分子和可交换的阳离子 K^+、Na^+、Ca^{2+} 等。海泡石有大的比表面积和较强的离子交换能力。通过加热、酸处理和离子交换等方法对其进行改性处理,可使比表面积增大,吸附性能增强,离子交换容量增加。海泡石在废水处理和气体净化等领域有许多应用。

(3) 有机吸附剂　其种类很多,应用广泛,最常用的是离子交换树脂以及在它基础上发展起来的吸附树脂。

①离子交换树脂。它是一类具有离子交换功能的反应性高分子材料,可与溶液中离子交换功能基的树脂。它有两个基本特点:一是由交联的高分子构成骨架或载体,即为网状结构,任何溶剂都不能使其溶解,也不能使其发生熔融;二是高分子上所带有的功能基可以离子化,即基体带有离子交换基团且能与其他物质进行离子交换。这种树脂自 1935 年问世后有了迅速的发展,根据所带离子交换基团的不同,已商品化的有阳离子交换树脂、阴离子交换树脂、两性交换树脂、氧化还原和螯合树脂等。此外,根据树脂中孔隙又可分为大孔型和凝胶型。外观有小球头、纤维状、膜状等。这种树脂的化学结构基材有苯乙烯、丙烯酸、酚醛、聚氯乙烯、聚丙烯酰胺、环氧烃、丁苯橡胶、聚砜、聚苯醚、聚四氟乙烯等。制备离子交换树脂时,由含功能基的单体在交联剂存在下经缩聚或加聚反应一步合成;或先合成交联的大分子骨架,再进行功能基反应引入离子交换基团。离子交换树脂与离子溶液触时,发生离子交换,逐步除去溶液中原离子。其交换能力的大小,通常以每克干树脂能交换离子的物质的量表示。树脂中被交换的离子可在一定条件下被解吸,使树脂又恢复成原来的型式,经再生可反复使用。离子交换树脂的应用广泛:水处理,污水治理,湿法冶金,医药生产,制糖,生化物质的提取,催化剂制备等。其中,水处理是最大应用领域,包括天然水的软化、脱盐和废水处理。

②吸附树脂。又称树脂吸附剂,为人工合成的孔性高分子聚合物吸附剂,制备时控制工艺条件可得到适合实际要求的结构和性能。通常它是一种不溶于水、直径约 1 mm 的球状大孔高分子材料,孔隙半径为 5 nm 以上,比表面积大于 $800m^2/g$,可发生吸附—解吸反应,既具有类似于活性炭的吸附能力,又比离子交换树脂容易再生。吸附树脂有极性(含吡啶基、酰氨基等高分子材料)、中极性(含酯基等高分子材料)、非极性(烃类高分子材料)等类型,可根据被吸附物的极性大小来选用。吸附树脂当前主要用于药物提取、试剂纯化、色谱载体和废水处理。

(4) 碳质吸附材料　有颗粒活性炭、活性碳纤维和膨胀石墨等几种,为非极性类吸附剂,主要用于吸附水中污染物和空气中某些有害物质(如有机蒸气、氮氧化和二氧化硫等)。

①颗粒活性炭。活性炭是碳元素存在的一种形式,由含碳原料(例如果壳、动物骨骼、煤和石油焦)在不高于 773k 温度下缓缓地加热炭化制成致密坚硬的炭,再放入活化炉中,在控制氧气量条件下进行蒸气活化而制得。活性炭为黑色无定型颗粒,多孔结构,具有各种孔隙:微孔直径小于 2 nm,有着很大的比表面积,表现出很强的吸附能力;中孔(又称中间孔)直径为 2~5 nm,能用于添载催化剂及化学药品脱臭;大孔直径 50~10 000 nm,通过微生物及菌类在其中繁殖而发挥生物的功能。这些空隙可能呈散乱分布,形成复杂的网络,大孔和中孔起着通道的作用,而微孔表面积占总表面积的 95% 以上,由此决定了活性炭的吸附能力。活性炭无臭无味,不溶于任何溶剂,pH 值 7~9,密度 $1.9~2.1g/cm^3$ (20℃),比表面积为 $500~1700m^2/g$,填充密度 0.35g/ml。活性炭可通过高温加热(焙烧)等方法进行再生。

②纤维活性炭。它由聚丙烯腈系、沥青系、酚醛系、黏胶系、苯乙烯烃共聚系、高熔点芳香族聚酰胺系、天然纤维系、木质纤维系,经过预处理、炭化、活化三个阶段,制成纱状、布状或绳状纤维,比表面积达 1 000～2 500 m²/g。其微孔都开口在纤维细丝表面,孔道极短,并且不仅孔隙率大,孔径也均一,绝大多数为适合气体吸附的 0.0015～0.003 μm 的小孔和中孔。因此,纤维活性炭在宏观形态和微观结构上都与传统的活性炭有着很大的区别,其吸附最大,吸附速度快,吸附能力较一般的活性炭高 1～10 倍,而且容易再生,可制成纱、布、毡、纸等多种形态,工艺灵活性大。

③膨胀石墨。石墨是碳的一种同素异构体为六方层状结构。绝大多数石墨层间化合物以高温快速加热都能发生膨胀。天然鳞片状石墨经插层、水洗、干燥和高温膨化后制得的膨胀石墨,每片石墨沿 C 轴方向膨胀成蠕虫状颗粒,形成网络状孔隙结构,其中多数孔为狭缝或由其衍生形成的多边形柱孔或楔形孔。表面孔一般为开放孔,内部互联孔有开放孔,半封闭孔和封闭孔三种情况,孔径分布较宽,在 1～100 nm 数量级之间变化,以大孔和中孔为主,使膨胀石墨适合吸附大分子物质。例如煤焦油中分子普遍较大,难于进入活性炭的中孔和微孔中,即使有些分子进入,也因煤焦油黏度大、流动性差而难以扩散;膨胀石墨主要由大孔组成,煤焦油分子容易进入,并很快被网络体系的"储油空间"所吸收,直到充满内部网络孔,表现出大的吸附量。膨胀石墨还具有亲油疏水的性质,这对于应用它进行水面清油很重要。膨胀石墨作为一种优良的吸附材料,无论对各种单纯油类、水面浮油以及乳化状液体中的油和低含油废水中的油都有很好的吸附脱除能力。

(5) 生物吸附剂。它包括植物和微生物等,目前研究较多的是微生物吸附剂,其中对根霉和枯草芽孢杆菌的研究较为深入。研究表明,一些微生物如细菌、真菌和藻类对重金属有很强的吸附作用。生物吸附的主要机理有络合、螯合、离子交换、细胞转化、细胞吸收和无机微沉淀等。这些机理可以单独起作用,也可以几个机理结合在一起产生作用。络合是指金属离子与几个配基以配位键相结合形成复杂离子或分子的过程。螯合是一个配基上同时有两个以上的配位原子与金属结合形成具有环状结构的配合物的过程。离子交换的细胞物质结合的金属离子离子被另一些结合能力更强的金属离子代替的过程。细胞转化是指微生物代谢产生的及细胞自身的一些还原性物质将氧化态的毒性重金属郭还原为无毒性的沉淀。细胞吸收有主动吸收和被动吸附两种形式:主动吸收是反映活体细胞和的主动吸收,包含转输和沉淀两个过程,需要代谢活动提供能量支撑,一般只对特定元素起作用,速度较慢;被动吸附是指细胞表面覆盖的胞外多糖和细胞壁上的磷酸根、羧基、硫基、氨基等基团以及胞内的一此化学基团与金属之间的结合,速度较快,是微生物处理重金属废水过程中细胞吸收的主要形式。无机微沉淀是金属离子在细胞壁上或细胞内形成无机沉淀物的过程。金属还能以磷酸盐、硫酸盐、碳酸盐或氢氧化物等形式通过晶核作用在细胞壁上或是在细胞内部沉积下来。生物具有的吸附能力与其细胞壁的成分和结构密切相关。生物吸附剂和被吸附的离子本身的性质以及操作的各种环境条件都是生物吸附的影响因素。一般为了使用方便和安全性,微生物通常在固定化以后才作为吸附剂使用。微生物吸附在去除和回收废水中金属离子方面具有良好的前景。

4. 膜分离材料

(1) 膜的定义和分类 膜是指两相之间具有选择性透过能力的隔层,并且是在某种外力推动作用下的混合物中的一种或多种组成,能够选择性地透过该隔层而实现混合物的分离。膜分离过程不同于传统的精馏、蒸发、结晶等平衡分离过程,是一种速率控制分离过程。膜的种

类很多,用途广泛,有多种分类方法。按分离过程的推动力不同,膜可分为以下几种:

①压力差,包括微滤、超滤、纳滤、反渗透、气体分离;

②浓度差,包括渗析、渗透气化、控制释放、液膜、膜传感器;

③电化学势、包括电渗析、膜电解;

④温度差,有膜蒸馏;

⑤化学反应膜,有化学反应膜。

此外,还有按膜的作用机理、膜材料、膜的凝聚态、膜的构造、膜的用途、膜的功能、膜的形状等分类方法。

(2) 膜的分离机理　有多种机理,主要有三种:一是筛分机理,即截流比孔径大或与膜孔径相当的微粒(主要针对有孔膜的分离);二是荷电机理,包括吸附与电性能等孔径以外的影响因素(主要针对膜中存在固定电荷的荷电型膜的分离);三是溶解—扩散机理,即为膜的选择性吸附和选择性扩散共同作用机理(主要针对致密膜的分离)。

(3) 微滤膜　微滤(microfietration,MF)是以压力差作为推动力的一种膜分离过程。一般微滤膜的孔径范围为 $0.02\sim10\mu m$,膜材料与溶质、溶剂之间对过滤不产生有影响的相互作用,所以过滤压仅为 $0.01\sim0.05MPa$,过滤速度快,截留直径为 $0.03\sim15\mu m$ 及以上的颗粒物、微粒和亚微粒,多用于空气过滤及除去液体中的细菌和颗粒物、如水的预处理或终端处理,也用于生物和微生物的检查和水质检验。制造材料有硝酸纤维素、二醋酸纤维素及共混物、三醋酸纤维素、再生纤维素、聚氯乙烯聚酰胺、聚四氟乙烯、聚丙烯、聚砜和聚砜酰胺、聚碳酸酯等高分子材料,以及包括陶瓷、玻璃、金属的无机材料。制备微孔膜常用的方法是相转移法、拉伸、烧结和中子轰击法。微孔滤膜常用组体为百褶裙式过滤器、平板过滤器和中空纤维组体。

(4) 超滤膜　超滤(ultrafiltration,UF)是以压力差作为推动力的一种膜分离过程。超滤膜孔径 $1\sim50nm$,能截留的物质大小为 $10\sim100nm$,已经达到分子级别,如蛋白质、酶、病毒、胶粒、染料等。膜两侧压力差为 $0.1\sim0.5MPa$。超滤膜的性能可用纯水透水速率 $1/m^2 \cdot h$、截留分子量和截留百分率表示。其构造多为不对称结构,由一层极薄(通常小于 $3\mu m$)、具有一定孔径的皮层和一层较厚、具有海绵状或指状结构的多孔层所组成,截留作用主要发生在皮层,而另一层起支撑作用。少数超滤膜采用对称结构,为各向同性,没有皮层,在所有方向上孔隙都一样,属于深层过滤。制备材料为高分子材料或无机陶瓷。其组件有中空纤维式、板式、卷式和管式等。超滤膜应用广泛,已成为新型化工单元操作之一,用于各种生物制剂、药品、食品工业的分离、浓缩、纯化操作,还用于血液处理、废水处理和超纯水制备的预处理和终端处理。

(5) 纳滤膜　纳滤(nanofiltration,NF)是一种介于超滤和反渗透之间的膜过程,因其膜孔径在 1nm 左右而得名。以压力差为推动力,一般为 $0.5\sim1.5MPa$。纳滤膜按膜材料是否荷电,可分为荷电纳滤膜和疏松反渗透膜(不带电荷)两类。前者是指膜中含有固定电荷,当将它置于电解质溶液中时,膜内的电荷会对电解质溶液中的离子产生电荷效应,从而使膜对不同离子具有选择透过性;后者则是由于具有比反渗透膜尺寸更大的"纳米"孔结构而使膜对分子大小不同的物质具有选择性透过能力(筛分机理)。纳滤膜从形态结构来看,多为非对称结构,并且有整体非对称结构和复合结构之分。整体非对称结构指皮层与多孔支撑层为同种材料构成的,而复合结构中复合层和支撑层是不同材料构成的。纳滤膜大多数是复合膜。制造材料有纤维素类、聚砜类、聚酰胺类、聚乙烯醇缩合物等高分子材料和陶瓷等无机物材料。制备主要有转化法、共混法、荷电化法和复合法四种。纳滤过程的膜组件与超滤相似。纳滤分离过程通常在常温下进行,无相变和化学反应,不破坏生物活性,适合于热敏物质的分离、浓缩和纯化。截留分子大小在 1nm 以上,截留相对分子质量为 200~1 000,能截留相对分子质量大于 200 的有机小分子,实现高相对分子质量与低相对分子质量有机物分离,有机物与无机物分离和浓缩,目前已应用于超纯水制备、食品、化工、医药、生化、环保、冶金、海洋等领域。

(6) 反渗透膜 渗透是低浓溶液中溶剂通过半透膜向浓溶液扩散的现象。为阻止溶剂渗透所需的静压差称为渗透压。如溶液一方施加的压力超过渗透压,则溶剂将反向通过半透膜流入溶液另一方的现象称反渗透(reverse osmose,RO)。它以压力差作为推动,利用反渗透膜只能透过水分子(或溶剂)而截留离子或小分子物质的特点,可进行液体混合物分离。反渗透膜非常致密,孔径在 0.1nm 左右,施加的压力差一般为 1.5~10.5MPa,即反渗透过程在高压下运转,故必须配备高压泵和耐高压的管路。反渗透分离的精度最高,可以全部截留悬浮物、溶解物和胶体等,截留最小的物质尺寸为 0.1~1nm。其分离机理有多种理论,一般认为溶解-扩散理论能较好说明反渗透膜的透过现象。制造材料只用高分子材料,主要有醋酸纤维素类、芳香聚酰胺类、聚哌酰胺、聚苯并咪唑酮等。反渗透膜组件有卷式组件、板框式组件、管式组件、中空纤维组件等,其中卷式膜组件应用最多。反渗透膜的制备方法主要有转换法、相转化法和复合法三种。其中复合法以微滤膜或超滤膜作基膜,在其表面复合一层厚为 0.01~0.1μm 的致密均质超薄脱盐层,使膜选择性有较大的增加,因而应用得较多。复合膜超薄脱盐层一般通过层压法、涂覆、界面聚合、原位聚合、等离子聚合、化学交联、等离子体气相沉积等方法制备。反渗透法能有效去除水中溶解的盐类、小分子有机物、胶体、微生物、细菌、病毒等,因而应用广泛,在海水淡化、苦咸水脱盐、超纯水生产、大型锅炉补给水生产等方面显示出巨大的优越性,并且逐步向电子、制药、食品、化工、环保、冶金、纺织等领域发展。

(7) 电渗析膜(electrodialysis membrane) 电渗析(ED)是在直流电场作用下,电解质溶液中带电离子以电位差为推动力,利用离子交换膜的选择透过性,把电解质从溶液中分离出来的一种方法。电渗析器主要由膜堆、极区、夹紧装置三部分组成。膜对是最基本的脱盐单元。一个膜对由一张阳离子交换膜、一块浓(淡)水室隔板、一张阴离子交换膜、一块淡(浓)水室隔板即一个淡水室和一个浓水室组成。一系列膜对组装在一起,称为膜堆。通常一个膜堆有 100~200 个膜对,从浓室引出盐水,从淡室引出淡水。极区位于膜对两侧,主要作用是给电渗析器供给直流电,将原水导入膜堆的配水孔,将淡水和浓水排出电渗析器,并通入和排出极水。阴极可用不锈钢等制成,阳极常用石墨、铅、二氧化钌等。目前电渗析已发展成为一个相当成熟的化工单元过程,在溶液脱盐、盐溶液浓缩、纯水制备、食品工业和废水处理等领域得到了广泛的应用。

(8) 膜分离技术的发展 膜分离技术是 21 世纪水处理领域的关键技术。它可以完成其他过滤所不能完成的任务,可以去除水中更细小的杂质、溶解态的有机物和无机物,甚至是盐。上述的微滤、超滤、纳滤、反渗透、电渗析,还有渗析、扩散渗析、膜电解等技术,都可归为第一代膜分离技术,特点是分离的机理相对简单,并且通过适当的分离过程就可达到要求,目前大多已工业化。一些较新的技术,如气体分离渗透汽化、全蒸发、膜蒸馏、膜接触器以及亲和膜分离、智能膜、膜耦合等技术属于第二代膜分离技术,它们的机理较复杂,目前大多处于实验研究队段。

3.2.5 表面防污与防沾污性能

1. 表面防污性能

材料表面常因一些有害物质附着而受到污损，甚至带来严重的后果。例如，在海洋中繁殖着数万种生物和上千种附着生物，其中藤壶类、软体动物类、苔虫类、海绵类等附着动物和海藻类附着植物对海洋设施和舰船危害最大。据国际海事协会(IMO)统计，没有涂装防污涂料的船底浸泡在海水中，在半年内海洋生物的附着可以达到$150kg/m^2$。这样，使舰船性能下降，油耗增加。对于万吨以上的远洋轮，若船底污损5%，燃料消耗将增加10%，每年的经济损失超过100万美元。此外，附着生物的代谢腐蚀介质对钢材腐蚀性很强，生物附着产生的巨大应力会加剧腐蚀。附着生物还显著降低舰船的航速和战斗力。

针对上述情况，采取主要的措施是涂装防污涂料。当前防污涂料主要是利用涂层内部毒剂的缓慢释放，将附着于涂膜表面的海洋生物杀死。这类涂料由基料、毒料、颜料、溶剂及助剂等组成，其中毒料包括氧化亚铜等无机毒料和有机锡等有机毒料两类。对防污涂料性能要求是：一要与防锈底漆有良好的配套性，两者结合力强；二要有良好的使用性能，耐海水冲刷和浸泡；三要对各类海洋生物有特效，防污期长；四要对环境污染小，对施工人员危害小。

目前，船用防污涂料大体有四大类：一是传统型防污涂料，即在氯化橡胶、合成橡胶、氯乙烯树脂以及天然脂中掺入氧化亚铜或其他有效防污剂，其中，根据毒料渗出机理又分为接触型和溶解型两种；二是以有机锡自抛光防污涂料，即以有机锡共聚物为主体的自抛光防污涂料；三是无锡自抛光防污涂料，有两种类型，即用铜和锌等金属替换有机锡接枝到高分子材料上以及由氧化亚铜和其他辅助剂加入到可溶性树脂内而组成的涂料；四是无毒防污涂料。过去曾使用含砷、镉、铅、汞、铜、锡等的化合物作为防污剂，但这些化合物有毒，目前除铜的化合物和有机锡化合物外，其他已被禁止使用。铜和锡的化合物都有非常有效的防污效果。但是，有机锡防污剂有毒，能在水中稳定积累，引起一些生物体畸形，而且可能进入食物链。国际有关组织提议禁止它作为防污剂使用。因此，低毒和无毒的防污剂是防污涂料的发展方向，有些新型的防污涂料已研究开发出来和商品化。例如，以有机硅或有机氟低表面能树脂作为基料，配以交联剂、低表面能添加剂及其他助剂组成的低表面能防污涂料，可提供一种接触角大于90°且具有特殊弹性的表面，使海洋生物很难在这种表面牢固附着，便于清除。

2. 表面防沾污性能

材料表面被一些有害物质附着会引起不良污损，甚至带来严重的后果。工程上所说的"防污"、"防沾污"、"防污染"等，在涵义上基本上是相同或相近的，只是在有害物质的组成、性质方面以及使用场合和要求可能有所不同。

工程上"防污染"是某些产品的重要性能指标。例如，外墙涂料是一类用量很大的涂料，它装饰及保护建筑物外墙面，使其美观整洁。外墙涂料应具有良好的装饰性、耐候性和防沾污性。这里所说的"沾污"，主要是指大气中灰尘和其他杂物沾污涂层，并且不易或不便被清洗掉，从而破坏了建筑物的美观。现在，城市中高层建筑不断增多，而高层建筑是难以经常维修和复涂外墙面的，一般均需8~10年大修一次，18层以上的超高层建筑的外墙涂料耐候年限要求在15年以上，因而人工老化性能指标拟定为1 000h(而不是通常的250h)，防沾污性能指标拟小于5%(而不是通常的15%)。普通乳胶漆中含有大量的乳化剂以及各种必须的成膜和分散助剂，随着这些组成的溢出而影响了涂层的耐候性和防沾污性，因此不宜用于高层建筑，尤其是不宜用于超高层建筑的外墙装饰。在溶剂型外墙涂料中,丙烯酸酯、丙烯酸聚氨酯和有机硅丙烯酸酯等涂料受到重视,其中,有机硅丙烯酸酯的耐人工老化可超过 3 000h,防沾污性小于 3%。研究表明,溶剂型涂料的防沾污性一般优于乳胶漆,玻璃化温度较高的树脂所配制的涂料,防沾污性可以得到提高。

3.2.6 表面自洁与杀菌性能

1. 表面自洁性能

在一定条件下,材料表面可获得某种自洁性能,制成一些能够自身洁净的材料,如自洁玻璃、自洁陶瓷、自洁涂料等。它们的制备方法和自洁功能不尽相同。

(1) 光催化 其为光照下的催化作用。反应可在固体表面或溶液中进行。光催化剂有半导体物质、叶绿素和络合物等。例如植物借助叶绿素,利用太阳能把二氧化碳和水转化成碳水化合物,并释放出氧气,即产生光合作用。又如一种为络化物的双吡啶钌在光的作用下使水分解成氢与氧等。光催化一般有电子传递(氧化还原)、能量传递、配位作用等基本过程。

自洁材料所用的光催化剂通常为宽禁带的 n 型半导体物质,主要是 TiO_2。它的优点是:光照后不发生光腐蚀,耐酸碱性好,化学性质稳定,对生物无毒性,并且来源丰富,能隙大,产生的光生电子和空穴的电势电位高。TiO_2 有金红石、锐钛矿和板钛矿三种晶体结构。许多研究表明,TiO_2 光催化活性最高的晶体结构为锐钛矿以及锐钛矿与金红石的混合结构,而板钛矿晶型的光催化活性较低,因此用做光催化的 TiO_2 主要是锐钛矿和金红石两种结构。研究又表明纳米 TiO_2 比常规的 TiO_2 的光催化活性高得多,其原因主要有两个:一是纳米材料的量子尺寸效应使导带和价带能级变成分立能级,能隙变宽,导带电位变得更负,而价带电位变得更正,因而具有更强的氧化和还原能力;二是纳米 TiO_2 的粒径小或厚度薄,光生载流子更容易通过扩散从内部迁移到表面,有利于获得或失去电子,从而抑制了光生电子和空穴的复合,促进氧化和还原反应的进行。纳米 TiO_2 通常有粉体和薄膜两种形式,其中 TiO_2 粉体粒子非常容易团聚,需要用一定的工艺方法将 TiO_2 纳米粒子稳定地分散在溶剂中,而 TiO_2 纳米薄膜则要用某些表面技术镀覆在基材上。

纳米 TiO_2 是一种宽禁带的 n 型半导体材料,其中锐钛矿的禁带宽度为 3.2eV,金红石的禁带宽度为 3.0eV。纳米 TiO_2 在波长小于或等于 387.5nm 的光照射下,价带中的电子就会被激发到导带上,形成带负电的高活性电子(e^-),同时,在价带上产生带正电的空穴(h^+)。它们的电位值较高,例如在 pH 值为 7 时,相对于标准电极,$E_{导带}(e^-)=0.84V$,$E_{价带}(h^+)=2.39V$,因此成为很强的氧化剂和还原剂。如果系统中反应物的电位与光生电子和空穴的电位相匹配,并且反应物与光生电子或空穴的反应速度大于电子和空穴的复合速度,反应物就可以与光生电子或空穴发生还原或氧化反应。当 TiO_2 内部的光生电子与空穴迁移到表面时,吸附在 TiO_2 表面的氧将俘获电子形成 $·O^{2-}$,而空穴将与吸附在 TiO_2 表面的 OH^- 或 H_2O 反应即氧化成具有强氧化性的 $·OH$,这些反应产生的 $·O^{2-}$ 和 $·OH$ 都具有很强的化学活性,从而容易诱发光化学反应,即具有很强的光催化能力。所产生的光化学反应可破坏有机物中 C—C 键、C—H 键、C—N 键、C—O 键、N—H 键、H—O 键等,即能高效分解许多有机物,用于杀菌、除臭及消毒。

(2) 光催化涂层 它是将具有光催化作用的纳米 TiO_2 或其他的纳米材料混合到适当的成膜物中制备的,要求成膜物不影响光催化反应,具有高的耐候性,并且成膜后能形成多孔性涂膜,如丙烯酸胶乳、硅丙胶乳、氟树脂等。所需的光源为太阳光中的紫外光或室内照明用荧光灯。这种涂料可用于室内外建筑物表面和公路遂道等场合。

现举例说明。有一种纳米墙面涂料,原料配比为(质量份):丙烯酸树脂乳液 45,分散润湿剂 0.2,钛白粉 6,立德粉 6,滑石粉 4,纳米 SiO_2 3,纳米 TiO_2 3,pH 调节剂 0.2,水 27.6。其中,纳米 SiO_2 和纳米 TiO_2 粒径在 45～55nm。它们对紫外线有屏蔽的散射作用,并且能有效吸收紫外线,使涂料的使用寿命延长至 10 年以上。在自然光作用下,纳米 TiO_2 粒子表面产生活性氧和 OH 自由基,具有很强的光催化能力,高效地分解有机物,对氮氧化物、油脂、甲醛等物质有明显的催化降解作用,从而达到消除污染、净化空气的目的。细菌微生物无法在涂层表面存活。该涂料装罐后不沉淀,存放时间长,以水为溶剂,不含苯、甲醛等有害物质,表面硬度和光洁度高,并且涂层表面有良好的疏水性,污染物很难侵入,耐清洗,可洗刷 11 000 次以上,具有超强耐碱性、耐冻性。同时,施工简单,干燥时间短,1～2h 即可。

(3) 自清洁玻璃 它是采用一定的表面技术,在玻璃上镀或涂覆纳米半导体膜层,使玻璃表面吸附的有机污染物在太阳光照射下发生催化降解反应,同时经过处理的表面还具有亲水或憎水性,使附着在玻璃表面的无机灰尘能容易被清洗掉。其中,半导体膜层有 TiO_2 膜、掺杂 TiO_2 膜、$ZnFe_2O_4$ 膜和其他半导体膜几种。膜层有单层和多层两类。膜层制备方法有溶胶—凝胶法、CVD 法、磁控溅射法等。它们各有一定的优缺点。例如磁控溅射法制备 TiO_2,一般用钛做靶材,充入氩与氧的混合气体,在保持一定氧分压的状态下,使钛氧化成氧化钛沉积在玻璃表面,从而得到自洁净玻璃。为防止钠钙硅玻璃基材中的 Na^+ 渗透到 TiO_2 膜中,往往在镀覆 TiO_2 膜之前,先镀覆一层厚约 50nm 的 SiO_2 膜。磁控溅射法的主要优点是能连续化生产大面积 TiO_2 膜玻璃,膜层比较均匀,可以镀多层和不同成分的复合膜,对环境污染很小。其主要缺点是设备较为复杂,并且要获得高的光催化活性 TiO_2(即锐钛矿结构或锐钛矿与金红石的混合结构),通常要将基材加热到 450～550℃,这在实际生产中受到一定的限制。若基材温度在 200℃ 左右时,一般得到板钛矿结构,光催化活性较低。如何在较低温度下稳定得到高活性的 TiO_2,需要深入研究。除了在工艺上采用新措施外,可通过掺杂过渡金属、贵金属和稀土元素等方法来提高光催化活性。

另外,亲水性也是自洁净玻璃的一个重要性质。TiO_2 薄膜在紫外线照射下亲水性能有显著的变化:水与 TiO_2 膜接触开始时接触角在数十度以上,当受到紫外线照射后接触角会迅速变小,最后接近零度,呈现超亲水性能;停止紫外线照射,接触角会逐步升高,而再经照射,又会变成超亲水状态。在紫外线照射下 TiO_2 对油也有很大的亲和性,即 TiO_2 膜具有水油双亲和性。这种现象可用表面结构的变化来解释:在紫外线照射下,TiO_2 膜价带电子被激发到导带,电子和空穴向表面迁移,电子与 Ti^{4+} 反应,空穴与表面的氧离子反应,分别形成 Ti^{3+} 和氧空位,此时,空气中的水离解吸附在氧空位中,形成化学吸附水(即羟基),它可进一步吸附空气中的水分子而形成物理吸附层,意味着在 Ti^{3+} 缺陷周围形成了高度亲水微区,表面剩余区域仍保持疏水性,这样,就在 TiO_2 表面形成了均匀分布的纳米尺寸分离的亲水区。油也有类似的情况,由于水和油滴的尺寸远大于亲水区和亲油区面积,故宏观上 TiO_2 表面呈现出来亲水性和亲油性,即水和油分别被亲水微区和亲油微区所吸附,从而润湿表面;停止光照后,化学吸附的羟基被空气中的氧取代,又回到疏水状态。自洁净玻璃依靠亲水性,使水容易铺展在表面,便于冲洗掉玻璃表面的灰尘等沾污物,同时也可应用于一些需要防雾的场合如汽车后视镜、浴室镜子、眼镜玻璃、仪器仪表等。

目前,自洁净玻璃已在国内外推广使用,由于使用环境的差别,有些地方或场合的应用效果尚未达到预期目标,尤其对于细小的粉尘,吸附能力很强,难于通过雨水等冲刷将它们洗刷干净。尽管如此,自洁净玻璃的功能是肯定的,它是解决高层建筑(玻璃幕墙、窗户、采光顶等)清洁问题的有效途径之一。同时,它具有净化空气的功能,据研究,1 000m² 自洁净玻璃幕墙相当于 700 棵杨树对空气的净化作用。自洁净玻璃还将在光伏电池、照明、废水处理以及化学工程中的光催化反应等领域有良好的应用前景。

2. 表面杀菌性能

材料表面的杀菌性能日益受到人们的重视,获得这种性能有多种途径,现例举表面工程中几种常采用的方法。

(1) 光催化剂　如上所述,TiO_2 等光催化剂可以将污染的有机物分解掉,使之无害,同时又因有粉状、粒状和薄膜等形状而易于利用。掺入过渡金属 Ag、Pt、Cu、Zn 等元素能增强 TiO_2 的光催化作用,而且有抗菌、灭菌作用(特别是 Ag 和 Cu)。加入铈等稀土元素,也具有类似的作用。

(2) 防霉剂　它是指能杀死霉菌或抑制其生长的一类高分子材料添加剂,大致分为以下几种:一是有机金属化合物,如油酸苯汞、氧化三丁基锡、8-羟基喹啉铜等;二是酚类衍生物,如领苯基苯酚、五氯苯酚、四氯对醌等;三是含氮化合物,如水杨酰替苯胺、三(羟甲基)硝基早烷、巯基苯并噻唑、环烷酸季铵盐等;四是有机硫化物(如二甲基二硫代氨基甲酸锌等)及有机卤化物、磷化物、砷化物等;五是无毒的防霉环氧增塑剂环氧四氢邻苯二甲酸二(2-乙基已基)脂。防霉剂广泛用于聚氨酯、醇酸树脂、丙烯酸树脂、醋酸乙烯酯树脂及聚氯乙烯软质制品、涂料、电气与电线电缆被覆层等领域。杀死霉菌和抑制霉菌生长的机理可能包括:破坏霉菌细胞的蛋白质构造,使霉菌细胞功能消失;破坏原生质膜,使霉菌细胞失水死亡;阻止霉菌细胞核染色体的有机分裂;抑制霉菌正常代谢;干扰酶及酶的活动;形成金属螯生物,使霉菌缺少微量元素而死亡;阻碍霉菌体的类酯合成,达到抑菌目的。

(3) 红外辐射　在红外辐射环境中,细菌和霉菌的繁殖会受到明显的抑制,并且适当的红外辐射对人体还有一定的保健作用。由此,人们开发了一些具有红外辐射效应的产品。例如,有一种涂料,其制备工艺分两步实施:第一步是将氧化镁、氧化锌、氧化铝、石英砂的混合物研磨成 200~300 目的粉末,经 1 150~1 300℃高温煅烧 2~4h,冷却后进行粉碎,研磨成 800~3 000 目的粉料,再与硬脂酸、丙烯酸在丙酮中混合搅拌 5~10h,在 70~80℃下干燥,制得红外辐射粉末;第二步是将红外辐射粉末与去离子水、氨水、磷酸三丁酯、聚羟酸铵盐、填料一起置于分散机中混合,以 800~1 200r/min 的速度搅拌均匀,再加入羟乙基纤维素,在 2 500~3 500r/min 的速度下搅拌 30~40min,使其均匀,然后以 800~1 200r/min 的转速继续搅拌,并且依次加入聚丙烯酸酯乳液、丙二醇、十二醇酯,搅拌 5~10min,使其混合均匀,得到具有红外辐射效应的涂料。它可以有效地防霉、抑菌,从而解决了水性涂料易霉变的问题。该涂料工艺简便,稳定性好,成本低,适合大批量生产,主要用作建筑内墙涂料。

3.3 固体表面的物理性能

近代基础学科的发展,许多精密测试仪器的诞生,各种尖端技术的应用以及材料制备技术的不断提高,使人们对材料的认识进入了分子、原子、电子的微观世界,从而对材料的热、电、磁、光、声等物理性质以及这些物理量在材料中的相互关系,有了越来越深刻的理解,并且研制出一系列具有特殊性能的功能材料以及功能与结构一体化材料,在现代科学技术和经济发展中起着十分重要的作用。同样,固体表面的物理性能对于表面工程来说,也是十分重要的;材料的许多物理性能是属于材料整体性的,难于将表面与内部截然分开,但是这些整体物理性能往往与表面工程有着密切的关系。本节对这两种情况都做一定的阐述。另外,阐述材料物理性能的微观机理和有关的实际应用,通常要运用量子力学、统计物理和固体理论的一些基本概念和原理。本书第二章对此做了某些介绍,但更多的概念和原理要参阅有关文献或教材。本节主要从一些物理性能的参量着手,介绍它们在表面工程中的某些应用。

3.3.1 表面工程中的材料热学性能

1. 材料热学性能参量及特性

(1) 热容量(heat capacity, thermal capacity) 它是描述物质热运动的能量随温度变化的一个物理量。其含义是:在不发生相变和化学反应时,材料温度升高 1K 时所需的热量(Q),常以 C 标记,即在 TK 时

$$C=(\frac{\partial Q}{\partial T})_T \tag{3-45}$$

在经典理论中每个原子的平均能量为 $3kT$,每摩尔原子(或摩尔分子)的能量为 $3RT$,材料的定容摩尔热容量为

$$C_V=\frac{dQ}{dT}=3R=24.9 J/K \cdot mol \tag{3-46}$$

这个规律称为杜隆-珀替(P. Dulong - A. Petit),也是大量材料在高温下实测得的近似值。但是,在低温时材料热容量并非恒量,而是随着温度降低而逐渐减小,这与杜隆—珀替定律不符。不同材料 C_V 由恒值开始下降的温度值也有差异。为了克服这个局限性,必须应用晶格振动的量子理论。用量子理论求热容量的关键在于求频率的分布函数 $\rho(\nu)$,即设 $\rho(\nu)d\nu$ 表示频率在 ν 和 $\nu+d\nu$ 之间的格波数。实际晶体的 $\rho(\nu)$ 是很难计算的,通常采用简化的爱因斯坦模型及德拜模型:

① 爱因斯坦模型。它假定晶体中所有的原子都是独立的,并且都以相同的频率 ν 振动。在计算时,引出爱因斯坦温度 Θ_E 这一参数,即

$$k\Theta_E=h\nu \text{ 或 } \Theta_E=\frac{h\nu}{k} \tag{3-47}$$

当 $T \gg \Theta_E$ 时,经典理论适用;当 $T \ll \Theta_E$ 时,量子效应显著,经典理论不再适用,而必须考虑量子化条件。计算表明:当 $T \gg \Theta_E$ 时,$C_\nu \approx 3R$;当 $T \to 0$ 时,$C_\nu \to 0$。这些结论与实验结果相符。但是在极低温度时,C_ν 随着温度的变化比 T^3 更快地趋近于零,与实验结果有较大的偏差,其原因在于爱因斯坦假设过于简单。

② 德拜模型。它认为晶体中相邻原子的振动是相互制约的,并且存在着各种频率的格波。为了克服数学上的困难,德拜把晶体看作各向同性的连续介质,格波是弹性波,并且假定这种弹性波在纵向和横向的波速相同,并且引入德拜温度 Θ_D,

$$h\nu_D=k\Theta_D \text{ 或 } \Theta_D=\frac{h\nu_D}{k} \tag{3-48}$$

当温度很低时,可以设 $T \ll \Theta_D$ 或 $kT \ll h\nu_D$,计算结果为

$$C_\nu=\frac{12}{5}\pi^4 R(\frac{T}{\Theta_D})^3 \tag{3-49}$$

可见在低温下，C_V 正比于 T^3，这叫德拜定律，与实验结果相符。$Θ_D$ 涉及到电阻率、热导率以及 X 射线的加宽等许多现象，故 $Θ_D$ 的数据在固体问题中很有用。表 3-8 列出了一些物质的 $Θ_D$ 值，它们通常是由热容实验值确定的。

表 3-8 一些物质的德拜温度 $Θ_D$

物质	$Θ_D$	物质	$Θ_D$	物质	$Θ_D$	物质	$Θ_D$
Hg	71.9	Ag	225	Cu	343	Mo	450
K	91	Ca	230	Li	344	Fe	470
Pb	105	Pt	240	Ge	374	Rh	480
In	108	Ta	240	V	380	Cr	630
Ba	110	Hf	252	Mg	400	Si	645
Bi	119	Pd	274	W	400	Be	1440
Te	153	Nb	275	Mn	410	C	2230
Na	158	Y	280	Ti	420	—	—
Au	165	As	282	Ir	420	KCl	230
Sn	200	Zr	291	Al	428	NaCl	308
Cd	209	Ca	320	Co	445	SiO_2	470
Sb	211	Zn	327	Ni	450	MgO	890

注：表中数据多数是在极低温度下的热量测量得到的值

由德拜的假设可以看出，德拜理论也有不足之处：实际上 $Θ_D$ 不是一个与温度无关的常数，实验发现 $Θ_D$ 与温度有关；固体热容量不仅与晶格振动能量的变化有关，而且当温度极低时电子运动能量的贡献不能略去，须用费米－狄喇克统计法进行讨论；德拜模型把晶体看作连续介质，这对于原子振动频率较高的部分不适用。

热容量与温度有关。工程上所用的平均热容是指材料从 T_1 温度到 T_2 温度所吸收热量的平均值。单位质量的热容叫比热容。1mol 材料的热容叫摩尔热容。热容与热过程有关：

$$\text{比定压热容 } C_p = \left(\frac{\partial Q}{\partial T}\right)_p = \left(\frac{\partial H}{\partial T}\right)_p \tag{3-50}$$

$$\text{比定容热容 } C_v = \left(\frac{\partial Q}{\partial T}\right)_v = \left(\frac{\partial H}{\partial T}\right)_v \tag{3-51}$$

式中，H 和 U 分别为焓和内能。通常 $C_p > C_v$，有

$$C_p - C_v = \alpha^2 V_m T / \beta \tag{3-52}$$

式中，α 为体积膨胀系数，$\alpha = \frac{dV}{VdT}$；β 为压缩系数，$\beta = \frac{-dV}{Vdp}$；V_m 是摩尔体积。对于凝聚态材料，一般温度下 $C_p \approx C_v$，但在高温下 $C_p > C_v$，两者相差较大。

(2) 热传导(thermal conduction) 材料两端存在温度差时，热量自动地从热端传向冷端，这种现象称之为热传导。对于各向同性物质，当 X 轴方向存在温度梯度 dT/dX，且各点温度不随时间变化即稳定传热时，则在 Δt 时间内沿 X 轴方向传过横截面积 A 的热量 Q，由傅立叶定律得

$$Q = -\lambda \frac{dT}{dX} A \Delta t \tag{3-53}$$

式中，负号表示热流逆向着温度梯度方向；λ 为导热系数或热导率，单位为 W·m^{-1}·k^{-1} 或 J·m^{-1}·k^{-1}·s^{-1}，表示单位温度梯度下，单位时间内通过单位横截面的热量。

如果传热过程不是稳定的，即物体内各处温度分布随时间而变化。例如，一个与外界无热交

换而本身存在温度梯度的物体，随着时间的推移，热端温度不断降低，冷端温度不断升高，最终达到一致的平衡温度，那末，在该物体内温度变化过程中单位面积上的温度随时间变化率为

$$\frac{\partial T}{\partial t} = \frac{\lambda}{\rho C_p} \cdot \frac{\partial^2 T}{\partial X^2} \tag{3-54}$$

式中，ρ 为密度；C_p 为比定压热容；$\alpha = \frac{\lambda}{\rho C_p}$，称为导温系数或热扩散率，单位 $m^2 \cdot s^{-1}$，表示材料在温度变化时内部温度趋于均匀的能力。

表征物质导热能力的导热系数，对于不同材料可有显著差别。固体金属的导热系数较大，一般在 $2.3 \sim 417.6 W \cdot m^{-1} \cdot k^{-1}$ 范围内，其他固体的导热系数通常比金属小一至几个数量级。在一般情况下，同一物质的导热系数，气态的小于液态的，液态的小于固态的，这些差别起因于结构的不同，导热的机理也必然不同。气体和液体的导热是通过分子或原子相互作用或碰撞来实现的。固体导热的基本载子是电子和声子。固体金属的导热主要通过自由电子的相互作用和碰撞来实现的。一般，非金属的电子被束缚于原子中，故它的导热主要通过晶格振动来实现，即看成是声子相互作用和碰撞的结果，在高温时还有光子的热传导。

① 金属的热传导。金属的热导率主要是由电子和声子引起的，并且在室温下电子传导通常比声子传导大得多。按照自由电子论，可将金属中大量的自由电子看作自由电子气，因此可借用理想气体的热导率公式：

$$\lambda = \frac{1}{3} C_v \bar{u} l \tag{3-55}$$

式中，C_v 为单位体积气体热容，$\bar{u}$ 为分子平均运动速度，l 为分子运动平均自由程。现做如下改动：用 C 代替 C_v，C 为单位体积的电子气热容量，$C = \frac{\pi^2}{2}(nk\frac{T}{T_F})$。其中，$n$ 为单位体积的自由电子数，k 为波兹曼常数，T 为温度，T_F 为费米温度；用电子速度 u_F（通常称费米速度）代替 $\bar{u}$；用 $u_F \tau$ 代替 l，其中 τ 为电子的弛豫时间；又有 $\frac{1}{2} m_e u_F^2 = E_F$，$kT_F = E_F$，其中 m_e 为电子质量，E_F 为费米能量。于是，可得电子热导率计算式

$$\lambda_e = \frac{\pi^2 n k^2 T \tau}{3 m_e} \tag{3-56}$$

② 绝缘体的热传导。根据德拜的设想，绝缘体中的导热过程是声子间的碰撞。其热导率的表达式与气体相似，即上述的 $\lambda = \frac{1}{3} C_v \cdot l \cdot \bar{u}$，其中，$C_v$ 不是定容热容，而是单位体积的声子热容；$\bar{u}$ 是声子运动的平均速度；l 表示声子的平均自由程。实际上，$\bar{u}$ 是声速（因为格波在晶体中传播为弹性波），比热在不太低的温度下大致为常数，因此影响绝缘体热导率的主要因素是声子的自由平均程 l。l 的大小基本上是由许多散射过程决定的，如声子间碰撞、声子与点缺陷、声子与晶体表面、声子与位错等引起的散射。每一种散射都相应有一个平均自由程 l_a、l_b、$l_c \cdots$；对于每一个平均自由程有热阻 W_a、W_b、$W_c \cdots$。

在实际晶体中格波可以是非谐性的弹性波，不同格波之间存在一定的耦合，并且这些格波或声子的振动频率值是变化的。从波动来说，由于原子间的力为非线性，两个行波能相互干涉，当干涉发生时两波组合而产生一个波，它的频率是原来两个波的频率之和。用量子的语言来说，两个声子碰撞而消失，同时在它们碰撞处产生一个新的声子，这个新的声子保持原来两个声子的能量和动量。反之，单一的声子也能自发地分裂成两个新的声子，同时也保持原来声

子的能量和动量。由能量守恒和波矢量守恒定律（相似于动量守恒定律），两个方程所描述的声子相互作用一般称为正常过程（或称 N 过程），此时没有任何附加热阻。显然，如果声子间的相互作用都属于正常过程，则晶体的热导率将无限大。实际上这是不可能的。

为了解决上述问题，派尔斯（R. Peierls）认为格波的干涉与连续介质中波的干涉是不同的。假设有两个在同一方向上传播的短波长的波，则它们合成的波应有更短的波长，并且在同一方向上运动。但是，若这个新波长比两倍的原子间距（2a）更短，则就难以预料这个新波会沿什么方向传播。实际上，这个新波可以成为一个长波长的波沿相反方向传播，此时能量守恒而准动量不守恒。派尔斯用 Umklapp 这个词（德文的含义是反转）来描述这种"倒向"过程，简称 U 过程，以区别 N 过程。在 U 过程中，能量传递的方向改变了，还产生了附加的热阻。

U 过程对减少声子的平均自由程有重要的作用。可以证明晶体中 U 过程的发生率与绝对温度、晶体中原子间非谐力强度的平方成比例。绝缘体的导热系数表达式应反映出与频率 ω 的关系，即

$$\lambda = \frac{1}{3}\int C_v(\omega) \cdot l(\omega) \cdot \bar{u} d\omega \tag{3-57}$$

派尔斯理论已被实验证实。U 过程准动量损失大，沿热导方向净声子准动量流密度衰减，即声子从热端到冷端的速度减慢，导热能力下降。U 过程是绝缘体热阻产生的主要原因之一。

但是，在许多情况下仅考虑声子间的相互作用是不够的。例如，在硅、锗等物质中，低温下导热系数的增大比派尔斯所预言的规律要缓慢得多。有人发现偏差的重要原因之一是所用材料中含高浓度的各种同位素，这些同位素犹如杂质，声子能与之发生散射。声子与其他杂质以及晶界、表面、相界面、位错等都会相互作用而引起散射，使声子平均自由程和晶体的导热系数发生变化。此外，晶体还会引起晶格振动的非谐性，从而使声子间相互作用引起的散射加剧，进一步降低导热系数。

综合起来，声子导热大致有下述情况：

一是纯晶体在一般温度下，其热阻由 U 过程决定；在低温时，晶体缺陷的影响变得十分重要，尤其是界面的影响更大，因此小试样的导热系数显得更小；在极低温度下，晶体的导热系数与 T^3 及试样尺寸两者成正比。

二是不纯的晶体如含有同位素混合物或其他杂质时，则在低温范围内杂质引起的散射将成为影响声子平均自由程的主要机构，使导热系数与 $T^{\frac{3}{2}}$ 成正比；在极低温度下，界面散射成为主导因素；倘若是多晶试样，则晶粒大小将是决定导热系数大小的主要因素；位错的影响主要在低温下呈现出来，而在较高温度下杂质的影响比位错更重要。

在多数情况下非金属的导热性能是差的，如表 3-9 所示。但是，如果非金属材料的纯度高，使其热阻在较高温度下主要由 U 过程决定，并且材料的德拜温度 Θ_D 是高的，U 过程的热阻又较小，则可能具有良好的导热性。金刚石就是一个典型的例子，其 Θ_D 约为 2000K。纯的金刚石晶体在室温下的导热系数高达 2000 $Wm^{-1}k^{-1}$，而铜是 400 $Wm^{-1}k^{-1}$。

非晶态的玻璃和塑料等，因其内部结构较不规整，故有很大的声子散射。它们的平均自由程很小，并且与温度无关。它们在室温时的导热系数与比热成正比，在较低温度下可以成为一些很有效的绝热材料。

表 3-9 一些固体材料的热导率

物质	温度/(K)	热导率[W/cm·K]	物质	温度/(K)	热导率[W/cm·K]	物质	温度/(K)	热导率[W/cm·K]
Ag	273 / 973	4.28 / 3.76	Kr	4.2	0.0052	TiO$_2$(金红石)⊥c	293	0.088
			Li	273	0.82	Tl	273	0.47
AgCl	273	0.012	LiF	373	0.025	TlCl	273	0.75
Al	273	2.35	Mg	273	1.53	W	273	1.70
Al$_2$O$_3$(陶瓷)	373	0.26	MgAl$_2$O$_3$	373	0.013	Zn	273	1.19
Ar	4.2	0.020	Mo	273	1.35	Zr	273	0.22
Au	273	3.18	NH$_4$Cl	273	0.27	黄铜	77 / 273	0.39 / 1.20
Be	273	2.20	NH$_4$H$_2$PO$_4$ //c	315	0.0071			
BeO	273	2.10	NH$_4$H$_2$PO$_4$ ⊥c	313	0.0126	锰铜	273	0.22
Bi⊥c	273	0.11	Na	273	1.25	康铜	77 / 273	0.17 / 0.22
C(金刚石)	273	6.60	NaCl	273	0.064			
C(石墨) //c	273	0.80	Nb	273	0.51	不锈钢	273 / 973	0.14 / 0.25
C(石墨) ⊥c	273	2.50	Ni	273	0.91			
Ca	273	0.98	NiO	194	0.82	镍铬合金	273 / 973	0.11 / 0.21
CaCO$_3$ //c	273	0.055	Pb	273	0.35			
CaCO$_3$ ⊥c	273	0.046	PbTe	273	0.024	铬镍铁合金	273	0.15
Cd	273	0.98	Pt	273	0.73	莫涅铁合金	273	0.21
CdS	283	0.16	Pu	273	0.062	铂(10%)铑合金	273	0.301
Cr	273	0.95	Rh	273	1.51	硼硅酸盐玻璃	300	0.0110
Cu	273	4.01	Sb	273	0.26	软木	300	0.42×10^{-2}
Fe	273	0.835	Si	273	1.70	耐火砖	500	2.1×10^{-3}
H$_2$O	273	0.022	SiO$_2$(水晶) //c	273	0.12	水泥	300	6.8×10^{-3}
In	273	0.87	SiO$_2$(水晶) ⊥c	273	0.068	玻璃纤维布	300	0.34×10^{-4}
InAs	273	0.067	SiO$_2$(石英玻璃)	273	0.014	云母(黑)	373	5.4×10^{-3}
InSb	273	0.17	Sn	273	0.67	花岗岩	300	16×10^{-3}
Ir	273	1.60	Ta	273	0.57	赛璐珞	303	0.2×10^{-3}
K	273	1.09	Ti	273	0.22	橡胶(天然)	298	1.5×10^{-3}
KBr	273	0.050	TiO$_2$(金红石) //c	288	0.12	杉木(⊥纤维)	300	1.2×10^{-3}

在绝缘体的热传导中,尚需补充说明光子传导的问题。

如第 2 章所述,格波分为声频支和光频支两类。光频支格波的能量在温度不高时很微弱,此时绝缘体的导热过程主要是声频支格波的贡献,也引入了声子的概念。但是,在高温时光频支格波对热传导的影响很明显,这样,除了声子的热传导外,还要考虑光子的热传导。在高温阶段,电磁辐射能 E_T 已很高,即

$$E_T = 4\sigma n^3 T^4/c \tag{3-58}$$

式中,σ 为斯蒂芬-玻耳兹曼常数,$\sigma = 5.67×10^{-8}$ W·m^{-2}·k^{-4};n 为折射率;c 为光速,$c = 3×10^8$ m·s^{-1}。

在辐射传热中,比定容热容相当于提高辐射温度所需的能量,故

$$c_v = \left(\frac{\partial E}{\partial T}\right) = \frac{16\sigma n^3 T^3}{c} \tag{3-59}$$

将辐射线在介质中的速度 $\bar{u} = \dfrac{c}{n}$ 代入(3-59)及(3-55)两式中,可得到光子的热传导率

$$\lambda_r = \frac{16}{3}\sigma n^2 T^3 l_r \tag{3-60}$$

式中,l_r 为辐射线(光子)平均自由程。

λ_r 与 l_r 密切有关。在透明介质中,辐射线的热阻很小,l_r 很大;在不透明介质中,热阻较大,l_r 很小;在完全不透明的介质中,$l_r=0$,辐射传热全失。例如,单晶、玻璃对辐射线较透明,在 773~1 273K 辐射传热已很明显;大多数烧结陶瓷材料的透明度差,l_r 较小,故一些耐火氧化物材料在 1 773K 高温下辐射传热才明显。

l_r 还与材料对光子的吸收和散射有关。吸收系数小的透明材料,当温度不很高时光辐射是主要的,而吸收系数大的不透明材料,即使在高温下辐射传热也不重要。在陶瓷材料中,光子散射重要,l_r 比玻璃和单晶都小,只是在 1 773K 以上,由于陶瓷呈半透明的亮红色,光子传导才变得重要。

(3) 热膨胀(thermal expansion) 表征物体受热时长度或体积增大程度的热膨胀系数,也是材料的重要热学性能之一。物体在 t℃时伸长量为

$$\Delta l = a l_0 t \tag{3-61}$$

式中,l_0 为物体在温度 0℃时的长度。α 为固体的线膨胀系数,也可定义为温度升高 1℃时固体的相对伸长。因此,在 t℃时物体的长度为

$$l_t = l_0 + \Delta l = l_0(1+\alpha t) \tag{3-62}$$

这是一个线性关系。但是,实际上 σ 随温度稍有变化,即温度的升高而增大,故上述线性关系并不严格成立。

物体的体积随温度变化为

$$V_t = V_0(1+\beta t) \tag{3-63}$$

式中,V_0 为物体在 0℃时的体积,β 为体膨胀系数。对于各向异性的晶体,要考虑不同方向上的线膨胀系数有差异。设平行六面体的三个晶轴方向上的线膨胀系数分别为 α_1、α_2、α_3,0℃时晶体棱边长分别为 l_{10}、l_{20}、l_{30},当温度升至 t℃时边长为:$l_1=l_{10}(1+\alpha_1 t)$,$l_2=l_{20}(1+\alpha_2 t)$,$l_3=l_{30}(1+\alpha_3 t)$。t℃时的体积为:$V_t=l_1 l_2 l_3=l_{10}l_{20}l_{30}(1+\alpha_1 t)(1+\alpha_2 t)(1+\alpha_3 t)$。忽略 α 的二次以上的项,得

$$V_t = V_0[1+(\alpha_1+\alpha_2+\alpha_3)t] = V_0[1+\beta t]$$

可见,各向异性晶体的体膨胀系数近似等于三个晶轴方向上的线膨胀系数之和。

如果固体受热时不能自由膨胀,则在物体内会产生很大的内应力。利用上述公式和虎克定律可对此作一估算。这种内应力往往有很大的危害性,故在技术上要采取相应的措施,如在铁轨接头处留有空隙等。对许多精密仪器,要使用线膨胀系数小的材料,如石英、殷钢等制造。

热膨胀的微观机构与热传导一样,不能用晶体中原子的线性振动(谐振动)来解释。如图 3-16 所示,设两个原子中有一个原子固定在原点,而另一原子的平衡位置为 r_0,位移为 δ,则势能

$$u(r)=u(r_0+\delta)=u(r_0)+\frac{1}{2}(\frac{\partial^2 u}{\partial r^2})\delta^2+\frac{1}{3}\cdot\frac{1}{2}\times(\frac{\partial^3 u}{\partial r^3})_{r_0}\delta^3+\cdots$$

如果略去 δ^3 项及更高次项,则势能曲线呈抛物线(图 3-16 中虚线),为对称曲线,温度升高使振幅增大,但平衡位置 r_0 不变,故不会产生热膨胀。如果保留 δ^3 项,则势能曲线是非对称的(图中 3-16 实线),此时平均位置就不是平衡位置,而是向右移动,因而产生了热膨胀。根据玻耳兹曼统计,平均位移是

$$\bar{\delta}=\frac{\int_{-\infty}^{\infty}\delta e^{-u/kT}d\delta}{\int_{-\infty}^{\infty}e^{-u/kT}d\delta}$$

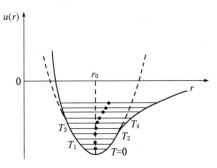

图 3-16 原子间相互作用的势能曲线

可以计算得到的线膨胀系数为

$$\alpha=\frac{1}{r_0}\frac{d\bar{\delta}}{dT}=-\frac{k}{2r_0}(\frac{\partial^3 u}{\partial r^3})r_0/(\frac{\partial^2 u}{\partial r^2})^2 r_0 \tag{3-64}$$

这是一个与温度无关的常数。如果计入 $u(r)$ 展开式中的高次项,则 α 将与温度有关。

材料的热学性能除上述热容量、导热系数、膨胀系数之外,还有表征均温能力的导温系数,表征物质辐射能力强弱的热发射率,表征物质吸收外来热辐射能力大小的吸收率等。这些参数都有一系列的重要应用。例如研制高效太阳能集热器,需要善于吸收太阳辐射能、减小热辐射的涂层材料。这些应用日益扩大,愈来愈受到人们的重视。

(4) 热稳定性(thermal stability) 它是指材料承受温度的急剧变化而不致破坏的能力。

① 热应力。它形成的主要原因有:一是物体因热胀或冷缩受到限制时产生应力,例如杆件弹性模量为 E,线膨胀系数为 α_l,杆件两端为刚性约束,当温度由 T_0 到 T' 时,所产生的热应力是 $\delta=-E\alpha_l(T'-T_0)$;二是材料中因存在温度而产生应力,通常物体在迅速加热和冷却时表面温度变化比内部快,邻近体积单元的自由膨胀或自由压缩受到限制,于是产生热应力;三是多相复合材料因各相膨胀系数不同而产生的热应力。

热应力可引起材料热冲击破坏、热疲劳破坏以及材料性能的变化等。

② 热冲击破坏。通常,无机非金属材料的热稳定性较差,热冲击破坏有两种类型:一是材料发生瞬时断裂,抵抗这类破坏的性能称为抗热冲击断裂性,二是材料在热冲击循环作用下,材料表面开裂、剥落,并不断发展,最终碎裂或变质,抵抗这类破坏的性能称为抗热冲击损伤性。目前,对材料抗热冲击破坏性能的评定,一般还是采用比较直观的测定方法。

③ 热疲劳破坏。对于一些高延性材料,由热应力引起的热疲劳是主要的问题,虽然温度的变化不如热冲击时剧烈,但其热应力可能接近材料的屈服强度,在温度反复变化下,最终导致疲劳破坏。

2. 材料热学性能在表面工程中的重要意义

表面工程中遇到一些重要问题,经常会涉及到材料的热学性能,现举例如下:

(1) 材料表面的热障涂层 镍基高温合金广泛用于航空工业,如用来制造燃气涡轮叶片,可承受的最高工作温度在 1 200℃ 左右。过去使用温度通常在 960~1 100℃ 之间,而现在商用飞机的燃气温度已达到 1 500℃,军用飞机的燃气温度高达 1 700℃。为了解决这个问题,人们研制了具有"热障"效应的涂层,可在基本上不提高高温合金基体耐热指标的前提下,提高抗燃

气温度达 200～300℃或更高。对热障涂层的性能要求是:高的熔点和优异的化学稳定性;优良的抗高温氧化性;热导率低的隔热性好;热膨胀系数与基体高温合金匹配良好;涂层及界面有较好的抗介质腐蚀的能力;在交变温度场中热应力较小,有良好的热疲劳寿命;具有稳定的相结构和优良的耐冲击性。可见,材料的热学性能有重要意义。

(2) 薄膜中不同类型的应力引起界面的破坏　例如,由于薄膜与基材热膨胀系数不同所造成的热应力对于高温下制备的薄膜是非常重要的。这种应力可能是拉应力,也可能是压应力,而拉应力在一般情况下很危险。如果涂层热膨胀系数大于基材的热膨胀系数,那么薄膜在从沉积温度冷却下来后,将受到拉应力。在研究薄膜时应从热膨胀系数、弹性模数等方面来考虑薄膜与基材的最佳配合,尽可能避免薄膜处产生拉应力。

(3) 金刚石薄膜　天然金刚石稀少而昂贵,人工合成的金刚石晶粒颗粒小,一般制作金刚石器件采用热化学相沉积(TCVD)和等离子体化学气相沉积(PCVD)等方法,呈薄膜状态,具有金刚石结构,硬度高达 80～100GPa。纯的金刚石薄膜室温热导率达到 $11Wcm^{-1}K^{-1}$,是铜的 2.7 倍。金刚石是良好的绝缘体,室温电阻率为 10^{16} · cm,掺杂后可以成为半导体材料。由于金刚石的禁带宽度大、载流子迁移率高、击穿电压高,再加上热导率高,故可用来制造耐高温的高频、高功率器件。此外,金刚石薄膜还具有优良的冷阴极发射性能,被证明是下一代高性能真空微电子器件的关键材料。

3.3.2　表面工程中的材料电学性能

1. 材料电学性能及特性

(1) 导电性　材料导电性能可因材料内部组成和结构的不同而有巨大的差别。导电最佳的物质(银和铜)与导电最差的物质(聚苯乙烯)之间,电阻率约相差 23 个数量级。

① 电导率。在大多数情况下,$J=\sigma E$,其中,J 是电流密度,σ 是电导率,E 是电场强度。电导率 σ 的大小反映物质输送电流的能力,其量纲为 $S \cdot m^{-1}$(西门子每米)。设 n 是单位体积中的电子数,e 为电子的电荷,$\overline{V}_d$ 为电场作用下电子的平均飘移速度,则 $J=ne\overline{V}_d$ 合成这两个式子,可得

$$\sigma = \frac{ne\overline{V}_d}{E} = ne\mu \tag{3-65}$$

式中,$\mu=\dfrac{\overline{V}_d}{E}$,称为电子的迁移率。实际上,电子运动时要与晶格的声子、空位、位错、杂质等相碰撞而改变方向,令 τ 为两次碰撞相隔的时间即弛豫时间,m_e^* 为电子的有效质量,则可推导得到

$$\sigma = \frac{ne^2\tau}{m_e^*} \text{或} \ \sigma = \frac{ne^2 l}{m_e^* u_F} \tag{3-66}$$

式中,l 为平均自由程,u_F 为费米速度。

② 电阻率。它是电导率 σ 的倒数。马提生(Mathiessen)定则为

$$\rho = \frac{1}{\sigma} = \frac{m_e}{ne^2\tau} = \frac{m_e}{ne^2}\left(\frac{1}{\tau_l} + \frac{1}{\tau_i}\right) = \rho_l + \rho_i \tag{3-67}$$

式中,τ_l 为电子与晶格振动碰撞的弛豫时间,τ_i 为电子与晶格内杂质碰撞的弛豫时间。其中,由热振动引起的电阻率 ρ_l 与温度关系密切,而由杂质引起的电阻率 ρ_i 与温度无关。一般说来,热振动引起电子的散射大致与温度成正比,故马提生定则又可写成

$$\rho = \rho_i + aT \tag{3-68}$$

式中,a 是一个物质常数。图 3-17 是纯金属电阻率随温度变化示意图。在高温时,$\rho_l \propto T$;低

温时，$\rho_l \propto T^5$；极低温时，ρ_l 很小，几乎只剩下 ρ_i 一项。

通常在室温下由热振动给出的电子平均自由程约为一百个原子间距，故要使缺陷散射对电阻率贡献大于热振动的贡献，其给出的平均自由程应小于一百个原子间距。在所有的缺陷中，外来原子（杂质或合金元素）的影响最显著。例如，金和银都有良好的导电性，但它们组成合金后电阻增大。又如在铜中含有 0.05% 左右的杂质，其电导率下降 12%。冷加工、沉淀硬化、高能粒子辐照等都会使电阻增大。

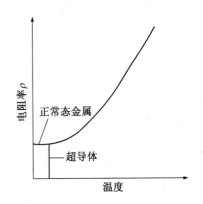

图 3-17 纯金属（正常态）与超导体的电阻随温度变化示意图

导体的电阻率 $\rho < 10^{-2} \Omega \cdot m$，而绝缘体的电阻率 $\rho > 10^{10} \Omega \cdot m$，半导体的电阻率则 $\rho = 10^{-2} \sim 10^{10} \Omega \cdot m$。

③ 薄膜电阻。薄膜技术在表面工程中占有重要地位，在研究和使用薄膜时经常要测量薄膜的电阻。测量薄膜电阻的最简单方法是两点法（图 3-18(a)），但是这种方法不能把金属电极和试样间的接触电阻与试样本身的电阻区分开来，因此测量结果不够准确。为解决这个问题，通常用四点探针法（图 3-18(b)）。其测量系统由四个对称的、等间距的电极（金属钨）构成。每个电极的另一端由弹簧支撑，以减小电极尖端对试样表面的损伤。各电极间距一般为 1 mm。为避免接触电阻的影响，采用了高输入阻抗的测量仪。当由高阻抗的电流源的电流通过外侧两个电极时，就可以用电势差计测量内侧两电极间的电势差。

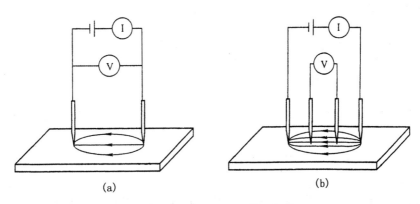

图 3-18 薄膜电阻测量示意图
(a) 两点法；(b) 四点法

设：电极尖端尺寸为无限小；被测试样为半限大；在试样厚度远大于电极间距即 $d \gg S$ 时，两外电极所扩展的电流场近似为半球形分布；对于很薄片试样，即 $d \ll S$ 此时电流由半球形分布变为环形分布，所测得的薄片电阻用 R_{sh}(Sheet Resistance) 表示。可推得

$$R_{sh} = e/d = \frac{\pi}{ln2} \left(\frac{V}{I} \right) \tag{3-69}$$

式中，I 为外侧两端间流过的电流，V 为内侧两端间产生的电位差。又设 l 和 w 分别为所测薄膜的长度和宽度，则有

$$R = \frac{\rho l}{wd} \tag{3-70}$$

这一熟悉的电阻表达式。如果 $l=w$，则有

$$R=\rho/d=R_{sh} \tag{3-71}$$

因此，薄片（薄膜）电阻 R_{sh} 可以认为是一个方块薄膜的电阻，又称方块电阻，单位是 $\Omega/\square$。在四点探针仪实际测量中，被测试样的电阻直接由显示屏读出，使用方便。但是，实际试样并非为假设的半无限大的尺寸，测量会有误差，试样面积越大，测量精确度就越高。一般情形下，正方形试样的边长大于探针间距 100 倍时，测量误差可以忽略不计；40 倍时，误差小于 1%，10 倍时，则误差高于 10%。

（2）超导性　金属的电阻通常随温度降低而连续下降，但某些金属在极低温度下，电阻会突然下降到零，表现出异常大的超导性，这种性质称为超导性，如图 3-17 所示。其首先由奥涅斯（H. K. Onnes）于 1900 年在汞中观察到。在 4.1K 汞环中所感生的电流能维持数值不衰减，这证实了此时汞的电阻已降为零。发生这种现象的温度称为临界温度，以 T_c 表示。1957 年，巴丁（J. Bardecen），库柏（L. N. Cooper）和斯里弗（J. R. Schriefler）提出了"库柏电子对"理论，即 BCS 理论，预言在金属和金属间化合物中的超导体 T_c 不超过 30K。20 世纪 60 年代开始在氧化物中寻找超导体。目前某些氧化物的 T_c 已较高，如 Hg-Ba-Cu-O 系的 T_c 温度接近 140K。人们将金属和金属间化合物的超导体称作低温超导体，而把氧化物超导体称为高温超导体。

① 迈斯纳（Meissner）效应。如图 3-19（a）和（b）所示，当超导体低于某临界温度 T_c 时，外加的磁场完全被排除在超导体之外。这是一个重要的效应，称迈斯纳效应。物质从正常态转变为超导态的最深刻的变化是超导体的磁性改变，超导态是完全抗磁的。因此，不能把超导与零电阻简单地等同起来。

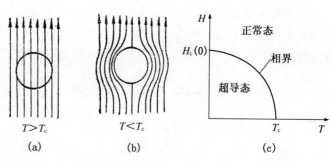

图 3-19　超导状态
(a)和(b)迈斯纳效应；(c)磁场和温度对超导态的影响

实际上磁场产生的磁感应并不在超导体表面突然降到零，而是以一定的贯穿深度 λ 按指数递减至零。λ 大约为 50nm 左右。在温度低于 T_c 时，若施加的磁场强度增大到 H_c 以上，则可使超导体失去超导性而回到正常状态。H_c 称为临界磁场，其值与材料和温度有关。因此，一个超导体要实现超导态，必须同时考虑温度和磁场两个参数。超导体的临界磁场与温度的关系是

$$\frac{H_c(T)}{H_c(0)}=1-\left(\frac{T}{T_c}\right)^2 \tag{3-72}$$

式中，$H_c(T)$ 和 $H_c(0)$ 分别为 T 和 0K 时临界磁场强度，T_c 为临界温度。式（3-72）大致呈抛物线关系。

② 超导临界参数。可归纳为以下三个：一是临界温度 T_c，在 T_c 处一般为瞬间完成从正常态到超导态的转变，但某些高应变合金转变较慢，约 0.1K，而氧化物高温超导体的转变可达几 K 的转变温区；二是临界磁场强度 H_c，不同的物质有不同的 H_c，而且 H_c 与温度有关；三是临界电流 J_c，即在不加外磁场的情况下，超导体中流过的电流密度 J 达到 J_c 时超导态会转化

为正常态，J_c 与物质种类、样品几何形状和尺寸有关，也与温度有关。西尔斯比(Silsbee)认为，电流破坏超导体态的原因是电流产生的磁场。

③ 约瑟夫逊(B. D. Josephson)效应　1962 年，约瑟夫逊从理论上预测了超导电子的隧道效应，即超导电子（电子对）能在极薄的绝缘体阻挡层中通过，后来实验证实了这个预言，并把这个量子现象称为约瑟夫逊效应。图 3-20 为约瑟夫逊效应元件示意图，它由两块超导体中间夹一层绝缘体构成，倘若绝缘体薄至约 1.5～2nm 以下，超导电子便可隧穿该绝缘体而导通。这种效应的基本方程为

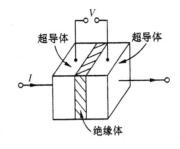

图 3-20　约瑟夫逊元件示意图

$$J_s = J_c \sin(\varphi_2 - \varphi_1) \quad (3-73)$$

$$\partial(\varphi_2 - \varphi_1)/\partial t = (2e/\hbar)V \quad (3-74)$$

式中，J_s 为流过约瑟夫逊元件（$S_1/I/S_2$ 结）的超导电流密度，J_c 为其临界电流，φ_1 和 φ_2 分别为两块超导体的宏观量子波函数的位相，V 为结两侧的电位差。当约瑟夫逊元件上不加任何电场和磁场时，通过元件的电流是直流超导电流，最大达到 J_c，这个现象称为直流约瑟夫逊效应。当元件两侧加直流电压 V 时，元件中就有频率为 $\omega = (2e/\hbar)V$ 的交流电产生，这个现象称为交流约瑟夫逊效应。目前，超导理论和新材料仍在深入探索中。

(3) 霍尔(Hall)效应　当一个带有电流的导体处于与电流方向垂直的磁场内时，导体中会产生一个新电势，其方向与电流和磁场的方向都垂直。这一现象称为霍尔效应，所产生的电势为霍尔电势（图 3-21）。这个电场称为霍尔电场。

设霍尔电场强度为 $\vec{E}_H$，$\vec{J}$ 为电流密度，$\vec{B}$ 为磁感应强度，可得霍尔效应定量关系式：

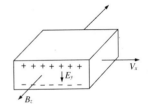

图 3-21　霍尔效应

$$\vec{E}_H = R(\vec{J} \times \vec{B}) \quad (3-75)$$

比例系数 R 称为霍尔系数。它与载流子的浓度成反比。电子和空穴两种载流子的 R 的符号相反。金属中载流子浓度比半导体中载流子浓度大得多，所以通常半导体材料的霍尔效应显著。

(4) 半导体　其特点不仅在于电阻率在数值上与导体和绝缘体的差别，而且表现在它的电阻率的变化受杂质含量的影响极大，受热、光等外界条件的影响也很大。半导体材料的种类很多，按其化学成分可以分为元素半导体和化合物半导体；按其是否含有杂质，可以分为本征半导体和杂质半导体；按其导电类型，可以分为 n 型半导体和 p 型半导体。此外，还可分为磁性半导体、压电半导体、铁电半导体、有机半导体、玻璃半导体、气敏半导体等。主要性能与表征参数有能带结构、带限、载流子迁移率、非平衡载流子寿命、电阻率、导电类型、晶向、缺陷的类别与密度等。不同的器件对这些参数有不同的要求。

杂质半导体有 n 型半导体和 p 型半导体。n 型半导体掺有施主杂质，载流子是电子。p 型半导体掺有受主杂质，载流子是空穴。如果一块半导体中的部分是 p 型，另一部分是 n 型，则在它们之间界面附近的区域叫做 pn 结。例如，在硅晶片的一边扩散入微量铝（p 型），另一边扩散入微量磷（n 型）就构成了一个 pn 结。pn 结有许多重要的应用。

(5) 绝缘体　它们的基本特点是禁带很宽，约为 8×10^{-19}J（4～5eV），传导电子数目甚少，

电阻率很大。在结构上,它们大多是离子键和共价键结合,其中包括氧化物、碳化物、氮化物和一些有机聚合物等。绝缘体的电子通常是紧束缚的,但许多绝缘体中电子可在弱电场的作用下相对于离子做微小的位移,正负电荷不再重合,形成电偶极子,即发生了电子极化过程[图 3-22(a)]。此外,还有定向极化[图 3-22(b)]和离子极化[图 3-22(c)]等。具有这种性质的材料称为电介质。换言之,电介质这个名词一般用来描述具有偶极结构的绝缘体材料。实际上,所有材料都可具有偶极结构,但在导体和半导体中这种结构所产生的效应通常被传导电子的运动所掩盖。

设有两极之间填充电介质材料的平板电容器,其介电常数为 ε,而真空的介电常数为 ε_0,定义 $\varepsilon_r = \varepsilon/\varepsilon_0$ 为相对介电常数,又称电介质常数。若在真空中的相对常数为 1,则 $\varepsilon_r > 1$。大多数材料的 ε_r 在 1 到 10 范围内。两极之间有电介质时的电容为

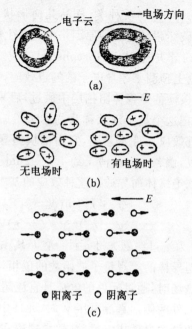

图 3-22 极化的类型
(a) 电子极化(在电场作用下,原子中的负荷相对于正电荷发生位移);(b) 定向极化(其可发生于极性分子构成的物质中,即在电场作用下永久偶极子倾向于沿电场排列);(c) 离子极化(其发生于离子材料,即在电场的作用下,正负离子发生方向相反的位移)

$$C = \varepsilon_r C_o \qquad (3-76)$$

式中,C_o 为在没有电介质时的电容。因具有偶极结构,某些绝缘体特别适于作为电介质而用于电容器。介电常数的量纲为[F/m]。一般常将相对介电常数称为介电常数。各向同性介质的介电常数是标量,而各向异性介质的介电常数是二阶张量,用 ε_{mn} 表示。

(6) 离子电导　任何一种物质,只要存在载流子,就可以在电场作用下产生导电电流。载流子为电子的电导称为电子电导。载流子为离子的电导称为离子电导。

电子电导和离子电导具有不同的物理效应。霍尔效应起源于磁场中运动电荷所产生的洛伦兹力,该力作用的方向与电荷运动方向及磁场方向都垂直,电子因质量小而容易受力运动,离子质量比电子大得多,难于受力运动,故纯离子的电导不呈现霍尔效应。离子电导的特征是存在电解效应:离子的迁移伴随着一定的质量变化,离子在电极附近发生电子得失而形成新的物质。

离子电导有两种类型:一是本征电导,它以离子、空位的热缺陷做载流子,在高温下十分显著;二是杂质电导,它以杂质离子等固定较弱的离子做为载流子,在较低温度下电导已很显著。

载流子的迁移率 $\mu = \dfrac{V}{E}$,即载流子在单位电场中的迁移速度,可以推得

$$\mu = \frac{\delta^2 \nu_o q}{6kT} \exp\left(-\frac{U_o}{kT}\right) \qquad (3-77)$$

式中,δ 为载流子每跃迁一次的距离;ν_o 为间隙离子在半稳定位置上振动的频率;q 为电荷数,单位 c;k 为波耳兹曼常数,$k = 0.86 \times 10^{-4}$ eV·K^{-1};U_o 为无外电场时的间隙离子的势垒,单

位 eV。不同类型的载流子在不同晶体结构中扩散时所需克服的势垒是不同的。空位扩散能通常比间隙离子扩散能小许多。

本征离子电导率的一般表达式为

$$\sigma = A_1 \exp(-\frac{W}{kT}) = A_1 \exp(\frac{B_1}{T}) \tag{3-78}$$

式中，$A_1 = \frac{N_1 \delta^2 \nu_o q^2}{bkT}$，$N_1$ 为单位体积内离子结点数或单位体积内离子对的数目；$B_1 = \frac{W}{k}$，W 为本征电导活化能，包括缺陷形成能和缺陷迁移能。

杂质离子电导率的一般表达式为

$$\sigma = A_2 \exp(-\frac{W}{kT}) = A_2 \exp(\frac{B_2}{T}) \tag{3-79}$$

式中，$A_2 = \frac{N_2 \delta^2 \nu_o q^2}{6kT}$，$N_2$ 为杂质浓度；$B_2 = \frac{W}{k}$，W 为电导活化能，仅包括缺陷迁移能。

离子晶体的电导主要为杂质电导，只有在很高温度下显示本征电导。

2. 材料电学性能在表面工程中的重要意义

表面工程涉及材料电学性能的领域广泛，意义重大，现举例如下。

(1) 导电薄膜(conductive film)　用一定的方法在材料表面获得具有优良导电性能的薄膜称为导电薄膜。载流子在薄膜中输运，影响导电性能的主要因素有两个：一是尺寸效应，当薄膜厚度可与电子自由程相比拟时，表面的影响变得显著，它等效于载流子的自由程减小，降低了电导率；二是杂质与缺陷。导电薄膜有透明导电薄膜、集成电路配线、电磁屏蔽膜等，应用广泛。例如，透明导电膜是一种重要的光电材料，具有高的导电性，在可见光范围内有高的透光性，在红外光范围内有高的反射性，广泛用于太阳能电池、液晶显示器、气体传感器、幕墙玻璃、飞机和汽车的防雾和防结冰窗玻璃等高档产品。

(2) 导电涂层(electroconductive coating)　用一定方法在绝缘体上涂覆具有一定导电能力、可代替金属传导体的涂层称为导电涂层。导电率在 $10^{-12} \sim 10^{-3} \Omega \cdot cm^{-1}$ 范围内。可分为两种类型：一是本征型，它利用某些聚合物本身所具有的导电性；二是掺和型，它以绝缘聚合物为主要膜物质，掺入导电填料。涂层的电阻率可用不同电阻率的材料及其含量来调节。导电涂层可用作绝缘体表面消除静电以及加热层。

(3) 电阻器用薄膜(film for resistors)　电阻器是各类电子信息系统中必不可少的基础元件，约占电子元件总量的 30% 以上，正向小型化、薄膜化、高精度、高稳定、高功率方向发展。薄膜电阻已成为电阻器种类中最重要的一种。薄膜电阻是用热分解、真空蒸镀、磁控溅射、电镀、化学镀、涂覆等方法，将有一定电阻率的材料镀覆在绝缘体表面，形成一定厚度的导电薄膜。按导电物质的不同，导电薄膜可分为非金属膜电阻(RT)、金属膜电阻(RJ)、金属氧化物电阻(RY)、合成膜电阻(RH)等。

(4) 超电薄膜(superconducting film)　由于超导体是完全反磁性的，超导电流只能在与磁场浸入深度 30~300nm 相应的表层范围内流动，因此薄膜处于最合适的利用状态。超导体的薄膜化，对于制作开关元件、磁传感器、光传感器等约瑟夫逊效应电子器件来说，是必不可少的基础元件。超导薄膜通常采用磁控溅射、激光蒸镀、分子束外延等方法制备。陶瓷超导膜有 BI 型化合物膜、三元系化合物膜、高温铜氧化膜三种类型。例如，高温铜氧化物超导膜中，Y-123($YBa_2Cu_3O_{7-x}$)薄膜用激光蒸镀法制备后，$T_c = 91K$，$J_c = 1 \times 10^9 A/cm^2$，几乎达到 J_c 的理论值。又如，Hg1212($HgBa_2CaCu_2O_{6+x}$)由激光蒸镀后，再经退火处理，可获得 $T_c=122K$，$J_c=2\times10^6 A/cm^2$(77K)的性能。

(5) 半导体薄膜(semiconductor film) 利用半导体存在禁带以及载流子数目和种类的人为控制，可以获得一系列功能。许多情况下，所利用的仅为半导体表面附近极薄层的性能。薄膜技术对半导体元件的微细化是不可缺少的。并且，薄膜可以大面积且均匀地制作，其优势更显突出。同质和异质外延生长的半导体薄膜是大规模集成电路的重要材料。半导体薄膜按结构可分为三种类型：一是单晶薄膜，由于其载流子自由程长，迁移率大，通过扩散掺杂可以制得高质量的 p-n 结，提高微电子器件的质量，而在分子束外延技术中，可以交替外延生长具有长周期排列的超晶格薄膜，成为量子电子器件的基础材料；二是多晶薄膜，晶粒取向一般为随机分布，晶粒内部原子按周期排列，晶界处存在大量缺陷，构成不同的电学性能；三是无定形半导体薄膜，例如，用等离子体化学气相沉积等方法制作的非晶硅薄膜(amorphous silicon film)，用于太阳电池的转换效率虽不及单晶硅器件，但它具有合适的禁带宽度(1.7～1.8eV)，太阳辐射峰附近的光吸收系数比晶态硅大一个数量级，便于采用大面积薄膜生产工艺，因而工艺简便，成本低廉，成为非晶硅太阳能电池的主要材料。

(6) 介电薄膜(dielectric film) 它是以电极化为基本电学特性的功能薄膜。介电薄膜依其电学特性(如电气绝缘、介电性、压电性、热释电性、铁电性等)以及光学特性和机械特性等，广泛用于电路集成与组装、电信号的调谐、耦合和贮能、机电换能、频率选择与控制、机电传感及自动控制、光电信息存储与显示、电光调制、声光调制等。例如，动态随机存取存储器(dynamic random access memory, DRAM)在半导体 IC 存储器中占有重要地位，其中蓄积电荷用的电容器薄膜，通常采用 Si_3N_4($\varepsilon_r\approx7$)与 SiO_2($\varepsilon_r=3.8$)复合的三明治膜层结构。其他一些具高介电常数的 Ta_2O_3($\varepsilon_r=28$)，Y_2O_3($\varepsilon_r=16$)，HfO_2($\varepsilon_r=24$)以及 $SrTiO_3$、(Ba,Sr)TiO_3、PZT($pb(Ti,Zr)O_3$)，PLZT ($(pb,La)(Zr,Ti)O_3$)等氧化物材料受到广泛注意。这些介电薄膜通常由射频磁控溅射、离子束溅射、溶胶-凝胶、金属有机物化学相沉积(MOCVD)、紫外激光熔射等方法制作。

(7) 固体电解质(solid elecrolyte) 离子固体在室温下大多为绝缘体。但在 20 世纪 60 年代初人们发现有些离子固体具有高的离子导电特性，它们被称为固体电解质或快离子导体。最早发现的固体电解质是一些银的盐类，如碘化银、硫化银等；后来又陆续发现一些金属氧化物等在高温下也具有很好的离子导电特性。按离子传导的性质可以分为阴离子导体、阳离子导体和混合离子导体。在材料类型上，它可以分为无机固体电解质和有机高分子固体电解质两类。固体电解质的导电与电子导电不同，即在导电的同时不发生物质的迁移。固体电解质已广泛应用于各种电池、固体离子器件以及物质的提纯和制备等。例如，钠-硫电池，其负极和正极的活性物质分别是熔融的金属钠和硫。电解质为固态的 β-氧化铝，这是一种固态的钠离子导体，同时又兼做隔膜。工作温度为 300～350℃。β-Al_2O_3 电解质只允许钠离子通过。由于钠负极的还原性很强，使钠原子容易失去电子而变成钠离子，穿越电解质到达正极。正极的硫是一种氧化性很强的物质，获得电子后变成了硫离子，最后与钠离子化合物多硫化钠，同时释放出电能。利用外电源对电池充电时，将出现与上相反的过程。钠—硫电池是一种可反复充放电的"二次电池"。其单体电池的开路电压为 2.08V，理论比能量为 750W·h/kg，实际比能量约为 100～150W·h/kg，属高能电池。其优点是：比能量和比功率高，充放电循环寿命长，原材料丰富，成本低廉。其缺点是：需加热到 300℃，否则钠离子在较低温度时不能穿越电解质;熔融钠,尤其是反应产物多硫体钠对电池结构材料有腐蚀作用。提高电导和寿命,克服腐蚀问题,是发展钠—硫电池的主要方向。

3.3.3 表面工程中的材料磁学性能

1. 材料磁学性能参量及特性

(1) 磁性 它是物质的最基本属性之一。物质按其磁性可分为顺磁性、抗磁性、铁磁性、反铁磁性和亚铁磁性等物质。其中铁磁性和亚铁磁性属于强磁性,通常说的磁性材料是指具有这两种磁性的物质。磁性材料主要有软磁材料(soft magnetic material)、硬磁材料(hard magnetic material)和磁存储材料(magnetic data-storage material)三类,还有矩磁、旋磁、压磁、磁光等类型。磁性材料有单晶、多晶、薄膜等形式。磁性器件利用磁性材料的磁特性和各种特殊效应,实现转换、传递、存储等功能,广泛用于雷达、通信、广播、电视、电子计算机、自动控制和仪器仪表。随着计算机和信息产业的迅速发展,磁性器件与电子元器件、光电子器件等组合,形成了微电子磁性元器件,实现了器件的微型化、高性能化,显著拓展了磁性材料的应用领域。

(2) 磁学基本量 一个磁体的两端具有极性相反而强度相等的两个磁极,它表现为磁体外部磁力线的出发点和汇集点。当磁体无限小时就成为一个磁偶极子。根据电磁原理,磁偶极子可以模拟为线圈中流动的环电流,即一个磁偶极子所产生的外磁场与在同一位置上的一个无限小面积的电流回路(电流元)产生的外磁场相等效,如图3-23所示。环电流的大小为I,其造成的磁偶极矩等于IA,此处A为电流回路所包围的面积,磁偶极矩的方向垂直于所包围的面积。以外界单位磁场作用在磁偶极子上的最大力矩来度量它的偶极矩大小,称为磁偶极矩。磁偶极矩的单位是韦伯·米(wb·m)。如果环电流是由N匝构成,则所得磁矩为NIA。原子中的电子绕核运动,故有磁矩,称为轨道磁矩,电子还因自旋而具有自旋磁矩。磁矩的单位是安培·米^2(A·m^2)。这两种磁矩是物质磁性的起源。

磁偶极矩和磁矩都是矢量。单位体积材料内磁偶极矩的矢量和称为磁极化强度J,单位是特斯拉(T);单位体积内材料磁矩的矢量和称为磁化强度M。

在有外磁场时,轨道磁矩在平行于外磁场方向上的分量为$m_l(\frac{eh}{4\pi m_e})$,其中,m_l为磁量子数;e和m_e分别为电子的电荷和质量;h为普朗克常数。$\frac{eh}{4\pi m_e}$称为波尔磁子,以μ_B表示,它是磁学的基本量。显然,已填满的内壳层和亚壳层对原子的轨道磁矩没有贡献;未填满的外壳层或亚壳层,如果磁量子数的总和不为零,则会对原子的轨道磁矩产生贡献,其磁矩平行于外磁场。另一种本征磁矩即自旋磁矩,在自旋量子数$m_s=+\frac{1}{2}$(自旋向上)时,磁矩为$+\mu_B$(平行于磁场);当$m_s=-\frac{1}{2}$(自旋向上)时,磁矩为$-\mu_B$(反平行于磁场)。

根据上述讨论,我们可做如下分析:

① Ne 和 Mg 等自由原子因没有不成对的电子,并且各个轨道磁矩之和也为零,故无永久磁矩。Na 原子和 O$_2$ 分子等因有不成对的电子,所以具有永久磁矩。如果还有轨道磁矩,则原子(或分子)磁矩为这两种磁矩之矢量和。

② 上面讨论的磁矩在外磁场中倾向于沿外磁场排列,并且与外磁场发生相互作用。设外

磁场强度为 H（单位是 A/m），物质在 H 作用下的磁感应强度为 B（单位是 Wb/m²），真空中的磁感应强度为 B_0。H 与 B_0 的关系为 $B_0=\mu_0 H$。式中，$\mu_0=4\pi\times10^{-7}$ Wb/A·m，称为真空的绝对磁导率。又设导线绕 N 匝所构成的螺线管长为 l，若 $l=\infty$，则产生的磁场强度 $H=\dfrac{NI}{l}$。

在真空中与此相应的磁感强度（磁通量密度）为：$B_0=\mu_0\dfrac{NI}{l}$。如果螺线管内充有其他物质，则磁场强度不变，而

$$B=\mu_0 H+\mu_0 M \qquad (3-80)$$

式中，M 为物质的磁化强度，表示单位体积内平行于外磁场排列的净磁偶极矩。许多物质的磁化强度与磁场强度成正比，即

$$M=\chi H \qquad (3-81)$$

式中，χ 称为物质的磁化率。它是表征磁介属性的物理量。将式（3-80）代入（3-79），得

$$B=\mu_0(1+\chi)H \qquad (3-82)$$

式中的 $(1+\chi)$ 称为物质的相对磁导率。

③ 如果原子或分子没有永偶极矩，则感生的磁化强度是在外加磁场的反方向，而磁化率是负的，此时材料称为抗磁性材料。这是因为原子或分子受到磁场作用后，电子运动受到干扰，以致产生反抗的磁场。这个感生的反向磁矩很弱，磁化率通常很接近于零。惰性气体以及 Bi、Cu、MgO、金刚石等固体都是抗磁性材料，它们的 χ 约为 -10^{-5} 量级，并且与温度无关。实际上所有材料都具有抗磁性，但往往被较大的、会加强外磁场的本征磁矩所掩盖。

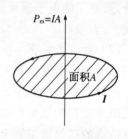

图 3-23 环电流

④ 如果原子或分子有永偶极矩，则在外磁场作用下这些磁矩沿外磁场的方向排列起来，因而得到正的磁化率。此时材料称为顺磁性材料。例如碱金属原子有一个价电子在满壳层外边，即有一个玻尔磁子的永磁矩，故呈顺磁性。又如铁原子，电子的排列是 $1s^22s^22p^63p^63d^64s^2$，根据洪德规则，在未填满的 3d 壳层 6 个电子中，有 5 个电子排列起来使它们的自旋磁矩互相平行，而第 6 个电子为反平行，故具有大的永磁偶极矩。在金属中，传导电子同时产生顺磁磁矩和抗磁磁矩，通常是前者占优势，故大多数金属在 χ 为正值。也有不少金属表示为抗磁性。

⑤ 在某些材料中由于电子的自旋及电子自旋之间的强的交换作用，偶极子形成有序排列。当相互作用使所有的偶极子沿同方向排列时，即使没有外磁场，也会有大的磁场强度，这个现象称为铁磁性。磁偶极子有序排列的其他复杂形式会产生反铁磁性和亚铁磁性。

（3）物质的磁性分类　磁化率 χ 反映材料磁化的难易程度。对于各向异性晶体，χ 是二级张量；对于各向同性和立方对称晶体，χ 是标量。根据物质的磁化率，可以把物质的磁性大致分为五类（见图 3-24）：

① 抗磁体。磁化率为绝对值很小的负数，大约在 10^{-6} 数量级，即在磁场中受到微弱的斥力。有些抗磁体如铜、银、金、汞、锌等，χ 不随温度变化；而有些抗磁体，χ 随温度变化，且其大小是前者的 10～100 倍，如铜-锆合金中的 γ 相、铋、镓、锑、锡、铟等。

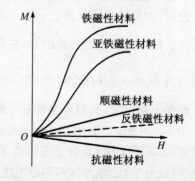

图 3-24 材料在磁性和磁化率的关系

② 顺磁体。χ 为正值,约为 $10^{-6} \sim 10^{-3}$,即在磁场中受微弱的吸引力。有些顺磁体,如锂、钠、钾、铷等金属,χ 与温度无关;而有些顺磁体如铂、钯、奥氏体不锈钢、稀土金属等,$\chi \propto 1/T$。

③ 铁磁体。在较弱的磁场下,就能产生很大的磁化强度。主要特点是:$\chi>0$,数值大,一般为 $10^{-1} \sim 10^5$;χ 与外磁场呈非线性变化;χ 随 T 和 H 变化,也与磁化历史有关;有居里温度 T_c,当温度低于居里温度时呈铁磁性,而温度高于居里温度时呈顺磁性。具体材料有铁、镍、钴等。

④ 反铁磁体。$\chi>0$,χ 的数值约为 $10^{-5} \sim 10^{-3}$,在温度低于一定温度时,它的磁化率与磁场的取向有关;高于这个温度时,其行为有些像顺磁体。具体材料有 α-Mn、铬、氧化镍、氧化锰等。

⑤ 亚铁磁体。其有些像铁磁体,但 χ 值没有铁磁体那样大。主要特点是:$\chi>0$,数值为 $10^{-1} \sim 10^4$;χ 是 H 和 T 的函数,且与磁化历史有关;存在居里点 T_c,$T<T_c$ 时为亚铁磁体,$T>T_c$ 时为顺磁性。具体材料有磁铁矿(Fe_3O_4)、铁氧体等。

(3) 铁磁性、反铁磁性和亚铁磁性

① 铁磁性。Fe、Co、Ni、Gd、Tb、Dy、Ho、Tm 以及一些合金和化合物是铁磁性物质。它们具有下列特性:ⓐ易磁化,在不很强的磁场下就可磁化到饱和,并且得到很高的磁化强度。ⓑ磁感强度和外磁感场强度不是线性关系,反复磁化时磁感强度与外磁场的关系是一闭合曲线,称为磁滞回线。达磁饱和后,再加大磁场,磁滞回线的形状基本上不变。如图 3-25 所示,在外磁场去除后,材料仍有剩余磁感强度 B_r,只有加上大小等于矫顽力 H_c 的反向磁场后,才会完全去磁。加上周期性磁场,得到磁滞回线。B-H 回线中的面积表示单位体积材料每周期的能量损耗。ⓒ磁化强度随温度增加而逐渐减小,并且存在一个转变温度 T_c。当 $T>T_c$ 时铁磁性消失,转变为顺磁性。T_c 称为居里温度。当 $T>T_c$ 时,磁化率 χ 与温度 T 两者之间遵从居里-外斯定律:$\chi = \dfrac{C}{T-T_c}$,式中 C 为居里常数。ⓓ3d族铁磁物质的基本磁矩为电子的自旋磁矩,轨道磁矩基本上无贡献(即猝灭作用);铁磁稀土物质 4f 电子壳层未填满,外面有 5s 和 5p 壳层,可起屏蔽作用,故 4f 壳层的轨道磁矩作用依然存在,即未猝灭。

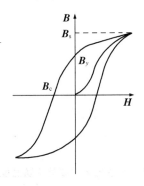

图 3-25 磁滞回线

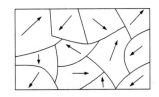

图 3-26 磁　畴

为了解释铁磁性的产生原因以及上述的特性,1907 年外斯(P. Weiss)引入两个概念:畴和分子场。具体假设如下:ⓐ铁磁物质中包含许多自发磁化的小区域,称作磁畴。即使没有外场磁场自身就有磁化强度,称为自发磁化强度。磁体的磁化强度是各磁畴的自发磁化强度的矢量和。如果磁畴的取向是任意的,取向相反的畴所产生的磁场互相抵消(见图 3-26),磁体的磁化强度将很小甚至为零。在外加磁场时,与磁场同向的磁畴降低了磁能,而与磁场反向的磁畴则升高了磁能,于是取向有利的磁畴通过畴壁的运动,吞并其他磁畴而长大,使磁畴的取向趋于一致,磁体的磁化达到饱和。这个假设现已得到证实,磁畴的宽度通常为 10^{-5}m 量级。

ⓑ磁畴的尺度要比原子和分子的尺度大得多。外斯引用分子场的概念,试图从原子的角度来解释为什么在居里温度下磁体中有磁畴存在,而在这个温度以上又消失了。外斯分子场是以一些物质的原子本身为极小磁体这一假设作为基础的。在居里点温度以下,有一内场使各原子磁矩克服热运动的影响而趋于互相平行取向,因而产生自发磁化。当温度升高时,热运动对磁矩平行取向的破坏作用加强;在居里温度以上,热运动增加到胜过内场取向的能力,使铁磁物质进入顺磁状态。

1928 年,海森堡和弗化克尔分别提出分子场可能来自原子范围大的电作用力,由于一种量子力学效应,使其以磁作用力的形式出现。具体来说,3d 族铁磁物质的外斯分子场是起源于相邻原子的 3d 电子轨道重叠而产生的量子力学的"交换"能。这个交换能使相邻原子的电子排列成互相平行,因而在材料内部产生一个有效磁场,其数量级为 $10^8 \sim 10^9$ A·m^{-1}。

② 反铁磁性。在反铁磁性材料中,由于电子之间的相互作用而使得相邻偶极子排列成相反方向,而不像铁磁那样互相平行。图 3-27 是一个示例(MnO)图中箭头表示锰离子的磁矩,在此情况下产生反平行排列的交换能是"通过"氧离子而发生的相互作用所引起的。由于相邻锰(Mn^{2+})离子的磁矩方向相反,故反铁磁材料总的磁化强度为零。但是只有在绝对零度时相邻磁矩才会完全反平行排列,而当温度升高时,这种有序化将减弱,达一定温度 T_N 时,有序完全消失。T_N 称为奈耳(N'eel)温度。它可看作反铁磁与顺磁状态之间的转变温度。图 3-28 表示反铁磁性材料的磁化率与温度的关系,从中可看出奈耳温度以下,材料具有微小的正磁化率,但其磁化率随温度上升而增加,并在 T_N 处达到最大值。在 T_N 以上,磁化率随温度的变化与顺磁性材料相仿,所不同的是由修正的居-里外斯定律得出,即 $\chi = \dfrac{C}{T+\theta}$,其中 θ 为负的温度。

反铁磁材料通常是过渡金属的离子化合物,由于其内场非常大,故适用于微波高频。

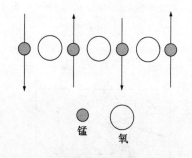

图 3-27 氧化锰中的自旋取向

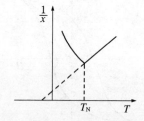

图 3-28 反铁磁体的磁化率随温度的变化

③ 亚铁磁性。亚铁磁性材料与反铁磁材料不同的是,内部互为向磁矩的大小并不完全相同,即彼此没有完全抵消,因而可以有一个非零自发磁化强度。铁氧体是应用得最为普遍的亚铁磁材料。它一般是指以氧化铁和其他铁族或稀土族氧化物为主要成分的复合氧化物。其中最常见的形式是 MFe_2O_4,M 代表二价金属原子。在每个分子中,一个铁离子和符号 M 所代表的离子的磁矩方向都与另一个铁离子的磁矩方向相反(见图 3-29c),结果两个铁离子的磁矩互相抵消,而材料的磁矩就由离子 M 产生。一些铁氧体的电阻率比金属的电阻率大 1 千亿

倍,故在交变磁场中涡流损耗和趋肤效应都比较小。它在微波电路中有着重要的用途。但其饱和磁化强度较小,故不适用于需要高磁能密度的场合(如电力工业中)

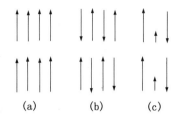

图 3-29 磁有序的三种情形中磁偶极矩的排列
(a) 铁磁;(b) 反铁磁;(c) 亚铁磁

2. 材料磁学性能在表面工程中的重要意义

(1) 磁性薄膜(magnetic film)的分类 它有多种分类方法:

① 按厚度可分为厚膜($5\sim100\mu m$)和薄膜($10^{-4}\sim5\mu m$)两类。薄膜又可分为极薄薄膜($10^{-4}\sim10^{-2}\mu m$)、超薄膜($10^{-2}\sim10^{-1}\mu m$)和薄膜($10^{-1}\sim1\mu m$)。

② 按结构可分为单晶磁性薄膜、多晶磁性薄膜、微晶磁性薄膜、非晶态磁性薄膜和磁性多层膜等。

③ 按制备方法可分为涂布磁性膜、电镀磁性膜、化学镀磁性膜、溅射磁性膜等。

④ 按性能可分为软磁薄膜、硬磁薄膜、半硬磁薄膜、矩磁薄膜、磁(电)阻薄膜、磁光薄膜、电磁波吸收薄膜、磁性半导体薄膜等。

⑤ 按磁记录方式可分为水平磁记录薄膜、垂直磁记录薄膜、磁光记录薄膜等。

⑥ 按材料类别可分为金属磁性薄膜、铁氧体磁性薄膜和成分调制薄膜。

磁性薄膜通过各种气相沉积以及电镀、化学镀等方法来制备,用双辊超急冷法制备非晶态薄带磁性材料,用分子束外延单原子层控制技术制备晶体学取向型磁性薄膜、巨磁电阻多层膜、超晶格磁性膜等;还可以用热处理等方法改变微观结构、控制非晶态磁性材料的晶化过程,获得具有优质磁学性能的微晶磁性薄膜。

磁性薄膜的主要参数是磁导率、饱和磁化强度、矫顽力、居里温度、各向异性常数、矩形比、开关系数、磁能积、磁致伸缩常数、磁电阻系数、克尔磁光系数、法拉第磁光系数等。这些参数,有的已在前面做了介绍,有些将在后面有关章节中介绍。

磁性薄膜主要用作记录磁头、磁记录介质、电磁屏蔽镀层、吸波涂层、电感器件、传感器件、微型微压器、表面波器件、引燃引爆器、磁光存贮器、磁光隔离器和其他光电子器件等,是一类应用广泛且重要的功能薄膜。下面举例对前面四种应用的磁性薄膜做一简介。

(2) 磁头薄膜材料(magnetic head film materials) 磁记录系统主要由磁头和磁记录介质组合而成。磁头是指能对磁记录介质做写入、读出的传感器,即为信息输入、输出的换能器。制造磁头的材料,要求是能实现可逆电—磁转换的高密度软磁材料,具有高磁导率和饱和磁化强度,低矫顽力和剩余磁化强度,高电阻率和硬度。这种材料分为两类:一是金属,如 Fe-Ni-Nb(Ta)系硬坡莫合金、Fe-Si-Al 系合金和非晶合金等,一般硬度较低,寿命短,电阻率较低,用于低频范围;二是铁氧体,如 $(Mn,Zn)Fe_2O_4$ 和 $(Ni,Zn)Fe_2O_4$ 等,具有硬度高、寿命长、电阻率高等优点,显示了很大的优越性,主要用于高频范围。目前,常用开缝的环形锰锌铁氧体类或铁硅铝金属(又称 Sendust 合金)类,通过环上绕的线圈与缝隙处的漏磁场间作电磁信号的相互转换,而对相对运动着的磁记录介质起读出、写入作用。

用薄膜材料制造磁头是发展方向之一。例如,用真空蒸镀或磁控溅射方法制备 Fe-9.5Si-5.5Al 即 Sendust 合金薄膜,具有高的磁导率和低的矫顽力,磁致伸缩常数 $\lambda_s \approx 0$,磁各向异性常数 $k \approx 0$,又不含镍和钴,成本较低,电阻率大,耐磨性好,缺点是高频特性欠佳;已制出积层型磁头,可用来做视频记录用磁头和硬盘用磁头等。

又如利用磁性薄膜磁电阻效应制成的 MR 型磁头,可以使计算机硬盘的存储密度大幅度提高。与电磁感应型磁头不同,MR 型磁头是利用磁场下电阻的变化来敏感地反映接收信号的变化,具有记录再生特性与磁头和记录介质间的相对间隙无关、可低速运行等特点。目前主要使用很小各向异性磁场坡莫合金薄膜,其中用得较多的是磁致伸缩为零的 $Ni_{85}Fe_{15}$。另外,Ni-Co、Ni-Co-Fe 也有较高的 MR 比值。

(3) 磁记录介质(magnetic recording media) 涂覆在磁带、磁盘、磁卡、磁鼓等上面的用于记录和存储信息的磁性材料称为磁记录介质,通常是永磁材料,要求有较高的矫顽力和饱和的磁化强度,矩形比高,磁滞回线陡直,温度系数小,老化效应小,能够长时间保存信息。常用的介质材料有氧化物(如 $\gamma-Fe_2O_3$ 等)和金属(如 Fe、Co、Ni 等)两种。磁记录介质磁性层大致为两类:一是磁粉涂布型,它用涂布法制作;二是磁性薄膜型,主要用电化学沉积和真空镀膜方法制作。涂布型介质具有矩形比较小和剩磁不足等缺点,为了使磁记录向高密度、大容量、微型化发展,磁记录介质从非连续颗粒涂布向连续型磁性薄膜演化,成了合理的趋势。

磁记录主要有水平记录和垂直记录两种基本方式。20 世纪 50 年代已出现硬盘,直到 20 世纪 80 年代前,硬盘的存储介质都是铁氧体颗粒介质混合涂料或环氧树脂制成,即在带基上涂覆磁性记录层。带基通常用 PET(聚对苯二甲酸乙二酯),磁记录层用磁性粉末颗粒和聚合物组成(包括黏结剂、活性剂、增塑剂、溶剂等)。磁粉有多种选择:$\gamma-Fe_2O_3$(一般是针状颗粒,有明显的形状各向异性)、包覆钴的 $\gamma-Fe_2O_3$、CrO_2、以铁为主体的针状磁粉、钡铁氧化磁粉($MO \cdot 6Fe_2O_3$,其中 M 为钡、铅或锶)等。它们各有一定的特点。后来,又发展了薄膜介质,例如:ⓐ电化学沉积薄膜介质,具有代表性的是先在铝合金基盘上电镀(或化学镀)镍基合金,然后电化学沉积 Co-Ni(p)磁性记录层;由微细粒子构成的磁性膜可以获得较高的记录密度,但要在一定程度上切断微细粒子的相互作用才能实现。ⓑ真空蒸镀薄膜介质,采用倾斜蒸镀法,例如用钴相对基板倾斜入射,获得真空蒸镀磁带;蒸镀时,向真空室充入少量氧气,使生长粒子的表面少量氧化,缓和微细粒子的交换相互作用。ⓒ溅射薄膜介质,例如钴基溅射磁盘断面为"Al 合金基板/Ni(p),10～20nm/Cr,100～500nm/Co 基合金,46～60nm/C,约 30nm"结构,其中 Ni-P 层为非晶态,Cr 层为微晶铬膜(其(110)面在与基板面平行的方向形成择优取向),Co 基合金层为溅射微晶钴基合金膜(添加 Co 主要是增大磁晶各向异性)。C 为类金刚石碳膜(为了减少磁头与硬盘之间磨损而镀覆的保护膜);这种薄膜介质具有较高的矫顽力和高的饱和磁通密度。

提高记录密度是磁记录的一个重要方向。水平记录的硬盘薄膜中磁矩都是水平取向的,其记录密度不很高。为了提高记录密度,早在 1975 年日本岩崎俊一(Shun-ichi Iwasaki)教授领导的研究组提出了垂直记录的概念,隔年他们在研究磁光记录介质时无意中发现了磁晶各向异性垂直薄膜取向的 Co-Cr 合金薄膜介质。由于退磁场、相邻铁磁颗粒间互相作用以及硬盘系统中各个部分的相互配合等问题,一直到 30 年后,即 2005 年解决了这些问题之后,垂直记录才逐渐替代水平记录。用气相沉积法制作,可以获得垂直方向生长的 Co-Cr 合金柱状晶,并且 C 轴具有沿柱状晶取向的性质。除了 Co-Cr 薄膜外,垂直记录的薄膜介质还有 Co-O 薄膜、钡铁氧体、多层膜等气相沉积膜;也可以用电化学沉积法制作 Co-Ni-P、Co-Ni-Mn-P、Co-Ni-Re-P、Co-Ni-Re-Mn-P,等垂直记录镀层。

(4) 电磁屏蔽镀层(electromagnetic shielding coatings) 电磁辐射会影响人们的身体健康,对周围的电子仪器造成干扰以及泄露信息,因而电磁屏蔽技术迅速发展起来。屏蔽是将低磁阻材料和磁性材料制成容器,把需要隔离的设备包住,限制电磁波传输。电磁波输送到屏蔽材料时发生三种过程:一是在入射表面的反射;二是未被反射的电磁波被屏蔽材料吸收;三是继续行进的电磁波在屏蔽材料内部的多次反射衰减。电磁波通过屏蔽材料的总屏蔽效果按下式计算:

$$SE = R + A + B \tag{3-83}$$

式中,SE 是电磁屏蔽效能(dB),R 是表面反射衰减(dB),A 是吸收衰减(dB),B 是材料内部多次反射衰减(dB)。只在 $A<15\text{dB}$ 情况下,B 才有意义。$SE \geqslant 90\text{dB}$ 时,屏蔽效果为优;$SE=60\sim 90\text{dB}$ 时,评为良好;$SE=30\sim 60\text{dB}$ 时,评为中等;$SE=10\sim 30\text{dB}$ 时,评为较差;$SE \leqslant 10\text{dB}$ 时,评为差;$SE=0\text{dB}$ 时,无屏蔽效果。SE 可采用 SJ20524-1995《材料屏蔽效能的测量方法》进行测定。

电磁波按频率可大致分为两种类型:一是低频电磁波,主要指甚低频(VLF)电磁波和极低频率(ELF)电磁波,它们有较高的磁场分量;二是高频电磁波,主要指大于 10kHz 的电磁波,它们有较高的电场分量。这两类电磁波的屏蔽要求有所不同。电屏蔽体的衰减主要由表面反射 R 来决定,而磁屏蔽体的衰减主要由吸收衰减 A 来决定。按电磁学理论,可分别得到 A、R、B 的计算公式:

$$A = 1.314\, d(f \times \mu_f \times \sigma_f)^{1/2}$$

$$R \begin{cases} \text{远场源(平面波辐源)}: R = 168 - 10 \times \lg(f\mu_f/\sigma_f) \\ \text{近场源条件下磁场}: R = 20 \times \lg[1.73(f\mu_f/\sigma_f)^{1/2}/D + 0.0535D(f\sigma_f/\mu_f)^{1/2} + 0.354] \\ \text{电场}: R = 362 - 20 \times \lg[(f\mu_f/\sigma_f)^{1/2}D] \end{cases}$$

$$B = 20 \times \lg(1 - e^{\lambda/4.3362}) \quad (\text{对于近磁场})$$

在上面各式中:d 是屏蔽层的厚度(cm),f 是电磁波频率(Hz),σ_f 是屏蔽材料相对于铜的电导率,μ_f 是屏蔽材料的相对磁导率,D 是场源与屏蔽体的距离。

根据以上讨论,可以提出下列一些意见:

① A 与电磁波的类型(电场或磁场)无关,它与材料厚度成线性增加,并与材料的电导率及磁导率有关。

② R 不仅与材料的表面阻抗有关,同时也与电磁波的类型及屏蔽体到辐射源的距离有关。

③ B 是在 $A<15\text{dB}$ 情况下形成多次反射的衰减修正项。

④ 低频电磁波有较高的磁场分量,屏蔽材料应该有足够高的磁导率,屏蔽壳体应有小的直径,屏蔽层应有较厚的厚度及一定的层数。

⑤ 高频电磁场应有足够高的电导率;频率越高,集肤效应越明显,屏蔽层应有较薄的厚度;屏蔽体泄漏处会使电磁屏效能严重下降,所以对金属丝网采用双层或多层屏蔽。

实际上应用的电磁屏蔽体及其材料有许多类型。例如:

① 具有高电导率和磁导率的材料或涂层。主要材料有软磁材料(如纯铁、坡莫合金、非晶

态软磁合金)、高导电率材料(如铝、铜)以及多种涂料等。铜、铝虽是非铁磁性材料,但却是优良的导电体,具有很低的表面阻抗,对高阻抗电场有很好的屏蔽作用,然而对低阻抗磁场的屏蔽却不理想。常见的屏蔽材料有金属箔、金属板等实心金属材料,金属丝网、冲孔金属板等具有孔洞的金属材料,以及表面镀覆金属层的金属材料。在铜材表面镀覆银、镍,可以在较宽广的频率范围内获得优良的屏蔽效果(电磁波的吸收损耗和反射损耗)。在表面镀覆恰当的多层膜,能进一步提高设备的屏蔽、耐蚀和力学等性能。

② 电磁屏蔽玻璃(radiation shielding glass)是一类具有电磁屏蔽功能的玻璃制品,通常由玻璃表面镀覆透明电磁屏蔽膜或在夹层玻璃中间敷设金属丝网制成。透明电磁屏蔽膜可以是金属膜或金属氧化物膜,也可以是导体或半导体,通过膜层材料的选择和厚度的控制来调整电磁屏蔽的波长范围和屏蔽效果。常用的金属丝网材料是银、铜或不锈钢,通过丝网材料的选择,并以材料的粗细和网孔的大小来调节屏蔽波段和效果。这种玻璃制品通常可将1GHz频率的电磁波衰减 30~50dB,高挡产品可以衰减 80dB。镀膜与夹层丝网两种技术还可复合起来,以获得更好的电磁屏蔽效果。

③ 单纯的塑料等非导体外壳不能保证电子元器件正常工作。为阻隔电磁波的干扰,可采用各种表面技术,如喷涂、电镀、化学镀、气相沉积、贴敷导电片等,来获得良好的屏蔽效果,其大小与镀覆材料、材料厚度、工艺方法等因素有关。

④ 电磁屏蔽复合材料(electromagnetic shielding composite materials)有多种类型,常用的是以高分子材料为基体填充适当的导电材料而制成的具有使用性能好、成型工艺简单和成本低等优点。

⑤ 吸波涂层(wave absorbing coatings)隐身技术在现代战争和国防事业中有着重大的意义。在隐身技术的研究上,主要集中在结构设计和吸波材料两个方面。吸波材料是利用材料对磁波的高损耗性能达到全方位隐身效果,具有装备改动少、施工简单、对目标的外形适应性强和对武器系统的机动火力影响小等特点,因此很适用于现代武器装备的需求。吸波材料能将入射的电磁波转化成机械能、电能和热能等能量形式,降低反射波强度。吸波原理如下:

$$\varepsilon_\tau = \varepsilon' - \varepsilon''$$
$$\mu_\tau = \mu' - \mu''$$

式中,ε_τ 为介电常数,ε' 为吸收材料在电场或磁场作用下产生的极化强度的变量,ε'' 为在外加磁场作用下,材料电偶产生重排引起损耗的量度;μ_τ 为磁导率,μ' 为吸波材料在电场或磁场作用下产生的磁化强度的变量,μ'' 为在外磁场作用下,材料磁偶极矩产生重排引起损耗的量度。损耗因子 $\tan\delta$ 用下式表示:

$$\tan\delta = \tan\delta_E + \tan\delta_M = \varepsilon''/\varepsilon' + \mu''/\mu' \qquad (3-84)$$

$\tan\delta$ 随 ε'' 和 μ'' 增大而增大。吸波材料除了尽可能提高损耗外,还需要波阻抗匹配。设电磁波通过阻抗为 Z_0 的自由空间而垂直投射到阻抗为 Z_r 的半无限大的介质表面,反射系数为

$$R = (1 - Z_r/Z_0)/(1 + Z_r/Z_0) \qquad (3-85)$$

输入波阻抗 Z_W 表示为

$$Z_W = E/H = (\mu_\tau/\varepsilon_\tau)^{1/2} \qquad (3-86)$$

要使反射最小,需满足

$$\mu_\tau/\varepsilon_\tau = \mu_0/\varepsilon_0 \qquad (3-87)$$

上面各式中:E 为电场强度,H 为磁场强度,μ_0 和 ε_0 分别是自由空间的磁导率和介电常

数。要使电磁波不被反射,即 R 为零,理想条件是 $Z_r = Z_0$。可采用特定的介质和特殊的工艺来调节 μ_r/ε_r,来达到吸收介质与自由空间两者波阻抗的匹配。

吸波涂层能够有效地吸收入射电磁波并使其散射衰减,降低被雷达发现的可能性。这种涂层是将吸收剂与黏结剂混合配制成涂料,然后涂覆于目标表面而形成的。它按耗电磁能机理可分为三大类:

① 电阻型。如石墨、碳化硅纤维等。电磁能主要损耗在涂层电阻上,只适用于高频段固定设备和微波暗室中。材料吸收厚度 δ 与所吸收的波长 λ 有下列关系:$\delta \approx 0.6\lambda$。若要吸收 100MHz 频率的电波,则材料厚度必须达到 1.8m。

② 电介质型。如钛酸钡等。其机理是介电极化弛豫衰减。由于材料的介电损耗与频率有密切关系,故吸收频带较为狭窄。同时,这类材料的成本较高。

③ 磁介质型。如铁氧体等。其机理是磁滞损耗和铁磁共振损耗。铁氧体吸收效率较高,成本较低,应用较广。

上述的涂层为传统吸波材料。对吸波涂层的要求是厚度薄、质量轻和吸波频带宽。由于纳米材料具有极好的吸波特性,并且具有宽频带、兼容性好、质量小和厚度薄等特点,因而迅速成为新型吸波材料。纳米粒子表面原子数显著增多,悬挂键数目也显著增多,具有高的活性,在电磁场的辐射下,原子和电子运动加剧,增加了电磁波的吸收效果。纳米粒子尺寸远小于雷达发射的电磁波波长,电磁波的透过率比传统材料要高得多,大大减少波的反射率,使雷达接收的反射信号变得很微弱。可做纳米吸收剂的材料很多,主要包括羰基纳米金属粉复合材料和钴、镍、FeNi 等纳米金属粉复合材料两类,此外还有纳米铁氧体、纳米碳化硅,等等。

吸波涂层不仅用于军事,还广泛用于通信、环保、人体防护等诸多领域。

3.3.4 表面工程中的材料光学性能

1. 材料光学性能参量及特性

(1) 电磁波 电磁波是以波的形式传播的电场与磁场的交替变化,在真空中其位移方向与传播方向垂直(即为一种横波)。这种波动在传播过程中不需要任何介质,在真空中行进的速度大约为 3×10^8 m/s,通常称为光速。电磁波按波长划分为几个区域,如图 3-30 所示。这是大致上的区分,实际上各区之间的界限不很明显。光波是一种电磁波,通常分为紫外、可见、红外三个波段。光波与其他电磁波都具有波粒两象性。一定波长的电磁波可认为是由许多光子构成的,每个光子的能量为:$E = \dfrac{hc}{\lambda} = h\nu$。电磁波的辐射强度就是单位时间射到单位面积上的光子数目。电磁辐射与物质的相互作用表现为电子跃迁和极化效应,而固体材料的光学性质,就取决于电磁辐射与材料表面、近表面,以及材料内部的电子、原子、缺陷之间的相互作用。由于光波的频率范围包括了固体中各种电子跃迁所需的频率,故固体材料对于光的辐射所表现的光学性能是很重要的。

(2) 反射、折射、吸收和透射 光波由某种介质(例如空气)进入另一种介质(例如固体或液体)时,在不同介质的界面上会有一部分被反射;其余部分经折射而进入该介质,如果没有全被吸收,则剩下的部分就透过介质。

如图 3-31,所示,反射光线与入射光线以及界面的法线均在同一平面上,入射角 ϕ_1 与反射角 ϕ'_1 相等,波长和速度都不变。反射光强度与入射光强度之比称为反射率,其值与入射光的波长、反射物质的种类有关,并且入射角愈大,表面光洁及光的吸收愈小,反射率愈大。折射光线也与入射光线及界面的法线位于同一平面上,入射角 ϕ_1 与折射角 ϕ_2 两者的正弦有下列关系:$n_1\sin\phi_1=n_2\sin\phi_2$。$n_1$ 和 n_2 分别为第一介质和第二介质折射率(或称折射系数)。折射率的定义是:$n=\dfrac{真空中的光速}{介质中的光速}$。介质的折射率与频率有关,对低频率的光较小,而对高频率的光较大。此外,介质的密度愈大,折射率愈高。

设反射率为 R,入射光线强度为 I_0,则射进材料的光线强度为 $(1-R)I_0$。光线在材料中经过距离 dx 以后,其强度的相对变化 $\dfrac{dI}{I}$ 与材料的吸收系数 α 成正比,即 $\dfrac{dI}{I}=-\alpha dx$。积分后,

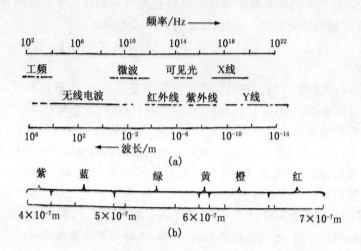

图 3-30 电磁波谱
(a) 整个波谱;(b) 可风光部分

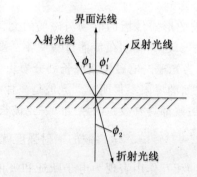

图 3-31 光的反射与折射

得到 $I=I_0(1-R)e^{-\alpha x}$。设材料的厚度为 l,射到另一面的光线强度为 $I_0(1-R)e^{-\alpha l}$。考虑到此时部分光线反射回材料内部,得到透射率(即透射强度与入射强度之比)

$$T=(1-R)^2 e^{-\alpha l}$$

又设吸收率为 A,应有下列关系:$T+R+A=1$。也就是说透射、反射、吸收这三部分光线的强度之和等于入射线强度。对于一定的材料,α 和 R 都与入射光线的频有关,它们是材料的基本参数。

金属具有不透明性和高反射率,即 α 和 R 都很大。其原因是导带中有许多空能级,入射光线使电子提升到这些空能级,从而被吸收。结果是光线进入金属表面很薄的一层就被完全

吸收。电子被激发后，会重新跳回到原来较低的能级，因而在金属表面发生再发射。金属在白色光线下所呈现的颜色将取决于这种发射波的频率。例如银在整个可见光范围内的反射率都很高，结果呈现白色。铜和金在超过一定频率（这个频率位于可见光范围的短波部分）的入射光子激发后，可使已填满的 d 能带中的电子跃迁到 s 能带的空能级中。这些电子直接跳回 d 能带的几率较小，故强烈再发射的主要是长波长的光线，因而呈现为桔红色和黄色。

半导体 Si 和 Ge 等材料的禁宽度约为 $1\sim 2eV$，可见光的频率已足以使电子从价带激发到导带，因此能全部吸收射来的可见光，使材料呈深灰色，并有暗淡的金属光泽。CdS 的禁宽度为 2.42eV，能吸收白色光线的蓝色和紫色部分，从而呈现橙黄色。

理想半导体在绝对零度时，价带完全被电子占满，价带内的电子不能被激发到更高的能级，但是如有足够能量的光子使电子激发，就能从价带跃迁到导带。这种由于电子在带与带之间的跃迁所形成的吸收过程称为本征吸收。此外，还存在着其他的光吸收过程，主要有激子吸收、杂质吸收、自由载流子吸收等。研究证明，如果光子能量 $h\nu$ 小于 E_g，价带电子受激后虽然跃出了价带，但还不足以进入导带而成为自由电子，仍然受到空穴的库仑场作用。实际上，受激电子和空穴互相束缚而结合在一起成为一个新的系统，其称为激子，这样的光吸收称为激子吸收。激子呈电中性而不形成电流。通过热激发和其他激发，可使激子分离成自由电子或空穴。也可以是激子中的电子和空穴通过复合，使激子消失而同时发射光子或同时发射光子和声子。半导体还有一种吸收叫自由载流子吸收，它是电子从低能态到高能态的跃迁于同一能带内发生的。由于吸收的光子能量小于 $h\nu$，故一般是红外吸收。有时，在自由载流子吸收中要考虑到价带的各个重叠带之间的跃迁。半导体材料通常含有一定的杂质，束缚在杂质能级上的电子或空穴也可以引起光的吸收，即电子吸收光子跃迁到导带能级或空穴吸收光子跃迁到价带，这种光吸收称为杂质吸收。

绝缘体具有相当宽的禁带，可见光不足以引起电子激发，因此有许多材料如冰、氯化钠、金刚石、无机玻璃、聚甲基丙烯酸甲脂等都容易透过可见光。光学透明材料对于垂直射向材料表面的可见辐射，反射率 $R=\left(\dfrac{n-1}{n+1}\right)^2$，$n$ 为折射率。如果入射光有相当高的频率，例如是紫外光，则足以激发电子越过禁带而产生强烈的吸收。许多材料中原子振动频率与红外光子频率相近，可通过光子与电偶极（原子振动所感生的）的相互作用产生声子，故对红外线有一定程度的吸收。此外，离子固体还能强烈吸收那些频率可以引起离子极化的红外辐射，并因而产生声子。

研究材料中的光吸收过程，对于了解材料的性质以及扩大材料的利用，都有很大的意义。研究吸收的方法很多，例如测定吸收光谱（即吸收的强度与频率或波长的关系曲线）是一种经常使用的方法，如果材料只对某些特定的窄的波长范围的光有显著的吸收，则吸收谱上便呈现一系列对应的尖峰，这些尖峰称作吸收谱线。图 3-32 为室温 Nd^{3+}:YAG 晶体（掺钕的钇铝石榴石）在紫外到近红外波段的吸收光谱，图中吸收谱线是由晶体中钕离子引起的。

在许多原来透明的材料中，如果存在着晶界、相界（包括异相颗粒）、空洞等，由于折射率在这些界面上的变化，引起光线漫散地透射或散射，从而使材料的透射率降低，甚至变得不透明。例如无机玻璃由于形成弥散 TiO_2 颗粒而可以变得浑浊。

图 3-32 室温 Nd^{3+}:YAG 晶体在紫外到近红外波段的吸收光谱

(3) 色心 19 世纪人们发现某些无色透明的天然矿石在一定条件下呈现一定的颜色,而在另一条件下这些颜色又被"漂白"。20 世纪 20 年代波尔(Pohl)发现碱卤晶体在碱金属蒸汽中加热后骤冷到室温就会有颜色,例如氯化钠呈黄色,氯化钾呈红色,这一过程称为着色,从吸收光谱来分析,在可见光某一范围有钟形的吸收带。Pohl 认为着色是因晶体中产生了能吸收某一波段可见光的晶体缺陷,并首先提出颜色中心(或色心)这个词来命名这些缺陷。从此色心一词就沿用下来。色心的德文是 Farbe - Zentrum,故又称为 $F_心$,它产生的吸收带称为 F 带。温度愈高,晶格振动愈激列,吸收带就愈宽。后来色心问题日益受到人们的重视。并加以深入研究。

色心根据其形成机理大致可以分为俘获电子心、俘获空穴心和化学缺陷心三大类。它们的形成机理、结构和性能均不相同。现对俘获电子心做一简要的说明。它是一个负离子缺位,因此整个缺陷带正电。例如在 NaCl 中,如果 Cl^- 离子缺位,其周围离子的电子能量降低了,即在缺位近邻的钠离子

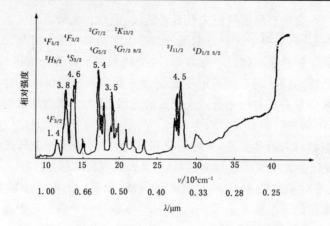

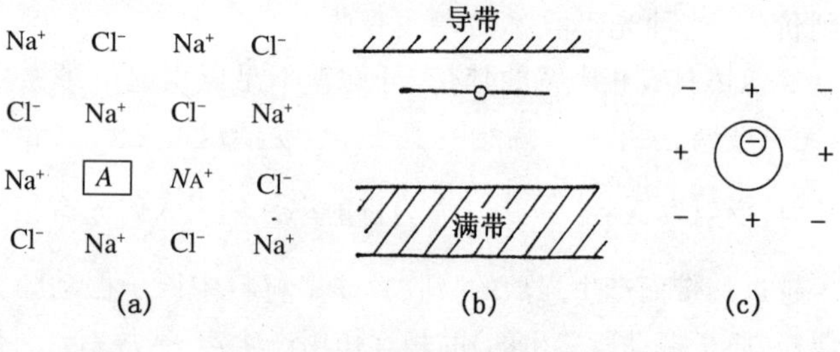

图 3-33 F 心
(a) NaCl 示例;(b) 能带结构;(c) F 心示意图

上的电子所受束缚比其他钠离子上的电子更紧。由于其他钠离子上的 $3s$ 态构成 NaCl 的导带,而 Cl^- 缺位最邻近的钠离子的 3_s 态电子比导带低一些,在禁带中产生了附加能级(见图 3-33)。带正电的 Cl^- 离子缺位将束缚一个电子为最近邻 6 个 Na^+ 离子所共有,晶体受激时这个束缚的电子就可能跃迁到导带中去,从而出现一个新的吸收带。又如在还原性气氛中生长的 N_d^{3+}:YAG 激光晶体,会出现由氧缺位引起的色心,使晶体从原来的紫红色变为棕色,激光输出性能变坏;在吸收光谱曲线上,它对应着 3 600Å 附近的一个强的附加吸收峰。经在氧气氛(或空气)中长时内退火后,通过氧的补充,使这种色心消失,附加的 3 600Å 吸收峰也随之消失。最简单的俘获电子心就是 $F_心$。其他还有负 $F_心$,$F_{2心}$,$F_{3心}$,$F_{4心}$,$F_{A心}$,$F_{B心}$,$F_{Z心}$ 等,它们都从 $F_心$ 而来。俘获空穴心,又称 $V_心$,其也可有许多种。化学缺陷心如 $U_心$ 等,它是由一个氢原子的负离子代替一个卤素负离子。总之,在色心的局部地区,电子的能态同晶体其他地区

的能态不同,从而在禁带中出现了新的电子或杂质的能级。

色心有其一定的应用。1965年人们已发现了色心的激射功能。20世纪70年代以后随着激光技术的发展,特别是光纤通信技术等对激光波长的要求($1\sim3\mu m$),色心应用受到重视。

(4) 发光 物质的原子或分子从外部接受能量,成为激发态,当它们从激发态回到基态(有的要经过一系列中间过程)时,就会发出一定频率的光,这种辐射现象叫做发光。其又可根据吸收与发射之间的时间间隔而分成两类:如果滞后时间少于 10^{8-} s,则这种现象称为荧光;如果衰减时间长些,则称为磷光。

在荧光中,虽然吸收与发射之间的间隔很小,但实际上激发停止后荧光并不立即消失。测量衰减到起始光强的 $\frac{1}{e}$ 所经历的时间称为荧光寿命。发射的荧光辐射频谱,是荧光光谱。它是了解物质能级结构及跃迁过程的重要手段,也是选择发光材料、激光材料的依据之一。在化学分析上也有应用。日常用的荧光灯,其内壁涂有特殊的硅酸盐或钨酸盐,汞辉光放电产生的紫外线激发这些化合物而发白光。

磷光体最重要的应用是显示和照明。由于一些磷光体放射可见光,故适用于探测X辐射和γ辐射。例如硫化锌在X射线的照射下发出黄色光,再与光电导物质配合,就可用来定量测定X射线强度。在荧光灯上,为了提高显色性,可加上一些荧光体。在阴极射线的使用上,为了提高显色性,可加上一些荧光体。在阴极射线的使用上,黑白电视采用蓝色材料(ZnS:Ag)和黄色材料[(Zn,Cd)S:Cu,Al]的混合磷光体而获得白色;在彩色电视中,需用蓝、绿、红三种颜色产混合磷光体。还有日常生活中用的夜光时码和指针也使用磷光体。

随着电子工业的迅速发展,固体显示日趋重要。目前,主要有两类发光材料用于固体显示:ⓐ本征场致发光材料,其以硫化锌为代表,是将荧光体分散在高介电性介质中,然后把它夹在两片透明的电极之间并加上交变电场使之发光。ⓑ注入型场致发光材料,是将Ⅱ-Ⅳ族和Ⅲ-V族化合物制成p-n结二极管,注入载流子,然后在正向电压下,电子和空穴分别由n区和p区注入到结区并相互复合而发光。这样做成的发光器称为发光二极管。

(5) 激光 1917年,爱因斯坦在用统计平衡观点研究黑体辐射的工作中,得到一个重要的结论:自然界存在两种不同的发光方式,一种叫自发辐射,另一种叫受激辐射。1958年,人们由红宝石顺磁共振实现了微波的受激辐射放大(microwave amplification by stimulated emission radiation,缩写为Masen,译作脉泽)。1960年,出现了第一台由红宝石脉泽改造而成的红宝石激光器,实现了光的受激辐射放大。将脉泽(Maser)中的微波(Microwave)改成光(Light),就形成莱塞(light amplification by stimulated emission radition 或 Laser),即激光。

进一步来说,当激光工作物质的粒子(原子或分子)吸收了外来能量后,就要从基态跃迁到高能态,此时不稳定,要自发地回到一个亚能态。粒子在亚能态的寿命较长,所以粒子数目不断积累增加。这就是泵浦过程。当高能态的粒子数多于基态的粒子数(即所谓粒子数反转)时,如受到波长相当于两态能量之差的电磁波的刺激,粒子就要跌落到基态并放出同一性质的光子,光子又激发其他粒子也跌落到基态,释放出新的光子。这们便起了放大作用。如果在一个光谐振腔里反复作用,便构成光振荡,并发出强大的激光。

激光器通常由工作物质、光学谐振腔和泵浦组成。其又可分为固体激光器、气体激光器、半导体激光器、液体激光器(如染料激光器)、化学激光器和气动激光器等。图3-34为固体激光器结构示意图。其中工作物质是掺入少量激活离子的晶体或玻璃。如上分析,产生激光的

必要条件是实现两个能级间的粒子数反转。通常
有两种途径：ⓐ三能级系统，如图3-35(a)所示。
泵浦将粒子从E_1抽运到E_3，被抽运到E_3的粒
子通过无辐射跃迁迅速转移到E_2，由于E_1上的
粒子不断被抽运走，而E_2是一个寿命较长的能
级，于是粒子就在E_2积聚起来，从而实现E_2与
E_1两能级间粒子数反转。红宝石单晶是由以
Al_2O_3为基质、Cr^{3+}为激活离子制成的。图3-35

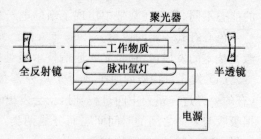

图3-34 固体激光器结构示意图

(b)为铬离子的能级图，R_1、R_2的激光线($\lambda=6943\text{Å}$和6928Å)就是利用三能级系统工作的。
基态$^4A_2$相当于E_1，激发态^2E相当于E_2，$^4T_2$、$^4T_1$等起E_3的作用。粒子由$^4A_2$抽运
到$^4T_1$、$^4T_2$上是通过光泵浦来实现的。ⓑ四能级系统[见图3-35(c)]，因其形成粒子数反转
的两个能级中，下能级不是基态，此处电子易向基态跃迁而"出空"，所以本系统可利用较小功率
的光泵来达到粒子数反转的目的，具体是选择合适的泵浦将粒子从E_1抽运到E_4上去，从而实现E_3
与E_2两能级间的粒子数反转。Nd^{3+}:YAG激光器发出的$1.06\mu m$激光就是用四能级系统工作的。
Nd^{3+}离子能级$^4I_{9/2}$、$^4I_{11/2}$、$^4F_{3/2}$分布相当于E_1、E_2、E_3；能级$^4F_{5/2}$以及比它高的能级起到E_4作用。

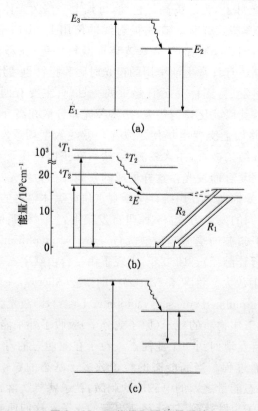

图3-35 三能级和四能级系统
(a)三能级系统；(b)红宝石的铬离子能级图；(c)四能级系统

激光晶体的种类很多，基质有氧化物、复合氧化物、氟化物、复合氟化物、阴离子络合物；激
活离子有过渡族金属激活离子、三价稀土激活离子、二价稀土激活离子、锕系激活离子等。目
前已知的激光晶体有一百余种，但较为成熟和广泛使用的，主要是Nd^{3+}:YAG和红宝石晶体；

其他种类的激光晶体,正在深入研究,并向多波段、可调谐、高功率、小型化等方面发展。

固体激光的工作物质除激光晶体之外,还有激光玻璃,如钕玻璃等。钕玻璃的成本较低,有很好的光学均匀性,可以制成各种形状和大尺寸材料。它掺钕量高,可达 6%,适宜大功率和大能量脉冲工作,但效率不很高,并且在高重复脉冲下工作和连续工作时受到限制。

激光是一种新型光源,它与以自发辐射为主的普通光源相比,有下列几个特点:ⓐ亮度高,它比太阳表面的亮度要高出上百亿倍以上,聚焦后能产生几万度到几百万度的高温。因此可用来对难熔金属、玻璃、陶瓷、半导体、宝石、钻石等进行打孔、切割、焊接等。ⓑ单色性好,比激光问世之前单色性最好的光源——氪灯发出的谱线提高了几十万倍。因此可用作精密测量等。ⓒ方向性好,其光束的发散度仅为最好探照灯的几百分之一。因此可用来做激光准直仪,保证准直的高度精确性。ⓓ相干性好,能形成清晰的干涉图样或接收到稳定的拍频信号,因此可用做干涉度量、全息照相、光学信息处理等光源。

激光是光学、光谱学与电子学发展到一定阶段和相互结合的必然产物,标志着人们掌握和利用光波进入了一个新阶段,它在物理、化学、生物、医学、军事和各种工程技术中都有许多重要的应用。

2. 材料光学性能在表面工程中的重要意义

(1) 光学薄膜(optical coatings)　它由薄的分层介质合成,用来改变光在材料表面上传输特性的一类光学元件。光学薄膜的光学性质除了具有光的吸收外,更主要是建立在光的干涉基础上,通过不同的干涉叠加,获得各种传输特性。为了得到预期的光学性能,要确定必要的膜层参数,即进行膜系设计。对于实用的光学薄膜,不仅要考虑光学性能,还要考虑膜层与基底的结合力以及其他物理、化学性能。薄膜的各种性能不仅取决于膜系和材料,还依赖于实际制备条件和使用条件。制备条件包括沉积技术和控制技术。沉积技术分物理沉积和化学沉积两类。物理沉积主要有真空蒸镀和溅射镀膜和离子镀三类。化学沉积有化学气相沉积、液相沉积和溶胶—凝胶法等。控制技术主要有薄膜厚度控制、组分控制、温度控制和气体控制等。光学薄膜在空间、能源、光谱、激光、光电科学以及国民经济中有着广泛的应用,其在光学领域中的地位和作用,是其他材料难以取代的。

① 薄膜光学。光与无线电波、X 射线、γ 射线等一样都是电磁波,只是它们的频率不同。无线电波的波长最长,分长、中、短、超短波和微波等。其次是光,包括红外、可见和紫外三部分,接下来是 X 射线。γ 射线波长最短。

当电磁辐射进入光学导纳分别为 N_0 和 N_1 的两种质分界面时,部分入射电磁辐射被反射到入射介质。对于入射角 θ,在界面上的能量反射系数或反射率 R 为

$$R=\left(\frac{\eta_0-\eta_1}{\eta_0+\eta_1}\right)^2 \tag{3-88}$$

式中,η_0、η_1 分别对应两种介质的有效光学导纳。

有效的光学导纳,即修正导纳 η,用于倾斜入射的情况:

$$\eta\begin{cases} N\cos\theta & \text{对于横电波}(s\text{——偏振波}) \\ N/\cos\theta & \text{对于横磁波}(p\text{——偏振波}) \end{cases}$$

光学导纳 N 通常称为复折射率,它由下式给出:

$$N=n-ik \tag{3-89}$$

式中,n——介质的折射率;

k——消光系数,即介质中吸收电磁能量的量度。

设有一个薄膜系统是在基底上由 l 层膜组合而成,最外层 $j=1$,最内层 $j=l$,基底的光学导纳为 N_s,薄膜厚度为 t_j 处的光学导纳为 N_j。如果 Y 是这个系统的等效光学导纳,那末在光学导纳为 N_0 的介质中垂直反射率 R 为

$$R=\left(\frac{N_0-Y}{N_0+Y}\right)^2 \qquad (3-90)$$

对于这种组合薄膜,Y 可用矩阵法计算:

$$Y=C/B$$

式中,B 和 C 是 1×1 矩阵的组元,称为该组合的特征矩阵,定义为

$$\begin{bmatrix}B\\C\end{bmatrix}=\left\{\prod_{j=1}^{l}\begin{bmatrix}\cos\delta_j & i\sin\delta_j/\eta_i\\i\eta_i\sin\delta_i & \cos\delta_j\end{bmatrix}\right\}\begin{bmatrix}1\\\eta_s\end{bmatrix} \qquad (3-91)$$

$$\delta_j=(2\pi/\lambda)(N_i t_j\cos\theta_j)$$

式中,δ_j——第 j 层的有效相厚度;

t_j——第 j 层薄膜的厚度;

λ——真空中入射光波的波长;

θ_j——第 j 层的折射角。

对 p-分量,$\eta_j=N_j/\cos\theta_j$;而对 s-分量,$\eta_j=N_j\cos\theta_j$。由 Snell 定律,得

$$N_0\sin\theta=N_i\sin\theta_j$$

式中,$N_j t_j$、$N_j t_j\cos\theta_j$ 分别称为 j 层薄膜的光学厚度和有效光学厚度。

现以基底上镀覆单一非吸收薄膜的简单情况为例进行计算。设基底折射率为 n_s,薄膜折射率为 n_1,薄膜厚度为 t_1,该组合的特征矩阵是

$$\begin{bmatrix}\cos\delta_1 & i\sin\delta_1/\eta_1\\i\eta_1\sin\delta_1 & \cos\delta_1\end{bmatrix}\begin{bmatrix}1\\\eta_s\end{bmatrix}=\begin{bmatrix}\cos\delta_1+(i\eta_s/\eta_1)\sin\delta_1\\\eta_s\cos\delta_1+i\eta_1\sin\delta_1\end{bmatrix}$$

因此

$$R=\frac{(\eta_0-\eta_s)^2\cos^2\delta_1+[(\eta_0\eta_s/\eta_1)-\eta_1]^2\sin^2\delta_1}{(\eta_0+\eta_s)^2\cos^2\delta_1+[(\eta_0\eta_s/\eta_1)]^2\sin^2\delta_1}$$

式中,η_0、η_1、η_s 分别为入射介质、薄膜、基底的光学导纳。

如果在基底上镀覆一层薄膜,光学厚度为 1/4 波长。设该波长为 λ_0,即 $n_1 t_1=\lambda_0/4$,那末对于垂直入射,在 $\lambda=\lambda_0$ 处 $\delta_1=\pi/2$,因而垂直反射率 R 为 [对于 $n_1 t_1=(2m+1)\frac{\lambda_0}{4}$]

$$R=\left(\frac{n_0 n_s-n_1^2}{n_0 n_s+n_1^2}\right)^2=\begin{cases}R_{\min} & \text{如果 } n_s>n_1>n_0\\R_{\max} & \text{如果 } n_s<n_1<n_0\end{cases} \qquad (3-92)$$

可见在基底上镀覆 $\lambda_0/4$(即四分之一光波厚)薄膜之后,反射率是增加还是减小,取决于 $n_1<n_s$ 还是 $n_1>n_s$。当薄膜折射率足够低时,表面反射降低,该薄膜可用作减反射率即增透膜。当薄膜折射率足够高时,表面反射率增加,可用作分光镜。

如果在基底上镀覆一层光学厚度为 $\lambda_0/2$(即二分之一光波厚),那末在垂直入射时,$\delta_1=\pi$,R 减少到 [对于 $n_1 t_1=(2m+2)\frac{\lambda_0}{4}$]:

$$R=\left(\frac{n_0-n_s}{n_0+n_s}\right)^2=\begin{cases}R_{\max} & \text{如果 } n_s>n_1>n_0\\R_{\min} & \text{如果 } n_s<n_1>n_0\end{cases}=\text{没有镀膜时基底的反射率}$$

即此时垂直反射率没有因镀膜而发生变化。

镀覆 $1/4\lambda_0$ 和 $1/2\lambda_0$ 薄膜可以分别推广为镀覆 $(2m+1)\dfrac{\lambda_0}{4}$ 和 $(2m+2)\dfrac{\lambda_0}{4}$ 薄膜，m 为正整数。

② 光学薄膜的分类。光学薄膜有多种分类方法。按其应用可分为增透膜、反射膜、干涉滤光膜、分光膜、偏振膜以及光学保护膜等；按材料可分为金属膜、介质膜、金属介质膜和有机膜；按膜的的层数可分为单层膜、双层膜、多层膜等。表 3-10 为光学薄膜按应用分类。

表 3-10　光学薄膜按应用分类

序号	名称	涵　义
1	增透膜	又名减反射膜(anti-reflecting film)。它是根据薄膜干涉原理制成的减弱或消除反射光的光学薄膜。按理论计算，在膜层的折射率 n_1 小于基材折射率 n_s 时，该膜层具有增透作用。实现零反射的单层增透膜条件是：$n_1 t_1 = \lambda_0/4$，$n_1 = \sqrt{n_0 n_s}$（式中，t_1 为薄膜厚度，$n_1 t_1$ 称为膜层的光学厚度；λ_0 为入射光波长；n_0 为 λ 射介质，即一般为空气的折射率）。为用单层实现 100% 的增透效果，则要求膜层 $n_1 = 1.22$，而实际上是很难找到折射率如此低的膜，因此更为有效的增透膜多数是采用多层膜系
2	反射膜	它是增加反射功能的光学薄膜。一般分为两大类：①消光系数较大、光学性质较稳定的金属反射膜，如铝、银、金、铜等。其中铝、银、铜膜的外侧必须镀 SiO_2、MgF_2、SiO_2、Al_2O_3 等保护膜，以防止氧化；②基于多光束干涉效应的全电介质反射膜，即与增透膜相反，选择折射率高于基材的膜层，此外还可以采用多层膜系。最简单的多层反射膜是由高、低折射率的两种材料交替蒸镀的、各层光学厚度为 $\lambda_0/4$ 的膜系
3	干涉滤光膜	滤光镜是能按规定要求改变入射光的光谱强度分布的光学薄膜。它分为吸收型和干涉型两种基本类型。干涉滤光膜便是基于干涉现象来消除那些不需要的光谱或按规定要求分割光谱（或颜色）的一类光学薄膜。其在各类光学薄膜中种类最多、膜系结构最复杂。仅从分割光谱的形状来分，就有带通滤光片、截止滤光片、负滤光片及形状各异的特种滤光片，经常在各种光学系统中做分光元件
4	分光膜	分光膜是把入射光的能量分为透射光和反射光两部分的光学薄膜。膜层的透射率与反射率之比称为分光膜的分光比。根据具体情况，要求有不同的分光比。最常用的是分光比为 1 的分光镜。其他性能要求还可能是分光效率、分光镜的吸收、分光的光谱宽度和分光的偏振度等。分光膜通常由金属层、介质层或金属加介质层组成。用介质膜堆还可制成偏振分光镜和消偏分光镜
5	偏振膜	偏振膜是用来产生偏振光或抑制薄膜偏振效应的光学薄膜。根据光学原理，当入射光的入射角 θ 满足 $\tan\theta = n$ 时，可获得偏振程度大的反射光。$\text{arc}\tan n$ 称为布儒斯特角。利用布儒斯特角的多次反射可以产生一束接近完全偏振的面偏振光。偏振膜按几何结构可分为棱镜偏振膜和平板型偏振膜。棱镜型偏振膜通常位于两个对称的直角棱镜中间，光束在膜层界面上实现布儒斯特角入射，使平行入射面的 P 分量光高透过，而垂直入射面的 S 分量光高反射，从而实现偏振分光。用不同膜系和几何结构的棱镜型偏振膜，可以产生部分偏振光、椭圆偏振光、圆偏振光和线偏振光。平板型偏振膜是建立在光束斜入射时薄膜偏振效应的基础上，入射角常选择基材的布儒斯特角。还有一种偏振膜是用来消偏振的，称为消偏振膜。在现代光学系统中，偏振膜可用来代替双折射晶体做偏振元件。平板型偏振膜可以做得很大，而且具有低损耗和高破坏阈值，常在激光系统中用作腔内偏振元件和隔离元件

续表

序号	名称	涵义
6	光学保护膜	光学保护膜是沉积在光学材料或薄膜表面,提高其耐蚀性、稳定性,牢固性以及改善其光学性质的一类光学薄膜。这类薄膜多为介质保护膜,不仅用于金属、半导体,而且还用于介质膜本身。镀铝、银等金属镜面,常用 SiO、SiO_2、SiO_x、Al_2O_3、MgF_2 等介质膜进行保护,提高金属镜面的耐蚀性和机械强度。又如用硫化锌、氟化镁交替镀覆的多层膜冷光镜,常用 SiO 等介质膜做保护膜。有些光学保护膜,不仅可以提高光学材料表面的耐蚀性、耐磨性和稳定性,还可以与其进行光学匹配而改进光学性质。例如有的红外探测器常用硅、锗等材料做窗口,为提高其耐蚀性、耐磨性和稳定性,可用类金刚石碳膜做保护膜,同时因它们的折射率匹配,又可显著提高一定波段的红外透过率。又如光存储材料的保护膜,不仅可以隔绝空气和基材存储材料的侵蚀,提高光盘的稳定性和寿命,而且通过匹配设计,可以提高它的写入灵敏度和载噪比。目前实用的光盘体系中,几乎都是由记录介质和匹配介质的多层膜构成的。激光薄膜中的保护膜,可用来提高薄膜的抗激光强度

(2) 光电子材料与镀层(optoelectronic materials and coatings) 传统的光学薄膜主要以光的干涉为基础,并以此来设计和制备增透膜、反射膜、干涉滤光膜、分光膜、偏振膜和光学保护膜。后来,由于科学技术发展的需要,光学薄膜涉及的光谱范围已从可见光区扩展到红外和软 X 射线区等,制备技术也有了较大的发展。更为突出的是光学与电子相结合形成的光电子学,原来无线电频率下几乎所有传统电子学的概念、理论和技术,原则上都可以延伸到光频波段。光电子学又可称为光频电子学。这门科学和技术的发展,有着深远的意义。

① 光电子器件和材料。光波频率(约 10^{15} Hz)极高,远高于一般的无线电载波频率(约 10^{10} Hz),因而光载波的信息量极大。例如在光通信中,如果每个话路的频带宽 4kHz,那么光载波可容纳 100 亿路电话。同时,由于激光的良好的指向性,使激光通信有极强的保密性。近 30 多年来,光波沿光纤传播特性的研究取得丰硕的成果。光纤通信技术将是未来社会信息网的主要传输工具。

目前各种新型激光光源、光调制器以及光电探测器等的研究成功,导致一系列新型的光电子系统的诞生,在测量精度、成像分辨率、抗干扰能力以及机动性等方面有了很大的提高。

光电子技术所用的光电子器件大致可分为两大类:

a. 将电转换成光的器件。主要有电激励或注入的激光器、半导体发光二极管、真空阴极射线管,以及各种电弧灯、钨丝灯、辉光灯、荧光灯等光源。

b. 将光转换成电的器件。主要有光电导器件(如光敏电阻、光电二极管、光电晶体管)、光生伏特器件(如太阳能电池)、光电子发射器件(如光电倍增管、变像管、摄像管)、光电磁器件(如光电磁探测器)等。

在许多光电子系统中,除了上述两类器件之外,还使用许多传输和控制光束的器件或部件,如透镜、棱镜、反射镜、滤光器、偏振器、分束器、光栅、液晶、光导纤维和集成光学器件等。另外还有双折射晶体和铁电陶瓷等光调制器件。

光电子学实质上是研究光子(或光频电磁波场)与物质中电子相互作用及其能量相互转换,因此光电子技术所用的材料主要是用于光子和电子的产生、转换和传输的材料,大致上由激光材料、光电探测材料、光电转换材料、光电存储材料、光电子显示材料、光电信息传输、传输和控制光束的材料等七部分组成,具体见表 3-11。

表 3-11 光电子材料

序号	名称	涵 义	具体使用材料及作用
1	激光材料	把各种泵浦(电、光、射线)能量转换成激光的材料	一般说的激光材料是指激光工作物质,主要包括以电激励为主的半导体激光材料和以光泵方式为主掺金属离子的分立中心发光的固体激光材料两类。工作物质是激光器的核心部分
2	光电探测材料	把光的信号转变为电信号的材料	主要是硅、锗、Ⅲ-Ⅴ族、Ⅳ-Ⅵ族化合物半导体,用来制造光电二极管、图像显示器件和接收的列阵光电探测器等
3	光电转换材料	把光能直接转换成电能的材料。它是光电池的核心部分。光电池有两大用途:一是作为光辐射探测器,在许多部门探测太阳光的辐射;二是作为太阳能电源装置	目前使用得较多的是单晶硅、多晶硅、砷化镓、硫化镉等半导体材料,用来制造光电池,即利用光生伏特效应制造的结型光电器件
4	光电存储材料	以光学方法记录和存储并以光电方法读出(检出)的材料,包括光全息存储材料和光盘存储材料	光全息存储材料是在光全息存储中记录物体图象或数字信息的光介质材料。按记录介质中不规则干涉条纹形成的不同机理,可分为卤化银乳剂、光致折变、光色、光导热塑性高分子等材料 光盘存储材料是一种具有记录(写入)存储和读出功能的材料。根据光和材料相互作用有物理、化学反应不同,可分为烧蚀型、变态型、磁光型、相变型、电子俘获型、光子选通型等材料
5	光电显示材料	显示技术是将反映客观外界事物的光、电、声、化学等信息经过变换处理,以图象、图形、数码、字符等适当形式加以显示,供人观看、分析和利用。这里说的光电显示材料,主要指用来制造将电信号转化为光学图象、图形、数码等光信号的显示器件的材料	将电信号转换为光信号的显示器件有:阴极射线管(CRT,常用的有示波管、摄像管、显像管)、液晶显示器(LCD)、等离子体显示器(PDP)、发光二极管(LED)、电致发光显示器(ELD)、激光显示(LD)、电致变色显示(ECD)。这些器件用于电视、计算机终端、医疗、工业探伤图像显示、仪器仪表数码显示、大屏幕显示、雷达显示、波形显示等。这些器件所用的材料很多,如氧化物、硫化物、碳化物、砷化镓、磷化镓、液晶材料等等
6	光电信号传输材料	用于光传输(通信)的材料	目前,主要用熔石英光导纤维做光通信材料。由于光纤通信系统具有低损耗、宽频带和其他一系列突出的优点,因而发展迅猛,并将成为未来信息社会中各种信息网的主要传输工具。光纤在传感器等方面也有重要应用

续表

序号	名称	涵 义	具体使用材料及作用
7	光学功能材料	在光电子学系统中,除了需要光源、光探测器等外,还需要许多光学功能材料,即利用压光、声光、磁光、电光、弹光以及二次和三次非线性光学效应,对光的强度、位相、偏振等产生变化,从而起光的开关、调制、隔离、偏转等作用	光学功能材料很多,如铌酸锂($LiNbO_3$)、磷酸氢二钾(KDP)、偏硼酸钡(BBO)、α 碘酸(α-HIO_3)、钼酸铅(PbM_oO_4)、二氧化碲(TeO_2),等等

② 光电子技术用的镀层。各种光电子材料是研究、开发和制造光电子器件的重要基础,而大量的光电子材料是用各种气相沉积和外延等技术制备的。表面工程在光电子器件及材料上有着许多重要的应用,现举例如下。

例1 激光薄膜。在激光技术中应用的光学薄膜,亦称激光薄膜。可用作光学薄膜的材料很多,但从光学、力学、热学、化学等综合性质来考虑,理想的材料不很多,而适合于激光薄膜的材料更不多。尽管如此,激光薄膜已在激光技术中起着相当重要的作用。表 3-12 列出了激光薄膜的主要类型、用材和应用。

表 3-12　激光薄膜的主要类型、用材和应用

序号	类型	用　材	用途(举例)
1	反射膜	(1) 金属:Au、Ag、Al、Cu、Cr、Pt 等	主要用于激光谐振腔和反射器。在固体激光器中,金属反射镜应用最广;金属反射膜上通常涂电介质保护膜
2	增透膜	(2) 半导体:Si、Ge 等 (3) 氧化物:TiO_2、SiO_2、SiO、Al_2O_3、ZrO_2、Bi_2O_3、Nd_2O_3、CeO_2、ThO_2、PbO、Sb_2O_3 等 (4) 氟化物:MgF_2、CaF_2、BaF_2、NdF_2、CeF_3、ThF_4、Na_3AlF_6 等 (5) 硫化物:ZnS 等	在激光系统中的透镜都要镀增透膜,以防止透镜表面反射损失和避免反射光的反馈干扰而引起激光器件性能降低及部件损坏。根据需要,增透膜有单层、双层和多层
3	干涉滤光片		为激光通信仪中不可少的部件,即在激光接收时用它滤去杂波而仅使激光波通过。一般采用全电介质干涉滤光片
4	薄膜偏振片		将激光变为偏振光,常用于激光调制和隔离

例2 非晶硅薄膜太阳能电池(thin film solar cell of non-crystalline silicon)用单晶硅制造太阳能电池,成本很高。实际上,晶体硅吸收层厚仅需 25μm 左右,就足以吸收大部分的太阳光。为了大幅度降低成本,薄膜硅太阳能电池是一个重要发展方向。其中,氢化非晶硅太阳能电池引人注目。氢化非晶硅记为 a-Si:H,氢在其中钝化(补偿)硅的悬挂键,因而可以掺杂和制作 p-n 结等。氢化非晶硅在太阳辐射峰附近的光吸收系数比单晶硅大一个数量级。它的光学禁带宽度为 1.7~1.8eV,而迁移率及少数载流子寿命远比晶体硅低。a-Si:H 作为太阳

能电池材料时最薄可达 $1\mu m$,用单晶硅则要 $70\mu m$。a-Si:H 薄膜可以在玻璃、不锈钢等一些廉价的衬底上制备。在制备时,除通入 SiH_4 气体外,还可同时通入 B_2H_6、PH_3 而形成 p-n 结。目前,a-Si:H 的生产已具有相当的生产规模,除用于太阳能电池外,还可制作薄膜晶体管、复印鼓、光电传感器等。a-Si:H 太阳能电池最高光电转换效率最高只有 13% 左右,一般产品效率不超过 10%,并且尚未完全解决光致衰减的问题,需要深入研究。

例 3 液晶显示器(liguid crystal display,LCD) 液晶是具有液体的流动性和表面张力,又具有晶体光学性质的物体。液晶分子在电场的作用下会发生运动,从而改变对环境光线的反射。将液晶置于两个平板之间,每个平板都做成条状电极,且两组电极互相垂直,若配以适当的驱动电路进行选址,则可实现液晶显示,根据液晶种类不同,液晶显示可分为扭曲型液晶显示、超扭曲型液晶显示、铁电液晶显示等等。

最早的液晶显示器是扭曲型液晶显示器,图 3-36 是它的结构示意图。它是用厚度约为 10nm 的液晶层和预制的分子配向层夹于两个透明电极玻璃板之间,四周用气密封材料密封,形成液晶盒,再将此盒放在两个偏振器之间,其中一个偏振器的背后放一反射器。透明电极通常是氧化锡铟(indium tin oxide,ITO)薄膜,用磁控溅射等方法镀覆在玻璃表面。其表面电阻约在数十至百 $\Omega/\square$ 之间,电阻率分布不均匀性小于 1%,而可见光透射率

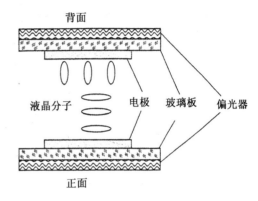

图 3-36 扭曲型液晶显示器的结构示意图

在 90% 以上。电极图形通常用光刻技术制备,也可采用等离子刻蚀技术进行加工。液晶显示器虽有许多类型,但基本结构都很相似。在一般情况下,最常用的液晶形态为向列型液晶,分子形状为细长棒形,长宽约 1~10nm。

如果把液晶显示与具有存储性能的薄膜晶体管(TFT)集成在一起,可形成有源矩阵液晶显示。附以背照明光源和滤色片则可实现全彩色显示。

液晶显示主要用于手表、计算器、仪表、手机、文字处理机、游戏机、计算机终端显示和电视等,并且对显示显像产品结构的变化将产生深远的影响。

3.3.5 表面工程中的材料声学性能

1. 材料声学性能参量及特性

(1) 声波 声波与电磁波不同,它是一种机械波,即在媒质中通过的弹性波(疏密波),表现为振动的形式。一般在气体、液体中只发生起因于体积弹性模量的纵波,而在固体中因具有体积弹性模量和剪切弹性模量,故除纵波外,还会发生横波与表面波,或其他形式如扭转波或几种波的复合。波可以是正弦的,也可以是非正弦的,而后者可分解为基波和谐波。基波是周期波的最低频率分量,谐波是其频率等于基频整数倍的周期波分量。

声波的发生和传播涉及能量传递过程。单位体积的声能称为声能密度,由下式表达:

$$E=\frac{p^2}{\rho c^2} \tag{3-93}$$

式中，ρ 为密度；c 为声速；p 为声压。图 3-37 表示声压变化与疏密波关系。

在声场中单位时间内对某点，以一定方向通过垂直于此方向的单位面积上的能量，称为该点这个方向上的声强。例如一个平面波的声强为

$$I = \frac{p^2}{\rho c} = pv = \rho c v^2 \qquad (3-94)$$

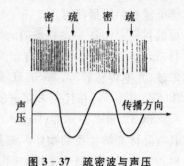

图 3-37 疏密波与声压

式中，v 为质点的速度，其余符号的意义同式(3-92)。ρc 通常为声阻率，是声学材料的重要性能之一。声强和声压的变化较大，常用 dB(分贝)表示它们的大小。测定时各需要设定一个基准值，用与基准值之比的对数来表示。贝数表示比值以基数为 10 的对数，分贝是贝的 $\frac{1}{10}$。具体是

$$\text{声强的强度级} = 10 \lg \frac{I}{I_0}$$

式中，I_0 是可听到的最弱声音强度，其值为 $10^{-12}(\text{W/cm}^2)$。

$$\text{声压的强度级} = 10 \lg \frac{p^2}{p_0^2}$$

式中，p_0 是可听声压，其值为 $2 \times 10^5 (\text{N/m}^2)$。直接测出声强是困难的，故一般是测定声压。其强度级在 90dB 以上时，人耳已经受不住长时间的作用。

声波的频率范围很广，大致有：ⓐ声频，20Hz 到 20kHz。ⓑ次声频段，10^{-4} Hz 到 20Hz。ⓒ超声频段，20kHz 到 5×10^8 Hz。ⓓ特超声频段，5×10^8 Hz 到 10^{12} Hz，此时已接近分子的热振动($10^{12} \sim 10^{14}$ Hz)。各频段的声波都有一些重要的应用。声波与电磁波各有一定的特点，因而在应用上也各有特色。

(2) 声频和水声　声波与其他波一样，也有反射、折射、吸收和衍射。入射到物质中的声，一部分在表面反射，另一部分入射到物质中。其中的一部分被吸收到内部，剩下的部分透过。声的吸收按物质状态(固体、液体、气体)、物质的组成及内部结构等而不同。实际的声场又是由直接声、反射声、衍射声复合而成，很复杂。声音是人类传递信息、表达感情和进行社会交际等的重要工具，也是引起烦恼、干扰甚至疾病的一个来源。因此，深入研究材料的声学性能，利用声音积极的一面，克服消极的一面，将具有重要的意义，现举例说明如下。

① 噪声控制。噪声是目前污染环境的三大公害(污水、废气和噪声)之一。减噪技术可以分成声源、传输路径和个人防护三个方面，综合来看，大力开展减噪工作的关键是材料问题，即吸声和阻尼材料，隔声和隔振结构。

吸声材料的功能在于把声能转换为热能。评价吸声材料要从反射、吸声、透射三方面考虑。设 $|r|^2$ 为声能反射系数，α 为吸声系数，$|t|^2$ 为声能透射系数，则 $|r|^2 + \alpha + |t|^2 = 1$ 通常要增加吸收，应是减小反射。目前基本的吸声材料是纤维材料(包括玻璃纤维、矿物纤维、陶瓷纤维和高分子纤维)、泡沫材料(如泡沫玻璃、泡沫陶瓷和泡沫塑料等)、粉刷和涂料。

为减少噪声以及加强军事上(如潜艇等螺旋桨)的隐蔽性等，自 20 世纪 60 年代起人们对"强似钢、声似木"的高阻尼合金做了深入研究。它们是利用材料自身对振动能量的高衰减能力，把较多的机械振动能量以热能形式耗散掉。采用高阻尼合金减振防噪，具有结构简单、体积小、轻量化等优点。已应用的高阻尼合金及其内耗机理大致为：一是复合型，主要是 Fe-C

系(铸铁等),铁素体—石墨界面上振动应力弛豫内耗;二是孪晶型,如 Mn-Cu 系,相变孪晶界面的非可逆运动产生的静滞后内耗;三是位错型,如 Mg-Zr 型,位错脱离钉扎而引起的静滞后内耗;四是强磁性型,如 Fe-Cr-Al、Co-Ni、Fe-Cr-Mo 系,磁畴非可逆运动引起的静滞后内耗。除了上述均质金属类外,还有复合板类(包括非拘束型和拘束型)、粉末金属类(包括有色金属型和黑色金属型)。高阻尼合金已用于航天、航空、船舶、汽车、铁路、家用电器及军用车辆等工业中。

隔声材料和隔声结构是指隔绝透射声音为目的的材料和结构,例如做成复合板,由多种材料组合而成的多重结构体,做成两层玻璃的窗等。

② 水声技术。在海水中传播的声波(水声)可为国防建设和国民经济解决很多重大课题,如对水下目标的探测、跟踪和识别,实现海下信息的超远距离传播,探查海洋和海底资源,勘探海底石油和矿藏,测绘海底地貌,清理航道,探测鱼群等等。为此,要深入了解海水中声场的空间结构和声波的衰减规律,研究波形在信道中的变化和效应,以及从海洋的各种环境噪声中提取有用的微弱信号。为了可靠地进行水声探测和通信,要求能有效地控制声波的辐射和接收。这就需要进一步发展水声换能器,探讨新的换能方法和换能材料。例如用一些具有特殊性能的磁性材料、压电材料制造各类声波发射器和水听器等。

(3) 次声频段　人耳只能听到声频的声波,次声是频率极低的声波,故人耳听不到。人们对大气中周期大于1s的次声测量表明,存在着很多天然的次声源。周期在 10 至 100 s 的次声波可由下列声源产生:火山爆发,喷流受山脉感应产生的旋风,强烈风暴进入对流层,空气动力湍流,等等。海浪、大流星、宇宙飞船的发射和返回等产生的次声周期较短,而核爆炸、大的火山爆发、地震等产生的次声波周期较长。

次声是一种平面波,沿着与表面平行的方向传播,用次声探测器把接收的次声转换成与声波相应的电流,经调制、放大、记录,最后倍频到音频范围进行鉴别。利用次声波可探测遥远的核爆炸和宇宙飞船,预报破坏性海啸和台风等。

(4) 超声频段　超声在许多技术中有着重要的应用。目前制成的各种形式超声换能器已有足够的效率和功率容量用于工业目的。压电材料和磁致伸缩材料是制造超声发生器的重要材料。超声能可用于气体、液体和固体来产生所要求的变化和效应,主要有:ⓐ空化作用,即在液体中生成空洞或形成气泡,继而压碎气泡或使气泡振动。ⓑ分散作用,可将高分子物质的键切断,进行乳化和分散。ⓒ凝聚作用,即由振动使胶体物质的碰撞频率增加,将微粒凝聚沉淀下来。ⓓ洗涤作用,即用空化作用进行洗涤。ⓔ发热作用,即物体吸收一部分超声能变成热能。ⓕ超硬物质加工,即在振动臂的顶端装上工具,边加用水调好的金刚砂等磨料,边以 16～30kHz 的频率使之振动,由冲击作用进行破碎加工。ⓖ焊接,适用于表面上生成稳定薄膜的铝及其合金,即在焊烙铁的顶端用超声波振动,将薄膜去除进行焊接。ⓗ催芽、干燥、拉丝等其他用途。

超声还有一类重要用途,就是提供信息,包括提供一些用其他方法不能得到的信息。超声在气体、液体或固体中传播时声速和吸收的变化,可用来分析物质的结构和物理、化学性质。目前超声探伤技术较为成熟,新发展起来的声全息技术推动了超声成像技术的进展。

(5) 特超声频段　特超声频段已同电磁波的微波相对应,故又称为微声。这种超声波在一些固体内传输同电子可以相互作用进行能量交换,同时也产生沿着物体表面振荡和传输的表面弹性波。如第二章所述,声表面波(SAW)又称表面声子,是仅在材料表面传播的点阵振动模式,其每一种振动模式对应一种表面声子;声表面波具有多种形式,如瑞利波、寻常瑞利波、广义瑞利波等。这里再对声表面波的特性及作用做一简略的介绍。

固体表面波很早就被人们发现,但未被重视。近30多年来人们发现它具有许多优异的特点,通过声学与电子学结合制成了各种声表面波器件,在无线电电子学领域中,尤其是雷达通信、电子计算机等方面有着重要的应用。

声表面波主要有下列特点:ⓐ它是90%以上的能量集中在固体表面以下约一个波长深度内的应变,包括纵波和横波两个部分。声波频率愈高,表面波应变能量愈集中于表面。若超声波频率超过100MHz,则深度仅为20μm左右。这样,容易散热,并且可以通过对传输介质表面的适当加工做成器件。ⓑ表面波不像体波(固体内部传播的声波)只能走直路,还可沿着稍有弯曲的波导或有凹凸的表面传输。它还很稳定,外界电场、磁场对它没有干扰,对外界温度变化也很不敏感。ⓒ声表面波的传播速度很慢,只有电磁波速度的万分之一,因此器件的体积可以做得很小。

声表面波主要用作信号存贮和信号滤波。声表面波器件具有体积小、功能多、制作简便等优点。还可与大规模集成电路结合组成高功能的固体器件,如脉冲压缩滤波器、信号处理用的记忆相关器、高频稳频振荡器等。

2. 材料声学性能在表面工程中的重要意义

表面工程中有一些重要的技术领域涉及到材料声学性能。可用涂装、气相沉积等方法制造声表面器件、吸声涂层、高保真喇叭等。下面着重从减振降噪的角度来举例介绍。

(1) 阻尼涂料(damping coatings) 这类涂料具有高阻尼特性,使部分机械能转变为热能而降低振幅或噪声。阻尼涂料通常由聚合物、填料、增塑剂、溶剂配制而成,聚合物是基料。当振动或噪声由基体传递到阻尼涂料中时,机械振动转化为聚合物大分子链段的运动。在外力作用下,聚合物大分子链在构象转变过程中要克服运动单元间的内摩擦,需消耗能量,这个过程不能瞬间完成而要经历一定时间,阻尼作用便是在这个松弛过程中实现的。阻尼性能主要由聚合物的玻璃化转变温度 T_g 的高低和宽窄决定。多组分多相高分子体系 T_g 范围较宽,阻尼适应区域较广,阻尼效果较好。填料和增塑剂的主要作用是扩大或移动阻尼涂料的工作温度范围,改善涂料物理、机械性能。

阻尼涂料按分散性质不同可分为水分散型和溶剂型两种;按基料组成可分为单组分涂料和多组分涂料。阻尼涂料是厚涂料,一般多为膏状物。溶剂型阻尼涂料用的基料有聚氨酯树脂、环氧树脂、丙烯酸树脂、乙酸乙烯树脂等。水性阻尼涂料用的基料丙烯酸乳液(纯丙)丙烯酸—苯乙烯乳液(苯丙)、丙烯酸—丁二烯乳液等等。阻尼涂料用的填料主要是无机材料,如磷酸钙、SiO_2、Al_2O_3、黏土、云母、石棉等。也有采用有机材料(如废橡胶粉等)做填料。助剂除增塑剂外,还有分散剂、流平剂、固化剂、消泡剂。近些年来,由两种或两种以上的聚合物通过网络互穿缠结而形成的互穿聚合物网络(IPN)阻尼涂料研究发展迅速,它们因具有各组分间的相容性和组分链段运动协同效应的作用而提高了涂层性能。

阻尼涂料可涂覆在金属板状结构表面,施工方便,对结构复杂的表面更显优点,不仅具有减振隔声作用,还有绝热密封功能,广泛用于飞机、船舶、车辆及各种机械。

(2) 复合阻尼材料(damping composite) 这是一类能吸收振动能并以热能等形式耗散的复合材料。其两种形式:

① 高聚物基体型,即在橡胶、塑料等基体中加入各种适当的填料(颗粒、纤维)复合成型。

其结构和减振降噪机理与阻尼涂料相似。

② 金属板夹层型,即在钢板或铝板间夹有很薄的黏弹性高聚物片而构成。其阻尼性能由黏弹性高聚物的高内耗和金属板的约束性来提供,即使在较高温度下也能保证良好的阻尼作用。这种复合材料把材料技术与振动控制技术很好地结合起来。在受到如振动那样外力时,高分子材料表现出固体的弹性和流体的黏性的中间状态,即黏弹状态。当结构发生弯曲振动时,夹在金属板间的芯片受到剪切,因为阻尼材料有较大的应力应变迟滞回线而消耗了振动能量。由于金属板夹型复合阻尼材料具有很强的阻尼性能,使得振动能量大幅度地下降,达到了良好的减振降噪效果,可比普通钢的阻尼性能高出近千倍。

(3) 阻尼夹层玻璃(damping laminated glass) 夹层玻璃是指两层或多层玻璃用一层或多层中间层胶合而成的复合玻璃。生产方法主要有胶片热压法(干法)和灌浆法(湿法)两种。目前,干法夹层玻璃大多采用聚乙烯醇缩丁醛(polyvinyl butyral,PVB)。PVB 胶片具有特殊的优异性能:可见光透过率达到 90% 以上,无色,耐热、耐寒、耐光、耐湿,与无机玻璃有很好的黏结力,机械强度高,柔软而强韧。到目前为止,在无机玻璃之间的黏结尚无其他材料能够完全取代它。从隔声性能来分析,人类周围环境的噪声主要由各种不同频率和强度的声音所组成。人类听觉的范围在 20Hz~kHz 之间,最敏感的范围在 500Hz~8kHz 之间。为了描述人的耳朵听到声音的大小,采用一个对数单位 dB(分贝)来作为测量声音的单位。人类所能忍受的最大声音强度为 130dB。普通浮法玻璃的隔声性能比较差,玻璃厚度每增加一倍,可以多吸收 5dB 的声音,但是由于重量的限制,玻璃厚度不能过分增大。一般厚度的普通浮法玻璃平均隔声量约为 25~35dB。

对于干法夹层玻璃来说,由于两片玻璃之间夹有黏弹性的 PVB 胶片,它赋予夹层玻璃很好的柔性,消除了两片玻璃之间的声波耦合,从而提高了隔声性能,可适当加大 PVB 胶片的厚度(从声音衰减特性来分析,以厚度 1.14mm 为最佳)以及改进 PVB 的阻尼性能。另一种有效的办法是在两片 PVB 胶片之间再放置一个具有优异阻尼性能的特殊树脂片,即两个 PVB 胶片与一个特殊树脂片合为"隔音中间膜",显著提高了玻璃的隔声效果,可用于高噪音环境以及各种需要隔音来达到安静的场所,包括医院、学校、住房、播音室、候机楼、车辆等。

3.3.6 表面工程中的材料功能转换

1. 材料的功能转换

许多材料具有把力、热、电、磁、光、声等物理量通过"物理效应"、"化学效应"、"生物效应"进行相互转换的特性,因而可用来制作各种重要的器件的装置,在现代科学技术中发挥了重要的作用。现举例如下。

(1) 热—电转换 两种金属接触时会产生接触电位差。如果两种金属形成一个回路,而两个接头保持不同的温度,则因两头接头的接触电位不同,电路中将存在一个电动势,即有电流通过。这是一种热电效应,称为塞贝克(Seebeck)效应。其形成的电动势,称作塞贝克电动势,在温差 ΔT 较小时,塞克电动势 $E_{AB}=S_{AB}\Delta T$,式中 S_{AB} 为材料 A 和 B 的相对塞贝克系数。由此可用作测温的热电偶,如镍-康铜(55Cu - 45Ni)、铜-康铜、镍-铝(94Ni - 2Al - 3Mn - 1Si)、镍-铬(90Ni - 10Cr)、铂-铑(Pt - 10%Rh)等。

第二种热电效应叫珀耳帖(Peltier)效应。它是塞贝克效应的逆效应,即在两种金属做成的电路中通电流时,在接点的一端吸热,而在另一端放热。该效应所产生的热称为珀耳帖热,其值与通过的电流成正比,即 $Q_{AB}=\pi_{AB}I$,式中,π_{AB} 为材料 A 和 B 间相对珀耳帖系数。用珀耳帖效应可以制成制冷器,尽管其效率低,但体积小,结构简单,适用于小型设备。

第三种热电效应叫汤姆逊效应。汤姆逊发现只考虑两个接头处发生的效应是不完全的,还必须考虑沿单根金属线由于两端的温度差所产生的电动势。设有 A、B 两金属组成一个回路,两接点处的温度为 T_1 和 T_2,则由汤姆逊效应产生的电动势为 $\int_{T_2}^{T_1}\sigma_A dT - \int_{T_2}^{T_1}\sigma_B dT$,式中 σ 称为汤姆逊系数,下标指各金属,两金属中的电动势是反向的。这样,由塞贝克效应和汤姆逊效应所产生的总电动势为

$$V = S_{AB}(T_1) - S_{AB}(T_2) + \int_{T_2}^{T_1}(\sigma_A - \sigma_B)dT \tag{3-95}$$

热电效应被广泛用于测温、加热、致冷和发电。目前,在发电方面的研究受到人们的重视。

(2) 光-热转换　光-热转换有了一些应用,其中一个重要用途是太阳辐射的利用。太阳在每秒钟到达地面上的总能量高达 8×10^{13} kW。光-热转换的基本原理是使太阳光聚集,用它来加热某种物体,获得热能。目前,太阳光聚集的装置有平板型集热器和抛物面型反射聚光器。太阳能热水器是最简单的集热器,它由涂黑的采热板以及与采热板接触的水构成,并用透明盖层防止热量的散逸。为提高光-热转换效率,可采用"选择性涂层"。常用的抛物面反射镜把太阳光聚集起来。有的太阳能高温炉是由许多小反射镜组成的。

上述装置用途很广,如供暖、空调、干燥、蒸馏、造冰、制取淡水以及发电等。

(3) 光-电转换　有些物质受光照射时其电阻会发生变化,有的会产生电动势或向外部逸出电子。这种光电效应在一些半导体中表现得很显著。例如,一块通电的半导体,在光照射下电阻显著减小。其原因是半导体受光照射时,半导体价带中的电子吸收了能量比禁带宽度大的光子跃迁到导带,产生传导电子和空穴。利用这个现象,可制成光敏电阻等。

从能源利用的前景来看,光-电转换将是利用太阳辐射能较为切实的方式。目前使用的太阳能电池是根据光生伏特效应制成的,其效率可达 15% 以上,为说明光生伏特效应,先要了解 pn 结半导体的能级图。它可做如下的想象:把 p 型和 n 型材料看成最初是分开的,如图 3-38(a)所示,两费密能级之间的能量差为 eV_0。当两种类型的材料之间的结形成时(例如在原先已掺有施主杂质的晶体中,把过量的受主杂质扩散到半块晶体内),电子在导带中从 n 型区域到 p 型区域,而空穴在价带中以反方向流动。p-n 结两边的能级必须相等所得的能级如图 3-38(b)所示。图中标出了在附近的电离的施主和受主离子。现假设在 p 型上用扩散法制成一个浅的 pn 结,当太阳光照射在薄的 n 型层的表面时,能量大于禁带宽度的光子,由本征吸收在结的两边产生电子-空穴对。由于 p-n 结势垒区内存在较强的内建场(自 n 区指向 p 区),使 p 区的电子穿过结进入 n 区,n 区的空穴进入 p 区,形成自 n 区向 p 区的光生电流[见图 3-38(c)]。这样的载流子运动因中和掉部分空间电荷,使内建场势垒降低,从而使正向电流增大。当光生电流和正向电流相等时,结的两端建立起稳定的电势差 V(p 区相对于 n 区是正的),这就是光生电压。这时,势垒降低为 $e(V_0-V)$。在 p-n 结开路的情形下,光生电压达到最大值。如将 p-n 结与外电路接通,只要光照不停止,就会有源源不断的电流通过电路,p-n 结起了电源的作用。这种把光能转变为电能的现象称为光生伏特效应。目前,世界上对太阳能电池的研究正在活跃进行之中,其能否作为一种成本较低的新能源,关键在于材料问题。研究得较多的是硅,包括单晶、多晶、非晶和薄膜等。

(4) 力—电转换　有些材料可进行机械能与电能的相互转换。具有压电效应的压电材料是应用潜力很大的功能材料。所谓压电效应,有两个含义:ⓐ在一些介电晶体中,由于施加机械应力而产生的电极化。ⓑ上述效应的反效应,即在晶体的某些晶面间施加电压而产生的材料机械形变。

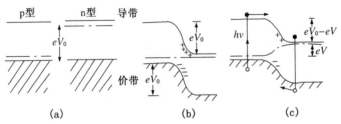

图 3-38　p-n 结能带图
(a) 分开的 p 型和 n 型材料;(b) 形成 p-n 结(无光照);(c) 光照激发

所有晶体中铁电态下也同时具有压电性,即对晶体施加应力将改变晶体的电极化。一个晶体可能是压电晶体,但未必具有铁电性。例如,石英是压电晶体,但并非是铁电晶体。钛酸钡既是压电体,又是铁电体。

一般的压电材料都是无机的单晶(如石英晶体和铌酸锂等)和多晶(如钛酸钡和锆钛酸铅等),近年来发现不少有机聚合物如聚氟乙烯等也有良好的压电性能。压电材料被用来制造各种传感器,有许多具体用途。

(5) 磁—光转换　在磁场作用下,材料的电磁特性发生变化,从而使光的传输特性发生变化,这种现象称为磁光效应。它主要有:ⓐ法拉第效应,即平面偏振光通过材料时,如果材料在沿着光的传输方向被磁化,则光的偏振面将发生旋转。ⓑ克尔效应,指平面偏振光从磁化介质的表面反射时变为椭圆偏振光,其偏振面相对于入射光旋转的现象。此外,磁光效应还有其他一些效应。

利用材料的磁-光效应,做成各种磁光器件,可对激光束的强度、相位、频率、偏振方向及传输方向进行控制。例如利用磁光法拉第效应可制成调制器、隔离器、旋转器、环行器、相移器、锁式开关、Q 开关等快速控制激光参数的器件,可用在激光雷达、测距、光通信、激光陀螺、红外探测和激光放大器等系统的光路中。

许多磁性材料具有突出的磁光效应。目前研究得较多的有亚铁石榴石。其他还有尖晶石铁氧体、正铁氧体、钡铁氧体、二价铈的化合物、铬的三卤化物和一些金属等。

(6) 电—光转换　晶体以及某些液体和气体,在外加电场的作用下折射率会发生变化,这种现象称为电-光效应。设 n_0 和 n 分别为晶体在未加电场和外加电场时的折射率,γ 为线性电光系数,p 为平方电光系数,E 为外加场,则

$$\Delta\left(\frac{1}{n^2}\right) = \frac{1}{n^2} - \frac{1}{n_0^2} = \gamma E + pE^2 \tag{3-96}$$

通常,系数 γ、p 与外加电场方向及通光方向有关。利用电光效应可制造光调制元件,以及用于光偏转和电场测定等方面。

电光材料要求在使用波长范围内对光的吸收和散射要小,折射率随温度变化不很大,介电损耗角小,而电光系数、折射率和电阻率要大。实际上现有电光材料(主要是晶体材料)只是在某些指标上较突出。它们在结构上大致有 KDP 型、立方钙钛矿型、铁电性钙钛矿型、闪锌矿型和钨青铜型五类晶体。

图 3-39 为电光偏转器示例。不同振动方向的偏振光在双折射晶体(如方解石)中的不同传播方向实现光束偏移,而利用 KDP 电光晶体改变偏振光的振动方向从而进行控制。

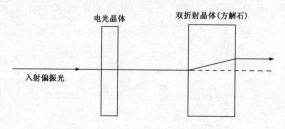

图 3-39　电光偏转器示意图

(7) 声—光转换　声波形成的介质密度(或折射率)的周期疏密变化可看成是一种条纹光栅,其间隔等于声波波长。这种声光栅对光的衍射现象称为声光效应。具体来说,有两种声光衍射现象:ⓐ拉曼(Raman)声光衍射,即当声波频率较低,光线平行于声波波面通过声光栅时,出现衍射光强的分布与普通光栅相类似的衍射。零级两边对称出现多级衍射极值,强度逐级下降。ⓑ布拉格声光衍射,它是在声波频率较高、光传播方向上声场厚度较大,光线的布拉格角斜入射到声波光栅时出现的。这种衍射的光强呈不对称分布,只能出现零级或±1级的衍射极限。因此,若能合理选择参数,可使全部入射光集中于零级或±1级衍射极值上,导致能量转换率高。

近年来,由于高频声学和激光的发展,使声光技术水平有了迅速提高。例如利用光束来考察许多物质的声学性质;利用超声波来控制光束的频率、强度和方向,进行信息和显示处理等。常用的声光材料有 α 碘酸(α-HIO_3)、钼酸铅($PbMoO_4$)、铌酸锂($LiNbO_3$)、二氧化碲(TeO_2)、GaP、GaAs、重火石玻璃等。它们主要用于制造调制器、偏转器、滤波器和相关器。

2. 材料功能转换在表面工程中的重要意义

表面工程中有许多重要项目都涉及材料的功能转化。可通过涂装、粘结、气相沉积、等离子喷涂等方法来制备选择性涂层、热释电装置、薄膜加热器、电容式压力传感器、磁光存贮器、电致发光器件、薄膜太阳能电池,等等。现举例如下:

(1) 热电材料(thermoelectric material)　这是一种将热能与电能进行转换材料。人们发现热电现象至今已有 100 多年历史,而真正有意义的实际应用始于 20 世纪 50 年代。对热电材料的基本要求是:ⓐ具有较高的塞贝克系数。ⓑ较低的热导率。ⓒ较小的热阻率(使产生的焦耳热量小)。设 s 是塞贝克系数,σ 是电导率,k 是热导率,则热电系数为 $Z=s^2\sigma/k$。考虑到 Z 与温度 T 有关,常用热电性指数 ZT 来描述热电材料性能的好坏。一般来说,除绝缘体外,许多物质都有热电现象,但半导体材料的热电性能明显高于金属材料,最具使用意义的热电材料是掺杂的半导体材料,例如,Bi_2Te_3 是具有高 ZT 值的半导体热电材料,掺杂 Pb、Cd、Sn 等可形成 p 型材料,而有过剩 Te 或掺杂 I、Br、Al、Se、Li 等元素以及卤化物的 AgI、CuI、CuBr 等则形成 n 型材料。在室温下,p 型 Bi_2Te_3 晶体的塞贝克系数 a 最大值约为 $260\mu V/K$,n 型 Bi_2Te_3 晶体的 a 值随电导率的增加而降低,极小值为 $-270\mu V/K$。除 Bi-Te 系列外,还有 Pb-Te、Si-Ge 等系列。

目前,热电材料用于热电发电受到人们的关注。依其工作温度可分为低温用(<500K),中温用(500~900K),高温用(>900K)等几大类。按物质系统分主要有硫属化合物系,过渡金属硅化物系,特别是硅-锗(Si-Ge)系、FeSi$_x$系、硼系及非晶态材料系。例如,Si-Ge系是目前较为成熟的一种高温热电材料,美国1997年发射的旅行者号飞船中安装了用Si-Ge系材料制造的1 200多个热电发电器,用放射性同位素作为热源,发电后向无线电信号发射机、计算机、罗盘等设备仪器提供动力源,长时间使用过程中无一报废。

材料的热电性能在很大程度上取决于晶体结构。如果人为地改变材料的晶体结构,使其变为非对称结构,或者通过多层化,使材料结构中的电子传导与声子传导相分离,则有可能使热电性能大幅度提高。目前,电子晶体-声子玻璃(PGEC)热电材料,正在深入研究中。

(2) 选择性涂层(selevtive coating) 太阳能辐射谱在0.35～2.5μm间隔范围内,波长2μm以下的辐射占太阳辐射量的90%,对于光—热转换系统,需要认真考虑材料对波长的选择特性。实际上,具有明显太阳光谱选择特性的材料为数不多,通常需要采用真空镀膜、阳极氧化、喷涂热分解、化学转换、电解着色等方法来制备。选择性涂层有多种类型,它们的涵义和应用不尽相同。常用的选择性涂层有:

① 选择性吸收涂层。某些半导体材料具有宽的光隙,对太阳辐射有很大的吸收率,而其自身的红外辐射又非常低。将硫化铅(PbS)、硅(Si)、锗(Ge)沉积在高反射基材上,吸收率a可达0.90。

② 多层"介质—金属"干涉膜。如"Al$_2$O$_3$-Mo-Al$_2$O$_3$-Mo"的干涉膜镀覆在不锈钢基材上,太阳光吸收率a为0.92～0.95,热发射率ε为0.06～0.10。

③ 微不平面。如用化学气相沉积、共溅射、等离子刻蚀等方法,可以制造"小丘"间隔约为0.5μm的微不平面,使入射光经历多次反射,从而增加了太阳光的吸收率。

④ 金属—介质复合薄膜。如用金、银、铜、铝、镍、钼等具有高反射率的金属层作为基底,而用很细的金属粒子置于介质的基体内作为吸收层,并且通过选择成分、涂层厚度、粒子浓度、尺寸、形状和粒子的方向来获得最佳吸收层,尤其当吸收层的成分渐变、表层又具有很低折射率的减反射时,则可得到优异的选择性吸收性能。目前广泛应用的"黑铬"就是金属铬与非金属三氧化二铬(Cr$_2$O$_3$)的复合材料;表层Cr含量低,沿涂层的深度Cr含量增加;最表层为微不平面。又如:以铜为基底,多层"不锈钢-碳"为吸收层,非晶态含氢碳膜(a-C:H)为最表层,即a-C:H/SS/C/Cu;以玻璃为底层,渐变的AlN-Al为选择性吸收表面,即AlN-Al/玻璃。a-C:H/SS/C/Cu和AlN-Al/玻璃。可以用气相沉积法制备,太阳光吸收率a达0.95,热发射率ε分别是0.06和0.05。

上面列举的选择性吸收涂层,都是从尽量多地吸收太阳辐射而又尽量减少热发射的角度来考虑的。这些选择性吸收涂层可用于供暖、空调、干燥、蒸馏、发电等领域。下面列举的选择性透射涂层主要是为了保持良好的可见光透过率和提高红外光反射率,使屋内或车内具有良好的采光性、同时又避免热线(红外线)的射入,即显著减少热负荷。

⑤ 氧化铟锡(ITO)薄膜。它是一种体心立方铁锰矿结构(即立方In$_2$O$_3$结构)的In$_2$O$_3$:Sn的n型宽禁带透明导电薄膜材料,可见光透过率T达75%～85%,在0.5μm波长处可见光透过率$T_{0.5\mu m}$达92%,红外光反射率R为80%～85%,紫外光吸收率大于85%,能隙E_g=3.5～4.3eV,电阻率10^{-5}～10^{-3}Ω·cm,并且还具有高的硬度和耐磨性以及容易刻蚀成一定形状的电极图形等优点。

⑥ 减反射多层膜MgF$_2$/In$_2$O$_3$:Sn/石英基板/MgF$_2$。可见光透过率T约为90%,红外光反射率R为80%～85%。

⑦ SnO_2:Sb 薄膜。T 约为 80%,R 为 70%～75%,$T_{0.5\mu m}\approx 85\%$。

⑧ Cd_2SnO_4 薄膜。T 约为 90%,R 约为 90%。

⑨ 多层膜 $TiO_2/Ag/TiO_2$。$T=65\%～70\%$,$R=85\%～95\%$,$T_{0.5\mu m}\approx 90\%$。

(3) 磁光光盘存储材料(recording medie of magneto-optical disk) 为了提高运行速度,计算机中的存储器越来越多地采用多层立体结构。对于要求高速度动作的主存储器及视频存储器,多采用半导体存储器;而对于软件及信息存储用的记录装置,多采用磁盘和光盘。其中,可分为只读型、一次写入型和可擦重写型三类。在可擦重写型光盘中又分为相变方式和磁光方式两种类型。理想的磁光盘存储材料应具有下列性能:

① 磁化矢量垂直于膜面,并且有大的各向异性常数。

② 高矫顽力 Hc,磁滞回线矩形比为 1。

③ 低的居里温度,即 Tc 在 250～300℃ 以下。

④ 大的磁光克尔效应 θ_K 或法拉第效应 θ_F。

⑤ 亚微米圆柱体磁畴稳定。

⑥ 使用寿命十年以上。

有两种薄膜材料是较为理想的:一是 Pt/Co 成分调制结构薄膜,其中 Co 厚约 0.4nm 左右,Pt 厚约 1nm,总厚度约 16nm 左右;二是掺 Bi,Ga 的钇石榴石氧化物薄膜,写做 $Bi_xD_{y3-x}Fe_{5-y}O_{12}$。光盘信息记录系统由作为记录介质用的光盘、读出信息及写入信息用的光头系统、记录再生信号处理系统、光控制回路系统、马达驱动旋转控制系统等构成。

(4) 光电转换器件(photo-divice) 它主要包括下面三个部分:

① 光电导材料(photoconductor)。俗称感光材料(photoreceptor)。半导体是最简单的光电导材料。其在光线照射下,由于光子会激发价带电子进入导带,使电子浓度和空穴浓度同时增加,导致电导增加,电阻减少。光电导材料是复印机、打印机、扫描仪和数字照相机的的核心材料。例如,早期用的静电复印机,是用非晶硒涂覆在鼓形版的表面,后来用聚乙烯咔唑、三硝基芴酮、苯二甲蓝染料、氮色素、二萘嵌苯等有机光电导材料(optical phtoconductor,OPC)制造新的激光打印机。OPC 基本上是无毒无害的材料,比硒和硫化镉来得环保。自 20 世纪 80 年代起,模拟复印机逐渐被数字复印机取代。

② 光电二极管(photodiode)。它没有栅极。如有栅极的,又被称光电晶体管(phototransistor)。外界入射光能使它导通而产生电流。当光照射到光电晶体管的发射极-栅极平面上时,一个入射到 n 区和 p 区之间耗尽层的能量足够大的光子就会产生一个电子-空穴对,然后耗尽层中从 n 区指向 p 区的内禀电场会促使电子往 n 区(发射极)、空穴往 p 区(栅极)运动。这样,从发射极流往接收极的电流恰好与入射光的强度呈正比。光电晶体管俗称"电子眼",它对日光或白炽灯发出的光很敏感,阻抗低,信噪比高,在自动门、电视、电影、电话转接、有线传真和其他许多工业领域都有应用。光电晶体管产生的电能功率高,响应频率也高,故可不加放大线路而直接作为开关应用。

③ 光伏器件(photovoltaic divice)。它是直接把太阳光变成电能的器件。常称太阳电池。现代的硅太阳能电池在 20 世纪 50 年代由贝尔实验室制成,其结构是在 p-n 结上制备导线网格,可以在光照时收集电流。它是最清洁的能源,目前已有重要应用,并且正在探索更廉价有效的技术,努力实现并网发电。

第4章 表面覆盖工程

在材料表面施加各种覆盖层，是提高材料抵御环境作用能力和赋予材料表面某种功能特性的主要途径之一。表面覆盖工程（surface corverage engineering）的内容广泛，主要包括电镀与化学镀、材料表面化学处理和表面涂覆等。正如第1章指出的那样，通过物理气相沉积和化学气相沉积得到的镀膜层也属于表面覆盖工程，但考虑到它涉及的应用基础理论有一定的独立性，因而从表面覆盖工程的内容中分出，按"表面沉积工程"独立阐述。

本章内容丰富，涉及面广。表面覆盖技术在表面工程中经常使用，有着一系列的重要应用。本章主要分为三个部分。第一部分是电镀与化学镀，电镀中的电刷镀有明显的特点，故单独列为一节进行阐述。第二部分主要介绍金属的化学处理，包括氧化处理、轻合金的阳极氧化与微弧氧化、磷化处理和铬酸盐处理等内容。第三部分是表面涂敷，其种类很多，这里主要介绍涂料与涂装、粘接与粘涂、溶胶—凝胶涂层、堆焊与熔结、热浸镀和电火花表面涂敷。本章对一些重要覆盖工程的基本概念、机理、设备、工艺、特点和应用做了简明扼要的阐述。

4.1 电镀与化学镀

4.1.1 电镀

1. 电镀的基本原理

电镀（electroplating）是用电流从某种溶液中还原所希望的材料的阳离子并在金属或在其他导体表面镀上一层金属镀层的电化学过程。电镀主要用于在某一待镀的工件表面沉积一层金属材料，从而赋予该表面一种所期望的性能。例如，耐摩擦磨损、腐蚀保护、润滑性能以及美观等。电镀也可以用于尺寸不足零件的修复。电镀的目的可以概括为如下四个方面：

- 改变待镀工件的外观。
- 为工件提供一层保护层。
- 使工件具有特殊的表面性能。
- 赋予工件工程或者力学性能。

电镀所采用的工艺叫做电沉积工艺，它类似于一个原电池但与原电池过程相反。待镀工件接电路的阴极（负端），而阳极可以是下列两种类型中的一种：(a) 牺牲阳极（可溶性阳极）；(b) 永久性阳极（惰性阳极）。牺牲阳极是由待镀金属制成的，惰性阳极仅起通电作用，但是不能提供新鲜金属来补充因阴极电沉积而被从溶液中消耗掉的金属离子，铂金和碳通常被用作惰性阳极。阴极和阳极都浸没在含有一种或者一种以上的金属盐以及有其他添加剂的溶液里。

当阳极采用可溶性阳极时，电源给阳极提供的直流电氧化组成阳极材料的金属原子并且允许它们溶解在溶液里。在阴极，溶解在电解质溶液里的金属离子在阴极和溶液之间的界面处被还原，因此，它们被镀在阴极上。阳极的溶解速率等于阴极被镀上的速率，并与电路中通

过的电流对应。通过这种方式,电镀液中的离子由阳极连续不断地补充。阴阳两极的电化学反应可以表示为

阴极反应：$M^{z+}(aq) + ze^- \rightarrow M(s)$

阳极反应：$M(s) \rightarrow M^{z+}(aq) + ze^-$

当阳极采用惰性阳极(例如,铅或者铂金),即非消耗性阳极时,因为它们在溶液中被消耗掉,待镀金属离子必须在槽液中被周期性的补充。以电镀铜为例子,电镀的基本原理如图4-1所示。

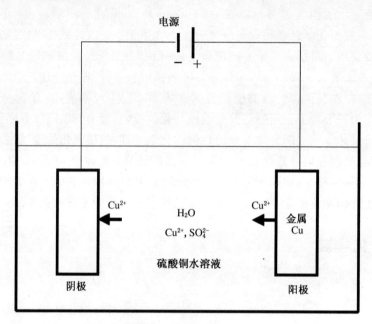

图 4-1 电镀的基本原理

2. 电化学基础

(1) 氧化和还原　广义来说,所有的电子转移反应都可以看作是氧化—还原反应,得到电子的物质是氧化剂,失去电子的物质是还原剂。即在氧化还原过程中,氧化剂被还原,还原剂被氧化。因此,还原过程有时被称为得电子(electronation)过程,而氧化过程被称为失电子过程(de-electronation)。因为阴极接电源的负端,因此,它给电解质溶液提供了电子。相反,阳极接电源的正端,因此,它从电解质溶液中接受了电子。通常,在阴极发生还原反应,在阳极发生氧化反应。

(2) 阳极和阴极反应　金属或者合金的电沉积或者电化学沉积涉及金属离子从电解质溶液中还原。阴极提供的电子迁移到阳极。在最简单的水溶液情况下,阴极反应如下：

$$M^{n+} + ne^- \rightarrow M$$

在阳极,迁移到阳极的电子提供给阴离子。阳极材料可以是可溶性阳极或者惰性阳极,对于可溶性阳极,阳极反应如下：

$$M \rightarrow M^{n+} + ne^-$$

在这种情况下,电极反应的结果是阳极不断溶解以提供金属离子。

(3) 电池电动势与电极电位　有关电化学的一些基本知识已在第3章中做了介绍,这里为阐述电镀需要,回顾和补充有关的电化学知识。

① 电池电动势。将电位差计接在电池的两个电极之间而直接测得的电势值习惯上称为电池的电动势。例如，为使一原电池电动势可测量（见图 4-2），需将其两个终端用同一种金属连接：

$$Cu,Zn \mid ZnCl_2 \mid\mid AgCl \mid Ag,Cu。$$

电池的两电极总用同一种金属（通常为铜）导线分别与测量仪表相连，测得的两极间外电位差即为内电位差，也就是该电池的电动势。电池电动势包括三个组成部分，即"电极Ⅰ/溶液"+"电极Ⅱ/溶液"+"电极Ⅱ/电极Ⅰ"三个界面上界面电势差的代数和。

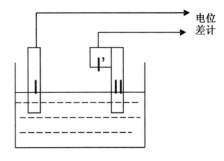

图 4-2 电池电动势的测量

② 电极电位。由于相界面电位差"电极Ⅰ/溶液"+"电极Ⅱ/溶液"+"电极Ⅱ/电极Ⅰ"无法直接测量，即电极的绝对电位差是无法测量的。电极的绝对电位差不可测量这一事实并不意味着它无实用价值。在处理电化学问题时，绝对电位差并不重要，有用的是它的变化值，即相对值。为此，必须选择一个合适电极，称为标准电极，并规定它的电位为零，只要将某一待测电极与标准电极组成原电池，即

标准电极 ‖ 待测电极

便可以求此电池的电动势 E。从而去计算该待测电极电位，并建立一套电极电位数据以资比较和查用。因此，电极电位是指一待测电极与标准电极组成的电池电动势。

平衡电极电位：当某一金属浸在含有该金属离子的溶液里时，在金属进入溶液成为离子的趋势和金属离子获得电子沉积在金属上的相反趋势之间就会建立一种平衡，即

$$M \leftrightarrow M^{n+} + ne^-$$

根据体系的条件，这一过程可以向两个方向进行。达到平衡时，金属离子变成金属原子和金属原子变成金属离子的驱动力相等，此时，金属相和溶液相之间的电位差就是平衡电位差。平衡电极电位就是当没有电流流过电极时，某一电极相对于参比电极所测得的电极电位，也称为开路电位（open circuit potential，OCP）。某一金属和含有其离子的溶液之间的平衡电位由下列能斯特方程（the Nernst equition）给出：

$$E = E^0 + \frac{RT}{nF} \ln a \tag{4-1}$$

其中，E^0 是标准电极电位，是电极材料的一种恒定特性；

R 是气体常数（8.3143J/K/mol）；

T 是绝对温度（K）；

F 是法拉第常数；

n 是化合价变化数；

a 是金属离子的活度。在近似情况下，金属离子的浓度可以代替其活度。

如果代入 R 和 F 的数值，T 是 298K（25℃），把自然对数换成以 10 为底的对数，能斯特方程可以表示如下：

$$E = E^0 + \frac{0.59}{n} \lg a \tag{4-2}$$

在上述方程中，若 $a=1$，则 $E=E^0$；即电极的标准电位 E^0 是一个电极与其含有单位活度的离子

的溶液接触时的电位。标准电位通常表示为针对标准氢电极的电位,标准氢电极的电位被定义为0。标准电位是温度的函数,通常以表格的形式给出25℃时的值。即在水溶液中,298K(25℃)时,电极物质活度均为1时的电极电位,称为标准电极电位(见图4-3)。它表示电极物质在进行电极反应时,相对于标准电极的得失电子的能力。1953年,国际上规定以氢电极为标准电极,并规定它在任何温度下电极电位为零。

标准氢电极(SEH)可表示为

$$Pt, H_2(101325Pa) \mid H^+(a_{n+}=1)$$

电极反应:$\frac{1}{2}H_2(101325Pa) \Leftrightarrow H^+(a_H^+=1) + e$

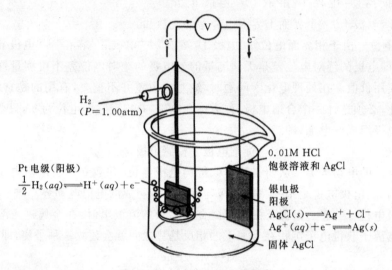

图4-3 标准电极电位的测量

标准电极电位具有如下作用或用途:
- 电极电位越负,越易失去电子。
- 电化学序是电极电位按数值大小排列的标准电化序,反映了金属的活泼性差异。
- 计算电池的标准电动势。
- 估计溶液中各种离子在阴极析出的先后次序。
- 估计不同金属在与电解液接触时,哪一种金属被腐蚀,哪一种金属被保护。

过电位和过电压:金属离子变成金属原子和金属原子变成金属离子之间的平衡是动态的,但是这两种作用相互抵消,因此,在体系里不存在净电荷。为了实现金属在阴极沉积和在阳极溶解,必须使体系偏离平衡条件。为了使有用的电极反应以某一实用的速率进行,必须提供一个外电位,该外电位的来源可以不同。

过电位是当电流通过电极时,工作电位与其平衡电极电位之间的差。过电位代表使电极反应以所需的速率(即它的等效电流密度)进行时所需提供的外部能量。因此,阳极的工作电位总是比其平衡电位更正,而阴极工作电位总是比其平衡电位更负。过电位随着电流密度的增加而增加。过电位的值也与电极反应的固有速率有关。对于一个给定的密度,一个慢反应(具有小的交换电流密度)将比一个快反应(具有大的交换电流密度)需要一个较大的过电位。过电位也被称为电极极化。一个电极反应总是由一步以上的基本步骤组成,而且每一步都与一个过电位相关。即使是最简单的情况,过电位也是浓差过电位和活化过电位的和。

产生阳极极化的原因如下:

一是阳极活化极化。阳极过程是金属离子从基体转移到溶液中并形成水化离子的过程:
$$M_e^{n+} \cdot ne + mH_2O \rightarrow M_e^{n+} \cdot mH_2O + ne \tag{4-3}$$

由此可见,只有阳极附近所形成的金属离子不断地迁移到电解质溶液中,该过程才能顺利进行。如果金属离子进入到溶液里的速度小于电子从阳极迁移到阴极的速度,则阳极上就会有过多的带正电荷的金属离子的积累,由此引起电极双电层上负电荷减少,于是阳极电位就向正方向移动,产生阳极极化。这种极化称为活化极化或电化学极化。其过电位用 ηa 表示。

二是阳极浓差极化。在阳极过程中产生的金属离子首先进入阳极表面附近的溶液中,如果进入到溶液中的金属离子向远离阳极表面的溶液扩散缓慢时,会使阳极附近的金属离子浓度增加,阻碍金属继续溶解,必然使阳极电位往正方向移动,产生阳极极化。这种极化称为浓差极化。浓差极化的过电位用 ηc 表示。

三是阳极电阻极化。在阳极过程中,由于某种机制在金属表面上形成了钝化膜,阳极过程受到了阻碍,使得金属的溶解速度显著降低,此时阳极电位剧烈地向正方向移动,由此引起的极化称为电阻极化。其过电位用 ηr 表示。

产生阴极极化的原因为:

一是阴极活化极化。阴极过程是接受电子的过程,即
$$D + ne \rightarrow (D \cdot ne) \tag{4-4}$$

如果由阳极迁移过来的电子过多,由于某种原因阴极接受电子的物质与电子结合的速度进行得很慢,使阴极积累了剩余电子,电子密度增高,结果使阴极电位向负方向移动,产生阴极极化。这种由于阴极过程或电化学过程进行得缓慢引起的极化称作阴极活化极化或电化学极化,其过电位用 ηa 表示。

二是阴极浓差极化。阴极附近参与反应的物质或反应物扩散较慢引起的阴极过程受阻,造成阴极电子堆积,使阴极电位向负方向移动,由此引起的极化为浓差极化,其过电位用 ηc 表示。

过电压是当有电流通过时,电池电压与开路电压(open-circuit voltage,OCP)之间的差值。过电压代表使电池反应以一定的速率进行时所需的外部能量。因此,一个电解池(electrolytic cell)的电池电压总是大于其开路电压 OCP,而一个原电池(galvanic cell)的电池电压(例如,放电时的可充电电池)总是小于其 OCP。有时,过电压也被称为电池的极化。

过电压是电池的两个电极的过电位与溶液欧姆电位降的和。不幸的是,过电位和过电压这两个术语有时被混淆互用。

(4) 法拉第电解定律

① 电解。当直流电通过电解质溶液时就会在电极与溶液的接触界面处发生化学反应,该过程称为电解。电解可以发生在任一电解池里。电镀是电解的一种特殊类型,除了电镀之外,电解也被广泛用于制备卤素,尤其是氯;用于提炼金属,例如铜、铅、钼、镉、镍、银、钴和锌等。了解电解的电化学原理对于理解和发展电镀技术是绝对必要的。

电解是将直流电通过电解质溶液或熔体,使电解质在电极上发生化学反应,以制备所需产品的反应过程。电解过程必须具备电解质、电解槽、直流电供给系统、分析控制系统和对产品的分离回收装置。电解过程应当尽可能采用较低成本的原料,提高反应的选择性,减少副产物的生成,缩短生产工序,便于产品的回收和净化。电解过程已广泛用于有色金属冶炼、氯碱和

无机盐生产以及有机化学工业。

1807年,英国科学家戴维(Humphry Davy)将熔融苛性碱进行电解制取钾、钠,从而为获得高纯度物质开拓了新的领域。1833年,英国物理学家法拉第(Michael Faraday)提出了电化学当量定律(即法拉第电解第一、第二定律)。1886年,美国工业化学家霍尔(Charles Martin Hall)电解制铝成功。1890年,第一个电解氯化钾制取氯气的工厂在德国投产。1893年,开始使用隔膜电解法,用食盐溶液制烧碱。1897年,水银电解法制烧碱实现工业化。至此,电解法成为化学工业和冶金工业中的一种重要生产方法。1937年,阿特拉斯化学工业公司(Atlas Chemical Industries)实现了用电解法由葡萄糖生产山梨醇及甘露糖醇的工业化,这是第一个大规模用电解法生产有机化学品的过程。1969年又开发了由丙烯腈电解生产己二腈的工艺。

水的电解:在水的电解过程中,OH^-在阳极失去电子,被氧化成氧气放出;H^+在阴极得到电子,被还原成氢气放出。所得到的氧气和氢气,即为水电解过程的产品。电解时,在电极上析出的产物与电解质溶液之间形成电池,其电动势在数值上等于电解质的理论电解电压。此理论电解电压可由能斯特方程计算:

$$E = E_0 - \frac{RT}{nF} \ln \frac{a_1}{a_2} \tag{4-5}$$

式中,E_0为标准电极电位(R为气体常数,等于8.314J/(K·mol);T为温度(K);n为电极反应中得失电子数;F为法拉第常数,等于96 500C/mol;a_1、a_2分别为还原态和氧化态物质的活度。整个电解过程的理论电解电压为两个电极理论电解电压之差。

水溶液电解:在水溶液电解时,究竟是电解质电离的正负离子还是水电离的H^+和OH^-离子在电极上放电,需视在该电解条件下的实际电解电压的高低而定。实际电解电压为理论电解电压与超电压之和。影响超电压的因素很多,有电极材料和电极间距、电解液温度、浓度、pH值等。例如,在氯碱生产过程中,浓的食盐水溶液用碳电极电解时,阴极上放出氢气,同时产生氢氧化钠,阳极放出氯气;稀的食盐水溶液电解时,阴极放出氢气,同时产生氢氧化钠,阳极放出氧气,同时产生盐酸。

电解(化)冶金:电解冶金(电积)是利用电化学反应使金属从含金属盐类的溶液或熔体中析出。前者称为溶液电解,后者称为熔盐电解。熔盐是熔融状态的盐类,其中主要是卤化物。熔盐是离子熔体,有较高的电导率;在达到比熔点稍高的温度时,晶体结构虽然由于热运动而松散、溃乱,但在一定的距离内仍保持一定的有序性,称为近程有序结构。

在电解中使用的熔盐电解质应该具有较低的熔点,适当的黏度、密度、表面张力,足够高的电导率,以及相当低的挥发性和不溶解被电解出来的金属熔体等性质。为了达到这些要求,常常使用由几种盐类组成的混合物。它们常具有比纯组分更低的熔点,但也有不少例外。所以,必须通过实验来选择适当的混合盐组成。通常,电解镁用$NaCl-KCl-MgCl_2$混合熔盐;电解铝用$Na_3AlF_6-Al_2O_3$混合熔盐。电解钽则用$K_2TaF_7-Ta_2O_5$混合熔盐;电解铍用$BeF_2 \cdot NaF-BaF_2$或$NaCl-BeCl_2$混合熔盐。

② 法拉第电解定律。法拉第电解第一定律和法拉第电解第二定律表明,在电极上所沉积的材料的量与所使用的电流量成正比。由一定量的电流所释放的不同的物质量与其电化学当量(electrochemical equivalent)成正比。在国际单位制中,电荷的单位是库仑(Coulomb)。一库仑等于一安培的电流流动一秒钟的电量,即1C=1A·sec。一种元素的电化当量等于其原子量除以其反应时化合价的变化量。例如,对于反应$Fe^{2+} \rightarrow Fe^0$,化合价的变化量为2,因此,

铁的电化学当量是 55.85/2=27.925。尽管一种元素只有一种原子量,但是,其电化学当量根据其特定的反应可以有不同的电化学当量。

由此可见,还原一摩尔某种化合价变化为 n^+ 的金属离子成为金属原子时需要 n 摩尔电子。即如果所沉积的金属量为 m 摩尔,参加还原的电子数为 n;阿伏加德罗常数(Avogadro's number)为 N_a(即 1 摩尔原子的原子数量);电子的电荷量为 Q_e(℃);则还原 m 摩尔金属所需的电量可以用下列方程表示:

$$Q = mnN_aQ_e \tag{4-6}$$

上式中的最后两项的乘积 N_aQ_e 被叫做法拉第常数 F,即 $F=N_aQ_e$。因此,用电量 Q 所还原的金属的摩尔数可表示为:$m=Q/nF$。

法拉第常数表示一摩尔的电子(即阿佛加德罗常数个电子)的电量。即法拉第常数可以推导如下:

$F = (6.02 \times 10^{23}) \times (1.602\,176 \times 10^{-19}) = 96\,500$ C/mol;

或者

$F = (6.02 \times 10^{23})/(6.24 \times 10^{18}) = 9.65 \times 10^4 = 96\,500$ C/mol

其中,阿佛加德常数为 6.02×10^{23};

每库仑电量的电子数为 6.24×10^{18};

电子的电量为 1.602176×10^{-19};

另一方面,如果电镀时的电流保持恒定,则电镀所用的总电量等于电流与通电时间的乘积,$Q=I(A)t$。如果在电镀过程中电流不是常数,则

$$Q = \int I\mathrm{d}t$$

镀层重量 $W(\mathrm{g})$ 可以由所还原的金属的摩尔数乘以其原子量 M_w 获得:

$$W = \frac{M_w}{nF} \int I\mathrm{d}t$$

在理想情况下,镀层厚度 $\delta(\mathrm{m})$ 可以表示为

$$\delta = \frac{W}{\rho A} = \frac{M_w}{nF\rho A} \int I\mathrm{d}t$$

其中,ρ 为金属的密度$(\mathrm{g/cm^3})$;

A 为电镀面积$(\mathrm{cm^2})$。

③ 电流效率、电流密度和电流分布。法拉第定律给出了在理想情况下对电沉积的预言,在实际应用中,有许多因素影响镀层的数量和质量。

电流效率:法拉第定律指出,电极上的电荷量严格正比于所通过的总电流量。然而,如果在电极上同时发生几个反应,副反应就会消耗电荷。因此,在电极上就会发生无效的副反应而不是所希望的电极反应。电流效率通常表示为通过电解池(或者电极)完成所希望的化学反应的电流的百分数。即

$$电流效率 = 100 \times W_{\mathrm{Act}}/W_{\mathrm{Theo}}$$

其中,W_{Act} 是所沉积的或者溶解的金属重量,W_{Theo} 是法拉第定律所给出的没有副反应时的金属重量。阴极电流效率是应用于阴极反应的电流效率,阳极电流效率是应用于阳极反应的电流效率。

电流密度:电流密度定义为电极上单位面积的电流(单位为安培)。它是电镀操作中非常

重要的一个变量,它影响镀层的特性和镀层的分布。

电流分布:电极上的局部电流密度是电极表面上位置的函数,电流在一个电极表面的电流分布是复杂的。电流易于集中在边缘和凸点处,除非溶液电阻非常低,否则,电流将易于在与对电极靠近的地方通过电流并到达对电极。人们通常希望在操作过程中电流分布均匀,即在电极表面上的各点电流密度是一样的。

3. 电镀工艺流程

电镀工艺流程主要包括三个部分:电镀前的预处理、电镀和电镀后处理。

(1) 电镀前的预处理 待镀工件可以进行不同的前处理过程。包括表面清洗、表面改性和漂洗等。表面前处理的目的是从基体表面去除污物,如灰尘和氧化皮。由有机残留物和无机粉尘组成的表面污染物可能来自外部环境或者处理过程,也可能来自内在的氧化层。表面污染物和氧化膜会影响结合强度,使附着力变差甚至镀不上镀层。因此,表面前处理对于保证电镀质量非常重要。大部分金属的表面前处理操作包括三个基本步骤:表面清洗、表面改性和漂洗。

当去除表面污染物、灰尘、氧化膜或残留物时,清洗方法应使基体的损坏最小化。清洗工艺有两种基本方法,即化学方法和机械方法。化学方法通常包括溶剂脱脂、碱洗和酸洗。

① 化学清洗方法。通常有以下三种:

一是溶剂脱脂。污染物由不同类型的油脂、蜡和其他有机物组成。这些污染物可以采用适当的有机溶剂,把工件浸没在有机溶剂里或者通过蒸气脱脂的方法来去除。

二是碱洗。工件浸在热碱清洗液里以去除污垢和固体脏物。电解清洗是一种特殊的碱洗方法。在电解清洗中,工件可以做阴极也可以做阳极。电解清洗在工件表面产生大量气体从而增加清洗剂的化学作用和机械作用。

三是酸洗。酸洗可以去除厚的氧化皮。最常用的酸包括硫酸和盐酸。酸洗时也可以通电,这样会更加有效。

② 机械清洗方法。机械方法包括研磨、抛光和其他方法。研磨是用研磨剂去除少量的表面金属,它可获得没有较大缺陷的表面,是抛光的前一道工序。抛光类似于研磨,但是所使用的磨料更细小,去除的金属非常少,可以获得非常平滑的表面。

另外,电镀前还有两种预处理:一是表面改性,包括表面涂层和表面硬化等,按实际需要来确定。二是漂洗,在湿法电镀工艺里,当工件从一种处理溶液转移到另一种溶液里时,或者工件离开最后的处理溶液时,工件上会带出一些它所浸没的溶液。在大多数情况下,在工件进入下一道工序前,或者在工件从最后的处理溶液中出来后,工件上的这些残留液体必须清洗干净。清洗废水被送到废水处理设备进行处理之后才能排放到公共污水系统中。

(2) 电镀—电解金属沉积 以下简述三种类型的电镀工艺:ⓐ直流电镀、ⓑ脉冲电镀和ⓒ激光感应金属沉积。

① 直流电镀。在直流(DC)电镀中,电源可以是电池或者整流器,整流器把交流电转换成低压直流电提供必需的电流。电镀在电镀槽中完成。浸在电解质溶液中的电极连接直流电源的输出端。工件连接电源的负端,正极连接电源的正端形成回路。这种电路布置把电子(负电荷载体)从电源引导到电解槽中的阴极(即待镀的工件)。待镀工件的几何形状影响镀层的厚度。通常在凸出的尖角和棱边处镀层较厚,而在凹陷处镀层较薄。导致这种厚度差别的原因是凸出的尖角和棱边处流过的电流密度大于凹陷处的电流密度,即电流密度的分布不均匀。因此,为了克服这种镀层厚度的不均匀性,需要正确布置阳极和改进电流密度的分布。

② 脉冲电镀。采用脉冲电流的电沉积称为脉冲电镀。脉冲电流可以是单向脉冲(on-off)或者双向脉冲(反向电流)。脉冲电流可以单独使用也可以叠加在直流(DC)上。使用双向脉冲时,金属在负脉冲期间沉积,在正脉冲期间有限的金属被溶解。这种不断重复的沉积和部分溶解可以改善镀层的形貌和物理性能。

③ 激光诱导金属沉积(laser-induced metal deposition)。在激光促进金属沉积的工艺中,聚焦的激光束被用来加速金属沉积。实验表明,沉积速率可以提高1 000倍。电镀设备主要由下列部件组成:带光学聚焦的激光头和电解槽。聚焦的激光束通过电解质溶液再通过阳极上的一个孔照射到阴极表面。

(3) 电镀后处理 电镀后处理有两个步骤:ⓐ钝化处理;ⓑ除氢处理。

① 钝化处理。所谓钝化处理是指在一定的溶液中进行化学处理,在镀层上形成一层坚实致密的、稳定性高的薄膜的表面处理方法。钝化使镀层耐蚀性大大提高并能增加表面光泽和抗污染能力。这种方法用途很广,镀Zn、Cu等后,都可进行钝化处理。

② 除氢处理。有些金属如锌,在电沉积过程中,除自身沉积出来外,还会析出一部分氢,这部分氢渗入列镀层中,使镀件产生脆性,甚至断裂,称为氢脆。为了消除氢脆,往往在电镀后,使镀件在一定的温度下热处理数小时,称为除氢处理。

电镀工艺流程非常复杂,电镀对象有单金属、合金、塑料等。对象不同,电镀工艺流程也会不同。

4. 电解质溶液

电镀不同的金属需要采用不同的电解质溶液。电解质溶液的成分和性能对镀层质量的影响非常大。

(1) 电解质溶液的类型和成分 电解质溶液包括酸、碱、金属盐、某种纯液态的水溶液以及熔盐。在一定的高温或者低压下,气体也可以作为电解质。除了金属盐之外,为了达到不同的目的,电沉积所用的电解质溶液常常含有许多添加剂。某些添加剂用于增加电解质溶液的导电性(即支持电解质 supporting electrolyte)。其他添加剂可用于增加镀液的稳定性(稳定剂),活化表面(表面活性剂或者润湿剂),改善平整性或者改善金属分布(整平剂)或者优化镀层的物理、化学和工艺性能。这些性能包括耐腐蚀性、亮度或者反射率、硬度、机械强度、延展性、内应力、耐磨性或者可焊性等。

(2) 电解质溶液的性能 电解质溶液的性能通常用电导率、覆盖率、宏观深镀能力和微观深镀能力来表征。

① 电解质溶液的电导率。电解质溶液的电导率与金属的电导率不同。电子电导率称为"第一类"导体,而电解质溶液导体称为"第二类"导体。有机的或者无机的盐、酸、碱都可以用来提高电解质溶液的电导率。某种电解质溶液的电导率是电离度、离子移动性、温度、粘度和电解质溶液成分的函数。

② 覆盖能力。覆盖能力表示电镀液能以一定的均匀镀层厚度覆盖待镀工件整个表面的程度。覆盖能力受基体表面性质、电解质溶液成分、温度、粘度和电流密度等的影响。

③ 宏观深镀能力。宏观深镀能力表示电解质溶液在工件横截面上获得尽可能均匀的镀层厚度的能力。好的覆盖能力是好的宏观深镀能力的前提条件。影响宏观深镀能力的其他因素包括电流分布、电流密度、电解质溶液成分、电解质溶液电导率和电解质溶液搅拌等。

④ 微观深镀能力。微观深镀能力是指在基体外表面或者在凹槽或者在裂纹底部金属沉积的程度。微观深镀能力可以通过活化凹槽或者活化裂纹底部从而促进金属在这些地方的沉

积来改善深镀质量,而优先使用抑制剂来抑制外表面的沉积。在许多情况下,微观深镀能力与宏观深镀能力是相反的。

5. 电镀工艺的类型

根据待镀工件的尺寸和几何形状可以采用不同的电镀工艺。例如,大批量电镀(mass plating)、挂镀(rack plating)、连续镀(continuous plating)和一体化电镀(in-line plating)。

① 大批量电镀。批量电镀用于数量巨大的待镀小工件,例如螺钉和螺帽,但是不能用于装饰性工件的电镀。最广泛使用的批量电镀体系是滚镀。滚镀时工件装载在一个电镀滚筒中。其他批量电镀容器还包括电镀钟和振动装置等。

② 挂镀。某些工件因为尺寸、形状或者特殊性不能进行批量电镀。挂镀是将工件固定在某一适合于前处理、电镀和后处理的挂架上。挂架是适合于浸入电镀液的工装夹具。挂镀有时又被称为间断电镀。

③ 连续电镀。连续电镀时待镀工件连续通过一排阳极或者在两排阳极之间连续通过。连续电镀通常被用于几何形状简单均匀的工件,例如金属带、丝和管。

④ 一体化电镀。一体化电镀是把电镀工艺和精加工工艺整合到一条主要的生产线上,实现一体化。一体化电镀的益处包括:排除了前处理步骤,减小了材料、化学试剂和能量消耗以及废物排放等。

6. 金属镀层的类型

金属镀层根据其典型应用可以粗略分为下列类型:

(1) 牺牲镀层　牺牲镀层主要用于保护基体(通常是钢铁)金属。牺牲镀层又称为阳极镀层。因为金属镀层相对于基体金属是阳极,因此,镀层牺牲自己保护基体金属不发生腐蚀。锌(Zn)和镉(Cd)镀层都可以用作牺牲镀层。由于镉的毒性大,许多国家已立法禁止镀镉。

(2) 装饰性保护镀层　装饰性保护镀层主要用于增加保护镀层的外观吸引力,这类金属包括铜(Cu)、镍(Ni)、铬(Cr)、锌(Zn)和锡(Sn)。

(3) 工程镀层　工程镀层(有时又称为功能镀层)主要用于增加基体表面的特殊性能,例如钎焊性能、耐磨损性能、反射性能和导电性能。功能镀层用金属包括贵金属金(Au)、银(Ag)以及锡(Sn)、铅(Pb)和钌(Ru)、铑(Rh)、钯(Pd)、锇(Os)、铱(Ir)、铂(Pt)。其中,钌(Ru)、铑(Rh)、钯(Pd)、锇(Os)、铱(Ir)、铂(Pt)六种金属是惰性金属,即它们电极电位较正。铁(Fe)、钴(Co)和铟(In)被称为次要金属,它们容易被电镀但是在电镀中的应用很有限。

(4) 特殊金属镀层　所谓的特殊金属很少被电镀。特殊金属可以分为下列几种类型:ⓐ 容易在水溶液里电镀但是不被广泛应用的金属,例如砷(As)、锑(Sb)、铋(Bi)、锰(Mn)和铼(Re);ⓑ 能在有机电解质溶液里电镀但是不能在水溶液里电镀的金属,例如铝(Al);ⓒ 能在熔盐电解质中电镀,但是不能在水溶液里电镀的金属,例如难熔金属钛(Ti)、锆(Zr)、铪(Hf)、钒(V)、铌(Nb)、钽(Ta)、钼(Mo)和钨(W)等。

(5) 合金镀层　合金是由两种或者两种以上化学元素(其中至少一种是金属)组成且具有金属性能的物质。合金镀层的例子如下:Au-Cu-Cd;Zn-Co;Zn-Fe;Zn-Ni;黄铜(Cu-Zn合金);青铜(Cu-Sn合金);Sn-Zn;Sn-Ni以及Sn-Co。合金镀层是从同一种溶液中同时电镀两种金属的镀层。

(6) 多层镀层　多层镀层是在同一种溶液中在不同电位下电镀不同的金属而形成的镀层。采用特定的脉冲电位可以沉积多层镀层。例如,以Cu,Ni,Cr为基础的多层镀层可以镀在金属或者塑料上,增强装饰性,提高耐磨损性并节省重量。

(7) 复合镀层　复合镀层可以定义为一种微小的第二相粒子分散在一种金属基体中的镀层。第二相粒子的尺寸范围可以从十几微米小到纳米尺度,而且粒子可以是有机粒子、无机粒子或者金属粒子。金属基体中细小粒子的存在通常可以提高基体的力学性能和化学性能,具有广泛的应用。非金属粒子(Al_2O_3、SiC、TiO_2或者PTFE)增强的金属基复合镀层具有极好的耐磨性能。

4.1.2 电刷镀

1. 基本原理及特点

电刷镀又称快速电镀、选择性电镀、无槽电镀和涂镀(contact plating, selective plating or swab plating)等,是用含有电解质溶液并同阳极接触的垫或刷以进行电沉积的方法,用这种垫或刷来涂刷具有相反极性的待镀工件。

电刷镀是因工程实际的需要由传统的槽镀技术演化和发展而来的,其电沉积机理仍然遵循法拉第定律及其他电化学规律,其工作原理如图4-4(a)和(b)所示。

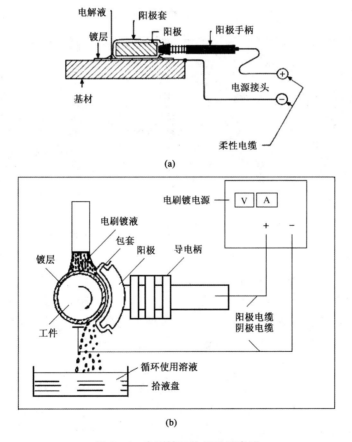

图4-4　电刷镀工作原理示意图

电刷镀的特点如下:

① 设备简单。它不需要镀槽,便于携带,适用于野外及现场修复,尤其对于大型精密设备的活塞杆修复更具实用价值。

② 工艺简单。它操作灵活，不镀的部位不需用很多材料保护。

③ 允许使用较高的电流密度。操作过程中，阴极与阳极之间有相对运动，故允许使用较高的电流密度，一般为 $300\sim400A/dm^2$，最大可达 $500\sim600A/dm^2$，它比槽镀的电流密度大几倍到几十倍。

④ 镀液种类多，应用范围广。目前已有 200 多种不同用途的镀液，适用于各种工况和不同的需要。可以在金属上刷镀，也可以在非金属材料上刷镀。

⑤ 镀液性能稳定。使用时不需要化验和调整；无毒，对环境污染小；不燃、不爆；储存、运输方便。

⑥ 控制容易。镀层厚度的均匀性可以控制，既可均匀地刷镀，也可以不均匀地刷镀。刷镀后一般不需进行机械加工。

⑦ 修复方便。修复周期短、费用低和经济效益高。

2. 电刷镀的应用

电刷镀技术已在航空航天、机车车辆、船舶舰艇、石油化工、纺织印染、工程机械、电子电力、文物修复、工艺品装饰、局部镀金、镀银等方面获得大量应用。经常用于轴颈磨损的修复以及孔类零件和滚动轴承的修理。图 4-5 是一个实例；当工件太大而难以进行槽镀时，电刷镀是一种很好的选择。图中大型轴正在用电刷镀镍进行修复。一些电刷镀的应用介绍如下：

图 4-5 大型轴的电刷镀（实物照片）

① 生产效率高。电刷镀工艺能快速修复机械零部件的加工超差、磨损、凹坑及划伤，恢复磨损和超差零件的尺寸，满足公差要求。

② 适用于多种材料。在碳钢、不锈钢、铸铁（钢）、铜（合金）、铝（合金）等各类金属材料上均有良好结合力，镀层硬度高、耐磨性好，修复厚度能达到 1.0mm 以上，可满足各种机械零部件修复的性能要求。新品刷镀保护层，用于提高零件的耐磨性、表面防腐性和抗高温氧化性。

③ 模具的修理和防护。如表面刷镀镜面镀层，满足防腐及表面光泽度的要求，提高模具使用性能和寿命。

④ 大型零件和精密零件修复。如曲轴、油缸、柱塞、机体、导杆等局部磨损、擦伤、凹坑、腐蚀点等的修复。

⑤ 改善零件表面的冶金性能。如改善材料的钎焊性，零件局部防渗碳、防渗氮等。

⑥ 改善轴承和配合面的过盈及配合性能。如增加过盈量、增加配合面的耐磨性及防腐性。

⑦ 可用于印刷电路板的维修和保护。如插脚镀金，银等。

⑧ 适宜电气接头的修复。电气触点、接头和高压开关的维修和防护。

⑨ 通常槽镀难以完成的作业。如有缺陷的镀件的修复，无法入槽的工件、已安装在设备

上的工件、只需要局部施镀的工件、部分深孔、盲孔等的施镀。

⑩ 修补质量有保证。在常温下施工,保证基体不产生热变形和金相组织变化,延长零部件的使用寿命。如铸件砂眼、淬火裂纹修补,几乎看不出痕迹。

4.1.3 化学镀

1. 概述

众所周知,从金属盐的溶液中沉积出金属是金属离子得到电子的还原过程,反之,金属在溶液中转变为金属离子是金属失去电子的氧化过程。它们是一对共轭反应,可表示为

$$M^{z+} + ze \Leftrightarrow M \tag{4-7}$$

z 是原子价数。金属的沉积过程是还原反应,它可以从不同途径得到电子,由此产生了各种不同的金属沉积工艺。

电镀是历史最长、使用最多的湿法沉积金属涂层的工艺。在外加电流作用下镀液中的金属离子在阴极(工件)上还原沉积为金属,是得到电子的过程。阳极反应是金属溶解、给出电子的氧化过程(不溶性惰性阳极除外)。这种金属沉积的特点是从外电源得到电子。

化学镀(electroless plating;non electrolytic plating;autocatalytic plating)工艺不是电源提供金属离子还原所需要的电子,而是靠溶液中的化学反应物之一,即还原剂来提供。这类湿法沉积过程又可分为三类:

(1) 置换法(immersion plating) 将还原性较强的金属(基材、待镀的工件)放入另一种氧化性较强的金属盐溶液中,还原性强的金属是还原剂,它给出的电子被溶液中的金属离子接收后,在基体金属表面沉积出溶液中所含的那种金属离子的金属涂层。最常见的例子是当铁件放在硫酸铜溶液中时会沉积出一层薄薄的铜。这种工艺又称为浸镀中,应用不多,原因是基体金属溶解放出电子的过程是在基材表面进行的,该表面被溶液中析出的金属完全覆盖后,还原反应就立刻停止了,所以镀层很薄。由于反应是基于基体金属的腐蚀才得以进行,使镀层与基体结合力不佳。另外,适合浸镀工艺的金属基材和镀液的体系也不多。

(2) 接触镀(contact process) 将待镀的金属工件与另一种辅助金属接触后浸入沉积金属盐的溶液中,辅助金属的电位应低于沉积出的金属。金属工件与辅助金属浸入溶液后构成原电池,后者活性强是阳极,被溶解放出电子,阴极(工件)上就会沉积出溶液中的金属离子还原出的金属层。接触镀与电镀相似。只不过前者的电流是靠化学反应供给的,而后者是靠外电源。本法虽然缺乏实际应用意义,但想在非催化活性基材上引发化学镀过程时是可以应用的。

(3) 还原法(reducing mothod) 还原法是在溶液中添加还原剂。例如,次磷酸钠($Na_2H_2PO_2$)、硼氢化钠($NaBH_4$)、二甲基胺硼烷($(CH_3)_2HNBH_3$)、肼(N_2H_4)、甲醛($HCHO$)等,由还原剂被氧化后提供的电子还原沉积出金属镀层。这种化学反应如不加以控制,使反应在整个溶液中进行沉积是没有实用价值的。目前讨论的还原法是专指在具有催化能力的活性表面上沉积出金属涂层,由于施镀过程中沉积层仍具有自催化能力,使该工艺可以连续不断地沉积形成一定厚度且有实用价值的金属涂层。本法就是人们通常所指的"化学镀"工艺。前面讨论的两种方法只不过是在原理上同属于化学反应范畴,不用外电源而已。用还原剂在自催化活性表面实现金属沉积的方法是唯一能用来代替电镀法的湿法沉积过程。

化学镀过程中还原金属离子所需的电子由还原剂 R^{n+} 供给;镀液中的金属离子吸收电子后在工件表面沉积,反应式如下:

$$R^{n+} \rightarrow R^{(n+z)} + ze \quad (4-8)$$
$$M^{z+} + ze \rightarrow M \quad (4-9)$$

2. 化学镀与电镀工艺

化学镀与电镀相比,有如下特点:

① 镀层厚度非常均匀,化学镀液的分散力接近100%,无明显的边缘效应,几乎是基材(工件)形状的复制。因此特别适合于形状复杂工件、腔体件、深孔件、盲孔件、管件内壁等表面施镀。电镀法因受电力线分布不均匀的限制是很难做到的。由于化学镀层厚度均匀、又易于控制,表面光洁平整,一般均不需要镀后加工,适于做加工件超差的修复及选择性施镀。

② 通过敏化、活化等前处理,化学镀可以在非金属(非导体)如塑料、玻璃、陶瓷及半导体材料表面上进行,而电镀法只能在导体表面上施镀,所以化学镀工艺是非金属表面金属化的常用方法,也是非导体材料电镀前做导电底层的方法。

③ 工艺设备简单,不需要电源、输电系统及辅助电极,操作时只需把工件正确悬挂在镀液中即可。

④ 化学镀是靠基材的自催化活性才能起镀,其结合力一般均优于电镀。镀层有光亮或半光亮的外观,晶粒细、致密、孔隙率低,某些化学镀层还具有特殊的物理化学性能。

但是,电镀工艺也有其不能为化学镀所代替的优点,首先是可以沉积的金属及合金品种远多于化学镀,其次是价格比化学镀低得多,工艺成熟,镀液简单且易于控制。由于电镀方法做不到的事情化学镀工艺可以完成,正因为化学镀方法具有这些明显的优越性而使其用途日益广泛,目前在工业上已经成熟而普遍应用的化学镀材料品种主要是镍和铜。

3. 化学镀镍

(1) 还原剂 化学镀镍是把具有催化活性表面的工件浸在含有镍离子和适当的还原剂中,例如次磷酸钠(NaH_2PO_2)、硼氢化钠($NaBH_4$)、二甲基胺硼烷(($CH_3)_2HNBH_3$)、肼(N_2H_4)的溶液是在一定温度下进行的。同时,溶液中也加入某些镍离子的络合剂、缓冲剂、稳定剂、加速剂、润湿剂等。化学镀镍溶液的组成及其功能如表4-1所示。

表4-1 化学镀镍溶液的组成及其功能

组 成	功 能	例 子
金属离子	金属源	氯化镍;硫酸镍;醋酸镍
次磷酸盐离子	还原剂	次磷酸钠
络合剂	避免溶液中简单镍离子浓度过高;避免磷酸镍沉淀,稳定溶液;作为pH缓冲剂	一元羧酸;二元羧酸;羟羧酸;氨;醇胺等
加速剂	活性还原剂;加速镍沉积;作用方式与稳定剂和络合剂相反	某些一元羧酸和二元羧酸阴离子;氟盐;硼酸盐
稳定剂	通过屏蔽催化活性核心来避免溶液分解	Pb;Sn;As;Mo;Cd和Th离子;硫脲等
缓冲剂	长期控制pH值	某种络合剂的钠盐;取决于所使用的pH值范围
pH调节剂	连续调节pH值	硫酸、盐酸、苏打、苛性钠和氨
润湿剂	增加工件表面的润湿性	离子性和非离子性表面活性剂

化学镀镍常用的四种还原剂是：次磷酸钠(NaH_2PO_2)、硼氢化钠($NaBH_4$)、二甲基胺硼烷(($CH_3)_2HNBH_3$)、肼(N_2H_4)。其分子结构分别介绍如下：

次磷酸钠，NaH_2PO_2

硼氢化钠，$NaBH_4$

二甲基一胺硼烷，DMAB，$((CH_3)_2HNBH_3)$

肼，(N_2H_4)

四种还原剂的结构是相似的，即每一种还原剂都含有两个或两个以上的反应性氢原子，镍的还原被认为是还原剂催化脱氢的结果。下面分别介绍四种还原剂的一些基本情况。

① 次磷酸钠镀液。70%以上的化学镀镍溶液采用次磷酸钠(NaH_2PO_2)做还原剂，与采用硼氢化钠($NaBH_4$)和肼(N_2H_4)做还原剂的溶液相比，这种溶液的主要优点是成本低和工艺容易控制。针对采用次磷酸钠(NaH_2PO_2)做还原剂的化学镀镍溶液中的化学反应提出了几种机理。下列反应是被广泛接受的两种机理(Gutzeit，1959)。

电化学机理。

次磷酸盐的催化氧化在催化表面产生电子，电子还原镍离子和氢离子，反应如下：

$$H_2PO_2^- + H_2O \rightarrow H_2PO_3^- + 2H^+ + 2e^- \quad (4-10)$$

$$Ni^{++} + 2e^- \rightarrow Ni \quad (4-11)$$

$$2H^+ + 2e^- \rightarrow H_2 \quad (4-12)$$

$$H_2PO_2^- + 2H^+ + e^- \rightarrow P + 2H_2O \quad (4-13)$$

原子氢机理。

反应如下：

$$H_2PO_2^- + H_2O \rightarrow HPO_3^{2-} + H^+ + 2H_{ads} \quad (4-14)$$

$$2H_{ads} + Ni^{++} \rightarrow Ni + 2H^+ \quad (4-15)$$

$$H_2PO_2^- + H_{ads} \rightarrow H_2O + OH^- + P \quad (4-16)$$

$$(H_2PO_2)^- + H_2O \rightarrow H^+ + (HPO_3)^{2-} + H_2 \quad (4-17)$$

次磷酸盐分子脱氢释放氢原子并吸附在催化活性表面(4-14)；吸附的活性氢原子在催化

剂表面还原镍(4-15);同时,某些吸附的氢原子在催化剂表面把少量次磷酸盐还原成水、羟基和磷(4-16);大部分次磷酸盐起催化作用并被氧化成正磷酸盐和氢气(4-17),降低化学镀镍溶液的效率。通常,还原1kg镍需要5kg的次磷酸钠;平均效率为37%(Mallory 1974; Gaurilow 1979)。次磷酸盐的利用率随添加剂的性质变化不大。含醋酸钠的溶液的次磷酸盐的利用率最高;含柠檬酸钠的溶液的次磷酸钠的利用率最低。该工艺的主要特点是在化学镀期间溶液成分的变化,镍盐和次磷酸盐的浓度降低,酸浓度增加,这使得沉积速率降低(Mallory 1974)。表4-2和表4-3给出了酸性镀液和碱性镀液化学镀镍的不同成分(Brenner & Riddell 1947; Agarwala 1987)。

表4-2 酸性化学镀镍溶液的成分(pH4~6;温度90~92℃)

镀液成分	浓度/(g/l)			
	Ⅰ	Ⅱ	Ⅲ	Ⅳ
氯化镍,$NiCl_2 \cdot 6H_2O$	30	30	30	—
硫酸镍,$NiSO_4 \cdot 7H_2O$	—	—	—	30
次磷酸钠,$NaH_2PO_2 \cdot H_2O$	10	10	10	10
乙醇钠,$CH_2OHCOONa$	50	10	—	—
醋酸钠,$CH_3COONa \cdot 3H_2O$	—	—	—	10
柠檬酸钠,$Na_3C_6H_5O_7 \cdot 5H_2O$	—	—	10	—
镀层外观	半光亮	半光亮	半光亮	粗糙不平

表4-3 碱性氯化铵化学镀镍溶液(pH8~9;温度90℃)

镀液成分	浓度/(g/l)		
	Ⅰ	Ⅱ	Ⅲ
氯化镍,$NiCl_2 \cdot 6H_2O$	30	30	30
次磷酸钠,$NaH_2PO_2 \cdot H_2O$	10	10	10
氯化铵,NH_4Cl	50	100	—
柠檬酸钠,$Na_3C_6H_5O_7 \cdot 5H_2O$	100	—	100
镀层外观	发暗	光亮	光亮

自从Brenner和Riddell发现化学镀镍以来,已发表了成千上万篇有关化学镀镍的工艺和化学镀镍层的文章。尽管其他的化学镀体系,如化学镀钯、金和铜也不少,但是,这些文章或专利绝大部分都是涉及Ni-P和Ni-Co合金以及它们的化学镀液。为了开发其他可供选择的还原剂,一些研究者研究了含硼还原剂,尤其是硼氢化物和胺基硼烷还原剂。随后,公布了几个化学镀工艺和化学镀层的专利。用含硼还原剂进行化学镀所获得的镀层都是Ni-B合金。根据溶液操作条件的不同,镀层成分的镍含量随着反应产物在90%~99.9%范围内变化。在某些情况下,金属稳定剂将在化学镀反应期间被混合进镀层。与Ni-P合金一样,Ni-B合金也具有独特的物理和化学性能。

② 胺基硼烷镀液。化学镀镍溶液所使用的胺基硼烷有两种化合物:二甲胺基硼烷(N-dimethylamine borane, DMAB-$(CH_3)_2NHBH_3$)和二乙胺基硼烷(H-diethylamine borane,

DEAB-$(C_2H_5)_2$NHBH$_3$)(Gaurilow 1979；Mallory 1979；Stallman & Speakhardt 1981)。DEAB 主要在欧洲公司使用；DMAB 通常在美国使用。DMAB 在水溶液里易溶解；而 DEAB 需先与短链脂肪醇(如乙醇)混合后才能与镀液混合。胺基硼烷在很宽的 pH 值范围内是有效的还原剂，但是，由于析出氢气，因此存在一个能进行化学镀的较低的 pH 极限(Mallory 1979)。镀层中的镍含量随 pH 值的增加而增加。通常，使用胺基硼烷的镀液 pH 值范围为 6~9，温度范围为 50~80℃，不过，它们也能在 30℃ 的低温下使用，因此，胺基硼烷镀液对于电镀非催化表面，例如塑料和非金属，是非常有用的，这是它们的主要应用。沉积速率随 pH 值和温度而变化，但是通常为 7~12μm/h。

在 BH_3 分子中，B 的八隅体是不完整的，即由于缺少电子，B 具有未成键的低位轨道。由于八隅体不完整，BH_3 分子可作为电子受体(路易斯酸)，因此，电子对给予体(路易斯碱，如胺)可与 BH_3 形成 1∶1 的络合物，因此，满足 B 的不完整八隅体。BH_3 与二甲胺之间的连接可以表示如下：

胺基硼烷是共价化合物，然而硼氢化物，例如 $NaBH_4$ 完全是离子性的，即
$$Na^+BH_4^- = Na^+ + BH_4^-$$
尽管胺基硼烷不电离，其中一个原子比其他原子具有更大的吸引力，因此，化学键是极性化学键：

在这种情况下，电子靠近 B 原子使 B 原子具有多余的负电荷，而 N 原子显示出多余的正电荷。分子的电极性可用其偶极矩来表示，它在共价化合物的反应中起着重要作用。通常，化学镀镍商业用胺基硼烷主要限于二甲胺基硼烷(DMAB-$(CH_3)_2$NHBH$_3$)。DMAB 仅具有三个与硼原子成键的活性氢原子，因此，从理论上来说每消耗一个 DMAB 分子应该还原三个镍离子(每一个硼氢化物分子理论上可以还原四个镍离子)。用 DMAB 还原镍离子的反应可以表示如下：

$$3Ni^{2+} + (CH_3)_2NHBH_3 + 3H_2O \rightarrow 3Ni^0 + (CH_3)_2NH_2^+ + H_3BO_3 + 5H^+$$
$$2[(CH_3)_2NHBH_3] + 4Ni^{2+} + 3H_2O \rightarrow Ni_2B + 2Ni^0 + 2[(CH_3)_2NH_2^+] + H_3BO_3 + 6H^+ + 1/2H_2$$

除了上述有用的反应外，DMAB 在酸性和碱性溶液里的水解也会消耗 DMAB。
在酸性溶液里：
$$(CH_3)_2NHBH_3 + 3H_2O + H^+ \rightarrow (CH_3)_2NH_2^+ + H_3BO_3 + 3H_2$$
在碱性溶液里：
$$(CH_3)_2NHBH_3 + OH^- \xrightarrow{H_2O} (CH_3)_2NH + BO_2^- + 3H_2$$

然而，理论上的镍还原量与实验结果并不一致。对 DMAB 化学镀镍的研究结果表明，还原的镍离子与消耗的 DMAB 分子的摩尔比几乎是 1∶1。修正过的水解镍机理与实验数据的吻合程度较令人满意。

Lelental 根据其研究结果认为，DMAB 化学镀镍与还原剂在催化剂表面的吸附有关，即与

吸附胺基硼烷的 N-B 键的解裂有关。吸附步骤与 DMAB 分子的极性一致,机理可表示如下:

N-B 键解裂:

$$2R_2NHBH_3 \xrightarrow{cat} 2R_2NH + 2BH_{3ads}$$

吸附的 BH_{3ads} 还原水解镍:

$$\left[Ni\begin{matrix}--OH\\--OH\end{matrix}\right] + BH_{3ads} \rightarrow Ni^0 + BH(OH)_{2ads} + 2H$$

$$\left[Ni\begin{matrix}--OH\\--OH\end{matrix}\right] + BH(OH)_{2ads} \rightarrow NiOH_{ads} + B(OH)_3 + H$$

$$NiOH_{ads} + BH_{3ads} \rightarrow Ni^0 + BH_2OH + H$$

$$\left[Ni\begin{matrix}--OH\\--OH\end{matrix}\right] + BH_2(OH) \rightarrow Ni^0 + B(OH)_3 + 2H$$

包括水电离的上述反应的总反应如下:

$$3Hi^{2+} + 2R_2NHBH_3 + 6H_2O \rightarrow 3Ni^0 + 2R_2NH_2^+ + 2B(OH)_3 + 3H_2 + 4H^+$$

硼的还原反应如下:

$$R_2NHBH_3 \xrightarrow{cat} R_2NH + BH_3 + H_2 + H^+ \rightarrow R_2NH_2^+ + B + 5/2H_2$$

上述反应可合并成下列反应:

$$3Hi^{2+} + 3R_2NHBH_3 + 6H_2O \rightarrow 3Ni^0 + B + 3R_2NH_2^+ + 2B(OH)_3 + 9/2H_2 + 3H^+ \quad (4-18)$$

③ 硼氢化钠溶液。硼氢化物离子是化学镀镍用还原剂中最强的还原剂。任何可溶性硼氢化物都可以使用,然而,硼氢化钠的使用效果最佳(Mallory 1974)。在酸性和中性溶液里,硼氢化物离子的水解非常快,若存在镍离子,可自发形成硼化镍。如果溶液的 pH 值维持在 12~14 之间,可抑制硼化镍的形成,而且反应产物主要是元素镍。1mol 硼氢化钠大约可以还原 1mol 镍,可以推论,还原 1kg 镍需要 0.6kg 硼氢化钠,而次磷酸钠需要 5kg。硼氢化物还原的化学镍镀层含 3%~8%B。为了避免产生氢氧化镍沉淀,必须使用在 pH 值为 12~14 的范围内有效的络合剂,例如乙二胺。络合剂的存在降低反应速率,因此降低沉积速率。在操作温度为 90℃时,沉积速率大约为 $25 \sim 30 \mu m/h$。

在还原期间,溶液的 pH 值不断降低,需要连续不断地添加碱性氢氧化物,镀液的高碱性会对铝基体的化学镀造成困难。

硼氢化物还原剂可以由任何水溶性硼氢化合物组成。硼氢化钠因其实用性常常被优先选择。硼氢化物离子中不多于三个的氢原子被取代的硼氢化物也可以被使用,三甲氧基硼氢化钠($NaB(OCH_3)_3H$)就是这种类型的化合物。硼氢化物离子是一种强还原剂。计算得到的 BH_{4-1} 氧化还原电位为 $E_\alpha = 1.24V$,在碱性溶液中,BH_{4-} 单元分解产生八个电子用于还原反应:

$$BH_4^- + 8OH^- \rightarrow B(OH)_4^- + 4H_2O + 8e^-$$

因此,每个硼氢化离子理论上能还原四个镍离子,即

$$4Ni^{2+} + 8e^- \rightarrow 4Ni^0$$

总反应为

$$4Ni^{2+} + BH_4^- + 8OH^- \rightarrow B(OH)_4^- + 4Ni^0 + 4H_2O \quad (4-19)$$

然而,实验发现 1 摩尔硼氢化合物只能还原大约 1 摩尔镍。迄今为止,只有少量发表的文章涉

及硼氢化合物还原镍的机理,而且大部分文章提出的机理得不到实验数据的支持。尽管实验证据与理论相矛盾,但仍有部分作者认为每一个硼氢化合物离子还原四个镍离子。

④ 肼。肼也用作化学镀镍的还原剂(Levy 1963；Dini & Coronado 1967),这种镀液的操作温度范围为 90~95℃,pH 值范围为 10~11；沉积速率大约为 12μm/h。由于肼在高温下不稳定,这种镀液非常不稳定,难于控制。镀层的镍含量高,但是没有金属光泽,镀层脆,应力高。

在 Brenner 和 Riddell 发表他们用次磷酸盐还原镍的文章后不久,Pessel 于 1947 年申请了采用肼做金属还原剂的发明专利。在随后的 16 年间,许多文章和专利公布了化学镀镍—磷的细节。然而,直到 1963 年 Levy 才报道了他用肼进行化学镀的研究结果。后来,Nini 和 Coronado 描述了几种用肼进行化学镀镍的镀液及从这些镀液所获得的含镍量大于 99% 的镀层的性能。

肼在碱性水溶液里是强还原剂:
$$N_2H_4 + 4OH^- \rightarrow N_2 + 4H_2O + 4e^-, E_b = 1.16V$$
$$2Ni^{2+} + 2e \rightarrow 2Ni^0, E^0 = -0.25V$$

Levy 提出了在碱性溶液里用肼还原镍离子的下列反应:
$$2Ni^{2+} + N_2H_4 + 4OH^- \rightarrow 2Ni^0 + N_2 + 4H_2O, E^0 = 0.91V$$

这是上述两个方程的总和。

该反应意味着肼的还原效率为 100%,因为肼仅涉及镍离子的还原。上述总反应没有考虑在用肼化学镀镍反应期间所析出的氢气。为了说明用肼还原镍期间所观察到的实验结果,须对镍离子水解机理进行修正:
$$Ni^{2+} + 2OH^- \rightarrow Ni(OH)_2^{2+}$$
$$Ni(OH)_2^{2+} + N_2H_4 \rightarrow Ni(OH)_{ad}^+ + N_2H_3OH + H$$
$$Ni(OH)_{ad}^+ + N_2H_3OH \rightarrow Ni + N_2H_2(OH)_2 + H$$
$$2H \rightarrow H_2$$

总反应可表示为
$$Ni^{2+} + N_2H_4 + 2OH^- \rightarrow Ni^0 + N_2 + 2H_2O + H_2 \tag{4-20}$$

上述机理没有说明在沉积反应进行期间氢离子(H^+)的形成。在上面给出的反应顺序里,通过加入碱金属或者氨的氢氧化物,第一步的溶液中即可存在氢氧根离子(OH^-)。然而,如果通过水分子的分解氢氧根离子(OH^-)与镍络合,则反应机理稍有不同:
$$2H_2O = 2H^+ + 2OH^-$$
$$Ni^{2+} + 2OH^- = Ni(OH)_2$$
$$Ni(OH)_2 + N_2H_4 = Ni^0 + N_2H_2(OH)_2 + 2H$$
$$N_2H_2(OH)_2 + 2H = N_2 + 2H_2O + H_2$$

总反应可表示为
$$Ni^{2+} + N_2H_4 \xrightarrow{H_2O} Ni^0 + N_2 + H_2 + 2H^+ \tag{4-21}$$

(2) 化学镀镍的动力学 在获得热力学判据证明化学镀镍可行的基础上,几十年来人们不断探索化学镀镍的动力学过程,提出各种沉积机理、假说,以期解释化学镀镍过程中出现的许多现象,希望推动化学镀镍技术的发展和应用。虽然化学镀镍的配方、工艺千差万别,但它们都具备以下几个共同点:

- 沉积 Ni 的同时伴随着 H_2 析出；
- 镀层中除 Ni 外，还含有与还原剂有关的 P、B 或 N 等元素；
- 还原反应只发生在某些具有催化活性的金属表面上，但一定会在已经沉积的镀层上继续沉积；
- 产生的副产物 H^+ 促使槽液 pH 值降低；
- 还原剂的利用率小于 100%；
- 所沉积的镍与所消耗的还原剂的摩尔比小于等于 1。

无论什么反应机理都必须对上面的现象给出合理的解释，尤其是化学镀镍一定在具有自催化的特定表面上进行，机理研究应该为化学镀提供这样一种催化表面。

- 元素周期表中第Ⅷ族元素表面几乎都具有催化活性，如 Ni、Co、Fe、Pd、Rh 等金属的催化活性表现为是脱氢和氢化作用的催化剂。在这些金属表面上可以直接化学镀镍。
- 有些金属本身虽不具备催化活性，但由于它的电位比镍负，在含镍离子的溶液中可以发生置换反应构成具有催化作用的 Ni 表面，使沉积反应能够继续下去，如 Zn、Al。
- 对于电位比镍正又不具备催化活性的金属表面，如 Cu、Ag、Au、铜合金、不锈钢等，除了可以采用先闪镀一层薄薄的镍层的方法外，还可以采用"诱发"反应的方法活化，即在镀液中用一活化的铁或镍片接触已清洁活化过的工件表面，瞬间就在工件表面上沉积出 Ni 层，取出 Ni 或 Fe 片后，镍的沉积反应会继续下去。
- 化学镀的催化作用属于多相催化，反应是在固相催化剂表面上进行的。不同材质表面的催化能力不同，因为它们存在的催化活性中心数量不同，而催化作用正是靠这些活性中心吸附反应物分子增加反应激活能而加速反应进行的。
- 在实际化学镀中，工件的催化活性大小与工艺密切相关。人们不难发现一些并不具备催化活性的表面，如不锈钢、搪瓷、清漆、塑料、玻璃钢等在长期施镀、机械磨擦、局部温度过高或 pH 值过高，或还原剂浓度过高等条件下，由它们制成的容器壁、挂钩上也会显示出催化活性而沉积上镍，温度高的地区更加明显。

(3) 温度　化学镀镍溶液的温度是影响镀层沉积速率的重要因素。当温度低于 65℃ 时沉积速率较低，沉积速率随温度的增加而增加。化学镀的温度通常为 90℃，大于 90℃ 后镀液将变得不稳定，如图 4-6 所示。

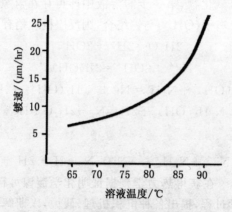

图 4-6　化学镀溶液温度对镀速的影响

（4）络合剂　化学镀镍溶液中的络合剂通常是指有机酸及其盐,无机焦磷酸盐阴离子和铵离子不包括在内。焦磷酸盐阴离子专门用于碱性化学镀镍溶液,铵离子常常用来控制或者维持化学镀液的 pH 值。化学镀镍溶液通常使用的络合剂如下表所示。络合剂在化学镀液中主要有三种作用：

- 起缓冲剂的作用,避免溶液的 pH 值降低太快;
- 避免镍盐,即碱性盐或者磷酸盐沉淀;
- 降低自由(简单)镍离子的的浓度。

除了上述作用外,络合剂也影响沉积反应和最终的镍镀层质量。化学镀镍通常使用的络合剂如表 4-4 所示。

表 4-4　化学镀镍通常使用的络合剂

络合剂	分子式(酸)	螯合环数目	环尺寸	镍配位络合物的稳定常数 P、K
单齿络合剂				
醋酸盐	CH3COOH	0	—	1.5
丙酸盐	CH3CH2COOH	0	—	—
琥珀酸盐	HOOCCH2CH2COOH	0	—	2.2
双齿络合物				
羟基乙酸盐	HOCH2COOH	1	5	—
A-羟基丙酸盐	CH3CH(OH)COOH	1	5	2.5
胺基乙酸盐	NH2CH2COOH	1	5	6.1
乙二胺	H2NCH2CH2NH2	1	5	13.5
B-胺丙酸盐	NH2CH2CH2COOH	1	6	5.6
丙二酸盐	HOOCCH2COOH	1	6	4.2
焦磷酸盐	H2O3POPO3H2	1	6	5.3
三齿络合剂				
苹果酸盐	H00CCH2CH(OH)COOH	2	5.6	3.4
四齿络合剂				
柠檬酸盐	HOOCCH2(OH)C(COOH)COOH	2	5.6	6.9

还原反应或者化学镀的困难之一是维持镀液成分的稳定。当化学镀进行时,镍的还原速率不断降低。由于形成亚磷酸镍,溶液成分不能补充。如果亚磷酸镍在镀液中沉淀,镀层的表面质量将恶化,导致镀层粗糙和变暗。而且,溶液中的镍浓度也会降低并且可能导致镀液全部分解。柠檬酸钠降低亚磷酸镍的形成并减小沉积速率。形成镍络合物的能力可以归因于某些人们已建议的添加剂,例如乙醇酸盐、丁二酸、琥珀酸和马来酸等。然而,这些添加剂不能阻止亚磷酸镍的沉淀。

当柠檬酸钠的浓度为 30g/L 时效果最好,有助于避免镀层多孔和变暗。由于减小还原速率,碳酸盐和氟盐等加速剂以及硫脲等稳定剂也可以加入到镀液中以避免镀液的分解。Bi、Pb、Cd 和 Te 可作为镀液的稳定剂。在稳定镀液方面,Bi 和 Te 似乎没有 Pb 和 Cd 有效。这些稳定剂的浓度仅为百万分之几。

（5）影响镀层工艺的因素　镀液成分是影响镀层工艺的主要因素,然而,其他因素,例如

pH值、温度、基体表面积也影响镀层工艺。镍盐浓度的变化对镍的还原速率影响不大,但是,次磷酸盐浓度的变化显著影响镀层的工艺过程。尽管增加次磷酸盐浓度可提高镍的还原速率,但是,还原剂使用过量可能在镀液中发生还原。通过观察反应过程中的镀液情况来调节次磷酸钠的合适使用量。若析氢量低,表明次磷酸钠的浓度低,激烈的析氢量说明次磷酸钠过量。

酸性溶液中获得的镍镀层具有非常光亮平滑的表面,碱性溶液中获得的镍镀层具有光亮的表面。当溶液的碱性增加时,镀层的镍含量增加,磷含量减小。磷的存在形式可以是磷化物或固溶体。镍盐浓度对沉积速率的影响很小;高的镍盐浓度会使镀层变粗糙,质量变坏。硫酸盐和氯化物镀液用于沉积非晶合金。使用硫酸盐镀液的研究结果较系统,而使用氯化物镀液的研究结果却不系统。铝基体上镍镀层的磁性比黄铜上的镀层高。

温度对过程速率具有显著的影响。过程速率随温度的增加而增加并在约90℃时达到最大值。超过此温度后,溶液的pH值难以维持,而且镀层质量变坏。

(6) 化学镀的发展　在化学镀镍溶液质量提高的基础上,化学镀镍生产线的装备和技术发展很快,逐渐从小槽到大槽,从手工操作、断续过滤、人工测定施镀过程中各种参数到自动控温、槽液循环过滤和搅拌。微机控制的生产线能自动监测镀液pH值变化及Ni^{2+}含量变化,若低于规定值,可立即补加到位,大大提高了产品质量和生产效率。随着化学镀镍技术的新进展,为了满足更复杂工况的需要,化学复合镀、化学镀镍基多元合金、Ni-P层的着色等工艺逐渐发展起来,如Ni-P/SiC、Ni-P/PTFE复合镀层比Ni-P镀层有更佳的耐磨性及自润滑性能;Ni-Fe-P、Ni-Co-P及Ni-Cu-P等三元镀层在计算机及磁、声记录系统中的应用;黑色Ni-P镀层的出现又开辟了一个新的市场。

4.2 金属表面的化学处理

金属表面的化学处理(chemical treatment for metallic surface)用得较多的主要是以下四个方面。

4.2.1 钢铁表面的氧化处理

钢铁的氧化处理是氧化盐与铁反应时形成Fe_3O_4,这是一种黑色氧化物。尽管标准的黑色氧化物是在钢上形成的,但是也可以在其他基体材料上形成,例如在不锈钢、铜和黄铜上形成。为了提高转化膜的耐蚀性能,典型的黑色氧化物通常进行后续的浸油或者浸蜡处理。黑色氧化物的特点是:ⓐ耐腐蚀性能好(浸油或者蜡);ⓑ外观漂亮;ⓒ尺寸稳定。钢铁表面发黑处理被广泛应用于各种钢铁制品的防腐及装饰处理,其应用领域包括:ⓐ标准铁轨;ⓑ枪炮零件;ⓒ精密轴承;ⓓ工具等。目前,钢铁发黑处理主要有高温碱性发黑、常温发黑。

1. 高温碱性氧化发黑

高温碱性发黑(又称发蓝)是钢铁最典型的发黑方法,已有几十年的历史,且工艺相对成熟,发黑质量稳定,膜的外观、附着力和耐蚀性为目前各种方法中最为理想的。因此,它仍是目前钢铁发黑的最主要的方法。这种方法采用$NaNO_2$和$NaOH$的浓溶液,将欲发黑的工件置于此液中,在140℃左右(视材质不同,发黑液温度略有不同,一般高碳钢在138℃,中碳钢在140℃,低碳钢在142℃)煮40min左右。X射线衍射分析结果表明,在钢铁件表面形成致密的晶态结构的Fe_3O_4膜,该氧化膜与钢铁基体表面接触良好,具有很好的附着力和防腐性能。

高温碱性发黑的机理:高温碱性发黑过程中涉及到的化学反应有多个,首先在高温下发生下列反应：
$$2NaNO_2 = Na_2O + N_2O_3 \tag{4-22}$$
生成的 N_2O_3 再和溶液中析出的氢气发生反应：
$$2N_2O_3 + 6H_2 = 4NH_3 + 3O_2 \tag{4-23}$$
生成的氧气会与铁发生下列一系列反应：
$$2Fe + O_2 = 2FeO \tag{4-24}$$
$$4Fe + 3O_2 = 2Fe_2O_3 \tag{4-25}$$
$$3Fe + 2O_2 = Fe_3O_4 \tag{4-26}$$

一般认为，上述反应按哪种方式进行主要取决于溶液中氧的浓度。氧的浓度高会生成 Fe_2O_3 使表面发红。因此，应适当控制氧化剂的含量，从而得到黑色的晶态 Fe_3O_4 膜。

2. 钢铁常温发黑技术

钢铁常温发黑技术是 20 世纪 80 年代中期出现的一种全新的钢铁发黑技术。该技术的最大特点是钢铁发黑时不需要加热，在 5~40℃ 的宽温度范围内均可使用。发黑速度快，一般仅需几分钟，大大降低了能耗，提高了效率。同时该技术适用于不同的材质，曾用锻造件和灰口铸铁件做过实验，其效果与普通碳钢件的效果差别不大。目前，大多采用亚硒酸—铜盐体系，发黑膜的主要组成是 CuSe 和少量的单质 Se，为非晶态组织。

但目前该技术尚有许多不足之处，存在的主要问题有以下几个方面：膜层附着力差，容易剥落；由于常温发黑膜为非晶态组织，致密度不高，导致耐蚀性尚不理想；常温发黑液的稳定性较差，配制好的发黑液放置一段时间后可能发生沉淀；因配方中使用 SeO_2、对苯二酚、$NiCl_2$、$CuSO_4$ 等，因此，成本相对较高，由于 SeO_2 为高毒物质，故对人体健康和环境有害。上述问题的存在，在某种程度上限制了常温发黑技术的推广和应用。虽然很多研究者做了大量的研究工作，但目前的结果尚不理想。

钢铁件通过氧化处理在表面生成保护性氧化膜，主要成分是磁性氧化铁（Fe_3O_4），膜层的颜色一般呈黑色或蓝黑色，铸钢和硅钢呈褐色或黑褐色。氧化处理方法有碱性氧化法、无碱氧化法和酸性氧化法等。常用于机械、精密仪器、仪表、武器和日用品的防护和装饰。

碱性氧化法：

一次氧化法

配方 1：

NaOH	600 g/L
Na_3PO_4	15~20 g/L
$NaNO_2$	60 g/L
开始温度：	138~140℃
终止温度：	148~150℃
时间：	60~90 min.

配方 2：

NaOH	750 g/L
$NaNO_2$	250 g/L
开始温度：	138~140℃

终止温度: 148~150℃
时间: 60~90 min.

表 4-5 二次氧化法

	A 槽	B 槽
NaOH	500~600 g/L	700~800 g/L
NaNO2	100~150 g/L	150~200 g/L
温度	135~140 ℃	145~152 ℃
时间	10~20 min	60~90min

氧化后处理:

为了提高氧化膜防锈能力,氧化后需进行皂化处理和填充处理。除需要涂装的外,其他全部用 005~110℃ 的机油、锭子油或变压器油浸渍 5~10min。若不进行皂化处理或填充处理,氧化清洗后可直接浸 TS-1 胶水防锈油和 P-2 防锈乳化液。

配方 1(填充):
$K_2Cr_2O_7$: 50~80 g/L;
温度: 70~90℃;
时间: 5~10 min.

配方 2(填充):
CrO_3: 2 g/L;
85% H_3PO_4: 1 g/L;
温度: 60~70℃;
时间: 0.5~1 min.

配方 3(皂化):
肥皂: 30~50 g/L;
温度: 80~90℃;
时间: 5~10 min.

酸性氧化法

酸性氧化法的优点是可在常温下操作,节电节能、发蓝时间短、生产效率高、投资少、污染小。缺点是膜层附着力差,耐蚀性不佳,有待于进一步完善。

4.2.2 铝及铝合金的化学转化膜

铝是一种非常活泼的金属,一经与大气接触就形成一层很薄的氧化膜,从而防止进一步腐蚀。但由于这种天然氧化膜很薄,其防护性有限,而且与有机膜的结合力也很差,不能满足工业生产的需要,优良的防护膜是人工方法形成的。由于铝的两重性,酸、碱都能腐蚀它。因此,化学转化膜既可以在酸性介质中形成,又能在碱性和中性溶液中得到。典型的化学氧化膜($Al_2O_3 \cdot H_2O, Cr_2O_3 \cdot H_2O$),皂化膜就是在碱性介质中形成的,另一些膜,如铬酸盐膜、铬酸-磷酸盐膜、磷化膜、丹宁酸盐膜等是在酸性介质(pH 1.5~3.0)中得到的。钼酸盐膜(Mo_xO_y)是在近中性溶液(pH 5.0~7.0)中生成的。

1. 铝合金主要化学转化膜的性质

(1) 铝化学转化膜的防护性

① 铝合金磷化膜。其防护性很差,所以一般情况下不用这种膜作为油漆底层,更不直接用于防护。

② 铬酸—磷酸盐膜。通常较硬且厚,结合力也好。但由于有更大的孔隙率,自身的防护性不好,也不能单独用于防护。不过由于它与基体有牢固的结合力,所以大量用作油漆及粉末涂层的底层。

③ 化学氧化膜。其较软,防护性差,一般也只做油漆底层或着色用。

④ 丹宁酸盐膜薄(200~750Å)。其与有机膜的结合力好 并且无有害成分,广泛用作食品饮料等铝罐头上的装饰性涂料底层不单独使用。

⑤ 皂化铝膜。其是一种单分子膜,虽然很薄(100Å),但由于它具有很好的憎水和亲油性,短时期内可以有效防止水气、酸气等有害气体的腐蚀,如皂化铝膜经35%HNO_3浸30s后,膜层仍不会遭到破坏。

(2) 铝化学转化膜的物理性质 铝表面化学转化膜的物理性质如表4-6所示。

表4-6 铝表面化学转化膜的物理性质

物理性质	磷化膜	铬酸—磷酸盐膜	铬酸盐膜	SEF膜	丹宁醛盐膜
颜色	乳白—淡灰	亮绿—绿色	无色—黄—桔黄	亮灰—黑色	无色
化学成分	$Zn_3(PO_4)_2 \cdot AlPO_4$ 或 $AlPO_4$	$CrPO_4 \cdot AlPO_4$	$Al_2O_3 \cdot Cr(OH)_2 \cdot CrOH\ CrO_4$	$Na_3AlF_6 \cdot Zn \cdot Fe \cdot Si$	丹宁酸盐
状态	结晶	结晶	新鲜膜为胶态,老化后为无定形		
孔隙	多孔	多孔	透明膜多孔,老化后的黄色膜无孔	封闭后低孔	低孔
防护性	差	差	好	良	
对水的亲疏性	亲水	亲水	老化后憎水	良好的亲水性	
与有机膜的结合力	良	良	好	良	好
电性能	绝缘	绝缘	低的电阻率	低的电阻率	

表4-7 铝表面化学转化膜的物理性质(续)

物理性质	皂化膜	钼酸盐(氧化物)膜	氧化膜
颜色	无色透明	纯黑色	无色—亮绿色
化学成分	Al-R3	Mo_xO_y	$Al_2O \cdot H_2O \cdot Cr_2O_3$ 或 $Al_2O_3 \cdot Ca(OH)_2$;$Al_2O_3 \cdot Mg(OH)_2$
状态	无定型	无定型	
孔隙	低孔	与成膜方法有关	多孔
防护性	优良的抗酸性	良好的抗非氧化性酸、碱,易受大气影响	差

续表

物理性质	皂化膜	钼酸盐（氧化物）膜	氧化膜
对水的亲疏性	优良的憎水性	无孔膜憎水	
与有机膜的结合力			良
电性能		绝缘	绝缘

（3）化学转化膜的厚度及与基体的附着力　在铬酸、丹宁酸、磷酸盐及皂化液中不会形成很厚的转化膜，而且结合力好。但在铬酸—磷酸盐、SEF 转化液及金属转化液中则不同，都可形成大于 10g/L 的膜。随厚度的增加结合力大大降低，直至呈粉状或片状物脱离金属基体并露出基体。良好的老化铬酸盐膜与基体有很好的结合力。但由于新形成的膜是一种凝胶状物，硬度低，耐磨性差。

（4）与油漆及其他有机膜的结合力　一般转化膜，特别是薄型转化膜对涂油漆及其他有机膜都是有利的，用于涂装的典型转化膜有铬酸盐膜、铬酸—磷酸盐膜、丹宁酸盐膜等。转化膜作为有机膜层底层的好处如下：

① 能提高漆膜的附着力。这些膜通常以分子间的引力与基体金属表面结合，有机膜又能很好地被吸附在这些膜的表面。

② 薄而多孔的无定形转化膜既能增加有机膜的咬合力，又能降低有机涂料的用量，因此与粗糙结晶膜相比更有经济性。

③ 多数转化膜都具有抑制金属腐蚀的作用，因此能延长有机膜的寿命。铬酸盐膜还可以抑制那些可以透过有机膜细孔的浸蚀性物质的腐蚀并能抑制腐蚀产物在有机膜中的扩张。

④ 转化膜的存在可以防止漆膜成分与基体金属之间发生不希望的反应。

4.2.3　化学转化膜的发展动态

1. 德国汉高公司的氟锆酸盐转化膜工艺（Tectalis）

Tectalis 工艺是锌系磷化的替代产品，该产品无磷（自然不会产生磷化渣）、不需要加热（节约能源），可以处理 Fe、Zn、Al、Mg 等多种金属底材，有利于减少环境污染和生态破坏，降低成本。所以，它的出现很快引起了表面行业的重视，并在家电、汽车领域得到了应用。其工艺条件为

pH　　　　　　　　　3.8～4.8
温度　　　　　　　　10～50℃
时间　　　　　　　　30～180s
膜厚　　　　　　　　20～50nm

由于 Tectalis 工艺在 H_2ZrF_6 中加入了特殊的成膜助剂，因此，转化膜是以纳米态的氟锆酸盐离子出现的，具有良好的抗腐蚀性能。该工艺对不同基材的膜重为：冷轧板 20～100 mg/m^2，电镀锌板 40～180 mg/m^2，热镀锌板 40～160 mg/m^2，铝板 10～50 mg/m^2。其化学反应原理如下：

$$H_2ZrF_6 + M + 2H_2O \rightarrow ZrO_2 + M^{2+} + 4H^+ + 6F + H_2 \qquad (4-27)$$

2. 美国依科公司的新型环保防锈技术

硅烷是一类硅基的有机/无机杂化物，其基本分子式为 R'$(CH_2)_n$Si$(OR)_3$，其中，OR 是

可水解的基团,R'是有机官能团。硅烷的防护、环保的防锈技术研究始于20世纪90年代初期,它可有效地用于铝及铝合金、铁及铁合金(包括钢及不锈钢)、锌及锌合金(包括镀锌板)、铜及铜合金以及镁及镁合金。由于它的应用范围很广泛,所以它一出现就引起了业界的广泛关注。

使用硅烷的金属表面处理工艺流程为:碱洗金属基体→清水洗→浸泡于硅烷溶液中5～30s→空气中晾干。硅烷的成膜过程如图4-7所示。其中,左图为凝聚前氢键在金属界面的富集,右图为凝聚后Si-O-Si及Si-O-Me共价键的形成。

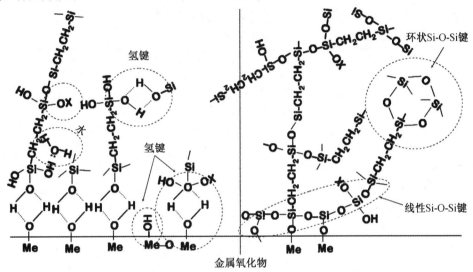

图4-7 金属表面硅烷成膜过程示意图

金属基体在硅烷水溶液中浸泡时,水解后的硅烷分子通过其SiOH基团与金属表面的MeOH基团(其中Me为金属基体)形成氢键,而快速吸附于金属表面。在空气中的晾干过程中,只与基团进一步凝聚,在界面上形成Si-O-Me共价键。其平衡反应式为

$$\equiv SiOH + MeOH \leftrightarrow \equiv Si-O-Me\equiv + H_2O$$

硅胶液　金属表面　　界面

剩余的硅烷分子则通过SiOH基团的凝聚反应在金属表面上形成致密的Si—O—Si三维结构:

$$\equiv SiOH + \equiv SiOH \leftrightarrow \equiv Si-O-Me\equiv + H_2O$$

硅烷膜的厚度主要取决于硅烷溶液的浓度,一般在10～500nm。从上述反应可以看出,它有以下显著的优点:

(1) 环保　它不含Cr、P,无毒、无害、无污染,没有废液和废渣产生,所产生的仅仅是水。晾干之后,硅烷膜就能在金属基体上形成。

(2) 操作简便　工艺路线短,生产用时少;节约资源,在成膜过程中不需要加热。它与传统的磷化及钝化工艺相比,有着无可比拟的优势。

(3) 适用性广　不但适用于铁及铁合金,还适用于铝、锌、铜、镁等金属及其合金。

(4) 应用面广　它为基体提供了优异的防腐性能,能与各类涂料匹配,适用于水性、溶剂型涂料、粉末涂料和电泳漆。硅烷前处理工艺的出现是新世纪的一大发现。目前,该技术在我国的东风二汽、扬子江客车等企业的流水线上得到了广泛应用。

3. 稀土转化膜技术

稀土元素能改善铝合金的表面状况,提高其抗腐蚀性,并能细化晶粒,消除杂质,使其微合金化等。稀土钝化膜无毒,对人体及环境危害很小,所以受到广泛关注。20世纪80年代,Hinton发现在NaCl溶液中加入少量$CeCl_3$能大大降低7075铝合金的腐蚀速度。经过20多年的努力,稀土转化膜的研究取得了很大进展。具体有以下几种方法:

① 单一稀土溶液长时间浸泡法。7075Al合金浸入0.1mol/L NaCl + 0.2g/L $CeCl_3$溶液中20天,其腐蚀速率下降20倍。

② 强氧化剂加其他添加剂浸泡法。如表4-8和表4-9所示。

表4-8 稀土转化膜常见工艺

$CeCl_3$	3.8g/L
H_2O_2	0.3%(体积分数)
pH	1.9
温度	室温
时间	浸泡5min可成膜

表4-9 CKS(硝酸铈—高锰酸钾—过硫酸铵)工艺

$Ce(NO_3)_3$	10—12 g/L
$KMnO_4$	1~1.25g/L
$(NH_4)_2S_2O_8$	0.1~0.3 g/L
温度	20~30℃
时间(浸泡)	15~30min
此工艺所形成的转化膜耐蚀性略高于铬酸盐钝化膜	

③ 波美层(Bohmite)处理法。此工艺是先将铝合金在热水中煮沸一段时间(90~100℃,<5 min),预先形成波美层,再转入稀土盐溶液(100℃,1.0 g/L$CeCl_3$ + 1% $LiNO_3$,pH =4)中浸5min,所形成的稀土转化膜的耐蚀性能优于铬酸盐转化膜和阳极氧化膜。

④ 化学—电化学结合法。先将铝材进行阳极氧化,再用浸泡工艺(Ce溶液)形成黄色转化膜。

⑤ 熔盐浸泡法。将6061铝合金放入200℃的$NaCl$-$SnCl_2$-$CeCl_3$熔融体系中浸泡2h,可使6061表面获得含Ce氧化物。此膜层在0.5 mol/L NaCl溶液中浸泡30天不出现点蚀。但因操作温度较高,故应用较少。

⑥ 电解沉积法。将铝工件置于稀土盐溶液中做阴极,在铝表面形成稀土转化膜,如将LF21防锈铝做阴极,Pb板做阳极,采用阴极电解沉积法,在LF21上形成稀土转化膜。

稀土钝化可显著增强铝材的防腐蚀能力,具有工艺简单、无污染的优点,是新型环保防腐蚀技术。其缺点是部分工艺耗时过长、工效低下、所得的转化膜耐蚀性和稳定性不够理想;对稀土钝化的成膜机理研究不够。在这方面有很多工作需要加强,包括缩短成膜时间;加强对常温处理的氧化剂、成膜促进剂等助剂的研究;加强对溶液稳定性的研究;

4. 植酸转化膜与生化膜

(1) 植酸转化膜 植酸的化学式为$C_6H_{18}P_6O_{24}$,是由一分子肌醇(环己六醇,白色结晶性粉末)与六分子磷酸结合而形成的淡黄色或红褐色透明的黏稠状液体。它易溶于水、酒精和丙酮,微溶于无水乙醇、甲醇,难溶于无水乙醚、苯乙烯及三氯甲烷。它受热后可水解为肌醇和磷脂。植酸作为金属表面处理剂,可与金属螯合,形成致密的涂膜,从而把基体与外界大气隔绝起来,使腐蚀介质不能与金属直接接触,从而起到防腐作用。经过植酸处理后的金属表面,会形成一个致密的单分子有机涂膜,该涂膜可与有机涂料相结合。由于涂膜中含有羟基(-OH、磷酸基($-PO_3$)等活性基团,故可与涂料的有机基团发生化学反应而成为一个有机体。因此,用植酸处理的金属基体会与有机涂料有更强的结合力。由于植酸广泛存在于油料、谷类的果实中,也可用米糠来生产,所以它无毒无害,是可再生资源。近年来,它被认为是可以取代磷化和铬酸盐钝化的一种新型表面处理方法。

(2) 生化膜　生化膜(生物化学转化膜)与植酸转化膜有着非常相近的性质。它是利用多种生物酸在酶的作用下,与金属表面的金属离子形成一层配合物薄膜。该薄膜非常致密牢固,可有效提高基体表面的防腐蚀能力。以生化膜处理后的工件涂覆有机涂料,其涂膜的耐蚀性可高达 10～15 天,耐高温性能也有较大的提高。

4.2.4 轻合金的阳极氧化与微弧氧化

1. 阳极氧化

阳极氧化(anodizing)是一种在金属表面形成一层氧化物膜层的技术。之所以称为阳极氧化是因为待处理的工件在处理时被作为阳极连接到外电源的正极上,"对电极"作为阴极连接到外电源的负极上,阳极和阴极同时浸入某种电解液中形成一个电解池,由外电源控制性地在电解池中通入一定的电流和电压即可在作为阳极的金属工件表面形成氧化物膜层,其基本原理如图 4-8 所示。

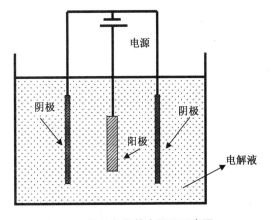

图 4-8　阳极氧化基本原理示意图

阳极氧化提高腐蚀抗力和磨损抗力,为油漆底层和胶水提供比未经处理的裸金属更好的附着力。阳极氧化膜层在装饰方面具有许多用途,厚的多孔氧化层可以吸附染料,薄的透明层可增加对反射光的干涉效应。阳极氧化可用来避免带螺纹零件的卡死以及用作电解电容器的绝缘膜。阳极氧化膜在保护铝合金方面的应用最广泛,在保护钛、镁、铌和钽等合金方面也有广泛应用。该工艺对于铁和碳钢不是一种有用的处理方法,因为铁和碳钢氧化后氧化铁(也称为铁锈)会呈鳞片状剥落,不断地暴露出下面的金属并产生腐蚀。

阳极氧化改变金属表面的显微组织和表面附近的晶体结构。厚的氧化层通常是多孔的,为了获得好的耐腐蚀性通常需要进行封孔处理。例如,阳极氧化后的铝表面比纯铝硬,但是必须通过增加氧化层厚度或者应用适当的封孔物质来提高磨损抗力。阳极氧化膜层的结合力通常比涂料和金属镀层的结合力强,但是更脆,这使得它们在时效和磨损时不容易开裂,但是容易因热应力产生开裂。

为了保护用杜拉铝合金(Duralumin,Duraluminum),杜拉铝合金是一种最早的时效硬化铝合金的商品名,主要的合金成分是 Cu、Mn 和 Mg。等价于这种合金类型的是一种普通使用的现代铝合金 AA2024,其含量为 4.4wt%Cu,1.5wt%Mg,0.6wt%Mn 和 93.5wt%Al。典型的屈服强度是 450MPa,并随成分和温度而变化)制造的水上飞机不发生腐蚀,阳极氧化工艺于 1923 年首先获得工业化规模应用。这种早期的铬酸工艺被叫做"Bengough-Stuart"工艺,并被归档到英国国防技术说明书《DEF STAN 03-24/3》之中。尽管该工艺复杂的电压波形目前被认为是不必要的,但是该工艺今天仍然在被使用。该工艺不久就有了进展,1927 年,Gower 和 O'Brien 申请了硫酸阳极氧化工艺专利。硫酸不久成为、而且现在仍然是最常用的阳极氧化电解质。

草酸阳极氧化工艺于 1923 年在日本首先申请专利,随后在德国被广泛使用,尤其是应用于建筑铝合金。在 1960～1970 年期间,阳极氧化的挤压铝型材被普遍用作建筑材料,但是之后被更便宜的塑料和粉末涂层所取代。磷酸阳极氧化工艺是最近的主要发展,迄今主要用作胶结和有机涂层的前处理工艺。所有这些阳极氧化工艺继续在工业界得到发展,因此,军用标准和工业标准是根据涂层的性能而不是工艺化学过程来进行分类的。

铝合金阳极氧化后可以增加耐蚀性、提高表面硬度,可以进行着色、改善润滑性和附着力。阳极氧化涂层是不导电的。当室温下暴露在空气或者任何含有氧气的气体中时,纯铝会自钝化而在表面形成一层厚度为 2～3nm 的非晶氧化铝膜层,起到非常有效的腐蚀保护作用。铝合金典型的氧化膜层厚度为 5～15nm,但是容易发生腐蚀。铝合金零件阳极氧化可以极大地提高膜层的厚度从而提高耐蚀性。某些合金元素或者杂质,如铜、铁和硅会显著降低铝合金的耐腐蚀性能。因此,2000,4000 和 6000 系列的铝合金最容易发生腐蚀。某些铝质飞机零件、建筑材料和消费产品常常进行阳极氧化。例如,MP3 播放机、手电筒、厨具、照相机、体育用品、窗框架、房顶、电解电容器以及许多其他要求耐腐蚀和具有装饰性的产品。尽管阳极氧化的磨损抗力中等,但其较深的小孔可以比光滑表面更好地保留润滑膜。阳极氧化层的热导率和线性膨胀系数比铝低,因此,如果暴露在温度高于 80℃ 的环境中,涂层将由于热应力作用而产生开裂,但不会剥落。氧化铝的熔点是 2 050℃,比纯铝的熔点 658℃ 高得多(这会使焊接更困难)。在典型的商业铝阳极氧化工艺中,氧化铝由表向内的生长量与由表向外的生长量相等。因此,阳极氧化在每个表面增加的零件尺寸是氧化层厚度的一半。例如,$2\mu m$ 厚的氧化层将使零件尺寸增加 $1\mu m$。如果零件的所有表面都被氧化,则所有表面的线性尺寸都将增加氧化层厚度的一半。阳极氧化过的铝表面的硬度比铝硬,尽管可以通过膜层增厚和封孔来改善磨损抗力,但是磨损抗力仅属中低。

上述的阳极氧化工艺,锻铝合金在热碱清洁液或者在溶剂中清洗,也可以在氢氧化钠(通常加入葡萄糖酸钠)、氟化铵中刻蚀或者在混合酸中抛光。由于存在金属间化合物,铸造铝合金最好进行清洗,除非它们是像 LM0 一样的高纯铝合金。

铝件做阳极(正极),在电解液中通直流电就可在铝表面形成阳极氧化层。电流在阴极(负极)放出氢气,在铝阳极表面放出氧气并形成一层氧化铝。交流电和脉冲电流也是可用的,但很少使用。

不同溶液所需的电压尽管通常在 15～21V,但是可以在 1～300V 之间的范围内变化。在硫酸和有机酸中形成的较厚的氧化层需要较高的电压。阳极氧化的电流随待氧化的铝表面积的变化而变化,典型的范围是 $0.3\sim3A/dm^2$(20～200 mA/in2)。

铝阳极氧化通常在缓慢溶解氧化铝的酸性溶液中进行的。酸的溶解作用被形成孔径为 $10\sim150\mu m$ 的涂层的氧化速率所补偿。这些孔使得电解质溶液和电流能到达铝基体并且使涂层生长厚度大于自动钝化产生的涂层厚度。然而,同样的这些孔以后将会使空气和水到达基体,如果这些孔不进行封闭会引发腐蚀。在封孔前这些孔常常用有色染料和缓蚀剂进行填充。由于染料仅在表面,因此,即使较小的磨损和刮伤都可能破坏染料层,但是染料下面的氧化层可继续提供腐蚀保护。

最广泛使用的阳极氧化规范 MIL-A-8625,定义了三种类型的铝阳极氧化工艺。Ⅰ型是铬酸阳极氧化;Ⅱ型是硫酸阳极氧化;Ⅲ型是硫酸硬质阳极氧化。其他阳极氧化规范包括 MIL-A-63576,AMS 2469,AMS 2470,AMS 2471,AMS 2472,AMS 2482,ASTM B580,ASTM D3933,ISO 10074 and BS 5599 等。AMS 2468 是一种陈旧的规范。除了一系列的试验和阳极氧化产品必须满足质量保证措施外,这些规范没有一种定义了详细的工艺和化学过程。BS1615 在选择阳极氧化合金方面提供了指导。英国的国防标准 DEF STN 03-24/3 和 DEF STAN 03-25/3 分别详细地描述了铬酸和硫酸阳极氧化工艺。

(1) 铬酸阳极氧化(Ⅰ型)(chromic acid anodizing (Type Ⅰ) 最老的阳极氧化工艺采用铬酸。该工艺被广泛称作 Bengough-Stuart 工艺。在北美,该工艺被称为Ⅰ型阳极氧化工艺,由 MIL-A-8625 军用标准所指定,它也被 AMS 2470 和 MIL-A-8625 Type IB 标准所覆盖。在英国,该工艺通常被指定为 Def Stan03/24 标准,应用于会与推进剂接触的领域。也有波音和空中客车标准(Boeing and Airbus standards)。

铬酸产生的膜层厚度较薄($0.5\mu m \sim 18\mu m$),不透明。这些涂层较软,有延展性和一定程度的自愈性能。它们比染料硬,而且可以作为涂装前处理。膜层的形成方法与在工艺周期中使用线性上升电压的硫酸阳极氧化工艺不同。

(2) 硫酸阳极氧化(Ⅱ型和Ⅲ型)(sulfuric acid anodizing (Type Ⅱ & Ⅲ))。硫酸是生成阳极氧化涂层最广泛使用的溶液。厚度($1.8 \sim 25\mu m$)适中的涂层在北美被称为Ⅱ型,由 MIL-A-8625 军用标准命名。而厚度大于 $25\mu m$ 的被称为Ⅲ型,即硬质层,称为硬质阳极氧化或者工程阳极氧化。

采用铬酸阳极氧化产生的、非常薄的类似涂层被称为 IIB 型涂层。厚涂层需要更多的工艺控制,而且是在接近水的冰点、在比获得薄涂层高的电压下、在冷冻槽中产生的。硬质阳极氧化的涂层厚度在 $13 \sim 150\mu m$ 之间。

阳极氧化涂层可以增加耐磨性、耐腐蚀性,并能保持润滑剂和 PTFE 涂层的能力以及提高涂层的电和热的绝缘性能。美国军用标准 MIL-A-8625 Types Ⅱ型、Type ⅡB 型和 AMS 2471 标准、AMS 2472 标准、BS EN ISO 12373/1 标准、BS EN 3987 标准给出了薄层(软)硫酸阳极氧化的标准。军用标准 MIL-A-8625 Type Ⅲ、AMS 2469、BS 5599、BS EN 2536 以及陈旧的 AMS 2468 和 DEF STAN 03-26/1 标准给出了厚硫酸阳极氧化的标准。

(3) 有机酸阳极氧化 如果在弱酸和高电压、高电流密度和强冷却条件下进行阳极氧化不用染料即可以产生微黄色的整体颜色,颜色被限制在一定范围。例如,浅黄色、金色、深青铜色、棕色、灰色和黑色。某些先进的工艺可以产生一种具有 80% 反射率的白色涂层。产生的颜色梯度对基材的合金成分是敏感的而且不能始终如一地再生产。

在某些有机酸(例如苹果酸)中的阳极氧化会进入一种失控状态,在这种情况下,电流会驱使酸比通常情况更严重地腐蚀铝,导致巨大的腐蚀坑和疤痕。若电流或电压太高也会发生烧损,在这种情况下,电源似乎起到短路的作用并产生巨大的、不平整的非晶黑色区域。整体着色阳极氧化通常采用有机酸来进行,但是在实验室用非常稀的硫酸也可以产生同样的效果。

整体着色阳极氧化最初是用草酸来完成的,但是含氧的磺化芳香化合物,尤其是磺基水杨酸,自 20 世纪 60 年代以来获得了广泛应用,制得的涂层厚度可达到 $50\mu m$。有机酸阳极氧化被称为 MIL-A-8625 军用标准 Type IC 阳极氧化。

(4) 磷酸阳极氧化　阳极氧化可以在磷酸中进行,通常作为黏结前的表面准备。ASTM D3933 标准对此进行了描述。

(5) 硼酸盐和酒石酸盐溶液阳极氧化　阳极氧化也能在硼酸盐和酒石酸盐溶液中进行,氧化铝在此溶液中是不溶的。在这些工艺中,当工件被完全覆盖时涂层生长停止,涂层厚度与所施加的电压成线性关系。相对于硫酸和铬酸工艺,这些涂层是无孔的。这种涂层被广泛用于电解电容器,因为薄的铝膜(典型厚度小于 $0.5\mu m$)被酸穿透将是危险的。

(6) 其他金属的阳极氧化

① 阳极氧化钛。通过对钛进行阳极氧化可获得不同的颜色。经过阳极氧化的钛被用作新一代的牙齿植入材料。钛阳极氧化层的厚度在 $500\sim1\,000\text{Å}$,远大于自然形成的氧化层的厚度范围 $50\sim250\text{Å}$。钛阳极氧化膜的厚度通常不能大于 300nm,大于此值容易产生机械破坏。钛的阳极氧化标准请参见 AMS2487 和 AMS2488。阳极氧化钛不用染料即可产生一系列不同的颜色,有时被用于艺术、服饰的人造珠宝、身体穿孔佩戴的珠宝以及结婚戒指。所形成的颜色取决于氧化物的厚度(厚度由氧化电压决定),颜色是由氧化物表面的反射光和入射光以及下面的金属表面反射光干涉产生的。也可以形成棕色或者金黄色的氮化钛,它具有与氧化钛一样的耐磨和耐腐蚀性能。

② 阳极氧化镁。镁阳极氧化层主要作为油漆底层,因此,$5\mu m$ 厚的薄层即足够。$25\mu m$ 以上的厚氧化层当用油、蜡或者硅酸钠封孔时可提供中等耐腐蚀性。镁合金的阳极氧化标准可以参见 AMS2466,AMS2478,AMS2479 以及 AS893。

③ 阳极氧化锌。锌很少进行阳极氧化,但是,国际铅锌研究组织(International Lead Zinc Research Organization)开发了一种名为 MIL-A-81801 的工艺,溶液由磷酸铵、铬酸盐和氟盐组成,氧化电压高达 200V,可以生成厚度达 $80\mu m$ 的橄榄绿氧化层,氧化层硬度高且耐腐蚀。

④ 阳极氧化铌。铌的氧化方式与钛相似,不同膜层厚度产生的干涉效应可使膜层具有一系列吸引人的颜色。膜层厚度取决于氧化电压。常应用在包括珠宝盒纪念币在内的纪念品上。

⑤ 阳极氧化钽。钽的氧化方式与钛和铌相似,不同膜层厚度产生的干涉效应可使膜层具有一系列吸引人的颜色。膜层厚度取决于氧化电压,根据电解液和温度不同,每伏电压的典型厚度为 $18\sim23\text{Å}$。其应用包括钽电容器的表面涂覆。

(7) 阳极氧化层的着色与封孔　最普通的阳极氧化工艺,例如硫酸阳极氧化铝,可产生能很容易接受染料的多孔表面。染料颜色的种类几乎是无限的。然而,所产生的颜色随基体合金而变化。尽管一些人更喜欢浅颜色,实际上,在某些合金上,例如高硅含量的铸造铝合金和 2000 系列 Al-Cu 合金,难于获得浅颜色。另一个问题是有机染料的耐光性("lightfastness"),某些颜色(红色和蓝色)特别容易退色。用无机方法(草酸铁铵)获得的黑色和金色更耐光。染色后的阳极氧化层常常需进行封孔以减小和消除染料的渗出。

作为选择,可以在阳极氧化膜层的孔隙中电沉积金属锡获得更耐光的颜色。金属染料的颜色范围从暗香槟色到黑色,青铜色通常应用于建筑。

理论上说,可以使整个膜层产生颜色。这可以通过在阳极氧化区间采用有机酸与硫酸的混合电解质溶液并且采用脉冲电流来实现。

通过对未封孔的多孔表面先染浅颜色,然后再在表面上喷洒深颜色可以产生喷溅效应。水性染料和溶剂染料的混合物也可以使用,因为彩色染料会彼此不相溶从而产生斑点效应。

通过丝印、升华转印或者数字打印可以把色彩鲜艳的照片图像和曲线打印到未封孔的氧化层里。通过使用打印机可以获得具有艺术线条的图形质量。也可以直接用手、喷枪、海绵或画笔绘制彩色图形。印刷的阳极氧化层封孔后可避免或者减小染料的渗出。这种应用包括棒球棒、招牌、家具、手术托盘、摩托车零件以及建筑造型等。

2. 微弧氧化

微弧氧化(micro arc oxidation,MAO)技术是在普通阳极氧化的基础上,通过电弧放电增强并激活在阳极上发生的氧化反应,从而在金属材料表面形成优质陶瓷膜的方法,是铝、镁、钛等轻金属表面强化处理的重要工艺方法。微弧氧化又被称为火花阳极氧化(spark anodizing)和等离子体电解氧化(plasma electrolytic oxidation,PEO)。该工艺过程需要施加高电压,氧化时产生火花并且获得结晶良好的陶瓷型涂层,该工艺容易控制,操作简单,处理效率高,对环境无污染,形成的陶瓷膜具有优异的耐磨和耐蚀性能以及较高的显微硬度和绝缘电阻。

20 世纪 30 年代初,Gueinterschulz 等人第一次报道了强电场下浸在液体里的金属表面会发生火花放电现象,而且火花对氧化膜具有破坏作用。后来发现,利用该现象也可制成氧化膜涂层,并应用于镁合金防腐。从 20 世纪 70 年代开始,美国、德国和前苏联相继开展了这方面的研究。Vigh 等人阐述了产生火花放电的原因,提出了"电子雪崩"模型,并利用该模型对放电过程中的析氧反应进行了解释。Van 等人随后进一步研究了火花放电的整个过程,指出"电子雪崩"总是在氧化膜最薄弱、最容易被击穿的区域首先进行,而放电时的巨大热应力则是产生"电子雪崩"的主要动力,与此同时,Nikoiaev 等人提出了微桥放电模型。20 世纪 80 年代,Albella 等人提出了放电的高能电子来源于进入氧化膜中的电解质的观点,Krysmann 等人获得了膜层结构与对应电压间的关系曲线,并提出了火花沉积模型。目前,国内外对铝合金微弧氧化技术的研究主要集中在微弧氧化机理研究、电解液的组成研究、添加剂的研究、电参数的研究、基体组成研究和氧化时间及电解质的浓度、温度和 pH 值的研究等方面。国外对铝合金微弧氧化的研究和应用最有代表性的公司主要有 ALGT、Microplasmic Corporation 以及 Keronite 等公司。其中,以 Keronite 公司的研究成果和应用情况最能代表国外铝合金微弧氧化的研究和应用状况。Keronite 公司所制的铝合金微弧氧化膜层的性能(见表 4-10)如下:

表 4-10 Keronite 公司铝合金微弧氧化膜层的性能

极高的硬度和耐磨性能	硬度范围为 800~2 000HV,与所用的合金有关。在铝合金上的耐磨性能优于硬质氧化和电镀。最高硬度可以达到 2 000HV
极高的结合强度	金属表面自身产生转化形成原子键合,因此,结合强度比等离子喷涂涂层强很多
优良的耐热性能	Keronite 涂层能连续在 500℃下工作,超过 ASTMC85-58 标准(热冲击抗力标准测试方法)的要求。被用作好的热障涂层和热保护涂层
高的耐腐蚀性能	采用美国材料实验标准 ASTM B117 进行中性盐雾实验,具有 Keronite 涂层的合金盐雾试验时间超过 2 000 小时不受影响

续表

高的绝缘强度	在直流条件下，氧化态涂层的电绝缘性能为 $10V/\mu m$；封孔态涂层的电绝缘性能为 $30V/\mu m$。Keronite 涂层在 500℃下具有高隔热性能
环境友好性	Keronite 工艺所用的化学试剂材料对环境没有污染

Keronite 的氧化工艺、电解液配方以及氧化用电源都申请了专利。该公司是全球铝合金微弧氧化工艺技术商业化最成功的代表性公司。目前，赶超 Keronite 公司的工艺技术是世界众多铝合金微弧氧化研究单位和企业努力的目标。铝合金微弧氧化工艺的主要研究状况、存在问题和发展趋势及应用前景如下：

(1) 电参数的研究　最初的微弧氧化工艺采用直流恒流电源，但直流恒流电源难以控制金属表面的放电特征，所以现在较少使用。用正弦交流电进行微弧氧化，所得膜层的质量较好，但所需时间较长。目前，常用的交流电源是非对称交流电源和脉冲交流电源。其中，非对称交流电源能较好地避免电极表面形成的附加极化作用，并能通过改变正、负半周输出的电容，调节正、反向电位的大小，扩大涂层形成过程的控制范围，在某些需要大功率情况下无需升高电压，过程易于控制，并节约能源，因此得到了广泛应用。

电流密度是影响陶瓷膜生长及性能的重要参数之一。在其他条件不变的情况下，随着阳极电流密度 I_a 的增加，陶瓷膜上的电场强度也相应地提高，同时陶瓷膜的厚度逐渐增加，生长速率加快。有研究结果表明，采用高 I_a 制备的陶瓷膜主要含 $\alpha-Al_2O_3$，低 I_a 制备的陶瓷膜主要含 $\beta-Al_2O_3$。阴极电流密度 I_c 的增大不利于 $\alpha-Al_2O_3$ 的形成。陶瓷膜中 $\alpha-Al_2O_3$ 的含量、表面孔隙度和颗粒尺寸都取决于 I_a 的大小。虽然高 I_a 有利于得到 $\alpha-Al_2O_3$ 含量较高的陶瓷膜，但陶瓷膜的孔隙度和颗粒尺寸也相应地变大，使硬度分布不均匀；所以随着 I_a 的增大，陶瓷膜硬度先增大再减小。I_c/I_a 值对陶瓷膜硬度影响的规律目前还不是很清楚，放电过程中，I_c 对陶瓷膜表面的离子密度和种类的影响也仍在探讨阶段。另外，随着 I_a 的增大，陶瓷膜的孔隙度和颗粒尺寸变大，表面变得更粗糙，耐磨性变差。

微弧氧化工艺的高电压是该工艺能耗普遍偏高的主要原因，其正常工作电压在 500 V 左右。起弧电压是决定稳定工作电压的重要因素，选择合适的溶液温度、成分、含量和脉冲宽度以降低起弧电压，对实现低能耗微弧氧化工艺和提高放电均匀性都具有重要意义。单独提高正向电压或负向电压时，陶瓷膜的厚度随之提高，$\alpha-Al_2O_3$ 的质量分数增大，表面粗糙度减小，其中负向电压的影响较大；正、负向电压同步变化对陶瓷膜厚度和表面粗糙度的影响，基本是正向和负向电压单独作用的综合。陶瓷膜生长速率随着电压的升高而增大，但电压不应过高，否则会因能量密度过大而破坏膜层，而且能耗高。

脉冲放电模式属于场致电离放电，火花存活时间短，放电能量大，有利于致密层的较早形成。高脉冲频率下，致密层的质量分数增大，表面粗糙度降低，膜层硬度增大，耐磨性能增强，得到的陶瓷层性能优异。随着脉冲频率的提高，膜层的生长速率先增大后减小，而能耗的变化规律与之相反。

脉冲占空比是影响陶瓷膜特性的一个重要因素，脉冲宽度决定了电火花放电的持续时间和密度，脉冲宽度的增大，有利于增大 $\alpha-Al_2O_3$ 的质量分数，提高陶瓷膜硬度，但过高的脉冲宽度会使放电更加剧烈，从而增大陶瓷膜的表面粗糙度。

(2) 电解液组成、浓度、温度和添加剂的研究　铝合金微弧氧化用电解液分为碱性电解液和酸性电解液两类。酸性电解液由于对环境有污染,现在较少应用;广泛研究和应用的是弱碱性电解液,其优点是在阳极生成的铝离子可以很容易地转变为带负电的胶体粒子而被重新利用。碱性电解液主要有四大体系:硅酸盐电解液、氢氧化钠电解液、磷酸盐电解液和铝酸盐电解液。实际应用时,选择的电解液组成要与被改性的铝合金材料相配合。硅酸盐电解液的应用最为广泛,与其他体系相比,硅酸盐电解液对环境无污染,但溶液寿命短、能耗大。四种体系下,陶瓷膜的生长规律基本相同,微弧氧化初始阶段成膜速率都比较快,其中以氢氧化钠体系和铝酸盐体系尤为显著,超过一定的氧化时间后,成膜速率都有所下降,但不同的实验条件下,时间的拐点不同。电解液种类对陶瓷膜中 α-Al_2O_3 的相对含量影响很大,在硅酸盐溶液中生成的陶瓷膜表面较粗糙,氢氧化钠溶液体系中生成的陶瓷膜较平滑。不同溶液体系对微弧氧化制备的陶瓷膜硬度的影响趋势相似。现在大多采用复合电解液,按照陶瓷膜的不同用途,如耐磨陶瓷膜、耐腐蚀陶瓷膜、装饰陶瓷膜、耐热隔热陶瓷膜及绝缘陶瓷膜等,有针对性地选用复合电解液。

适当增加电解液浓度,能提高溶液电导率,并降低起弧电压和正常工作电压。膜层厚度随电解液浓度的增大而增大,成膜速率相应加快,膜层致密度有一定程度的提高;当电解液浓度增大到一定程度后,由于引起的放电电流过大,使膜层表面放电,微孔增大,以及表层氧化铝晶体颗粒变大,陶瓷膜致密度和均匀性下降,粗糙度增大,硬度下降。当电解液的浓度较高时,由于连续雪崩式的动态波动效应影响显著,致使陶瓷膜的成膜速率和显微硬度随浓度的变化而出现较大的波动。

铝合金和氧等离子体反应生成氧化铝的过程是吸热过程,适当提高溶液温度有利于正向反应的进行,同时也加快了氧等离子体向试样表面的扩散,使成膜速率提高。已有研究表明,成膜速率随溶液温度的升高而增大,但当溶液温度超过40℃时,成膜速率又会降低。为了使反应顺利地进行,必须合理地控制电解液温度,有利于防止电解液飞溅,同时防止陶瓷膜局部烧焦。因此,微弧氧化过程需要一套良好的冷却系统。

为了增强陶瓷膜性能、提高电解液的工作能力,需要在电解液中加入添加剂。在铝酸盐和钼酸盐体系的电解液中加入一定量的十一酸甲酯和十二酸甲酯可以使微弧氧化电流下降至 $3\sim5$Å,电解液温度保持在35℃以下长时间不升高,这样陶瓷膜更加均匀、致密,耐蚀性大大增强。乙二胺四乙酸和十二烷基苯磺酸钠作为稳定剂,可延长电解液使用寿命,提高成膜速率,但对膜层性能的改善不大。在电解液中加入稳定剂胺盐可以使陶瓷膜表面微孔变小,表面光洁度提高,从而使陶瓷膜前期磨损失重较小。Na_2WO_4 是一种良好的缓蚀剂,反应前能够使铝合金表面迅速生成一层钝化层,反应后制得的复合陶瓷层光滑致密,耐磨性较好。在磷酸盐电解液中添加适量硼酸盐可提高陶瓷膜的表面附着力,有利于染料在铝合金表面持久黏附。

(3) 微弧氧化对铝合金基体力学性能影响的研究　由于微弧氧化膜具有比基体合金更高的硬度和弹性模量,且与基体合金结合,对基体合金拉伸性能的影响较小。研究发现,2024铝合金微弧氧化后与未处理的合金相比,屈服强度、抗拉强度和弹性模量随着膜厚(160μm 范围内)的增加而下降,但减少量在5%内。研究还发现,微弧氧化膜可以显著提高 LY12 铝合金的抗弯曲能力,跨距为50mm时,120μm 厚的氧化膜可使基体合金的最大弯曲应力提高50%,上层氧化膜在挠度达到6mm时发生破裂,而下层氧化膜在挠度超过20mm后虽有较多的裂纹存在,但仍未脱落。

微弧氧化对铝合金疲劳性能的影响已引起人们的关注,它受微弧氧化膜的内应力、微观结构和厚度的影响。如何改善铝合金微弧氧化后的疲劳性能,已成为铝合金微弧氧化技术在某些领域应用的瓶颈。

Asquith 等人研究发现,2024 铝合金喷丸处理后再微弧氧化处理,比单一微弧氧化处理的弯曲疲劳极限提高 85%。Lonyuk 等人研究了 7475-T6 铝合金及其硬质阳极氧化(膜厚 60μm)和微弧氧化(膜厚 65μm)处理后的轴向疲劳极限,发现硬质阳极氧化和微弧氧化使铝合金的疲劳极限分别下降 75% 和 58%,且疲劳极限随微弧氧化膜厚度的增加而下降。厚度为 14μm、35μm 和 65μm 的微弧氧化膜使基体的疲劳极限分别下降 30%、51% 和 58%。陈跃良等人研究发现,LY12 铝合金经微弧氧化后疲劳特性随着膜厚的增加先提高后降低,膜厚为 15μm、20μm 和 25μm 的试样与阳极氧化后的试样相比,疲劳性能分别增加 19.8%、24.4% 和 14.6%。总之,铝合金微弧氧化技术可以大幅增强铝合金材料的表面性能,在航天、航空、汽车、机械等行业中具有广阔的应用前景。

4.2.5 磷化处理

磷化处理(phosphating)是用磷酸和其他化学试剂的稀溶液处理铁、钢、镀锌钢材或者铝等。金属表面在溶液中与含磷酸的溶液介质发生化学反应,形成一层完整的、具有中等保护效果的不溶性磷酸盐晶体。膜层的重量、晶体结构和膜层向基体金属内透入的转化程度可用下列措施进行控制:

- 处理前的清洗方法;
- 采用含有钛或者其他化合物的活化液进行漂洗;
- 溶液的使用方法;
- 温度、浓度和处理时间;
- 磷酸盐溶液化学成分的改善。

磷酸盐溶液的使用方法常常取决于待处理零件的形状和尺寸。螺帽、螺栓、螺丝和冲压件这类小零件放在滚筒中浸入磷酸盐溶液中处理;冰箱柜这类大的工件在传送带上用溶液进行喷涂处理;汽车车身可进行喷涂或者浸入磷酸盐溶液中进行处理;钢板和钢带可连续通过磷酸盐溶液进行处理或者进行喷涂。磷酸盐膜层的厚度范围为 3~50μm。膜层重量(单位面积涂层的克数)而不是膜层厚度被用作表示所沉积的膜层的量的基础。通常使用三种主要类型的磷酸盐膜层:锌、铁和锰,第四种类型是在常温下操作的磷酸铅。

① 磷酸锌膜层。磷酸锌膜层的厚度范围和晶体结构的变化范围广泛,从粗大晶体的厚膜层到微小晶体的超薄膜层。磷酸锌膜层的颜色可在透明到深灰色之间变化。当钢基体的碳含量增加、当膜层的铁含量增加、当重金属离子被混入磷化液或者当基体金属在磷化前进行酸洗时,膜层的颜色均变深。含有活性氧化剂的磷酸锌溶液常常能获得浅颜色的膜层,而使用高温和加速剂的磷酸锌的颜色较深。磷酸锌膜层可用喷涂、浸入或者两者混合的方法来获得。磷酸锌膜层可作为油漆或者涂油的底层;可以帮助冷成型;可以拉管、可以拉丝;可以增加磨损抗力或者防锈能力。钢表面喷涂层的重量范围在 $1.08 \sim 10.8 \text{ g/m}^2$;浸涂层的重量范围在 $1.61 \sim 43.0 \text{ g/m}^2$

② 磷酸铁膜层。磷酸铁膜层首先被商业化应用。早期的磷酸铁溶液由磷酸铁和磷酸组成,在接近沸点的温度使用可获得粗晶体的深灰色膜层。"磷酸铁膜层"这个术语是指在 pH 值 4.0~4.5 范围内操作,从碱金属磷酸盐溶液中产生超细小晶体。溶液产生主要由氧化铁组成的非晶体膜层,其颜色范围可从彩虹蓝到微红蓝。一种典型的磷酸铁溶液配方如表 4-11。

表 4-11　一种典型的磷酸铁溶液配方

组　分	成分/%
磷酸盐	12～15
磷酸	3～4
钼酸盐加速剂	0.25～0.50
清洁剂（阴离子性/非离子性）	8～10

磷酸铁配方主要由磷酸盐和溶解在磷酸溶液中的加速剂组成。促使其在金属表面形成膜层的正是其中的酸。当酸腐蚀金属并开始被消耗时，溶液的 pH 值在金属表面稍微增加，导致磷酸盐从溶液中析出并与金属表面反应形成结晶膜层。尽管所有磷酸盐转化膜层由部分被中和的磷酸组成，但是所有磷酸铁的生成并不相同，其他组分（如特殊的加速剂）也起部分关键作用（见表 4-12）。

表 4-12　加速剂对磷酸铁膜层重量的影响

加速剂	所处理的表面	膜层重量/(g/m²)
……	仅为钢铁	0.11～0.27
金属加速剂	混合金属、黑色金属；锌和铝	0.22～0.38
氧化剂加速剂	仅为高质量钢铁	0.43～0.86

尽管磷酸铁膜层应用于钢铁表面可改善其与纺织品、木材和其他材料的结合强度，但是，其主要应用还是作为油漆膜的打底层。磷酸铁膜层的制备方法也可以用来处理镀锌表面和铝表面。磷酸铁膜层具有很好的附着力并且可以避免油漆膜层起皮。磷酸铁膜层的耐蚀性能比磷酸锌膜层差，然而，好的磷酸铁膜层的性能胜过差的磷酸锌膜层。

磷酸铁膜层尽管常常采用喷涂法制备，但是，浸涂法也可采用。可接受的膜层重量范围为 $0.21～0.86g/m^2$，膜层重量超过该范围所获得的好处很小，膜层重量小于 $0.21g/m^2$ 时膜层可能不均匀或者不连续。磷酸铁膜层可在 25～65℃ 的温度范围内采用喷涂或者浸涂方法制备。

③ 磷酸锰膜层。磷酸锰膜层被用于有色金属零件（例如轴承、齿轮和内燃机零件）以避免因擦伤而卡死。这些膜层通常呈深灰色。由于磷酸锰膜层常常用作储油层，因此，磷酸锰膜层的颜色会变深，外观上呈黑色。在某些情况下，钙改性的磷酸锌膜层可以代替磷酸锰膜层提高抗咬合性能。

磷酸锰膜层只能用浸涂法获得，处理时间为 5～30min。膜层重量范围通常为 5.4～$32.3g/m^2$，但若需要可以增加膜层重量。优先采用的磷酸锰膜层通常都较致密且晶粒细小，然而，所希望的晶粒尺寸可根据服役需求而变化。在许多情况下，膜层晶粒可通过某些金属表面前处理（例如特定类型的清洗剂或者以磷酸盐为基础的调整剂）来细化。在 90～95℃ 的高温溶液范围内可形成磷酸铁锰膜层。

④ 磷酸盐膜层的成分。所有磷酸盐膜层都是通过同类型的化学反应产生的：含有成膜化学药品的酸性溶液与待处理的金属反应，在金属表面的一薄层溶液因其腐蚀金属而被中和，在被中和的溶液中，磷酸盐的溶解度降低并以晶体的形式从溶液中沉淀析出。该晶体被金属内存在的标准静电势吸引到金属表面并沉积在金属表面的阴极位置上。

当磷酸与钢反应时产生两种磷酸铁：第一种是进入膜层的磷酸铁，第二种是进入溶液的可溶性铁化合物——磷酸亚铁。如果第二种磷酸亚铁被氧化成磷酸铁,它将不再可溶解而从溶液中沉淀析出。由于磷酸亚铁会抑制膜层的形成,因此,常加入氧化剂以去除可溶性的磷酸亚铁。

尽管所有磷化溶液都呈酸性并且对欲磷化的金属产生某种程度的腐蚀,但是,磷化时很少会发生氢脆,这主要是因为磷化液含有能与氢反应的去极化剂或者氧化剂。然而,在某些情况下,例如用于储存防锈油或者磷酸锰的膜层由于其含有最少量的去极化剂或者氧化剂而产生氢脆。为了消除氢脆需要在使用前放置一段时间或进行低温加热。磷化液的酸性随磷化液的的成分和磷化方法而变化。磷酸锌浸涂溶液的操作范围为pH1.4~2.4。而磷酸锌喷涂溶液根据其温度,pH值可高达3.4。磷酸铁溶液的pH值范围为3.8~5。磷酸锰磷化液的pH操作范围与磷酸锌浸涂溶液的pH范围相当。而磷酸铅溶液的酸性比上述任何溶液的酸性都强。

锌、铁和锰的磷化液通常都含有加速剂,该加速剂可以是硝酸盐这样的弱氧化剂,也可以是亚硝酸盐、氯化物、过氧化物或者有机磺酸这样的强氧化剂(见表4-13)。加这些加速剂的目的是加速膜层的形成速率,使磷酸亚铁氧化成磷酸铁并减小晶体尺寸。磷化液能与金属连续不断地接触,使反应充分完成并均匀覆盖在金属表面。加速剂对溶解在溶液中的铁具有氧化作用,因此,可以延长溶液的使用寿命。某些锌和铁的磷化工艺把空气中的氧气作为加速剂。处理铝的锌磷化液常常含有络合剂或者游离氟以加速膜层的形成。

表4-13 磷酸盐膜层制作工艺所使用的加速剂

加速剂类型	加速剂	有效浓度		最佳操作条件			优点	局限性
		/%	/(g/l)	比例	温度,/℃	加入方式		
NO_3^-	$NaNO_3$;$Zn(NO_3)_2$;$Ni(NO_3)_2$	1~3	...	高 NO_3^-:PO_4^{3-}	65~93	...	淤泥较少	$FePO_4$的还原增加了膜层的铁含量
NO_2^-	$NaNO2$	...	0.1~0.2	NO_2:NO=1:1	低温	连续	能在低温下快速处理	腐蚀性烟气;溶液在高温下非常不稳定;需要频繁添加
ClO_3^-	$Zn(ClO_3)_2$	0.5~1	...	...	低温	连续	浓溶液稳定,可以进行添加和补充。克服了白锈问题	氯化物及其还原产物具有腐蚀性;高浓度会毒化溶液;难于从最终的磷酸盐膜层上去除凝胶状的沉淀
H_2O_2	H_2O_2	...	0.05	...	低温	连续	低膜层重量,无有害产物,不生锈	溶液控制是关键;形成淤泥严重;稳定性有限;需要连续添加

续表

加速剂类型	加速剂	有效浓度 /%	有效浓度 /(g/l)	最佳操作条件 比例	最佳操作条件 温度,/℃	最佳操作条件 加入方式	优点	局限性
过硼酸盐	过硼酸钠	…	…	…	低温	…	不需要单独的中和剂,耐蚀性好	需要连续加入;有大量淤泥
硝基胍	硝基胍	…	…	…	55		加速剂和还原产物都是非腐蚀性的	微溶;亚铁离子在溶液中的积累难控制;成本高

4.2.6 铬酸盐处理

铬酸盐转化膜层(chromate treatment)是当一种金属浸入铬酸、铬酸盐(例如钠或者钾的铬酸盐或重铬酸盐)、氢氟酸或者氢氟酸盐、磷酸或者其他矿物酸组成的水溶液或者用该溶液喷涂时,由于化学侵蚀而在金属表面形成的膜层。

化学侵蚀使表面金属溶解并形成含有复杂络化合物的保护膜层。许多金属和金属镀层,例如锌、镉、铜、银、锡、镁和铝都能形成铬酸盐转化膜层。即铬酸盐转化膜层可以单独使用,也可以在金属电镀层上作为二次后处理。铬酸盐转化膜层通常用于增加金属的耐腐蚀性能。大部分转化膜层会缓慢溶于水,因此,保护效果有限。然而,铬酸盐转化膜层在海洋气氛和高湿度环境下能提供极好的保护作用。在一定范围内,铬酸盐膜层的保护效果随厚度增加而增加,超过此厚度后,由于形成多孔且附着力差的膜层,保护效果反而降低。在铝上形成的铬酸盐化学膜层的专利名称称为 Alodine 或者 Irridite,是一层薄的、透明或者黄色的转化膜层,通常作为油漆的底层,避免铝发生氧化或者用于连接导电阳极氧化层的遮蔽层。对于锌和镉镀层的铬酸盐转化膜层的颜色可以是黄色、黑色或者草绿色。铬酸盐转化膜层也可用于装饰和功能应用方面,其颜色多种多样,颜色范围从在锌和镉上获得的、模拟光亮镍和铬的外观、非常透明的膜层到军事装备常常使用的草绿色。铬酸盐膜层为所有油漆提供一个非常好的无孔的附着表面,从而提高附着力。

铬酸盐转化膜层的主要特点可概括如下:
- 可作为好的油漆底层;
- 提高耐蚀性;
- 提供好的导电性;
- 容易处理。

铬酸盐膜层保护的金属(即铝、镁、锌和镉)是周期表中的活性金属。事实上,从铝和镁溶解的较负的标准电极电位值($Al^{3+}+3e \leftrightarrow Al(s)$,$E^0=-1.66V$;$Mg^{2+}+2e \leftrightarrow Mg(s)$,$E^0=-2.73V$),人们可能期待这些金属浸入水中时会很快溶解。然而,当这些金属暴露在空气或者水中时会迅速形成一层水合氧化膜起到保护作用而不会迅速溶解。

实际上,铬酸盐转化膜层正是利用这种高表面活性,通过使用强氧化剂,例如铬酸、铬酐(CrO_3),在 pH≈2 条件下发生氧化还原反应,以 $Cr_2O_7^{2-}$、$HCrO_4^-$ 形式存在的六价铬(Cr^{6+})还原成三价铬(Cr^{3+}),而铝被氧化成三价铝。

$$Al \rightarrow Al^{3+} + 3e^- \qquad (4-28)$$

$$HCrO_4^- + 14H^+ 6e^- \rightarrow 2Cr^{3+} + 7H_2O \qquad (4-29)$$

若存在氟离子,则除了铬酸的还原反应外还会在金属表面发生其他还原反应。这种还原反应包括水、水合氢离子或者溶解的氧气还原成羟基离子。表面局部 pH 值的升高导致非晶态的氢氧化铝与氧化铬的混合物沉淀。氟离子的存在对于获得厚膜层非常重要。若没有氟离子,膜层生长会非常慢。推测起来,氟化物起两方面的作用,首先是氟化物可以稳定表面起始存在的氧化铝并使氧化还原和沉淀反应得以进行。其次,它可以稳定一部分生长膜使电解质透过膜层到达金属表面并使离子从金属表面传输到生长膜层。氟化物被认为是增加氧化铝溶解速率的唯一的单齿配位体。

铬酸盐膜层所具有的高耐腐蚀性被认为是由于膜层中同时存在六价铬(Cr^{6+})和三价铬(Cr^{3+})。三价铬(Cr^{3+})被认为j以水合氧化物的形式存在的,而六价铬在氯离子腐蚀区间可以起"自愈合"作用,在腐蚀区间,六价铬(Cr^{6+})被还原成不溶性的三价铬(Cr^{3+})从而终止腐蚀。

铬酸盐转化膜层耐蚀性的提高被认为是由于生成的膜层中含有加速剂从而增加膜层重量。对铁氰化物提高在高铜含量铝合金上铬酸盐转化膜层的沉积速率的研究表明,铁氰化物仅在含铜量高的二次相(例如 $CuAl_2$)上均匀分布。这些二次相会极大地加速铝的腐蚀,转化膜层加速剂降低腐蚀速率的原因被认为是由于在二次相表面形成铁氰化铜从而改变固溶体基材的活性。在一定的处理时间下,可在表面形成铬和氧成分均匀的膜层而近表面区域不存在铝和铜。

锌和镉上铬酸盐转化膜试验方法请参见中华人民共和国国家标准 GB9791—88。镀锌层和镀镉层上的铬酸盐转化膜请参见标准 ISO 4520—1981。

由于六价铬是致癌物质,铬酸盐溶液对人体和环境有害,因此,世界各国纷纷立法限制其使用,并正逐渐被非铬酸盐处理方法所取代。

4.3 表面涂敷

4.3.1 涂料与涂装

通常的涂料(paints)定义为:"涂料是一种材料,这种材料可以用不同的施工工艺涂覆在物件表面,形成粘附牢固、具有一定强度、连续的固态薄膜。这样形成的膜通常称为涂膜,又称漆膜或涂层。"早期大多以植物油为主要原料,故涂料在中国传统里被叫做"油漆"。

不论是传统的以天然物质为原料的涂料产品,还是现代发展中的以合成化工产品为原料的涂料产品,都属于有机化工高分子材料,所形成的涂膜属于高分子化合物类型。按照现代通行的化工产品的分类,涂料属于精细化工产品。现代的涂料正在逐步成为一类多功能性的工程材料,是化学工业中的一个重要行业。涂料的施工称为涂装。在国民经济的发展过程中,涂料的研发和涂装技术得到了迅猛发展,发挥着越来越重要的作用。

1. 涂料的功能

(1) 保护功能 防腐、防水、防油、耐化学品、耐光、耐温等。物件暴露在大气之中,受到氧气、水分等的侵蚀,造成金属锈蚀、木材腐朽、水泥风化等破坏现象。在物件表面涂以涂料,形成一层保护膜,能够阻止或延迟这些破坏现象的发生和发展,使各种材料的使用寿命延长。所以,保护作用是涂料的一个主要作用。

(2) 装饰功能 颜色、光泽、图案和平整性等。不同材质的物件涂上涂料,可得到五光十色、绚丽多彩的外观,起到美化人类生活环境的作用,对人类的物质生活和精神生活做出不容忽视的贡献。

(3) 其他功能 标记、防污、绝缘等。对现代涂料而言,这种作用与前两种作用相比越来越显示其重要性。现代的一些涂料品种能提供多种不同的特殊功能,如电绝缘、导电、屏蔽电磁波、防静电产生等;防霉、杀菌、杀虫、防海洋生物粘附等;耐高温、保温、示温和温度标记、防止延燃、烧蚀隔热等;反射光、发光、吸收和反射红外线、吸收太阳能、屏蔽射线、标志颜色等;防滑、自润滑、防碎裂飞溅等;还有防噪声、减振、卫生消毒、防结露、防结冰等。随着国民经济的发展和科学技术的进步,涂料将在更多方面提供和发挥各种更新的特种功能。

2. 涂料的组成

涂料主要由四部分组成:成膜物质、颜料、溶剂、助剂,如图 4-9 所示。

图 4-9 涂料组成

(1) 成膜物质 这是涂料的基础,它对涂料和涂膜的性能起决定性的作用。它具有与黏结涂料中其他组分形成涂膜的功能。可以作为成膜物质的品种很多,当代的涂料工业主要使用树脂。树脂是一种无定型状态存在的有机物,通常指高分子聚合物。过去,涂料使用天然树脂为成膜物质,现代则广泛应用合成树脂,例如醇酸树脂、丙烯酸树脂、氯化橡胶树脂、环氧树脂等。

(2) 颜料 这是有颜色的涂料(色漆)的一个主要的组分。颜料使涂膜呈现色彩,使涂膜具有遮盖被涂物体的能力,以发挥其装饰和保护作用。有些颜料还能提供诸如提高漆膜机械性能、提高漆膜耐久性、提供防腐蚀、导电、阻燃等性能。颜料按来源可以分为天然颜料和合成颜料;按化学成分,分为无机颜料和有机颜料;按在涂料中的作用可分为:着色颜料、体质颜料和特种颜料。涂料中使用最多的是无机颜料,合成颜料的使用也很广泛,现在有机颜料的发展很快。

(3) 溶剂 它能将涂料中的成膜物质溶解或分散为均匀的液态,以便于施工成膜,当施工后又能从漆膜中挥发至大气的物质。原则上溶剂不构成涂膜,也不应存留在涂膜中。很多化学品包括水、无机化合物和有机化合物都可以作为涂料的溶剂组分。现代的某些涂料中开发应用了一些既能溶解或分散成膜物质为液态,又能在施工成膜过程中与成膜物质发生化学反应形成新的物质而存留在漆膜中的化合物,被称为反应活性剂或活性稀释剂。溶剂有的是在涂料制造时加入,有的是在涂料施工时加入。

(4) 助剂 也称为涂料的辅助材料组分,但它不能独立形成涂膜,它在涂料成膜后可以作为涂膜的一个组分而在涂膜中存在。助剂的作用是对涂料或涂膜的某一特定方面的性能起改进作用。不同品种的涂料需要使用不同作用的助剂;即使同一类型的涂料,由于其使用的目的、方法或性能要求的不同,而需要使用不同的助剂;一种涂料中可使用多种不同的助剂,以发挥其不同作用(例如消泡剂、润湿剂、防流挂、防沉降、催干剂、增塑剂、防霉剂等)。

3. 涂料的分类

- 经过长期的发展,涂料的品种特别繁多,分类方法也很多,如下所示:
- 按照涂料形态(粉末、液体);
- 按成膜机理分(转化形、非转化型);
- 按施工方法分(刷、辊、喷、浸、淋、电泳);
- 按干燥方式分(常温干燥、烘干、湿气固化、蒸汽固化、辐射能固化);
- 按使用层次分(底漆、中层漆、面漆、腻子等);
- 按涂膜外观分(清漆、色漆;无光、平光、亚光、高光;锤纹漆、浮雕漆……);
- 按使用对象分(汽车漆、船舶漆、集装箱漆、飞机漆、家电漆……);
- 按漆膜性能分(防腐漆、绝缘漆、导电漆、耐热漆……);
- 按成膜物质分(醇酸、环氧、氯化橡胶、丙烯酸、聚氨酯、乙烯……)。

以上的各种分类方法各具特点,但是无论哪一种分类方法都不能把涂料所有的特点都包含进去,所以世界上还没有统一的分类方法。中国的国家标准 GB2705-92 采用以涂料中的成膜物质为基础的分类方法。

4. 涂料的成膜机理

涂料涂饰施工在被涂物件表面只是完成了涂料成膜的第一步,还要继续进行变成固态连续膜的过程,才能完成全部的涂料成膜过程。这个由"湿膜"变为"干膜"的过程通常称为"干燥"或"固化"。这个干燥和固化的过程是涂料成膜过程的核心。不同形态和组成的涂料有各自的成膜机理。成膜机理是由涂料所用的成膜物质的性质决定的。通常我们将涂料的成膜机理分为两大类:

(1) 非转化型 一般指物理成膜方式,即主要依靠涂膜中的溶剂或其他分散介质的挥发,涂膜黏度逐渐增大而形成固体涂膜。例如,丙烯酸涂料、氯化橡胶涂料、沥青漆、乙烯涂料等

(2) 转化型 一般指成膜过程中发生了化学反应,涂料主要依靠发生化学反应成膜。这种成膜就是涂料中的成膜物质在施工后聚合成为高聚物的涂膜的过程,可以说是一种特殊的高聚物合成方式,它完全遵循高分子合成反应机理。例如,醇酸涂料、环氧涂料、聚氨酯涂料、酚醛涂料等。但是,现代的涂料大多不是一种单一的方式成膜,而是依靠多种方式最终成膜的。

5. 常用涂料的性能

(1) 酚醛树脂涂料 本类涂料可分为两类:

① 改性酚醛树脂涂料。以松香改性酚醛树脂涂料为主,特点是干得快,耐水、耐久,价格低廉,广泛用作建筑和家用涂料。

② 纯酚醛树脂涂料。由纯酚醛树脂和植物油熬制而成,耐水性、耐化学腐蚀性、耐候性、绝缘性都非常优异,多用于船舶、机电产品等。

(2) 醇酸树脂涂料。由多元醇、多元酸和脂肪酸经缩聚而得到的一种特殊的聚酯树脂。此涂料成膜后具有良好的柔韧性、附着力和强度,颜料、填料能均匀分散,颜色均匀,遮盖力好等优点。缺点是耐水性较差。这类涂料的产量在我国涂料中居首位,使用面极广。

(3) 氨基树脂涂料 主要有以下四种涂料:

① 氨基醇酸烘漆。是目前应用最广的工业用漆。其成膜温度低，时间短，具有良好的耐化学药品性，不易燃烧，绝缘好。

② 酸固化型氨基树脂涂料。常温下能固化成膜，光泽好，外观丰满，但是耐温度和耐水性较差，主要用于木材、家具等涂装。

③ 氨基树脂改性的硝化纤维素涂料。氨基树脂增强了硝基透明涂料的耐候、保光等性能，提高了固体分含量。

④ 水溶性氨基树脂涂料。其物化性能优于溶剂型氨基醇酸树脂，但耐老化性不及溶剂型的好。

(4) 丙烯酸树脂涂料　丙烯酸树脂是由丙烯酸或其酯类或甲基丙烯酸酯单体经加聚反应而成，有时还用其他乙烯系单体共聚而成。这类涂料可分热塑性和热固性两类。共同点是涂膜具有高光泽，耐紫外线照射，长期保持色泽和光亮，耐化学药品和耐污性较好。它们用途广泛，如用于轿车、冰箱、仪器仪表等。

(5) 聚氨基甲酸酯涂料　这类涂料成膜后坚硬耐磨，附着力好，防腐性能特别好，广泛用于化工、石油、航空、机车、木器、建筑等，兼做防护与装饰之用。

6. 涂料技术的发展与进步

通常每一种涂料在涂装时都会有挥发性有机化合物(VOC)或者其他危险性空气污染物(HAPs)排放，会对人体造成一定的伤害。这些 VOC 排放到大气中后，会产生一定的光电反应，对臭氧层有一定的破坏作用，导致皮肤癌、白内障，削弱免疫系统。因此，减少涂料本身 VOC 含量以及控制涂料在涂装过程中 VOC 的排放，已成为涂料发展的主题。为降低 VOC 的排放，应采用以下四类环境友好型涂料：

(1) 高固体分涂料　可取代传统溶剂型涂料，并逐渐向无溶剂涂料方向发展。此种涂料比传统溶剂型涂料在相同施工黏度下包含更多的固体分，溶剂含量则相应减少。涂料的固体分增大，覆盖表面积较传统涂料更多，因此可减少涂料的需求量，同时也降低 VOC 含量。

(2) 水性涂料　它是一种用水作为溶剂或分散剂的涂料，可以减少由火产生的危险，毒性较低，可降低涂装过程中 VOC 的排放。水性涂料的使用限制：工件表面的前处理要求较高；干燥过程需严格控制温湿度；需使用不锈钢设备；使用静电设备时，须将电源接地以降低电压突变所造成的灾害。

(3) 粉末涂料　它对环境污染很小，具有良好的耐腐蚀性、装饰性和耐候性。它由干燥的涂料粒子组成，其 VOC 含量<4%。这些涂料粒子通过静电吸附至工件表面，并经过烘烤形成一层连续薄膜。粉末涂料在工程机械行业已有使用，技术成熟。

(4) 紫外光和电子束固化涂料　它主要由低相对分子质量的聚合物组成，通过紫外线(UV)或电子束(EB)照射涂膜，产生辐射聚合、辐射交联和辐射接枝等反应，迅速将低相对分子质量物质转变成高相对分子质量产物。固化直接在不加热的底材上进行，体系中不含溶剂或含极少量溶剂，辐照后涂膜几乎 100% 固化，VOC 排放量很低。它在木器和塑料件涂装中已大量采用，但因性能原因，在金属件上的应用受到限制。

4.3.2　粘接与粘涂

1. 胶接与粘涂技术

胶接与粘涂(adhesive bonding and adhesive coating)作为一种实用而新颖的表面工程技

术,已独立成为一门新兴的边缘学科。因其具有性能高、品种多、成本低、操作简便等特点,已广泛应用于各行各业产品的制造与设备的维修之中。可根据不同用途赋予物体表面减摩、耐磨、耐腐蚀、耐高温、耐超低温、绝缘、导电等多种功能;可对相同或不同材料进行连接、固定、密封、堵漏等处理;具备了灵活、快速、简便、可靠、高效、经济、节能、环保等特点。同时,针对印刷机滚筒、机床导轨等的机械零件特殊性能要求已研制出滚筒、机床导轨等机械零件的专用修补胶,还可以根据特殊的工况要求开发、研制专用胶粘剂。

粘涂技术(adhesive coating)是指将填加特殊材料(简称骨材)的胶粘剂涂敷于零件表面,以赋予零件表面特殊功能(如耐磨损、耐腐蚀、绝缘、导电、保温、防辐射)的一项表面新技术。此类胶粘剂就是修补剂。粘接主要是实现零部件之间的连接,而粘涂是在零件表面形成功能涂层。

粘涂层的形成是依靠粘料和固化剂起化学反应,如环氧涂层中的环氧基与固化剂分子结构中的氨基起化学反应,生成网状立体结构的产物,把填料等网络固定下来,涂层与基体形成物理化学和机械结合。因此,粘料的活性、填料的性质对涂层的性能有着非常重要的影响。粘涂层的形成过程即是粘料与固化剂固化反应的过程。

粘涂与粘接有类似之处,但也有很大不同,对比如下:

第一,粘涂层粘合材料中不含有机溶剂,呈膏状或液状,粘度较高,大多为双组分;

第二,它与基体结合强度高,是一般涂料、油漆与基体结合强度的几十倍,可达 10.60MPa;

第三,由于其中含大量具有特殊功能的骨材,因此,耐磨性、耐蚀性是涂料无法与之相比的。

2. 表面粘涂的基本原理

表面粘涂技术作为粘接技术的一个重要分支,广泛用于零件的耐磨损、耐腐蚀、缺陷填补、堵漏等。作为粘涂技术的核心功能涂层材料,也称复合材料胶粘剂或修补剂。它除了具有胶粘剂的一般用途外,还赋予了涂层耐磨损、耐腐蚀等特殊功能。这种特殊功能的实现,除了优选粘合剂基材外,主要靠特殊填料,即骨材来获得,如金属骨材可赋予涂层良好的金属加工性;陶瓷骨料可赋予涂层良好的耐磨性和耐蚀性等。

以耐磨修补剂为例,其耐磨原理为超硬陶瓷及金属碳化物骨材和树脂基材组成复合材料涂层,广泛用于设备耐冲蚀和磨料磨损的修复和预保护涂层,它吸取陶瓷材料和聚合物的优点,构成的复合材料的耐磨性是碳钢和耐磨铸铁的 2~8 倍,其复合机理如表 4-14 所示。

表 4-14 粘涂层复合机理

陶瓷骨材	+ 树脂底材	= 复合材料成品
耐磨性极优	一般	耐磨性极优
易脆/易裂	可吸收能量	有韧性;抗冲击
不易成形	易于成形	易于成形
粘附性差	极优	极优
耐高温	中度	中度

3. 粘涂工艺的优点及适用范围

粘涂作为粘接技术的发展,具有粘接技术的大部分优点,如室温固化、应力分布均匀、能粘涂不同的材料等。作为一种表面修复和强化技术,与堆焊、电镀、电刷镀、热喷涂相比,粘涂工艺简便,不需专门设备,只需将修补剂涂敷于待修件表面,常温固化,室温操作,不会对零件产生热影响引起变形,可根据需要使零件表面获得耐磨、耐腐、绝缘、导电等性能,是一种快速而价廉的修复和预保护工艺。总之,粘涂作为一种表面修复和预保护技术,具有突出优点,它可免除喷涂、电、气焊的困扰,可以解决用其他表面技术难以解决的技术难题。

粘涂工艺适用范围广,能粘涂各种不同的材料如金属、陶瓷、塑料、水泥制品等。粘涂层厚度可以从几毫米到几厘米,用电镀、电刷镀、热喷涂等工艺是难以达到的。

近年来,粘涂技术在设备维修领域的应用得到了飞速发展,它除用于绝缘、导电、密封、堵漏外,还广泛用于零件的耐磨损、耐腐蚀修复和预保护涂层,也用于修补零件上的各种缺陷,如裂纹、划伤、尺寸超差、铸造缺陷等。国内外许多研究部门在粘涂层的研制、涂敷工艺及应用方面做了许多工作,获得了满意的效果。

4.3.3 溶胶—凝胶涂层

溶胶-凝胶法(sol-gel)制备涂层的基本原理是:将金属醇盐或无机盐作为前驱体,溶于溶剂(水或有机溶剂)中形成均匀的溶液,溶质与溶剂产生水解或醇解反应,反应生成物聚集成几个纳米左右的粒子并形成溶胶,再以溶胶为原料对各种基材进行涂膜处理,溶胶膜经凝胶化及干燥处理后得到干凝胶膜,最后在一定的温度下烧结即得到所需的涂层,如图 4-10 所示。

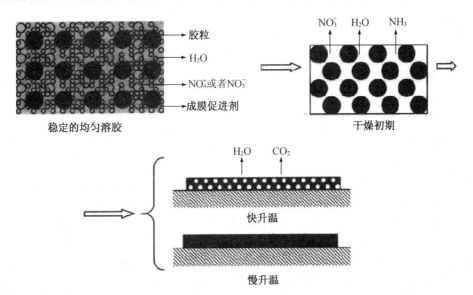

图 4-10 无机前驱体 sol-gel 膜的成膜机制示意图

溶胶—凝胶法制备薄膜的工艺流程如图 4-11 所示。到目前为止,溶胶-凝胶法制备薄膜的工艺有了很大的发展,开发了许多制备薄膜的工艺和装置。具体来说,溶胶-凝胶法制备薄膜的方法有:浸渍法(dipping)、旋覆法(spinning)、喷涂法(spraying)和简单刷涂法(painting)及电沉积法(electrodeposition)等。常用的是浸渍法和旋覆法。两种方法各有优缺点,可根据基底材料的尺寸和对所制薄膜的要求而选择不同方法。

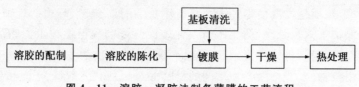

图 4-11 溶胶—凝胶法制备薄膜的工艺流程

1. 溶胶的形成

目前，大量的溶胶制备都采用金属醇盐作为原料。金属醇盐溶于有机溶剂中，在溶剂与添加剂（催化剂、水、螯合剂）的共同作用下，发生水解和缩聚反应，形成溶胶。

（1）水解反应 金属醇盐 $M(OR)_n$（n 为金属 M 的原子价）与水反应：

$$M(OR)_n + xH_2O \rightarrow M(OH)_x(OR)_{n-x} + xROH \tag{4-30}$$

反应可持续进行，甚至生成 $M(OH)_n$。

（2）缩聚反应 可分为失水缩聚或失醇缩聚：

$$-M-OH + HO-M- \longrightarrow -M-O-M- + H_2O（失水缩聚）\tag{4-31}$$

$$-M-OR + HO-M- \longrightarrow -M-O-M- + ROH（失醇缩聚）\tag{4-32}$$

反应生成物是各种尺寸和结构的溶胶体粒子。目前也有少量报道是以无机盐作为原料制备溶胶的，它主要是通过溶剂化和缩聚反应形成溶胶的。

根据所需涂层的设计成分及各种试剂的合适配比，选择合适的金属醇盐或无机盐做原料。将原料溶于一定量的溶剂中，再加入各种添加剂，如催化剂、水和螯合剂等，在合适的环境温度、湿度条件下通过强烈搅拌使之发生水解、缩聚反应，制得所需溶胶。由于溶胶制备过程中影响因素众多，包括加水量、催化剂、pH 值、温度等，且影响规律不易掌握，因而应根据最终涂层的要求，选择合适的工艺参数来制备溶胶，对涂层材料来说，它需要的是高交联度、粘度适中、溶剂饱和、蒸汽压低且不易挥发的溶胶，因此，要特别注意对加水量、催化剂、溶剂的种类和量等工艺因素的控制。

2. 凝胶膜的形成

在以溶胶-凝胶法制备涂层的过程中，以溶胶为涂膜原料，根据基材的尺寸及涂层的要求选择不同的方法。利用溶胶与基材表面的良好润湿性，在基材表面涂上一层均匀、完整的溶胶膜，该膜在空气、真空或微热的条件下，由于溶剂的迅速蒸发，而不是通常情况下缩聚反应的不断进行而导致溶胶向凝胶的逐渐转变。此过程中往往伴随着粒子的 Ostward 熟化，即因大小粒子溶解度不同而造成的平均粒径的增加。同时在此过程中胶体粒子逐渐聚集长大为小粒子簇，而小粒子簇在相互碰撞时相连结成大粒子簇，最后大粒子簇间相互连结成三维网络结构，从而完成由溶胶膜向凝胶膜的转化过程。即膜的胶凝化过程。该胶凝化现象可用 Flory 和 Stock-Meyer 所创立的经典理论和穿透理论以及动力学模型来解释。涂膜方法现在很多，而且还在不断发展之中。下面简要介绍浸渍提拉法和旋涂法。

（1）浸渍提拉法 浸渍提拉法是将整个洗净的基板浸入预先制备好的溶胶之中，然后以精确控制的均匀速度将基板平稳地从溶胶中提拉出来，在黏度和重力作用下基板表面形成一层均匀的液膜，紧接着溶剂迅速蒸发，于是附着在基板表面的溶胶迅速凝胶化而形成一层凝胶膜。浸渍提拉法所需溶胶黏度一般在 $(2 \sim 5) \times 10^{-3} Pa \cdot S$，提拉速度为 $1 \sim 20 cm/min$。薄膜的厚度取决于溶胶的浓度、黏度和提拉速度。浸镀工艺过程如图 4-12 所示。

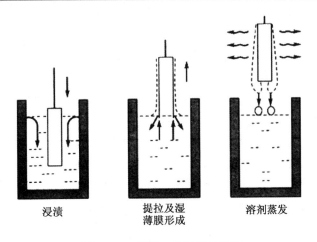

图 4-12 浸镀工艺过程示意图

（2）旋转涂覆法　旋转涂覆技术也称自旋涂镀技术，基体绕一根与涂层面垂直的轴转动。旋转涂覆法也可以在特制的匀胶机上进行，将基板水平固定于匀胶机上，滴管垂直于基板并固定在基板正上方，将预先准备好的溶胶溶液通过滴管滴在匀速旋转的基板上，在匀胶机旋转产生的离心力作用下溶胶迅速均匀地铺展在基板表面。匀胶机转速的选择主要取决于基板的尺寸，还需考虑到溶胶基板表面的流动性能（与黏度有关）。根据实际经验，基板直径或表面的对角线尺寸与匀胶机转速的关系可参考表 4-15。表中所列数据均用乙醇做溶剂，如果溶剂是丙酮，由于其高挥发性应采用表中表示的上限值。一般来讲，如选用的转速大大低于表中所列数值，那么所获得的膜层将不均匀。当然随着转速的加快，应相应提高所用溶胶的浓度，以获得要求的薄膜厚度。薄膜的厚度取决于溶胶的浓度和匀胶机的转速。

表 4-15　匀胶机转速参考表

基板直径或对角线长/cm	匀胶机转速/(r/min)	基板直径或对角线长/cm	匀胶机转速/(r/min)
10～20	7 000～5 000	60～40	4 000～3 500
20～40	5 000～4 000	60～80	3 500～3 000

旋转涂覆法现在已发展到微电子应用领域。例如，光学透镜或眼镜透镜。自旋涂镀的工艺过程如图 4-13 所示。所得涂层的厚度可以在几百纳米到几十微米间变化，即使基体很不平整，还是可以得到非常均匀的涂层。涂层的质量取决于溶胶涂液的流变参数。

图 4-13　旋转涂覆薄膜(涂层)工艺过程

3. 溶胶—凝胶涂层的形成

在基材表面上形成的凝胶膜经干燥后需进一步热处理才能获得所需的涂层,即涂层的形成是在热处理过程中发生的。由于凝胶的高比表面积、高活性,其烧结温度比通常的粉料坯体低数百度,所以,一般涂层的烧结温度都在 500~600℃ 之间。

在热处理过程中,干凝胶先在低温下脱去吸附在表面的水和醇,265~300℃ 发生 OR 基的氧化,300℃ 以上则脱去结构中的 OH 基。此外,热处理过程往往由于在低温时薄层内的微孔坍塌以及随着温度升高薄层内大孔的倒塌,而伴随着较大的体积收缩,从而使该过程与凝胶干燥一样极易导致涂层的开裂,破坏涂层的完整性。涂层最终是晶态还是玻璃态,取决于热处理的升温制度,如图 4-14 所示。在图 4-14 所示的三 T 图上,分别标有凝胶 C_1 和 C_2 的两根带弯头的析晶曲线,其内部,表示它们各自的析晶区,而曲线外部则是非析晶区。图中的热处理制度(a)不会使 C_1 凝胶发生析晶,但会使 C_2 凝胶析晶。因此,要制备 C_2 凝胶玻璃,必须采用加压烧结,缩短烧结时间,把途径(a)转变为途径(b)或(c),以避开 C_2 析晶区。

(1) 基材预处理　薄膜涂层不能单独作为一种材料使用,它必须与基材结合在一起来发挥它的作用。因此,溶胶要能与基材表面润湿,有一定的黏度和流动性,能均匀地固化在基材表面上,并以物理的和化学的方式与基材表面牢固地相互结合。这就是说,涂膜前必须对基材表面进行清洗和预处理。由于基材种类及表面状况不同,表面清洗和预处理的方法也不一样,如金属与玻璃基材的清洗方法就大不一样,但清洗和预处理的最终目标基本上是一致的,即表面无污垢、粉尘和油污等杂质存在,且表面具有一定的活性,与溶胶有良好的润湿性。

(2) 涂覆　为了将溶胶均匀地涂在基材表面形成涂层,一般有三种方法:ⓐ喷涂法。直接将溶胶通过喷射设备喷射在处于室温或经适当预热过的基材上。该法适用于较平整表面;ⓑ离心旋覆法,将溶胶滴在固定于高速旋转(转速约 3 000 r/min)的匀胶机上的基材表面,对圆形基材来说,采用这种方法非常方便;ⓒ浸渍法。常使用的有三种不同浸渍方式:ⓐ一般是先把基材浸入溶胶中,然后再以精确控制的均匀速度把基材从溶胶中提拉出来;ⓑ先将基材固定在一定位置上,提升溶胶槽,使基材浸入溶胶中,然后再将溶胶槽以恒速下降到原来的位置上;ⓒ先把基材放置在静止空槽中的固定位置上,然后向槽中注入溶胶,使基材浸没在溶胶中,再将溶胶从槽中等速排出来,该法适用面较广。此外,为了使形状复杂的基材表面涂层均匀,可以采用加压浸涂,而对于涂层表面光洁度无要求的涂层来说,可以采用刷涂法,直接在基材表面刷涂成膜。

(3) 干燥　由于湿凝胶膜内包裹着大量溶剂和水,需要一个干燥过程,才能得到干凝胶膜,而干燥过程往往伴随着很大的体积收缩,因而很容易导致干凝胶膜的开裂,最终影响涂层的完整性。防止凝胶在干燥过程中开裂是溶胶-凝胶工艺中至关重要而又较为困难的一环,尤其对于涂层材料来说。据报道,导致凝胶开裂的应力主要来源于毛细管力,而该力又是因充填于凝胶骨架孔隙中的液体的表面张力所引起的。因此,要解决开裂问题就必须从减少毛细管力和增强固相骨架强度这两方面入手。目前研究较多且效果较好的干燥方式主要有两种:ⓐ控制干燥。即在溶胶制备中,加入控制干燥的化学添加剂,如甲酰胺、草酸等。由于它们的低蒸气压、低挥发性能把不同孔径中的醇溶剂的不均匀蒸发大大减少,从而减小干燥应力,避免干凝胶的开裂。ⓑ超临界干燥。即将湿凝胶中的有机溶剂和水加热加压到超过临界温度、临界压力,则系统中的液气界面将消失,凝胶中毛细管力也不复存在,从而从根本上消除导致凝胶开裂应力的产生。

此外，如果实验条件不允许，也可以在环境温度、相对湿度合适的条件下，将试样置于空气中干燥，这也是一种较常用且简便的干燥方式。

(4) 热处理　为了消除干凝胶中的气孔使其致密化，并使制品的相组成和显微结构能满足产品性能的要求。有必要对经干燥处理的涂层，做进一步的热处理。由于各种涂层的最终用途和显微组织、结构的要求不同，热处理过程也往往不同，因而要根据实验目的和要求选择合适的热处理工艺路线。

涂层热处理经常用到的设备主要有：ⓐ真空炉。适合用于对表面状况要求较高的涂层的处理。ⓑ一般箱式炉。使用较广泛，但因涂层热处理时要求升温速率要慢，故需对箱式炉进行适当的改装。如附加一台变压器，来降低箱式炉的加热电压，从而减小升温速率。ⓒ干燥箱。对于热处理温度不是太高的涂层来说，可用干燥箱来进行热处理。

4. 溶胶—凝胶涂层的应用

溶胶—凝胶法用于制备薄膜和涂层材料是很有前途的方法，溶胶-凝胶法制备薄膜涂层已得到了广泛的应用。

(1) 光学薄膜　在光学领域，往往需要某种能满足特殊要求的光学膜，如高反射膜、低反射膜、波导膜等。在玻璃表面制得的 SiO_2 薄膜具有良好的减反射作用，通过控制工艺因素可以有效地控制薄膜厚度，以便制得对不同波长光的最优透光膜。此外，已制备出 Ta_2O_5、SiO_2-TiO_2、SiO_2-B_2O_5-Al_2O_3、BaO 等组成的反射膜。采用溶胶-凝胶工艺还可制得高反射膜，如 Al_2O_3/SiO_2 多层膜对 1064nm 光的反射率可达 99% 以上。此外，新近制得的光学膜还包括 ZrO_2、CeO_2、ZnO、SnO_2，等。

(2) 分离膜　分离膜已在化学工业上得到广泛的应用，由于用溶胶—凝胶法在制备无机膜时对其孔径可控等特长，并且无机分离膜具有高化学和热稳定性，此工作受到普遍的重视，现采用此方法已制备出 SiO_2、ZrO_2、Al_2O_3、SiO_2-TiO_2、Al_2O_3-SiO_2 和 TiO_2 等系列的分离膜，采用这些无机膜可以从含有 CO_2、N_2 和 O_2 混合气体中分离出 CO_2 气体。

(3) 保护膜　SiO_2、Al_2O_3、ZrO_2、ZrO_2-Al_2O_3、TiO_2 等氧化物具有良好的化学稳定性，从而可大大提高器件的使用寿命和性能。

(4) 铁电膜　铁电薄膜大量用于记忆电池、光导显示器和热红外探测器等装置上。已制得的铁电薄膜有 $PbTiO_3$、PZT、$LiNbO_3$、$PIZT$、$KNbO_3$ 等。导电膜 ITO 具有很好的导电性能，这种膜具有热镜性能，对可见光及太阳辐射的透射率很高，而对红外辐射则具有很高的反射率。

(5) 着色膜　通过溶胶-凝胶法已在玻璃基板上制备出各种颜色的涂层，如在 SiO_2 基或 SiO_2-TiO_2 基中掺入 Ce、Fe、Co、Ni、Mn、Cr、Cu 等后可使涂层产生各种颜色。但最近研究表明：溶胶-凝胶法形成的膜很薄，要产生较强着色效果，选胶体着色机制为最佳，不过也有些着色膜是通过掺入无机颜料来达到着色效果的。

(6) 传感膜　这类膜是新近发展势头最好的一种，它广泛应用于各类传感器中，如 ZrO_2、TiO_2、Nb_2O_5、CeO_2、ZnO、SnO_2、$SrTiO_3$ 等气体敏感膜。此外，还有 pH 敏感膜、湿敏膜、声敏膜等。

(7) 其他膜　用溶胶-凝胶法还可制得荧光膜、非线性光学膜、折射率可调膜、热致变色膜、催化膜等等。

5. 展望

由于溶胶—凝胶法制备涂层薄膜材料有着十分广阔的应用前景,目前国内外材料科学工作者都极为重视溶胶—凝胶薄膜涂层科学技术及涂层材料的研究,以便在各种各样的基材上制备有各种特殊性能的涂层,从而扩大其应用领域。随着对溶胶—凝胶法过程更深入的认识以及相关技术的发展,溶胶—凝胶法必将在薄膜涂层材料上得到更广泛的应用。

4.3.4 热喷涂与冷喷涂

1. 热喷涂原理

热喷涂(thermal spraying)是使用某种方式的热源(例如火焰、电弧、等离子体),使喷涂材料加热至熔融或半熔融状态,用高压气流将其雾化,并以一定速度喷射到经过预处理的零件表面,从而形成涂层的表面加工技术。

2. 热喷涂特点

热喷涂技术作为一种材料表面改性的重要手段和其他表面技术相比,有着与众不同的特点,主要包括以下几个方面:

① 热喷涂方法多。热喷涂具体方法有十几种,可以选择合适的方法对零件进行热喷涂。

② 热喷涂材料种类广泛。金属及其合金、陶瓷、塑料、尼龙以及它们的复合材料等都可以作为喷涂材料。

③ 基体材料使用范围广。几乎所有的固体材料表面都可以热喷涂,一般也不受零件尺寸及场地限制,既可以大面积喷涂,也可以进行局部喷涂。

④ 基体材料受影响小。喷涂时可使基体控制在较低温度,基体变形小,组织和性能变化小,保证了基体质量基本不受影响。

⑤ 涂层厚度可以控制。涂层厚度从几十微米到几微米,可以根据要求确定。

⑥ 操作环境较差。存在粉尘、烟雾和噪声等问题,因此需要加强保护措施。

3. 热喷涂涂层的形成机理

喷涂材料从进入热源到形成涂层可以划分为以下四个阶段:

① 喷涂材料的熔化。粉末喷涂材料进入热源高温区域,被加热到熔化态或软化态;线材喷涂材料的端部在热源高温区加热熔化,熔化的材料以熔滴形式存在于线材端部。

② 熔化的喷涂材料的雾化。对线材喷涂时,端部的熔滴在外加压缩气流或热源自身射流的作用下脱离线材端部,并雾化成细小熔滴向前喷射;在粉末喷涂时,不存在粉末的细化和雾化过程,直接在压缩气流或热源射流推动下发生喷射。

③ 粒子的飞行阶段。熔化或软化的微细颗粒首先被气流或射流加速。

④ 粒子的喷涂阶段。具有一定速度和温度的粒子到达基材表面,与基材发生强烈的碰撞。粒子在碰撞的瞬间撞击基体表面或撞击已经形成的涂层,把动能转化为热能后传给基体,同时粒子在凹凸不平的表面发生变形,形成扁平状粒子,并且迅速凝固成涂层。喷涂的粒子不断飞向基材表面,产生碰撞—变形—冷凝的过程,变形粒子和基材之间及粒子和粒子之间相互交叠在一起,形成涂层。涂层形成过程如图 4-14 所示。

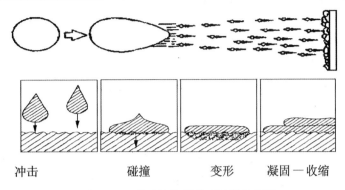

冲击　　　　碰撞　　　　变形　　　凝固—收缩

图 4-14　热喷涂涂层形成过程示意图

4. 涂层的结合机理

涂层的结合包括涂层和基材的结合及涂层之间的结合。前者的结合强度称为结合力,后者的结合强度称为内聚力。

热喷涂涂层可能的结合机理如下:

(1) 机械结合　熔融态的粒子撞击到基材表面,铺展成扁平状的液态薄层,嵌合在起伏不平的表面形成机械结合,又称为抛锚效应。机械结合和基材表面的粗糙程度密切相关。如果对基体不进行粗化处理,而进行抛光处理,热喷涂层的结合力很弱。相反,使用喷砂、粗车、车螺纹或化学腐蚀等方法粗化基体表面,可提高涂层和基体的结合强度。

(2) 物理结合　当高速运动的熔融粒子撞击到基体表面后,若界面两侧紧密接触的距离达到原子晶格常数范围内时,产生范德瓦耳斯力,提高基体和涂层间的结合强度。基体表面的干净程度直接影响界面两侧喷涂粒子和基体间的原子距离,因此要求表面非常干净且处于活化状态。喷砂可使基体表面呈现异常清洁的高活性的新鲜金属表面,然后立即喷涂能够增加物理结合程度,从而提高基体和涂层的结合强度。

(3) 扩散结合　当熔融的喷涂粒子高速撞击基体表面形成紧密接触时,由于变形和高温作用,基体表面的原子得到足够的能量,使涂层与基体之间产生原子扩散,形成扩散结合。扩散的结果使在界面两侧微小范围内形成一层固溶体或金属间化合物,增加了涂层和基体之间的结合强度。

(4) 冶金结合　当基体预热,或喷涂粒子有高的熔化潜热,或喷涂粒子本身发生放热化学反应(如 Ni/Al)时,熔融态的粒子和局部熔化的基体之间发生"焊合"现象,产生"焊点",形成微区冶金结合。由于凝固时间(或化学反应时间)很短,"焊点"不可能很强,但是对粒子和基体间及粒子间都会产生增强作用。在喷涂放热型反应到黏结底层时,在基体表面微区内,特别是在喷砂后的突出尖锐部位,接触瞬间温度可高达基体的熔点,容易产生这种结合方式。

喷涂粒子间的结合是以机械结合为主,物理结合、扩散结合、冶金结合、晶体外延等综合作用也有一定效果。

5. 热喷涂材料

热喷涂材料是涂层的原始材料,在很大程度上决定了涂层的物理和化学性能。主要包括热喷涂线材、热喷涂粉末和复合材料粉末。

① 热喷涂线材。线材包括碳钢丝、不锈钢丝、铝丝、铜丝、复合喷涂丝及镍、铜、铝的合金丝等。

② 热喷涂粉末。粉末材料可以分为金属及合金粉末、陶瓷粉、复合材料粉末和塑料颗粒等。

6. 热喷涂方法

(1) 火焰喷涂(flame spraying)

① 火焰喷涂的基本原理。在火焰喷涂过程中，一种可消耗的粉末或者丝材被加热并且被推进到某种基体上形成一层涂层，如图4-15所示。

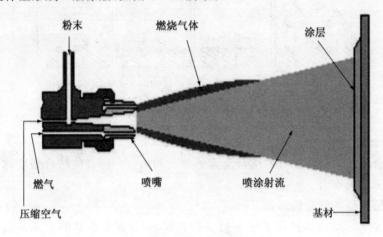

(a) 粉末火焰喷涂示意图

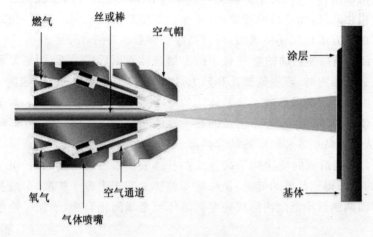

(b) 粉末丝（棒）材喷涂示意图

图4-15 火焰喷涂原理示意图

② 火焰喷涂的特点。主要有以下四个特点：

一是火焰喷涂是最早的热喷涂工艺。用该工艺可以喷涂多种材料形成涂层而且绝大多数涂层都采用手工喷涂。火焰喷涂与其他热喷涂工艺相比，突出的优点是容易使用且成本低，这使得其成为一种被广泛使用的工艺。

二是火焰喷涂使用燃气(例如乙炔或者丙烷)与氧气燃烧产生的热量来熔化涂层材料。涂层材料可以采用粉末、丝材或者棒材的形式送入喷枪。根据可消耗的材料类型产生如下两种工艺方式。

三是对于粉末火焰喷涂工艺，通过一股压缩空气或者惰性气体(氩气或者氮气)，粉末被直接送入火焰。当粉末通过火焰时被充分加热是非常重要的，载气把粉末送入环形燃烧火焰的中心被加热。第二个外部的环形气嘴把压缩空气流送入燃烧火焰周围加速喷涂粉末并聚焦火焰。

四是在丝材火焰喷涂工艺中,送丝速率与火焰熔化速率必须匹配才能使丝材连续熔化产生细小的喷涂熔滴。环形压缩空气流雾化并加速熔滴粒子飞向基材。

③ 火焰喷涂的应用。火焰喷涂广泛用于质量要求不高且要求低成本的涂层。其某些典型应用包括:用铝或者锌涂层进行结构和零部件(例如桥梁、海上平台以及石油天然气平台)的防腐。铝比锌贵,但有耐酸性气氛(例如与矿物燃料燃烧产生相关的气氛)和中性溶液(例如盐水)。锌耐碱腐蚀。火焰喷涂也可以喷涂耐腐蚀的热塑性聚合物涂层。还可进行磨损轴的修复,尤其是材料是不锈钢或者是青铜合金材料的轴承。

(2) 电弧喷涂(arc spraying)

① 基本原理。电弧喷涂是生产率最高的热喷涂工艺。两根连续的可消耗的、形成喷涂材料的丝材电极间产生一直流电弧;压缩气体(通常为空气)把熔融的喷涂材料雾化成细小熔滴并把它们推向基体,如图4-16所示。

② 电弧喷涂的特点。主要有两个特点:

一是该工艺操作简单,既可以手工方式操作也可以自动化方式操作。可以丝材的形式喷涂多种金属、合金和金属基复合材料。另外,也可以采用带芯丝材喷涂某些金属陶瓷(碳化钨或者其他硬质材料)。其中,硬质陶瓷相以细粉的形式装在金属壳里。

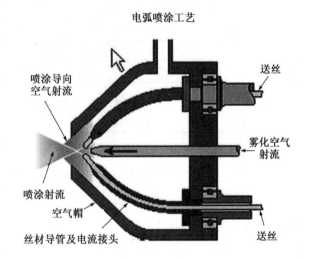

图 4-16 电弧喷涂原理示意图

二是高的电弧温度和大于100m/s的颗粒速度使得电弧喷涂层与火焰喷涂层相比结合强度高、孔隙率低。然而,电弧喷涂使用压缩空气雾化和推进熔融的液滴会产生高的氧化物含量。表4-16为电弧喷涂与其他热喷涂工艺相比的典型性能。

表 4-16 电弧喷涂与其它热喷涂工艺相比的典型性能

	颗粒速度/(m/s)	附着力/MPa	氧化物含量/%	孔隙率/%	沉积速率/(kg/h)	典型涂层厚度/mm
火焰喷涂	40	<8	10-15	10-15	1-10	0.2-10
电弧喷涂	100	10-30	10-20	5-15	6-60	0.2-10
等离子体喷涂	200~300	20-70	1-3	5-10	1-5	0.2-2
HVOF	600~1000	>70	1-2	1-2	1-5	0.2-2

③ 电弧喷涂的应用。主要有以下四个方面的应用:

一是电弧喷涂工艺是热喷涂工艺中沉积速率最高的工艺,可以用来喷涂大面积的零部件或喷涂生产线上重复生产的大量部件。

二是喷涂大型结构件,例如通过喷涂锌和铝来对桥梁或者海岸平台进行腐蚀保护。

三是修复工程零件,例如轴颈、轴承和曲轴。

四是在电子零件壳体上喷涂铜、锌和铝以获得导电涂层从而避免电磁干扰。

(3) 等离子体喷涂(plasma spraying):

① 基本原理。等离子体喷涂工艺是采用直流电弧产生一股高温电离的等离子体气体作为喷涂热源。涂层材料以粉末的形式用惰性气体送入等离子体射流中加热并推向基体材料。由于等离子体射流的高温高热能,因此,可以喷涂高熔点材料,如图 4-17 所示。

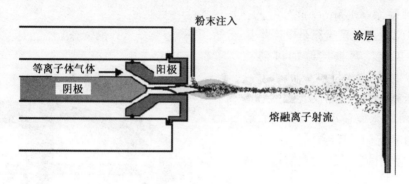

图 4-17 等离子体喷涂工艺原理示意图

② 等离子体喷涂的特点。由于等离子喷涂具有高温度、高能热源、喷涂介质呈相对惰性和高的粒子速度(典型速率为 200~300 m/s)等特点,因此,等离子喷涂能获得高质量的涂层。然而,空气可能被卷入喷涂射流中并使喷涂材料发生氧化,周围的大气也会冷却和降低喷涂射流的速度。真空等离子体(VPS)或者低压等离子体喷涂(LPPS)在真空、低压或者惰性气体环境下进行从而减小了这些问题。等离子喷涂被广泛用于喷涂高质量的涂层。

③ 等离子喷涂的应用。

等离子喷涂Cr_2O_3涂层

等离子喷涂WC/12Co%

图 4-18 等离子喷涂涂层

一是用 WC/Co 喷涂航空发动机涡轮压缩机区域的密封环槽以抵抗接触磨损。

二是在涡轮燃烧室上喷涂 ZrO_2 基热障涂层（TBCs）。

三是在印刷辊上喷涂耐磨损的 Al_2O_3 和 Cr_2O_3 陶瓷涂层，随后进行激光和金刚石雕刻。

四是在内燃机活塞环上喷涂钼合金，为假肢喷涂生物相容性羟基磷灰石涂层。

（4）超音速火焰喷涂　超音速火焰喷涂（high velocity oxygen fuel – hVOF）工艺除了能产生极其高的喷涂速度外，其基本原理与粉末火焰喷涂工艺是一样的。有多种采用不同方法获得高速喷涂火焰的 HVOF 喷枪，如图 4-19 所示。

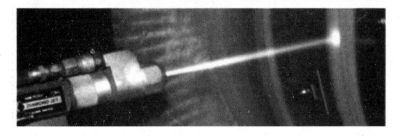

图 4-19　HVOF 喷枪

其中一种方法是使用高压水冷却的 HVOF 燃烧室和长的喷嘴。燃料（煤油、乙炔、丙烯和氢气）和氧气被送进燃烧室，燃烧产生高压火焰，该火焰被强迫流向增加其速度的喷嘴。粉末可以用高压气体沿轴向送入 HVOF 燃烧室或者从 Laval 喷嘴的侧面以低压气体送入 HVOF 燃烧室，如图 4-20 所示。另一种方法是采用较简单的高压燃烧喷嘴体系和空气帽。燃气（丙烷、丙烯或者氢气）和氧气在高压下提供，燃烧发生在喷嘴外面，但是在提供压缩空气的空气帽内。压缩空气收缩加速了火焰并作为 HOVF 喷枪的冷却剂。粉末用高压气体沿喷嘴中心送入火焰中。

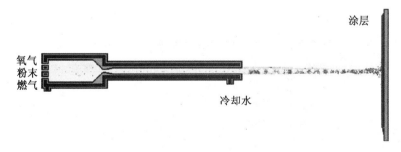

图 4-20　HVOF 工艺原理示意图

HVOF 工艺的特点。主要有三个特点：

一是用 HVOF 工艺喷涂的涂层类似于用爆炸喷涂工艺喷涂的涂层。HVOF 涂层非常致密、强度高、残余拉应力低,在某些情况下呈压应力。涂层中存在压应力使得 HVOF 工艺能喷涂比以前的工艺厚许多的涂层。

二是粉末颗粒以非常高的动能撞击基材表面,不需要颗粒充分熔化即可形成高质量的 HVOF 涂层。对于碳化物金属陶瓷型涂层肯定是一大优点,而且是该工艺真正优于其他工艺的地方。

三是 HVOF 涂层被应用于大部分其他热喷涂工艺不能达到的、需要最高的密度和强度的涂层。HVOF 工艺使以前不适合于热喷涂涂层的新的应用成为可能。

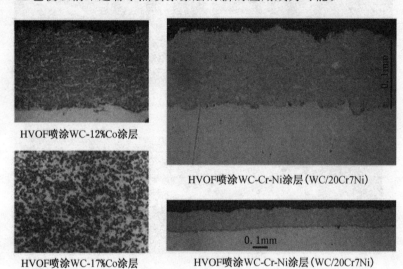

图 4-21 HVOF 涂层

(5) 爆炸热喷涂工艺(detonation thermal spraying process) 其基本原理如下:

爆炸喷枪主要由一根长的水冷枪管组成,枪管上安装有气体和粉末的入口阀。氧气和燃气(最常用的是乙炔)与装填的粉末一起被送入枪管。用火花点燃混合气体,爆炸结果使枪管把粉末加热并加速到超音速。在每次爆炸后用脉冲氮气清洁枪管。该过程需要每秒钟重复许多次。被加热的高动能粉末颗粒与基材撞击从而产生非常致密的、高强度的涂层,如图 4-22 所示。

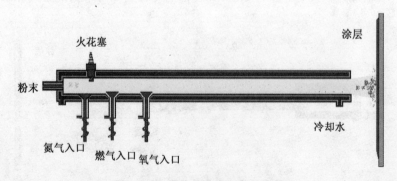

图 4-22 爆炸热喷涂工艺示意图

(6) 冷喷涂工艺

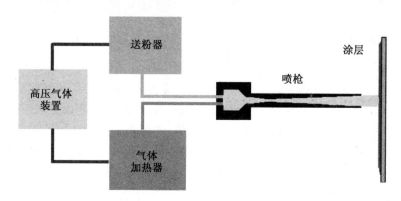

图 4-23 冷喷涂工艺原理示意图

冷喷涂工艺(Cold spray coating process)是在 20 世纪 80 年代由俄罗斯科学院的 Antolli Papyrin 博士及其同事首次提出来的。

① 基本原理。冷喷涂工艺主要采用储存在高压压缩气体里的能量来以非常高的速度 (500—1500 m/s)推进细粉颗粒。压缩气体(通常为氦气)通过一个加热单元被送到喷枪里,气体通过一个专门设计的喷嘴(大部分是 Laval 型喷嘴)以非常高的速度喷出。进入高压送粉器的压缩气体把粉末材料引入高速气体射流中,粉末颗粒被加热和加速到一定的温度和速度,与基材撞击产生变形并附着在基材上形成涂层。与其他工艺一样,为了获得所希望的涂层,颗粒尺寸、密度、温度和速度之间的平衡是重要的工艺准则。

② 冷喷涂涂层可能的应用:

一是当没有工艺过程导致氧化时,可以提供更好的腐蚀保护;

二是当没有工艺过程导致氧化时,可以提供更好的电导率和热导率;

三是当纯度很重要时,可预置焊料和涂层。

表 4-17 为不同热喷涂工艺的喷涂材料和能量来源对比。

表 4-17 不同热喷涂工艺的喷涂材料和能量来源对比

工 艺	喷涂材料	能量来源
火焰喷涂 flame spraying(FLSP)	粉、棒、丝	氧-乙炔火焰
等离子体电弧喷涂 plasma arc spraying(PSP)	粉	等离子体喷枪
电弧喷涂 electric arc spraying(EASP)	丝	电弧
爆炸喷涂 detonation gun(d-Gun)	粉	爆炸气体喷枪的火花点燃
超音速火焰喷涂 high-velocity oxy/fuel(HVOF)	粉	氧气、氢气、燃料(即甲烷);燃烧室
冷喷涂 cold spray process	粉	压缩气体(氦气),热源

4.3.5 堆焊与熔结

1. 堆焊

堆焊(overlay welding)是用电焊或气焊法把金属熔化,堆在工具或机器零件表面上进行强化处理的一种维修技术。利用这一技术可以改变零件表面的化学成分和组织结构,完善其性能,延长其使用寿命,具有重要的经济价值。因此,堆焊作为材料表面改性的一种经济而快速的工艺,被越来越广泛地应用于各个工业部门零件的制造修复中。为了最有效地发挥堆焊层的作用,要求采用的堆焊方法有较小的母材稀释、较高的熔敷速度和优良的堆焊层性能,即优质、高效、低稀释率的堆焊技术。

常用的堆焊工艺有:手工电弧堆焊、振动电弧堆焊、氧乙炔火焰堆焊、等离子弧堆焊等。电弧堆焊原理如图4-24所示。

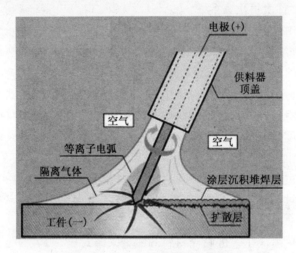

图 4-24　电弧堆焊原理示意图

焊接材料的发展及工艺的改进,使手工电弧焊的应用不断扩大。例如,应用加入铁粉的焊条使生产率显著提高。又如,采用酸性药皮的堆焊焊条可以大大改善焊接的工艺性能,使粉尘量下降,改善焊工的工作条件。手工电弧堆焊简便灵活,应用广泛,它的主要缺点是生产率低(1~3kg/h)、劳动条件差及降低堆焊零件的疲劳强度等。手工电弧焊是最古老、同时也是应用最广泛的一种焊接工艺。电弧形成于金属药皮焊条的端部和工件之间。熔融的熔滴能量来源于电弧热,同时这些熔融的熔滴进入熔池,焊条药皮分解所产生的气体将保护熔池避免大气的影响。熔渣浮在金属熔池表面,在金属凝固的过程中起到保护熔池免受大气影响的作用。在焊完每一道焊缝之后,焊渣必须尽快清除。许多电焊条在生产过程中加入许多合金元素,是为了达到提高焊缝金属的强度、延展性等力学性能的目的。这种方法常用于钢铁合金焊条,用于造船和通用机械工业领域。尽管因为在更换焊条和焊渣的去除使得相关的熔敷效率降低,但是这种灵活的焊接工艺在一些受局限的工作场合仍有它相当的优势。应用手工碳极电弧为热源进行自熔性合金膏剂堆焊,可以获得平整而薄的性能优异的堆焊层,而且熔深也很小。氧—乙炔火焰堆焊具有堆焊层薄、熔深浅的特点,设备简单,工艺适应性强。近年来,由于硬质合金复合材料的出现,加上氧—乙炔火焰温度低,堆焊后可保持复合材料中硬质合金的原有形貌和性能,故该工艺是应用较广的工艺。应用硬质合金复合材料堆焊的高炉料钟零件,其使用寿命比原来用的索尔玛依特合金提高3~8倍。瑞士卡斯托林公司以50%碳化钨自熔性合金粉末,采用氧—乙炔喷熔一步法产生的熔敷层使犁铧的寿命从原来的三个月延长到九个月。

(1) 手工电弧堆焊 手工电弧堆焊与手工电弧焊接相同,是将焊条与工件分别接到电源的两极,电弧引燃后,焊条表面熔化成熔池,冷却后形成堆焊层。焊条电弧堆焊用的设备和焊条电弧焊一样,有直流弧焊机、弧焊整流器和交流弧焊机,设备简单,操作方便,适于现场或野外作业。通过实心焊条和管状焊芯能获得几乎所有的堆焊合金层,满足各类零件表面强化和修复的需要,因此,目前仍是一种主要的堆焊工艺。对堆焊层性能要求不高,采用酸性堆焊焊条时,选用弧焊变压器;当要求较高,且采用碱性低氢焊条时,必须选用弧焊整流器或直流弧焊发电机。堆焊时希望尽可能小的熔焊区,为此应采用小电流、低电压、慢速焊,尽可能使稀释率与合金元素的烧损率降到最小限度;采用前倾焊,并防止开裂和剥离。

手工电弧堆焊时焊条的选择、焊条直径、堆焊电流、堆焊速度、零件的预热温度等对堆焊质量和生产率都有重要影响。首先要注意堆焊材料的选择,对一般金属间磨损件表面强化与修复,可遵循等硬度原则来选择堆焊材料;对承受冲击负荷的磨损表面,应综合考虑才能确定堆焊材料。

焊条电弧堆焊温度高,热量集中,一般堆焊前可不预热,工件的碳当量达到0.4%以上时应预热到100~300℃,堆焊后采用补充加热的方法使工件缓冷,或在炉中、石棉灰炕中缓冷,生产效率比氧—乙炔焰堆焊高,工件变形小,但熔深大,稀释率达15%~25%。堆焊在焊工的直接观察和操纵下进行,不受焊接位置及工件表面形状的限制,但对焊工操作技术要求较高,常用于小型或复杂形状零件及可达性差的部位,也可广泛用于现场修复工程。

手工电弧堆焊多用于磨损失效件的修复。例如,用高锰钢丝堆焊焊条修复装煤机耙齿;用Fe-Mn-Ni-C双相自强化钢焊条堆焊修复钢厂大型齿轮磨损部位;采用马氏体钢堆焊修复挖掘机斜斗的低应力磨料磨损。常温低压阀门、中温低压阀门及密封面可分别堆焊铜基合金、高铬不锈钢及钴基斯太立合金。

(2) 振动电弧堆焊 振动电弧堆焊的工作原理是焊丝在送进的同时按一定频率振动,造成焊丝与工件周期性的短路、放电,使焊丝在12~22V低电压下熔化,并稳定地堆焊到工件表面。

振动堆焊设备主要包括堆焊机床、堆焊机头、电源、电气控制柜和冷却液供给装置等。堆焊电源一般采用直流电源,而堆焊机头用以使焊丝按一定频率和振幅振动,并以一定速度送入堆焊处。按产生振动的方式不同可分为电磁式和机械式。振动电弧堆焊是在直流低压电路中串接电感器,空载时焊丝与工件未接触,电流等于零,电压为空载电压。当焊丝振动到与工件接触时,电路短路,电压迅速下降到零,电流增加到最大,接触处强大的短路电流所产生的热量加热了焊丝端部。当焊丝向上运动时,焊丝与工件接触端被拉抻成缩颈,截面积减小,电阻加大,温度升高,金属丝被熔化。焊丝被拉断的瞬间,焊丝与工件表面分离,产生间隙,电流急剧下降。与此同时,贮存在电感线圈中的磁能转变为电能,产生自感电势,增加了焊丝与工件间的电压,迅速达到电弧放电的电压,介质被击穿开始发生电弧放电。在电弧作用下,使焊丝金属熔化,形成堆焊层,这是脉冲放电阶段。在下一次振动循环中,重复短路阶段到脉冲放电阶段,如此反复构成振动堆焊的全过程。

振动电弧堆焊具有熔池浅、热影响小、堆焊层薄而均匀、工件变形较小、生产率较高、劳动条件较好等优点。但是振动电弧堆焊时焊剂的保护作用差,氢、氧、氮易侵入电弧区和熔池,在堆焊层与基体的结合处易产生针眼状气孔;堆焊层氢含量高,易产生裂纹。堆焊层受热和冷却不均匀,易造成组织和硬度不均匀。为了防止焊丝和焊嘴熔化粘连或在焊嘴上结渣,需向焊嘴供给少量冷却液。

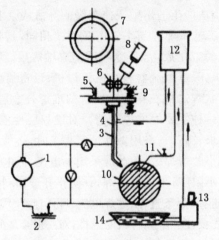

图 4-25 振动堆焊装置示意

1-直流焊机；2-电抗器；3-焊丝；4-焊嘴；5-交流电磁铁←送丝轮；7-焊丝盘；
8-送丝电机；9-弹簧；10-零件；11-冷却液嘴；12-冷却液箱；13-冷却液泵；14-池

(3) 熔化极气体保护电弧堆焊 熔化极气体保护电弧堆焊是利用送进的可熔化堆焊材料与基体之间产生的电弧,使堆焊金属熔敷在基材表面的一种堆焊方法,其原理如图 4-26 所示。焊机一般采用平特性的直流电源,保护气体是从焊枪中连续喷出的,以屏蔽大气对熔化金属的侵蚀。常用氩气、二氧化碳或它们的混合气体做保护气。用氩气保护时,堆焊过程中合金元素不会烧损,且电弧燃烧稳定,熔滴过渡平衡,堆焊层质量高,常用于镍基合金、钴基合金、低合金钢、铝青铜等的堆焊。二氧化碳气体保护电弧堆焊成本较低、生产率高,但存在合金元素烧损问题,电弧燃烧不稳,飞溅大,堆焊层质量不如氩气保护的好,适于修复球墨铸铁的曲轴、轴瓦及泥浆泵等堆焊性能要求不高的工作。用混合气体保护,可以改变熔滴特性及焊缝的形成。

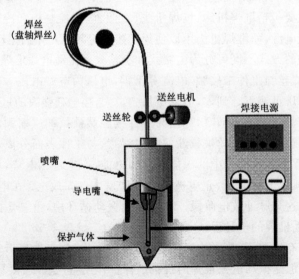

图 4-26 消耗电极式气体保护焊接原理图

如CO_2保护气体以一定的速度从喷嘴中吹向电弧区,把熔池与空气隔开,同时熔融金属中的铁、硅、锰等元素起氧化作用,形成氧化物以浮渣的形式留在焊层表面并在冷却时脱落。熔化极气体保护堆焊易实现机械化和自动化,生产效率高,堆焊过程无需清渣,提高了设备的负载持续率,对焊工操作技术要求较低,熔敷速度可与单丝埋弧堆焊相当,但设备价格较高,并消耗保护气体使堆焊成本升高,适用于堆焊区域小、形状不规则的工件或小零件。小面积堆焊可以采用单丝堆焊机,大面积堆焊可以采用多丝堆焊机,以改善热循环。

(4) 等离子弧堆焊　等离子弧堆焊是以等离子弧为热源,以合金粉末或焊丝为填充金属熔敷在基材表面的堆焊方法。等离子弧能量集中、温度高、弧柱稳定、传热率和热利用率高,所以熔敷速度较快,熔深浅,稀释率较低,可控制在5%以内,工件变形也小,可控制熔深和熔合比,熔敷率高,焊道宽(焊枪摆动可控制在3～40mm,厚度控制在0.5～8mm),易于实现自动化。但由于热梯度较大,必须采取措施防止工件开裂,大工件堆焊时需预热,设备成本较高,噪声大,产生臭氧污染等。

电弧是一种稳定的放电形式,其特点是维持电弧放电需要的电压不大,但电流大,温度很高。电弧放电是两个电极间燃烧着电弧,电子从阴极放出,穿过电极空间流入阳极。电弧中除去阴极区和阳极区,剩下的导电空间是弧柱。由于阴极区和阳极区都很小,所以弧柱的长度几乎等于电弧的总长度。弧柱是等离子体。电弧穿过水冷喷嘴小孔时,受到冷气流和水冷喷嘴孔壁的冷却后,在气体的机械收缩效应和喷嘴热收缩效应共同作用下,使电弧弧柱的截面积缩小,带电子粒子密度增大,电场强度提高。这种压缩了的电弧称为等离子弧。等离子弧的温度高,可达24 000～50 000K,能量密度高达10^5～$10^6 W/cm^2$。等离子弧焰流以极高的速度从等离子枪中喷出,在喷嘴附近,有时可接近音速。等离子弧按电源线的连接方式分为转移型和非转移型两种基本形式,如图4-27所示。

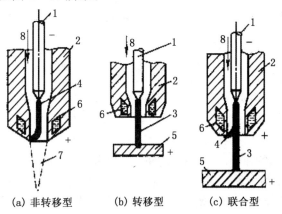

图4-27　等离子体电弧类型
1-钨极;2-喷嘴;3-转移弧;4-非转移弧;5-工件;
6-冷却水;7-等离子焊接区;8-等离子气体

堆焊是以联合型和转移型等离子弧为热源。转移型的电源线两极分别接于电极与工件上,电弧在它们之间燃烧,水冷喷嘴起收缩作用。转移型与非转移型同时存在的称为混合型等离子弧。等离子弧堆焊分为粉末等离子弧堆焊和填丝等离子弧堆焊两大类。粉末等离子弧堆焊主要用于耐磨层堆焊,而填丝等离子弧堆焊主要用于包覆层堆焊。等离子弧堆焊设备比较复杂,其价格比气体保护堆焊贵得多,工艺参数控制也较复杂,喷枪寿命较短,消耗的氩气量比钨极氩弧堆焊多,综合成本较高。这种堆焊方法主要用于质量要求高、批量大的零件表面堆焊,如用于工程机械刃具、磨具、钻具接头、发动机气阀阀面及高压阀门密封面等。

① 粉末等离子弧堆焊。粉末等离子弧堆焊(见图4-28)是将堆焊合金粉末送入弧区加热熔化,实现堆焊。在机械零件强化与修复中,粉末等离子弧堆焊应用得较多。粉末等离子堆焊设备由堆焊机、电源、电气控制系统、气、水路系统等组成。等离子弧粉末堆焊机主要包括机座、堆焊枪、送粉机构、摆动机构、防护通风罩、焊枪移动机构和工件转动机构。这里转移弧做主热源,其电流可以控制工件的加热、熔深和稀释率,直接影响堆焊层的质量;非转移弧做二次热源,它补充转移弧的能量,并作为转移弧的导弧,其电流可以控制粉末的熔融状态,对堆焊过程的稳定性和熔敷率有较大影响;调节送粉速度和堆焊速度可以控制堆焊层的厚度;改变焊炬横向摆动的幅度则可获得不同宽度的堆焊层。堆焊层的厚度通常在0.25~6mm,且平滑整齐,不要加工或精加工即可使用。

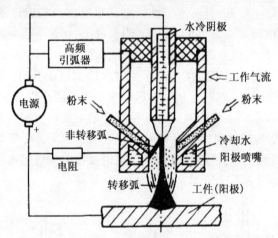

图4-28 等离子弧粉末堆焊原理图

粉末等离子弧堆焊可用于铁基、镍基、钴基合金以及难熔合金的堆焊,碳化钨颗粒也可以直接添加到熔池中进行堆焊。适合于低熔点基材的堆焊和要求稀释率低的薄堆焊层。焊接过程完全机械化,特别适合于大批量、高效率的堆焊。目前粉末等离子弧堆焊广泛应用于模具刃口、犁铧刃口、钻杆接头、各种阀门密封面等的强化和修复。

② 填丝等离子弧堆焊。填丝等离子弧堆焊按操作方式分手工堆焊和自动化堆焊两类;根据填丝是否预热又可分为热丝和冷丝堆焊两种。冷丝等离子弧堆焊是将冷的焊丝送入等离子弧区加热熔化后进行堆焊。冷丝堆焊时凡是能拔成丝状的材料如碳钢丝、合金钢丝、铜合金丝等大多以自动方式送进。能铸成棒材的合金,如钴合金,也可采用手工送料进行堆焊。一般堆焊层厚度为0.8~6.4mm,宽度为4.8~38mm。冷丝堆焊在工艺和堆焊层质量上都较稳定,但生产率较低,主要用于各种阀门和小面积的耐磨、耐蚀层。

手工填丝等离子弧堆焊设备由焊接电源、焊枪、控制电路、气路及水路等组成。自动堆焊时还需有送丝机构,焊接小车或转动夹具。利用附加电源预先加热焊丝的热丝等离子弧堆焊能提高焊丝的熔化速度,可分为单丝和双丝送进,焊丝预热使稀释率降低到5%左右,提高熔敷率,可达13~27kg/h。所用焊丝可以是实心的,也可以是管状的。由于焊丝预热,还可以除去焊丝上的水分等杂物,对减少堆焊层气孔起到了很好的作用。用双热丝则可进一步提高熔敷速度。堆焊时调节电流值使两填丝在电阻热作用下加热到熔点,并被连续熔敷在等离子弧前面的基材上,随后等离子弧将它与基材熔焊在一起。热等离子弧堆焊的特点是稀释率低,且易控制,工件变形小,熔敷速度快。适用于大面积自动堆焊,如压力容器内壁包覆层堆焊。

③ 电渣堆焊。电渣堆焊是利用电流通过液态熔渣所产生的电阻热作为热源,将电极(焊丝或板极)和焊件表面熔化,冷却后形成堆焊层的工艺,其原理如图4-29所示。开始先在极板与接头底部之间引燃电弧,利用电弧热使焊剂熔化形成渣池后,电弧熄灭,热源由电弧热过渡到熔渣电阻热。因为熔化的金属密度大,下沉形成液体金属熔池,熔渣密度小,浮于熔池上面,渣池覆盖在金属熔池表面,保护金属熔池不被空气污染。随着电极的不断熔化,熔池中液体金属和熔渣均不断上升,离热源较远的下部液体金属在冷却成形水套的强制冷却下凝固成堆焊层。

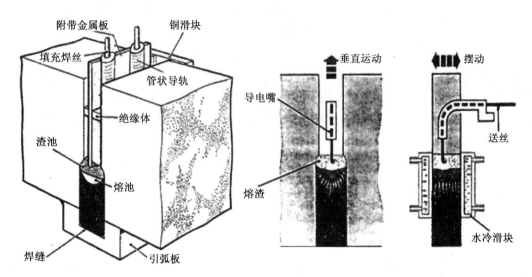

图4-29 电渣堆焊原理示意图

电渣堆焊的特点是熔敷速度快,一次可堆焊很厚的一层,电渣堆焊的熔敷率最高,板极堆焊的熔敷率可达150kg/h,节约焊剂,堆焊层气体含量低、质量好;电渣堆焊的渣池除了有保护金属熔池不被空气污染的作用外,还对基材有较好的预热作用,故电渣堆焊时一般工件不需预热。该工艺的主要缺点是热输入大,加热和冷却速度低,高温停留时间长,接头严重过热,堆焊后需要进行热处理。此外,堆焊层不能太薄(一般应大于14~16mm),否则不能建立稳定的电渣过程。可采用实芯焊丝、管状焊丝、板状或带板进行堆焊,适用于堆焊厚度较大(15~19mm)、表面形状简单的大、中型零件。

电渣堆焊设备包括电源、堆焊机头(包括送丝机构、摆动机构及上下行走机构)以及水冷成形滑块。电渣堆焊可使用多丝极或比带极埋弧堆焊更宽的板极(300 mm)。所得堆焊层更宽,表面平滑,熔深均匀,稀释率也较低。但电渣堆焊的熔合线附近成分变化过渡,高温使用时堆焊层易剥离。因此,为了防止剥离,常采用第一层用埋弧堆焊,第二层用电渣堆焊,这样不仅生产率较高,而且能得到结合牢固的光滑表面的堆焊层。为了获得更好的堆焊层表面,可采用带极电渣堆焊法,这是一种电渣-电弧联合的堆焊方法,是一种优质、高效、节能的新型堆焊工艺。

靠调整焊剂成分和焊接参数控制电弧-电渣比例,使带极的边缘产生电弧,带极中间部仍为电渣过程。外加磁场的目的是抵消电磁收缩力,使堆焊层表面更均匀,还能克服咬边,加宽焊道,熔深小于1mm,稀释率低到5%～8%。堆焊一层即可获得相当于埋弧堆焊两层的优良性能,从而提高熔接生产率。

堆焊合金可分为铁基、镍基、钴基、碳化钨和铜基几种类型。铁基堆焊的韧性与耐磨性配合默契好,能满足许多方面要求,而且价格低廉,品种多,所以应用最广。镍基、钴基堆焊合金价格高,但是,高温性能好,耐腐蚀,抗氧化,主要用于高温下耐蚀、耐磨等场合。碳化钨堆焊合金具有良好的耐磨料磨损性,价格较贵,主要应用在工具和有严重磨料磨损的工件上。铜基材料的耐蚀性好,减磨性也好,有时也用于堆焊材料。

2. 熔结

金属零件的磨损、疲劳等破坏,发生于表面或先从表面开始。通过表面强化处理,提高表面性能,是发挥材料潜力的重要途径之一。金属表面强化有许多技术,其中表面冶金强化是经常采用的一种技术,它包括四个方面:表面熔化-结晶处理;表面熔化-非晶态处理;表面合金化;涂层熔化、表面凝结。

将涂层熔化、凝结于金属表面,可以是直接喷焊(一步法),也可以是先喷后熔(二步法),冷凝后形成与基体具有冶金结合的表面层。通常把这种表面冶金强化方法简称为"熔结"。熔结与表面合金化相比,特点是基体不熔化或熔化极少,因而涂层成分不会被基体金属稀释或轻微的稀释。

熔结有许多方法,如氧-乙炔焰喷焊、等离子堆焊、真空熔结、火焰喷涂后激光加热重熔等,其中用得最多的熔结方法是氧-乙炔焰喷焊。下面将着重介绍这种方法。此外,目前最理想的喷熔材料是自熔合金,本节先介绍这种原材料。

(1) 自熔性合金

① 自熔性合金的特点。自熔性合金是在1937年研制成功,1950年开始用于喷焊技术的,现已形成系列,广泛用来提高金属表面的耐磨、耐蚀性能。它有下列特点:

一是绝大多数的自熔性合金是在镍基、钴基、铁基合金中添加适量的硼、硅元素而制得,并且通常为粉末状。

二是加热熔化时,硼、硅扩散到粉末表面,与氧反应生成硼、硅的氧化物,并与基体表面的金属氧化物结合生成硼硅酸盐,上浮后形成玻璃状熔渣,因而具有自行脱氧造渣的能力。

三是硼、硅与其他元素形成共晶组织,使合金熔点大幅度降低,通常在900～1200℃之间,低于钢铁等基体金属的熔点。

四是硼、硅的加入,使液相线与固相线之间的温度区域拓宽,一般为100～150℃,提高了熔融合金的流动性。

五是具有脱氧作用,净化和活化基材表面,提高了涂层对基材的润湿性。

② 自熔性合金的类型。自熔合金主要有四类。

第一类是镍基自熔性合金。它以Ni-B-Si系、Ni-Cr-B-Si系为多,显微组织为镍基固溶体和碳化物、硼化物、硅化物的共晶。具有良好的耐磨、耐蚀和较高的热硬性。

第二类是钴基自熔性合金。它以Co为基,加入Cr、W、C、B、Si,有的还加Ni、Mo。显微组织为钴基固溶体,弥散分布着Cr_7C_3等碳化物。合金强度和硬度可保持到800℃。由于价格高,这种合金只用于耐高温和要求具有较高热硬性的零部件。

第三类是铁基自熔性合金。它主要有两类：一是在不锈钢成分基础上加 B、Si 等元素，具有较高的硬度和较好的耐热、耐磨、耐烛等性能；二是在高铬铸铁成分基础上加 B 和 Si；组织中含有较多的碳化物和硼化物，具有高硬度和耐磨性，但脆性大，适宜用于不受强烈冲击的耐磨零件。

第四类是弥散碳化钨型自熔性合金。它是在上述镍基、钴基、铁基自熔性合金粉末中加入适量的碳化钨制成的，具有高的硬度、耐磨性、热硬性和抗氧化性。

(2) 氧—乙炔焰喷焊

① 一步法（直接喷熔）。其工序为：工件清洗脱脂→表面预加工（去掉不良层，粗化和活化表面）→预热工件→预喷粉（预喷保护粉，以防工件表面氧化）→喷熔→冷却→喷熔后加工。

喷熔的主要设备是喷熔枪。火焰集中在工件表面局部，使之加热，当此处预喷粉开始润湿时，喷送自熔性合金粉末，待熔化后出现"镜面反光"现象后，将喷熔枪匀速缓慢地移至下一区域。

② 两步法（先喷后熔）。它的前四道工序与一步法相同，接下来分两步进行：

第一步是喷粉。工件预热后先喷 0.1~0.15mm 厚的保护粉，然后升温到 500℃ 左右喷上自熔性合金粉末，每次喷粉厚度不宜大于 0.2mm。如果喷焊层要求较厚，必要时先重熔一遍后再喷粉。火焰应为中性焰或微碳化焰。

第二步是重熔。它是把喷粉层加热到液相线与固相线之间，使原来疏松的粉层变成致密的熔敷层。重熔要在喷粉后立即进行。氧气和乙炔的流量要加大。必要时，可增加喷熔枪数目。除了氧-乙炔焰外，也可采用感应加热、炉内加热、激光加热等重熔方法。

③ 一步法与两步法之比较。两者除了工序及有关要求上的差别外，还有下列不同之处：

一是用于一步法的合金粉末较细，粒度分布较分散，而用于两步法的粉末较粗，粒度分布集中。

二是一步法通常用手工操作，简单、灵活，而两步法易于实现机械化操作，喷熔层均匀平整。

三是一步法适用于小零件表面的保护和修复以及中型工件的局部处理，而两步法适用于大面积工件以及阔柱形或旋转零件的处理。

(3) 真空熔结

① 真空条件下的表面冶金过程。真空熔结是在一定的真空条件下迅速加热金属表面的涂层，使之熔融并润湿基体表面，通过扩散互溶而在界面形成一条狭窄的互溶区，然后涂层与互溶区一起冷凝结晶，实现涂层与基体之间的冶金结合。

在表面冶金过程中，涂层能否很好地润湿基体表面，对熔结质量有很大的影响。润湿性除与涂层、基体成分以及温度等因素有关外，还与表面状态及环境介质有关。有些金属表面在空气中生成某些氧化物会降低润湿性，而在真空条件下因削弱氧化膜而使润湿性提高。但是，有些金属，例如含有 Al、Ti 的钢材，由于在低真空条件下仍会在表面形成较为致密稳定的 Al_2O_3、TiO_2 氧化膜，而现有的自熔性合金在熔结过程中都不能置换 Al_2O_3、TiO_2 中的 Al 和 Ti，难于润湿 Al_2O_3、TiO_2，因此，往往需要预镀一层厚度为 $3\sim 5\mu m$ 的镀铁层。

熔结温度对扩散互溶过程有显著的影响，温度越高，互溶区越宽；对于有些金属表面还可能出现一些新相。例如，用 Ni-Cr-B-Si 系涂层合金熔结于 4Cr10Si2Mo 钢的基体上，经金相分析发现，当熔结温度达到 1 130℃ 时涂层因有大量的 Fe 从基体上扩散过来而生成一些恶化性能的针状相。因此,控制熔结温度也是重要的。

② 真空熔结工艺。真空熔结包括以下几个工艺步骤:

一是调制料浆。即由涂层材料与有机黏结剂混合而成。涂层材料除了前述的几种自熔性合金粉末外,还可根据需要选用铜基合金粉(如 Cu-Sn、Cu-Al-Fe-Ni、Cu-Ni-Cr-Fe-Si-B 系,用于机床导轨、轴瓦等的摩擦部件)、锡基合金粉(如 Sn-Al 系,用于涡轮叶片榫部的防护)、抗高温氧化元素粉(如 Si-Cr-Ti、Si-Cr-Fe、Mo-Cr-Si、Mo-Si-B 系,用于钼基和铌基合金高温部件的抗氧化)以及相关的元素粉或合金与金属间化合物的混合物(如在 NiCrBSi 合金粉中加入 WC 硬质化合物以提高耐磨性等)。黏结剂常用的有汽油橡胶溶液、树脂、糊精或松香油等。

二是工件的表面清洗、去污与预加工。

三是涂敷和烘干。即把调制好的料浆涂敷在工件表面,在 80℃ 的烘箱中烘干,然后整修外形。

四是熔结。主要在真空电阻炉中进行,真空度通常为 1Pa~10Pa。如果粉料中含 Al、Ti 等活性元素,则真空度应更高。真空对涂层和基体有防氧化作用,同时能排除气体夹杂。另外,也可用感应法、激光法等进行熔结。

五是熔结后加工。

③ 真空熔结的应用。可分为以下三个方面:

一是熔结涂层,主要用于:

- 耐磨耐蚀涂层,应用广泛;
- 多孔润滑涂层。如在氩气保护下,用激光法将 70Mo-18.8Cr3C2-5Ni-1.2Cr-5Si 合金熔结于活塞环工作面凹槽内,由于 Si 的挥发形成多孔润滑涂层,深部为碳化铬耐磨层。
- 高比表面积涂层。如用真空炉熔法先在电极表面熔结 Co-Cr-W 合金涂层,再在较低温度下熔结一层含 Cr 量较高而粗糙的 Ni-Cr-B-Si 涂层,使比表面积增加 3 倍以上。
- 非晶态涂层。如在钢的表面上先涂敷和烧结一层 82.7Ni-7Cr-2.8B-4.5Si-3Fe 合金层,然后用激光法以 645cm/s 速率扫描,以 8×10^6 K/s 速度冷却,得到耐磨、耐蚀、耐热的非晶态层。

二是熔结成型。先在耐火托板上或坩埚内用真空熔结法制成耐磨嵌块,然后在较低温度下熔结焊接在工件的特定部位上。

三是其他应用。如熔结钎接、熔结封孔、熔接修复等。

4.3.6 热浸镀

热浸镀锌(hot dip galvanized)是将工件浸在熔融的液体金属中,使工件表面发生一系列物理和化学反应,取出后表面形成金属镀层。工件金属的熔点必须高于镀层金属的熔点。热浸镀工艺包括表面预处理、热浸镀和后处理三部分。常用的镀层有锡、锌、铝、铅等。下面介绍热浸镀锌和热浸镀铝。

1. 热浸镀锌概述

(1) 热浸镀锌概述　热浸锌是将除锈后的钢构件浸入 600℃ 左右高温熔化的锌液中,工件表面发生溶解、扩散或反应等物理化学过程,随后离开镀槽时工件表面带出金属液形成涂层,使钢构件表面附着锌层。锌层厚度对 5mm 以下薄板不得小于 $65\mu m$,对 5mm 以上厚板不小于 $86\mu m$,从而起到防腐蚀的目的。

镀锌层形成过程：ⓐ铁基表面被锌液溶解形成铁锌合金相层；ⓑ合金层中的锌原子进一步向基体扩散，形成锌铁固溶体；ⓒ合金层表面包络一薄锌层。根据 Zn-Fe 合金状态图（见图 4-30）可知，普通低碳钢在标准热浸镀温度（450～470℃）时，可能仅形成 δ_1、ζ、Γ、η 等四个相层。

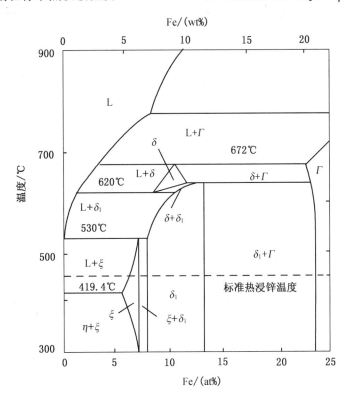

图 4-30　Zn-Fe 二元状态图

当经过溶剂化处理的工件进入熔融锌槽中时，工件表面的溶剂离开基体，使铁基体与熔锌反应，铁被溶解，形成锌在 α 铁中的固溶体。由于相互扩散，生成铁锌合金化合物。工件离开镀锌槽时，带出纯的熔融锌，覆盖在合金层上，形成纯锌层。图 4-31 为钢基体热浸镀锌层显微结构。在钢基体上的是致密的 δ_1 合金相层，上面是 ζ 层，最外层是 η 层，为纯锌层。合金层的硬度：δ_1 相维氏硬度为 244，ζ 相维氏硬度为 179，钢铁基体维氏硬度为 70。因此合金层耐摩擦且不易剥落。

热浸锌层和基体结合强度高，有一定的韧性、硬度和耐磨性。当锌的腐蚀产物 ZnO、$Zn(OH)_2$ 及 $ZnCO_3$ 转化为 $ZnO_3(Zn(OH))$ 膜（厚度 0.01mm 左右）时，比锌层的钝化膜有更好的化学稳定性和耐蚀性好。锌层具有阴极保护作用，基体铁受到保护。

热浸镀锌方法有干法热浸镀锌、氧化还原法热浸镀锌、湿法热浸镀锌等。干法热浸镀锌是常用的一种方法，它是先把预处理后的清洁表面进行溶剂处理，干燥后把工件浸入熔融锌液中。熔剂处理可以去除

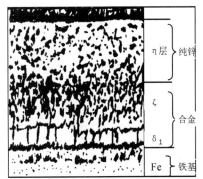

图 4-31　钢基体热浸镀锌层显微结构

工件表面残存的铁盐,将预处理后新生成的锈层溶解,活化钢件表面,提高锌液浸润铁基体的能力,增加镀层和基体的结合力。干法热浸镀锌采用的溶剂配方如表4-18所示。

表4-18 干法热浸镀锌用溶剂成分及处理规范

编号	溶剂成分	溶剂温度/℃	处理时间/min
1	$4ZnCl_2$(600—800g/L)+NH_4Cl(80—120g/L)+乳化剂(1—2g/L)水溶液	50~60	5~10
2	$ZnCl_2$(614g/L)+$AlCl_3$(76g/L)+乳化剂(1—2g/L)水溶液	60±5	<1
3	$ZnCl_2$(550—650g/L)+NH_4Cl(68—89g/L)+乳化剂(甘油丙三醇)水溶液	45~55	3~5
4	35%~40%$ZnCl_2 \cdot NH_4Cl$(或$ZnCl_2 \cdot 3NH_4Cl$)水溶液	50~60	2~5

热浸锌的优点是耐久,生产工业化程度高,质量稳定,已被大量用于受大气腐蚀较严重且不易维修的室外钢结构中,如大量输电塔、通信塔等。近年来大量的轻钢结构体系中的压型钢板等也较多采用热浸锌来防腐蚀。

热浸锌的首道工序是酸洗除锈,然后是清洗。这两道工序不彻底均会给防腐蚀留下隐患。所以必须处理彻底。热浸锌是在高温下进行的,对于管形构件应该让其两端开敞。若两端封闭会造成管内空气膨胀而使封头板爆裂,从而造成安全事故。若一端封闭则锌液流通不畅,易在管内积存。由于热浸锌的工艺温度比较高,对回火温度较低的材料很容易使其在镀锌的过程中被退火,从而硬度降低。此外,对配合件使用热浸锌还要考虑镀层的厚度对配合公差的影响。

(2) 热浸锌镀层可能产生的问题和影响因素

① 局部变灰与网状花纹。根据有关资料和有关厂商的研究结果,知道造成这种灰暗锌层的原因主要有两种:

一是钢材含硅量的不同引起的结果。热浸镀锌时,由于硅的存在,使得锌铁相互扩散加快,合金生成太快,在镀锌水冷前,合金长到锌层的表面,而锌的光泽要比合金层光泽亮,因而造成灰暗。形成网状花纹是合金形成不均匀的结果。

二是镀锌温度太高,合金反应加快,灰暗加重。其实镀锌产品安装后,内部锌铁相互扩散并未停止,合金层依然会慢慢长到锌的表面,这也是镀锌件逐渐变灰暗的一个原因。因工艺条件的影响,这种外观难以避免。厂家应控制好温度,也应该把握好出水冷却的时间,既不能太快也不能太慢,尽最大可能减少灰暗镀层。质量控制人员也不宜过分强调灰暗镀层的存在。需要特别说明的是,镀锌表面龟裂纹是因为出水冷却太快造成的。

② 表面锌粒较多。表面锌粒较多主要有下列三个原因:

一是夹入镀渣微粒;

二是温度太低,锌液中的铁过饱和而析出,与锌结合成锌块合金颗粒,附于工件上所致;

三是工件从锌液中取出速度太快造成的。

表面粗糙有三个主要原因:ⓐ材质本身不光滑造成;ⓑ酸洗过度;ⓒ温度太高,浸锌时间太长,合金层生长太快,长出锌层表面引起。

可从两个方面减少这种不良外观现象:ⓐ选材光滑;ⓑ选择浸锌温度范围较宽的钢材,避免过低温度和过高温度镀锌。

③ 锌层上长出白锈。白锈又称储存湿锈。堆放的镀件表面出现的白色痕迹,是潮湿天气或淋雨后不通风,不能晾干造成的。解决的办法是:

一是改变储存条件,加强通风。

二是加强镀锌后的钝化处理,以形成保护膜,一旦出现白锈,可以用醋酸稀溶液冲洗。

④ 锌层表面有溶剂夹杂或露铁现象。主要是由于构件在镀锌前除脂不净,酸洗不够,或处理后又粘上溶剂造成的。溶剂对镀锌层有腐蚀作用必须清除。露铁也是因为未被镀锌液浸到造成的。酸洗除脂不净和材质本身不平整,有坑凹都能造成露铁现象。

⑤ 其他外观问题。诸如气泡、锈迹等,一般现场材料较少见,解决的办法就是购进好的钢材,加强镀前的除脂、酸洗,甚至直接用除锈设施除锈和加强储运过程中产品的保护。

(3) 热浸镀锌的判定标准及方法:

① 附着量。耐蚀性主要决定于镀锌层的厚度,故测量厚度常作为判定镀锌质量好坏的主要根据,镀锌层因钢材表面的成分、组织、结构不同而有不同的反应。另外,进出锌熔液的角度、速度亦有很大的影响。故欲获得完全均一的镀锌层厚度,实际上不太可能。所以测附着量时绝对不能以单一点(部位)来判定,必须要测量其单位面积(m^2)平均附着锌重量(g)才有意义。测量附着量的方法有很多种,如破坏性的切片金相观测法、酸洗法,非破坏性的膜厚测量法、电化学法、进出货重量差估计法等。一般常用的为膜厚测量法及酸洗法。

膜厚仪(镀层测厚仪)为一利用磁场感应来量测锌层厚度 r 最普遍省事的方法,其基本条件为钢铁表面必须平滑、完整,才可得到较准确的数字。故在钢材边角处或粗糙、有角度的钢件或铸件上就不太可能获得单一准确的数字。

② 均一性。热浸镀锌钢铁最易生锈的部位,仍是锌层最薄的地方,故有必要测其最薄部位是否符合标准。均一性的试验法,一般都用硫酸铜试验,但此方法对于由锌层和合金层组成的镀锌层的测试存在问题,因为锌层与合金层在硫酸铜试验液中的溶解速度不同,合金层中也因锌/铁的比率差异而不同。所以,以一定浸渍时间的反复次数来判定均匀性并不是很合理。因此,最近欧美标准及日本工业标准中均有废止此试验方法的倾向,以分布取代均一性,以目视或触感为主,必要时才用膜厚测量检查分布状态。但是,形状复杂的小构件因面积测量困难,不易求得平均膜厚,有时不得不用硫酸铜试验法来做参考,但绝不能以硫酸铜试验取代附着量测定。

③ 结合强度。所谓结合强度就是镀锌层与钢铁之间的附着力,主要是镀锌构件在整理、运搬、保管及使用中具有不剥离的性质,一般采用"锤打法"检验。"锤打法"是以锤打击试片,检查镀层表面的状态。把试片固定,锤自垂直位置自然落下,以 4mm 间隔平行打击五点,观察镀锌层是否剥离作为判断。但是,距离角或端 10mm 以内,不得做此试验,同一处不可打击二次以上等。此法最普遍,适用于锌、铝等镀层的结合强度测试。一般人常有用一种错误方法,即为了方便测量结合强度,拿两个镀锌钢材以边角互相敲击,以边角剥落情形作为判断。若边角处刚好有几处较厚的锌粒,在作业中没处理好,则一用力敲击,厚的锌粒一定会剥落,故此法不能用来判定正常镀锌层与铁基体的结合强度。附着量、均一性及结合强度是一般规格热浸镀锌质量检验的项目,亦是一般正式检验报告的标准。

2. 热浸镀铝

(1) 热浸镀铝概述 热浸镀铝是将钢材或工件浸渍到熔融的铝液中,使钢材或工件表面形成铝及铝合金层的方法。钢材热浸镀铝不仅具有光洁的表面和良好的耐蚀性,而且具有优良的耐 H_2S、Na_2S 等强腐蚀介质的腐蚀,同时具有良好的耐高温氧化、耐磨及对光和热的反射性能。热浸镀铝的钢材还具有钢的机械强度和良好的韧性。因此,钢材热浸镀铝被看作是一种具有综合性能与特殊性能于一体的复合金属材料。

图 4-32 为 Fe-Al 二元状态图，η 相（Fe_2Al_5）和 θ（$FeAl_3$）熔点分别为 1 173℃和 1 160℃，前者含 Al52.7%～55.4%，后者含 Al58%～59.4%。当液态铝和固态铁接触时，发生铁原子溶解和铝原子的化学吸附，形成铁铝化合物以及铁、铝原子的扩散和合金层的生长。所形成的镀铝层有两个合金层的生长。所形成的镀铝层有两部分：靠近基体的铁铝合金层及外部的纯铝层。当工件浸入铝液时，铝中铁浓度增大，形成金属间化合物 $FeAl_3$（θ 相）。开始时，θ 相不向铝液内部生长，同时在工件（铁）表面产生铝的固液体。两种金属原子（Al 和 Fe）相互扩散达到一定时产生 Fe_2Al_5（η 相），沿 C 轴快速生长形成柱状晶。同时，Fe 穿过 $FeAl_3$ 向铝中渗透。当 Al 进一步扩散时，Fe_2Al_5 变为 $FeAl_3$。由于 Fe_2Al_5 的生长及铁向铝中的快速扩散，使铝在铁中固溶区消失，η 相成为扩散层主要成分。钢材镀铝后耐热性能和耐蚀性大幅度提高，对光、热有良好的反射性。

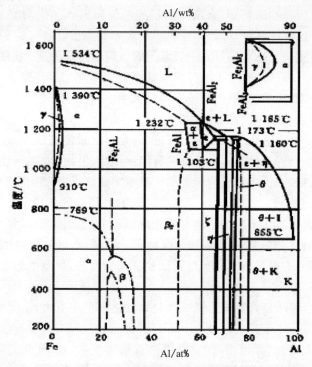

图 4-32 Fe-Al 二元状态图

对于钢管以及钢件的热浸镀铝常常仍然使用溶剂法。它利用溶剂的化学作用对已经除油除锈的钢材在进入铝锅之前保护其表面不再被氧化并进一步对其活化，使铝液和钢材表面浸润而且进行化学反应及扩散，形成合金层。图 4-33 为钢材的溶剂法热浸镀铝工艺流程图。

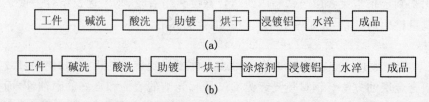

图 4-33 溶剂法钢材热浸镀铝工艺流程图

(a) 无"涂溶剂"；(b) 有"涂溶剂"

(2) 热浸镀铝的方法、研究进展及应用趋势

① 热浸镀铝方法。关于钢的热浸镀铝层的形成过程,目前尚无统一的观点,但多数学者认为,整个过程分为四个阶段,即浸润、溶解、吸附和扩散。具体过程为:ⓐ熔融的铝液与钢铁表面润湿;ⓑ铁基表面被溶解,并形成合金层;ⓒ合金层中的渗入原子向内扩散,形成固溶体或化合物;ⓓ合金层表面包覆一层纯金属,当液态铝与固态铁接触时,发生液态铝对固态铁的润湿和浸流,这是形成冶金结合的必要条件。

熔剂法。熔剂法是以使用专门的助浸熔剂为其主要工艺特点。其主要设备为前处理设备和后处理设备。前处理设备包括除油炉、酸洗槽和水洗槽。后处理设备包括烘干炉、浸铝设备和扩散炉。熔剂法的流程:除油—酸洗—水洗—钝化(或助镀)—烘干—热浸渗铝—扩散—精整。用熔剂法进行热浸镀铝时,需将基材以碱、酸溶液进行除油和除锈处理,清除表面的污垢和锈皮,然后在其表面先浸涂助浸渗熔剂,形成一层完整无隙的熔剂薄膜,以保护基材表面不被氧化污染。当被包覆这种熔剂薄膜的基材浸入熔融浸渗液中时,熔剂膜熔解并自行脱除,基材的清洁表面立即被浸渗液所润湿,形成镀层。

森吉米尔法。森吉米尔法是钢材表面预处理按照顺序在氧化炉和还原炉中完成。还原炉中以高温辐射方式加热使钢材表面的氧化物被氢气还原,经过适当降温后,将钢材引入浸渗液中浸渗。主要工艺过程是:ⓐ将基材送入有氧化气氛的加热炉中,在 400～500℃下使钢材表面的油脂和污物碳化除掉,或者变为在后续步骤中易于除掉的形态;ⓑ将钢材送入还原炉中,在 800～850℃下将存留在钢材表面上的氧化物还原除掉;ⓒ经处理的钢材在还原气氛的保护下,直接送入浸镀的铝或铝合金的熔融的浸镀液中镀覆。由于这种方法是从热浸镀锌所用的森吉米尔工艺移植过来的,故被称为森吉米尔热浸镀铝法。

其他方法。一是无氧化法。钢材首先放入一台燃气炉中,通过调节煤气与空气的比例,使炉中气氛呈无氧化性,炉温高到足以引起钢材发生亚临界再结晶退火的程度。接着,钢材进入另一炉中,炉膛内由氢气和氮气形成轻度还原气氛,完成浸镀前处理过程,适当降温后浸入到浸镀液中进行浸镀。

二是无氧化还原法。即改良的森吉米尔法,就是采用氧化与还原过程作为清除钢材表面污物的主要手段。其主要的生产设备包括开卷机、焊接机、预热炉、冷却塔、酸洗槽、还原炉、镀铝锅、卷曲机等。在这种生产线上,将直接燃烧式无氧化加热炉和高温辐射还原炉联合使用,完成钢材浸镀前的表面准备。

② 热浸镀铝技术的研究进展。国内外对热浸镀工艺的研究较多,已有成熟工艺,进入了稳定的工业生产阶段。由于镀铝钢材的应用越来越广泛,同时对其实用性能也提出了更高的要求,因此研究主要集中在三个方面:

一是通过研究温度、时间、浸镀铝液组成和助镀剂等因素来有效控制合金层的厚度。然而,最有效并在生产上得到广泛应用的却是添加硅。

二是开发性能更好的金属间化合物镀层,如 AlZn、AlCr 等。

三是改变热浸镀的基体材料。

目前,除钢带镀铝采用森吉米尔法外,钢结构部件产品多采用熔剂法。熔剂法工艺灵活,适合多品种、多规格的生产,对此,许多研究者通过扫描电子显微镜(SEM)、X 射线衍射(XRD)、电子探针(EMPA)等先进测试设备对镀铝层形成机理和镀层的显微组织进行了研究。

③ 热浸镀铝技术的工业应用趋势。热浸镀铝钢在工业应用中的比重越来越大,生产工艺

及设备向高速、自动化和大型化方向发展；新技术、新装备不断涌现,热浸镀铝钢的质量逐步提高,并且还在研究开发新的镀层品种和工艺,以进一步提高镀层的耐热性和高温强度。热浸镀铝技术的应用如下：

一为抗大气腐蚀环境条件下的应用。举例如下：
- 在建筑上可用作屋顶、壁板、烟道烟囱、防尘装置、下水管道,屋檐排水槽和钢窗；
- 在汽车工业中,用于制作消音器、遮热板、卡车车身架、车厢板以及汽车排气焊管等；
- 在厨房设备中用来制造炉灶、烤箱、空调器壳、室外天线架、晒衣架、加热装置等；
- 用于装配用螺杆等紧固件,如路灯柱用地脚螺栓,输电线路用电杆紧固件,化工厂和炼油厂用耐高温抗腐蚀紧固件等；
- 用于含硫高的工业气氛、含有机肥和化肥的农村环境以及含盐的海洋环境和含腐烂食品的环境；
- 用来制造电线杆的钢支架、带刺钢丝网、输电钢芯铝导线和镀铝铰合钢缆等；
- 用于高速公路的护栏、支架等；

二为抗高温、抗氧化和耐腐蚀条件下的应用：
- 热处理设备中的耐热元件,使用温度达 850℃ 的燃气喷管,用于渗碳炉和碳氮共渗设备,使用温度达 850~950℃ 的装料框架,抗氧化和耐硫蚀的炉子烟道,炉用耐热输送带和传动元件,使用温度在 1 000℃ 以下的热电偶保护套管；
- 热交换元件,锅炉中耐热抗蚀元件,如吹灰器,使用温度为 550~600℃ 的锅炉管道、壁管,空气防热器和节煤器及发动机缸套。
- 化工和锅炉管道通用紧固件,炼油厂和工业炉用紧固螺栓、销子等；
- 化工反应器管道、换热器管、在 705℃ 高温使用的抗 SO_2 腐蚀的生产硫酸的转换器。

4.3.7 电火花表面涂敷

1. 电火花沉积概述

电火花沉积是利用电极棒在工件表面旋转,在相互接触的微小区域瞬时(10^{-6}~10^{-5}s)流过高密度的电流(10^5~$10^6 A/cm^2$),由于放电能量在时间和空间上高度集中,在微小的放电区域内产生 5 000~25 000K 的高温,使该区域的局部材料高能离子化,电极棒高速转移到工件表面,并扩散进入到工件表层,形成牢固结合的冶金型沉积层。

由于电火花沉积技术操作简单,且具有低能耗和加工成本低等优点,近年来在工程领域得到了越来越多的应用,已经由最初用于刀模具的强化与修复扩展到能源、航空、航天、军事、医疗等诸多领域,是再制造技术的重要手段之一。电火花沉积技术可按不同性能的要求,使工件具有高硬度、高耐磨性、高疲劳强度、高耐腐蚀性和抗氧化、耐高温、耐烧蚀等特殊性能,广泛用于工具、模具、刃具、农机、军工、医药、汽车、食品、矿山、冶金等行业中机械零部件的表面强化,以及失效零部件的表面修复。与其他表面技术相比,电火花沉积具有如下的优点：

① 能量输入低。基体保持在室温,热影响区及变形极小,因此,可以忽略其对基体的影响。

② 快速凝固。由于放电时间比放电间隔时间短,放电间隔期间热量迅速扩散到工件的其他部分,因此热量不会集中在工件的处理部分,实现了真正意义上的冷焊。

③ 与基体冶金相结合。电火花沉积和基体冶金相结合结合强度高,明显优于热喷涂。

④ 涂层细密。电火花沉积涂层不但细密,而且一致性好。
⑤ 操作简单。仅需要少量的前处理与后处理,有时甚至不需要。
⑥ 适于原地或在线修复(设备移动性好)。这对于大型工件或在线设备的修复非常重要。
⑦ 适用范围广。可适用于所有能导电、可熔的金属及陶瓷材料。电火花沉积还有一些其他的优点,例如容易实现自动化、环境友好(不存在噪声、水气等环境污染),可用于视线看不到的地方,如零件的内孔、凹槽部位。

电火花沉积也存在着一定的缺点,比如它的表面沉积层较薄(一般小于 1mm,尤以 100μm 之内为佳),沉积速度慢、效率低,因此,它不适用于大的区域及形状复杂的表面。

2. 电火花沉积的放电机理

从 1943 年电火花沉积理论提出至今的 60 多年里,电火花沉积新技术得到了很快的发展。随着对电火花沉积技术理论研究的深入,对这一新技术的定义各国研究人员有着不同的看法。部分学者认为电火花沉积是直接利用电能的高能量密度对表面进行强化处理的工艺,通过火花放电,把作为电极的导电材料熔渗进金属工件的表层,形成合金化的表面沉积层,使工件的物理化学和机械性能得到改善。另一部分研究人员将电火花沉积与传统的电弧焊联系在一起,认为电火花沉积是利用电容放电产生的短时大电流脉冲,形成温度高达 5 000~25 000K 的高温等离子弧,将电极材料熔化或汽化并过渡到工件上的一种脉冲电弧微焊接技术。因此,对这一技术的命名也不相同。电火花沉积(electro spark deposition,ESD)是比较传统的说法。其他的说法包括电火花合金化(electro spark alloying,ESA)、脉冲电弧沉积(pulsed-air-arc deposition,PAAD)、脉冲电极沉积(pulse electrode surfacing,PES)、电火花强化(Electro-spark hardening,ESH)等。

各国研究人员在解释电火花沉积放电机理时提出了两种理论:一种是非接触放电原理;另一种是接触放电原理。非接触放电的物理过程认为电极相互接近时,电极间电场强度增加,当距离达到足够近时,电极与工件之间的间隙被击穿产生火花放电,通过放电通道,电子束轰击阳极表面并转化为热能,阳极表面受热熔化,产生金属液滴,液滴在运动着的阳极前端向阴极移动,并在与阳极分开的过程中得到加热,温度升高直至出现沸腾和爆炸,形成大面积的质点流。熔融的质点到达阴极,并与阴极粘连,部分熔渗进阴极的表层。滞后于这些质点运动的电极机械撞击工件,并向上运动离开工件,在阴极表面留下阳极材料层。同时部分研究人员也对非接触放电理论提出质疑,认为其不能合理解释电火花沉积放电机理,他们认为在通常条件下,电火花沉积放电电压达不到空气击穿电压时,非接触放电模式很难发生。例如,在铁质阴极,空气最低击穿电压为 270V,而电火花沉积时两极电压低于 100V。因此,提出接触放电理论的人,认为放电过程可分为三个阶段:ⓐ低压击穿条件形成阶段;ⓑ火花放电阶段;ⓒ电极与工件离开阶段。低压击穿条件是在接触电阻放电的情况下瞬时产生大电流密度,能量高度集中,从而产生热发射与热电离,大大提高了电极间自由电子、离子等带电粒子的浓度,实现了满足气体击穿要求的电子与原子以及分子碰撞的数目,形成了气体低压击穿条件。目前,关于电火花沉积放电机理的研究仍在继续。

3. 电火花沉积工艺参数

电火花沉积的设备和工艺对沉积效率和质量的影响非常显著。影响电火花沉积的工艺参数很多,分类如下:

(1) 电极及其运动 包括材料(复合材料类型、材料密度、微观结构)、外形、运动速度、接触力、循环次数等。

(2) **基体材料** 材料类型、表面粗糙度、清洁度、外形、温度。

(3) **电源** 电火花能量与频率、电压、电容、电火花持续时间、感应系数。

(4) **环境** 气体成分、气体流量及模式、温度。

(5) **沉积材料** 根据应用场合不同,迄今为止已经使用的沉积材料有:

① 抗磨材料。其中包括硬质碳化物（W、Ti、Cr、Ta、Mo、Hf、Zr、Nb、V 等的碳化物）,耐磨堆焊合金（钨铬钴合金、高镍含铬合金）,Ti、Zr、Ta 等含硼化合物,金属间化合物和金属陶瓷。

② 耐蚀材料。其中包括不锈钢,特殊合金（Hastelloy 镍合金、Inconel 镍合金等）,Fe、Ni 和 Ti 与 Al 的金属间化合物,多元合金 FeCrAlY、NiCrAlY、CoCrAlY。

③ 修复或改性材料。其中包括镍基或钴基超合金,Au、Ag、Pt、Ir、Pd、Rh 等贵金属,W、Mo、Ta、Re、Nb、Hf 等难熔金属及其合金,Fe、Ni、Cr、Co、Al、Ti、Cu、Zr、Zn、V、Sn、Er 等的合金。

国内对电火花沉积的研究较晚且范围较窄,往往以沉积层厚度作为评价性能和选择工艺参数的依据。因此,关于电火花沉积工艺试验研究也多集中在如何确定工艺参数与沉积层厚度的关系和如何增加沉积层厚度上,而沉积工艺参数的研究主要集中在有限的陶瓷或硬质合金等沉积材料（如 YG8、YT15、WC、TiC）、电火花电容、电压、频率以及沉积时间等的研究上。我国在对沉积材料、电极运动和自动控制方面的研究与国外相比还存在明显的差距。

4. 电火花沉积技术的应用

电火花沉积技术既可以作为表面强化手段,对具有耐磨损、耐腐蚀、抗氧化要求的表面进行强化处理,或者通过堆焊进行表面修复,也可以制备各种特殊的功能涂层。目前,电火花沉积技术广泛应用于刀具与模具,内科、牙科、整形外科工具,木材和纸业,高科技的运动装备,核反应堆、石油系统等使用的零部件的表面耐磨耐蚀涂层,以及各种机枪零件、赛车发动机与航天涡轮发动机、军用零件的现场修复。

第 5 章 气相沉积工程

气相沉积是利用气相中物理、化学反应过程,在各种材料或制品表面沉积单层或多层薄膜,从而使材料或制品获得所需的各种优异性能。气相沉积工程是表面工程的重要组成部分,也是表面工程中发展最快的领域之一。气相沉积工程的许多技术属于高新的技术,与国家建设、国防现代化和人民生活密切相关,其应用有着十分广阔的前景。本章首先扼要介绍薄膜的特点、种类和应用以及气相沉积的分类。然后分别阐述各类气相沉积的原理、特点、技术和应用。在现代科技和经济发展中薄膜的作用显得越来越重要,而气相沉积是制备薄膜的最重要的方法。

5.1 气相沉积与薄膜

5.1.1 薄膜的定义与特征

1. 薄膜的定义

表面工程中所说的薄膜主要是指一类用特殊方法获得的、依靠基体支承、并且具有与基体不同结构和性能的二维材料。

2. 薄膜的特征

(1) 厚度　通常具有几十纳米至微米级厚度。有人提议厚度小于 $25\mu m$ 为薄膜,大于 $25\mu m$ 为厚膜。但是,这没有取得一致意见。有些膜材料,如近毫米厚的金刚石膜也被称为薄膜。另一方面,薄膜厚度已向纳米级延伸。

(2) 基体　几乎所有的固体材料都能制成薄膜材料。由于薄膜很薄,因而需要基体支承,薄膜和基体是不可分割的。基体的类型很多,根据薄膜用途的不同,对基体的要求也不同。

(3) 结构　从原子尺度来看,薄膜的表面呈不连续性,高低不平;薄膜内部有空位、位错等缺陷,并且有杂质的混入。用各种工艺方法,控制一定的工艺参数,可以得到不同结构的薄膜,如单晶薄膜、多晶薄膜、非晶态薄膜、亚微米级超薄膜、纳米薄膜以及晶体取向外延薄膜等。

(4) 性能　薄膜的结构决定了薄膜的性能。薄膜具有下列一些基本性能:

①力学性质。其弹性模量接近体材料,但抗拉强度明显地高于体材料,有的高达 200 倍左右。这与薄膜内部高密度缺陷有关。

②导电性。其与电子平均自由程 λ_f 和膜厚 t 有关。在 $t<\lambda_f$ 时:如果薄膜为岛状结构,则电阻率极大;t 增大到数十纳米后,电阻率急剧下降;多晶薄膜因晶界的接触电阻大而使其电阻比单晶薄膜大;在 $t\gg\lambda_f$ 时,薄膜的电阻率与体材料接近,但比体材料大。

③电阻温度系数。一般金属薄膜的电阻温度系数也与膜厚 t 有关,t 小于数十纳米时为负值,而大于数十纳米时为正值。

④密度。一般来说,薄膜的密度比体材料低。

⑤时效变化。薄膜制成后,它的部分性质会随时间延长而逐渐变化;在一定时间或在高温放置一定时间后,这种变化趋于平缓。

实际上,薄膜在不同条件下形成的各种特殊结构,可使薄膜获得一些特殊性能。

(5) 附着力和内应力　薄膜在基体上生长,彼此有相互作用。薄膜附着在基体上受到约束和产生内应力。附着力和内应力是薄膜极为重要的固有特征,具体大小不仅与薄膜和基体本质有关,还在很大程度上取决于制膜的工艺条件。

5.1.2 薄膜的形成过程与研究方法

1. 薄膜的形成过程

气相生长薄膜的过程大致上可分为形核和生长两个阶段。基底表面吸附外来原子后,邻近原子的距离减小,它们在基底表面进行扩散,并且相互作用,使吸附原子有序化,形成亚稳的临界核,然后长大成岛和迷津结构。岛的扩展接合形成连续膜,在岛的接合过程中将发生岛的移动及转动,以调整岛之间的结晶方向。

临界核的大小,即所含原子的数目,决定于原子间、原子与基底间的键能,并受薄膜制备方法的影响,一般只有 2~3 个原子。临界核是二维还是三维,对薄膜的生长模式有决定作用。

薄膜一般有下面三种生长模式:

(1) 岛状生长　一般的物理气相沉积都是这种生长模式。首先在基底上形成临界核,当原子不断地沉积时,核以三维方向长大,不仅增高而且扩大,形成岛状,同时还会出现新的核继续长大成岛。当岛在基底上不断扩大时,岛会相互联系起来,构成岛的通道。当原子继续沉积,通道的横向也会连接起来,形成连续的薄膜。这种薄膜表面起伏较大,表面粗糙。

(2) 层状生长　当覆盖度 θ 小于 1 时,在基底上生成一些分立的单分子层组成的临界核,继续沉积时就会形成一连续的单分子层,然后在第一层上再生长单分子层的粒子。当覆盖度 θ 大于 2 时,形成两个分子层,并在连续层上再出现分立的单分子层的粒子。继续沉积,将一层一层地生长下去,形成一定厚度的连续膜。

(3) 层状加岛生长　随着原子沉积量的增加,会有单分子形成,在连续层上又有岛的生长。

影响薄膜形成过程的因素较多,如蒸积速率、原子动能、粘附系数、表面迁移率、成核密度、凝结速率、接合速率、杂质和缺陷的密度及荷电强度等等。它们将影响核的形成、生长、粒子的结合、连续膜的形成、缺陷形式、薄膜密度及最终结构。如何影响,要结合实际情况进行分析。

2. 薄膜形成过程的研究方法

目前对薄膜形成过程的研究,主要有两种理论模型:

(1) 形核的毛细作用理论　它是建立在热力学概念的基础上,利用宏观量来讨论薄膜的形成过程。这个模型比较直观,所用的物理量多数能用实验直接测得,适用于原子数量较大的粒子(或岛)。

(2) 统计物理理论　它从原子运动和相互作用角度来讨论膜的形成过程和结构。这个模型比毛细作用理论所讨论的范围更广,可以描述少数原子的形核过程,但有些物理量不容易直接测得。

目前可用多种方法来观察薄膜的形成过程,如透射电子显微镜(TEM)、扫描电子显微镜(SEM)、场离子显微镜(FIM)、扫描隧道显微镜(STM)、原子力显微镜(AFM)等。其中,用原子力显微镜较为方便,薄膜在不同阶段沉积后可直接观察。通常可看到临界核生成长大后的粒子或岛,然后岛长大、接合,出现迷津结构。随着原子沉积增加,使岛加宽,空洞减少,最后形成 连续的薄膜。

5.1.3 薄膜的种类和应用

1. 薄膜的种类

经济和科学技术的迅速发展,对薄膜材料和技术提出了各种各样的要求

(1) 从成份讲,有金属、合金、陶瓷、半导体、化合物、塑料及其他高分子材料等,有些对纯度、合金的配比、化合物的组分比有严格的要求。

(2) 从膜的结构讲,有多晶、单晶、非晶态、超晶格、按特定方向取向、外延生长等。

(3) 从表面形貌讲,有的对表面凹凸有极高的要求,如光导膜表面要控制在零点几纳米之内。

(4) 从尺寸上讲,厚度从几纳米到几微米,长度从纳米、微米级(如超大规模集成电路的图形宽度)到成千上万米(如磁带),有的要求工件表面尺寸稳定,有的要求严格控制厚度。

可从上述各种角度对薄膜进行分类,尤其是按成分和膜的结构来划分。另一种常用的分类方法是按用途来划分,大致可分为光学薄膜、微电子学薄膜、光电子学薄膜、集成光学薄膜、信息存储膜、防护和装饰功能薄膜等六大类。表5-1列出了这六大类薄膜的主要用途和具有代表性的薄膜。

表5-1 薄膜的应用领域及代表性薄膜

薄膜分类			
	光学薄膜	阳光控制膜,低辐射系数膜,防激光致盲膜,反射膜,增反膜,选择性反射膜,窗口薄膜	Al_2O_3、SiO_2、TiO、Cr_2O_3、Ta_2O_3、$NiAl$、金刚石和类金刚石薄膜、Au、Ag、Cu、Al
	微电子学薄膜	电极膜,电器元件膜,传感器膜,微波声学器件膜,晶体管薄膜,集成电路基片膜,热沉或散射片膜	Si、$GaAs$、$GeSi$、Sb_2O_3、SiO、SiO_2、TiO_2、ZnO、AlN、In_2O_3、SnO_2、Al_2O_3、Ta_2O_3、Fe_2O_3、TaN、Si_3N_4、SiC、$YBaCuO$、$BiSrCaCuO$、$BaTiO_3$、金刚石和类金刚石薄膜、Al、Au、Ag、Cu、Pt、$NiCr$、W
	光电子学薄膜	探测器膜,光敏电阻膜,光导摄像靶膜	$HE/DFCL$、$COIL$、Na^{3+}、YAG、$HgCdTe$、$InSb$、$PtSi/Si$、$GeSi/Si$、PbO、$PbTiO_3$、$(Pb,La)TiO_3$、$LiTaO_3$
	集成光学薄膜	光波导膜,光开光膜,光调制膜,光偏转膜,激光器膜	Al_2O_3、Nb_2O_5、$LiNbO_3$、Li、Ta_2O_5、$LiTaO_3$、Pb、$(Zr,Ti)O_3$、$BaTiO_3$
	信息存储膜	磁记录膜,光盘存储膜,铁电存储膜	磁带、硬磁盘、磁卡、磁鼓等、$r-Fe_2O_3$、CrO_2、$FeCo$、$Co-Ni$、$CD-ROM$、VCD、DVD、$CD-E$、$GdTbFe$、$CdCo$、$Sr-TiO_2$、$(Ba,Sr)TiO_3$、DZT、$CoNiP$、$CoCr$
	防护功能薄膜	耐腐蚀膜,耐冲蚀膜,耐高温氧化膜,防潮防热膜,高强度高硬度膜,装饰膜	TiN、TaN、ZrN、TiC、TaC、SiC、BN、$TiCN$、金刚石和类金刚石薄膜、Al、Zn、Cr、Ti、Ni、$AlZn$、$NiCrAl$、$CoCrAlY$、$NiCoCrAlY+HfTa$

2. 薄膜的应用

薄膜因具有特殊的成分、结构和尺寸效应而使其获得三维材料所没有的性质,同时用材很少,因此有着非常重要的应用。例如,集成电路、集成光路等高密度集成器件,只有利用薄膜及其具有的性质才能设计、制造。又如,大面和廉价太阳能电池以及许多重要的光电子器件,只有以薄膜的形式使用昂贵的半导体材料和其他贵重材料,才能使它们富有生命力。特别是随

着电子电路的小型化,薄膜的实际体积接近零这一特点显得更加重要。随着薄膜工艺的发展和某些重大技术的突破,并伴随着各种类型新材料的开发和新功能的发现,它们蕴藏着的极大发展潜力得到进一步挖掘,这为新的技术革命提供了可靠的基础。

薄膜的应用非常广泛,现在已经扩大到各个领域,薄膜产业迅速崛起,如卷镀薄膜产品、塑料表面金属化制品、建筑玻璃制品、光学薄膜、集成电路薄膜、液晶显示器用薄膜、刀具硬化膜、光盘用膜等,都已有了很大的生产规模。近年来,薄膜产业在新能源工程、环境工程等一些重要领域也发展迅速。在今后一个相当长的时期内,薄膜产业必然将不断发展,前景光明。

5.1.4 薄膜制备方法和气相沉积法分类

1. 一般的制备方法

具体的薄膜制备方法很多。第一章介绍的许多表面技术可用来制备薄膜。这里以半导体器件为例再给予简略的说明。在各种半导体器件制造过程中,晶片表面必须覆盖多层不同的金属膜或绝缘膜,即导电薄膜和介质薄膜。它们的制备方法按环境压力可分为真空、常压和高压三类。下面按压力高低的顺序来排列:

ⓐ 真空蒸镀(10^{-3}Pa 以下);ⓑ 离子镀膜($10^{-3}\sim10^{-1}$Pa);ⓒ 溅射镀膜(10^{-1}Pa);ⓓ 低压化学气相沉积 LPCVD($10\sim10^{-1}$Pa);ⓔ 等离子体化学气相沉积 LCVD($10\sim10^{-2}$Pa);ⓕ 常压化学气相沉积 CVD(常压);ⓖ 氧化法(常压);ⓗ 电镀(常压);ⓘ 涂敷、沉淀法(常压);ⓙ 高压氧化法(高于常压);

2. 气相沉积方法分类

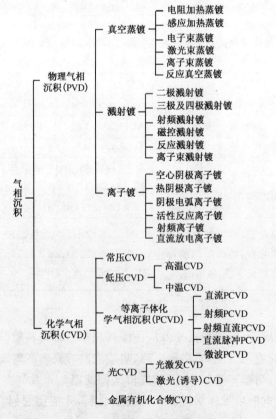

图 5-1 气相沉积方法的分类

上述的ⓐ至ⓕ为气相沉积法,它大致可分为两大类(见图5-1):

(1) 物理气相沉积(physical vapor deposition, PVD)　它是在真空条件下,利用各种物理方法,将镀料气化成原子、分子,或离子化为离子,直接沉积到基体表面上的方法,主要包括真空蒸镀、溅射镀膜、离子镀膜等。还有一种分子束外延生长法,是以真空蒸镀为基础的晶体生长法,在高技术中有重要应用。

(2) 化学气相沉积(chemical vapor deposition, CVD)　它是把含有构成薄膜元素的一种或几种化合物、单质气体供给基体,借助气相作用或在基体表面上的化学反应生成所要求的薄膜,主要包括常压化学气相沉积、低压化学气相沉积和兼有CVD和PVD两者特点的等离子体化学气相沉积等。还有金属化学气相沉积(MOCVD)和激光化学气相沉积(LCVD)等方法,在高技术中也有重要的应用。

需要指出的是,上述的分类并不是严格的,因为在不少气相沉积过程中,物理反应与化学反应往往交叉在一起,难以分清楚。但是,这种分类仍然被普遍采用。

5.2 物理气相沉积

5.2.1 真空蒸镀

1. 真空蒸镀原理

(1) 膜料在真空状态下的蒸发特性　真空蒸镀(vacuum vaporing)是将工件放入真空室,并且用一定的方法加热,使镀膜材料(简称膜料)蒸发或升华,沉积于工件表面凝聚成膜。蒸镀薄膜在高真空环境中形成,可防止工件和薄膜本身的污染和氧化,便于得到洁净致密的膜层,并且不对环境造成污染。

图5-2为一种最简单的电阻加热蒸发真空镀膜设备示意图。真空蒸镀的基本过程如下:用真空抽气系统对密闭的钟罩进行抽气,当真空罩的气体压强足够低即真空度足够高时,通过蒸发源对膜料加热到一定温度,使膜料气化后沉积于基片表面,形成薄膜。

真空蒸镀需要有一定的真空条件。在真空罩中气体分子的平均自由程L(cm)与气体压力p(Pa)成反比,近似为
$$L = \frac{0.65}{p} \quad (5-1)$$

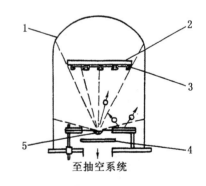

图5-2　真空蒸发镀膜设备示意图
1—真空罩;2—基片架和加热器;
3—基片;4—挡板;5—蒸发源

在1Pa的气压下,气体分子平均自由程为$L=0.65$cm;在10^{-3}Pa时,$L=650$cm。为了使蒸发的膜料原子在运动到基片的途中与残余气体分子的碰撞率小于10%,通常需要气体分子平均自由程L大于蒸发源到基片距离的10倍。对于一般的真空蒸镀设备,蒸发源到基片的距离通常小于65cm,因而蒸镀真空罩的气压大致在$10^{-2} \sim 10^{-5}$Pa。蒸镀时高真空度是必要的,但并非真空度越高越好,这是因为它要增大设备投资和镀膜时需化费更长的时间。另一方面,真空罩内真空度超过10^{-6}Pa时往往要对真空系统进行烘烤去气才能达到,而这可能会造成基片的污染。

真空条件下物质蒸发比在常压下容易得多,因此所需的蒸发温度就显著下降。例如铝在一个大气压下需加热到 2 400℃才能有效蒸发,而在 10^{-3}Pa 的真空条件下只需要加热到 847℃就可以大量蒸发。单位时间内膜料单位面积上蒸发出来的材料质量称为蒸发速率。理想的最高速率 G_m[单位为 kg/(m²·s)]:

$$G_m = 4.38 \times 10^{-3} P_s \sqrt{Ar/T} \tag{5-2}$$

式中,T 为蒸发表面的热力学温度(k);P_s 为温度 T 时的材料饱和蒸气压(Pa);Ar 为膜料的相对原子质量或相对分子质量。蒸镀时一般要求膜料的蒸汽压在 $10^{-1} \sim 10^{-2}$Pa 量级。材料的 G_m 通常处在 $(10^{-4} \sim 10^{-1})$ kg/(m²·s)量级范围,因此可以估算出已知蒸发材料的所需加热温度。膜料的蒸发温度最终要根据膜料的熔点和饱和蒸汽压等参数来确定。表 5-2 和表 5-3 分别列出了部分元素和化合物的熔点以及饱和蒸汽压为 1.33Pa 时相应的蒸发温度。从表中可以看出,某些材料如铁、锌、铬、硅等可从固态直接升华到气态,而大多数材料则是先到达熔点,然后从液相中蒸发。一般来说,金属及其他热稳定化合物在真空中只要加热到能使其饱和蒸汽压达到 1Pa 以上,均能迅速蒸发。在金属中,除了锑以分子形式蒸发外,其他金属均以单原子进入气相。

表 5-2 部分元素的蒸发特性(饱和蒸汽压为 1.33Pa)

元素	熔点/℃	蒸发温度/℃	蒸发源材料	
			丝、片	坩埚
Ag	961	1030	Ta、Mo、W	Mo、C
Al	659	1220	W	BN、TiC/C、YiB$_2$-BN
Au	1063	1400	W、Mo	Mo、C
Cr	~1900	1400	W	C
Cu	1084	1260	Mo、Ta、Nb、W	Mo、C、Al$_2$O$_3$
Fe	1536	1480	W	BeO、Al$_2$O$_3$、ZrO$_2$
Mg	650	440	W、Ta、Mo、Ni、Fe	Fe、C、Al$_2$O$_3$
Ni	1450	1530	W	Al$_2$O$_3$、BeO
Ti	1700	1750	W、Ta	C、ThO$_2$
Pd	1550	1460	W(镀 Al$_2$O$_3$)	Al$_2$O$_3$
Zn	420	345	W、Ta、Mo	Al$_2$O$_3$、Fe、C、Mo
Pt	1770	2100	W	ThO$_2$、ZrO$_2$
Te	450	375	W、Ta、Mo	Mo、Ta、C、Al$_2$O$_3$
Rh	1966	2040	W	ThO$_2$、ZrO$_2$
Y	1477	1649	W	ThO$_2$、ZrO$_2$
Sb	630	530	铬镍合金、Ta、Ni	Al$_2$O$_3$、BN、金属
Zr	1850	2400	W	
Se	217	240	Mo、Fe、铬镍合金	金属、Al$_2$O$_3$
Si	1410	1350		Be、ZrO$_2$、ThO$_2$、C
Sn	232	1250	铬镍合金、Mo、Ta	Al$_2$O$_3$、C

表 5-3 部分化合物的蒸发特性(饱和蒸汽压为 1.33Pa)

化合物	熔点/℃	蒸发温度/℃	蒸发源材料	观察到的蒸发种
Al_2O_3	2030	1800	W、Mo	$Al, O, AlO, O_2, (AlO)_2$
Bi_2O_3	817	1840	Pt	
CeO	1950		W	CeO, CeO_2
MoO_3	795	610	Mo、Pt	$(MoO_3)_3, (MoO_3)_{4,5}$
NiO	2090	1586	Al_2O_3	Ni, O_2, NiO, O
SiO		1025	Ta、Mo	SiO
SiO_2	1730	1250	Al_2O_3、Ta、Mo	SiO, O_2
TiO_2	1840			TiO, Ti, TiO_2, O_2
WO_3	1473	1140	Pt、W	$(WO_3)_3, WO_3$
ZnS	1830	1000	Mo、Ta	
MgF_2	1263	1130	Pt、Mo	$MgF_2, (MgF_2)_2, (MgF_2)_3$
AgCl	455	690	Mo	$AgCl, (AgCl)_3$

(2) 蒸汽粒子的空间分布　蒸汽粒子的空间分布显著地影响了蒸发粒子在基体上的沉积速率以及在基体上的膜厚分布。这与蒸发源的形状和尺寸有关。最简单的理想蒸发源有点和小平面两种类型。在点源的情况下,以源为中心的球面上就可得到膜厚相同的镀膜。如果是小平面蒸发源,则发射具有方向性。现在已有一些理论计算方法。

实际蒸发源的发射特性应按具体情况加以分析。例如用螺旋状钨绞丝做蒸发源,可以简化为一系列小点源构成的一个短圆柱形蒸发源,但对于距离相对很大的平板工件(例如平板玻璃)来说,这种假设的计算结果几乎完全等效于点源模型。在忽略空间残余气体分子及膜材料蒸汽分子间的碰撞损失情况下,单一空间点源对于平板工件上任一点 B 处的沉积膜厚为

$$t = (m/4\pi\rho)h/(h^2+L^2)^{3/2}$$

式中,t 为任一点 B 处的膜层厚度;m 为一个点源蒸发出的总膜料质量,h 为点源中心到平板工件的垂直距离(即蒸距);L 为 B 点至 A 点的距离(即偏距,A 是平板工件上与点源垂直的点处);ρ 为膜材料的密度。

显然,A 点处($L=0$)的膜层厚度最大,其值为

$$t_0 = m/(4\pi\rho h^2)$$

任一点 B 处相对于 A 处的相对膜厚为

$$t/t_0 = [1+(L/h)^2]^{-3/2} \tag{5-3}$$

2. 真空镀膜技术

真空蒸镀有电阻加热蒸发、电子束蒸发、高频加热蒸发、激光加热蒸发和电弧加热蒸发等多种方式,其中以电阻加热蒸发方式用得最为普遍。

(1) 电阻加热蒸发技术　它是用丝状或片状的高熔点导电材料做成适当形状的蒸发源,将膜料放在其中,接通电源,电阻加热膜料使其蒸发。这种技术的特点是装置简单、成本低、功率密度小,主要蒸镀熔点较低的材料,如铝(Al)、银(Ag)、金(Au)、硫化锌(ZnS)、氟化镁(MgF_2)、三氧化二铬(Cr_2O_3)等。

对蒸发源材料的基本要求是:高熔点,低蒸气压,在蒸发温度下不会与膜料发生化学反应或互溶,具有一定的机械强度。实际上对所有加热方式的蒸发源都有这样的要求。另外,电阻加热方式还要求蒸发源材料与膜料容易润湿,以保证蒸发状态稳定。常用的蒸发源材料有钨、

钼、钽石墨、氮化硼等。电阻蒸发源的形状是根据蒸发要求和特性来确定的,一般加工成丝状或舟状,如图5-3所示。若膜料可以加工成丝状,则通常将其加工成丝状,放置在用钨丝、钼丝、钽丝绕制的螺旋丝形蒸发源上。如果膜料不能加工成丝状时,将其粉状或块状膜料放在钨舟、钼舟、钽舟、石墨舟或导电氮化硼做的舟上。螺旋锥形丝管一般用于蒸发颗粒或块状膜料以及与蒸发相润湿的膜料。

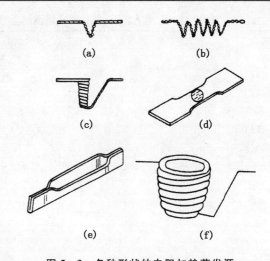

图5-3 各种形状的电阻加热蒸发源
(a)丝状;(b)螺旋形;(c)筐篮形;(d)、(e)舟形;(f)坩埚

真空蒸镀工艺是根据产品要求的,一般非连续镀膜的工艺流程是:镀前准备→抽真空→离子轰击→烘烤→预热→蒸发→取件→镀后处理→检测→成品。

镀前准备包括工件清洗、蒸发源制作和清洗、真空室和工件架清洗、安装蒸发源、膜料清洗和放置、装工件等。这些工作是重要的,它们直接影响了镀膜质量。对于不同基材或零部件有不同的清洗方法。例如玻璃在除去表面脏物、油污后用水揩洗或刷洗,再用纯水冲洗,最后要烘干或用无水酒精擦干;金属经水冲刷后用酸或碱洗,再用水洗和烘干;对于较粗糙的表面和有孔的基板,宜在用水、酒精等清洗的同时进行超声波洗净。塑料等工件在成型时易带静电,如不消除,会使膜产生针孔和降低膜的结合力,因此常需要先除去静电。有的工件为降低表面粗糙度,还应涂 $7\sim10\mu m$ 的特制底漆。

工件放入真空室后,先抽真空至1~0.1Pa进行离子轰击,即对真空室内铝棒加一定的高压电,产生辉光放电,使电子获得很高的速度,工件表面迅速带有负电荷,在此吸引下,正离子击工件表面,工件吸附层与活性气体之间发生化学反应,使工件表面得到进一步的清洗。离子轰击一定时间后,关掉高压电,再提高真空度,同时在一定的温度下进行加热烘烤使工件及工件架吸附的气体迅速逸出,达到一定真空度后,先对蒸发源通以较低功率的电流,进行进行膜料的预热或预熔,然后再通以规定功率的电流,使膜料迅速蒸发。

合金中各组分在同一温度下具有不同的蒸汽压,即具有不同的蒸发速率,因此在基材上沉积的合金薄膜与合金膜料相比,通常存在较大的组分偏离,为消除这种偏离,可采用下列工艺:

① 多源同时蒸镀法。将各元素分别装在各自的蒸发源中,然后独立控制各蒸发源的蒸发温度,设法使到达基材上的各种原子与所需镀膜组成相对应。

② 瞬时蒸镀法(闪蒸发)。把合金做成粉末或细颗粒,放入能保持高温的加热器和坩埚之类的蒸发源中。为保证一个个颗粒蒸发完后就有下次蒸发颗粒的供给,蒸发速率不能太快。颗粒原料通常是从加料斗的孔一点一点出来,再通过滑槽落到蒸发源上。除一部分合金(如Ni-Cr等)外,金属间化合物如GaAs、InSb、PbTe、AlSb等,在高温时会发生分解,而两组分的蒸汽压又相差很大,故也常用闪蒸

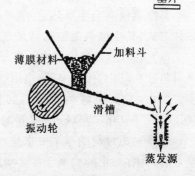

图5-4 闪蒸发原理示意图

法制薄膜。图 5-4 为闪蒸发原理示意图。

化合物在真空加热蒸发时，一般会发生分解。可根据分解难易程度，采用两类不同方法：

① 对于难分解或沉积后又能重新结合成原膜料组分配比的化合物（前者如 SiO、B_2O_3、MgF_2、$NaCl$、$AgCl$ 等，后者如 ZnS、PbS、$CdTe$、$CdSe$ 等），可采用一般的蒸镀法。

② 对于极易分解的化合物如 In_2O_3、MoO_3、MgO、Al_2O_3 等，必须采用恰当蒸发源材料、加热方式、气氛，并且在较低蒸发温度下进行。例如蒸镀 Al_2O_3 时得到缺氧的 Al_2O_3-X 膜，为避免这种情况，可在蒸镀时充入适当的氧气。

氧化物、碳化物、氮化物等材料的熔点通常很高，而且要制取高纯度的化合物很昂贵，因此常采用"反应蒸镀法"来制备此类材料的薄膜。具体做法是在膜料蒸发的同时充入相应气体，使两者反应化合沉积成膜，如 Al_2O_3、Cr_2O_3、SiO_2、Ta_2O_5、AlN、ZrN、TiN、SiC、TiC 等。如果在蒸发源和基板之间形成等离子体，则可提高反应气体分子的能量、离化率和相互间的化学反应程度，这称为"活性反应蒸镀"。

蒸发原子或分子到达基材表面时能量很低（约 0.2eV），加上已沉积粒子对后来到达的粒子造成阴影效果，使膜层呈含有较多孔隙的柱状颗粒状聚集体结构，结合力差，又易吸潮和吸附其他气体分子而造成性质不稳定。为改善这种状况，可用离子源进行轰击，镀膜前先用数百电子伏的离子束对基材轰击清洗和增强表面活性，然后蒸镀中用低能离子束轰击。这种技术称为"离子束辅助蒸镀法"。离子常用氩气。也可以进行掺杂，例如用锰离子束辅助蒸镀 ZnS，得到电致发光薄膜 $ZnS:Mn$。另外，还可用这种方法制备化合物薄膜等。

真空蒸镀的应用广泛，根据镀膜的具体要求可以选择合适的镀膜设备，或者设计制造新的设备。具体的类型很多，形状各异，有立式、卧式、箱式等，在生产上又有间歇型、半连续型、连续型之分。真空镀膜设备主要由镀膜室、真空抽气系统和电控系统等部分组成。在镀膜室内有蒸发源、挡板、工件架、转动机构、烘烤装置、离子轰击电极、膜厚测量装置等。室体可采用钟罩式或前开门式结构。钟罩式体通常用于较小的镀膜设备，而前开门式室体一般用于较大的镀膜设备。室体上设置若干观察窗真空蒸镀设备的真空抽气系统，要按实际需要来配备，常用的主泵是油扩散泵、前级泵配旋片的机械泵。扩散泵的上方设有水冷阱及高真空阀。在较大的镀膜设备中，为提高 $10^2 \sim 10^{-2}$ Pa 真空镀范围的抽气速率，在扩散泵、机械泵抽气系统中增加机械增压泵。真空测量规管安装在能真实反映镀膜室的真空度、同时又不被膜蒸气污染的位置。设备电源主要供电给真空泵、蒸发源和离子轰击电极等部分。电控系统用作膜的顺序控制和安全保护控制。

在镀膜过程中，特别是光学镀膜，对膜厚的测量和控制是非常重要的，有的产品要求镀多层膜，层数甚至多达几十层，而每层膜厚仅纳米级，所以需要用特殊技术来测量。目前常用的有光干涉极值法和石英晶体振荡法两种。前者基于光线垂直入射到薄膜上，其透射率和反射率随薄膜厚度而变化，适用于透明光学薄膜，测量仪器主要有调制器、单色仪（或滤光片）和光电倍增管。后者是基于石英晶片的振荡频率随沉积薄膜厚度而变化，目前已广泛使用。测量仪器主要有石英晶体振荡片、频率计数器、微分电路或数字电路等。

（2）电子束蒸发技术　它是利用加速电子轰击膜料，电子的动能转换热能，使膜料加热蒸发。这种技术所用的蒸发源有直射式和环形，但以电子轨迹磁偏转 270°而形成的 e 型枪应用最广。图 5-5 为 e 型枪的工作原理图。发射体通常用热的钨阴极做电子源，阴极灯丝加热后发射出具有 0.3eV 初始动能的热电子，在灯丝阴极与阳极之间受极间电场制约，可按一定的会聚角形成电子束,并且在磁场作用下沿 $E×B$ 的方向偏转。到达阳极孔时,电子能量可提高到 10kV。通过阳极孔之后,电子束只运行于磁场空间,偏转 270°后入射到盛放到水冷铜坩埚中的膜料上。膜料受电子束轰击,加热蒸发。

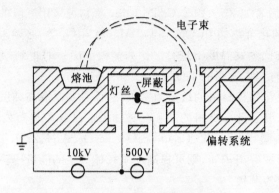

图 5-5 e 型枪的工作原理图

电子束蒸发技术的主要特点是功率密度大,可达 $(10^4 \sim 10^9)W/cm^2$,使膜料加热到 3 000～6 000℃,为蒸发难熔金属和非金属材料如钨、钼、锗、SiO_2、Al_2O_3 等提供了较好的热源,并且热效率高,热传导和热辐射损少。另一个重要特点是,膜料放在水冷铜坩埚内,避免容器材料的蒸发以及膜料与容器材料之间的反应,这对于半导体元件等镀膜来说是重要的。

(3) 高频加热蒸发技术 它是在高频感应线圈中放入氧化铝或石墨坩埚对膜料进行高频感应加热。感应线圈通常用冷铜管制造。此法主要用于铝的大量蒸发。其优点是蒸发速率大,在铝膜厚度为 40nm 时,卷绕速度可达 270m/min(高频加热卷绕式高真空镀膜机)比电阻加热蒸发法大 10 倍左右;蒸发源温度均匀稳定,不易产生铝滴飞溅现象,成品率提高;可一次装膜料,无需送丝机构,温控容易,操作简单;对膜料纯度要求略宽些,生产成本降低。

(4) 激光加热蒸发技术 它是用激光照射在膜料表面,使其加热蒸发。由于不同材料吸收激光的波段范围不同,因而需要选用相应的激光器。例如,SiO、ZnS、MgF_2、TiO_2、Al_2O_3、Si_3N_4 等膜料,宜采用二氧化碳连续激光(波长:10.6μm、9.6μm);Cr、W、Ti、Sb_2S_3 等膜料宜选用玻璃脉冲激光(波长:1.06μm);Ge、GaAs 等膜料宜采用红宝石脉冲激光(波长:0.694μm、0.692μm)。这种方式经聚焦后功率密度可达 $10^6 W/cm^2$,可蒸发任何能吸收激光光能的高熔点材料,蒸发速率极高,制得的膜成分几乎与料成分一样。

上述的激光器产生红外区和可见光区的激光,能量很高,如果采用能量更高的紫外区的准分子激光,则有可能获得更高质量的膜层,这为高温超导体和铁电体等多元新材料及陶瓷薄膜等的制备,提供了一种很有效的方法。在文献中,常将采用脉冲紫外激光源的薄膜制备方法称为脉冲激光熔射(pulse laser ablation,简写为 PLA),以与一般的激光光蒸镀相区别。图 5-6 为 PLA 成膜装置示意图。有人认为,由高功率密度、高光子能量蒸发的粒子,不仅成分偏离很小,而且还含有各种活性成分,因而对膜层质量的改善十分有利。

(5) 电弧加热蒸发技术 它是将膜料制成电极,在真空室中通电后依靠调节电极间距的方法来点燃电弧,瞬间的高温电弧使电弧端部产生蒸发,从而实现镀膜。控制电弧的点燃次数或时间就可沉积出一定厚度的薄膜。这项技术的优点是加热温度高,适用于熔点高和具有导电性的难熔金属和石墨等的蒸发并且装置较为简单和价廉。另一个优点是可以避免电阻加热材料或坩埚材料的污染。缺点是电弧放电过程中容易产生微米量级大小的电极颗粒,影响膜层质量。

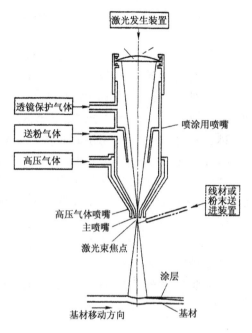

图 5-6 脉冲激光熔射成膜装置示意图

3. 真空蒸镀应用

它可镀制各种金属、合金和化合物薄膜,应用于众多的科技和工业领域。现举例介绍部分应用。

（1）真空蒸镀铝膜制镜　用这项技术制成的镜,反射率高,映像清晰,经济耐用,又不污染环境,故大量应用于人们的日常生活中,也应用于科技和工业中。制镜有许多方法,其中用箱式真空蒸镀设备制镜是一种经济实用的方法。图 5-7 为其镀膜室结构简图,蒸发源用多股钨绞丝制成螺旋状,操作中将一定长度的铝丝放入螺旋孔内。蒸发源由铜排、导电柱等供电,与玻璃片平行排列,一起设置在小车上。小车由底板

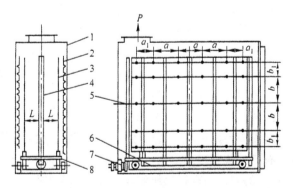

图 5-7 箱式真空蒸发镀膜室结构示意图
1-室体；2-烘烤设施；3-玻璃基片；4-导电柱；
5-蒸发源；6-铜排；7-电极；8-小车

上的导轨推入室体并且由接触电极与电源相连。镀膜室由真空机抽成高真空,钨绞丝蒸发源通电后使电阻加热,将铝丝蒸发,使玻璃片表面镀覆一层铝膜。向镀膜室充入空气后,推出小车,取出镀铝玻璃,然后在镀层表面涂覆保护漆,制成铝镜。蒸发源的数目、间距以及蒸发源与玻璃片的距离等参数要优化设计,以保证膜层厚度的均匀性。一排钨绞蒸发源可对左右两边的玻璃片同时镀膜。小车上蒸发源可设置多排,以提高生产效率。一台设备可配备多个小车,

一小车镀完推出后,另一小车即可推入。

(2) 真空蒸镀光反射体　采用真空蒸镀铝膜来提高灯的照明亮度和装饰性已很普遍。反射罩可用各种金属、玻璃、塑料等制成。为提高膜层的平整度和反射效果,往往在镀铝之前,先涂一层涂料。

灯具的种类很多,反射膜不仅是铝等金属,还可以是其他材料;镀层可以是单层,也可以是多层甚至多达几十层,并且每层厚度都要精确控制,这对真空蒸镀提出了高要求。在玻璃罩冷光灯碗内表面镀覆冷光膜是一个典型的例子。冷光膜的光学特性是具有高的可见光反射率和红外光透过率,即可获得很强的可见光反射而热线(红外线)透过玻璃罩散去的效果。冷光膜可用两个不同中心波长的长波通滤光片耦合而成。生产上常采用低折射率的氟化镁和高折射率的硫化锌两种薄膜交替排列组合,每层厚度按计算设定,分别为几十纳米至一百多纳米不等。镀膜时要用膜厚测试仪器监控。冷光膜通常由20多层膜组合起来,除具有良好的光学特性外,还要求有良好的附着性、致密性、防潮性和耐蚀性等。对于这样的多层膜,仅用真空蒸镀来制备是不够的,一般要采用"离子束辅助沉积"来帮助(见第8章)。我国每月生产冷光灯碗已达几千万个。

(3) 塑料表面金属化　它是利用物理或化学的方法,在塑料表面镀覆金属膜,获得如电性、磁性、金属光泽等金属所具备的某些性能,用于电学、磁学、光学、光电子学、热学和美学等领域。具体的制备方法有电镀、化学镀、真空蒸镀、磁控溅射镀和化学还原法。其中,真空蒸镀因工艺简单、成本低廉、种类多样、质量容易控制和没有环境污染而得到广泛应用。主要有以下两个方面:

①塑料制品表面金属化。尤其是蒸镀铝形成金属质的光亮表面,还可通过染色得到鲜艳的各种色彩,用于玩具、灯饰、家具、钮扣、钟表、饰品、化妆品容器、工艺品、日用品等。镀铝前后通常用有机涂料分别进行底涂和面涂。

②塑料膜带表面金属化。其通常用半连续卷绕镀膜设备进行生产。卷绕速度可达每分钟数百米。塑料膜(带)材料有聚酯、聚丙烯、聚氯乙烯、聚乙烯、聚碳酸酯等。主要镀铝和其他金属,用作装饰膜、压光膜、电容器膜、包装膜等。

装饰膜的产品很多,其中一个实例是制作金银丝:在聚酯表面镀铝(高级装饰用金、银),再涂透明保护膜,经切丝可得银色丝;若铝膜染上透明油溶性染料,可制成金色或其他色泽的丝;把金色膜与银色膜黏合、再切丝,就制成双层结构的金、银丝。金银丝用于制造布料、台布、手工艺品、帘布面料、腰带、服饰、席垫布边等装饰材料。

压光膜是以聚酯等塑料做基片,依次涂(镀)覆下涂层(在压印加热加压时易于从基片上脱落的石蜡类脱膜层或染色层)、镀膜层和上涂层(感热性粘着剂层)然后在纸、塑料制品、人造革、皮革的表面上进行热压印。上涂层瞬间粘贴在被压印工件上,剥去基片,染色的下涂层变成了表层,而用真空蒸镀制得的金属膜层(通常是铝,要求高耐蚀时镀镍、铬或其合金),具有良好的金属光泽,从而呈现出一般印刷技术所达不到的装饰效果。压光膜的种类繁多,应用面甚广,如明信片、图书、化妆盒、标签、塑料容器、日历、铅笔、收音机和电视机的装饰图案以及汽车水箱前栅格、内饰件等。

电介质薄膜材料镀金属膜后可以制造电容器。金属膜层电容器制造工序简单,局部击穿后,因它周围区域的导电膜层消失,马上会恢复这部分的绝缘性能,即有自恢复功能而得到广泛的应用。常用的镀膜材料为锌和铝。添加少量的银、锡、铜等元素,可提高锌与基片材料的附着性能。

包装用真空蒸镀铝膜塑料是1972年石油危机后为节省资源和能源,作为铝箔的替代品,以其良好的防潮、防氧化变质、遮光、保香和装饰效果而迅速占领了广大市场。

塑料膜(带)表面蒸镀,采用半连续卷绕镀膜设备后,生产效率显著提高。图 5-8(a)和(b)分别为单室半连续真空蒸发镀膜机和双室半连续真空蒸发镀膜机的镀膜室结构图,前者适用于幅度较窄的塑料膜(带)基体的镀膜,而后者适用于宽幅度、大卷径的塑料膜(带)基体的镀膜,单室镀膜机的镀膜室主要由室体、卷绕机构、送丝机构、膜料蒸发源及其挡板等组成。室体为卧式钟罩结构,在达到工作真空度后,加热蒸发源,启动送丝机构和卷绕机构,连续将膜料丝送至加热蒸发源处,实现均匀连续的镀膜。双室镀膜机有镀膜和卷绕两室,分别采用各自的真空系统抽气,两室之间用狭缝相连,用以通过工件和保证两室间的压差。镀膜室真空度为 $p<2.5\times10^{-2}$ Pa,卷绕室约 1 Pa,并且采用数个感应加热式蒸发源或数个电阻加热式蒸发源来有效提高卷绕速度。

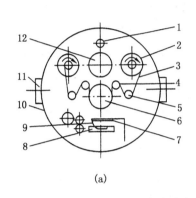 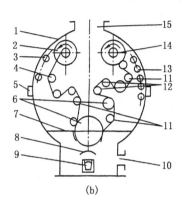

图 5-8 半连续真空蒸发镀膜机镀膜室结构示意图
(a) 单室镀膜机:1-照明灯;2-放卷辊;3-基带;4-导向辊;5-张紧辊;6-水冷辊;7-挡板;8-坩埚;9-送丝机构;10-室体;11-观察窗;12-抽气口 (b) 双室镀膜机:1-室体;2-收卷辊;3-照明灯;4-导向辊;5-观察窗;6-水冷辊;7-隔板;8-挡板;9-蒸发源;10-镀膜室抽气口;11-橡胶辊;12-铜辊;13-烘烤装置;14-放卷辊;15-卷绕室抽气口

5.2.2 溅射镀膜

1. 溅射镀膜原理

(1) 溅射现象　用几十电子伏或更高动能的高能粒子轰击材料表面,使表面原子获得足够的能量而溅出进入气相,这种溅出的、复杂的粒子散射过程称为溅射。它可以用于刻蚀、成分分析(二次离子质谱)以及镀膜等。由于溅射出的原子具有一定的能量,因而可以重新凝聚在另一固体表面形成薄膜,这称为真空溅射镀膜。

被高能粒子轰击的材料称为靶。高能粒子的产生可有两种方法:一是阴极辉光放电产生等离子体,称为内置式离子源。由于离子易在电磁中加速或偏转,所以高能粒子一般为离子。这种溅射称为离子溅射。二是高能离子束从独立的离子源引出,轰击置于高真空中的靶,产生溅射和薄膜沉积。这种溅射称为离子束溅射。

入射一个离子所溅射出的原子个数称为溅射产额,单位通常为原子个数/离子。显然溅射率越大,生成膜的速度就越高。影响溅射率的因素很多,大致分为以下三个方面:

① 与入射离子有关。包括入射离子的能量、入射角、靶原子质量与入射离子质量之比、入射离子的种类等。入射离子的能量降低时,溅射率就会迅速下降;当低于某个值时,溅射率为

零。这个能量称为溅射的阈值能量。对于大多数金属,溅射阈值在 20～40eV 范围。当入射离子数量增至 150eV,溅射率与其平方成正比;增至 150～400eV,溅射率与其成正比;增至 400～5 000eV,溅射率与其平方根成正比,以后达到饱和;增至数万电子伏,溅射率开始降低,离子注入数量增多。

② 与靶有关。包括靶原子的原子序数(即相对原子质量以及在周期表中所处的位置)、靶表面原子的结合状态、结晶取向以及靶材所用材料。溅射率随靶材原子序数的变化表现出某种周期性,随靶材原子 d 壳层电子填满程度的增加,溅射率变大,即 Cu、Ag、Au 等最高,而 Ti、Zr、Nb、Mo、Hf、Ta、W 等最低。

③ 与温度有关。一般认为溅射率在和升华能密切相关的某一温度内,溅射率几乎不随温度变化而变化;当温度超过这一范围时,溅射率有迅速增长的趋向。

溅射率的量级一般为 $(10^{-1}$～$10)$ 个原子/离子。溅射出来的粒子动能通常在 10eV 以下,大部分为中性原子和少量分子,溅射得到离子(二次离子)一般在 10% 以下。在实际应用中,从溅射产物考虑也是重要的,包括有哪些溅射产物,状态如何,这些产物是如何产生的,其中有哪些可供利用的产物和信息,还有原子和二次离子的溅射率、能量分布和角分布等。

(2) 直流辉光放电。在真空容器中存在稀薄气体,如果气体中有宏观电流流过,那么这种气体的导电现象称为气体放电。其中,辉光放电是在 10^{-2}～10Pa 真空度范围内,在两个电极之间加上高压时产生的放电现象。它是离子溅射镀膜的基础,即离子溅射镀膜中的入射离子一般利用气体放电法得到。

气体放电时,两电极之间的电压和电流的关系不能用简单的欧姆定律来描述,而是用如图 5-9 所示的变化曲线来描述:开始加电压时电流很小,AB 区域为暗光放电;随电压增加,有足够的能量作用于荷能粒子上,它们与电极碰撞产生更多的带电荷粒子,大量电荷使电流稳定增加,而电源的输出阻抗限制着电压,BC 区域称汤逊放电;在 C 点以后,电流自动突然增大,而两极间电压迅速降低,CD 区域为过渡区;在 D 之后,电流与电压无关,两极间产生辉光,此时增加电源电压或改变电阻来增大电流时,两极间的电压几乎维持不变,D 至 E 之间区域为辉光放电;在 E 点之后再增加电压,两极间的电流随电压增大而增大,EF 区域称非正常放电;在 F 点之后,两极间电压降至一很小的数值,电流的大小几乎是由外电阻的大小来决定的,而且电流越大,极间电压越小,FG 区域叫做弧光放电。

正常辉光放电的电流密度与阴极物质、气体种类、气体压力、阴极形状等有关,但其值总体来说较小,所以在溅射和其他辉光放电作业时均在非正常辉光放电区工作。

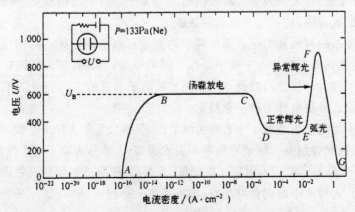

图 5-9 直流辉光放电特性

气体放电进入辉光放电阶段即进入稳定的自持放电过程,由于电离系数较高,产生较强的激发、电离过程,因此可以看到辉光。但仔细观察则可发现辉光从阴极到阳极的分布是不均匀的,可分为如图 5-10 所示的八个区。自阴极起分别为:阿斯顿暗区、阴极辉光区、克鲁克斯暗区(以上三个区总称为阴极位降区,辉光放电的基本过程都在这里完成)负辉光区、法拉弟暗区、正离子光柱区、阴极辉光区、阳极暗区。各区域随真空度、电流、极间距等改变而变化。

阴极位降区是维持辉光放电不可缺少的区域,极间电压主要降落在这个区域之内,使辉光放电产生的正离子撞击阴极,把阴极物质打出来,这就是一般的溅射法。若其他条件不变,仅改变阴极间距,则阴极位降区始终不变,而其他各区相应缩短。阴极与阳极之间的距离至少应比阴极位降区即阴极与负辉光区的距离长。

(3) 射频辉光放电　上面分析了直流辉光放电的情况。在气体放电时产生的正离子向阴极运动,而一次电子向阳极运动。放电是靠正离子撞击阴极产生二次电子,通过克鲁克斯暗区被加速,以补充一次电子的消耗来维持。如果施加的是交流电,并且频率增高到 50Hz 以上,那么会发生两个重要的效应:

① 辉光放电空间电子振荡达到足够产生电离碰撞能量,故减少了放电对二次电子的依赖性,并且降低了击穿电压。

② 由于射频电压可以耦合穿过各种阻抗,故电极就不再要求是导电体,完全可以溅射任何材料。

在二极射频溅射过程中,由于电子质量小,其迁移率高于离子,所以光靶电极通过电容耦合加上射频电压时,到达靶上的电子数目远大于离子数,电子

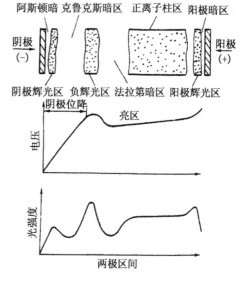

图 5-10　直流辉光放电图形

又不能穿过电容器传输出去,这样逐渐在靶上积累电子,使靶具有直流负电位。在平衡状态下靶的负电位使到达靶的电子数目和离子数目相等,因而通过电容与外加射频电源相连的靶电路中就不会有直流电通过。实验表明,靶上形成的负偏压幅值大体上与射频电压峰值相等。对于介质材料,正离子因靶面上有负偏压而能不断轰击它,在射频电压的正半周时,电子对靶面的轰击能中和积累在靶面上的正离子。如果靶为导电材料,则靶与射频电源之间必须串入 $100 \sim 300 \text{pF}$ 的电容,以使靶具有直流负电位。

(4) 反应溅射原理　自从人们发明射频溅射装置以后就能比较容易地制取 SiO_2、Al_2O_3、Si_3N_4、TiO_2、玻璃等蒸气压比较低的绝缘体薄膜。但是,在采用化合物靶时,多数情况下所获得的薄膜成分与靶化合物成分发生偏离。为了对薄膜成分和性质进行控制,特地在放电气体中加入一定的活性气体而进行溅射,这称为反应溅射,以此可得到所需要的氧化物、氮化物、碳化物、硫化物、氢化物等。它既可用直流溅射,又可用射频溅射;若制取绝缘体薄膜,一般用射频溅射。

一般认为,化合物薄膜是到达基底的溅射原子和活性气体在基底上进行反应而形成的。但是,由于在放电气氛中引入了活性气体,在靶上也会发生反应,依化合物性质不同,除物理溅射外也可能引起化学溅射,后者在离子的能量较低时也能发生。如果离子能量升高,会加上物

理溅射,使溅射率随溅射电压成比例增加。人们以沉积速率与活性气体压力之密切关系的实验结果为依据,提出了在靶面上由表面沿厚度方向的反应模型、由吸附原子在靶面上的反应模型、被溅射原子的捕集模型等,试图说明反应溅射的机制,取得了一定的成功。

2. 溅射镀膜技术

(1) 溅射镀膜的特点　溅射镀膜与真空蒸镀相比,有以下几个特点:

① 溅射镀膜是依靠动量交换作用使固体材料的原子、分子进入气相,溅射出的粒子平均能量约为10eV,高于真空蒸发粒子的100倍左右,沉积在基底表面上之后,尚有足够的动能在基底表面上迁移,因而膜层质量较好,与基底结合牢固。

② 任何材料都能溅射镀膜,材料溅射特性差别不如其蒸发特性差别大,即使高熔点材料也易进行溅射,对于合金、化合物材料易制成与靶材组分比例相同的薄膜,因而溅射镀膜应用非常广泛。

③ 溅射镀膜中的入射离子一般利用气体放电法得到,因而其工作压力在 $10^{-2}\sim 10$Pa 范围内,所以溅射粒子在飞行到基底前往往与真空室内的气体发生过碰撞,其运动方向随机偏离原来的方向,而且溅射一般是从较大靶表面积中射出的,因而比真空蒸镀容易得到厚度均匀的膜层,对于具有沟槽、台阶等镀件,能将阴极效应造成的膜厚差别减小到可忽略不计的程度。但是,较高压力下溅射会使薄膜中含有较多的气体分子。

④ 溅射镀膜除磁控溅射外,一般沉积速率都较低,设备比真空蒸镀复杂,价格较高,但是操作单纯,工艺重复性好,易实现工艺控制自动化。溅射镀膜比较适宜大规模集成电路、磁盘、光盘等高新技术产品的连续生产,也适宜于大面积高质量镀膜玻璃等产品的连续生产。

(2) 溅射镀膜方式　有多种方式,各有特点,它们的原理、工艺参数和特点列于表5-4中。

表 5-4　溅射镀膜方式简介

序号	溅射方式	原理	工艺参数	特点
1	二极溅射	直流二极溅射是利用气体辉光放电来产生轰击靶的正离子,工件与工件架为阳极(通常接地),被溅射材料做成靶作为阴极。射频二极溅与直流二极溅射的主要区别是电源不同相应的镀膜原理也有所不同	DC:1～7kV,0.15～1.5mA/cm²;RF:0.3～10kW,1～10W/cm²;氩气压力约为1.3Pa	构造简单,在大面积的工件表面上可以制取均匀的薄膜,放电电流阴郁压力和电压的变化而变化
2	三极或四极溅射	通过热阴极和阳极形成一个与靶电压无关的等离子区,使靶相对于等离子区保持负电位,并通过等离子区的离子轰击靶来进行溅射。有稳定电极的,称为四极溅射;没有稳定电极的,称为三极溅射。稳定电极的作用就是使放电稳定	DC:0～2kV;RF:0～1kW;氩气压力:$6\times 10^{-2}\sim 1\times 10^{-1}$Pa	可实现低气压、低电压溅射,放电电流和轰击靶的离子能量可独立调节控制。可自动控制靶的电流。也可进行射频溅射

续表

序号	溅射方式	原理	工艺参数	特点
3	磁控溅射	在靶的背面安装一个环形永久磁铁,使靶上产生环形磁场。以靶为阴极,靶下面接地的罩为阳极。当真空室内充以低压 Ar 气为 10^{-1}～10^{-2} Pa 时,在靶的表面附近产生辉光放电。在磁场的作用下,电子被约束在环状空间内,形成高密度的等离子环,其中电子不断地使 Ar 原子变成 Ar 离子,它们被加速后打向靶表面,将靶上原子溅射出来,沉积在基片上,形成薄膜	0.2～1kV(高速低温),3～30W/cm²;氩气压力:10^{-2}～10^{-1} Pa	溅射速率高,在溅射过程中基片的温升低
4	对向靶溅射	两个靶对向放置,在垂直于靶的表面方向加上磁场,以此增加溅射的电离过程	用 DC 或 RF 氩气压力:10^{-2}～10^{-1} Pa	可以对磁性材料进行高速低温溅射
5	射频溅射	在靶上加射频电压,电子在被阳极收集之前,能在阳、阴极之间来回振荡,有更多机会与气体分子产生碰撞电离,使射频溅射可在低气压(1～10^{-1} Pa)下进行。另一方面,当靶电极通过电容耦合加上射频电压后,靶上便形成负偏压,使溅射速率提高,并能沉积绝缘体薄膜	RF:0.3～10kW,0～2kV,频率通常为 13.56MHz;氩气压力:约 1.3Pa	既能沉积绝缘体薄膜,也能沉积金属膜
6	偏压溅射	相对于接地的阳极(例如工件架等)来说,在基底上施加适当的偏压,使离子的一部分也流向基底,即在薄膜沉积过程中基底表面也受到离子轰击,从而把沉积膜中吸附的气体轰击出去,提高膜的纯度	在基底上施加 0～500V 范围内的相对于阳极正或负的电位。氩气压力:约 1.3Pa	在镀膜过程中同时清除 H_2O、H_2 等杂质气体
7	非对称交流溅射	采用交流溅射电源,但正负极性不同的电流波形是非对称的,在振幅大的半周期内对靶进行溅射,在振幅小的半周期内对基底进行较弱的离子轰击,把杂质气体轰击出去,使膜纯化	AC:1～5kV,0.1～2mA/cm²;氩气压力:约 1.3Pa	能获得高纯度的薄膜
8	吸气溅射	备有能形成吸气面的阳极,能捕集活性的杂气体,从而获得洁净的膜层	DC:1～7kV,0.15～1.5mA/cm²;RF:0.3～10kW,1～10W/cm²;氩气压力:约 1.3Pa	能获得高纯度的薄膜
9	反应溅射	在通入的气体中掺入易与靶材发生反应的气体,因而能沉积靶材的化合物膜	DC:1～7kV,RF:0.3～10kV;在氩气中掺入适量的活性气体	沉积阴极物质的化合物薄膜

续表

序号	溅射方式	原理	工艺参数	特点
10	ECR溅射	当磁场强度一定时,带电粒子回旋运动的频率也一定,而与其速度无关,若施加与此频率相同的变化电场,则带电粒子被接力加速,这称为电子回旋加速(electron cyclotron resonance,简写 ECR)。用 ECR 得到的高能量电子与其他粒子碰撞,虽制约了本身能量的继续增加,但使真空室内获得更充分的气体放电。靶受 ECR 等离子体中正离子的溅射作用,被溅射出的原子沉积在基片上	$0\sim$数千伏;氩气压力:1.33×10^{-3} Pa	ECR 等离子体密度高,即使在 10^{-3} Pa 的低气压下也能维持放电。靶可以做得很小。等离子体由微波引入,且被磁场约束。由于不采用热阴极,不受环境的沾污,因此等离子体纯度高,有利于高质量膜层沉积
11	自溅射	其电极结构与磁控溅射相似,但对靶表面的磁通密度有更严格的要求,通过实验来确定。磁力线均匀且集中紧贴靶上方的一个狭窄范围内。溅射时不用氩气,沉积速率高达每分钟数微米,被溅射原子(例如 Cu)由于不受 Ar 分子碰撞而以直线且呈束状进入基板微细孔中,一部分原子被离化向靶入射,从而发生自溅射	靶表面的磁通密度 50mT,$7\sim10$A(ϕ100mm 靶);氩气压力≈0(起动时 1.33×10^{-1} Pa)	具有镀入细孔的能力,即优良的孔底涂敷率,特别是压力低时埋入孔底的膜层平坦
12	离子束溅射	从一个与镀室隔开的离子源中引出高能离子束,然后对靶进行溅射。这样,镀膜室真空度可达 $10^{-4}\sim10^{-8}$ Pa,有利于沉积高纯度、高结合力的膜层。另一方面,靶上放出的电子或负离子不会对基底产生轰击的损伤作用。此外,离子束的入射角、能量、密度都可在较大范围内变化,并可单独调节,因而对薄膜的结构和性能做较大范围的调控	用 DC;氩气压力:约 10^{-3} Pa	在高真空下利用离子束溅射镀膜是非等离子状态下的成膜过程。成膜质量高,膜层结构和性能可调节和控制。但束流密度小,成膜速率低,沉积大面积薄膜有困难

(3) 磁控溅射镀膜技术 其沉积速度快、基片的温升低及膜层的损伤小,因而是一种低温高速溅射方法。磁控溅射还具有一般溅射的优点,如膜层均匀、致密、针孔小、纯度高、附着力强以及可用的靶材广,可沉积成分稳定的合金膜,并可进行反应溅射等。此外,工作压力广和操作电压低也是它的显著特点。因此,磁控溅射镀膜技术在生产上得到了广泛的应用。磁控溅射镀膜机主要由真空室、排气系统、磁控溅射源系统和控制系统四个部分组成,其中磁控溅射源有多种结构形式,具有各自的特点和适用范围:

(1) 平面磁控溅射源 它按靶面形状又分为圆形和矩形两种。在溅射非磁性材料时,磁控靶一般采用高磁阻的锶铁氧体或钕铁硼永磁体做磁体,溅射铁磁材料时则采用低磁阻的铝镍钴永磁铁或电磁铁,保证在靶面外有足够的漏磁以产生溅射所要求的磁场强度。用平面磁控溅射源制备的膜厚均匀性好,对大面积的平板可连续溅射镀膜,适合于大面积和大规模的工业化生产。

(2) 圆柱面磁控溅射源　它有多种形式,特点是结构简单,可有效地利用空间,在更低的气压下溅射成膜。例如用空心圆管制作,管内装有圆环形磁铁,相邻两磁铁的同性磁极相对放置,并沿圆管轴线排列,形成了所需的磁场。圆柱面磁控溅射源适用于形状复杂几何尺寸变化大的镀件,内装式镀管子内壁,外装式镀管子外壁。

(3) S 枪型磁控溅射源　其靶呈圆锥形,制作困难,可直接取代蒸发镀膜机上的电子枪,用于对蒸发镀膜机设备的改造。这种源适合于科研用小型设备。

尽管不同磁控溅射源在结构上存在差异,但都具备两个条件:一是磁场与电场垂直;二是磁场方向与阴极(靶)表面平行,并组成环形磁场。各种磁控溅射源在工作原理上是相同的。现以平面磁控溅源为例,分析磁控靶表面电子运动情况。

图 5-11 为平面磁控溅射靶基本结构。图 5-12 所示为磁控溅射工作原理图。从图中可以看到,阴极靶背面安装的磁体,使二极溅射的阴极靶面上建立一个环形的封闭磁场。它具有平行于靶面的横向磁场分量。该横向磁场与垂直于靶面的电场构成正交的电磁场,成为一个平行于靶面的约束二次电子的电子捕集阱。

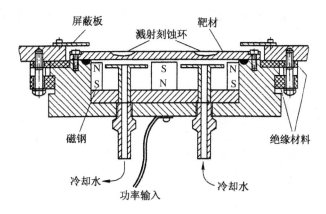

图 5-11　平面磁控溅射靶基本结构

图 5-12 中电子 e 在电场 E 作用下加速飞向基体过程中,与 Ar 原子发生碰撞,若电子具有足够的能量(约 30eV),则电离出 Ar^+ 和一个电子 e,电子飞向基片,Ar^+ 在电场 E 作用下加速飞向阴极靶,以高能量轰击靶的表面,使靶材产生溅射。

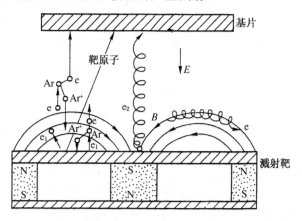

图 5-12　磁控溅射工作原理

在溅射出的粒子中,中性的靶材料原子或分子飞向基片,沉积在基片上成膜;二次电子 e_1 在阴极位降区被加速为高能电子后,并不能直接飞向阳极,而是落入电子捕集阱中,在正交电磁场内通过洛伦兹力的作用,做来回振荡,同时不断地与气体分子发生碰撞,把能量传递给气体分子,使之离离,而本身变为低能电子,最终沿磁力线漂移到阴极附近的辅助阳极上,进而被吸收。在磁极轴线处电场与磁场平行,电子 e_2 将直接飞向基片,但此处离子密度很低,e_2 电子也就很少,故对基片温升作用不大。这些因素避免了高能电子对基片的强烈轰击,消除了二极溅射中基片被轰击加热和被电子辐射照引起损伤的根源,体现了磁控溅射中基片"低温"的特点。

另一方面,正因为磁控溅射产生的电子来回振荡,一般要经过上百米的飞行才最终被阳极吸收,面气体压力为 10^{-1} Pa 量级时电子的平均自由程只有 10cm 量级,所以电离效率很高,易于放电,它的离子电流密度比其他形式溅射高出一个数量级以上,溅射速率高达 $10^2 \sim 10^3$ nm/min,体现了"高速"溅射的特点。

图 5-13(a)和(b)示出靶的封闭环形磁场磁力线由跑道外圈穿出靶面,再由内圈进入靶面,每条磁力线都横贯跑道。环形磁场区域一般称为跑道。靶面溅出的二次电子在正交电磁场的电场力和磁场力的联合作用下,沿着跑道跨越磁力线做旋转线形的跳动,并以这种形式沿着跑道转圈,增加与气体原子碰撞的机会。设计时,通常要求靶面磁场强度的水平分量峰值达到 $0.03 \sim 0.08$ T。

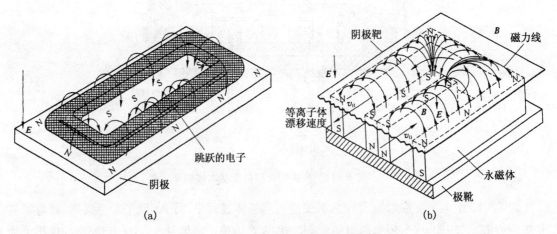

图 5-13 平面磁控溅射靶的跑道和磁力线
(a) 跑道;(b) 磁力线

平面磁控溅射靶厚度为 $3 \sim 10$mm,水冷有直接冷却和间接冷却两种方式。直冷式是冷却水直接通入靶背面;间接式是将靶紧贴在铜靶座上,用水冷却铜靶座。靶温要适中,过高将引起靶材熔化或靶表面合金成分偏析溅射,而过低则使溅射速率下降。对于非直冷式的大功率溅射,为了导热良好,靶与靶座的连接十分重要。为保证溅射镀膜的均匀性,靶在安装前要根据永磁铁的剩磁磁场强度和靶材表面溅射刻蚀深浅的分布,对靶磁场进行调整。用小块永磁体的连接,易于调整靶和磁场强度分布,因此工业生产用的平面磁控靶多数是用小块永磁铁连接成一个环形的磁场。

磁控溅射有着许多优点,获得了广泛的应用,但也存在一些明显的不足。以平面磁控溅射为例,主要缺点有:一是磁控靶表面被溅射的程度不一致,沿电子做旋轮线运动的跑道上被离子优先溅射,形成沟漕,因而靶的利用率很低,一般只有 $20\% \sim 30\%$,这会使溅射不均匀,同时对贵重的靶材来说经济损失较大;二是直流平面磁控溅射在反应镀覆化合物膜的过程中,因阳极表面沉积绝缘镀层而使电子通道消失,辉光放电变得越来越不稳定,最后靶表面上带电的绝缘层会引起频繁的异常弧光放电,使直流反应溅射不能进行;三是由于阴极靶面电磁场的不均匀分布,使等离子体密度的分布不均,导致靶面上不同位置的溅射速率不同,刻蚀速率不同,造成薄膜沉积的不均匀;四是沉积速率需要进一步提高,由于电子被靶面平行磁场约束在靶面附近,辉光放电产生的等离子体也分布在距离靶面约60mm的范围内,随着距离增大,等离子体浓度迅速降低,导致沉积速率下降,同时膜层质量受到影响,往往只能镀覆结构简单、表面较为平整的工件。

针对上述情况,科技工作者做了大量的研究工作,从多方面做了改进,取得了良好的成果,现举例如下:

① 中频电源的孪生靶磁控溅射。其示意图如图5-14(a)所示。实际使用中常采用两个尺寸和外形完全相同的靶(平面靶或圆柱靶)并排配制,也称为孪生靶。中频电源的两个输出端与孪生靶相连。在溅射过程中,当其中一个靶上所加的电压处于负半周时作为阴极,靶面为溅射状态,同时对靶面上可能沉积的介质层进行清理,而另一个靶则处于正电位作为阳极,等离子体中的电子被加速到达靶面,中和了在靶面绝缘层上累积的正电荷。在下半个周期,原来的阴极变为阳极,而原来的阳极变为阴极。两个磁控靶交替地互为阳极与阴极,不但保证了在任何时刻都有一个有效的阳极,消除了"阳极消失"现象,而且还能抑制普通直流反应磁控溅射中的"靶面中毒"(即阴极位降区的电位降减小到零,放电熄灭,溅射停止)和弧光放电现象,使溅射过程得以稳定地进行。

孪生靶使用时,要求双靶在结构、材料、形状、尺寸、加工与安装精度、工作环境都严格一致。交流电的波形对溅射工艺有影响,目前通常使用40kHz正弦波形、对称供电、带有自匹配网络的中频交流磁控溅射电源。

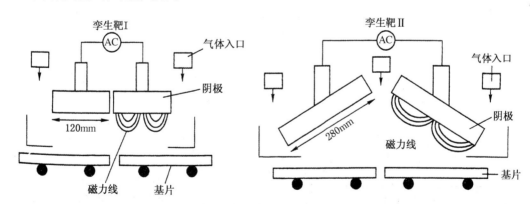

图5-14 中频电源的孪生靶磁控溅射结构示意图
(a) 普通型;(b) 改进型

这项技术在反应溅射方面有一些突出的优点,如沉积的薄膜质量高,沉积速度快,溅射稳定,中频电源与靶的匹配较容易等,因而在工业生产中得到推广应用。

图5-14(b)为改进型孪生靶:双靶相互倾斜一定角度,彼此靠得很近;在两靶之间增加一个气体入口,使得整个靶面的气体分布均匀;靶的宽度从原来的120mm增加到280mm,进一步改进靶前的磁场分布,使密集的等离子体区域变宽,获得较高的靶材利用率。由于靶材储存量的增加和靶材料利用率的提高,改进型孪生靶的寿命是普通型孪生靶的4倍。

② 非对称脉冲溅射。脉冲电源的引入对各类真空镀膜的质量和效率都有良好的影响。在溅射镀膜中，脉冲的引入不仅可以显著提高工艺的稳定性（即溅射反应可以在一种长时间的、稳定的、高速的状态下完成），而且有效增加粒子轰击基片的能量（约比直流溅射提高一个数量级）。脉冲磁控溅射一般使用矩形波电压，为保持较高的溅射速率，正脉冲的持续时间在脉冲周期中占着很小的比例。正电压一般不高于 100V，但也不能过低，否则难于在较短的正脉冲持续时间内完全中和靶面绝缘层上累积的正电荷。由于所用的脉冲波形是非对称的，因此取名为非对称脉冲磁控溅射。它与中频孪生靶溅射不同，一般只使用一个靶。这两项技术的出现促进了化合物反应溅射镀膜工业化的实现。

③ 非平衡磁控溅射。在普通的磁控溅射镀膜中，为了形成连续稳定的等离子体区，必须采用平衡磁场来控制等离子体。其结果是电子被靶面平行磁场紧紧约束在靶面附近，辉光放电产生的等离子体，也分布在靶面附近，只有中性的粒子不受磁场的束缚而飞向工件，但其能量较低，一般在 4~10eV 之间，故沉积在工件表面不足以形成很致密的、结合力很好的膜层。如果将工件安置在靶面附近，虽可改善膜层性能，但距靶过近，则会使沉积的膜层不均匀，内应力大，也不稳定，因而限制工件的几何尺寸，并且形状也不能复杂。为解决这些问题，1985 年，澳大利亚 B. Window 等首先提出"非平衡磁控溅射"方案，其要点是：改变阴极磁场，使内外两个磁极端面的磁通量不相等，一部分磁力线在同一阴极靶面上不形成闭合曲线，将等离子体扩展到远离靶处，工件浸没在其中，等离子体直接干涉工件表面的成膜过程，从而改善了膜层的性能。

建立非平衡磁控溅射系统有多种方法，主要有四种：一是设法使靶的外围磁场强于中心磁场，图 5-15 所示的是非平衡磁控溅射靶的磁场分布图，其心部采用工业纯铁，而周围外圈采用钕铁硼永磁体，该靶所产生的磁场，使靶面附近的一部分磁力线保持封闭性，实现高的溅射速率，另一部分磁力线则指向离子靶面更远的地方；二是依靠附加电磁线圈来增加靶周边的额外磁场；三是在阴极和工件之间增加辅助磁场，用来改变阴极和磁场之间的磁场，并以它来控制沉积过程中离子和原子的比例；四是采用多个溅射靶组成多靶闭合的非平衡磁控溅射系统。图 5-16 所示为具有四个非平衡磁控溅射靶和辅助磁场的闭合磁场的磁控溅射镀膜机，它除了靶面前有磁场分布外，靶与靶之间设有辅助磁场，镀膜室内整个空间形成了磁场相互交连，从而显著增高等离子体密度。

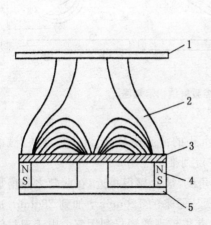

图 5-15 一种非平衡磁控溅射靶磁场分布图

1-工件；2-磁场分布曲线；3-靶材；
4-外圈磁钢；5-磁极靴

图 5-16 四个非平衡磁控溅射靶和辅助
磁场构成的封闭磁场示意图

④ 复合结构磁控溅射靶。有一种新的镀膜源是在磁控溅靶的结构中,通过改变靶背面的磁体与靶面之间的距离来改变靶面的磁场强度:当外圈磁体后移时,靶面的磁场的强度低至 1～5mT,镀膜源可以作为电弧使用;当外圈磁体前推时,靶面的磁场强度可提高到 30～50mT,镀膜源又可作为磁控溅射靶使用。这种源称为 ABS 源(arc bond sputtering),用于沉积多层复合薄膜。

3. 溅射镀膜应用

(1) 溅射镀膜的应用领域 真空镀膜技术初现于 20 世纪 30 年代,20 世纪中叶开始出现工业应用,到了 20 世纪 80 年代实现大规模生产,以后在电子、宇航、光学、磁学、建筑、机械、包装、装饰等各个领域都得到了广泛的应用。其中,溅射镀膜占有很重要的地位。20 世纪 60 年代初,贝尔实验室和 Western Electric 公司利用溅射方法制备钽膜集成电路。1965 年,IBM 公司用射频溅射法实现了绝缘膜的沉积,以后溅射技术进入快速发展时期,尤其是 1974 年,J. Chapin 发表有关平面磁控溅装置的文章后,使高速、低温溅射镀膜成为现实。溅射镀膜技术从此以崭新的面貌出现,经过不断改进和完善,凭其操作单纯、工艺重复性好、镀膜种类的多样性、膜层质量以及容易实现精确控制和自动化生产等优点,广泛应用于各类薄膜的制备和工业生产,并且成为许多高新技术产业的核心技术。表 5-5 列出了溅射镀膜的某些应用领域和典型应用。

(2) 溅射镀纯金属膜 溅射镀膜与真空蒸镀相比较,各有优缺点。两种镀膜的沉积粒子虽都是中性原子,但能量不同,真空蒸镀约为 0.1～1eV,而溅射镀膜约为 1～10eV。溅射镀膜的质量普遍较高。例如,镀制铝镜时,溅射铝的晶粒细,密度高,镜面反射率和表面平滑性优于蒸发镀铝。又如在集成电路制作中,溅射铝膜附着力强,晶粒细,台阶覆盖好,电阻率低,可焊性好,因而取代了蒸发镀铝。

表 5-5 溅射膜某些应用领域和典型应用

应用分类		用 途	薄 膜 材 料
大规模集成电路及电子元器件	导体膜	电阻薄膜,电极引线	$Re, Ta_2N, TaN, Ta-Si, Ni-Cr, Al, Au, Mo, W, MoSi_2, WSi_2, TaSi_2$
		小发热体薄膜	Ta_2N
		隧道器件,电子发射器件	$Ag-Al-Ge, Al-Al_2O_3-Al, Al-Al_2O_3-Au$
	介质膜	表面钝化,层间绝缘,LK 介质	$SiO_2, Si_3N_4, Al_2O_3, FSG, SiOF, SOG, HSQ$
		电容,边界层电容 HK 介质	$BaTiO_3, KTN(KTa_{1-x}Nb_xO_3), PZT, PbTiO_3$
		压电体,铁电体	$ZnO, AlN, \gamma-Bi_2O_3, Bi_{12}GeO_{20} LiNbO_3, PZT, Bi_4Ti_3O_{12}$
		热释电体	硫酸三甘肽(TGS), $LiTaO_3, PbTiO_3$, PLZT
	半导体膜	光电器件,太阳能利用	$Si, a-Si, Au-ZnS, InP, GaAs, CdS/Cu_2S$, CIS, CIGS
		薄膜三极管	$a-Si$, LTPS, HTPS, $CdSe, CdS, Te, InAs, GaAs, Pb_{1-x}Sn_xTe$
		电致发光	ZnS:稀土氟化物,$In_2O_3-Si_3N_4-ZnS$ 等
		磁电器件,传感器等	$InSb, InAs, GaAs, Ge, Si, Hg_{1-x}Cd_x, Te, Pb_{1-x}Sn_xTe$
	超导膜	约瑟夫森器件	$Pb-B/Pb-Au, Nb_3Ge, V_3Si$, YBaCuO 等高温超导膜
		(超导量子干涉计,记忆器件等)	$Pb-In-Au, PbO/In_2O_3$, YBaCuO 等高温超导膜

续表

应用分类		用途	薄膜材料
磁性材料及磁记录介质	磁记录	水平磁记录	γ-Fe_2O_3,Co-Ni
		垂直磁记录	Co-Cr,Co-Cr/Fe-Ni 双层膜
	光磁记录	光盘	MnBi,GdCo,GdFe,TbFe,GdTbFe
	磁学器件	磁头材料	Ni-Fe,合金膜,Co-Zr-Nb 非晶膜
		磁泡器件,霍耳器件,磁阻器件	Y_3Fe_5,γ-Fe_2O_3
CRT 及平板显示器		CRT	$ZnS:Ag,Cl$,$ZnS:Au,Cu,Al$,$Y_2O_2S:Eu$,$Zn_2SiO_4:Mn$、As
		LCD	ITO,用于 TFT-LCD 的 a-Si、LTPS、HTPS、MoTa、SiO_x、SiN_3
		PDP	ITO,MgO 保护膜,Cr-Cu-Cr、Cr-Al、Ag 汇流电极
		OLED 及 PLED	小分子有机发光材料,HIL、HTL、ETL、ElL、a-Si、LTPS、HTPS、RGB 发光层,ITO 高分子有机发光材料
		LED	三元及四元系化合物半导体薄膜,发蓝光的 SiC 膜,Ⅱ-Ⅵ族化合物半导体膜
		ELD	$ZnS:Mn$、$ZnS:Sm$、F、$CaS:Eu$、Y_2O_3、SiO_2、Si_3N_4、$BaTiO_3$、ITO
		FED	W、Mo、CNT 膜、金刚石薄膜、DCL、Ta_2O_5、Al_2O_3、HfO_2、ITO
光学及光导通信		保护膜,反射膜,增透膜	Si_3N_4,Al,Ag,Au,Cu
		光变频、光开关	TiO_2,ZnO,YIG,GdIG,$BaTiO_3$,PLZT,SnO_2
		光记忆器件,高密度存储器	GdFe,TbFe
		光传感器	InAs,InSb,$Hg_{1-x}Cd_xTe$,PbS
能源科学	太阳能利用	光电池,透明导电膜	Au-ZnS,Ag-ZnS,$CdS-Cu_2S$,SnO_2,In_2O_3
	第一壁材料	耐热、抗辐照、表面保护	TiB_2/石墨,TiB_2/Mo,TiC/石墨,B_4C/石墨,B/石墨
	核反应堆用	元件保护,防腐蚀,耐辐照	Al/U
机械应用	耐磨,表面硬化	刀具、模具、机械零件、精密部件	TiN,TiC,TaN,Al_2O_3,BN,HfN,WC,Cr,金刚石薄膜,DCL
	耐热	燃气轮机叶片	Co-Cr-Al-Y,Ni/ZrO_2+Y,Ni-50Cr/ZrO_2+Y
	耐蚀	表面保护	TiN,TiC,Al_2O_3,Al,Cd,Ti,Fe-Ni-Cr-P-B 非晶膜
	润滑	宇航设备、真空工业、原子能工业	MoS_2,聚四氟乙烯,Ag,Cu,Au,Pb,Pb-Sn
塑料工业	装饰、硬化、包装	塑料表面金属化	Cr,Al,Ag,Ni,TiN

溅射镀纯金属膜按产品要求有间歇式和连续式等生产方式。在间歇式生产时,镀膜机可采用双门结构,工件架安装在门上,当一扇门载着工件进行溅射镀膜时,另一扇门上可装卸工件,两扇门上的工件轮换镀膜,显著提高了生产率。溅射膜的靶材是镀膜材料,溅射时无需加

热源或坩埚内融化材料,靶可以任意位置和角度安装,并且只要能做成靶材,一般都能溅射镀膜。由于溅射时可以不需要热源,所以对不耐热的柔性材料上连续镀膜来说,溅射法是一个很好的选择。

(3)溅射镀合金膜　溅射法适宜于镀制合金膜。采用两个或更多的纯金属靶同时对工件进行溅射的多靶溅射法,可以通过调节各靶的电流来控制膜层的合金成分,获得成分连续合金膜。另一种方法是合金靶溅射法,它是按要求的成分比例制成合金靶。还有一种是镶嵌靶溅射法,是将两种或多种纯金属按设定的面积比例镶嵌成一块靶材,同时进行溅射。镶嵌靶的设计是根据膜层成分要求,考虑各种元素的溅射产额,来计算每种金属所占靶面积的份额。

(4)溅射镀化合物膜　过去通常用以下三种方法来镀制化合物膜：一是直流溅射法,采用导电的化合物靶材,如 SnO_2、ITO(氧化铟锡)、$MoSi_2$ 等,它们一般用粉末冶金法制成,价格昂贵；二是射频溅射法,虽不受靶材是否导电的限制,但其设备昂贵,还有人身防护问题,故一般只用于镀制绝缘膜；三是反应溅射法,如果采用直流电源,一般容易出现阳极消失、靶面中毒和弧光放电等问题,溅射过程难以稳定进行。如前所述,中频孪生靶溅射和非对称脉冲溅射等新技术的出现和应用,有力地促进了化合物反应溅射镀膜生产的发展。

(5)应用实例

① 太阳能玻璃集热管的磁控溅射镀膜。把太阳光能转换为热能的转换器称为集热器。按结构可将其分为"非聚光式集热器"和"聚光式集热器"。非聚光式集热器又有"真空管型集热器"和"平板型集热器"之分。目前,玻璃真空集热管式太阳能集热器占据了国内 90% 以上的市场份额。它提供人们日常生活用热水,非常方便,节能效果显著。

真空管型集热管由内芯管与外套管两层玻璃管组成。内芯管的外表面用磁控溅射镀制一定的太阳光谱选择吸收薄膜,然后与外套管封接起来,两管之间抽真空到 5×10^{-3} Pa。太阳光谱选择吸收薄膜具有高的太阳光能吸收率 α 和很低的红外热发射率 ε,有为数不多的材料可供选择,一般选择成分渐变的 AlN-Al 膜系,α 达 0.95,ε 约为 0.05。真空管与热水箱连接,内芯管连续通水。在太阳光照射下,内芯管吸收太阳光能,转换为热能,从而将水加热,制成太阳能热水器。

图 5-17 为一种镀制太阳能玻璃集热管的磁控溅射靶的结构图。它采用永磁式同轴圆柱靶的阴极结构,靶材为铝,永磁体材料是钕铁硼。靶芯可以 360°转动,以保证靶面刻蚀均匀。圆柱靶材料利用率可达 80% 以上。镀膜工艺大致是：将清洗、烘干的玻璃管安装在工件转架的弹簧夹头上,对镀膜室抽真空至 5×10^{-3} Pa,再通入氩气,使真空度降至 $(5\sim8)\times10^{-1}$ Pa。然后进行磁控溅射镀铝,达到所需厚度以后,进行氮化铝的沉积。此时通入氮气,真空度基本保持不变,氮与铝反应沉积氮化铝。用计算机控制氩气和氮气的比例,可以获得具有优异太阳光谱选择吸收特性的多层 AlN-Al 膜。一般镀 15 层。每支集热管与水箱插孔间放上硅橡胶圈进行密封,制成太阳能热水器成套产品。

② 低辐射玻璃的磁控溅射镀膜。建筑能耗在社会总能耗中占有 30%~45% 的比例,它是牵动社会经济发展全局的问题。低辐射玻璃又称 Low-E 玻璃,因其所镀的膜层具极低的表面辐射率而得名。普通玻璃的辐射率为 0.84 左右,低辐射玻璃的表面辐射率在 0.25 以下。低辐射玻璃可以将 80% 以上的远红外线热辐射反射回去,具有良好的阻隔热辐射透过的作用,因而是一种性能优良的节能产品。

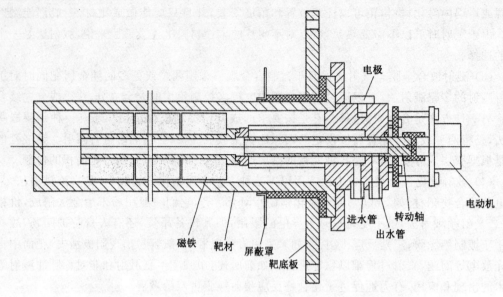

图 5-17 一种镀制太阳能玻璃集热管的磁控溅射靶结构图[98]

目前,低辐射玻璃的生产技术主要有离线磁控溅射法、在线化学气相沉积法和贴膜法三种,其中,离线磁控溅射法因其具有设备投资少、生产难度较低等优点而获得迅速的发展。用这种技术生产的低辐射玻璃膜系基本结构包括第一层介质膜、功能膜和外层介质膜三部分。第一层介质膜(不导电)通常为 SnO_2、TiO_2、ZnO_x、SiN_x 等,具有提高功能膜附着力、调节膜系光学性能和色彩以及防止可见光和部分红外线反射等作用。功能膜一般为银,它是长波热能最好的反射体。外层介质膜通常也是金属氧化物和氮化硅,具有减反射、保护银膜、提高膜系性能的作用。另外,在银膜与外层介质膜之间通常加入很薄一层金属或合金膜(如 Ti 或 NiCr 等)作为遮蔽层,以防止银膜氧化。具体的膜系很多,大致分为单银膜系和双银膜系两类。图 5-18 表示一些膜系的结构,它们在性能上有所不同,可供选择使用。双银膜系在冬季有良好的隔热保温效果,而在夏季又有良好的太阳能遮蔽作用,但是膜系结构复杂。改进型单银膜系在增大银膜厚度的同时,提高膜系减反射性,可见光透射比仍保持在 80%~84%,而辐射率低至 0.05~0.06,可与双银膜系媲美。

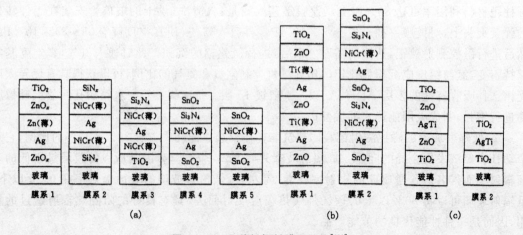

图 5-18 几种低辐射膜系结构[111]
(a) 单银膜系;(b) 双银膜系;(c) 改进型单银膜系

为了达到大面积平板玻璃表面镀膜流程要求,实现自动化、连续性生产,通常采用串接积木组合方式。图 5-19 平板玻璃连续溅射镀膜生产线示意图,其中(a)为典型的生产线,(b)中双点划线表示真空室可根据产品要求加长"积木",增加了镀膜产品的品种。图 5-20 为生产线照片。

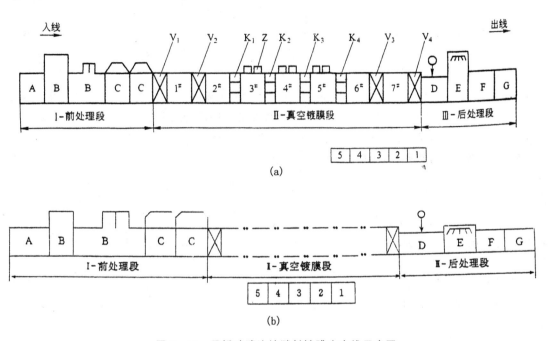

图 5-19　平板玻璃连续溅射镀膜生产线示意图
(a)典型的生产线;(b)按产品要求增多真空室的生产线
A-进线工作台;B-打霉机、玻璃洗涤机;C-防尘加热烘烤装置;D-膜层透射率检查台;E-膜层清洗后处理机;
F-膜层物理外观检查台;1#-预储室　2#-过渡室　3#-溅射室　4#-溅射室 5#-溅射室 6#-过渡室
7#-输出室　$V_1 \sim V_4$-阀门闸板阀　$K_1 \sim K_4$-隔离腔　Z-平面磁控溅射阴极　1~5 电气电控

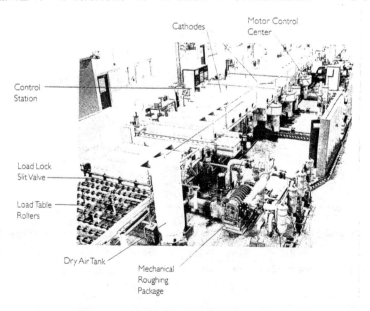

图 5-20　平板玻璃连续溅射镀膜的生产线照片[149]

③ 磁控溅射卷绕镀膜。它与蒸发卷绕镀膜相比，生产效率较低，设备较为复杂，镀制成本较高，但是具有镀膜温度低、可按产品要求设置多个靶连续镀多层膜、镀膜材料适应范围宽、膜层厚度可控和质量较高等一系列优点。目前，这项技术已用于许多柔性基材上的卷绕镀膜，如在棉纺织品、有机聚酯泡沫、PET、PEN、PC 等高分子材料、化纤布、无纺布、矿物纤维布、薄型金属等表面上制备导电薄膜和金属化织物，这些产品有广泛的用途。

图 5-21 为一种磁控溅射卷绕镀制高透明、低方阻 ITO-Ag-ITO 膜的设备结构示意图。其中有五个阴极靶，阴极框用无磁不锈钢，磁体为钕铁硼，第 1、第 2、第 4、第 5 靶位安装 ITO 靶，第 3 靶位安装 Ag 靶。第一层 ITO 膜的厚度为 20~40nm，第二层 Ag 膜的厚度为 10~15nm，第三层 ITO 膜的厚度为 20~45nm 用直流磁控溅射电源供电。镀第一层 ITO 膜时速度为 1.5m/min，溅射功率为 300V×15A＝4 500W；镀第二层 Ag 膜速度为 1.5m/min，溅射功率为 420V×5A＝2 100W；镀第三层 ITO 膜时速度为 1.5m/min，功率 9 500W。

镀 ITO 膜时，两个溅射靶同时工作才能满足要求。溅射气压为 $(2\sim4)\times10^{-1}$Pa。基膜温度和反应气体的分压强都做了严格的控制。由于该设备的电源是一种高速开关电源，并且附加脉冲电源，将放电弧控制在最小的范围，从而保证溅射过程长期稳定。在气体控制上，采用了多层均匀布气管道，每个靶位能恒定地平衡供气。膜厚监控方面，用一个红外探头判断 Ag 膜的厚度变化，以此及时调整溅射功率；用 470nm、560nm、660nm 三个通道（探头）来判断 ITO 膜厚度，调整 ITO 靶溅射功率。ITO 靶使用烧结的陶瓷靶。

采用上述设备和工艺，在柔性 PET 塑料上镀制的 ITO-Ag-ITO 膜可见光透过率为 75%~88%，方阻为 (5~10)Ω/口，红外反射为 85%~95%，微波衰减达 30dB 以上，可用于各种隔热玻璃和防电磁波显示屏的贴膜。

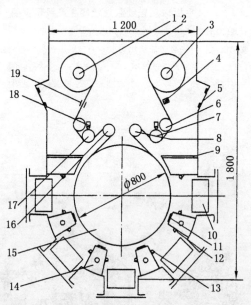

图 5-21 一种磁控溅射卷绕镀制高透明、低方阻 ITO-Ag-ITO 膜的设备结构示意图
1-收料辊；2-真空室体；3-放料辊；4-离子清洗器；5-观察孔；6-导向辊；7-张力辊；8-压力辊；9-中隔板；10-阴极；11-定档板；12-阳极板；13-布气管；14-隔离槽；15-冷辊；16-压辊；17-张力辊；18-张力检测器；19-实时监控探头

5.2.3 离子镀

1. 离子镀的概念和特点

(1) 离子镀的概念　离子镀是在真空条件下,利用气体放电使气体或被蒸发物质部分离化,在气体离子或被蒸发物质离子轰击作用的同时把蒸发物质或其反应物质沉积在基底上。它兼具蒸发镀的沉积速度快和溅射镀的离子轰击清洁表面的特点,特别具有膜层附着力强、绕射性好、可镀材料广泛等优点,因此这一技术获得了迅速的发展。

实现离子镀,有两个必要的条件:ⓐ造成一个气体放电的空间;ⓑ将镀料原子(金属原子或非金属原子)引进放电空间,使其部分离化。目前离子镀的种类多种多样。镀料的气化方式以及气化分子或原子的离化和激发方式也有许多类型;不同的蒸发源与不同的离化、激发方式又可以有许多种的组合。实际上许多溅射镀从原理上看,可归为离子镀,亦称溅射离子镀,而一般说的离子镀常指采用蒸发源的离子镀。两者镀层质量相当,但溅射离子镀的基底温度要显著低于采用蒸发源的离子镀。

一般采用蒸发源的离子镀,其沉积原理大致可以简单描述如下:先将真空室抽到 $10^{-3} \sim 10^{-4}$ Pa 真空度,然后充入一定气体,使真空度达 $1 \sim 10^{-1}$ Pa,当基片(工件)相对蒸发源加上负高压之后,基片与蒸发源之间形成一个等离子区;处于负高压的基片被等离子所包围,不断地受到等离子体中的离子轰击,有效地清除基片表面所吸附的气体和污物,使成膜过程中的膜层始终保持清洁状态,同时膜料蒸气粒子因受到等离子体中正离子和电子的碰撞而部分被电离成离子,这些正离子在负高压电场的作用下,被吸引到基片上成膜。

(2) 离子镀的特点　从离子镀技术本身而言,一个重要特征就是在基片上施加负高压,亦称负偏压,用来加速离子,增加沉积能量。负偏压的供电方式有可调式直流偏压和高频脉冲偏压。后者的频率、幅值、占空比可调,有单极脉冲,也有双极脉冲。实际上,离子镀与真空蒸镀、溅射镀膜的本质区别在于前者施加负偏压,而后面两种技术在基片上未加负偏压。因此,前述的各种真空蒸镀和溅射镀膜中,若能在基片(导电基材)上施加一定的负偏压,就可称为蒸发离子镀和溅射离子镀,归为离子镀范畴。从离子镀技术的工艺和膜层的性质来看,它具有下列特点:

① 膜层附着力好。这是因为在离子镀过程中存在着离子轰击,使基片受到清洗、增加粗糙度和加热效应。

② 膜层组织致密。这也是与离子轰击有关。

③ 绕射性能优良。其原因有两个:一是膜料蒸汽粒子在等离子区内被部分离化为正离子,随电力线的方向而终止在基片的各部位;二是膜料粒子在真空度 $1 \sim 10^{-1}$ Pa 的情况下经与气体分子多次碰撞后才能到达基片,沉积在基片表面各处。

④ 沉积速率快。其通常高于其他镀膜方法。

⑤ 可镀基材广泛。它可在金属、塑料、陶瓷、橡胶等各种材料上镀膜。

表 5-6 为物理气相沉积的三种基本方法的比较。

表 5-6 物理气相沉积的三种基本方法之比较

比较项目		分类 特点	真空蒸镀	溅射镀膜	离子镀
沉积粒子能量	中性原子		0.1~1eV	1~10eV	1~10eV(此外还有高能中性原子)
	入射离子				数百至数千伏特
沉积速率/μm·min^{-1}			0.1~70	0.01~0.5 (磁控溅射可接近真空蒸镀)	0.1~50
膜层特点	密度		低温时密度较小但表面平滑	密度大	密度大
	气孔		低温时多	气孔少,但混入溅射气体较多	无气孔,但膜层缺陷较多
	附着力		不太好	较好	很好
	内应力		拉应力	压应力	依工艺条件而定
	绕射性		差	较好	好
被沉积物质的气化方式			电阻加热 电子束加热 感应加热 激光加热等	镀料原子不是靠源加热蒸发,而是依靠阴极溅射由靶材获得沉积原子	辉光放电型离子镀有蒸发式、溅射式和化学式,即进入辉光放电空间的原子分别由各种加热蒸发、阴极溅射和化学气体提供。另一类是弧光放电型离子镀,其中空心热阴极放电离子镀时利用空心阴极放电产生等离子电子束,产生热电子电弧;多弧离子镀则为非热电子电弧,冷阴极是蒸发、离化源
镀膜的原理及特点			工件不带电;在真空条件下金属加热蒸发沉积到工件表面,沉积粒子的能量和蒸发时的温度相对应	工件为阳极,靶为阴极,利用氩离子的溅射作用把靶材原子击出而沉积在工件(基片)表面上。沉积原子的能量由被溅射原子的能量分布决定	沉积过程是在低气压气体放电等离子体中进行的,工件表面在受到离子轰击的同时,因有沉积蒸发物或其反应物而形成镀层

2. 几种常用的离子镀技术

离子镀膜的基本过程包括镀料蒸发、离化、离子加速、离子轰击工件表面、离子或原子之间的反应、离子的中和、成膜等过程,而且这些过程是在真空、气体放电的条件下完成的。一般情况下,离子镀设备由真空室、蒸发源(或气源、溅射源等)、高压电源、离化装置、放置工件的阴极等部分组成。不同类型的离子镀方法采用不同的真空度;镀料气化采用不同的加热蒸发方式;蒸发粒子及反应气体采用不同的电离及激发方式等。有的在蒸发源与工件之间安装一个活化电极,增加粒子碰撞几率,称为活性反应离子镀。这里简略介绍几种常用的离子镀。

(1) 气体放电等离子体离子镀 其设备与真空蒸镀设备基本相似,蒸发源与基材的距离为 20～40cm。工件架对地是绝缘的,可对工件架加负偏压。向真空室充以氩气,当气压达一定值,电压梯度适当时,在蒸发源与基材之间就会产生辉光放电,蒸发便在气体放电中进行,氩气离子和镀料离子加速飞向基材,即在离子轰击的同时凝结形成质量较高的膜。如果在充氩时再充适量的 O_2、N_2 等气体,即通过反应离子镀形成各种化合物薄膜。在基材与蒸发源之间加一个加正电压的电极,也就是说通过偏置反应激活离子镀沉积化合物膜。

(2) 射频放电离子镀 射频线圈为 7 圈,高为 7cm,用直径 ϕ3mm 的铜丝绕制,安装在蒸发源和工件之间,工件和蒸发源的距离为 20cm 射频频率为 13.56MHz,功率多为 1～2kW,直流偏压多为 0～-1 500V。这种装置的内部主要分为以蒸发源为中心的蒸发区及以线圈为中心的离化区和以基材为中心的离子加速区。通过分别调节蒸发源功率、线圈的激励工率、基材偏压等,可以对上述三个区进行独立的控制。

射频放电离子镀的放电状态稳定,在 10^{-1}～10^{-3}Pa 的较高真空度下也能稳定放电,而且离化率较高(可达 10%),镀层质量好,基材温升低而且较易控制,还容易进行反应离子镀。缺点是真空度较高,绕射性较差,在射频电源与频频电极之间需接上匹配箱,并要根据镀膜参数变化随时调节,如果使用电子束蒸发源,还会与射频激励电流之间互相干扰。因此,要根据膜层的具体要求来确定最佳工艺参数。射频对人体有害,要设法屏蔽和防护。

(3) 空心阴极放电离子镀 空心阴极放电离子(hollow cathod discharge,HCD)是利用空心热阴极产生等离子束,它用空心钽管做阴极,辅助阳极距阴极较近,两者为引燃弧光放电的两极。HCD 枪的引燃方式有下面两种,并由此产生等离子电子束:

① 在钽管处造成高频电场,引起由钽管通入的氩气电离,离子轰击处于负电位的钽管,使钽管受热,升温至热电子发射温度,从而产生等离子电子束。

② 在钽管阴极和辅助阳极之间用整流电流施加 300V 左右的直流电压,并同时由钽管向真空室内通入氩气,在 10～1Pa 氩气气氛下,阴极钽和辅助阳极之间发生反常辉光放电,中性低压氩气钽管内外不断地电离,氩离子又不断地轰击钽管表面,使钽管前端度逐步上升,达 2 300～2 400K 时,就从钽管表面发射出大量的热电子,辉光放电转变为弧光放电,电压降至 30～60V,电流上升至数百安,此时,在阴阳极之间接通主电源就能引出高密度的等离子电子束。等离子电子束经偏转聚焦到达水冷坩埚后,将膜料迅速蒸发,这些蒸发物质又在等离子体中被大量离化,在负偏压的作用下以较大的能量沉积在工件表面而形成牢固的膜层。

这种离子镀的技术具有下列特点:ⓐHCD 空心阴极枪既是膜料气化的热源又是蒸发粒子的离化源,离化方式是利用低电流的电子束碰撞;ⓑ用零至数百伏的加速电压,离化和离子加速独立操作;ⓒ能良好地进行反应性离子镀;ⓓ基材温升小,镀膜时还要对基材加热;ⓔ离化效率高,电子束斑较大,各种膜都能镀。

(4) 阴极电弧离子镀 它是把真空弧光放电用于蒸发源的镀技术,也称真空弧光蒸镀法。由于蒸镀时阴极表面出现许多非常小的弧光辉点,所以又称为多弧离子镀。

多弧离子镀不是空心阴极放电的那种热电子电弧,而是一种非热电子电弧。它的电弧形式是在冷阴极表面上形成阴极电弧斑点。图 5-22 是多弧离子镀原理示意图。真空室中有一个或多个作为蒸发离化源的阴极以及放置工件的阳极(相对于地来讲也处于负电位)。蒸发离化源可以设计成由圆板状阴极、圆锥状阳极、引弧电极、电源引线极、固定阴极的座架、绝缘体等组成。阴极有自然冷却和强制冷却两种。图 5-23 为用水冷却的多弧离子镀的蒸发离化源结构示意图。绝缘体将圆锥状阳极与圆板状阴极隔开。在蒸发离化源周围放磁场线圈。引弧电极安装在有回转轴的永久磁铁上。磁场线圈有两个作用：

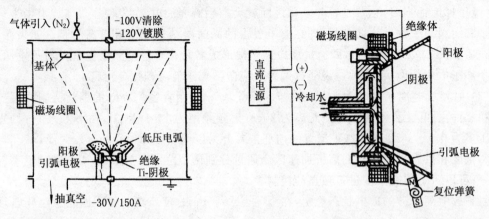

图 5-22 多弧离子镀原理示意图　　图 5-23 阴极强制冷却的多弧离子镀蒸发离化源

① 无电流时，引弧电极被弹簧压向阴极。当线圈通电时，作用于永久磁铁的磁力使轴回转，引弧电极从阴极离开，瞬间产生火花，并实现引弧。

② 增强弧光蒸发源产生的离子束作定向运动。

电弧被引燃后，低压大电流电源将维持圆板和圆锥状阳极之间弧光放电过程的进行，其电流一般为几安至几百安，工作电压为 10～25V。在阴极电弧放电时，可以看到阴极表面有许多高度明亮的小点，即所谓的阴极斑点。它们是不连续而随机运动的，尺寸和形状也是多种多样的、易变的。每个斑点都是发射一股高度电离的金属等离子体，含有大量的一价及高价离子，向空间扩散。多个斑点发射出的等离子体流就在阴、阳极之间汇合成等离子体云。

斑点电流最大值称为斑点的特征电流。其取决于阴极材料，从镉为 10A 到钨为 300A。当电弧电流加大时，阴极斑点数将随之增加；一个斑点熄灭时，其他斑点会分裂，以保持电弧放电的总电流。对于每一个肉眼所能分辨的阴极斑点，它们都由若干个小斑点组成。阴极斑点实际上是一团在高温、高压下，具有较小体积的、紧挨阴极表面的、迅速而随机运动的高密度等离子体。以铜的阴极斑点为例：斑点直径 10^{-4} cm，特征电流 100A，斑点在阴极表面的迁移速度为 10^4 cm/s，斑点电流密度 $10^6 \sim 10^8$ A/cm^2，斑点表面温度（理论平均值）4030K，斑点表面蒸汽压（理论平均值）3.5MPa，斑点与阴极表面之间的电位降落距离为 $10^{-6} \sim 10^{-7}$ cm，斑点区电子密度为 $10^{20} \sim 10^{21}$ 个/m^2。

从弧光辉点放出的物质，大部分是离子和熔融粒子，中性原子的比例为 1%～2%。阴极材料如 Pb、Cd、Zn 等低熔点金属，离子是一价的。金属熔点越高，多价的离子比例就越大。Ta、W 的离子中还有 5 价和 6 价的。定向运动的、具有能量为 10～100eV 的蒸发原子和离子束流可以在基材表面形成具有牢固附着力的膜层，沉积速度达 10nm～1μm/s，甚至更高。通常在系统中还设置磁场，使等离子体加速运动，增加阴极发射原子和离子的数量，提高束流的密度和定向性，减少微小团粒（熔滴）的含量，因而提高了沉积速率、膜层质量以及附着性能。如果在工作室中通入所需的反应气体，则能生成致密均匀、附着性能优良的化合物膜层。

多弧离子镀可设置多个弧源（见图 5-24），为了获得好的绕射性，可独立控制各个源。这种设备可用来制作多层结构膜、合金膜、化合物膜。

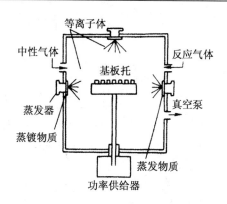

图 5-24 多个真空弧光蒸发离化源围着基材蒸镀的设备示意图

多弧离子镀的特点是：ⓐ从阴极直接产生等离子体，不用熔池，弧源可设在任意方位和多源布置；ⓑ设备结构较简单，可以拼装，适于镀各种形状的工件，弧源既是阴极材料的蒸发源，又是离子源、加热源和预轰击净化源；ⓒ离化率高，一般可达 60%～80%，沉积速率高；ⓓ入射离子能量高，沉积膜的质量和附着性能好；ⓔ采用低电压电源工作，较为安全。

多弧离子镀虽然有许多优点，但也存在一些突出的问题，其中最主要的是"大颗粒"的污染：阴极弧源在发射大量电子及金属蒸气的同时，由于局部区域的过热而伴随着一些直径约为 $10\mu m$ 的金属液滴的喷射，以及中性粒子团簇伴随着等离子体喷发出来，它们飞落到正在沉积生长的薄膜表面。这种大颗粒的污染，会使镀层表面粗糙度增加，镀层附着力降低，并出现剥落现象和镀层严重不均匀等现象。这一缺点也使它根本不能用来制作高质量、尤其是纳米尺度的功能薄膜，严重限制了多弧离子镀技术的应用范围。因此，要尽可能消除这种大颗粒的污染。解决方法主要有两类：一是抑制大颗粒的发射，消除污染源；二是采用大颗粒过滤器，使大颗粒不混入镀层之中。

减少或消除大颗粒发射，可采取多方面措施，如降低弧电源、加强阴极冷却、增大反应气体分压、加快阴极弧斑运动速度和脉冲弧放电等。但是，这些措施要顾及正常工艺的实施，避免顾此失彼。

从阴极等离子流束中把颗粒分离出来的主要解决方法有三个：一是高速旋转阴极靶体；二是遮挡屏蔽，即在阴极弧源与基片中间安置挡板，使大颗粒不能到达基片，而大部分离子流束通过偏压的作用绕射到基片上；三是磁过滤，采用弯曲型磁过滤方法是一种较为彻底的消除大颗粒污染的方法。图 5-25 所示为一种弯管磁过滤式多弧离子镀装置结构示意图。它由等离子体源、弯管磁过滤系统及镀膜室构成。弯管磁过滤系统由一个等离子体压缩部分和一个 45°弯曲的等离子导管组成。弯管四周有电磁线圈。金属离子沿设定的弯曲轨迹进入镀膜室，沉积到基片（工件）上。不同的金属，质量也不同，可按 $r=\dfrac{mV}{eB}$ 计算式来调整磁感应强度，使选定的金属离子的偏转半径恰好等于弯管的半径。大颗粒由于是电中性或者荷质比小，因此不能偏转而被过滤掉。用磁过滤管电弧源可获得高离化度的等离子束，并且能够彻底消除大颗粒的污染而镀制高质量的薄膜。磁过滤器有许多类型，经过多年研究已趋成熟，人们可以根据需要来选择或设计合理的磁过滤器。但是，采用磁过滤器，设备成本会增加不少，并且系统的沉积效率也显著下降，因此是否采用磁过滤器要根据实际情况来确定。

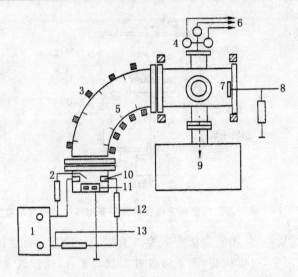

图 5-25　一种弯管磁过滤式多弧离子镀装置结构示意图
1—电源；2—触发器；3—电磁线圈；4—真空规；5—过滤弯管；6—接控制与记录系统；
7—基底；8—离子流测量；9—真空系统；10—阳极；11—阴极；12—弧电压测量；13—弧电流测量

3. 离子镀的应用

(1) 离子镀应用概况　早在 1937 年 Berghaus 提出了有关离子镀的专利申请,但直到 1963 年 D. M. Mattox 开发出二极离子镀技术以后,才逐步走向实用化,获得推广应用,并且先后开发出电子束离子镀(1971)、活性反应技术(1972)、空心极离子镀(1972—1974)、射频放电离子镀(1973)和阴极电弧离子镀(1979)。其中,阴极电弧离子镀技术优势大,实用性强,应用面广,尤其是做为硬质镀层在许多工模具上获得重要应用。表 5-7 列出了离子镀的部分应用情况。

(2) 应用实例

① 阴极电弧离子氮化钛(TiN)硬质膜。TiN 属于间隙化合物,具有美丽的金黄色光泽,化学稳定性好,熔点高达 3 000℃,维氏显微硬度为 20GPa 左右,内部结构通常为面心立方 δ-TiN 和体心四方 ε-Ti_2N 两相共存,这两种相的颜色和硬度都相近,并且组成比可通过工艺调节。采用离子镀技术,在高速钢、硬质合金和其他工模具材料基体上镀覆硬质涂层,是提高工模具耐磨性、热稳定性、延长使用寿命的有效途径之一。目前,在众多的硬质涂层品种中,主流涂层仍是 TiN 系,同时,TiN 系涂层也是制备其他高性能硬质涂层的基础。

表 5-7　离子镀的部分应用

镀层材料	基体材料	功能	应用
Al,Zn,Cd	高强度,低碳钢螺栓	耐蚀	飞机,船舶,一般结构用件
Al,W,Ti,TiC	一般钢,特殊钢,不锈钢	耐热	排气管,枪炮,耐热金属材料
Au,Ag,TiN,TiC, Al, Cr,Cr-N,Cr-C	不锈钢,黄铜 塑料 型钢,低碳钢	装饰	手表,装饰物(着色) 模具,机器零件

续表

镀层材料	基体材料	功能	应用
TiN,TiC,TiCN,TiAlN,HfN,ZrN,Al_2O_3,Si_3N_4,BN,DLC,TiHfN	高速钢,硬质合金	耐磨	刀具,模具
Ni,Cu,Cr	ABS树脂	装饰	汽车,电工,塑料,零件
Au,Ag,Cu,Ni	硅	电极,导电模	电子工业
W,Pt	铜合金	触点材料	
Cu	陶瓷,树脂	印刷电路板	
Ni-Cr	耐火陶瓷绕线管	电阻	
SiO_2,Al_2O_3	金属	电容,二极管	
Be,Al,Ti,TiB_2	金属,塑料,树脂	扬声器振动膜	
DLC	固化丝绸,纸		
Pt,	硅	集成电路	
Au,Ag	铁镍合金	导线架	
NbO,Ag	石英	陶瓷—金属焊接	
In_2O_2-SnO_2	玻璃	液晶显示	
Al,In(Ca)	Al/CaAs,Tn(Ca)/CdS	半导体材料电接触	
SiO_2,TiO_2	玻璃	光学	镜片(耐磨保护层)
玻璃	塑料		眼镜片
DLC	硅,镍,玻璃		红外光学窗口(保护膜)
Al	铀	核防护	核反应堆
Mo,Nb	ZrAl合金		核聚变实验装置
Au	铜壳体		加速器
MCrAlY	Ni/Co基高温合金	抗氧化	航空航天高温部件
Pb,Au,Mg,MoS_2	金属	润滑	机械零部件
Al,MoS_2,PbSn,石墨	塑料		

阴极电弧离子镀装置规格较多。例如,以电弧蒸发源的数目多少而论,有3、4、6、8、12、16、20、26、…、54个源的;以真空室大小而言,有$\phi 800mm\times 800mm$、$\phi 1\,000mm\times 1\,000mm$、$\phi 1\,000mm\times 1\,500mm$、$\phi 1\,250mm\times 1\,800mm$、$\phi 1\,810mm\times 3\,500mm$、等。

现以小圆靶(直径60mm)8弧源阴极电弧离子镀膜机,在直径为6~8mm高速钢麻花钻头上沉积TiN膜的典型工艺为例,介绍如下:

靶/基距150~200mm,本底真空度5×10^{-3}Pa,抽真空期间加热,工件加热温度≥350℃。

轰击:通入氩气约10^{-1}Pa,靶压约20V,靶流约50A,负偏压由0升至700~800V,单靶输流轰击,各靶轰击/min。

沉积Ti底层:Ar约10^{-1}Pa,负偏压300V,4~8靶同时开启镀2~3min。

沉积TiN:通入高纯度氮气,氮压为1.5~0.5Pa,负偏压50~150V,4~8靶同时开启镀30~40min。

钝化:通氮气10~20Pa,冷却至100℃左右,真空室恢复常压,取出镀件。

效果:呈金黄色,膜厚 2~2.5μm,硬度 HV>2 000,附着力划痕试验临界负载≥60N,膜层组织致密,细晶结构,麻花钻头使用寿命按 GB1436-85 标准测试,镀 TiN 钻头是未镀钻头的 6 倍。

② 离子镀各种硬质化合物膜层。离子镀特别适用于沉积质薄膜,除了 TiN 系之外,还有其他硬质化合物膜层。表 5-8 列出了一些主要的硬质化合物膜层及它们的特性。被镀的基材包括高合金钢、高速钢、硬质合金等。镀层厚度一般为 2~5μm,镀膜产品包括各种工具、模具以及其他的耐磨件。硬质膜层使这些镀膜产品的抗磨损能力显著提高,使用寿命延长,并且加工精度也得到提高。

表 5-8 离子镀的主要硬质化合物膜层的特性

膜层材料	膜层颜色	硬度 HV/N	耐温/℃	电阻率/ $\mu\Omega \cdot cm$	传热系数/ $W \cdot (cm^2 \cdot K)^{-1}$	摩擦系数 μk	层厚/ μm
TiN	金黄	2 400±400	550±550	60±20	8 800±1 000	0.65~0.70	2~4
TiCN	红棕/灰	2 800±400	450±50		8 100±1 400	0.40~0.50	2~4
CrN	银灰	2 400±300	650±50	640	8 100±2 000	0.50~0.60	3~8
Cr_2N	深灰	3 200±300	650±50				2~6
ZrN	亮金	2 200±400	600±50	30±10		0.50~0.60	2~4
AlTiN	黑	2 800±400	800±50	4 000~7 000	7 000±400	0.55~0.65	2~4
AlN	蓝	1 400±200	550±50				2~5
MnN	黑		650±50				2~4
WC	黑	2 300±200	450±50				1~4
W-C:H	黑/蓝灰	900±1 400	350±50		7 600±1 000	0.15~0.30	1~5
DLC		3 000±4 000				0.10~0.20	1~2
纳米多层 TiN/AlN		4 000					

各种硬质膜层都有一定的特性,可按产品的实际要求选择硬质膜层。除了正确选择硬质膜层外,还需严格控制镀膜工艺参数,以便镀制高质量膜层。近些年来,如何进一步提高硬质膜层的作用,有了一些新的发现。例如:ⓐ在硬质膜层的基底上再镀覆 MoS_2 或掺金属的类金刚石(Me-C:H)等具有低摩擦系数的薄膜,可以提高某些切削刀具的使用寿命,并且特别适合于一些难加工材料的切削;ⓑ纳米硬质多层膜系,如 TiN/AlN 系纳米多层膜,表面硬度可达 4 000HV,两种硬质膜层相互交叠共数百层,每层膜的厚度只有几纳米至十几纳米。ⓒ彩色硬质化合物膜层。上述的硬质化合物膜层都有一定的颜色和光泽,因而被广泛用作装饰膜或装饰-防护膜,镀膜产品包括装饰不锈钢、建筑五金件、装潢玻璃、陶瓷用品以及灯饰、洁具、笔具、表件等。它们的基材包括不锈钢、陶瓷、玻璃及其他一些材料。

5.2.4 分子束外延

1. 分子束外延的特点

分子束外延(molecular beam epitaxy,MBE)是在超高真空条件下,精确控制蒸发源给出

的中性分子束流强度,在基片上外延成膜的技术。它有下列一些特点:

① 属于真空蒸镀范畴,但因严格按照原子层逐层生长,故又是一种全新的晶体生长方法。
② 薄膜晶体生长过程是在非热平衡条件下完成的、受基片的动力学制约的外延生长。
③ 是在高真空下进行的干式工艺,杂质混入少,可保持表面清洁。
④ 低温生长,例如 Si 在 500℃ 左右生长;GaAs 在 500～600℃ 下生长。
⑤ 生长速度慢($1\sim10\mu m/h$),能够严格控制杂质和组分浓度,并同时控制几个蒸发源和基片的温度,外延膜质量好,面积大而均匀。

MBE 的缺点是生长时间长、表面缺陷密度大、设备价格昂贵、分析仪器易受蒸气分子的污染,还需改进。

2. 分子束外延装置和方法

MBE 设备由真空系统、蒸发源、监控系统和分析测试系统构成。蒸发源由几个克努曾槽型分子束盒构成。后者由坩埚、加热器、热屏蔽、遮板构成。分子束盒用水冷却,周围有液氮屏蔽。分子加热和遮板的开闭是精确控制的关键。

图 5-26 是一种由计算机控制的分子束蒸镀装置示意图。该装置为超高真空系统,在一个真空室中安装了分子束源、可加热的基片支架、四极质谱仪、反射高能电子衍射装置、俄歇电子谱仪、二次离子质量分析仪等。这种方法开辟了薄膜生长基本过程可原位观察的新途径,并且观测数据立刻反

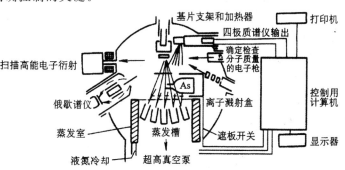

图 5-26 用计算机控制的分子束蒸镀装置示意图

馈,用计算机控制薄膜生长,全部过程实现自动化。这种早期使用的装置为单室结构。现在的 MBE 设备一般是生长室、分析室和基片交换室的三室分离型设备。

现以 GaAs 为例说明用 MBE 法制备 Ⅲ-Ⅴ 族半导体单晶膜的情况。对经过化学处理的 GaAs 基片在 10Pa 的超高真空下用 As 分子束碰撞,经 1min 加热,基片温度达到 650℃,获得清洁的表面,生长温度可选择在 500～700℃。Ga 和 As 分子束从分子束盒射至基片上,形成外延生长。分子束强度按一定关系求得,并用设置在分子束路径上的四极质量分析仪进行检测,调节分子束盒的温度和遮板开闭。

3. 分子束外延的应用

目前用 MBE 法,已在 GaAs、InP、AlGaAs、InGaP、InGaAs 等 Ⅲ-Ⅴ 族半导体单晶膜外延的掺杂控制(原子面掺杂、平面掺杂)上取得良好效果。另外,还制备出了 Ⅱ-Ⅵ 族 ZnS 单晶膜; GaF_2、SrF_2、BaF_2 等绝缘膜,$PtSi$、Pb_2Si、$NiSi_2$、$CoSi_2$ 等硅化物;并制备了多种异质外延构件和器件。用 MBE 法在(100)SrTiO 和(100)MgO 基片上逐层生长铋、锶、钙、铜层,得到了典型的单晶生长高能电子衍射图,得到的铋钙铜氧膜具有超导性,$T_c=85K$。用同法在(100)Sr-TiO_3 和(100)Zr 基片生长的 $DyBa_2Cu_3O_7$ 膜,T_c 分别为 88K 和 87K。后者的临界电流线密度 J_c 达到 $0.16\times10A/cm$,说明了人类在原子尺度上进行材料微结构控制和材料制备的巨大成功。

5.2.5 离子束沉积

1. 离子束在薄膜合成中的应用

离子束与激光束、电子束一起合称为"三束",在表面工程中有着重要的应用。离子注入作为一项重要的表面改性技术将在第 6 章介绍,而本章介绍离子束在气相沉积技术中的应用。

离子束沉积法是利用离化的粒子作为镀膜物质,在比较低的基材温度下能形成具有优良特性的薄膜。它已引起人们的广泛注意。在光电子、微电子等领域的各种薄膜器件的制作中,要求各种不同类型的薄膜具有极好的控制性,因而对沉积技术提出了很高的要求。而且,在材料加工、机械工业的各个领域,对工件表面进行特殊的薄膜处理,可以大提高制品的使用寿命和使用价值,因此镀膜技术在这方面的应用十分广泛。通过对电气参数的控制,可以方便地控制离子,这是离子束沉积的独特优点,所以离子束沉积是非常有吸引力的薄膜形成法。

离子束在薄膜合成中的应用大至可分为以下六类:
- 直接引出式离子束沉积;
- 质量分离式离子束沉积;
- 离子镀,即部分离化沉积;
- 簇团离子束沉积;
- 离子束溅射沉积;
- 离子束增强沉积。

在所有这些离子束沉积法中,可以变化和调节的参数包括:入射离子的种类、入射离子的能量、离子电流的大小、入射角、离子束的束径、沉积粒子中离子所占的百分比、基材温度、沉积室的真空度等等。

上述六类方法中,离子束溅射沉积和离子镀已分别在本章第 2 节和第 3 节中作了介绍,本节介绍其他四类离子束沉积法。

2. 直接引出式离子束沉积

这是一类非质量分离式离子束沉积,最早(1971 年)由 Aisenberg 和 Chabot 用于碳离子制取类金刚石碳膜。用离子源产生碳离子,阴极和阳极的主要部分都是由碳构成。把氩气引入放电室中,加上外部磁场,在低压条件下使其发生辉光放电,依靠离子对电极的溅射作用产生碳离子。碳离子和等离子体中的氩离子同时被引到沉积室中,由于基材上施加负偏压,这些离子加速照射在基材上,根据实验结果,室温下用能量为 50~60eV 的碳离子,在 Si、NaCl、KCl、Ni 等基材上,得到了类金刚石碳膜,电阻率高达 $10^{12}\Omega \cdot cm$,折射率大约为 2,不溶于无机酸和有机酸,有很高的硬度。

3. 质量分离式离子束沉积

离子束沉积的特点是易于控制沉积离子的能量,可以使离子束偏转,因而可以用质量分析器净化离子束,获得高纯度的膜层。这种装置主要由离子源、质量分离器和超高真空沉积室三部分组成。通常,基材和沉积室处于接地的电位,因此照射基材的沉积离子的动能由离子源上所加的正电位(0~3 000V)束来决定。另一方面,为从离子源引出更多的离子流,质量分离器和束输运所必要的真空管路的一部分施加负高压(−10~−30kV)。

在这种方式中,为了形成高纯度膜,应尽可能减少沉积室中残留气体在基材上附着。例如离子源部分利用两台油扩散泵,质量分离后采用涡轮分子泵,沉积室中采用离子泵排气,以保证在 10^{-6}Pa 的真空度下进行离子照射。

离子束沉积采用的离子源通常要求用金属离子直接做镀料离子。这类离子是由电极与熔融金属之间的低压弧光放电产生的。离子能量为 100eV 左右,镀膜速率受离子源提供离子速率的限制,远低于工业生产采用的蒸镀和磁控溅射。主要用于新型薄膜材料的研制。

4. 簇团离子束沉积

它是离子簇束沉积(ion cluster beam deposition, ICBD)进行镀膜的方法。离子簇束的产生有多种方法。图 5-27 是一种常用的簇团离子束沉积装置示意图。坩埚中被蒸发的物质由坩埚的喷嘴向高真空沉积中喷射,利用由绝热膨胀产生的过冷现象,形成由 $5×10^2$～$2×10^3$ 个原子相互弱结合而成的团状原子集团(簇团),经电子照射使其离化,每个集团中只要有一个原子电离,则此团块就带电。在负电压的作用下,这些簇团被加速沉积在基片上。没有被离化的中性集团,也带有一定的动能,其大小与喷嘴喷出时的速度相对应。因此,被电离加速的簇团离子和中性簇团粒子都可以沉积在基材表面层生长。

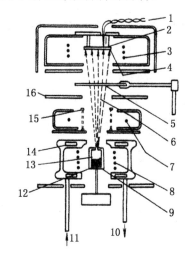

图 5-27 簇团离子束沉积装置示意图
1-热电偶 2-基片支架 3-加热器 4-基片 5-挡板 6-簇团离子及中性粒子团束 7-离化用热电子灯丝 8-坩埚加热器 9-坩埚 10-冷却水出口 11-冷却水进口 12-蒸镀物质 13-喷射口 14-冷却水 15-电离化所用电子引出栅极 16-加速电极

由于簇团离子的电荷/质量比小,即使进行高速沉积也不会造成空间粒子的排斥作用或膜层表面的电荷积累效应。通过各自独立地调节蒸发速率、电离效率、加速电压等,可以在 1～100eV 的范围内对每个沉积原子的平均能量进行调节,从而有可能对薄膜生成的基本过程进行控制,得到所需物性的膜层。

ICBD 法可以制取金属、化合物、半导体等各种膜,也可采用多蒸发源直接制取复合膜,并且膜层性能可以控制,因而是一种具有实用意义的制膜技术。

5. 离子束增强沉积

离子束增强沉积(ion beam enhanced deposition, IBED)是将离子注入与镀膜结合在一起,即在镀膜的同时,使具有一定能量的轰击(注入)离子不断地射到膜与基材的界面上,借助于级联碰撞导致界面原子混合,在初始界面附近形成原子混合过渡区,提高膜与基材之间的结合力,然后在原子混合区上,再在离子束参与下继续生长出所要求厚度和特性的薄膜。

离子束增强沉积经常称为离子束辅助沉积(ion beam assisted deposition, IBAD)。在真空蒸镀时采用 IBAD 法,即在蒸镀的同时,用离子束轰击基材。除了用电子束或电阻加热的蒸镀方式外,IBED 沉积方式也可以是离子束溅射沉积、分子束外延等。这种技术具有下列优点:

- 原子沉积和离子注入各参数可以精确地独立调节;
- 可在较低的轰击能量下,连续生长几微米厚的、组分一致的薄膜;
- 可在室温下生长各种薄膜,避免高温处理对材料及精密零部件尺寸的影响;
- 在膜和基材界面形成连续的原子混合区,提高附着力。

IBED 所用的离子束能量一般在 30～100keV 之间。对于光学薄膜、单晶薄膜生长以较低能量离子束为宜,而合成硬质薄膜时用较高能量的离子束。还可用来合成梯度功能薄膜、智能材料薄膜等新颖的表面材料。

5.3 化学气相沉积

5.3.1 化学气相沉积的反应方式和条件

1. 化学气相沉积的反应方式

化学气相沉积是借助空间气相化学反应在基材表面上沉积固态薄膜的工艺技术。所采用的化学反应类型有（△表示加热）：

① 热分解。例如：金属化合物 $SiH_4 \xrightarrow{\triangle} Si + 2H_2$；金属碳酰化合物 $W(CO)_6 \xrightarrow{\triangle} W + 6CO$；金属卤化物 $SiI_4 \xrightarrow{\triangle} Si + 2I_2$。

② 氢还原。例如金属卤化物 $SiCl_4 + 2H_2 \xrightarrow{\triangle} Si + 4HCl$。这种反应是可逆的，温度、氢与反应气体的浓度比、压力等都是很重要的参数。

③ 金属还原。它是金属卤化物与单质金属发生还原反应，例如 $BeCl_2 + Zn \xrightarrow{\triangle} Be + ZnCl_2$。

④ 基材还原。这种种反应发生在基材表面，反应气体被基材还原生成薄膜。例如金属卤化物被硅基片还原：$WF_6 + \frac{3}{2}Si \longrightarrow W + \frac{3}{2}SiF_4$。

⑤ 化学输送。在高温区被置换的物质构成卤化物或者与卤素反应生成低价卤化物，它们被输送到低温区域，由非平衡反应在基材上形成薄膜。例如：在高温区 $Si(s) + I_2(g) \longrightarrow SiI_2(g)$；在低温区 $SiI_2 \longrightarrow \frac{1}{2}Si(s) + \frac{1}{2}SiI_4(g)$，总反应为

$$2SiI_2 \underset{\text{高温}}{\overset{\text{低温}}{\rightleftharpoons}} Si + SiI_4$$

⑥ 氧化。主要用于在基材上制备氧化物薄膜。例如：金属氢化物 $SiH_4 + O_2 \longrightarrow SiO_2 + 2H_2$；金属卤化物 $SiCl_4 + O_2 \xrightarrow{\triangle} SiO_2 + 2Cl_2$；金属氧氯化物 $POCl_3 + 3/4 O_2 \longrightarrow 1/2 P_2O_5 + 3/2 Cl_2$；有机金属化合物 $AlR_3 + 3/4 O_2 \longrightarrow \frac{1}{2}Al_2O_3 + R'$。

⑦ 加水分解。例如金属卤化物 $2AlCl_3 + 3H_2O \longrightarrow Al_2O_3 + 6HCl$。其中，$H_2O$ 是由 $CO_2 + H_2 \longrightarrow H_2O + CO$ 反应得到的。由于常温下 $AlCl_3$ 能与水完全发生反应，故制备时须把 $AlCl_3$ 和 H_2O 混合气体输至基材上。

⑧ 与氨反应。例如金属卤化物 $SiH_2Cl_2 + 4/3 NH_3 \longrightarrow 1/3 Si_3N_4 + 2HCl + 2H_2$；金属氢化物 $SiH_4 + 4/3 NH_3 \longrightarrow 1/3 Si_3N_4 + 4H_2$。

⑨ 合成反应。几种气体物质在沉积区反应于工件表面，形成所需物质的薄膜。例如 $SiCl_4$ 和 CCl_4 在 1 200～1 500℃下生成 SiC 膜。

⑩ 等离子体激发反应。用等离子体放电使反应气体活化，可以在较低温度下成膜。

⑪ 光激发反应。例如在 $SiH-O_2$ 反应系中水银蒸汽为感光性物质，用 253.7nm 紫外线照射，并被水银蒸汽吸收，在这一激发反应中可在 100℃左右制备硅氧化物。

⑫ 激光激发反应。例如有机金属化合物在激光激发下 $W(CO)_6 \longrightarrow W + 6CO$。

2. 化学气相沉积的反应条件

化学气相沉积是一种化学反应过程,必须满足进行化学反应的热力学和动力学条件,同时又要符合该技术本身的特定要求:一是必须达到满足的沉积温度;二是在规定的沉积温度下,参加反应的各种物质必须有足够的蒸气压;三是参加反应的物质都是气态(也可由液态蒸发或固态升华成气态),而生成物除了所需的涂层材料为固态外,其余也必须是气态。

CVD 的源物质可以是气态、液态和固态。CVD 过程包括:反应气体到达基材表面;反应气体分子被基材表面吸附;在基材表面产生化学反应,形核;生成物从基材表面脱离;生成物从基材表面扩散。CVD 法所用的设备主要包括气体的发生、净化、混合及输运装置,反应室,基材加热装置和排气装置。其中基材加热可采用电阻加热、高频感应加热和红外线加热等。为了用 CVD 法制备高质量的膜层,必须谨慎选择反应系。主要工艺参数是基材的温度和气体及气体的流动状态,它们决定了基材附近温度、反应气体的浓度和速度的分布,从而影响了薄膜的生长速率、均匀性及结晶质量。

CVD 法可控制薄膜的各种组成及合成新的结构,可制备半导体外延膜、SiO_2、Si_3N_4 等绝缘膜、金属膜及金属的氧化物、碳化物、硅化物等等。CVD 法原先主要用于半导体等,后来扩大到金属等各种基材上,成为制备薄膜的一种手段,应用很广泛。

5.3.2 化学气相沉积技术的分类和简介

1. 化学气相沉积技术的分类

CVD 技术有多种分类方法。按激发方式可分为热 CVD、等离子体 CVD、光激发 CVD、激光(诱导)CVD 等。按反应室压力可分为常压 CVD、低压 CVD 等。按反应温度的相对高低可分为超高温 CVD(>1 200℃)、高温 CVD(HTCVD,900~1 200℃)、中温 CVD(MTCVD,500~800℃)、低温沉积(<200℃)。有人把常压 CVD 称为常规 CVD,而把低压 CVD、等离子体 CVD、激光 CVD 等列为"非常规"CVD。也有按源物质归类,如金属有机化合物 CVD、氯化物 CVD 等、氢化物 CVD 等。除了上述分类方法外,还经常按目前重要的、以主要特征进行综合分类,即分为热激发 CVD、低压 CVD、等离子体 CVD、激光(诱导)CVD、金属有机化合物 CVD 等。下面就按这个分类方法分别介绍这几类 CVD 技术的概况。

2. 几类化学气相沉积技术的简介

(1) 热化学气相沉积(thermo chemical vapor deposition,TCVD) 它是利用高温激活化学反应进行气相生长的方法。按其化学形式又可分为三类:化学输运法(chemjical transport)、热解法(pyrolysis)、合成反应法(synthesis)。

这些反应过程已在前面介绍的 CVD 原理中列出。其中,化学输运法虽然能制备薄膜,但一般用于块状晶体生长;热分解法通常用于沉积薄膜;合成反应法则两种情况都用。

热化学气相沉积应用于半导体和其他材料。广泛应用的 CVD 技术,如金属有机化学气相沉积、氢化物化学沉积等都属于这个范围。

(2) 低压化学气相沉积(low pressure chemical vapor deposition,LPCVD) 低压化学气相沉积的压力范围一般在 1Pa 到 $4×10^4$Pa 之间。由于低压下分子平均自由程增加,因而加快了气态分子的输运过程,反应物质在工件表面扩散系数增大,使薄膜均匀性得到了改善。对于表面扩散动力学控制的外延生长,可增大外延层的均匀性,这在大面积大规模外延生长中(例如大规模硅器件工艺中的介质膜外延生长)是必要的。但是对于由质量输送控制的外延生长,上述效应并不明显。低压外延生长,对设备要求较高,必须有精确的压力控制系统,增加了设备成本。低压外延有时是必须采用的手段,如当化学反应对压力敏感时,常压下不易进行的反应,在低压下变得容易进行。低压外延有时会影响分凝系数。

(3) 等离子体化学气相沉积(plasma chemical vapor deposition,PCVD) 在常规的化学气相沉积中,促使其化学反应的能量来源是热能,而等离子体化学气相沉积除热能外,还借助外部所加电场的作用引起放电,使原料气体成为等离子体状态,变为化学上非常活泼的激发分子、原子、离子和原子团等,促进化学反应,在基材表面形成薄膜。PCVD 由于等离子体参与化学反应,因此基材温度可以降低很多,具有不易损伤基材等特点,并有利于化学反应的进行,使通常从热力学上讲难于发生的反应变为可能,从而能开发出各种组成比的新材料。

PCVD 法按加给反应室电力的方法可分为以下几类:

① 直流法。利用直流电等离子体的激活化学反应进行气相沉积的技术称为直流等离子体化学气相沉积(derected corrent plasma chemical vapor deposition,DCPCVD)。它在阴极侧成膜,此膜会受到阳极附近的空间电荷所产生的强磁场的严重影响。用氩稀释反应气体时膜中会进入氩。为避免这种情况,将电位等于阴极侧基材电位的帘栅放置于阴极前面,这样可以得到优质薄膜。

② 射频法。利用射频离子体激活化学反应进行气相沉积的技术称为射频等离子体化学气相沉积(radio freqency plasma chamical vapor deposition,RFPCVD)。

射频法中供应射频功率的耦合方式大致分为电感耦合方式和电容耦合方式。在放电中,电极不发生腐蚀,无杂质污染,但需要调整基材位置和外部电极位置。也可采用把电极装入内部的耦合方式,特别是平行平板方式(电容耦合)在电稳定性和电功率效率上均显示出优异性能,得到广泛应用。反应室压力保持在 0.13Pa 左右,基材与离子体之间加有偏压,诱导沉积在基材表面。射频法可用来沉积绝缘膜。

③ 微波法。用微波等离子体激活化学反应进行气相沉积的技术,称为微波等离子体化学气相沉积(microwave plasma chmical vapor deposition,MWPCVD)。

由于微波等离子体技术的发展,获得得各种气体压力下的微波等离子体已不成问题。现在已有多种 MWPCVD 装置。例如用一个低压 CVD 反应管,其上交叉安置共振腔及与之匹配的微波发射器,以 2.45GHz 的微波,通过矩形波导入,使 CVD 反应管中被共振腔包围的气体形成等离子体,并能达到很高的电离度和离解度,再经轴对称约束磁场打到基材上。微波发射功率通常在几百瓦至一千瓦以上,这可根据托盘温度和生长过程满足质量输运限速步骤等条件决定。这项技术具有下列优点:ⓐ可进一步降低材料温度,减少因高温生长造成的位错缺陷、组分或杂质的互扩散;ⓑ避免了电极污染;ⓒ薄膜受等离子体的破坏小;ⓓ更适合于低熔点和高温下不稳定化合物薄膜的制备;ⓔ由于其频率很高,所以对系统内气体压力的控制可以大大放宽;ⓕ也由于其频率很高,在合成金刚石时更容易获得晶态金刚石。

除了上述的直流法、射频法、微波法三类外,还有同时加电场和磁场的方法,为在磁场使用下增加电子寿命,有效维持放电,有时需要在特别低压条件下进行放电。

PCVD 最早是利用有机硅化合物在半导体基材上沉积 SiO_2,后来在半导体工业上获得了广泛的应用,如沉积 Si_3N_4、Si、SiC、磷硅玻璃等等。目前,PCVD 已不仅用于半导体,还用于金属、陶瓷、玻璃等基材上,做保护膜、强化膜、修饰膜、功能膜。PCVD 另两个重要应用是制备聚合物膜以及金刚石、立方氮化硼等薄膜,展现了良好的发展前景。

(4) 金属有机化合物化学气相沉积(metal organic compound chemical vapor deposition, MOCVD)　MOCVD 是一种利用金属有机化合物热分解反应进行气相外延生长的方法,即把含有外延材料组分的金属有机化合物通过载气输运到反应室,在一定温度下进行外延生长。该方法现在主要用于化学半导体气相生长上。由于其组分、界面控制精度高,广泛应用于Ⅱ-Ⅵ族化合物半导体超晶格量子阱等低维材料的生长。

金属有机化合物是一类含有碳-金属键物质。它要适用于 MOCVD 法,应具有易于合成和提纯,在室温下液体并有适当的蒸气压、较低的热分解温度,对沉积薄膜沾污小和毒性小等特点。目前常用的金属有机化合物(通常称为 MO 源)主要是Ⅱ-Ⅶ族的烷基衍生物:

Ⅱ族:$(C_2H_5)_2Be$,$(C_2H_5)_2Mg$,$(CH_3)_2Zn$,$(C_2H_5)_2Zn$,$(CH_3)_2Cd$,$(CH_3)_2Hg$;

Ⅲ族:$(C_2H_5)_3Al$,$(CH_3)_3Al$,$(C_2H_5)_3Ga$,$(CH_3)_3Ga$,$(C_2H_5)_3In$,$(CH_3)_3In$;

Ⅳ族:$(CH_3)_4Ge$,$(C_2H_5)_4Sn$,$(CH_3)_4Sn$,$(C_2H_5)_4Pb$,$(C_2H_5)_4Pb$

Ⅴ族:$(CH_3)_3N$,$(CH_3)_3P$,$(C_2H_5)_3As$,$(CH_3)_3As$,$(CH_5)_3Sb$,$(CH_3)_3Sb$;

Ⅶ族:$(C_2H_5)_2Se$,$(CH_3)_2Se$,$(C_2H_5)_2Te$,$(CH_3)_2Te$。

在室温下,除$(C_2H_5)_2Mg$和$(CH_3)_3In$是固体外,其他均为液体。制备这些 MO 源有多种方法,并且为了适应新的需求和 MOCVD 工艺的改进,新的 MO 源被不断的开发出来。

现以生长Ⅲ-Ⅴ族化合物为例。载气高纯氢通过装有Ⅲ族元素有机化合物的鼓泡瓶携带其蒸汽与用高纯氢稀释的Ⅴ族元素氢化物分别导入反应室,衬底放在高频加热的石墨基座上,被加热的衬底对金属有机物的热分解具有催化效应,并在其上生成外延层,这是在远离热平衡状态下进行的。在较宽的温度范围内,生长速率与温度无关,而只与到达表面源物质量有关。

MOCVD 技术所用的设备包括:温度精确控制系统、压力精确控制系统、气体流量精确控制系统、高纯载气处理系统、尾气处理系统等等。为了提高异质界面的清晰度,在反应室前通常设有一个高速、无死区的多通道气体转换阀;为了使气体转换顺利进行,一般设有生长气路和辅助气路,两者气体压力保持相等。

根据 MOCVD 生长压力的不同,又分为常压 MOCVD 和低压 MOCVD。将 MOCVD 与分子束外延(MBE)技术结合,发展出 MOMBE(金属有机化合物分子束外延)和 CBE(化学束外延)等技术。

与常规 CVD 相比,MOCVD 的优点是:ⓐ沉积温度低;ⓑ能沉积单晶、多晶、非晶的多层和超薄层、原子层薄膜;ⓒ可以大规模、低成本制备杂组分的薄膜和化合物半导体材料;ⓓ可以在不同基材表面沉积;ⓔ每一种或增加一种 MO 源可以增加沉积材料中的一种组分或一种化合物;使用两种或更多 MO 源可以沉积二元或多元、二层或多层的表面材料,工艺的通用性较广。MOCVD 的缺点是:ⓐ沉积速度较慢,仅适宜于沉积微米级的表面层;ⓑ原料的毒性较大,设备的密封性、可靠性要好,并谨慎管理和操作。

(5) 激光(诱导)化学气相沉积(laser induced chemical vapor deposition,LCVD)　这是一种在化学气相沉积过程中利用激光束的光子能量激发和促进化学反应的薄膜沉积方法。所用的设备是在常规的 CVD 设备的基础上添加激光器、光路系统及激光功率测量装置。为了提高沉积薄膜的均匀性,安置基材的基架可在 x、y 方向做程序控制的运动。为使气体分子分解,需要高能量光子,通常采用准分子激光器发出的紫外光,波长在 157nm(F_2)和 350nm(XeF)之间。另一个重要的工艺参数是激光功率,一般为 $3\sim 10W/cm^2$。

LCVD 与常规 CVD 相比,可以大降低基材的温度,防止基材中杂质分布受到破坏,可在不能承受高温的基材上合成薄膜。例如用 TCVD 制备 SiO_2、Si_3N_4、AlN 薄膜时基材需加热到 800~1 200℃,而用 LCVD 则需 380~450℃。

LCVD 与 PCVD 相比,可以避免高能粒子辐照在薄膜中造成的损伤。由于给定的分子只吸收特定波长的光子,因此,光子能量的选择决定了什么样的化学键被打断,这样使薄膜的纯度和结构能得到较好的控制。

5.3.3 化学气相沉积的特点与应用

1. 化学气相沉积的特点

(1) 薄膜的组成和结构可以控制　由于化学气相沉积是利用气体反应来形成薄膜的,因而可以通过反应气体成分、流量、压力等的控制,来制取各种组成和结构的薄膜,包括半导体外延膜、金属膜、氧化物膜、碳化物膜、硅化物膜等等,用途很广泛。

(2) 薄膜内应力较低　薄膜的内应力主要来自两个方面:一是薄膜沉积过程中,荷能粒子轰击正在生长的薄膜,使薄膜表面原子偏离原有的平衡位置,从而产生所谓的本征应力;二是高温沉积薄膜冷却到室温时,由于薄膜材料与基体材料的热膨胀系数不同,从而产生热应力。据研究,薄膜内本征应力占主要部分,而热应力占的比例很小。物理气相沉积(PVD),尤其是在溅射镀膜和离子镀和离子镀过程中,高能量粒子一直在轰击薄膜,会产生很高的本征应力;正因为 PVD 薄膜存在很大的内应力,因而难以镀厚。化学气相沉积薄膜的内应力主要为热应力,即内应力小,可以镀得较厚,例如化学气相沉积的金刚石薄膜,厚度可达 1mm。

(3) 薄膜均匀性好　由于 CVD 可以通过控制反应气体的流动状态,使工件上的深孔、凹槽、阶梯等复杂的三维形体上,都能获得均匀的沉积薄膜。对于 PVD 来说,往往难于做到这样的薄膜均匀性和深镀能力。

(4) 不需要昂贵的真空设备　CVD 的许多反应可以在大气压下进行,因而系统中无需真空设备。

(5) 沉积温度高　这样可以提高镀层与基材的结合力,改善结晶完整性,为某些半导体用镀层所必需。但是,一般的 CVD 工艺,需在 900~1 200℃ 高温下反应,使许多基体材料的使用受到很大的限制。例如许多钢铁材料在高温下发生软化、晶粒长大和变形等,从而不能正常使用或造成失效。

(6) CVD 大多反应气体有毒性　气源以及反应后的余气大多有毒,必须加强防范。

2. 化学气相沉积的应用

(1) 在微电子工业上的应用　CVD 技术的应用已经渗透到半导体的外延、钝化、刻蚀、布线和封装等各个工序,成为微电子工业的基础技术之一。

(2) 在机械工业中的应用　CVD 技术可用来制备各种硬质镀层,按化学键的特征可分为三类:一是金属键型,主要为过渡族金属的碳化物、氮化物、硼化物等镀层,如 TiC、VC、WC、TiN、TiB_2;二是共价键型,主要为 Al、Si、B 的碳化物及金刚石等镀层,如 B_4C、SiC、BN、C_3N_4、C(金刚石);三是离子键型,主要为 Al、Zr、Ti、Be 的氧化物等镀层,如 Al_2O_3、ZrO_2、BeO。这些硬质镀层用于各种工具、模具,以及要求耐磨、耐蚀的机械零部件。

(3) 等离子体化气相沉积(PCVD)的应用　它也称等离子体增强化学气相沉积(plasma enhanced chemical vapor deposition,PECVD),与常规 CVD 比较有如下特点:一是沉积温度较低,这是等离子体参与化学反应的结果,基体温度一般可降低到 600℃ 以下,因热而损伤基材较小,并且许多采用常规 CVD 的、进行缓慢或不能进行的反应能以较快速度进行;二是改善膜层厚度的均匀性和提高膜层的质量,包括针孔减少、组织致密、内应力小,不易产生微裂纹,并且低温沉积有利用于获得非晶态和微晶薄膜;三是可用来制备性能独特的薄膜,一些热平衡态下不能发生的反应在 PCVD 系统中可能发生;四是可制备一些特殊结构的多层膜,这主要得益于低温沉积条件下有些化学反应能否有效进行取决于等离子体是否存在,即把等离子体作为沉积反应的开关,从而制备出具有特殊结构的多层膜;五是低温沉积也会带来某些负面影响,例如反应过程中产生的副产物气体和其他气体的解吸进行得不彻底,故容易残留在膜层中而影响到膜层的性能;六是等离子体中的正离子被电场加速后轰击基材,可能损伤基材表面,在薄膜中产生较多的缺陷,并且等离子体的存在可能使化学反应增多而导致反应产物难以控制,也不易得到纯净的物质。PCVD 有上述优缺点,其中优点是主流,获得了推广应用。PCVD 最重要的应用之一是沉积氮化硅、氧化硅或硅的氮氧化物一类的绝缘薄膜,这对超大规模集成芯片的生产至关重要。此外,PCVD 在摩擦磨损、腐蚀防护、工具涂层及光学纤维涂层等应用引人注目。

(4) 金属有机化合物化学气相沉积(MOCVD)的应用 MOCVD 法可以沉积各种金属、氧化物、氮化物、碳化物等膜层,也可以制备 GaAs、GaAlAAs、InP、GaInAsP 以及 III_A-V_A 族、II_B-VI_A 族化合物半导体膜层,与常规 CVD 相比,更加具有应用的广泛性和通用性。MOCVD 的缺点是沉积速度较慢,并且原料的毒性较大,对设备的密封性、可靠性要求高,所有的原料与设备都较昂贵,因此,只有当要求制备高质量膜层时才考虑采用它。MOCVD 主要用来沉积半导体外延膜层以及电子器件、光器件等用的半导体膜层。某些 MO 化合物对聚焦的高能光束和粒子束有很好的灵敏度,适合于制备细线条和图形,用作微电子工业中的互连布线和有关元件。

(5) 激光(诱导)化学气相沉积(LCVD)的应用 LCVD 是一种先进表面沉积技术,虽然目前还主要处于实验研究阶段,但是应用潜力较大。其优点已在前面做了介绍,可望在半导体器件、集成电路、光通信、航天航空、化工、石油工业、能源、机械等领域获得广泛的应用。

第6章 表面改性工程

"表面改性"的涵义广泛,可泛指"经过一定的表面处理以获得某种表面性能的技术"。各种表面覆盖技术可看作表面改性技术,但是为了使覆盖技术归类完整起见,本章所述的表面改性技术是指表面覆盖以外的、用机械、物理、化学等方法,改变材料表面及近表面形貌、化学成分、相组成、微观结构、缺陷状态或应力状态,以获得某种表面性能的技术。

材料的表面改性技术种类很多,发展迅速,应用甚广。对于不同类型的材料和性能要求,表面改性技术又有不同的特点和内容。表面改性工程是表面工程的一个重要组成部分。本章按金属材料、无机非金属材料和有机高分子材料来分别阐述它们的表面改性工程。

6.1 金属材料表面改性

6.1.1 金属表面形变强化

1. 表面形变强化的主要方法

金属表面形变强化是通过机械方法,在金属表层发生压缩变形,产生一定深度的形变硬化层,其亚晶粒得到很大的细化,位错密度增加,晶格畸变度增大,同时又形成高的残余压应力,从而大幅度地提高金属材料的疲劳强度和抗应力腐蚀能力等。表面形变强化是国内外广泛研究、应用的工艺之一,强化效果显著,成本低廉。常用的方法主要有滚压、内挤压和喷丸等,尤以喷丸强化应用最为广泛。实际上,喷丸不仅用于强化材料,而且还广泛用于表面清理、光整加工和工件校形等。

几种常用的表面形变强化方法简介如下:

(1) 滚压 图6-1(a)为表面滚压强化示意图。目前,滚压强化用的滚轮、滚压力大小等尚无标准。对于圆角、沟槽等可通过滚压获得表层形变强化,并能在表面产生约5mm深的残余压应力,其分布如图6-1(b)所示。

(2) 内挤压 内孔挤压是使孔的内表面获得形变化的工艺措施,效果明显。

(3) 喷丸 喷丸是国内外广泛用的一种再结晶温度下的表面强化方法,即利用高速弹丸强烈冲击零部件表面,使之产生形变硬化层并引进残余压应力。喷丸强化

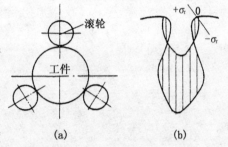

图6-1 表面滚压强化示意图

已广泛用于弹簧、齿轮、链条、轴、叶片、火车轮等零部件,可显著提高抗弯曲疲劳、抗腐蚀疲劳、抗应力疲劳、抗微动磨损、耐点蚀(孔蚀)能力。

2. 喷丸强化技术及应用实例

(1) 喷丸材料 大致有以下七种:

① 铸铁弹丸。冷硬铸铁弹丸是最早使用的金属弹丸。冷硬铸铁弹丸碳的质量分数在 2.75%～3.60%，硬度很高，在 58～65HRC，但冲击韧度低。弹丸经退火处理后，硬度降至 30～57HRC，可提高弹丸的韧性。铸铁弹丸尺寸 $d=0.2\sim1.5$mm。使用中，铸铁弹丸易于破碎，损耗较大，要及时分离排除破碎弹丸，否则会影响零部件的喷丸强化质量。目前这种弹丸已很少使用。

② 铸钢弹丸。铸钢弹丸的品质与碳含量有很大关系。其碳的质量分数一般在 0.85%～1.20 之间，锰的质量分数在 0.60%～1.20% 之间。目前国内常用的铸钢弹丸成分为 $w(C)$ 0.95%～1.05%，$w(Mn)$0.6%～0.8%，$w(Si)$0.4%～0.6%，$w(P)w(S)\leqslant0.05$%。

③ 钢丝切割弹丸。当前使用的钢丝切割弹丸是用碳的质量分数一般为 0.7% 的弹簧钢丝（或不锈钢丝）切制成段，经磨圆加工制成。常用钢丝直径 $d=0.4\sim1.2$mm，45～50HRC，为最佳。钢弹丸的组织最好为回火马氏体或贝氏体。使用寿命比铸铁弹丸高 20 倍左右。

④ 玻璃弹丸。这是近 20 几年发展起来的新型喷丸材料，已在国防工业和飞机制造中获得广泛应用。玻璃弹丸应含质量分数为 67% 以下的 SiO_2，直径在 $d=0.05\sim0.40$mm 范围内，硬度为 46～50HRC，脆性较大，密度为 2.45～2.55g/cm^3。目前市场上按直径分为 $\leqslant$ 0.05mm、0.05～0.15mm、0.16～0.25mm 和 0.26～0.35mm 等四种。

⑤ 陶瓷弹丸。弹丸硬度很高，但脆性较大，喷丸后表层可获得较高的残余应力。

⑥ 聚合塑料弹丸。是一种新型的喷丸介质，以聚碳酸酯为原料，颗粒硬而耐磨，无粉尘，不污染环境，可连续使用，成本低，而且即使有棱边的新丸也不会损伤工件表面，常用于消除酚醛或金属零件毛刺和耀眼光泽。

⑦ 液态喷丸介质。包括二氧化硅颗粒和氧化铝颗粒等。二氧化硅颗粒粒度为 40～1 700μm，很细的二氧化硅颗粒可用于液态喷丸、抛光模具或其他精密零件的表面，常用水混合二氧化硅颗粒，利用压缩空气喷射。氧化铝颗也是一种广泛应用的喷丸介质。电炉生产的氧化铝颗粒粒度为 53～1 700μm。其中颗粒小于 180μm 的氧化铝可用于液态喷丸光整加工，但喷射工件中会产生切屑。氧化铝干喷则用于花岗岩和其他石料的雕刻、钢和青铜的清理、玻璃的装饰加工。

应当指出的是，强化用的弹丸与清理、成型、校形用的弹丸不同，必须是圆球形，不能有棱角毛刺，否则会损伤零件表面。

一般来说，黑色金属制件可以用铸铁丸、铸钢丸、钢丝切割丸、玻璃丸和陶瓷丸。有色金属如铝合金、镁合金、钛合金和不锈钢制件表面强化用喷丸则须采用不锈钢丸、玻璃和陶瓷丸。

(2) 喷丸强化用的设备　喷丸采用的专用设备，按驱动弹丸的方式可分为机械离心式喷丸机和气动式喷丸机两大类。喷丸机又有干喷和湿喷之分。干喷式工件条件差，湿喷式是将弹丸混合液态中成悬浮状，然后喷丸，因此工件条件有所改善。

① 机械离心式喷丸机。机械离心式喷丸机又称叶轮式喷丸机或抛丸机。工作时，弹丸由高速旋转的叶片和叶轮离心力加速抛出。弹丸的速度取决于叶轮转速和弹丸的重量。通常，叶轮转速为 1 500～3 000r/min，弹丸离开叶轮的切向速度为 45～75m/s。这种喷丸机功率小，生产效率高，喷丸质量稳定，但设备制造成本较高。主要适用于要求喷丸强度高、品种少、批量大、形状简单、尺寸较大的零部件。

② 气动式喷丸机。气动式喷丸机以压缩空气驱动弹丸达到高速度后撞击工件的表面。这种喷丸机工件室内可以安置多个喷嘴，因其调整方便，能最大限度地适应受喷零件的几何形

状,而且可通过调节压缩空气的压力来控制喷丸强度,操作灵活,一台喷丸机可喷多个零件,适用于要求喷丸强度低、品种多、批量少、形状复杂、尺寸较小的零件。它的缺点功耗大,生产效率低。

气动式喷丸机根据弹丸进入喷嘴的方式又可分为吸入式、重力式和直接加压式三种。吸入式喷丸机结构简单,多使用密度较小的玻璃弹丸或小尺寸金属弹丸,适用于工件尺寸较小、数量较少、弹丸大小经常变化的场合,如实验室等。重力式喷丸机结构比吸入式复杂,适用于密度和直径较大的金属弹丸。

不论那一种设备,喷丸强化的全过程必须实行自动化,而且喷嘴距离、冲击角度和移动(或回转)速度等的调节都稳定可靠。喷丸设备必须具有稳定重现强化处理强度和有效区的能力。

(3) 喷丸强化工艺参数的确定　合适的喷丸强化工艺参数要通过喷丸强度试验和表面覆盖率试验来确定:

① 喷丸强度试验。将一薄板试片紧固在夹具上进行单面喷丸。由于喷丸面在弹丸冲击下产生塑性伸长变形,喷丸后的试片产生凸向喷丸面的球面弯曲变形,如图 6-2 所示。试片凸起大小可用弧高度 f 表示。弧高度 f 与试片厚度 h、残余压应力层深度 d 之间有如下关系:

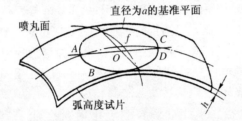

图 6-2　单面喷丸后,试片的变形及弧高度的测量位置

$$f=\frac{3a^2(1-v)\sigma d}{4Eh^2}$$

式中,E 为试片弹性模量;v 为泊松比;a 为测量弧高度的基准圆直径。

表 6-1　三种弧高度试片的规格

规　格	试 片 代 号		
	N(或Ⅰ)(73～76HRC)	A(或Ⅱ)(44～50HRC)	N(或Ⅲ)(44～50HRC)
厚度/mm	0.79±0.025	1.3±0.025	2.4±0.025
平直度/mm	±0.025	±0.025	±0.025
长×宽(mm×mm)	(76±0.2)×19$_0^{-0.1}$	(76±0.2)×19$_0^{-0.1}$	(76±0.2)×19$_0^{-0.1}$
表面粗糙度 R_a/μm	>0.63～1.25	>0.63～1.25	>0.63～1.25
使用范围	低喷丸强度	中喷丸强度	高喷丸强度

当用试片 A(或Ⅱ)测得的弧高度 $f<0.15$mm 时,应改用片 N(或Ⅰ)来测量喷丸强度;当用试片 A(或Ⅱ)测得的弧高度 $f>0.6$mm 时,则应改用试片 C(或Ⅲ)来测量喷丸强度。

在对试片进行单面喷丸时,初期的弧高度变化速率快,随后变化趋缓,当表面的弹丸坑占据整个表面(即全覆盖率)之后,弧高度无明显变化,这时的弧高度达到了饱和值。由此作出的弧高度—时间关系曲线如图6-3所示。饱和点所对应的强化时间一般均在20～50s范围之内。

当弧高度f达到饱和值,试片表面达到全覆盖时,以此弧高度f定义为喷丸强度。喷丸强度的表示方法是0.25C或$f_C=0.25$,字母或脚码代表试片种类,数字表示弧高度值(单位为mm)。

② 表面覆盖试验。喷丸强化后表面弹丸坑占有的面积与总面积的比值称为表面覆盖率。一般认为,喷丸强化零件要求表面覆盖率达到表面积的100%即全面覆盖时,才能有效地改善疲劳性能和抗应力腐蚀性能。但是,在实际生产中应尽量缩短不必要的过长的喷丸时间。

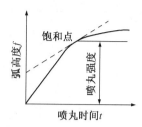

图6-3 试片的弧高度f与喷丸时间t的关系

③ 选定喷丸强化工艺参数。金属材料的疲劳强度和抗应力腐蚀性能并不随喷丸强度的增加而直线提高,而是存在一个最佳喷丸强度,它由试验确定。

(4) 旋片喷丸工艺　旋片喷丸工艺是喷丸工艺的一个分支。美国波音公司已制定通用工艺规范并广泛用于飞机制造和维修工作。20世纪80年代初,旋片喷丸工艺在我国航空维修中得到应用,并在其他机械设备的维修中逐步推广。旋片喷丸工艺由于设备简单、操作方便、成本低及效率高等突出优点而具有广阔的发展前景。

① 旋片喷丸介质。旋片喷丸的旋片是把弹丸用胶黏剂黏结在弹丸载体上所制成。常用弹丸有钢丸、碳化钨丸等,但须特殊表面处理(如钢丸应采用磷化处理),以增加胶黏剂对弹丸表面的浸润性与亲和力,提高旋片的使用寿命。常用的胶黏剂为MH—3聚氨酯,其弹性、耐磨性和硬度均较优良。弹丸的载体是用尼龙织成的平纹网或锦纶制成的网布。制成的旋片被夹缠在旋转机顶构上高速旋转,并反复撞击零件表面而达到形变强化的目的。

② 旋片喷丸用设备。风动工具是旋片喷丸的动力设备。要求压缩空气流量可调,输出扭矩和功率适当、噪声小、重量轻等。常用设备有美国的ARO,最高转速达12 000r/min,重量1 100g;我国的Z6型风动工具最高转速达17 500r/min,重量900g,功率184W,噪声85dB。旋片喷丸适用于大型构件,不可拆卸零部件和内孔的现场原位施工。

(5) 喷丸表面质量及影响因素

① 喷丸表面的塑性变形和组织变化。金属的塑性变形来源于晶面滑移、孪生、晶界滑动、扩散性蠕变等晶体运动,其中晶面间滑移最重要。晶面间滑移是通过晶体内位错运动而实现的。金属表面经喷丸后,表面产生大量凹坑形式的塑性变形,表层位错密度大增加。组织结构将产生变化,由喷丸引起的不稳定结构向稳定态转变。例如,渗碳钢层表层存在大量残余奥氏体,喷丸时,这些残余奥氏体可能转变成马氏体而提高零件的疲劳强度;奥氏体不锈钢特别是镍含量偏低的不锈钢喷丸后,表层中部分奥氏体转变为马氏体,从而形成有利于电化学反应的双相组织,使不锈钢的抗腐蚀能力下降。

② 弹丸粒度对喷丸表面粗糙度的影响。表6-2为四种粒度的钢丸喷射(速度均为83m/s)热轧钢板表面产生的粗糙度R_a的实测情况。由表可见,表面粗糙度随弹丸粒度的增加而增加。但在实际生产中,往往不是采用全新的粒度规范的球形弹丸,而是采用含有大量细碎粒的弹丸工作混合物,这对受喷表面质量也有重要影响。表6-3列出了新弹丸和工作混合物对低碳热轧钢板喷丸后表面粗糙深度的实测值R_t,可见,用工作混合物喷射所得粗糙深度较小。

表6-2 弹丸直径对表面粗糙度的影响

弹丸粒度	弹丸名义直径/mm	弹丸类型	表面粗糙度 $R_a/\mu m$
S—70	0.2	工作混合物	4.4—5.5—4.5
S—110	0.3	工作混合物	6.5—7.0—6.0
S—230	0.6	新钢丸	7.0—7.0—8.5
S—330	0.8	新钢丸	8.0—10.0—8.5

表6-3 新弹丸和工作混合物对低碳热轧钢板喷丸后表面粗糙深度的影响

弹丸粒度	表面粗糙深度 $R_t/\mu m$	
	新弹丸	工作混合物
S—70	20~25	19~22
S—110	35~38	28~32
S—170	44~48	40~46

③ 弹丸硬度对喷丸表面形貌的影响。弹丸硬度提高时,塑性往往下降,弹丸工作时容易保持原有锐边或破碎而产生新的锐边。反之,硬度低而塑性好的弹丸,则能保持圆边或很快重新变圆。因此,不同硬度的弹丸工作时将形成具有各自特征的工作混合物,直接影响受喷工件的表面结构。具有硬锐边的弹丸容易使受喷表面刮削起毛,锐边变圆后,起毛程度变轻,起毛点分布不均匀。

④ 弹丸形状对喷丸表面形貌的影响。球形弹丸高速喷射工件表面后,将留下直径小于弹丸直径的半球形凹坑,被喷面的理想外形应是大量球坑的包络面。这种表面形貌能消除前道工序残留的痕迹,使外表美观。同时,凹坑起储油作用,可以减少摩擦,提高耐磨性。但实际上,弹丸撞击表面时,凹坑周边材料被挤隆起,凹坑不再是理想半球形。另一方面,部分弹丸撞击工件后破碎(玻璃丸、铸铁丸甚至铸钢丸均可能破碎),弹丸混合物包含大量碎粒,使被喷表面的实际外形比理想情况复杂得多。

锐边弹丸后的表面与球形丸喷射的表面有很大差别,肉眼感觉比用球形弹丸喷射的表面光亮,细小颗粒的锐边弹丸更容易使用受表面出现所谓的"天鹅绒"式外观。细小颗粒的锐边弹丸对工件表面有均匀轻微的刮削作用,经刮削的表面起毛使光线散射,微微出现银色的闪光。

⑤ 喷丸表层的残余应力。喷丸处理能改善零件表层的应力分布。喷丸后的残余应力来源于表层塑性变形和金属的相变,其中以不均匀的塑性变形最重要。工件喷丸后,表层塑性变形量和由此导致的残余应力与材料的强度、硬度关系密切。材料强度高,表层最大残余应力就相应增大。但在相同喷丸条件下,强度和硬度高的材料,压应力层深度较浅;硬度低的材料产生的压应力层则较深。

常用的渗碳钢经喷丸后,表层的残留奥氏体有相当大的一部分将转变成马氏体,因相变时体积膨胀而产生压应力,从而使得表层残余应力场向着更大的压应力方向变化。

在相同喷丸压力下,大直径弹丸后的压应力较低,压应力层较深;小直径弹丸后表面压应力较高,压应力层较浅且压应力值随深度下降很快。对于表面有凹坑、凸台、划痕等缺陷或表面脱碳的工件,通常选用较大的弹丸,以获得较深的压应力层,使表面缺陷造成的应力集中减小到最低程度。表6-4为不同直径铸钢丸喷射20CrMnTi渗碳钢造成表层残余应力分布。用直径大的弹丸喷丸,虽然表面残余应力较小,但压应力层的深度增加,疲劳强度变化不很显著(见表6-5)。

表6-4 铸钢丸直径对20CrMnTi渗碳钢喷丸表面的残余应力的影响

工件材料	弹丸材料	弹丸直径/mm	残余应力值/MPa			
			表层	剥层0.04mm	剥层0.06mm	剥层0.12mm
20CrMnTi渗碳钢（渗层深0.8~1.2mm,硬度58~64HRC）	铸钢丸（45~50HRC）	0.3~0.5	−850	−750	−400	
		0.5~1.2	−500	−950		−320
		1.0~1.5	−400	−820		−600

表6-5 钢弹丸尺寸疲劳强度的影响

钢弹丸直径/mm	工件材料	工件表面状态	弯曲疲劳试验	
			应力幅σ_a/MPa	断裂循环周数N
0.8	18CrNiWA(厚3mm)	未喷	600	1.40×10^5
	18CrNiWA(厚3mm)	喷丸	600	$>1.04\times10^7$
	18CrNiWA(厚3mm)	喷丸	700	3.97×10^7
1.2	18CrNiWA(厚3mm)	喷丸	700	$>1.04\times10^7$

表6-6为不同弹丸材料对残余应力的影响。可以发现,由于陶瓷丸和铸铁丸硬度较高,喷丸后残余应力也较高。

喷丸速度对表层残余应力有明显影响。试验表明,当弹丸粒度和硬度不变,提高压缩空气的压力和喷射速度,不仅增大了受喷表面压应力,而且有利于增加变形层的深度,试验结果见表6-7。

表6-6 不同弹丸材料对残余应力的影响

弹丸材料	弹丸直径/mm	残余应力/MPa		
		表面	剥层(0.09mm)	剥层(0.12mm)
铸钢丸	0.5~1.0	−500	−900	−325
切割钢丸	0.5~1.0	−500	−1 100	−400
铸铁丸	0.5~1.0	−600	−1 150	−550
陶瓷丸	片状	−1 000		

表6-7 压缩空气压力对喷丸强度和残余应力的影响

压缩空气压力/10^5Pa	1	2	3	4	5	6	7
喷丸强度(试片A)/mm	0.06	0.08	0.15	0.16	0.18	0.19	0.20
表面残余应力/MPa	−573	−675	−950	−900	−850	−900	−875
剥层残余应力/MPa	−500	−500	−700	−1 100	−1 100	−1 300	−1 350

⑥ 不同表面处理后的表面残余应力的比较。不同表面处理后的表面残余应力及疲劳极限如表6-8所示。表面滚压强化可获得最高的残余应力。经喷丸或滚压后，疲劳极限也明显提高。

表6-8 不同表面处理后的表面残余应力及疲劳极限

表面状态	疲劳极限/MPa	疲劳极限增量/MPa	残余应力/MPa	硬度/HRC
磨削	360	0	-40	60~61
抛光	525	165	-10	60~61
喷丸	650	290	-880	60~61
喷丸+抛光	690	330	-800	60~61
滚压	690	330	-1400	62~63

(6) 喷丸强化的效果检验 弧高度试验不仅是确定喷丸强度的试验方法，同时又是控制和检验喷丸质量的方法。在生产过程中，将弧高度试验片与零件一起进行喷丸，然后测量试片的弧高度f。如f值符合生产工艺中规定的范围，则表明零件的喷丸强度合格。这是控制和检验喷丸强化质量的基本方法。

检验喷丸强化的工艺质量就是检验表面强化层深度和层内残余压力的大小和分布。弧高度试片给出的喷丸强度，是金属材料的表面强化层深度和残余应力分布的综合值。若需了解表面强化层的深度、组织结构和残余应力分布情况，还应进行组织结构分析和残余应力测定等一系列检验。

被喷丸的零件表面粗糙度明显增加，而且表面层晶格发生严重畸变，表面层原子活性增加，有利于化学热处理。但是经喷丸的零件使用温度应低于该材料的再结晶温度，否则表面强化效果将降低。

(7) 喷丸强化的应用实例 现介绍一些应用实例。

① 20CrMnTi 圆辊渗碳淬火回火后进行喷丸处理，残余压应力为-880MPa，寿命从55万次提高到150~180万次。

② 40CNiMo 钢调质后再经喷丸处理，残余压应力为-880MPa，寿命从4.6×10^5次提高到1.04×10^7次以上。

③ 铝合金LD2，经喷丸处理后，寿命从1.1×10^6次提高到1×10^8次以上。

④ 在质量分数为3%的NaCl水溶液工作的45钢，经喷丸处理后，其疲劳强度σ_{-1}从100MPa提高到202MPa。

⑤ 铝合金[$w(Zn)=6\%$、$w(Mg)=2.4\%$、$w(Cu)=0.7\%$、$w(Cr)=0.1\%$]悬臂梁试样，经喷丸处理后，应力腐蚀临界应力从357MPa提高到420MPa。

⑥ 耐蚀镍基合金(Hastelloy合金)鼓风机叶轮在150℃热氮气中运行，六个月后发生应力腐蚀破坏。经喷丸强化并用玻璃去污，运行了四年都未发生进一步破坏。Hastelloy合金B_2反应堆容器在焊接后，局部喷丸以对应力腐蚀裂纹进行修复，在未喷丸表面重新出现裂纹，而经喷丸处理的部分几乎未产生进一步破裂。

⑦ 液体火箭推进剂容器的钛制零部件未喷丸强化时，在40℃下使用14h就发生应力腐蚀破坏；容器内表面经玻璃珠喷丸强化后，在同样条件下试验30天还没有产生破坏。

此外,喷丸和其他形变强化工艺在汽车工业中的变速箱齿轮、宇航飞行器的焊接齿轮、喷气发动机的铬镍铁合金(Incone 1718)涡轮盘等制造中获得应用。

6.1.2 金属表面热处理

表面热处理是指仅对零部件表层加热、冷却,从而改变表层组织和性能而不改变成分的一种工艺,是最基本、应用最广泛的材料技术之一。当工件表面层快速加热时,工件截面上的温度分布是不均匀的,工件表层温度高且由表及里逐渐降低。如果表面的温度超过相变点以上达到奥氏体状态时,随后的快冷可获得马氏体组织,而心部仍保留组织状态,从而得到硬化的表面层,即通过表面层的相变达到强化工件表面的目的。

表面热处理工艺包括:感应加热表面淬火、火焰加热表面淬火、接触电阻加热表面淬火、浴炉加热表面淬火、电解液加热表面淬火、高密度能量的表面淬火及表面保护热处理等。

1. 感应加热表面淬火

(1) 感应加热表面处理的基本原理　生产中常用工艺是高频和中频感应加热淬火。后来又发展了超音频、双频感应加热淬火工艺。其交流电流频率范围见表6-9。

表6-9　感应加热淬火用交流电流频率

名称	高频	超音频	中频	工频
频率范围/Hz	$(100\sim500)\times10^3$	$(20\sim100)\times10^3$	$(1.5\sim10)\times10^3$	50

① 感应加热的物理过程。当感应线圈通以后,感应线圈内即形成交流磁场。置于感应线圈内的被加热零件引起感应电动势,所以零件内将产生闭合电流即涡流。在每一瞬间,涡流的方向与感应线圈中电流方向相反。由于被加热的金属零件的电阻很小,所以涡电流很大,从而可迅速将零件加热。对于铁磁材料,除涡流加热外,还有磁滞热效应,可以使零件加热速度更快。

② 感应电流透入深度。感应电流透入深度,即从电流密度最大的表面到电流值为表面的 $\frac{1}{e}(e=2.718)$ 处的距离,可用 Δ 表示。Δ 的值(单位为 mm)可根据下式求出:

$$\Delta=56.386\sqrt{\frac{\rho}{\mu f}}$$

式中,f 为电流频率的值(Hz);μ 为材料的磁导率的值(H/m);ρ 为材料的电阻率的值($\Omega\cdot$cm)。超过失磁点的电流透入深度称为热态电流透入深度($\Delta_{热}$);低于失磁点电流透入深度称为冷态电流透入深度($\Delta_{冷}$)。热态电流透入深度比冷态电流透入深度大许多倍。对于钢,$\Delta_{热}$ 和 $\Delta_{冷}$ 的值(单位均为 mm)为

$$\Delta_{冷}\approx\frac{20}{\sqrt{f}};\Delta_{热}\approx\frac{500}{\sqrt{f}}$$

③ 硬化层深度。硬化层深度总小于感应电流透入深度。这是由于工件内部传热能力较大所致。即频率越高,涡流分布越陡,接近电流透入深度处的电流强度越小,发出的热量也就比较小,又以很快的速度将部分热量传入工件内部,因此在电流透入深度处不一定达到奥氏体化温度,所以也不可能硬化。如果延长加热时间,实际硬化层深度可以有所增加。

实际上,感应加热表面淬火硬化层深度取决于加热层深度、淬火加热温度、冷却速度和材

料本身淬透性等因数。

④ 感应加热表面淬火后的组织和性能。感应加热表面淬火获得的表面组织是细小隐晶马氏体,碳化物呈弥散分布。表面硬度比普通淬火的高 2~3HRC,耐磨性也提高,这是因快速加热时在细小的奥氏体内有大量亚结构残留在马氏体中所致。喷水冷却时,这种差别会更大。表层因相变体积膨胀而产生压应力,降低缺口敏感性,大大提高疲劳强度。感应加热表面淬火工件表面氧化、脱碳小,变形小,质量稳定。感应加热表面淬火的加热速度快、热效率高、生产率高,易实现机械化和自动化。

(2) 中、高频感应加热表面处理 感应加热是一种用途广泛的热处理方法,可用于退火、正火、淬火和各种温度范围的回火以及各种化学热处理。感应加热类型和特性见表 6-10。

表 6-10 感应加热类型和特性

特 性	感应加热类型	
	传导式加热(表层加热)	透入式加热(热容量加热)
含义	电流热透入深度小于淬硬层深度,超过 $\Delta_热$ 的淬硬层,其温度的提高来自热传导	电流热透入深度大于淬硬层深度,淬硬层的热能由涡流产生,层内温度基本均匀
热能产生部位	表面	淬硬层内为主
温度分布	按热传导定律	陡,接近直角
表面过热度	快速加热时较大	小(快速加热时也小)
非淬火部位受热	较大	小
加热时间	较长(按分计),特别在要求淬硬深度大、过热度小时	较短(按秒计),在要求淬硬深度大,过热度小时也相同
劳动生产率	低	高
加热热效率	低,当表面过热度 $\Delta T = 100℃$ 时,$\eta = 13\%$	高,当表面过热度 $\Delta T = 100℃$ 时,$\eta > 30\%$

感应加热方式有同时加热和连续加热。用同时加热方式淬火时,零件需要淬火的区域整个被感应器包围,通电加热到淬火温度后迅速浸入淬火槽中冷却。此法适用于大批量生产。用连续加热方式淬火时,零件与感应器相对移动,使加热和冷却连续进行。适用于淬硬区较长,设备功率又达不到同时加热要求的情况。

选择功率密度要根据零件尺寸及其淬火条件而定。电流频率越低、零件直径越小及所要求的硬化层深度越小,则所选择的功率密度值越大。高频淬火常用于零件直径较小、硬化层深度较浅的场合,中频淬火常用在大直径工件和硬化层深度较深的场合。

(3) 超高频感应加热表面处理

① 超高频感应加热淬火。又称超高频冲击淬火或超高频脉冲淬火,是利用 27.12MHz 超高频率的极强的趋肤效应使 0.05~0.5mm 的零件表层在极短的时间内(1~500ms)加热至上千摄氏度(其能量密度可达 100~1 000W/mm²)仅次于激光和电子束,加热速度为 10^4~10^6℃/s,自激冷却速度高达 10^6℃/s),加热停止后表层主要靠自身散热迅速冷却,达到淬火目

的。由于表层加热和冷却极快,畸变量较小,不必回火,淬火表层与基体间看不到过渡带。超高频感应加热淬火主要用于小、薄的零件,如录音器材、照相机械、打印机、钟表、纺织钩针、安全刀片等零件部件,可明显提高质量,降低成本。

② 大功率高频脉冲淬火。所用频率一般为 200~300kHz(对于模数小于 1 的齿轮使用 1 000kHz),振荡功率为 100kW 以上。因为降低了电流频率,增加了电流透入深度(0.4~1.2mm),故可处理的工件较大。一般采用浸冷或喷冷,以提高冷却速度。大功率高频脉冲淬火在国外已较为普遍地应用于汽车行业,同时在手工工具、仪表耐磨件、中小型模具上的局部硬化也得到应用。

普通高频淬火、超高频冲击淬火和大功率高频脉冲淬火技术特性的比较见表 6-11。

表 6-11　普通高频淬火、超高频冲击淬火和大功率高频脉冲淬火技术特性

技术参数	普通高频淬火	超高频冲击淬火	大功率高频脉冲淬火
频率	(200~300)kHz	27.12MHz	(200~1 000)kHz
发生器功率密度	200W/cm^2	(10~30)kW/cm^2	(1.0~10)kW/cm^2
最短加热时间	(0.1~5)s	(1~500)ms	(1~1 000)ms
稳定淬火最小表面电流穿透深度	0.5mm	0.1mm	
硬化层深度	(0.5~2.5)mm	(0.05~0.5)mm	(0.1~1)mm
淬火面积	取决于连续步进距离	(10~100)mm^2（最宽 3mm/脉冲）	(100~1 000)mm^2（最宽 10mm/脉冲）
感应器冷却介质	水	单脉冲加热无需冷却	通水或埋入水中冷却
工件冷却	喷水或其他冷却	自身冷却	埋入水中或自冷
淬火层组织	正常马氏体组织	极细针状马氏体	细马氏体
畸变	不可避免	极小	极小

(4) 双频感应加热淬火和超音频感应加热淬火

① 双频感应加热淬火。对于凹凸不平的工件如齿轮等,当间距较小时,无论用什么形状的感应器,都不能保持工件与感应器的施感导体之间的间隙一致。因而,间隙小的地方电流透入深度就大,间隙大的地方电流透入深度就小,难以获得均匀的硬化层。要使低凹处达到一定深度的硬化层,难免使凸出部过热,反之低凹处得不到硬化层。

双频感应加热淬火就是采用两种频率交替加热,较高频率加热时,凸出部温度较高;较低频率加热时,则低凹处温度较高。这样凹凸处各点的加热温度趋于一致,达到了均匀硬化的目的。

② 超音频感应加热淬火。使用双频感应加热淬火,虽然可以获得均匀的硬化层,但设备复杂,成本也较高,所需功率也大。而且对于低淬透钢,高、中频淬火都难以获得凹凸零部件均匀分布的硬化层。若采用 20~50kHz 的频率可实现中小模数齿轮($m=3~6$)表面均匀硬化层。由于频率大于 20kHz 的波称为超音频波,所以这种处理称为超音频感应热处理。在上述模数范围内一般采用的频率按下式计算:

$$v_1 = \frac{6 \times 10^5}{m^2}$$

式中,v_1 为齿根硬化频率的值(单位为 Hz);m 为齿轮模数。

如果模数超过这个范围,最好采用双频感应加热淬火。齿顶化频率 v_2(单位为 Hz)由下式确定:

$$v_2 = \frac{2 \times 10^6}{m^2}$$

一般 $v_2/v_1 \approx 3.33$。

(5) 冷却方式和冷却介质的选择 感应加热淬火冷却方式和冷却介质可根据工件材料、形状、尺寸、采用的加热方式以及硬化层深度等综合考虑确定。常用冷却介质列于表 6-12。

表 6-12 感应加热淬火常用的冷却介质

序号	冷却介质	温度范围/℃	简要说明
1	水	15~35	用于形状简单的碳钢件,冷速随水温、水压(流速)而变化。水压(0.10~0.4)MPa 时,碳钢喷淋密度为 10~40 cm³/(cm²·s);低淬透性钢为 100 cm³/(cm²·s)
2	聚乙烯醇水溶液①	10~40	常用于低合金钢和形状复杂的碳钢件,常用的质量分数为 0.05%~0.3%,浸冷或喷射冷却
3	乳化液	<50	用切削油或特殊油配成乳化液,质量分数为 0.2%~24%,常用 5%~15%,现逐步淘汰
4	油	40~80	一般用于形状复杂的合金钢件,可浸冷、喷冷或埋油冷却。喷冷时,喷油压力为 (0.2~0.6) MPa,保证淬火零件不产生火焰

① 聚乙烯醇水溶液配方为(质量分数):聚乙烯醇≥10%,三乙醇胺(防锈剂)≥1%,苯甲酸钠(防腐剂)≥0.2%,消泡剂≥0.02%,余量为水。

2. 火焰加热表面淬火

火焰加热表面淬火是应用氧—乙炔或其他可燃气体对零件表面加热,随后淬火冷却的工艺。与感应加热表面淬火等方法相比,具有设备简单,操作灵活,适用钢种广泛,零件表面清洁、一般无氧化和脱碳、畸变小等优点。常用于大尺寸和重量大的工件,尤其选用于批量少品种多的零件或局部区域的表面淬火,如大型齿轮、轴、轧辊和导轨等。但加热温度不易控制,噪音大,劳动条件差,混合气体不够安全,不易获得薄的表面淬火层。

(1) 氧—乙炔火焰特性 氧—乙炔火焰特性、碳化焰和氧化焰,其火焰又分为焰心区、内焰区和外焰区三层。其特性见表 6-13。火焰加热表面淬火的火焰选择有一定的灵活性,常用氧,乙炔混合比 1.5 的氧化焰。氧化焰较中性焰经济,减少乙炔消耗量 20% 时,火焰温度仍然很高,而且可降低因表面过热而产生废品的危险。

表 6-13 氧—乙炔焰特性比较

火焰类别	混合比 β[①]	焰心	内焰	外焰	最高温度/℃	备注
氧化焰	>1.2，一般为 1.3~1.7	淡紫蓝色	蓝紫色	蓝紫色	3 100~3 500	无碳素微粒层，有噪声，含氧越高，整个火焰越短，噪声越大
中性焰	1.1~1.2	蓝白色圆锥形，焰心长，流速快，温度>950℃	淡桔红色，还原性，长 10~20mm，距焰心 2~4mm 处温度最高，为 3 150℃	淡蓝色，氧化性，温度 1 200℃~2500℃	3 050~3 150	焰心外面分布有碳素微粒层
碳化焰	<1.1，一般为 0.8~0.95	蓝白色，焰心较长	淡蓝色，乙炔量大时，内焰较长	桔红色	2 700~3 000	可能有碳微粒层，三层火焰之间无明显轮廓

① β指氧气与乙炔的体积比

(2) 火焰加热表面淬火方法和工艺参数的选择　火焰加热表面淬火方法可分为同时加热方法和连续加热方法。其操作方法、工艺特点和适用范围见表 6-14。

表 6-14 火焰加热表面淬火方法

加热方法	操作方法	工艺特点	适用范围
同时加热	固定法（静止法）	工件和喷嘴固定，当工件被加热到淬火温度后喷射冷却或浸入冷却	用于淬火部位不大的工件
	快速旋转法	一个或几个固定喷嘴对旋转（75~150r/min）的工件表面加热一定时间后冷却（常用喷冷）	适用于处理直径和宽度不大的齿轮、轴颈、滚轮等
连续加热	平面前进法	工件相对喷嘴做 50~300mm/min 直线运动，喷嘴上距火孔 10~30mm 处设有冷却介质喷射孔，使工件淬火	可淬硬各种尺寸平面型工件表面
	旋转前进法	工件以 50~300mm/min 速度围绕固定喷嘴旋转，喷嘴上距火孔 10~30mm 处有孔喷射冷却介质	用于制动轮、滚轮、轴承圈等直径大表面窄的工件
	螺旋前进法	工件以一定速度旋转，喷嘴以轴向配合运动，得螺旋状淬硬层	获得螺旋状淬硬层
	快速旋转前进法	一个或几个喷嘴沿旋转（75~150r/min）工件定速移动，加热和冷却工件表面	用于轴、锤杆和轧辊等

工艺参数的选择应考虑火焰特性、焰心至工件表面距离、喷嘴或工件移动速度、淬火介质和淬火方式、淬火和回火的温度范围等。

(3) 火焰淬火的质量检验

① 外观。表面不应有过烧、熔化、裂纹等缺陷。

② 硬度。表面硬度应符合表 6-15 的规定。

表 6-15 表面硬度的波动范围

工件类型		表面硬度波动范围(不大于)					
		HRC		HV		HS	
		≤50	>50	≤500	>500	≤80	>80
火焰淬火回火后,只有表面硬度要求的零件	单件	6	5	75	105	8	10
	同一批件	7	6	95	125	10	12
火焰淬火回火后,有表面硬度、力学性能、金相组织、畸变量要求的零件	单件	5	4	55	85	6	8
	同一批件	6	5	75	105	8	10

3. 接触电阻加热表面淬火

接触电阻加热表面淬火是利用触头(铜滚轮或碳棒)和工件间的接触电阻使工件表面加热,并依靠自身热传导来实现冷却淬火。这种方法设备简单,操作灵活,工件变形小,淬火后不需回火。接触电阻加热表面淬火能显著提高工件的耐磨性和抗擦伤能力,但淬硬层较薄(0.15~0.30mm),金相组织及硬度的均匀性都较差,目前多用于机床铸铁导轨的表面淬火,也用于气缸套、曲轴、工模具等的淬火。

4. 浴炉加热表面淬火

将工件浸入高温盐浴(或金属浴)中,短时加热,使表层达到规定淬火温度,然后激冷的方法称为浴炉加热表面淬火。此方法不需添置特殊设备,操作简便,特别适合于单件小批量生产。所有可淬硬的钢种均可进行浴炉加热表面淬火,但以中碳钢和高碳钢为宜,高合金钢加热前需预热。

浴炉加热表面淬火加热速度比高频和火焰淬火低,采用的浸液冷效果没有喷射强烈,所以淬硬层较深,表面硬度较低。

5. 电解液加热表面淬火

电解液加热表面淬火原理如图 6-4 所示。工件淬火部分置于电解液中为阴极;金属电解槽为阳极。电路接通,电解液产生电离,阳极放出氧,阴极工件放出氢。氢围绕阴极工件形成气膜,产生很大的电阻,通过的电流转化为热能将工件表面迅速加热到临界点以上温度。电路断开,气膜消失,加热的工件在电解液中实现淬火冷却。此方法设备简单,淬火变形小,适用于形状简单小件的批量生产。

电解液可用酸、碱或盐的水溶液,质量分数为 5%~18% 的 Na_2CO_3 溶液效果较好。电解液温度不可超过 60℃,否则影响气膜的稳定性和加速溶

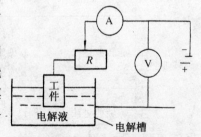

图 6-4 电解液加热表面淬火原理

液蒸发。常用电压为160~180V,电流密度4~10A/cm²。加热时间由试验决定。

6. 高密度能量的表面淬火

高密度能量包括激光、电子束、等离子体和电火花等,其原理和应用分别参见有关章节。

7. 表面光亮热处理

对高精度零件进行光亮热处理有两种方法,即真空热处理和保护处理。最先进的方法是真空热处理。真空热处理设备投资大,维护困难,操作技术比较复杂。保护热处理分为涂层保护和气氛保护。气氛保护热处理的工艺多种多样。有的设备投资大,气体消耗多,成本高,因此常采用保护气体箱。涂层保护热处理具有投资少,操作简便,虽然目前国内研制的涂层的自剥性和保护效果还不能令人满意,价格也较贵,但涂料品种多,工艺成熟,应用广泛。表面光亮热处理在各种钢材的淬火、固溶、时效、中间退火、锻造加热或热成型时均可应用。

(1) 涂层保护光亮热处理

① 涂层的一般要求。涂料应耐高温、抗氧化、稳定、不与零件表面反应,并能防止零件表面加热时烧损、脱碳或形成氧化皮。涂料应安全无毒,成本低,操作简单;涂层在室温下具有一定强度,操作过程不易脱落,但在一次处理后能自行脱落。

② 涂层成分。一般处理涂层多数采用有机材料与无机材料混合配制的涂料。这类涂料在常温下可以通过有机黏结剂组成均匀完整的涂层。在热处理时,涂层中的有机组分被分解或炭化,而其余的组分如玻璃、陶瓷等材料则转变为一层均匀致密的无机涂层,能隔绝周围气氛对金属的作用,冷却后,由于涂层与金属的热胀系数不同,涂层能自行脱落,从而起到保护被处理金属表面的作用。表6-16至表6-18分别列出了,英、美和我国主要热处理涂料配方。

表6-16 英国主要热处理涂料配方

牌号	成分/kg													物理性质			
	膨润土	滑石粉	高岭土	云母粉	丙烯酸树酯	染料	甲苯	三氯乙烯	20A玻璃料	2B玻璃料	钾玻璃	钠玻璃	氧化硅	氧化铝	颜色	密度/g·cm⁻³	剥落性	使用温度/℃
B-12	7.5	3.0	1.0		8.0	0.5	410L								红	0.9~0.95		600~1100
B-22	12.0	7.0		7.0	11.0	0.5		380L								1.32~1.46		600~1100
B-104	12.0		6.1	4.0	3.5	0.5	196L		9.3	9.3	5.1	7.0	4.6	2.9	黄	0.05~1.02	自剥	1000~1250
B-204	2.0		6.1	4.0	3.5	0.5		190L	9.3	9.3	5.1	7.0	4.6	2.9	蓝紫	1.49~1.55	自剥	1000~1250

表 6-17 美国主要热处理涂料配方

编号		膨润土	黏土	水	BaO	K$_2$O	MgO	Li$_2$O	CaO	ZnO	Sb$_2$O$_3$	B$_2$O$_3$	Al$_2$O$_3$	SiO$_2$	TiO$_2$	P$_2$O$_5$	使用温度/℃
1	底层	0.5	9.0	30.0		2.0	24.0	1.0					23.0	50.0			870~1100
1	面层	0.5	9.0	30.0	8.5		3.8	5.4	1.5	2.5	3.2	1.0	37.4	19.9		2.5	565~705
2	底层	0.5	9.0	30.0	8.0		19.0						18.0	55.0			870~1100
2	面层	0.5	9.0	30.0	5.1	30.0			5.8			25.8	4.5	23.6	1.9		565~705

表 6-18 我国主要热处理涂料配方

编号	03玻璃料	04玻璃料	11玻璃料	氧化铬	氧化铝	云母氧化铁	钛白粉	滑石粉	膨润土	质量分数为30%虫胶液	质量分数为80%乙醇+质量分数为20%丁醇	用途
3#		20	15	4		8		10	3	20	20	30CrMnSiA中温处理
4#	10	10	26		6			4	2	20	20	用于1Cr18Ni9Ti及GH1140等高温合金等
5#	3	6	25				11		3	21	21	

我国热处理涂料有定型产品,涂料配方中除上述三种外,常用的还有1306号涂料,其成分为(质量分数):Al:23.67%,C:6.47%,K:5.52%,Na:0.16%,Si:25.3%余量为氧及其他微量元素。

③ 涂覆工艺。主要注意以下四点:一是涂料心须存放在10~20℃环境中,并有一定有效期。使用前搅匀并用铜网过滤,再用溶剂调节涂料黏度;二是零件表面必须彻底清除铁锈、氧化皮、油脂和油漆等污物,且存放时间不宜超过20~24h,操作时戴干净手套;三是涂层应致密、厚度均匀,最好在通风的恒温间进行,可采用浸涂、刷涂和喷涂;四是按规定进行热处理。

④ 涂料的应用。涂料可用于保护零件处理表面质量,防止和减少表面脱碳。1306号涂料用于镍基高温合金时,热处理后涂层能完全自剥,表面呈灰白氧化色,不产生氧化皮。3号涂料涂于30CrMnSiA上于900℃热处理,加热时间为60min,处理后涂层自剥,材料表面为银灰色,无腐蚀现象。4号涂料用于国产不锈钢1Cr18Ni9Ti和高温合金CH1140,在1 050℃加热15~20min,无论空冷或水冷,涂层均能自剥。水冷的零件表面呈银灰色,局部有轻微氧化色。空冷的零件表面为蓝氧化色,无腐蚀现象。

涂料可减少热处理中零件尺寸和重量的变化。3 号涂料涂于 30CrMnSiA 上于 900℃热处理,一般在保温 1～3h 时,其热处理损耗只有不涂涂层材料的 1/5～1/6。在上述试验条件下,无论涂何种涂层,大多数情况下,零件尺寸膨胀 0.005～0.01mm。少数情况下,尺寸减少不超过 0.005mm。而不涂涂层的材料尺寸减少约 0.05～0.5mm。

金相检验表明,涂层不产生晶间腐蚀,使用 1306 号涂料晶界氧化深度为 0.0069mm～0.0138mm,而未涂涂层的氧化深度为 0.020～0.035mm。未发现元素渗入问题。研究还表明,涂层不影响材料淬透性,也不影响常规力学性能和高温疲劳性能。

(2) 惰性气体保护光亮热处理　常用惰性气体有 Ar、He。由于 N_2 与钢几乎不发生反应,所以 N_2 相对于钢来说是惰性气体。用惰性气体保护在光亮状态下加热,应特别注意气体中杂质的种类的数量,氧的体积分数应低于 $(1～2)\times 10^{-6}$,水份量在露点－70℃以下。

(3) 真空热处理　真空热处理的最大优点是能得到良好的光亮面。把金属放在真空中加热时,将产生脱氧、油脂分解、氧化物的离解现象。真空热处理后可得到光亮的金属表面。但要注意合金元素的蒸发的影响,如不锈钢真空热处理时会产生脱铬现象,使耐腐蚀性明显下降。

6.1.3 金属表面化学热处理

1. 概述

(1) 金属表面化学热处理过程　金属表面化学热处理是利用元素扩散性能,使合金元素渗入金属表层的一种热处理工艺。其基本工艺过程是:首先将工件置于含有渗入元素的活性介质中加热到一定温度,使活性介质通过分解(包括活性组分向工件表面扩散以及界面反应产物向介质内部扩散)释放出欲渗入元素的活性原子,然后活性原子被表面吸附并溶入表面,最后溶入表面的原子向金属表层扩散渗入形成一定厚度的扩散层,从而改变表层的成分、组织和性能。

(2) 金属表面化学热处理的目的

① 提高金属表面的强度、硬度和耐磨性。如渗氮可使金属表面硬度达到 950～1 200HV;渗硼可使金属表面硬度达到 1 400～2 000HV 等,因而工件表面具有极高的耐磨性。

② 提高材料疲劳强度。如渗碳、渗氮、渗铬等渗层中由于相变使体积发生变化,导致表层产生很大的残余压应力,从而提高疲劳强度。

③ 使金属表面具有良好的抗粘着、抗咬合的能力和降低摩擦系数,如渗硫等。

④ 提高金属表面的耐蚀性,如渗氮、渗铝等。

(3) 化学热处理渗层的基本组织类型

① 形成单相固溶体。如渗碳层中的 α 铁素体相等。

② 形成化合物。如渗氮层中的 ε 相($Fe_{2～3}N$),渗硼层中 Fe_2B 等。

③ 化学热处理后,一般可同时存在固溶体、化合物的多相渗层。

(4) 化学热处理的的性能　化学热处理后的金属表层、过渡层与心部在成分、组织和性能上有很大差别。强化效果不仅与各层的性能有关,而且还与各层之间的相互联系有关,如渗碳的表面层碳含量及其分布、渗碳层深度和组织等均可影响材料渗碳后的性能。

(5) 化学热处理种类　根据渗入元素的介质所处状态不同,化学热处理可分为以下几类:

① 固体法。包括粉末填充法、膏剂涂覆法、电热旋流法、覆盖层(电镀层、喷镀层等)扩散法等。

② 液体法。包括盐浴法、电解盐浴法、水溶液电解法等。

③ 气体法。包括固体气体法、间接气体法、流动粒子炉法等。

④ 等离子法。参见等离子热处理有关章节。

2. 渗硼

渗硼主要是为了提高金属表面的硬度、耐磨性和耐蚀性,可用于钢铁材料、金属陶瓷和某些有色金属材料,如钛、钽和镍基合金。这种方法成本较高。

(1) 渗硼原理　　渗硼就是把工件置于含有硼原子的介质中加热到一定温度,保温一段时间后,在工件表面形成一层坚硬的渗硼层。

在高温下,供硼剂砂与介质中 SiC 发生反应:

$$Na_2B_4O_7 + SiC \longrightarrow Na_2O \cdot SiO_2 + CO_2 + O_2 + 4[B]$$

若供硼剂为 B_4C,活性剂为 KBF_4,则有以下反应:

$$KBF_4 \xrightarrow{\text{加热}} KF + BF_3$$

$$4BF_3 + 3SiC + 1.5O_2 \longrightarrow 3SiF_4 + 3CO + 4B$$

$$+ 3SiF_4 + B_4C + 1.5O_2 \longrightarrow 4BF_3 + SiO_2 + CO + 2Si$$

$$\overline{B_4C + 3SiC + 3O_2 \xrightarrow[BF_3]{SiF_4} 4B + 2Si + SiO_2 + 4CO}$$

(2) 渗硼层组织　　硼原子在 γ 相或 α 相的溶解度很小,当硼含量超过其溶解度时,就会产生硼的化合物 $Fe_2B(\varepsilon)$。当硼含量大于质量分数 8.83% 时,会产生 $FeB(\eta')$。当硼含量在 6%~16% 时,会产生 FeB 与 Fe_2B 白色针状的混合物。一般希望得到单相的 Fe_2B。铁—硼状态图如图 6-5 所示。

钢中的合金元素大多数可溶于硼化物层中(例如铬和锰)。因此认为硼化物指 $(Fe,M)_2B$ 或 $(Fe,M)B$ 更为恰当(其中 M 表示一种或多种金属元素)。碳和硅不溶于硼化物层,而被硼从表面推向硼化物前方而进入基材。这些元素在碳钢的硼化物层中的分布如图 6-6 所示。硅在硼化物层前方的富集量可达百分之几。这会使低碳铬合金钢硼化物层前方形成软的铁素体层。只有降低钢的含硅量才能解决这一问题。碳的富集会析出渗碳体或硼渗碳体(例如 $Fe_3B_{0.8}C_{0.2}$)。

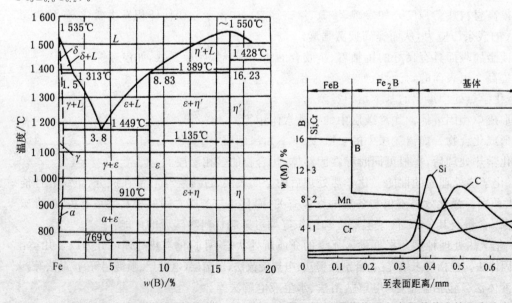

图 6-5　铁-硼状态图(部分)　　　图 6-6　硼化物层之中及其前方的元素分布示意图

(3) 渗硼层的性能

① 渗硼层的硬度很高。如 Fe_2B 的硬度为 1 300～1 800HV；FeB 的硬度为 1 600～2 200HV。由于 FeB 脆性大，一般希望得到单相的、厚度为 0.07～0.15mm 的 Fe_2B 层。如果合金元素含量较高，由于合金元素有阻碍硼在钢中的扩散作用，则渗硼层厚度较薄。硼化铁的物理性能参见表 6-19。

② 在盐酸、硫酸、磷酸和碱中具有良好的蚀性，但不耐硝酸。

③ 热硬性高。在 800℃ 时仍保持高的硬度。

④ 在 600℃ 以下抗氧化性能较好。

(4) 渗硼方法

固体渗硼。它在本质上属于气态催化反应的气相渗硼。供硼剂在高温和活化剂的作用下形成气态硼化物（BF_2，BF_3），在工件表面不断化合与分解，释放出活性硼原子，不断被工件表面吸附并向工件内扩散，形成稳定的铁的硼化物层。

表 6-19 硼化铁的物理性能

硼化铁类型	$w(B)$/%	晶格常数	密度/$g \cdot cm^{-3}$	线胀系数(200～600℃)	杨氏模量/MPa	硼在铁中的扩散系数(950℃时)/$cm^2 \cdot s^{-1}$
Fe_2B	8.83	正方(a=5.078,c=4.249)	7.43	7.85×10^{-6}/℃	3×10^5	1.53×10^{-7}(扩散区)
FeB	16.23	正交(a=4.053,b=5.495,c=2.946)	6.75	23×10^{-6}/℃	6×10^5	1.82×10^{-8}(硼化物层)

固体渗硼是将工件置于含硼的粉末或膏剂中，装箱密封，放入加热炉中加热到 950～1 050℃ 保温一定时间后，工件表面上获得一定厚度的渗硼层的方法。这种方法设备简单，操作方便，适应性强，但劳动强度大，成本高。欧美国家多采用固体渗硼。常用的固体渗硼剂有粉末渗硼与膏剂渗硼两类。

粉末渗硼是由供硼剂（硼铁、碳化硼、脱水硼砂等）、活性剂（氟硼酸钾、碳化硅、氯化物、氟化物等）、填充剂（木炭或碳化硅）等组成。其配方有：B_4C 5%（供硼剂）+KBF_4 5%（活性剂）+SiC 90%①（填充剂）。各成分所占比例与被渗硼的材料有关。对于铬含量最高的钢种，建议在渗硼粉中加入适量铬粉。部分固体渗硼的具体配方和渗硼效果见表 6-20。

表 6-20 部分固体渗硼的具体配方和渗硼效果

编号	渗硼材料组成物的质量分数/%									渗硼工艺		渗硼层	
	B_4C	B-Fe	$Na_2B_4O_7$	KBF_4	NH_4HCO_3	SiC	Al_2O_3	木炭	活性炭	温度/℃	时间/h	组织	厚度/μm
1		7		6	2	余量		20		850	4	双相	140
2		5		7		余量		8	2	900	5	单相	95
3		10		7		余量		8	2	900	5	单相	95
4	1			7		余量		8	2	900	5	单相	90
5	2			5		余量	MnFe:10			850	4	单相	110

---

① 此处百分数均为质量分数，下同。

续表

编号	渗硼材料组成物的质量分数/%								渗硼工艺		渗硼层
	B_4C	B—Fe	$Na_2B_4O_7$	KBF_4	NH_4HCO_3	SiC	Al_2O_3	木炭	活性炭	温度/℃	时间/h	组织	厚度/μm
6		20		5	5		70			850	4	单相	85
7	5			5		余量	Fe_2O_3:3			850	4	单相	120
8		25		5		余量				850	4	单相	55
9			30			$NaCO_3$:3	Si:7	石墨:60		950	4	单相	160

① 膏剂渗硼。它是将供硼剂加一定比例的黏结剂组成一定黏稠膏状物涂在工件表面上进行加热渗硼处理。膏渗硼的配方有两种：一是由碳化硼粉末(0.063～0.056mm)50%和冰晶石50%组成，用水解四乙氧基甲硅烷作黏结剂组成膏状物质，渗硼前，洗在200℃干燥1h后再进行渗硼；二是 B_4C(0.100mm)5%～50%+冰晶石(粉末状)5%～50%+氟化钙(0.154mm)40%～49%，混合后用松香30%+酒精70%调成糊状，涂在工件上，获得厚度>2mm 的涂层，然后晾干密封装箱，最后装入加热炉中进行硼。若膏剂渗硼是在高频感应加热条件下进行，不仅可以得到与炉子加热条件下相同的渗硼层，而且可大大缩短渗硼时间。

② 气体渗硼。与固体渗硼的区别是供硼剂为气体。气体渗硼需用易爆的乙硼烷或有毒的氯化硼，故没有用于工业生产。

③ 液体渗硼。也叫盐浴渗硼。这种方法应用广泛。它主要是由供硼剂砂+还原剂（碳酸钠、碳酸钾、氟硅酸钠等）组成的盐浴，生产中常用的配方有：$Na_2B_4O_7$ 80%+SiC20%或 $Na_2B_4O_7$ 80%+Al10%+NaF10%等。

④ 等离子渗硼。等离子渗硼可以用与气体渗硼类介质。这一领域已进行了研究，但还没有工业应用的处理工艺。

(5) 钢铁材料渗硼　最合适的钢种为中碳钢及中碳合金钢。渗硼后，为了改善基体的力学性质，就进行淬火+回火处理，但应注意以下几点：一是渗硼件应尽量减少加热次数并用缓冷；二是渗硼温度高于钢的淬火温度时，渗硼后应降温到淬火温度后再进行淬火；三是渗硼温度低于钢的淬火温度时，渗硼后升温到淬火温度后再进行淬火；四是淬火介质仍使用原淬火介质，但不宜用硝盐分级与等温处理；五是渗硼粉中 B_4C 含量对不同钢种的硼化物层中 FeB 相的影响见表 6-21。

表 6-21　渗硼粉中 B_4C 含量对不同钢种的硼化物层中 FeB 相的影响(900℃渗硼 5h)

钢　种	$w(B_4C)$/%			
	2.5	5	7.5	10
XC15(法国结构钢，相当于我国 15 钢)	A	A	B	C
C45(法国结构钢，相当于我国 45 钢)	A	A	B	C
42CrMo4	A	B	C	D

续表

钢　种	$w(B_4C)/\%$			
	2.5	5	7.5	10
61CrSiV5	A	B	C	E
XC100(法国弹簧钢)	A	B	C	E
100Cr6	A	C	D	E
145Cr6	B	D	E	E
奥氏体不锈钢	E	E	E	E

注：A——不含FeB；B——仅边角处有FeB；C——个别锯齿有FeB；D——FeB未形成封闭层；E——FeB形成封闭层。

渗硼在生产中的应用实例(见表6-22)

表6-22　渗硼应用实例

模具名称	模具材料	被加工材料	处理工艺	寿命/(件/模)	使用单位
冷镦六方螺母凹模	Cr12MoV	Q235钢	原处理工艺	(0.3~0.5)万	北京标准件厂
			渗硼	(5~6)万	
冷冲模	CrWMn	25钢	淬火+回火	(300~500)千	北京机电研究所
			渗硼	(0.5~1)万	
冷轧顶头凸模	65Mn	Q235钢螺母	淬火+回火	(0.3~0.4)万	沙市标准件厂
			渗硼	2万	
热锻模	5CrMnMo	齿轮40Mn2	淬火+回火	300~500	江西机械厂
			渗硼	600~700	

(6) 有色金属渗硼　有色金属渗硼通常是在非晶态硼中进行的。某些有色金属如钛及其合金必须在高纯氩或高真空中进行，且必须在渗硼前对非晶硼进行除氧。大多数难熔金属都能渗硼。

钛及其合金的渗硼最好在1 000～1 200℃进行。在1 000℃处理8h可得12μm致密的TiB_2层；15h后为20μm。硼化物层与基体结合良好。

钽的渗硼也用类似条件，获得单相硼化钽层。在1 000℃处理8h可得12μm的渗层。镍合金IN—100(美国牌号)在940℃渗硼8h获得得60μm厚的硼化物层。

3. 渗碳、渗氮、碳氮共渗

渗碳、渗氮、碳氮共渗等可提高材料表面硬度、耐磨性和疲劳强度，在工业中有十分广泛的应用。

(1) 渗碳、碳氮共渗

① 结构钢的渗碳。结构钢经渗碳后，能使工件表面获得高的硬度、耐磨性、耐侵蚀磨损性、接触疲劳强度和弯曲疲劳强度，而心部具有一定强度、塑性、韧性。常用的渗碳方法有三种：

一是气体渗碳。它生产中应用最为广泛的一种碳方法，即在含碳的气体介质中通过调节气体渗碳气氛来实现渗碳目的,一般有井式炉滴注式渗碳和贯通式气体渗碳两种。

二是盐浴渗碳。它是将被处理的零件浸入盐浴渗碳剂中,通过加热使碳剂分解出活性的碳原子来进行渗碳,如 Na_2CO_3 75%~85%、NaCl 10%~15%、SiC 8%~15%就是一种熔融的渗碳盐浴配方,10 钢在 950℃保温 3h 后可获得总厚度为 1.2mm 的渗碳层。

三是固体渗碳。它是一种传统的渗碳方法,使用固体渗碳剂,其中的膏剂渗碳具有工艺简单方便的特点,主要用于单件生产、局部渗碳或返修零件。为了提高渗碳速度和质量引进了快速加热渗碳法,真空、离子束、流态层渗碳等先进的工艺方法。

② 高合金钢的渗碳。目前高合金钢(主要是一些高铬钢、工具钢等)的渗碳越来越受到重视。工具钢经渗碳后,其表面具有高强度、高耐磨性和高热硬性。与传统的模具钢制造的工具相比,寿命可得到提高。

③ 碳氮共渗。液体碳氮共渗以往称氰化。碳氮共渗比渗碳温度低(700~880℃),变形小,且由于氮的渗入提高了渗碳速度和耐磨性。

(2) 渗氮、氮碳共渗 渗氮、氮碳共渗是在含有氮,或氮、碳原子的介质中,将工件加热到一定温度,钢的表面被氮或氮、碳原子渗入的一种工艺方法。渗氮工艺复杂,时间长,成本高,所以只用于耐磨、耐蚀和精度要求高的零部件,如发动机汽缸、排气阀、阀门、精密丝杆等。

钢经渗氮后获得高的表面硬度,在加热到 500℃时,硬度变化不大,具有低的划伤倾向和高的耐磨性,可获得 500~1 000MPa 的残余压应力,使零件具有高的疲劳极限和耐蚀性,在自来水、潮湿空气、气体燃烧物、过热蒸气、苯、不洁油、弱碱溶液、硫酸、醋酸、正磷酸等介质中均有一定的耐蚀性。

① 渗氮的分类。大致分为以下两类:

一是低温渗氮。它是指渗氮温度低于 600℃的各种渗氮方法,有气体渗氮、液体渗氮、离子渗氮等,主要用于结构钢和铸铁,目前广泛应用的是气体渗氮法,即把需渗氮的零件放入密封渗氮炉同,通入氨气,加热至 500~600℃,氨发生以下反应:

$$2NH_3 = 3H_2 + 2[N]$$

生成的活性氮原子[N]渗入钢表面,形成一定深度的氮化层,根据 Fe-N 相图,氮溶入铁素体和奥氏体中,与铁形成 γ' 相(Fe_4N)和 ϵ 相($Fe_{2-3}N$),也溶解一些碳,所以渗氮后,工件最外层是白色 ϵ 相或 γ' 相,次外层是暗色 $\gamma'+\alpha$ 共析体。

二是高温渗氮。高温渗氮是指渗氮温度高于共析转变温度(600~1 200℃)下进行的渗氮,主要用于铁素体钢、奥氏体钢、难熔金属(Ti、Mo、Nb、V 等)的渗氮。

② 各种材料渗氮:各种材料的渗氮情况简介如下。

结构钢渗氮:任何珠光体类、铁素体类、奥氏体类以及碳化物类的结构钢都可以渗氮。为了获得具有高耐磨、高强度的零件,可采用渗氮专用钢种(38CrMoAlA)。后来出现了不采用含铝的结构钢的渗氮强化。结构钢渗氮温度一般选在 500~550℃左右,渗氮后可明显提高疲劳强度。

高铬钢渗氮:工件经酸洗工喷砂去除氧化膜后才能进行渗氮。为了获得耐磨的渗层,高铬铁素体钢常在 560~600℃进行渗氮。渗氮层深度一般不大于 0.12~0.15mm。

工具钢渗氮:高速钢切削刃具短时渗氮可提高寿命 0.5~1 倍。推荐渗层深度为 0.01~0.025mm,渗氮温度为 510~520℃。对于小型工具($<\phi$15mm)渗氮时间为 15~20min;对较大型工具(ϕ16~30mm)为 25~30mm;对大型工具为 60min。上述规范可得到高硬度(1 340

~1 460HV),热硬性为 700℃时仍可保持 700HV 的硬度。Cr12 模具钢经 150~520℃、8~12h 的渗氮后可形成 0.08~0.12mm 的渗层,硬度可达 1 100~1 200HV,热硬性较高,耐磨性比渗氮高速钢还要高。

铸铁渗渗氮:除白口铸铁、灰铸铁、不含 Al、Cr 等合金铸铁外均可渗氮,尤其是球墨铸铁的渗氮应用更为广泛。

难溶合金渗氮:用于提高硬度、耐磨性和热强性。

钛及钛合金离子渗氮:经 850℃ 8h 后可得到 TiN,层深为 0.028mm,硬度可达 800~1 200HV。

钼及钼合金离子渗氮:经 1 150℃以上温度渗氮 1h,渗氮层深度在 150μm,硬度达 300~800HV。

铌及铌合金渗氮:在 1 200℃渗氮可得到硬度>2 000HV 的渗氮层。

4. 渗金属

渗金属方法是使工件表面形成一层金属碳化物的一种工艺方法,即渗入元素与工件表层中的碳结合形成金属碳化物的化合物层,如 $(Cr,Fe)_7C_3$、VC、NbC、TaC 等,次层为过渡层。此类工艺方法适用于高碳多渗入元素大多数为 W、Mo、Ta、V、Nb、Cr 等碳化物形成元素。为了获得碳化物层基材的碳的质量分数必须超过 0.45%。

(1) 渗金属层的组织 渗金属形成的化合物层一般很薄,约 0.005~0.02mm。层厚的增长速率符合抛物线定则 $x^2=kt$,式中,x 为层厚;k 是与温度有关的常数;t 为时间。经过液体介质扩渗的渗层组织光滑而致密,呈白亮色。当工件的碳的质量分数为 0.45% 时,除碳化物层外还有一层极薄的贫碳 α 层。当工件碳的质量分数大于 1% 时,只有碳化物层。

(2) 渗金属层的性能 渗金属层的硬度极高,耐磨性好,抗咬合和抗擦伤能力也很高,并且具有摩擦系数小等优点。表 6-23 是 100g 负荷测得的显微硬度值。

表 6-23 渗金属的硬度 HM_{100g}

渗层	Cr12	GCr15	T12	T8	45
铬碳化物层	1 765~1 877	1 404~1 665	1 404~1 482	1 404~1 482	1 331~1 404
钒碳化物层	2 136~3 380	2 422~3 259	2 422~3 380	2 136~2 280	1 580~1 870
铌碳化物层	3 254~3 784	2 897~3 784	2 897~3 784	2 400~2 665	1 812~2 665
钽碳化物层	1 981~2 397	2 397	2 397~2 838	1 981	

(3) 渗金属方法

① 气相渗金属法。有两种常用的方法:一是在适当温度下,可以挥发的金属化合物如金属卤化物中析出活性原子,并沉积在金属表面上与碳形成化合物,其工艺过程是将工件置于含有渗入金属卤化物的容器中,通入 H_2 或 Cl_2 进行置换还原反应,使之析出活性原子,然后进行渗金属操作;二是使用羰基化合物在低温下分解的方法进行表面沉积。例如 $W(CO)_6$ 在 150℃条件下能分解出 W 的活性原子,然后渗入金属表面形成钨的化合物层。

② 固相渗金属法。固相渗金属法中应用较广泛的是膏剂渗金属法。它是将渗金属膏剂涂在金属表面上,加热到一定温度后,使渗入元素渗入工件表面层。一般膏剂由活性剂、熔剂和黏结剂组成。活性剂多数是纯金属粉末,尺寸为 0.050~0.071mm。熔剂的作用是与渗金

属粉末相互作用后形成相应化合物的卤化物(被渗原子的载体)。

黏结剂一般用四乙氧基甲硅烷制备,它起黏结作用并形成膏剂。

(4) 渗铬

① 渗铬层的组织和性能。中碳钢渗铬层有两层,外层为铬的碳化物层,内层为α固溶体。高碳钢渗铬,在表面形成铬的碳化物层,如$(Cr,Fe)_7C_3$、$(Cr,Fe)_{23}C_6$、$(Fe,Cr)_3C$等。层厚仅有 0.01~0.04mm,硬度为 1 500HV。

工件渗铬后可显著改善在强烈磨损条件下以及在常温、高温腐蚀介质中工作的物理、化学、力学性能。中碳钢、高碳钢渗铬层性能均优于渗碳层和渗氮层,但略低于渗硼层。特别是高碳钢渗铬后,不仅能提高硬度,而且还能提高热硬性,在加热到850℃后,仍能保持 1 200HV 左右的高硬度,超过高速钢。同时渗铬层也具有较高的耐蚀性,对碱、硝酸、盐水、过热空气、淡水等介质均有良好的耐蚀性,但不耐盐酸。渗铬件能在750℃以下长期工作,有良好的抗氧化性,但在750℃以上工作时不如渗铝件。

② 渗铬方法。主要有两种方法:一是气体渗铬,即在气体渗铬介质条件下进行,采用接触法直接加热或高频感应加热可加快气体渗铬速度;二是固体膏剂渗铬,它是利用活性膏剂进行铬的方法,一般膏剂由渗铬剂(尺寸为 0.050~0.071mm 金属铬或合金铬粉末)、熔剂(形成铬的卤化物后,再与金属表面反应,常用冰晶石)和黏结剂(品种较多,其中以水解硅酸乙酯效果较好)三种物质组成。

(5) 渗钛 其目的是为了提高钢的耐磨蚀性和气蚀性,同时也可提高中、高碳钢的表面硬度和耐磨性,常见的渗钛方法有气体渗钛(包括气相渗钛和蒸气渗钛)、活性膏剂渗钛和液体渗钛三种,分述如下。

① 气相渗钛。如工业纯钛在 $TiCl_4$ 水蒸气和纯氩气中发生置换反应,产生活性钛原子,高温下向工件表面吸附与扩散:

$$TiCl_4 + 2Fe \longrightarrow 2FeCl_2 \uparrow + [Ti]$$

若此过程采用电加热,可缩短渗钛时间。

若渗钛温度为 950~1 200℃,$V(TiCl_4):V(Ar)=10:90$[①] 时,炉内加热速度为 1℃/s,保温时间为9min,无渗钛层。若采用电加热,加热速度为 100~1 000℃/s,保温时间为3~8min,可得到 20~70μm 厚的渗钛层。可见,快速加热可缩短渗钛时间。

② 水蒸气渗钛。它是在 $TiCl_4$ 和 Mg 蒸气混合物中进行渗钛。Mg 起还原剂的作用,载气是用净化过的氩气。把 $TiCl_4$ 带进放置有熔化金属 Mg 的反应中,则 $TiCl_4$ 与 Mg 的蒸气相互作用获得原子钛[Ti]:

$$TiCl_4 + 2Mg \longrightarrow 2MgCl_2 + [Ti]$$

在 1 150℃下用 $TiCl_4$+Ar 的混合气渗钛,1h 后才见到渗钛层。而在同一温度下用 $TiCl_4$+Ar+Mg 进行渗钛,1h 后可见到 20~80μm 厚的渗钛层。

③ 活性膏剂渗钛法。活性膏剂渗钛法是一种固体渗钛法。在活性膏剂中,主要成分是活性钛源(Ti 30.05%、Si 5.16%、Al 17.08%)[②],其数量为 70%~95%。此外,还加入冰晶石,其主要作用是去除工件表面的氧化物,促使氟化钛的形成,而氟化钛是原子钛的供应源。实践

---

① $V(TiCl_4):V(Ar)=10:9$ 是指 $TiCl_4$ 水蒸气的体积比为 10:9。

② 百分数均为质量分数,下同。

证明,使用 Ti 95%＋NaF 5%或用(Fe-Ti)40%＋Ti 55%＋NaF 5%的膏剂成分效果最好。同样,快速加热能缩短渗钛时间。

④ 液体渗钛。液体渗钛是使用电解或电解质方法进行渗钛。电解时采用可溶性钛做阳极,电解液为 $KCl+NaCl+TiCl_2$。电解在氩气中进行。最佳电流密度视过程的温度不同而在 $0.1 \sim 0.3 A/cm^2$ 的范围内变化,温度为 800～900℃时,渗钛层可达几十微米,扩散层仅几微米。

(6) 渗铝　渗铝是指铝在金属或合金表面扩散渗入的过程。许多金属材料如钢、合金钢、铸铁、热强钢和耐热合金、难熔金属和以难熔金属为基的合金、钛、铜等材料都可进行渗铝。渗铝的主要目的在于提高材料的热稳定性、耐磨性和耐蚀性,适用于石油、化工、冶金等工业管道和容器、炉底板、热电偶套管、盐浴坩埚和叶片等零件。

① 渗铝层的性能。当钢中铝的质量分数大于 8%时,其表面能形成致密的铝氧化膜。但铝含量过高时,钢的脆性增加。低碳钢渗铝后能在 780℃以下长期工作;低于 900℃以下能较长期工作;900～980℃仍可比未渗铝的工件寿命提高 20 倍。因此,渗铝的抗高温氧化性能很好。此外,渗铝件还能抵抗 H_2S、SO_2、CO_2、H_2CO_3、液氮、水煤气等的腐蚀,尤其是抵抗 H_2S 腐蚀能力最强。

② 渗铝方法。工业上获得应用的渗铝方法主要有三种:

一是固体粉末渗铝,即用粉末状混合物进行,其主要成分为铝粉、铝铁合金或铝钼合金粉末、氯化物或其活性剂、氧化铝(惰性添加剂)等。粉末渗铝是在专用的易熔合金密封的料罐中进行的。在固体渗铝中,常用的方法之一是活性膏剂渗铝。它是一种由铝粉、冰晶石和不同比例的其他组分的粉末组成的混合剂,并用水解乙醇硅酸乙酯作为黏结剂涂在工件表面,厚度 3～5mm,在 70～100℃温度下烘干 20～30min。为了防止氧化,可用特殊涂料覆盖层作为保护剂涂在活性膏剂层的外面。膏剂渗铝的最佳成分为(Fe-Al)88%、石英粉 10%、NH_4Cl 2%(活化剂)。

二是在铝浴中渗铝。工件在铝浴或铝合金浴中于 700～850℃保温一段时间后,就可在表面得到一层渗铝层。这种方法的优点是渗入时间较短,温度不高,但坩埚寿命短,工件上易黏附熔融物和氧化膜,形成脆性的金属化合物。为降低脆性,往往在渗铝后进行扩散退火。

三是表面喷镀铝再扩散退火的渗铝法。在经过喷丸处理或喷砂处理的构件表面,使用喷镀专用的金属喷镀装置(电弧喷镀/火焰喷镀等)按规定的工艺规程喷镀铝。铝层厚度为 0.7～1.2mm。为防止铝喷镀层熔化、流散和氧化,应在扩散退火前采用保护涂料,然后 920～950℃进行约 6h 扩散退火。

(7) 渗钒　渗钒是在粉末混合物(供钒剂钒铁、活化剂 NH_4Cl 和稀释剂 Al_2O_3 的混合物)或硼砂盐浴中进行的。希望获得 VC 型单相碳化钒层。渗钒的目的的主要是改善耐磨性能。渗钒层硬度可达 3 000～3 300HV,且有良好的延展性。

5. 渗其他元素

(1) 渗硅　渗硅是将含硅的化合物通过置换、还原和加热分解得到的活性硅,被材料表面吸附并向内扩散,从而形成含硅的表层。渗硅的主要目的是提高工件的耐蚀性、稳定性、硬度和耐磨性。渗硅层表面的组织为白色、均匀、略带孔隙的含硅的 α-Fe 固溶体。渗硅层的硬度为 175～230HV。若把多孔的渗硅层工件置入 170～220℃油中浸煮后则其有良好的减摩性。渗硅层具有一定的抗氧化和抗还原性酸类的性质,但高温抗氧化性不如渗铝、渗铬,它只能在 750℃以下工作。由于渗硅层的多孔性,使其应用受到了限制。常用的渗硅方法有以下几种:

① 气体渗硅。气体渗硅是用碳化硅为渗硅剂,通入1 000℃高温的氯气形成四氯化硅,然后再与工件表层产生置换反应,使工件表面获得渗硅层。

② 电解渗硅。电解渗硅是将工件放入碳酸盐、硅酸盐氟化物和熔剂的电解液中,在950～1 100℃的温度下加热电解后,就可在工件上获得一层渗硅层。

③ 粉末状混合物中渗硅。粉末渗硅是将含硅的粉末状渗硅剂(硅、硅铁、硅钙合金等)、填充剂(氧化铝、氧化镁等)、活化剂(卤化物,如 NH_4Cl、NH_4F、NaF 等)按一定比例混合装箱并将工件埋入混合物中,加热到高温下进行渗硅的方法。

(2) 渗硫 渗硫的目的是在钢铁零件表面生成 FeS 薄膜,以降低摩擦系数,提高抗咬合性能。工业上应用较多的是在150～250℃进行的低温电解渗硫。电解渗硫周期短,渗层质量较稳定,但熔盐极易老化。低温电解渗硫主要和于经渗碳淬火、渗氮后淬火或调质的工件。渗层 FeS 膜厚度为 $5～15\mu m$。若处理不当,除 FeS 外,可出现 FeS_2、$FeSO_3$ 相,使减摩性能明显降低。渗硫剂成分和工艺参见表6-24。

表6-24 渗硫剂成分和工艺参数

序号	渗硫剂成分	工艺参数			备注
		温度/℃	时间/min	电流密度/$A \cdot dm^{-3}$	
1	75%KCN+25%NaCNS	180～200	10～20	1.5～3.5	零件为阳极,盐槽为阴极,到温度后计时。因 FeS 膜生成速度高,保温10min 后增厚甚微,故无需超过15min
2	75%KCN+25%NaCNS+0.1%$K_4Fe(CN)_6$+0.9%$K_3Fe(CN)_6$	180～200	10～20	1.5～2.5	
3	73%KCNS+24%NaCNS+2%$K_4Fe(CN)_6$+0.07%KCN+0.03%NaCN,通氨气搅拌,流量59m^3/h	180～200	10～20	2.5～4.5	
4	(60～80)%KCNS+(20～40)%NaCNS+(1～4)%$K_4Fe(CN)_6$+Sx 添加剂	180～250	10～20	2.5～4.5	
5	(30～70)%NH_4CNS+(70～30)%KCNS	180～200	10～20	3～6	

注:表中百分数均指质量分数。

(3) 多元共渗

① 多元渗硼。多元渗硼和另一种或多种金属元素按顺序进行扩散的化学热处理。这种处理分两步进行:先用常规方法渗硼,获得厚度至少为 $30\mu m$ 的致密层,允许出现 FeB,然后在粉末混合物(例如渗铬时用铁铬粉、活化剂 NH_4Cl 和稀释剂 Al_2O_3 的混合物)或硼砂盐进行其他元素的扩散。采用粉末混合物进,在反应室中通入氩气或氢气可防止粉末烧结。

② 氧氮共渗。氧氮共渗又称氧氮化,是一种加氧的渗氮工艺。氧氮共渗所采用的介质有氨水(氨最高质量分数可达35.28%)、水蒸气加氨气、甲酰氨水溶液或氨加氧。氧氮共渗后钢材表面形成氧化膜和氮的扩散层。氧化膜为多孔的 Fe_3O_4,有减摩作用,抗黏着性能好。扩散层提高了表层硬度,也提高了耐磨性。因此,氧氮共渗兼有蒸汽处理和渗氮的双重性能,能明

显提高刀具和某些结构件的使用寿命。目前,氧氮共渗主要用于高速钢切削刀具的表面处理。

6. 表面氧化和着色处理

在水蒸汽中对金属进行加热时,在金属表面将生成Fe_3O_4。处理温度约550℃左右。通过水蒸汽处理后,金属表面的摩擦系数将大为降低。用阳极氧化法可使铝、镁表面生成氧化铝、氧化镁膜,改善耐磨性等性能。

金属着色是金属表面加工的一个环节。用硫化法和氧化法等可使铜及铜合金生成氧化亚铜(Cu_2O)或氧化铜(CuO)的黑色膜。钢铁,包括不锈钢也可着黑色。铝及铝合金可着灰色和灰黑色等多种颜色,起到了美化装饰作用。

7. 电化学热处理

大多数化学热处理时间长,局部防渗困难,能耗大,设备和材料消耗严重和污染环境等。采用感应、电接触、电解、电阻等直接加热进行化学热处理,即电化学热处理能改善上述问题,因而获得了较快的发展。

(1) 电化学热处理的特点　一般认为,电化学热处理之所以比普通化学热处理优越,主要有以下原因:

① 电化学热处理比一般化学热处理的温度高得多,加速了渗剂的分解和吸附,而且,随减温度的升高,工件表面附着物易挥发或与介质反应,工件表面更清洁,更有活性,也促进了渗剂的吸附。

② 快速电加热大都是先加热工件,渗剂可直接镀或涂在工件表面,由于加热从工件开始,加热速度快,保温时间短,渗剂不易挥发和烧损,有利于元素渗扩。

③ 特殊的物理化学现象加速渗剂分解和吸附过程。

④ 由于电化学热处理比一般化学热处理的温度高得多,大大提高了渗入元素的扩散速度。

⑤ 快速电加热在工件内部和介质中形成大的温度梯度,不但有利于界面上介质的分解,并且外层介质温度低而不会氧化或分解,因此有利于渗剂的利用。

(2) 电化学渗金属　常用的电化学渗金属的元素有 Cr、Al、Ti、Ni、V、W、Zn 等

① 钢铁电化学渗铬。工业纯铁(碳的质量分数小于0.02%)表面镀铬时,通交流电,以不同速度加热,到温后保温2min,测得渗铬层深度如表6-25所示。可见,随着加热速度提高,渗层厚度明显增加。

表 6-25　加热速度和温度对纯铁镀层扩散深度的影响

加热速度	渗层厚度/μm							
℃·s^{-1}	915℃	930℃	950℃	1 000℃	1 050℃	1 100℃	1 150℃	1 200
0.15	1.5	1.5	2	4	12	23	40	61
50	3	4	5	8	18	31	56	94
3 000	6	7	9	14	23	42	104	130

涂膏法电加热渗铬也是一种有效渗铬方法。在需要渗铬的表面刷涂或喷涂或浸渍一层渗铬膏剂。膏剂为75%铬粉(粒度为0.063～0.080mm)+25%冰晶石(Na_3AlF_6)①。涂膏剂时

---

① 百分数均指质量分数,下同。

可用硅酸乙酯黏结剂黏结。工件用 2kW 的 3MHz 高频电源感应加热,渗铬温度为 1 250℃,从膏剂干燥到渗铬完成约 75s,渗层厚度约 0.05mm。工件可直接在空气中冷却,也可在水中淬火。这种渗铬方法比普通渗铬方法所化时间少得多。

② 钢的电加热化学渗铝。传统的渗铝工艺温度高(1 100℃以上),时间长(30h 以上),工件变形大。渗铝后工件心部性能变坏,需重新热处理。电加热渗铝可克服上述缺点。

快速电加热渗铝的方法主要有粉末法、膏剂法、气体法、液体法和喷铝后高频加热复合处理法。粉末法是将铝粉与特制的氯化物混合,在 600～650℃ 化合成铝的氯化物。也可使用 FeAl 与 NH_4Cl 或 $FeAl+Al_2O_3+NH_4Cl$ 等物质。对于 35CrMoA 钢,电加热 800～1 000℃ 25s 可得到 $20\mu m$ 渗层;纯铁在 1 200～1 300℃ 加热 8s,可获得 $300\mu m$ 的渗层。

常用膏剂渗铝的配方有 $80\%FeAl+20\%Na_2AlF_6$,$68\%FeAl+20\%NaAlF_6+10\%SiO_2+2\%NH_4Cl$,$75\%Al+25\%Na_2AlF_6$,$98\%FeAl+2\%I_2$ 等。一般认为 $88\%FeAl+10\%SiO_2+2\%NH_4Cl$ 配方较好。黏结剂可用亚硫酸纸浆溶液,以 50℃/s 的速度加热至 1 000℃/min,渗层达 22～$28\mu m$。

喷铝的 4Cr9Si2 和 4Cr10Si2Mo 钢用高频加热至 700℃,保温 10～20s,渗层达 15～$20\mu m$;加热至 900℃,渗层达 $130\mu m$。

8. 电解化学热处理

(1) 电解渗碳　电解渗碳是把低碳零件置于盐浴中加热,利用电化学反应使碳原子渗入工件表层。这是一种新型的渗碳方法。渗碳介质以碱土金属碳酸盐为主,加一些调整熔点和稳定盐浴成分的溶剂。阳极为石墨,工件做阴极,通以直流电后盐浴电解产生 CO,CO 分解产生新生态活性碳原子渗入工件表层。

(2) 电解渗硼　电解渗硼是在渗盐浴中进行的。工件为阴极,用耐热钢或不锈钢坩埚做阳极。这种方法设备简单,速度快,可利用便宜的渗剂。渗层相组成和厚度可通过调整电流密度进行控制。常用于工模具和要求耐磨性和耐蚀性强的零件。

(3) 电解渗氮　电解渗氮又称电解气相催渗渗氮。电解液是含盐酸的氯化钠水溶液。石墨为阳极,工件为阴极。这种方法设备简单,成本低廉,操作方便,催渗效果好,并具备大规模渗氮的生产条件。

9. 真空化学热处理

真空化学热处理是在真空条件下加热工件,渗入金属或非金属元素,从而改变材料表面化学成分、组织结构和性能的热处理方法。

(1) 真空化学热处理的物理和化学过程　真空化学热处理由三个基本的物理和化学过程所组成:

① 活性介质在真空加热条件下,可防止氧化、分解、蒸发形成的活性分子活性更强,数量更多。

② 真空中,材料表面光亮无氧化,有利于活性原子的吸收。

③ 在真空条件下,由于表面吸收的活性原子的浓度高,与内层形成更大的浓度差,有利于表层原子向内部扩散。

真空化学热处理可用于渗碳、氮、硼等各种非金属和金属元素,工件不氧化,不脱碳,表面光亮,变形小,质量好;渗入速度快,生产效率高,节省能源;环境污染少,劳动条件好。缺点是设备费用大,操作技术要求高。

6.1.4 等离子体表面处理

1. 等离子体的物理概念

等离子体是一种电离度超过 0.1% 的气体，是由离子、电子和中性粒子（原子和分子）所组成的集合体。等离子体整体呈中性，但含有相当数量的电子和离子，表现出相应的电磁学等性能，如等离子体中有带电粒子的热运动和扩散，也有电场作用下的迁移。等离子体是一种物质的能量较高的聚集状态，被称为物质第四态。利用粒子热运动、电子碰撞、电磁波能量以及高能粒子等方法可获得等离子体，但低温产生等离子体的主要方法是利用气体放电。

离子轰击阴极表面时将发生一系列物理、化学现象，包括中性原子或分子从阴极表面分离出来的阴极溅射现象（也可看作蒸发过程），阴极溅射出来的粒子与靠近阴极表面等离子体中活性原子结合的产物吸附在阴极表面的凝附现象、阴极二次电子的发射现象以及局部区域原子扩散和离子注入等现象。

2. 离子渗氮

辉光离子渗氮又称离子渗氮，是一种在压力低于 10^5 Pa 的渗氮气氛中，利用工件（阴极）和阳极间稀薄的含氮气体产生辉光放电进行渗氮的工艺。人们普遍认为这是一种成熟的工艺技术，已用于结构钢、不锈钢、耐热钢的渗氮，并由黑色金属渗碳发展到有色金属渗氮，特别在钛合金渗氮中取得了良好效果。

离子渗氮设备不但引入了计算机控制技术，实现了工艺参数优化和自动控制，还研制发展了脉冲电源离子渗氮炉、双层辉光离子渗金属炉等，达到了节能、节材、高效的目的。

(1) 离子渗氮的理论

① 溅射和沉积理论。这一理论由 J·Kolbel 于 1965 年提出的。他认为，离子渗氮时，渗氮层是通过反应阴极溅射形成的。在真空炉内，稀薄气体在阴极、阳极间的直流高压下形成等离子体，N^+、H^+、NH_3^+ 等正离子轰击阴极工件表面，轰击的能量可加热阴极，使工件产生二次电子发射，同时产生阴极溅射，从工件上打出 C、N、O、Fe 等。Fe 能与阴极附近的活性氮原子形成 FeN，由于背散射又沉积到阴极表面，FeN 分解，FeN $\longrightarrow$ Fe_2N $\longrightarrow$ Fe_3N $\longrightarrow$ Fe_4N，分解出的氮原子大部分渗入工件表面内，一部分返回等离子区。

② 氮氢分子离子化理论。M·Hudis 在 1973 年提出了分子离子化理论。他对 40CrNiMo 钢进行了离子渗氮研究得出，溅射虽然明显，但不是离子渗氮的主要控制因素。他认为对渗氮起决定作用的是氮氢分子离子化的结果，并认为氮离子也可以渗氮，只不过渗层不那么硬，深度较浅。

③ 中性原子轰击理论。1974 年，Gary·G·Tibbetts 在 N_2—H_2 混合气中对纯铁和 20 钢进行渗氮，他在离试样 1.5mm 处加一网状栅极，其间加 200V 反偏压进行试验，得出对离子渗氮起作用的实质上是中性原子，NH_3 分子离子化的作用是次要的。但他未指出活性的中性氮原子是如何产生的。

④ 碰撞离析理论。我国科学家认为，无论在 NH_3、N_2—H_2 或纯 N_2 中，只要满足离子能量条件，就可以通过碰撞解产生大量活性氮原子进行渗氮。

显然，上述四种理论都有一定的实验和理论分析基础，氮从气相转移到工件表层可能并不限于一种模式，哪种模式起主要作用可能与辉光放电的具体条件如气体种类、成分、压力、电压等有关。

(2) 离子渗氮的主要特点

① 离子渗氮速度快,尤其是浅层渗氮更为突出。例如,渗氮层深度为 0.3~0.5mm 时,离子渗氮的时间仅为普通气体渗氮的 1/3~1/5。这是由于:ⓐ表面活化是加速渗氮的主要原因。粒子将金属原子从试样表面轰击出来,使其成为活性原子,并且,由于高温活化,C、N、O 这类非金属元素也会从金属表面分离出来,使金属表面氧化物和碳化物还原,同时也对表面产生了清洗作用;ⓑ提高表面氮浓度,加快氮向试样内部扩散。试样表面对轰击出来的 Fe 和 N 形成的 FeN 进行吸附,提高了试样表面氮浓度,Fe 还有对 NH_3 分解出氮的催化作用,也提高氮浓度;ⓒ阴极溅射产生表面脱碳,增加位错密度等,加速了氮向内部扩散的速度。

② 热效率高,节约能源、气源。

③ 渗氮的氮、碳、氢等气氛可调整控制,可获得 5~30μm 深的脆性较小的 ε 相单相层或 ≤8μm 厚的韧性 γ 相单层,也可获得韧性更好的无化合物的渗氮层。

④ 离子渗氮可使用氨气,压力很低,用量极少,所以污染低,劳动条件好。

⑤ 离子渗氮温度可在低于 400℃ 以下进行,工件畸变小。但准确测定工件温度较麻烦,不同零件同炉渗氮时,各部位温度难于均匀一致。

⑥ 可用于不锈钢、粉末冶金件、钛合金等有色金属的渗氮。由于存在离子溅射和氢原子还原作用,工件表面钝化膜在离子渗氮过程中可清除。也可局部渗氮。

⑦ 由于设备较复杂,投资大,调整维修较困难,对操作人员的技术要求较高。

(3) 离子渗氮的设备和工艺

① 离子渗氮的设备。图 6-7 为离子渗氮装置示意图,主要技术条件是:设备装有电压、电流、温度、真空度和气体流量的测试仪表,有温控和记录系统;阴极、阳极间在非真空状态下绝缘电阻应不低于 4MΩ(1 000V 兆欧表测),能承受 $2U_0+1000V$ 的耐压试验,1mm 而无闪烁或击穿现象,U_0 为整流输出最高电压;阴极真空下不低于 6.7Pa。在空炉时,将大气抽到极限真空度的时间应不大于 30min;而且在工作气体最大流量时,真空泵应能保持真空度在 66.7~1 066Pa 范围内;压升率应不大于 $1.3×10^{-1}$ Pa/min;备有可靠的灭弧装置。

② 离子渗氮的工艺。离子渗氮的工艺参数见表 6-26。

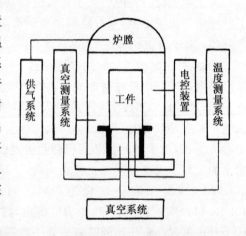

图 6-7 离子渗氮装置示意图

表 6-26 离子渗氮的工艺参数

工艺参数	选择范围	备 注
辉光电压	一般保温阶段保持在 500~700V	与气体电离电压、炉内真空度以及工件与阳极间距离有关
电流密度	0.5~15mA/cm²	电流密度大,加热速度快;但电流密度过大,辉光不稳定,易打弧

续表

工艺参数	选择范围	备注
炉内真空度	133.322~1333.22Pa，常用266~533Pa（辉光层厚度为5~0.5mm）	当炉内压力低于133.322Pa时达不到加热目的；当炉内压力高于1333.22Pa时，辉光将受到破坏而产生打弧现象，造成工件局部烧熔
渗氮气体	液氨挥发气，热分解氨或氮、氢混合气	液氨使用简单，但渗层脆性大；体积比为1:3的氮、氢混合气可改善渗层性能；调整氮、氢混合气氮势，可控制渗层相组成
渗氮温度	通常为450~650℃	一般不含铝的钢采用500~550℃的一段渗氮工艺；含铝的钢采用二段渗氮法，第一阶段520~530℃，第二阶段560~580℃
渗氮时间	渗氮层深度为0.2~0.6mm时，渗氮时间约8~30h	渗层深度可用公式 $\delta=k\sqrt{D\tau}$ 计算 式中，δ为渗层深度；k为常数；D为扩散系数；τ为渗氮时间

3. 离子渗碳、离子碳氮共渗

离子渗碳（也称等离子体渗碳）以及离子碳氮共渗，和离子渗氮相似，是在压力低于 10^5 Pa 的渗碳或碳氮混合气氛中，利用工件（阴极）和阳极间产生辉光放电进行渗碳或同时渗碳氮的工艺。

（1）离子渗碳 离子渗碳是渗碳领域较先进的工艺技术，是快速、优质、低能耗及无污染的新工艺。离子渗碳原理与离子渗氮相似，工件渗碳所需活性碳原子或离子可以从热分解反应或通过工作气体电离获得。以渗碳气丙烷为例，在等离子体渗碳中反应过程如下：

$$C_3H_8 \xrightarrow[900\sim1000℃]{辉光放电} [C]+C_2H_6+H_2$$

$$C_2H_6 \xrightarrow[900\sim1000℃]{辉光放电} [C]+CH_4+H_2$$

$$CH_4 \xrightarrow[900\sim1000℃]{辉光放电} [C]+2H_2$$

式中，[C]为活性碳原子和离子。

离子渗碳具有高浓度渗碳、高渗层渗碳以及对于烧结件和不锈钢等难渗碳件进行渗碳的能力。渗碳速度快，渗层碳浓度和深度容易控制，渗层致密性好。渗剂的渗碳效率高，渗碳件表面不会产生脱碳层，无晶界氧化，表面清洁光亮，畸变小，处理后工件的耐磨性和疲劳强度比常规渗碳件高。

（2）离子碳氮共渗 其基本原理与离子渗碳相似，只是通入气体中含有氮原子。离子碳氮共渗速比普通碳氮共渗快2~4倍。在一定设备条件下，可采用碳—氮复合离子渗，即"渗碳—渗氮"或"渗氮—渗碳"交替进行，获得的渗层组织是碳化物+氮化物的复合层。这种复合渗工艺，不仅时间短，而且性能也好。

4. 离子渗金属

（1）离子渗金属的特点 它是将待渗金属在真中电离成金属离子，然后在电场的加速下轰击工件表面，并渗入其中。这类技术具有渗速快、渗层均匀以及劳动条件好等特点，但成本较高。

(2) 离子渗金属的方法　要实现离子渗金属，必须使待渗金属在真空中电离成金属离子。目前主要有气相电离、溅射电离和弧光电离等方法，因而相应地有下列几种离子渗金属方法：

①气相辉光离子渗金属法。向真空室有控制地适量通入待渗元素的氯化物蒸发气体，如离子渗钛时通入 $TiCl_4$，离子渗硼时通入 BCl_3，离子渗铝时通入 $AlCl_3$，离子渗硅时通入 $SiCl_4$ 蒸气，通过调节蒸发器的温度和蒸发面积，控制输入真空室的流量。同时，按一定比例向真空室通入工作气体氢或氢与氩的混合气体。以工件为阴极，炉壁为阳极，在阴极与阳极之间施加直流电压，形成稳定的辉光放电及产生待渗金属的离子。这些金属离子在电场的加速下轰击工件表面，并且在高温下向工件内部扩散而形成辉光离子渗金属层。例如离子渗铝，将 $AlCl_3$ 热分解成气体后输入真空室，在高压电场的作用下，电离成铝离子和氯离子：

$$AlCl_3 \longrightarrow Al^{3+} + 3Cl^-$$

然后在电场的作用下，铝离子轰击工件表面而获得电子，成为活性铝原子：

$$Al^{3+} + 3e \longrightarrow Al$$

而氯离子在阳极失去电子，还原成氯气，排出真空室。这项技术的优点是只需配备热分解制气的装置后就可以利用常规离子渗氮炉进行离子渗金属，但是氯气会引起设备的腐蚀和对大气的污染。

②双层辉光离子渗金属法。它是在离子扩渗炉的阴极与阳极之间插入一个用待渗元素金属丝制成的栅极，栅极与阴极的电压差为 80～200V，相对阳极而言，它也是一个阴极。离子渗金属时，在阴极和栅极附近同时出现辉光，故取名为双层辉光。氩离子轰击工件表面，使其温度升高到 1 000℃左右；同时氩离子轰击栅极，使待渗金属原子溅射出来，并且电离成金属离子，在电场加速下轰击工件表面，经吸附和扩散进入工件而形成渗金属层。用这项技术可实现金属单元渗和多元渗，渗层厚度可达数百微米。如果待渗金属为高熔点金属，如 W、Mo、Cr、V、Ti 等，可将它们制成栅极，并且利用它们自身电阻进行加热，即栅极在辉光放电加热和自身电阻加热的双重作用下升温到白炽化程度，显著促进待渗金属的气化和电离，从而加快渗金属速度。

③多弧离子渗金属法。它是在多弧离子镀（阴极电弧离子镀）的基础上发展而成的。将待渗金属或合金做成阴极靶，引弧点燃后，待渗金属迅速在弧斑处气化和电离，所形成成的金属离子流在偏压作用下轰击工件表面使其加热到高温，经吸收和扩散而形成渗金属层。这项技术具有放电电压低（约 20～70V）、电流密度大（>100A/cm²）的特点，因而渗金属的效率较高。例如，08 钢在 1 050℃进行 20min 多弧离子渗铝，可获得深度为 70μm 的渗铝层；在 1 050℃进行 13min 离子渗铬，可获得深度为 60μm 的渗铬层。目前，离子渗金属的处理温度一般高达 1 000～1 050℃，不仅生产成本高，而且工件材料也受到很大的局限，因此，如何降低处理温度，是该技术发展的重要课题。

6.1.5 激光表面处理

激光表面处理是高密度表面处理技术中的一种主要手段。在一定条件下它具有传统表面处理技术或其他高能密度表面处理技术不能或不易达到的特点，这使得激光表面处理技术在表面处理的领域内占据了一定的地位，目前，国内外对激光表面处理技术进行了大量的试验研究，有的已用在生产上，有的正逐步为实际生产所采用，获得了很大技术经济效果。研究和应用已表明，激光表面处理技术已成为高能粒子束表面处理方法中的一种最主要的手段。

激光表面的目的是改变表面层的成分和显微结构,激光表面处理工艺包括激光相变硬化、激光熔覆、激光合金化、激光非晶化和激光冲击硬化等(见图6-8),从而提高表面性能,以适应基体材料的需要。激光表面处理的许多效果是与快速加热和随后的急速冷却分不开的。加热和冷却速率可达$10^6 \sim 10^8 \, ℃/s$。目前,激光表面处理技术已用于汽车、冶金、石油、机车、机床、军工、轻工、农机以及刀具、模具等领域,并正显示出越来越广泛的工业应用前景。

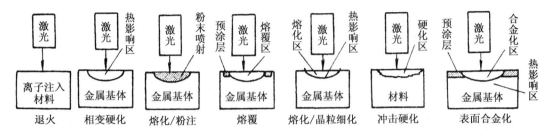

图6-8 激光表面处理技术简图

1. 激光的特点

(1) 高方向性 激光光束的发散角可以小于一到几个毫弧度,可以认为光束基本上是平行的。一般的平行平面型谐振腔的激光发射角θ由下式表示:

$$\theta = 2.44\lambda/d \tag{6-1}$$

式中,d为工作物质直径;λ为激光波长。

(2) 高亮度性 激光器发射出来的光束非常强,通过聚焦集中到一个极小的范围内,可以获得极高的能量密度或功率密度,聚集后的功率密度可达$10^{14} \, W/cm^2$,焦斑中心温度可达几千度到几万度,只有电子束的功率密度才能和激光相比拟。

(3) 高单色性 激光具有相同的位相和波长,所以激光的单色性好。激光的频率范围非常狭,比过去认为单色性最好的光源如Kr^{86}灯的谱线宽度还小几个数量级。

2. 激光表面处理设备

激光表面处理设备包括激光器、功率计、导光聚焦系统、工作台、数控系统和软件编程系统。

(1) 激光的产生 处于热平衡物体的原子和分子中各粒子是按统计规律分布的,且大都处于低能级状态。原子受激发到高能级后,会很快自发跃迁到低能级态。原子处于高能级激发态的平均时间称为该原子在这一能级的平均寿命。通常处于激发态的原子平均寿命极短,对于平均寿命较长的能级称为亚稳态能级。如红宝石中铬离子E_3能级的平均寿命为$0.01 \mu s$,而E_2能级的平均寿命达几个毫秒,比E_3能级的平均寿命长几百万倍。氦、氖、氩、钕离子、二氧化碳分子等也有这种亚稳态能级。

某些具有亚稳态能级结构的物质受外界能量激发时,可能处于亚稳态能级的原子数目大于处于低能级的原子数目,此物质称为激活介质,处于粒子数反转状态。如果这时用能量恰好与此物质亚稳态和低能态的能量差相等的一束光照射此物质,则会产生受激辐射,输出大量频率、位相、传播和振动方向都与外来光完全一致的光,这种光称为激光。

(2) 激光的模 激光的模系指激光束在截面上能量分布的形式。

在激活介质(放大器)两端各加一块放大镜M_1、M_2。其中,M_1为全反射镜,M_2为部分反射镜,组成激光器的谐振腔,如图6-9所示。受激光放大或增益是激活介质中的正过程。同时存在光通过介质产生折射和散射损耗以及通过透镜和反射镜产生透射、衍射、吸收等损耗的逆过程。当增益大于损耗时,沿谐振腔轴向传播的光的一部分将从激光输出镜射出。若此光波经 2L 光程后与初始波位相相同,则满足谐振条件。其位相差为

$$\Delta\Phi = (2\pi/\lambda)2L = 2q\pi \tag{6-2}$$

式中,λ 为激活介质中光的波长;q 为正整数,称为纵模序数。上式改写为

$$L = q\lambda/2 \tag{6-3}$$

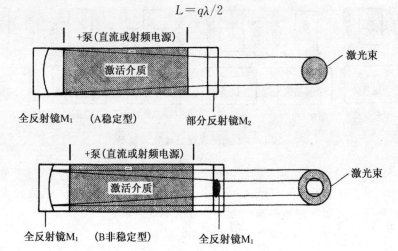

图 6-9 激光器谐振腔结构示意图

这就是沿 +Z 方向传播的波与沿 -Z 方向返回的波形成稳定驻波场的条件。这种沿腔轴方向形成的驻波场称为纵模。具有一个频率的纵模激光器称为单纵模激光器,具有几个频率的纵模激光器称为多纵模激光器。

稍微偏离腔轴的近轴光线在两镜之间作"Z 字形"传播,当这种光克服损耗而逐渐放大,在轴横截面上可形成各种复杂稳定的光强图案(见图 6-10 和图 6-11),称为激光的模,用 TEM_{mnq} 标记。TEM 表示横电磁波,m、n 和 q 分别为光斑在 X、Y 和 Z 方向上节线的数目(q 值很大,通常省略)。TEM_{00} 称为基横模(基模),其余的横模称为低阶模与高阶模。基模光斑呈圆形,能量较集中。基模与低阶模通常用于激光加工和处理,如焊接、切割等。高阶模由于强度分布较均匀,常用于材料表面均匀加热,可避免局部熔化。

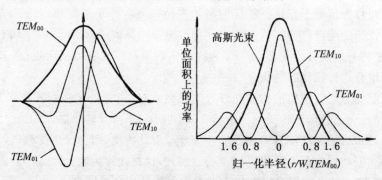

图 6-10 不同模式的振幅变化(a)与强度分布(b)

(3) 激光的功率密度 设激光束在透镜焦平面上汇聚的光斑直径为 D_0,透镜焦距为 F,发射角为 θ,则有 $D_0 = F\theta$。此光斑的功率密度 $P_0 = 4P/\pi(F\theta)^2$。式中,P 为激光器的输出功率。

激光光斑越大,光斑上功率密度越小。因此,选择透镜的焦距和调节工件表面离开透镜的位置对功率密度有重要影响。

(4) 激光与材料的相互作用 激光与材料的相互作用主要是通过电子激发实现的。只有一部分激光被材料所吸收而转化为热能,另一部分激光则从材料的表面反射。不同材料对不同波长激光的反射率是不同的。一般情况下,电导率高的金属材料对激光的反射率高,表面粗糙度小反射率也高。

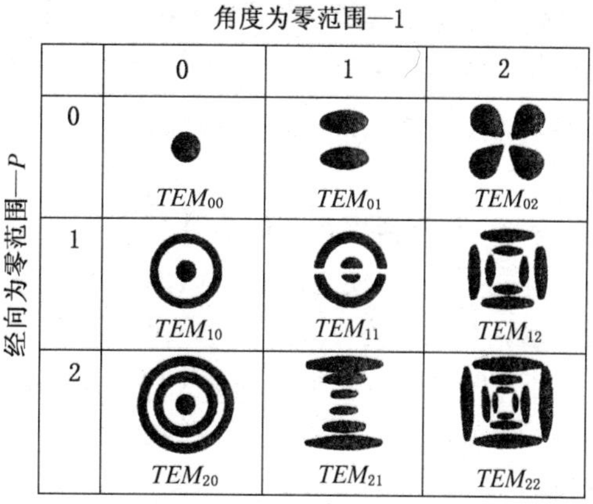

(5) 激光器

① 激光器的种类。激活物质(也称工作物质)、激活能源和谐振器三者结合在一起称为激光器。现已有几百种激光器。主要有以下五种:一是固体激光器,包括晶体固体激光器(如红宝石激光器、钕—钇铝石激光器等)和玻璃激光器(如钕离子玻璃激光器);二是气体激光器,包括中性原子气体激光器(如 He-Ne 激光器)、离子激光器(如 Ar^+ 激光器,Sn、Pb、Zn 等金属蒸气激光器)、分子气体激光器(如 CO_2、N_2、He、CO 以及它们的混合物激光器)、准分子激光器(如 Xe^* 激光器);三是液体激光器,包括螯合物激光器、无机液体激光器、染料激光器;四是半导体激光器(砷化镓激光器);五是化学激光器。这些激光器发生的激光波长有几千种,最短的 21nm,位于远紫外区;最长的 4mm,已和微波相衔接。X 光区的激光器也在研究之中。

图 6-11 不同模式光强图案

② 固体激光器。主要有两种:一是红宝石激光器,为是早投入运行的激光器,至今还是最重要的激光器之一。作为激光材料通常是由 Cr_2O_3(约占质量的 0.05%)与 Al_2O_3 的熔融混合物中用晶体生长方式获得,呈棒状,直径为 10mm 或再粗些,长几毫米到几十毫米。红宝石采用光泵浦激发方式,输出方式通常为脉冲式,激光波长为 $0.69\mu m$,脉冲 Xe 灯可以作为光泵浦灯。二是钕-钇铝石榴激光器,又称 YAG 激光器,工作物质是钇铝石榴石($Y_3Al_5O_{12}$ 晶体中掺入质量分数为 1.5% 左右的钕而制成),其激光是近红外不可见光,保密性好,工作方式可以是连续的,也可以是脉冲式的,激光波长为 $1.06\mu m$,不易变形零件的表面处理应选用连续 YAG 激光器,否则应选用脉冲输出的激光器。固体激光器输出功率高,广泛用于工业加工方面,且可以做得小而耐用,适用于野外作业。

③ CO_2 气体激光器。目前工业上用来进行表面处理的激光器,大多为大功率的 CO_2 激光器,效率高达 33%,比较实用的多为 2.5~5kW 左右,还有 6~20kW 和更大功率的 CO_2 气体激光器。

CO_2 气体激光器是以气体为激活媒质,发射的是中红外波段激光,波长为 $10.6\mu m$。一般是连续波(简称 CW),但也可以脉冲式工作。其特点有以下四个方面:一是电-光转换功率高,理论值可达 40%,一般为 10%~20%,其他类型的激光器如红宝石的仅为 2%;二是单位输出功率的投资低;三是能在工业环境下长时间连续稳定地工作;四是易于控制,有利于自动化。CO_2 是一种三原子气体。C 原子在中间,两个 O 原子各在一边呈直线排列。虽然分子的能态系由电子能态 E_e、振动能态 E_N 及转动能态 E_r 组成,但在发射激光的过程中,CO_2 分子的电子能态并不改变,仅振动能态起主要作用。其振动形态有:两个 O 原子均同时接近和远离 C

原子的对称振动能态,称为100能级;两个O原子同时一个接近一个远离的非对称振动能态,称为001能级。此外还有做弯曲振动的形态,但和发射CO_2激光没有关系。CO_2激光器中的工作气体还有N_2、He等,以提高输出功率,其比例大致如下:

$$V(CO_2):V(N_2):V(He)=1:1.5:6(体积比)$$

其中,CO_2是激活媒质;He有使整个气体冷却及促进下能级空化的作用;N_2的作用为放电的电子首先冲击它,使它从基态激发到第一激发能级上。由于氮分子只有两个原子,故只有一个振动模。其能量为0.29eV,和CO_2分子的非对称振动001能级(0.31eV)很接近。由于氮分子多于CO_2分子,就很容易使CO_2分子激发到001能级。这样,CO_2 001能级就对对称振动100能级(0.19eV)形成了"粒子数反转"。当CO_2分子从001能级跃迁到100能级时,辐射出波长为10.6μm的激光。

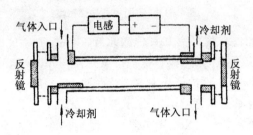

图6-12 直管型CO_2激光器的构造

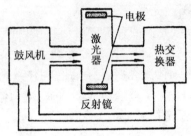

图6-13 横流型CO_2激光器的构造

工业用大功率CO_2激光器主要有以下两种类型:一是直管型(纵向流动)激光器。直管型激光器的构造图6-12所示。管壳大都由石英玻璃制成,多在准封闭状态下使用,即换一次气体工作一段时间后,排除旧气换成新气再重新工作。一般设计功率为50W左右,常见的多为50~600W的水平。这种激光器在长时间工作中由于气体发热及劣化、管子变形等原因,功率不易维持,常有达不到设计功率一半的情况。采用气体纵向快速流动的激光器功率达2~5kW,电-光转换效率可达20%~25%,发射角仅0.6~2mrad。输出稳定性很好。缺点是噪声大,造价昂贵。二是横流型CO_2激光器。横流型激光器的主要特点是放电方向、气体流动方向均与光轴垂直。其原理如图6-13所示。阴极为管型,阳极为许多小块状拼成的板形物。放电距离仅100~150mm左右,所以放电电压低,仅1 000V左右。由于气体在放电区停留时间短,可以注入的电功率更高,因而较小的体积可获得更大的输出功率。表6-27为美国、英国和日本等生产的大功率横流型激光器的情况。我国已生产1~5kW以及更大功率的横流型激光器。

表6-27 美国、英国和日本等生产的大功率横流型激光器

制造厂	功率/kW	放电腔形式	光束模式
AVCO	10	三轴相互垂直型	环形模
	15	(电子束预电离式)	环形模
Spectra—Physics	1.2	三轴相互垂直型	多模
	2.5		
	5.0		

续表

制造厂	功率/kW	放电腔形式	光束模式
Coherent	0.525	低速轴流	单模
Photon Source	0.8	Turbo—Lase 型轴流	单模
	1.0	低速轴流	
	4.0	Turbo—Lase 型轴流	
Control Laser	0.5	高速轴流型	单模
	2.0		
三菱电机	1.0	三轴相互垂直型	多模
	3.0		
	5.0		
	10.0		
松下电器	0.5	低速轴流	准单模
	1.2		
日立制作所	2.5	高速轴流型	多模
	5.0		
东京芝浦电气	1.5(1.0)	二轴相互垂直型	准单模
	1.2		准单模
	3.0(1.5)		多模
	5.0		多模
大阪变压器厂	2.0	高速轴流型	准单型
	5.0		

输出光口是激光器向外发射激光的出口,应对激光(对 CO_2 激光器来说为 $10.6\mu m$)透明。对它的要求是必须能承受大功率激光通过,对激光光能吸收少,导热好,热膨胀小,运行中不过热不破碎。反射镜用于谐振腔的非输出光口做全反射用。在高功率激光器中多用铜合金制成,背部可全部水冷。

④ 准分子激光器。准分子激光器的单光子能量高达 7.9eV,比大部分分子的化学键能高,因此能深入材料表面内部进行加工。CO_2 激光和 YAC 激光的红外能量是通过热传递方式耦合进入材料内部的,而准分子激光不同。准分子的短波长易于聚焦,有良好的空间分辨率,可使材料表面的化学键发生变化,而且大多数材料对它的吸收率特别高,所以可用于半导体工业、金属、陶瓷、玻璃和天然钻石的高清晰度无损标记、光刻等精密冷加工。在表面重熔、固态相变、合金化、熔覆、化学气相沉积等表面处理方面也有应用。

⑤ 液体激光器。这类激光器中重要的品种是染料激光器。它的激活物质是某些有机染料在乙醇、甲醇或水等溶液。激渗活物质制备简单,更换染料可以使激光器在从近红外到近紫外的任何波长得到振荡。

(6) 激光表面处理的外围装置

① 光学装置。包括转折反射镜、聚焦镜和光学系统。

激光器输出的激光大多是水平的。为了将激光传输到工作台上,至少需要一个平面反射镜使它转折 90°,有时则需要数个能达到目的。一般都使用铜合金镀金的反射镜。短时间使用时可以不必水冷,但长时间工作必须强制水冷。

聚焦镜的作用是将激光器的光束(一般直径数十毫米)集聚成直径为数毫米的光斑,以提高功率密度。聚焦镜可分为透射型和反射型两种。透射型透射镜的材料目前多为 ZnSe 和 GaAs,形状为平凸型或新月型,双面镀增透膜。GaAs 可承受 2kV 左右的功率,只能透过 $10.6\mu m$ 的激光。而 ZnSe 可承受 5kV 左右的功率,除能透过 $10.6\mu m$ 的激光外,还能透过可见光,所以附加的 He-Ne 激光(红色)对准光路较方便,焦距多为 50~500mm。短焦距多用于小功率及切割、焊接,中长焦距则用于焊接及表面强化。反射型聚焦镜简单的用铜合金 镀金凹面镜即可,焦距多为 1 000~2 000mm,光斑较大,可用于激光表面强化。它常与转折平面反射镜组合使用。为节约安装空间,也有使用反射望远镜的,如图 6-14 所示。

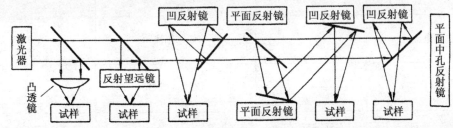

图 6-14 转折反射镜与聚焦镜的几种组合使用示意图

为充分发挥激光束的效用,必须采用光光系统,如振动学系统、集成光学系统、转镜光学系统等。

② 机械装置。有三种类型:一是光束不动(包括焦点位置不动),零件按要求移动的机械系统;二是零件不动,光束按要求移动(包括焦点位置移动)的机械系统;三是光束和零件同时按要求移动的机械系统。

③ 辅助装置。它包括的范围很广,有遮蔽连续激光工作间断式的遮光装置防止激光造成人身伤害屏蔽装置,喷气和排气装置,冷却水加温装置,激光功率和模式的监控装置和激光对准装置等。

3. 激光表面处理技术

(1) 激光束加热金属的过程 激光束向金属表面层的热传递,是通过"逆韧辐射效应(inverse bremsstrahlung effect)实现的。金属表层和其所吸收的激光进行光—热转换。当光子和金属的自由电子相碰撞时,金属导带电子的能级提高,并将其吸收的能量转化为晶格的热振荡。由于光子能穿过金属的能力极低(仅为 10^{-4}mm 的数量级),故仅能使其最表面的一薄层温度升高。由于导带电子的平均自由时间只有 10^{-3}s 左右,因此这种热交换和热平衡的建立是非常迅速的。从理论上分析,在激光加热过程中,金属表面极薄层的温度可在微秒(10^{-6}s)级、甚至纳秒(10^{-9}s)级或皮秒(10^{-12}s)级内就能以相变或熔化温度。这样,形成热层的时间远小于激光实际辐照的时间,其厚度明显远低于硬化层的深度。

(2) 激光处理前表面的预处理 材料的反射系数和所吸收的光能取决于激光辐射的波

长。激光波长越短,金属的反射系数越小,所吸收的光能也就越多。由于大多数金属表面对波长为 $10.6\mu m$ 的 CO_2 激光的反射率高达 90% 以上,严重影响了激处理的效率,而且金属表面状态对反射率极为敏感,如粗糙度、涂层、杂质等都会极大改变金属表面对激光的反射率。而反射率变化 1%,吸收能量密度将会变化 10%,因此在激光处理前,必须对工件表面进行涂层或其他预处理。常用的预处理方法有磷化、黑化和涂覆红外能量吸收材料(如胶体石墨含碳黑和硅酸钠或硅酸钾的涂料等)。磷化处理后对 CO_2 激光吸收率约为 88%,但预热处理工序烦琐,不易清除,其工艺过程见表 6-28。黑化方法简单,黑化溶液如胶体石墨和含炭黑的涂料可直接刷涂或喷涂到工件表面,激光吸收率高达 90% 以上。

(3) 激光处理工艺及应用

① 激光表面强化。激光表面淬火的应用实例见表 6-29。

表 6-28 磷化处理工艺过程

工序号	工序号名称	黑化工序溶液配方	黑化条件 温度/℃	黑化条件 时间/s	备注
1	化学脱脂	磷酸三钠(50~70)g/L,碳酸钠(25~30)g/L,氢氧化钠(20~25)g/L,硅酸钠(4~6)g/L,水余量	80~90	3~5	脱脂槽,蛇形管蒸汽加热
2	清洗	清水	室温	2	冷水槽
3	酸洗除锈	质量分数为 15%~20% 的硫酸或盐酸水溶液	室温	2~3	酸洗槽
4	清洗	清水	室温或 30~40	2~3	清水槽
5	中和处理	碳酸钠(10~20)g/L,肥皂(5~10)g/L,水余量	50~60	2~3	中和槽
6	清洗	清水	室温	2	清水槽
7	磷化处理	碳酸锰(0.8~0.9)g/L,硝酸锌(36~40)g/L,磷酸(质量分数为 80%~85%)(2.5~3.5)ml/L,水余量	60~70	5	磷酸槽,蛇形管蒸汽加热

表 6-29 激光表面淬火实例

材料或零件名称	采用的激光设备	效果	应用单位
齿轮转向器箱体内孔(铁素体可锻铸铁)	5 台 500W 和 12 台 1 000W CO_2 激光器	每件处理时间 18s,耐磨性提高 9 倍,操作费用仅为高频淬火或渗碳处理 1/5	美国通用汽车公司 Saginaw 转向器分部
EDN 系列大型增压采油机汽缸套(灰铸铁)	5 台 500W CO_2 激光器	15min 处理一件,提高耐磨性,成为该分部 EMD 系列内燃机的标准工艺	美国通用汽车公司电力机车分部
轴承圈	1 台 1kW CO_2 激光器	用于生产线,每分钟淬 12 个	美国通用汽车公司

续表

材料或零件名称	采用的激光设备	效果	应用单位
操纵器外壳	CO_2 激光器	耐磨性提高10倍	美国通用汽车公司
渗碳钢工具	2.5kW CO_2 激光器	寿命比原来提高2.5倍	美国通用汽车公司
中型卡车轴管圆角	5kW CO_2 激光器	每件耗时7s	美国光谱物理公司
特种采油机缸套	每生产线4台5kW CO_2 激光器	每2min处理一个缸套（包括辅助时间），大大提高耐磨性和使用寿命	美国通用汽车公司
汽车转向机导管内壁	每生产线3台2kW激光器	每天淬火600件，耐磨性提高3倍	美国福特汽车公司 塞金诺转向器公司
轿车发动机缸体内壁	"975"4kW 激光器	取消了缸套，提高了寿命	（意）菲亚特汽车公司
汽车缸套	3.5kW 激光器	处理一件需21s	意大利菲亚特汽力公司研究中心
汽车与拖拉机缸套	国产(1~2)kW CO_2 激光器	提高寿命约40%，降低成本20%，汽车缸套大修期从(10~15)万km提高到30万km。拖拉机缸套寿命达8000h以上	西安内燃机配件厂
手锯条(T10钢)	国产2kW CO_2 激光器	使用寿命比国家标准提高了61%，使用中无脆断	重庆机械厂
发动机汽缸体	4条自动生产线 2kW CO_2 激光器	寿命提高一倍以上，行车超过20万km	中国第一汽车制造厂
东风4型内燃机汽缸套	2kW CO_2 激光器	使用寿命提高到50万km	大连机车辆厂
2—351组合机导轨	2kW CO_2 激光器	硬度和耐磨性远高于高频淬火的组织	第一汽车制造研厂
硅钢片模具	美国820型横流1.5kW CO_2 激光器	变形小，模具耐磨性和使用寿命提高约10倍	天津渤海无线电厂
采油机汽缸套	HJ—3型千瓦级横流 CO_2 激光器	可取代硼缸套，耐磨性和配副性优良	青岛激光加工中心
转向器壳体	2kW 横流 CO_2 激光器	耐磨性比未处理的提高4倍	江西转向器厂

② 激光表面涂敷。主要用于激光涂敷陶瓷层和有色金属激光涂敷。火焰喷涂、等离子喷涂和爆燃枪喷涂等热喷涂的方法广泛用来进行陶瓷涂敷。但所有这些方法都不能令人满意，因为它们获得的涂层含有过多的气孔、熔渣夹杂和微观裂纹，而且涂层结合强度低，易脱落，这会导致高温时由于内部硫化、剥落、机械应变降低、坑蚀、渗盐和渗氧而使涂层申早期变质和破坏。使用激光进行陶瓷涂敷，即可避免产生上述缺陷，提高涂层质量，延长使用寿命。

激光表面涂敷可以从根本上改善工件的表面性能，很少受基体材料的限制。这对于表面耐磨、耐蚀和抗疲劳性都很差的铝合金来说意义尤为重要。但是,有色金属特别是铝合金表面实现激光涂敷比钢铁材料困难很多。铝合金与涂敷材料的熔点相差很大,而且铝合金表面存在高熔点、高表面张力、高致密度的 Al_2O_3 氧化膜,所以,涂层易脱落、开裂、产生气孔或与铝合金混合生成新合金,难以获得合格的涂层。研究表明,避免涂层开裂的简单方法是工件预热。一般铝合金预热温度为 300~500℃;钛合金预热温度为 400~700℃。西安交通大学等对 ZL101 铝合金发动机缸体内壁进行激光涂敷硅粉和 MoS_2,获得 0.1~0.2mm 的硬化层,其硬度可达基体的 3.5 倍。

③ 激光表面非晶态处理。激光表面非晶态至熔融状态后,以大于一定临界冷至低于某一特征温度,防止晶体成核和生长,从而获得非晶态结构,也称为金属玻璃。这种方法称为激光表面非晶态处理,又称激光上釉。非晶态处理可减少表层分偏析,消除表层的缺陷和可能存在的裂纹。非晶态金属具有高的力学性能,在保持良好韧性的情况下具有高的屈服点和非常好的耐蚀性、耐磨性以及特别优异的磁性和电学性能,受到材料界的广泛关注。

纺纱机钢令跑道表面硬度低,易生锈,造成钢令使用寿命短,纺纱断头率高。用激光非晶化处理后,钢令跑道表面的硬度提高到 1 000HV 以上,耐磨性提高 1~3 倍,纺纱断头率下降 75%,经济效益显著。汽车凸轮轴和柴油机铸钢套外壁经激光表面非晶态处理后,强度和耐蚀性均明显提高。激光表面非晶态处理对消除奥氏体不锈钢焊缝的晶界腐蚀也有明显效果,还可用来改善变形镍基合金的疲劳性能等。

④ 激光表面合金化。它是一种既改变表层的物理状态,又改变其化学成分的激光表面处理技术。方法是用镀膜或喷涂等技术把所需合金元素涂敷在金属表面(预先或与激光照射同时进行),这样,激光照射时涂敷层合金元素和基体表面,薄层熔化、混合,而形成物理状态、组织结构和化学成分不同的新表层,从而提高表层的耐磨性、耐蚀性和高温抗氧化性等。

美国通用汽车公司在汽车发动机的铝汽缸组的活门座上熔化一层耐磨材料,选用激光表面合金化工艺获得性能理想、成本较低的活门座零件。在 Ti 基体表面先沉积 15nm 的 Pb 膜,再进行激光处理,形成几百纳米深的 Pb 的摩尔分数为 4% 的表面合金层,具有较高的耐蚀性能。由 Cr-Cu 相图可知,用一般冶金方法不可能产生出 Cr 的摩尔分数大于 1% 的单相 Cu 合金,但用激光表面合金化工艺可获得铬的平均摩尔分数为 8% 的深约 240nm 的表面合金层,在电化学试验时表面出现薄的氧化铬膜,保护 Cu 合金不发生阳极溶解,耐蚀性能显著提高。

由于激光功率密度、加热深度可调,并可聚焦在不规则零件上,激光表面合金化在许多场合可替代常规的热喷涂技术,得到广泛的应用。

⑤ 激光气相沉积。它是以激光束作为热源在金属表面形成金属膜,通过控制激光的工艺参数可精确控制膜的形成。目前已用这种方法进行了形成镍、铝、铬等金属膜的试验,所形成的膜非常洁净。还可以在金属表面用激光涂敷陶瓷以提高表面硬度,用激光气相沉积可以在低级材料上涂敷与基体完全不同的具有各种功能的金属或陶瓷,这种方法节省资源效果明显,受到人们的关注。

采用 CO_2 连续激光辐照 $TiCl_4+H_2+CO_2$ 或 $TiCl_4+CH_4$ 的混合气体,由于激光的分解作用,在石英板等材料上可化学气相沉积 TiO_2 或 TiC 薄层。

采用短波长激光照射 $Al(CH_3)_3$ 和 Si_2H_6 或它们与 NO_2 的混合气体,利用激光的分解作用,可在其体表面形成 Al 和 Si(或 Al_2O_3 和 SiO_2)薄层。日本等国已研制成功制造金刚石薄膜的激光化学气相沉积装置。

在真空中采用连续 CO_2 激光把陶瓷材料蒸发沉积到基材料表面,可以在软的基材料表面获得硬度达 2 000~4 500HV 的非晶 BN 薄层。

6.1.6 电子束表面处理

高速运动的电子具有波的性质。当高速电子束照射到金属表面时,电子能深入金属表面一定深度,与基体金属的原子核及电子发生相互作用。电子与原子核的碰撞可看作弹性碰撞,因此能量传递主要是通过电子束的电子与金属表层电子碰撞而完成的。所传递的能量立即以热能形式传给金属表层原子,从而使被处理金属的表层温度迅速升高。这与激光加热有所不同,激光加热时被处理金属表面吸收光子能量,激光并未穿过金属表面。目前电子束加速电压达 125kV,输出功率达 150kW,能量密度达 $10^3 MW/m^2$,这是激光无法比拟的。因此,电子加热的深度和尺寸比激光大。

1. 电子束表面处理主要特点

① 加热和冷却速度快。将金属材料表面由室温加热至奥氏体化温度或熔化温度仅几分之一到千分之一秒,其冷却速度可达 $10^6 \sim 10^8 ℃/s$。

② 与激光相比使用成本低。电子束处理设备一次性投资比激光少(约为激光的 1/3),每瓦约 8 美元,而大功率激光器每瓦约 30 美元;电子束实际使用成本也只有激光处理的一半。

③ 结构简单。电子束靠磁偏转动、扫描,而不需要工件转动、移动和光传输机构。

④ 电子束与金属表面偶合性好。电子束所射表面的角度除 3°~4°特小角度外,电子束与表面的偶合不受反射的影响,能量利用率远高于激光。因此电子束处理工件前,工件表面不需加吸收涂层。

⑤ 电子束是在真空中工作的,以保证在处理中工件表面不被氧化,但带来许多不便。

⑥ 电子束能量的控制比激光束方便,通过灯丝电流和加速电压很容易实施准确控制,根据工艺要求,很早就开发了微机控制系统(见图 6-15)。

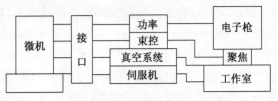

图 6-15 微机控制电子束处理系统示意图

⑦ 电子束辐照与激光辐照的主要区别在于产生最高温度的位置和最小熔化层的厚度不同。电子束加热时熔化层至少几个微米厚,这会影响冷却阶段固—液相界面的推进速度。电子束加热时能量沉积范围较宽,而且约有一半电子作用区几乎同时熔化。电子束加热的液相温度低于激光,因而温度梯度较小,激光加热温度梯度高且能保持较长时间。

⑧ 电子束表面激发 X 射线,使用过程中应注意防护。

2. 电子束表面处理工艺

(1) 电子束表面相变强化处理 用散焦方式的电子束轰击金属工件表面,控制加热速度为 $10^3 \sim 10^5 ℃/s$,使金属表面加热到相变点以上,随后高速冷却(冷却速度达 $10^8 \sim 10^{10} K/s$)产生马氏体等相变强化组织。此方法适用于碳钢、中碳低合金钢、铸铁等材料的表面强化处理。例如,用 2~3.2kW 电子束处理 45 钢和 T7 钢的表面,束斑直径为 6mm,加热速度为 3 000~5 000℃/s,钢的表面生成隐针马氏体,45 钢表面硬度达 62HRC;T7 钢表面硬度达 66HRC。

(2) 电子束表面重熔处理 利用电子束轰击工件表面产生局部熔化并快速凝固,从而细化组织,达到硬度和韧性的最佳配合。对某些合金,电子束重熔可使各组相间的化学元素重新分布,降低某些元素的显微偏析程度,改善工件表面的性能。目前,电子束重熔主要用于工模具的表面上,以便在保持或改善工模具韧性的同时,提高工模具的表面强度、耐磨性和热稳定性。例如高速钢孔冲模的端部刃口经电子束重熔处理后,获得深1mm、硬度为66~67HRC的表面层,该表层组织细化,碳化物极细,分布均匀,具有强度和韧性的最佳配合。

由于电子束重熔是在真空条件下进行的,表面重熔时有利于去除工件表层的气体,因此,可有效地提高铝合金和钛合金表面处理质量。

(3) 电子束表面合金化处理　先将具有特殊性能的合金粉末涂敷在金属表面上,再用电子束轰击加热熔化,或在电子束作用的同时加入所需合金粉末使其熔融在工件表面上,形成一种新的具有耐磨、耐蚀、耐热等性能的合金表层。电子束表面合金化所需电子束功率密度约为相变强化的3倍以上,可增加电子束辐照时间,使基体表层的一定深度内发生熔化。

(4) 电子束表面非晶化处理　电子束表面非晶化处理与激光表面非晶化处理相似,只是所用的热源不同而已。利用聚焦的电子束所特有的高功率密度以及作用时间短等特点,使工件表面在极短的时间内迅速熔化,而传入工件内层的热量可忽略不计,从而在基体和熔化的表层之间产生很大的温度梯度,表层的冷却速度高达$10^4 \sim 10^8$℃/s。因此,这一表层几乎保留了熔化时液态金属的均匀性,可直接使用,也可进一步处理以获得所需性能。

电子束表面非晶化处理有待深入研究。

此外,电子束覆层、电子束蒸镀及电子束溅射也在不断发展和应用。

3. 电子束表面处理设备

处理设备包括:高压电源、电子枪、低真空工作室、传动机构、高真空系统和电子控制系统。

4. 电子束表面处理的应用

(1) 汽车离合器凸轮电子束表面处理　汽车离合器凸轮由SAE5060钢(美国结构钢)制成,有八个沟槽需硬化。沟槽深度1.5mm,要求硬度为58HRC。采用42KW六工位电子束装置处理,每次处理三个,一次循环时间为42s,每小时可处理255件。

(2) 薄形三爪弹簧片电子束表面处理　三爪弹簧片材料为T7钢,要求硬度为800HV。用1.75kV电子束能量,扫描频率为50Hz,加热时间为0.5s。

(3) 美国SKF工业公司与空军莱特研究所共同研究成功了航空发动机主轴轴承圈的电子束表面相变硬化技术　用Cr的质量分数为4.0%、Mo的质量分数为4.0%的美国50钢所制造的轴承圈容易在工作条件下产生疲劳裂纹而导致突然断裂。采用电子束进行表面相变硬化后,在轴承旋转接触面上得到0.76mm的淬硬层,有效地防止了疲劳裂纹的产生和扩展,提高了轴承圈的寿命。

6.1.7 高密度太阳能表面处理

太阳能表面处理是利用聚集的高密度太阳能对零件表面进行局部加热,使表面在短时间(半秒到数秒)内升温到所需温度(对钢铁件加热到奥氏体相变温度),然后冷却的处理方法。

1. 太阳能表面处理设备

(1) 高温太阳炉结构　太阳炉由抛物面聚集镜、镜座、机电跟踪系统、工作台、对光器、温度控制系统以及辐射测量仪等部件组成。常用的高温太阳炉的主要技术参数为:抛物面聚焦镜直径1 560mm,焦距663mm,焦点6.2mm,最高加热温度3 000℃,跟踪精度即焦点漂移量小于±0.25mm/h,输出功率达1.7kW。

(2) 太阳炉加热特点

① 加热范围小,具有方向性,能量密度高;加热温度高,升温速度快。
② 加热区能量分布不均匀,温度呈高斯分布。
③ 能方便实现在控制气氛中加热冷却;操作和观测安全。
④ 光辐照强度受天气条件的影响。

2. 太阳能表面淬火

(1) 单点淬火 用聚焦的太阳光束对准工件表面扫描,获得与束斑大小相同的硬化带,这种工艺称为太阳能单点淬火。可淬硬的材料与其他高能密度热处理相同。

(2) 多点淬火 在单点淬火中,一次扫描硬化带最大宽度约 7mm 左右。因此,若需更宽的硬化带,必须采用多点搭接的扫描方式。但在搭接处会产生回火现象。这种回火现象造成金属表面硬度呈软硬间隔分布,有利于提高工件表面在磨粒磨损条件下的耐磨性。

3. 太阳能表面处理的应用

太阳能表面处理从节能的角度来看优点是很突出的。在表面淬火、碳化物烧结、表面耐磨堆焊等方面很有发展前途,是一种先进的表面处理技术。

(1) 太阳能相变硬化 太阳能淬火是一种自冷淬火,可获得均匀的硬度,而且方法简便。太阳能淬火后的耐磨性比普通淬火(盐水淬火)的耐磨性好。表 6-30 为太阳能表面处理相变硬化实例。

表 6-30 太阳能表面处理相变硬化实例

被处理零件名称	零件材料	工艺参数	表面硬度
气门阀杆顶端	40Cr(气门),4Cr9Si2(排气门)	太阳能辐[射]照度 0.075W/cm^2,加热时间 2.4s	53HRC
直齿铰刀刃部	T10A	太阳能辐[射]照度 0.075W/cm^2,加热速度 4mm/s	851HV
超级离合器	40Cr	多点扫描	50~55RHC

(2) 太阳能合金化处理 太阳能合金化使工件表面获得具有特殊性能的合金表面层。表 6-31 为太阳能合金化处理应用实例。

表 6-31 太阳能合金化处理应用实例

工件材料	太阳辐[射]照度 /W·cm^{-2}	扫描速度 /mm·s^{-1}	合金化带宽/mm	合金化带深/mm
45 钢	0.075	2.34	2.60	0.036
	0.077	2.30	2.89	0.039
	0.093	3.87	3.90	0.051
	0.091	3.71	4.16	0.066
T8 钢	0.091	4.11	3.97	0.060
	0.091	4.06	4.20	0.075
20Cr	0.091	4.11	4.42	0.090

(3) 太阳能表面重熔处理　太阳能表面重熔处理是利用高能密度太阳能对工件表面进行熔化—凝固的处理工艺,以改善表面耐磨性等性能。铸铁件经太阳能表面重熔处理后,硬化区可达 4～7mm,表面硬度达 860～1000HV,表面平整。尤其以珠光体球墨铸铁的表面质量最佳,抗回火能力强,经 400℃回火后仍能保持 700HV,具有良好的耐磨性能。

4. 几种高能密度表面改性技术用于金属表面热处理的比较

高能密度表面改性技术用于金属热处理的方法有激光、电子束、太阳能、超高频感应脉冲和电火花等。它们在工艺和处理结果等方面有许多类似的地方。表 6-32 比较了它们的特性。

表 6-32　各种高能密度表面改性技术的比较

表面改性技术	优　点	缺　点
激光	灵活性好,适应性强,可处理大件、深孔等;可用流水线生产	表面粗糙度高,处理需吸光材料,光—电转换效率低,设备一次性投资高
电子束	表面光亮,真空有利于去除杂质,热电转换效率达 90%;设备和运行成本比激光低,输出稳定性可控制在 1%,比激光(2%)高	需真空条件,处理灵活性和适应性差,只能处理小尺寸件,生产效率较低
电火花	设备简单,耗电少,处理费用低	须按要求配用不同性能电极,电极消耗大
起高频感应脉冲	设备比激光、电子束简单,成本较低	须根据零件形状配感应线圈,须加冷却液

6.1.8 离子注入表面改性

1. 离子注入技术的发展概况

离子注入是在室温或较低温度及真空条件下,将所需物质的离子在电场中加速后高速轰击工件表面,使离子注入工件一定深度的表面改性技术。其中离子的来源有两种:一是由离子枪发射一定浓度的离子流来提供,这样的离子注入可称为离子束注入技术;二是由工件表面周围的等离子体来提供,采用等离子体的离子注入技术与此有关。本节所介绍的离子注入表面改性技术主要是离子束注入技术。

20 世纪 60 年代以来,离子注入技术应用于半导体器件和集成电路的精细掺杂工艺之中,形成了微细加工技术,为蓬勃发展的电子工业作出了重要贡献。20 世纪 70 年代初期,人们开始用离子注入法进行金属表面合金强化的研究,使离子注入技术成为活跃研究方向之一。离子注入在表面非晶化、表面冶金、表面改性以及离子与材料表面相互作用等方面取得了可喜的研究成果,特别是在工件表面合金化方面有了很大的进步。用离子注入方法可在工件表面获得高度过饱和固溶体、亚稳定相、非晶态和平衡合金等不同组织结构形式,显著改善了工件的使用性能。离子束与薄膜技术相结合的离子束混合技术为制备许多新的亚稳非晶相开辟了新的途径。金属蒸发真空弧离子源(MEVVA)和其他金属离子源的问世为离子束材料改性提供了强金属离子源。离子注入与各种沉积技术、扩渗技术结合形成复合表面处理新工艺,如离子束增强沉积(IBED)、等离子体源离子注入(PSII)以及 PSII-离子束混合等,为离子注入技术开拓了更广阔的前景。

2. 离子注入的原理

图 6-16 是离子注入装置简图。装置包括离子源、质量分析器(分选装置)、加速聚焦系统、离子束扫描系统、试样室(靶室)和排气系统等。从离子发生器发出的离子由几万伏电压引

出,进入质量分析器(一般采用磁分析器),将一定的质量/电荷比的离子选出,在几万至几十万伏电压的加速系统中加速获得高能量,通过扫描机构扫描轰击工件表面(扫描目的是为了加大注入面积和提高注入元素分布的均匀性)。离子进入工件表面后,与工件内原子和电子发生一系列碰撞。这一系列碰撞主要包括三个独立的过程:

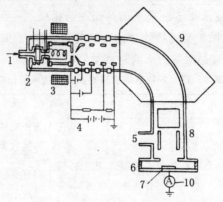

图 6-16 离子注入装置简图

1-进气口;2-放电室;3-离子源;4-静电加速器;5-真空通道;
6-注入室;7-试样;8-xy扫描;9-质量分析仪;10-电流积分器

① 核碰撞。入射离子与工件原子核发生弹性碰撞,碰撞结果使固体中产生离子大角度散射和晶体中产生辐射损伤等。

② 电子碰撞。入射离子与工件内电子发生非弹性碰撞,其结果可能引起离子激发原子中的电子或使原子获得电子、电离或 X 射线发射等。

③ 离子与工件内原子作电荷交换。

无论哪种碰撞都会损失离子自身的能量,离子经多次碰撞后能量耗尽而停止运动,作为一种杂质原子留在固体中。离子进入工件后所经过的路线称为射程。入射离子的能量、离子和工件的种类、晶体取向、温度等因素都影响着射程及其分布。离子的射程通常决定离子注入层的深度,而射程分布决定着浓度分布。研究表明:离子注入元素的分布,根据不同的情况有高斯分布、埃奇沃思分布、皮尔逊分布和泊松分布。具有相同初始能量的离子在工件内的投影程(即射程在离子入射方向上的投影)符合高斯函数分布。因此,注入元素在离表面 x 处的体积离子数 $n(x)$ 为

$$n(x) = n_{max} e^{-\frac{1}{2}x^2} \tag{6-4}$$

式中,n_{max} 为峰值体积离子数。

设 N 为单位面积离子注入量(单位面积的离子数),L 是离子在工件内行进距离的投影,d 是离子在工件内行进距离的投影的标准偏差,则注入元素的浓度可由下式求出:

$$n(x) = \frac{N}{d\sqrt{2\pi}} \exp\left[-\frac{(x-L)^2}{2d}\right] \tag{6-5}$$

离子进入固体后对固体表面性能发生的作用除了离子挤入固体内的化学作用外,还有辐照损伤(离子轰击产生晶体缺陷)和离子溅射作用,它们在改性中都有重要意义。

3. 沟道效应和辐照损伤

高速运动的离子注入金属表层的过程中,与金属内部原子发生碰撞。由于金属是晶体,原

子在空间呈规则排列。当高能离子沿晶体的主晶轴方向注入时,可能与晶格原子发生随机碰撞,若离子穿过晶格同一排原子附近而偏转很小并进入表层深处,这种现象称为沟道效应。显然,沟道效应必然影响离子注入晶体后的射程分布。实验表明,离子沿晶向注入,则穿透较深;离子沿非晶向注入,则穿透较浅。实验还表明,沟道离子的射程分布随着离子剂量的增加而减少,这说明入射离子使晶格受到损伤;沟道离子的射程分布受到离子束偏离晶向的显著影响,并且随着靶温的升高沟道效应减弱。

离子注入除了在表面层中增加注入元素含量外,还在注入层中增加了许多空位、间隙原子、位错、位错团、空位团、间隙原子团等缺陷。它们对注入层的性能有很大影响。

具有足够能量的入射离子,或被撞出的离位原子,与晶格原子碰撞,晶格原子可能获得足够的能量而发生离位,离位原子最终在晶格间隙处停留下来,成为一个间隙原子,它与原先位置上留下的空位形成空位-间隙原子对。这就是辐照损伤。只有核碰撞损失的能量才能产生辐照损伤,与电子碰撞一般不会产生损伤。

辐照增加了原子在晶体中的扩散速度。由于注入损伤中空位数密度比正常的高许多,原子在区域的扩散速度比正常晶体的高几个数量级。这种现象称辐照增强扩散。

4. 离子注入的特点

① 离子注入法不同于任何热扩散方法,可注入任何元素,且不受固溶度和扩散系数的影响。因此,用这种方法可能获得不同于平衡结构的特殊物质。这是开发新型材料的非常独特方法。

② 离子注入温度和注入后的温度可以任意控制,且在真空中进行,不氧化,不变形,不发生退火软化,表面粗糙度一般无变化,可作为最终工艺。

③ 可控制和重复性好。通过改变离子源和加速器能量,可以调整离子注入深度和分布;通过可控扫描机构,不仅可以实现在较大面积上的均匀化,而且可以在很小范围内进行局部改性。

④ 可获得两层或两层以上性能不同的复合材料。复合层不易脱落。注入层薄,工件尺寸基本不变。

但从目前的技术水平看,离子注入还存在一些缺点,如注入层薄($<1\mu m$),离子只能直线行进而不能绕行,对于复杂的和有内孔的零件不能进行离子注入,设备造价高,所以应用尚不广泛。

5. 离子注入机

(1) 离子注入机的分类　主要有四种分类方法:一是按能量大小分类,可分为低能注入机($5\sim 50keV$)、中能注入机($50\sim 200keV$)和高能注入机($0.3\sim 5MeV$);二是按束流强度大小分类,可分为低、中束流注入机(几微安到几毫安)和强束流注入机(几毫安到几十毫安),后者适用于金属离子注入;三是按束流状态分类,可分为稳流注入机和脉冲注入机;四是按用途特点分类,可分为质量分析注入机、工业用氮注入机、气体-金属离子注入机、多组元的金属和非金属元素混合注入的离子注入机、等离子源离子注入机(主要从注入靶室中的等离子体产生离子束)等。

质量分析注入机主要用于半导体集成电路等生产与研究。金属材料的表面改性对离子注入机的要求,与用于半导体材料掺杂的离子注入有不同之处:由于对注入离子的纯度没有很高的要求,并且为了提高束流密度、缩短注入所需时间,所以在这类注入机中往往没有质量分析器。另外,用于材料表面改性,常需要大的离子注入剂量以及各种气体和多样化的离子。

(2) 离子源的结构和种类　离子源是决定离子注入机主要用途的关键部件。它主要由两部分组成:一是放电室,气体及固体蒸汽或气化成分在此处电离;二是输出装置,用于将离子形成离子束,输送到聚焦和加速系统中。

金属材料表面改性用的离子源有多种类型,各有特点和主要用途,其中较为典型的有弗利曼(Freeman)和金属蒸发真空弧(metal vapor vacuum arc,MEVVA)两种离子源。

① 弗利曼离子源。图6-17为弗利曼离子源结构示意图。其放电室用石墨制作,并为阳极。在阳极上开出长条形引出小孔。放电室内接近小孔处安放钨丝阴极,直径为1～2mm。放电室外有钼片作热屏蔽,以提高放电室温度。先对放电室抽真空,然后将气体或固体蒸气输入放电室进行电离,形成等离子体,经过引出小孔形成长条形离子束。这种离子源可以引出气体离子和各种固体离子,因此它是用途最广的离子源之一。由于长条形引出小孔与阴极的位置很接近,再配合强的阴极辉光电流(约100A)以及磁场方向垂直于离子输出方向的磁场作用(图6-17中的B方向),因而在小孔对面获得了最大等离子体密度。

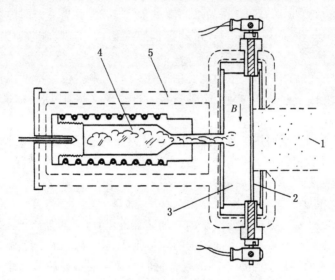

图6-17 弗利曼离子源结构示意图
1-离子束;2-灯丝;3-放电室;4-蒸发炉;5-热屏蔽

除了上述的弗利曼离子源外,伯纳斯(Bernes)、尼尔逊(Nielsen)等其他低压放电型离子源也经常使用。还有一种具有电子振荡的潘宁源(F. M. Penning)也很具特色。其中,最有名的是希德尼斯(G. Sidenius)源,可以获得密集的等离子体和较高的离化效率。

② 金属蒸汽真空弧离子源。1986年,美国加州大学布朗(I. G. Brown)等人发明的金属蒸汽真空弧离子源能提供几十种金属离子束,并且能使大面积、高速率的金属离子注入变得较为简单易行。图6-18为MEVVA离子源原理和结构示意图。在放电室中有阴极(由注入金属制造)、阳极和触发极。离子引出系统是普通的三电极系统。MEVVA源为脉冲工作方式。在每个脉冲循环加上一个脉冲触发电压,使阴极和触发极之间产生放电火花,引燃阴极与阳极之间的主弧,从而将阴极材料蒸发到放电室中,被蒸发的原子在等离子放电过程中电离成为等离子状态。等离子受磁场的约束以减少离子在室壁上的损失。当等离子体向真空中扩散时,大部分流过阳极中心孔,到达引出栅极,使离子从中被引出,形成离子束。其束流达安培级,束斑大并且相当均匀,离子的纯度也相当好。1993年,我国北京师范大学低能核物理研究所也研制出这种带MEVVA离子源的注入机并且在改善金属部件的耐磨等性能上取得很大成功。

(3) 强束流离子注入机实例简介

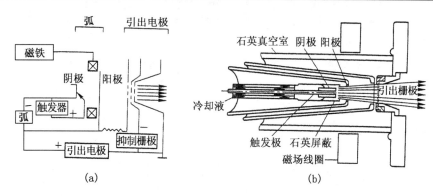

图 6-18 MEVVA 离子源示意图
(a) 原理图；(b) 结构图

① 工业用强束流氮离子注入机。弗利曼等人研制出的强束流离子注入机采用的是弗利曼离子源束流强度可达 50mA。通入离子源的气体为高纯氮，引出的是高纯离子束。引出束流由多条束构成，束流直径可达到 1m，因此也省略了偏转扫描系统。由于设备简单，所以能实现多个离子源多方位注入，而注入机的靶室可以做得很大。

② 丹物 1090 型离子注入机。丹麦丹物公司(Danfysik)制造的丹物 1090 型离子注入机采用尼尔逊离子源，可以用气体和各种固体物质作为工作物质，引出相应的离子，束流强度可以达到 5～40mA。注入机先加速 50kV，后加速 200kV。有 90°的分析磁铁，分辨率为 $M/\Delta M = 250$。用电磁铁对引出、分析和聚焦的离子束进行偏转扫描，而后进行离子注入。注入面积为 40cm×40cm，靶室体积尺寸为 0.7m×0.7m×0.7m，工件可平移和双向转动。

③ 金属离子注入机。图 6-19 是美国 ISM 技术公司制造的 MEVVA 离子注入机。在真空靶室顶端排列四个离子源，距离源 1.6m 外形成 2m×1m 的离子加工面积。每个源可引出 75mA 的束流，总束流达 300mA。每个源有六个阴极，可旋转更换。加速电压为 80KV。

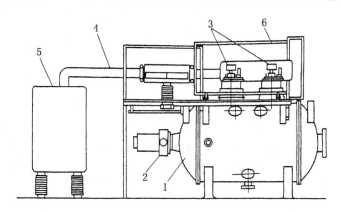

图 6-19 美国 ISM 公司制造的 MEVVA 离子注入机结构示意图
1-真空靶室；2-抽气口；3-离子源；4-高压电缆；5-高压电源；6-X 射线屏蔽罩

6. 离子注入工艺

(1) 离子注入的工艺参数　工艺参数有离子种类、离子能量、离子注入剂量、束流(靶流)、离子束流均匀性、束斑大小、基体材料、基体温度等。现将部分工艺参数说明如下：

① 离子能量。它为离子源的加速电压。多数注入的能量在 30～200keV 之间。一般情况下：离子能量越高，离子注入深度越大；注入离子和基体原子越轻，则注入深度越大。

② 离子注入剂量。它是以样品表面上被撞击的离子数来计量。在表面改性应用中,注入剂量通常在 $10^{15} \sim 10^{20}$ ions/cm²。

③ 束流。注入过程的速率取决于束流电流 I(mA)或束流密度 j(mA/cm²)。设注入时间为 t(s),D 为注入剂量(ions/cm²),q 是一个离子所带的电荷(1.6×10^{-19} c),注入面积为 S(cm²),则 $t = qDS/I$。I 越大,t 就越小。

(2) 离子注入的工艺 根据应用需要,离子注入工艺大致分为三类:

① 普通离子注入。它是用离子束入射方式将离子直接注入工件表面,一般应用于无预镀覆材料的表面合金化,合金元素所占比例可在 10%～20% 之间。注入离子大致有三类:一是非金属离子,如 N、P、B 等;二是金属离子,如 Cr、Ta、Ag、Pb、Sn 等;三是复合离子,如 Ti+C、Cr+C、Cr+Mn、Cr+P 等。普通离子注入是人们最早使用、研究最多的离子注入工艺。

② 反冲离子注入。它是由惰性气体离子轰击材料表面的薄膜来完成的。薄膜用 PVD 或 CVD 等技术预镀而成。薄膜中原子在惰性气体离子的轰击下获得合适的能量,使膜层与基底之间,或者膜层与膜层之间,通过原子的碰撞而相互混合,显著提高膜层的结合力。反冲离子注入的工艺参数要恰当选择。同时,利用这个工艺还可使薄膜中的原子进入到基底表面,注入水平可高达 50%,但此时离子能量一般要超过 150eV,束流从 10μA 到 100mA,注入时间约为 10～100s/cm²。普通离子注入的能量通常不到 60keV。

③ 离子束动态混合注入。它它采用了一种离子混合方式,其混合过程既可发生在基材同时被两个或更多离子束注入期间,也可发生在镀膜过程中(即为第 5 章所述的离子束增强沉积或称离子束辅助沉积)。这种工艺不仅显著提高膜层与基材之间的结合力,还改善了薄膜的微观结构,因而是一种先进的工艺。

图 6-20 给出了几种离子注入过程。

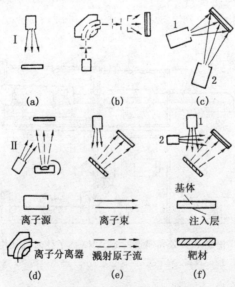

图 6-20 几种离子注入过程示意图

(a) 离子束直接注入;(b) 利用离子分离器的离子注入;(c) 双重离子注入;
(d) 辅助以蒸发的离子束;(e) 由喷射沉积的离子束;(f) 双离子束沉积
Ⅰ-初级或第二级离子注入;Ⅱ-离子束混合,离子束辅助以用 PVD 方法的涂层沉积;
1-第一离子源;2-第二离子源

7. 等离子体源离子注入

等离子体源离子注入(Plasma Source Ion Implantation, PSII)又称全方位离子注入、浸没式离子注入等。由于金属材料表面改性所处理的工件有着各种各样的几何形状，而不像半导体工业中通常遇到的是平面。为克服常规离子束"视线性"的限制，1986年美国威斯康辛州大学 J. Conrad 和 C. Forest 提出把工件浸没在等离子体中进行离子注入的设想，并且做了深入的研究。

图 6-21(a)和(b)分别为 PSII 电路图和结构示意图。工作时，先将真空抽气到合适的工作气压(典型值为 $10^{-3} \sim 10^{-1}$ Pa)，然后将工件置于等离子体中加上负电位，负电位可从几个 kV 到 100kV，脉冲宽度从几个 μs 到 150μs，脉冲重复频率从几个 Hz 到 3kHz。在负电位的作用下，包围工件的等离子鞘层中，电子被迅速推开，同时正离子被加速而射向工件和注入到工件表面。这种离子注入方式称为 PSII。由于在工件上施加负脉冲电位，所以注入离子能量较高。

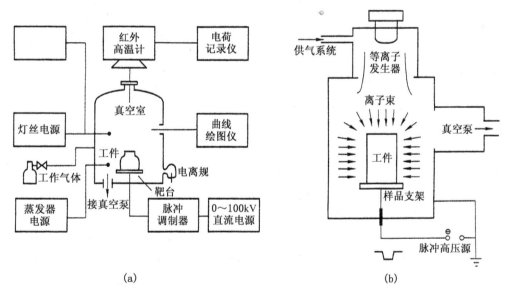

图 6-21 PSII 电路图和设备结构示意图
(a) PSII 电路图；(b) PSII 设备结构示意图

有关 PSII 工作原理的几点说明如下：

① 等离子体的产生有多种方法。其中有直流灯丝加热放电源，微波激发源，电子回旋共振激发源，射频激发源，电容或电导耦合激发源。如果需要金属离子，则需要 MEVVA 源。

② 等离子体鞘层。等离子体本身具有电中性的强烈倾向，故离子和电子的电荷密度几乎相等，此种情况称为准中性。但是，在直流电或低频辉光放电中往往会发生局部性的等离子体不满足电中性的情况，特别是在与等离子体接触的工件表面附近，由于电子附着，基底形成负电位，而附近的等离子中正离子的空间电荷密度增大。这种空间电荷分布称作离子鞘。由此形成的空间称作等离子体鞘层。所有的等离子体与固体接触时都会在固体表面的交界处，形成一个电中性被破坏了的空间电荷层，即等离子体鞘层。正是这种鞘层作用赋予了等离子体对材料表面处理时的活性。

③ 在合适气压下,当等离子源工作时真空室中形成等离子体。工件上施加负高压脉冲后,工件表面附近等离子体鞘层中的电子迅速被推开,而正离子被加速,射向工件表面并注入。当负脉冲电压再度来临时,则又重复上述过程。表面导电的金属工件由于电场垂直于工件表面,只要靠近表面处的等离子体和电分布比较均匀,则形状复杂的工件都可获得相当均匀的离子注入表层。

④ 离子注入量可用下式计算:

$$D_i = N/e \int j_s \, \mathrm{d}\tau = it/e \qquad (6-6)$$

式中,N 是脉冲数,e 是电子电荷,j_s 是脉冲电流密度,τ 是脉冲宽度,i 为平均电流密度,t 为总的加工时间。如果 i 为 $0.4 \sim 1.2\mathrm{mA/cm^2}$,注入量要求为 $10^{19} \sim 10^{20}/\mathrm{cm^2}$,总的加工时间约为 4h。

⑤ 通常在工件上施加的负高压不会很高,离子注入层一般很浅。因此,为了提高注入深度,可以对工件加温,即在工件加温和离子轰击升温双重作用下,促使注入原子向里扩散。

PSII 与常规离子注入相比较,主要优点是可对复杂形状工件进行处理,并且不需要复杂的工作转动台。PSII 也适用于大而重的工件加工。PSII 另一个优点是因省掉了复杂的转动设备而使工件的加热和冷却变得容易,这在实际使用中是重要的。例如,PSII 在室温下注入深度很浅,通常小于 $1\mu m$,而加热到 400℃ 时注入深度可达 $10\mu m$。另外,PSII 的注入均匀性要比常规离子注入复杂形状工件的均匀性要好得多。PSII 设备不很复杂,并且适用于工业生产。

PSII 的主要缺点是在室温下改性层厚度小于 $1\mu m$,并且因高能量离子注入而溅射效应很强,使注入量达到饱和,注入效率降低。对此,人们对 PSII 设备和工艺做了许多改进。

PSII 与其他表面技术(如气相沉积等)相结合将在表面工程中发挥重要的作用,目前已应用于许多形状复杂或精密零部件和工模具的处理中。

8. 离子注入金属材料性能的改变及机理

(1) 离子注入金属材料性能的改变 选择良好的离子注入设备和适当的工艺方法和参数(如注入元素的种类、剂量、离子能量、束流、注入表面温度、时间等),可以改善金属材料的许多性能:

① 机械性能。主要有耐磨、摩擦系数、疲劳强度、硬度、塑性、韧性、附着力等性能。

② 化学性能。主要有耐腐蚀、抗氧化以及催化、电化学等性能。

③ 物理性能。主要有超导、电阻率、磁学、反射等性能。

(2) 离子注入金属材料表面改性的机理 离子注入涉及到直接注入、级联碰撞、离子溅射、辐射损伤、热峰效应、增强扩散、原子沉积、等离子化学反应等较为复杂的机理。离子注入可以将一种或多种元素选择性地注入金属材料表面(未经涂覆工或经过涂覆),并且可以偏离热力学平衡,得到过饱和和固溶体、介稳相、非晶结构等,以及大量溶质原子、空位、位错等各种缺陷。这些在材料改性中都有重要的作用。现举例说明某些表面改性机理。

① 离子注入提高硬度、耐磨性和疲劳强度的机理。研究表明,离子注入提高硬度是由于注入原子进入位错附近或固溶体产生固溶强化的缘故。当注入的是非金属元素时,常常与金属元素形成化合物,如氮化物、碳化物或硼化物的弥散相,产生弥散强化。离子轰击造成的表面压应力也有冷作硬化作用,这些都使得离子注入表面硬度显著提高。

离子注入之所以能提高耐磨性,其原因是多方面的。离子注入能引起表面组分与结构的改变。大量的注入杂质聚集在因离子轰击产生的位错线周围,形成柯氏气团,起钉扎位错的作用,使表层强化,加上高硬度弥散析出物引起的强化,提高了表面硬度,从而提高耐磨性。另一种观点认为耐磨性的提高是离子注入引起摩擦系数的降低起主要作用。还认为可能与磨损粒子的润滑作用有关。因为离子注入表面磨损的碎片比没有注入的表面磨损碎片更细,接近等轴,而不是片状的,因而改善了润滑性能。

有人认为,离子注入改善疲劳性能是因为产生的高损伤缺陷阻止了位错移动及其间的凝聚,形成可塑性表面层,使表面强度大提高。分析表明,离子注入后在近表面层可能形成大量细小弥散均匀分布的第二相硬质点而产生强化,而且离子注入产生的表面压应力可以抑制表面裂缝的产生,从而延长了疲劳寿命。

② 离子注入提高抗氧化的机理。离子注入显著提高抗氧化性的原因主要有四个:一是注入元素在晶界富集,阻塞了氧的短程扩散通道,防止氧进一步向内扩散;二是形成致密的氧化物阻挡层,某些氧化物如 Al_2O_3、Cr_2O_3、SiO_2 等能形成致密的薄膜,其他元素难以扩散通过这类薄膜,起到了抗氧化的作用;三是离子注入改善了氧化物塑性,减少了氧化产生的应力,防止氧化膜开裂;四是注入元素进入氧化膜后,改变了膜的导电性,抑制阳离子向外扩散,从而降低氧化速率。

③ 离子注入提高耐磨腐蚀性的机理。离子注入不但形成致密的氧化膜,而且改变材料表面电化学性能,提高耐蚀性,如 Cr^+ 注入 Cu,能形成一般冶金方法不能得到的新亚稳态表面相,改善了钢的耐腐蚀性能;用 Pb^+ 注入 Ti 后,在沸腾的浓度为 1mol/L 的 H_2SO_4 中耐蚀电位接近纯铅,使耐腐蚀性大大提高。

9. 离子注入的应用

(1) 注入冶金学　注入冶金学是一门新学科。它利用离子注入作为物理冶金的一种研究手段,注入冶金学包括两大研究领域:制备新合金系统;测定金属和合金的某些基本性质。

① 离子注入金属表面合金化。离子注入金属表面会改善材料的耐磨性、耐蚀性、硬度、疲劳寿命和抗氧化性等。其原因是多方面的。以下从六个微观角度分析离子注入改善性能的可能机制:一是辐照损伤强化,离子注入产生的辐照损伤增加了各种缺陷的密度,改变了正常的晶格原子的排列,但研究表明,辐照本身不能改善材料耐磨性,耐磨性和耐蚀性的改善与注入元素的化学作用有关,注入离子阻止位错滑移,从而使表面层强化并降低表面疲劳裂纹形成的可能性,然而对疲劳裂纹的扩展影响不大;二是固溶强化,离子注入可获得过饱和度很大的固溶体,固溶强化效果较强,而且注入离子对位错的钉扎作用也使材料得到强化;三是沉淀强化,注入元素可能与基体材料中的元素形成各种化合物,使表面离子注入层产生强化,如 Ti^+ 注入含有 C 的钢或合金中,有可能形成 TiC 微粒沉淀;四是非晶态化,当离子注入剂量达到一定值时,可使基体金属形成非晶态表面层,因此可降低钢的摩擦系数,提高耐磨性,且非晶态表面没有晶界等缺陷,可显著提高耐蚀性能;五是残余压应力,离子注入可产生很高的残余压应力,有利于提高材料表的耐磨性和疲劳性能;六是表面氧化膜的作用,离子注入引起温度升高和元素扩散的增加,使氧化膜增厚和改性,从而降低摩擦系数,并且通过改变注入的离子种类可改变氧化膜的性质,如氧化膜的致密性、塑性和导电性等。

② 离子注入用于材料科学研究。主要有两个方面:一是注入元素位置的测定,轻元素的晶格位置对金属的性起决定性作用,美国萨达实验室用氢的同位素氘注入铬、钼、钨,靶温达 90K,用核反应 $D(^3He,P)^4He$ 进行分析和沟道技术测量,可测定氢是在四面体间隙还是在

八面体间隙的位置;二是扩散系数的测定,在室温将 Cu^+ 注入单晶铍,然后扩散退火,用离子背散射沟道方法测定扩散前后铜在铍中的分布,从而测出铜在铍中的扩散系数接近 10^{-15} cm^2/s,这是用通常方法不可能测出的。

此外,利用离子注入还可进行相变和三元相图的研究。

(2) 离子注入在表面改性中的应用　应用对象主要是金属固体,如钢、硬质合金、钛合金、铬和铝等材料。应用最广泛的金属材料是钢铁材料和钛合金。但是,用离子注入方法强化面心立方晶格材料是困难的。注入的离子有 Ni、Ti、Cr、Ta、Cd、B、N、He 等。

经离子注入后可大大改善基体的耐磨性、耐蚀性、耐疲劳性和抗氧化性。各类冲模和压制模一般寿命为 2 000~5 000 次,而经过离子注入后寿命达 50 000 次以上。有的钢铁材料经离子注入后耐磨性提高 100 倍以上。用作人工关节的钛合金 Ti-6Al-4V 耐磨性差,用离子注入 N^+ 后,耐磨性提高 1 000 倍,生物性能也得到改善。铝、不锈钢中注入 He^+,铜中注入 B^+、He^+、Al^+ 和 Cr^+ 离子,金属或合金耐大气腐蚀性明显提高。其机理是离子注入的金属表面上形成了注入元素的饱和层,阻止金属表面吸附其他气体,从而提高金属耐大气腐蚀性能。在低温下向工件注入氢或氖离子可提高韧脆转变温度,并改善薄膜的超导性能。在钢表面注入氮和稀土,可获得异乎寻常的高耐磨性。如 En58B 不锈钢表面注入低剂量的 Y^+($5\times10^{15}/cm^2$)或其他稀土元素,同时又注入 $2\times10^{17}/cm^2$ 的氮离子,磨损率起初阶段减少到原来的 0.11%,5h 后磨损率为原来的 3.3%。铂离子注入到钛合金涡轮叶片中,在模拟高温发动机运行条件下进行试验,结果表明疲劳寿命提高 100 倍以上。表 6-33 是离子注入在提高金属材料性能上的部分应用实例。

表 6-33　离子注入在提高金属材料性能上的应用实例

离子种类	母材	改善性能	适用产品
$Ti^+ + C^+$	Fe 基合金	耐磨性	轴承、齿轮、阀、模具
Cr^+	Fe 基合金	耐蚀性	外科手术器械
$Ta^+ + C^+$	Fe 基合金	抗咬合性	齿轮
P^+	不锈钢	耐蚀性	海洋器件、化工装置
C^+、N^+	Ti 合金	耐磨性、耐蚀性	人工骨骼、宇航器件
N^+	Al 合金	耐磨性、脱模能力	橡胶、塑料模具
Mo^+	Al 合金	耐蚀性	宇航、海洋用器件
N^+	Zr 合金	硬度、耐磨性、耐蚀性	原子炉构件、化工装置
N^+	硬 Cr 层	硬度	阀座、搓丝板、移动式起重机
Y^+、Ce^+、Al^+	超合金	抗氧化性	涡轮机叶片
$Ti^+ + C^+$	超合金	耐磨性	纺丝模口
Cr^+	铜合金	耐蚀性	电池
B^+	Be 合金	耐磨性	轴承
N^+	WC+Co	耐磨性	工具、刀具

6.2 无机非金属材料表面改性

6.2.1 玻璃的表面改性

1. 玻璃的表面强化

玻璃的实际强度比理论强度要低几个数量级,这是由于实际玻璃中存在着微观和宏观缺陷,特别是表面缺陷,如表面微裂纹等,使实际强度大为降低。提高玻璃强度的方法基本上可以分为三个方面:一是改变成分;二是改进工艺制度;三是采用表面处理。其中,表面处理因不必改变原有玻璃成分和熔制成形工艺、方法简便、增强效果显著而得到广泛应用。玻璃的表面增强方法很多,通常可分为热处理增强、化学处理增强、离子交换增强和表面涂层增强四类,本节介绍前面三类表面增强方法。

(1) 玻璃的热处理增强　其包括以下两种方法。

① 淬冷法增强(钢化玻璃)。20 世纪 20 年代开始用空气淬冷的方法生产平板玻璃,称为钢化玻璃。它是将玻璃均匀加热到玻璃转化温度 T_g 以上的钢化温度范围,此时黏度 $\eta=10^{9.2} \sim 10^{8.5} Pa \cdot S$,对于钠钙玻璃来说,温度在 630～650℃之间,然后保温一定时间,再淬冷。其有风冷、自然冷却、液体介质冷却和固体质量冷却等方法,其中风冷法最常用。淬冷后玻璃表面形成压应力,内部形成拉应力,在玻璃厚度方向上呈抛物线分布。当钢化玻璃受到弯曲载荷时,由于力的合成结果,最大压应力在表面,而最大拉压力移向玻璃的内部。由于玻璃是耐压而不抗拉的,特别是表面存在微裂纹,抗拉强度更低,因此这种受载荷以后的应力合成,使钢化玻璃可以经受较非钢化玻璃更大的弯曲载荷,从而提高了玻璃的强度。钢化玻璃与同厚度的普通玻璃性能比较见表 6-34。

表 6-34　钢化玻璃与同厚度普通玻璃性能的比较

性　能	钢化玻璃	普通玻璃
热冲击温度/℃	175～190	75
可经受温度突变范围/℃	250～320	70～100
抗冲击强度		
227g 钢球破坏功/J	7.35～14.7	0.69～2.35
225g 钢球落球破坏高度/cm	250～400	48～71
抗弯强度/MPa	150	7.5～50

钢化玻璃品种很多。它们不仅具有较高的抗弯强度、抗机械冲击和抗热震性能,而且破碎后的碎片不带尖锐棱角,从而减少了对人的伤害。钢化玻璃不能进行机械切割、钻孔等加工,主要用于交通工具的镶嵌玻璃、建筑装嵌、光技术器械、水表圆盘、气压表盘等。

② 加热拉伸增强。玻璃在加热时以一定的速度沿一定的方向拉伸,称为加热拉伸。它能提高玻璃强度的原因可能有三个:一是裂纹沿拉伸方向定向,使与拉应力垂直的危险裂纹变成与拉应力平行的裂纹;二是拉伸后玻璃表面积增加,使单位面积上裂纹数量减少;三是结构定向,特别是链状结构在拉伸时沿中心轴强键定向。一般平板玻璃和玻璃棒的拉伸程度是有限

的,增强效果不如风钢化,故实际上很少采用。但是,玻璃纤维在喷嘴拉丝过程中拉伸程度较大,对强度可产生明显的影响。

(2) 玻璃的离子交换增强　在一定的温度下,当含有某种阳离子的玻璃与含有另外一种阳离子的熔盐或其他介质相接触时,玻璃中的阳离子将与熔盐中的阳离子互相交换,产生互扩散,即

$$(A^+)_{玻璃} + (B^+)_{熔盐} = (B^+)_{玻璃} + (A^+)_{熔盐}$$

这种互扩散可称为离子交换,是化学扩散的一种,以化学位为推动力。利用离子交换可进行玻璃的化学增强与着色。化学增强有低温型和高温型两种类型的离子交换。

① 低温型离子交换。其通常指在玻璃 T_g 点以下,用大离子来交换小离子。例如以熔盐中的 K^+ 来代替玻璃中的 Na^+ 离子(K^+ 的离子半径比 Na^+ 的离子半径大)。工艺有浸渍法、喷吹法和多步法。其中,浸渍法是最常用的方法。它是将玻璃浸没在欲交换的离子熔盐中一定时间,进行离子交换,流程如下:

玻璃→清洗→预热→浸入熔盐→清洗→干燥→检验

熔盐

熔盐→称量 ⎱混和→加热
添加剂→称量 ⎰

熔盐通常采用硝酸钾 KNO_3。为了加速离子交换和改善表面质量,在熔盐中加入少量 KOH 或其他添加剂。熔盐温度为 440～460℃(按玻璃成分作适当调整),时间从几十分钟到十几小时。纯硝酸钾熔盐交换时间为 2～8h 之间。加入添加剂后,在达到同样抗冲击强度(0.7～0.8J/cm²)的条件下,可以降低交换温度,缩短交换时间。玻璃中的 Na^+ 与熔盐中的 K^+ 发生离子交换。由于 K^+ 离子的半径比 Na^+ 离子大,故使表面"挤塞"膨胀,产生压应力,比值与交换后体积变化大小有关,即玻璃表面产生的压应力 σ_c^1 为

$$\sigma_c^1 = \frac{1}{3}\left(\frac{E}{1-\nu}\right)\left(\frac{\Delta V}{V}\right) \tag{6-6}$$

式中,E 为玻璃的弹性模量,ν 为玻璃的泊松比,V 为交换前的玻璃摩尔体积,ΔV 为交换后产生的摩尔体积变化。离子交换后,玻璃表面产生的压应力为 690～1 000MPa,内部拉应力约为 6.9MPa,表面应力层深度为 10～100μm。而玻璃经钢化处理后,表面压应力约为 137.9MPa,内部拉应力约为 68.9MPa。

玻璃经离子交换后强度明显提高,但要注意随着使用温度的增大,有可能使强度下降,即产生热疲劳。例如,$Li_2O - Al_2O_3 - SiO_2$ 玻璃在 $NaNO_3$ 熔盐中于 400℃ 交换 4h 后,再在空气中加热(此时缺乏离子源),若温度超过 300℃,强度显著下降,这是由于温度升高,出现质点黏滞流动使应力松弛之故。

② 高温型离子交换。这种交换是在 T_g 点以上进行,玻璃容易变形,实际生产困难较多。如果玻璃成分选择适当(一般选用 $Na_2O - Al_2O_3 - SiO_2$ 系统的玻璃),以锂离子交换钠离子,表面微晶化后析出 β-锂霞石(β-$Li_2O \cdot Al_2O_3 \cdot 2SiO_2$)线膨胀系数比较小,冷却后表面产生很高的压应力而达到增强要求。此法又称表面微晶化或膨胀差法。控制晶粒尺寸,使之小于光波波长,玻璃仍能保持透明。此类商品名称为 Chemcor,硬度较高,不易磨损,在 600℃ 下长期使用,强度不下降,可用于宇宙飞船的观察窗玻璃、飞机和汽车的挡风玻璃以及防弹玻璃等。

除了低温型和高温型之外,也可以把两者结合起来,目的是把单一方法中的最佳部分组合在一起,使玻璃强度增加,同时具有良好的断裂性能、热稳定性和化学稳定性,并且应力层比较深。这种方法又称为多级(步)离子交换法,有二步法、三步法等,处理级数越多,应力分布形状越复杂,趋向于 W 型。

离子交换增强还有一个特点,就是处理后仍可进行切割和其他机械加工,这是由于其内层拉应力比淬冷法小得多,但是这种玻璃破碎后碎片与普通玻璃一样有尖刺的小块。

(3) 玻璃表面酸处理增强 其原理是通过酸浸蚀去除玻璃表面微裂纹层,或者在原有微裂纹深度不变的情况下,通过酸蚀使微裂纹曲率半径增加,裂纹尖端变钝,减少应力集中,从而提高强度。所用的酸主要是氢氟酸。为避免不溶性盐附着在玻璃上而造成表面不平整,可采取两种方法:一是将氢氟酸稀释 10 倍,浸蚀速度降低到 $1\mu m/min$ 左右,同时进行搅拌和不时更换溶液;二是加入其他可溶解沉淀的酸类,包括硫酸、磷酸和硝酸。例如平板玻璃用质量分数为 20% 的 HF 酸洗,时间为 10min,而用质量分数为 14% 的 HF 加质量分数为 60% 的 H_2SO_4 酸洗,虽然侵蚀时间要增加到 20min 以上,但能均匀地除去微裂纹层且获得光滑的表面。酸洗法的工艺流程为:

玻璃→清洗→干燥→酸洗→水洗→干燥→检验

氢氟酸→计量 ┐
　　　　　　 ├ 混合 ↑
硫酸　→计量 ┘

酸洗前玻璃表面要用 Na_2CO_3 和 NaOH 的溶液清洗,除去表面吸附物质。酸洗温度一般为 15～50℃。酸洗时间根据玻璃成分、制品大小、酸液浓度等来确定。酸洗要适当搅拌酸液以及定时补充和更换酸液。氢氟酸的挥发会对环境造成污染,因此必须做好有关环保工作。

酸洗法可显著提高玻璃的强度。当侵蚀深度不超过 0.1mm 时,强度可提高 3～4 倍。玻璃强度最高可达 10～14 倍。平板玻璃经酸洗后,抗折强度可达到 500～600MPa,能弯曲成 U 形而不断裂。目前最大的困难仍然是氢氟酸的污染、废液回收以及酸对设备的浸蚀。

(4) 用表面脱碱法提高玻璃强度 玻璃表面脱碱是在退火温度范围,通以气体(包括能释放气体的固体)或喷涂溶液,使玻璃与气体或溶液中的盐类反应,将玻璃表面的碱金属离子生成易溶于水的盐类,经清洗玻璃表面贫碱,导致表面层的线膨胀系数比玻璃内部的线膨胀系数低,冷却时表面层比玻璃内层的收缩少,因而产生压应力,提高了玻璃的强度。

脱碱过程包括三个步骤:首先是玻璃表层中碱金属离子扩散到玻璃表面,其次是玻璃表面的碱金属离子与脱碱介质中的离子发生离子交换而生成反应物,最后是用水洗等方法将玻璃表面反应物除去。

玻璃表面脱碱在生产上获得了应用。典型的是钠钙玻璃用 SO_2 进行表面处理(SO_2 通入加热的玻璃退火炉中),在玻璃表面形成"白霜"似的硫酸纳层(称作"硫霜化")。主要反应有:

$$Na_2O(玻璃表面) + SO_2 + \frac{1}{2}O_2 \rightleftharpoons Na_2SO_4(玻璃表面)$$

$$Na_2O \cdot SiO_2 + SO_2 + \frac{1}{2}O_2 \rightleftharpoons Na_2SO_4 + 2SiO_2$$

Na_2SO_4 易溶于水,经水洗后,玻璃表面贫碱。由于 Na_2O 的线膨胀系数比较高,所以表面脱碱后,形成了压应力表层。表面脱碱处理不仅提高玻璃的强度,还明显提高玻璃的化学稳定性。

又如玻璃瓶在含 SO_2 废气的明火加热退火炉中退火,比在不含 SO_2 废气的马弗式退火炉中退火的强度要高。有人将 13 种不同形状和尺寸共 130 000 只玻璃瓶,分别在这两种退火炉中退火,然后用水压机以 454N/s 速度快速加压,测定爆裂压力值,结果表明,在含 SO_2 废气的明火加热退火炉中退火的瓶子,比在不含 SO_2 废气的马弗式退火炉中退火的瓶子强度都提高了,强度增加率在 15.2%～26.1%。

但是,需要注意的是,只有退火温度超过 500℃ 并在含 SO_2 气氛中暴露 2h 后,强度才会提高,否则虽生成 Na_2SO_4,但只是 H^+ 代替 Na^+,而不是 Na_2O 的析出,并且反应后形成影响强度的多孔表面。此外,玻璃强度的提高也与表面的 Na_2SO_4 含量有关,只有玻璃表面上 Na_2SO_4 膜超过 $0.015mg/cm^2$,玻璃强度才会明显提高。

2. 玻璃的表面着色

可用多种方法把无色玻璃表面着成各种颜色,这样不仅装饰了玻璃,而且还使玻璃的某些性能得到提高。表面着色与整体着色相比较,具有整体着色所达不到的某些效果(如虹彩、珠光等色彩),而且工艺简便,但是容易受环境作用而褪色。表面着色有表面镀膜、表面扩散、表面辐照、电浮法等方法。现介绍一些除表面膜之外的表面着色方法。

(1) 玻璃表面扩散着色 它是在高温下用着色离子蒸气、熔盐或盐类糊膏覆盖在玻璃表面上,使着色离子与玻璃中的离子进行交换(互扩散)而实现表面着色。有些金属离子还需要还原为原子,由原子聚集成胶体而着色。

常用 Ag 和 Cu 作为表面扩散的着色离子。其着色过程通常经历离子交换反应、着色离子向玻璃表层扩散、着色离子还原为原子和色基形成四个阶段。以着色离子 Ag^+ 为例,其着色过程如下:一是离子交换反应,玻璃表面涂的银蓝中的 Ag^+ 与玻璃表面的碱离子 R^+ 发生离子交换,R^+(玻璃中的)$+Ag^+$(熔盐中的)$\rightarrow Ag^+$(玻璃中的)$+R^+$(熔盐中的),在一定温度下这种离子交换可达到平衡;二是着色离子向玻璃表层扩散,其深度与着色离子盐的种类、玻璃成分、扩散温度和时间有关,如将 $AgNO_3$ 和一定添加剂的盐糊涂在钠钙玻璃器皿表面,在 550℃ 保持 1.5h,测得 Ag^+ 的深度分布呈高斯曲线,深度为 $20\mu m$;三是着色离子还原为原子,即扩散到玻璃表层中 Ag^+ 离子被玻璃中的某些氧化物(As_2O_3、SbO_3、FeO 以及 SnO、CoO、NiO 等)还原为 Ag 原子,也可在高温下用 CO、H_2 气体还原,或用电子、阴极射线等辐照使金属离子获得电子而还原;四是色基的形成,金属离子还原为金属原子的同时会发生再结晶,然后再结晶原子互相聚集为胶体微粒而显色。一般认为金属胶体聚集体在 60～100nm 才显色,大于 100nm 时发生晶化现象。

表面扩散着色工艺有蒸气法着色、盐类糊(着色料膏)法着色和熔盐法着色三种。第一种方法对设备要求高,国内已不采用。第二种方法的工艺流程为:

玻离制品→洗净→干燥→印刷或描绘→干燥→烘烤→清洗→检验

着色剂盐类→称量 ⎤
　　　　　　　 ⎥调和→盐糊　　制板
黏结剂→称量　 ⎦

(2) 玻璃表面电浮法着色 电浮法(elecro-float process)是利用电解现象将金属离子渗入到玻璃表层来生产颜色浮法玻璃的一种方法。其原理见图 6-22。在锡槽内温度较高的玻璃表面设置阳极装置,而以锡液作为阴极。玻璃与阳极之间置有电镀液,如铜-铝合金等。当通直流电后,金属离子迁移到玻璃表层内,经还原、胶体化而使玻璃表面着色。可见,它是在浮法生产基础上发展的一种制造颜色玻璃的工艺。

用电浮法着成何种颜色取决于选用的正极金属，如用 Ag-Bi 合金做正极就可以得到黄色；用 Ni-Bi 合金做正极得到红色等。由于玻璃处于高温状态，周围环境为还原性气氛，所以在低电压下离子容易渗入到玻璃表层，并且被还原成胶体状，显示出强的着色。这种玻璃对可见光和红外光有特殊吸收和反射性能，主要用于热反射玻璃的生产，还可以生产着色图案的浮法玻璃，其颜色和图案可以随观察角度和光照条件不同而不同。

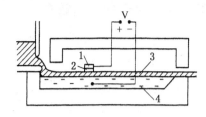

图 6-22 玻璃表面电浮法着色原理图
1-电极；2-电镀液；3-平板玻璃；4-熔融金属

(3) 玻璃表面辐照着色　玻璃具有远程无序而近程有序的结构，在 γ 射线等高能电磁波和高能粒子辐照下有可能产生各种色心，被用来着色。

关于色心的基本概念，已在第 3 章 3.3.4 节中做了介绍。色心可简略地描述为：具有色心的物质为了保持其电中性，当负离子欠缺时，以电子代替负离子，电子占据负离子空缺位置形成电子势阱，使离子晶体带色，这种电子势阱称为色心。有些物质在某种条件下会出现色心。在第 3 章 3.3.1 节中曾提到波尔在 20 世纪 20 年代发现碱卤晶体在碱金属蒸气中加热后骤冷到室温就会有颜色：氯化钠呈黄色，氯化钾呈红色。这可解释为：如将氯化钠晶体放在含有金属的钠蒸气气氛中加热，钠掺入晶体中；当钠原子受光照电离为 Na^+ 和 e^- 时，钠离子 Na^+ 占据正常的正离子位置，Na^+ 比 Cl^- 大约多万分之一，Cl^- 欠缺，其空缺位置由电子占据，形成 $Na_{1+\delta}Cl(\delta \ll 1)$ 非整比化合物，呈现黄色。

对于玻璃，例如在含碱的硅酸盐玻璃中，存在着各种类型的缺陷，当 γ 射线辐照时，会产生多种色心，其中由氧离子缺位俘获电子所引起的色心产生光吸收，玻璃呈黄色到棕色。γ 射线辐照所用的放射源 Co^{60}，辐照后不会在玻璃中残留微辐射，处理时可对运输带上的玻璃制品进行连续辐照。硼硅酸盐玻璃西马克斯（玻璃成分为 SiO_2 80%、B_2O_3 12.5%、Al_2O_3 2.4%、CaO 0.3%、Na_2O 3.8%、K_2O 1%）制成空心玻璃砖，未辐照前玻璃带有黄绿色调，γ 射线辐照后呈美丽的金灰色，砌筑在捷克布拉格著名的民族剧院外墙上的即为这种玻璃制品。许多玻璃制品都可采用辐照射处理，并且对不需要着色的部位用铅板或铅屑屏蔽，形成美丽的花纹和图案。

γ 射线辐照着色后，颜色会逐渐减弱，一般存放 2 到 4 个月，颜色便稳定下来。若玻璃制品在 120～160℃ 范围内进行辐照处理，颜色立即稳定。γ 射线辐照着色的玻璃，加热到 140℃ 或更高时，颜色会完全消失；在 100℃ 以下使用这种玻璃，颜色是很稳定的。

除 γ 射线辐照着色外，用紫外线辐照着色在生产上也得到应用。它是指玻璃成分中含有过渡族金属离子在紫外线辐照下电离，发生价数的变化而着色。此法所用玻璃以钠钙玻璃为宜，例如含 SiO_2 76%、CaO 8.5%、ZnO 0.5%、Na_2O 13%、K_2O 2%，加入 0.02%～0.2%CeO 和 0.02%～0.1%V_2O_5 的玻璃，部分 K_2O 可由 KNO_3 引入，能起澄清剂作用。配料放入坩埚中于 1 400℃ 熔化，再进行吹制或压制成形，经退火后进行紫外线辐照处理，发生如下反应：

$$Ce^{3+} + k\upsilon \longrightarrow Ce^{4+} + e$$
$$V^{3+} + e \longrightarrow V^{2+}$$

V^{3+} 呈淡绿色，而 V^{2+} 则变为紫色。辐照时间以 20min 为最佳。颜色在室温下是稳定的，只有加热到 400℃ 以上，颜色才会淡化至完全消失。

6.2.2 传统陶瓷的表面改性

传统陶瓷又称普通陶瓷,使用的主要原料是黏土、长石、石英等自然界的硅酸盐矿物,经原料处理、成型、干燥、烧成等工序制成的各种陶器和瓷器产品。陶器是多孔透气的强度较低的产品;瓷器是加了釉层,质地致密而不透气的强度较高的产品。根据其使用领域的不同,可分为日用陶瓷、建筑卫生陶瓷、化学瓷、电瓷及其他工业用陶瓷。这些陶瓷制品是人们日常生活中经常接触到的物品。由于社会的进步,人们对传统陶瓷制品的使用性能和外观装饰提出了许多新的要求,因而需进行表面改性处理。现举例如下。

1. 陶瓷墙地砖的表面改性

它是由黏土和其他无机原料制成的内墙砖、外墙砖和地砖等制品。其中,玻化砖是一种高档建筑材料,具有华丽的外表和高强、高硬、耐磨、耐蚀、抗冻、抗污等特点。由于 $K_2O-Al_2O_3-SiO_2$ 系的原料丰富、价格低廉。烧结温度范围宽、坯体强度高、热稳定性好等特点,故常被用来制作玻化砖。

吸水率低于 0.5% 的陶瓷砖都被称为玻化砖。实际上玻化砖是一种高温烧制的瓷质砖,为所有瓷砖中最硬的一种。吸水率越低,玻化程度越高,理化性能越好。对 $K_2O-Al_2O_3-SiO_2$ 系玻化砖来说,如果沿用传统长石质瓷的组成范围,那么烧结温度很难低于 1 250℃。为了降低生产成本、扩大烧成设备的使用范围和节能降耗,可参照 $K_2O-Al_2O_3-SiO_2$ 三元系相图和扩散试验的结果来选择适合于低温烧结的化学组成。除此之外,还必须考虑所用原料的矿物组成及其所具有的反应活性。传统的 $K_2O-Al_2O_3-SiO_2$ 系瓷选用的主要原料为石英、长石和高岭土。研究表明,在保证坯体成型性能和干燥性能的前提下,选用一定量的伊和石黏土或蒙脱石黏土能有效地降低坯体的烧结温度。

2. 抛光砖的表面防污处理

抛光砖由玻化砖进行镜面抛光而得。其耐磨、耐蚀、光亮以及可进行丰富多彩的渗花处理,已成为陶瓷行业中一类主流产品。但是,由于抛光作用,将玻化砖表面烧成中形成的玻璃面抛除掉,使微细气孔外露,形成开口气孔,故容易吸入污染物。"易脏"成为抛光砖的一个严重缺点。

抛光砖的表面改性处理主要是将一些表面活性介质,吸附于抛光砖的表面上,形成一层低表面张力的吸附膜,这些膜具有憎水性,从而使抛光砖具备良好的抗污能力。

目前用于抛光砖表面防污处理的憎水性表面活性剂主要有以下三类:

① 小分子憎水性表面活性剂。如硬脂酸、棕榈酸、油酸、环烷酸混合物、松香酸以及它们的碱金属水溶性盐,表面张力在 30~40N/m,具有一定的防污效果,但吸附膜结合不牢固,易在外界作用下脱落,耐久性与防污性欠佳。

② 有机硅。它具有低的表面张力,可低至 21~22mN/m,并且还具有优异的耐候性、耐久性和化学反应活性。与一般表面处理剂不同,有机硅表面防污处理剂是通过与抛光砖表面发生化学反应而生成几个分子厚的不溶性憎水树脂薄膜,不仅具有良好的防污性能,而且还能保持抛光砖的正常透气作用。

③ 含氟化合物。它具有很低的表面能,全氟烷烃的表面张力低至 10mN/m。虽然含氟化合物具有更优良的防污性,但因其价格较为昂贵,故应用很少。

6.2.3 先进陶瓷的表面改性

先进陶瓷又称高性能陶瓷、精细陶瓷、新型陶瓷或高技术陶瓷,是有别于传统陶瓷而言的。它在许多方面与传统陶瓷有很大的不同或截然不同。先进陶瓷以精制的高纯、超细人工合成的无机化合物为原料,采用精密控制的制备技术,获得具有远高于传统陶瓷性能的新一代陶瓷。广义的先进陶瓷还包括人工单晶、非晶态(玻璃)、陶瓷基复合材料、半导体和陶瓷薄膜材料等。其按用途特性可分为结构陶瓷与功能陶瓷两大类。生物陶瓷可以归入功能陶瓷也可以单独列为一类。表面改性技术在先进陶瓷中有着许多重要的应用,并且具有显著的特点。现介绍如下。

1. 先进陶瓷的离子注入

(1) 半导体材料的离子注入　如前所述,离子注入技术应用于半导体器件和集成电路的精细掺杂工艺,为微电子工业的发展作出了重要的贡献。图 6-16 为用于精细掺杂的质量分析注入机示意图。从离子源中引出的离子经过加速管加速电位的加速获得很高的能量,而后进入质量分析器(一般为磁分析器),将不需要的杂质分离掉,使注入元素纯化率达到 99% 以上。将分离后的离子束利用偏转扫描系统使其沿两个垂直方向扫描:一个方向上低频扫描(每秒几次至几十次),另一个方向上高频扫描(每秒几千次)。经过扫描后,注入元素的均匀性显著提高。例如,注入到 3in 硅片上掺杂量的均匀性偏差可小于 1%,注入批次重复性偏差也小于 1%。离子注入法均匀性高于其他掺杂方法,包括常用的化学源扩散法、平面扩散法、固态源扩散法等。离子注入法的掺杂温度低(<300℃),在剂量小时甚至可在室温下注入,而各种扩散法一般在 900~1 200℃。离子注入的元素不受溶解度限制,可实现非平衡态下掺杂,各种掺杂剂均可使用。注入元素的种类、能量、剂量都可精确控制。离子注入具有直进性,无横向扩散。这些突出的特点,使离子注入技术成为大规模集成电路微细加工支柱技术之一。离子注入的缺点是高浓度注入时间长,注入后晶格损伤较大而通常需对工件进行退火,设备费用昂贵。

离子注入在半导体微电子学中除广泛用于掺杂外,还用来制作绝缘隔离层,形成硅化物及合成 SOI 材料(绝缘体生长硅外延片)等。SOI 为异质结外延的一种结构,它是能在绝缘体衬底上外延生长硅单晶薄膜结构材料。一种制备方法是:先用离子注入氧在硅片上形成 SiO_2,称作注氧隔离(SIMOX),注入层经退火后在表面形成一个单晶硅薄层,然后用 SiH_2Cl_2 化学气相外延生长所需的外延层。

(2) 陶瓷材料的离子注入　先进结构陶瓷材料具有许多优异的性能,但是脆性大、韧性差和不耐急冷急热又是陶瓷材料突出的缺点,如何改善这些性能是研究重点。改善的途径有多个,其中离子注入是一个有效的方法。氧化铝、氮化硅和氧化锆等几种重要的结构陶瓷,无不采用离子注入作为主要的改性方法之一。这是因为:

① 离子注入使陶瓷材料抗弯强度提高。陶瓷抗弯强度与表面状态密切相关。陶瓷构件和零部件的失效常发生在施加膨胀应力的工作周期中,并且始于表面裂纹等缺陷处。离子注入时会产生大量的空位和间隙原子,引起陶瓷表面体积的增大,从而形成压缩应力,改善了陶瓷的抗弯强度。例如,在注入靶温 300K 条件下,将 Ar 和 N 离子注入单晶 Al_2O_3(蓝宝石)后,抗弯强度提高 15%。

② 离子注入使陶瓷材料断裂韧性增加。例如,在 300keV 能量下,剂量为 $1 \times 10^{17}/cm^2$ 的 Ni 离子注入到靶温 300K 的 Al_2O_3 中,相对破裂韧性 K_c 提高 80%;在靶温为 100K 时,注

入层形成无序态,相对韧性 K_C 提高 100%。又如离子注入 SiC,在未形成无序态时破裂韧性 K_C 提高 32%,而无序层出现后,其破裂韧性 K_C 可提高 20%~28%;离子注入 TiB_2,破裂韧性 K_C 可提高 80%~100%。

此外,在一定条件下离子注入可时陶瓷表面硬度增加,例如剂量为 $3×10^{16}/cm^2$ 的 Y 注入到 Al_2O_3 中后,Al_2O_3 硬度可增加 1.57 倍;$2×10^{16}/cm^2$ 的 Ti 注入到 MgO 中后,MgO 硬度可增加 2.3 倍;$3×10^{16}/cm^3$ 的 Ti 注入到 ZrO 中后,ZrO 硬度可增加 1.6 倍;$1×10^{17}/cm^2$ 的 Ni 注入到 TiB_2 中后,TiB_2 硬度可增加 1.7~2.1 倍。但是,当注入量达到能形成无序态时,表面硬度开始下降;在注入层全部无序化时,其硬度是低于未注入区的硬度。

离子注入还可改善陶瓷材料的摩擦性能,即降低摩擦系数,注入后形成无序态时,摩擦系数最低。例如,SiC 晶体在较低剂量的离子注入时,摩擦系数可降到 0.5,当注入量加大而形成无序态时,摩擦系数还进一步降到 0.3。

以上阐述的是一般情况,实际上离子注入的影响是复杂的,所以要具体问题具体分析。

(3) 陶瓷薄膜的离子注入 先进陶瓷有多种存在形态,陶瓷薄膜是其中重要的一类材料。它以无机化合物为原料,采用特殊工艺,在基材表面镀(涂)覆厚度在数微米以下、仍保持陶瓷性质的镀层材料。还可通过一些镀后处理,提高性能,发挥更大作用。其中离子注入是有效的。例如,TiN 和 TiC 是工业上两种广泛实用的薄膜材料,它们具有高硬度、低摩擦系数以及优良的热稳定性和化学稳定性;缺点是薄膜与基底结合力差,抗疲劳性能较低。TiN 和 TiC 两种薄膜经过离子注入后,形成三元固溶体的复杂结构,从而使力学和化学性能获得显著提高。

人们对 C 和一些金属离子注入 TiN 薄膜做了对比研究。例如,对 C、Zr、Al 和 Cr 的注入硬化效果进行比较,发现 C 离子注入硬化效果最好,最高硬可达到 5 000HV,是未注入 TiN 膜硬度的 2.65 倍,抗磨损效果也最好。Zr 和 Cr 注入硬化效果次之,抗磨损效果比 C 离子注入差。Al 注入硬化效果最差,退火前的最大硬化率仅在注入量为 $4×10^{17}/cm^2$ 和束流密度低到 $17μA/cm^2$ 时才能达到 1.13 倍;较大的束流密度下注入使 TiN 膜软化,但是摩擦系数低,抗磨损效果却比 Zr 离子注入效果好。X 射线分析表明,C 或金属离子注入 TiN 膜后,部分 TiN 相与注入原子形成了三元固溶体相。

关于离子注入对薄膜的抗氧化特性的影响,研究结果表明,Al 离子经过 $3×10^{17}/cm^2$ 注入 TiN 和 TiC 薄膜后,分别在 1 100K 和 1 150K 时出现氧化增重量明显增加,而未注入的 TiN 和 TiC 薄膜分别在 750K 和 1 000K 时就会出现氧化增重量明显增加。这说明,Al 注入后 TiN 和 TiC 膜的抗氧化性能得到较显著的改善。

2. 阳离子萃取技术

萃取过程可使物质分离和富集或提纯,通常是指液—液萃取。在一定条件下,也可实现固—固萃取。氮化硅陶瓷采用阳离子萃取技术,明显地改善了抗氧化性能。

氮化硅(Si_3N_4)具有高强度、高硬度、自润滑、耐高温、抗热震及稳定性好等优点,是一种优良的高温结构陶瓷材料。但是,Si_3N_4 在常压下没有熔点,如用 CVD、高温热等静压方法制备纯的 Si_3N_4 陶瓷,则成本太高。通常 Si_3N_4 陶瓷是添加 MgO、Al_2O_3、Y_2O_3、La_2O_3、CeO_2 等烧结助剂后由热压、气压或反映烧结而制成的多相体。这些烧结助剂的离子虽有助熔、促进烧结的作用,但又使 Si_3N_4 陶瓷的高温抗氧化性大大降低,其高温氧化速率约比用 CVD 法制造的 Si_3O_4 陶瓷高 2~3 个数量级,并且在伴有水蒸气、杂质及其他可反应的气相和液相存在时,氧化速率将进一步提高。如何降低 Si_3N_4 陶瓷的高温氧化速率,是一个重要的课题。用一些涂覆、离子注入法都可有效提高氮化硅的高温抗氧化性能,而采用阳离子萃取技术也是一种行之有效的改性方法。它主要由以下三个步骤组成:

① 氧化。即在高温下氧化气氛中保温适当时间,使 Si_3N_4 陶瓷表面生成一定厚度的氧化层。

② 萃取。将氧化处理过的陶瓷置于 Ar 气氛中萃取适当时间,使大量烧结助剂离子由晶界向氧化层扩散。

③ 腐蚀。将充分扩散后的陶瓷,置于 HF 溶液中,使表面氧化层腐蚀掉。

经上述处理后,氮化硅陶瓷的抗氧化性能约可提高 3~4 倍。影响工艺效果的主要因素是预氧化的温度和时间,以及萃取的时间和温度。通常选择氧化速度较快、氧化层平整时的温度作为预氧化的温度。预氧化层较厚,萃取温度较高,萃取时间较长,都有利于良好纯化层的形成。待良好纯化层形成后,再增加萃取时间,则对高温抗氧化性能的提高效果不明显。

3. 高能束辐射技术

先进陶瓷的发展趋势之一,是由单相、高纯材料向多相复合陶瓷方向发展,即制备出具有优异性能的各种复合材料。其中,纤维增强陶瓷基复合材料为重要的一类复合材料。

复合材料由基体材料和增强相构成,增强相是材料的主要承载体,应具有高于基体材料的强度和模量。基体相主要起黏结剂的作用,对纤维相有湿润性,保证基体相与纤维相之间的良好结合,并且把力通过两者界面传递给纤维相。陶瓷纤维是多晶和单晶陶瓷纤维以及晶须的总称,具有有机纤维无法比拟的耐高温、抗氧化、高强度和高模量的特点。它包括氧化物纤维(如 Al_2O_3、SiO_2、ZrO_2 等纤维)和非氧化物纤维(如 BN、SiC、Si_3N_4、B 等纤维)两类。制备的方法主要有三种:一是化学气相沉积法(CVD),例如在钨或碳芯上用 CVD 法制备的 SiC 纤维;二是聚合物前驱体分解法,例如用有机金属聚合物碳硅烷(Polycarbosilane)前驱体,经高温分解反应制备的 SiC 纤维;三是溶胶-凝胶法,例如制备 Al_2O_3 纤维时,先配制溶胶,浓缩成黏滞的凝胶,纺丝成前驱体纤维,最后焙烧成 Al_2O_3 纤维。同一种陶瓷纤维可能有多种制备方法。例如,氮化硼(BN)纤维,属多晶纤维类,有 BN 复合纤维和纯 BN 纤维。BN 复合纤维是在钨丝上用 CVD 法制得的;而纯 BN 纤维,可以由 B_2O_3 纤维氮化而来,也可以有硼氮烷类聚合物先驱体纤维裂解转化而来。

陶瓷纤维有不少重要用途,用作复合材料增强相时,不仅用于陶瓷基复合材料,也可用于聚合物基、金属基复合材料。尤其在陶瓷基复合材料中,通常要求陶瓷纤维具有高强度、高模量、耐高温、抗氧化、化学稳定、与基体材料接近的热膨胀系数等性质。要达到这些要求,除了选择好基体材料和陶瓷纤维之外,还通常需要进行合适的表面处理。其具体方法较多,大致可分为两类:涂层法以及涂层法之外的表面改性法。后一类表面改性法中,高能束辐射是一种实际实用的方法。

以碳化硅纤维为例。它以 β-SiC 纤维为主,纤维密度为 2.55~2.1g/cm3,直径为 10~14μm,强度为 2.6~3GPa,模量为 220~420GPa,耐热温度为 1 200C,属半导体,其电阻率可在 10^{-1}~10^7 $\Omega \cdot$ cm 之间调节,具有高强度、高模量、耐高温和抗氧化等性能。前驱体法是生产碳化硅纤维的一种方法,虽然 SiC 纤维的工作温度较高,可达 1 000C,然后其氧含量高达 10%~15%(质量分数),在更高温度下,$SiCxOy$ 复合相分解逸出小分子气体,使纤维显著失重,内部产生缺陷,并伴随着晶粒迅速长大,导致纤维性能急剧下降。纤维中氧的引入主要是不熔化处理时氧化交联的结果;为提高 SiC 纤维的耐高温性能,必需降低纤维中的氧含量。日本学者在上世纪 90 年代初,将有机金属聚合物碳硅烷前驱体经高温分解制备的 SiC 纤维(商品名:Nicalon),在氦(He)气中用电子束辐射,使纤维中氧含量大幅度降低,从而制备出低含氧量的 SiC 纤维(商品名:Hi‑Nicalon)。随后,根据 Si 和 C 的原子配比,研制出接近理想配比的 S 型 Hi‑Nicalon 纤维。

又如氮化硅纤维,可用多元碳硅化物为先驱体,在高于 300℃的温度下形成有机高分子纤维,然后在氦气氛中用高能束(2MeV)对纤维进行辐射处理,由于多元碳硅化物分子间产生相互交联,所以纤维随温度升高仍高齿原有形状,再在氨气氛下加热至 1 000℃,就转化为氮化硅纤维,室温强度为 2.5GPa,而在 900~1 300℃高温下的抗拉强度远高于氧化铝和石英玻璃纤维,并且具有良好的绝缘性。

6.2.4 生物无机非金属材料的表面性改

生物材料(biomaterials)又称生物医学材料(biomedicals materials),是一类与生物系统相结合,用来诊断、治疗或替换生物机体中的组织、器官或增强它们功能的材料。生物材料与其他功能材料的主要区别是:不仅要求有稳定的力学和物理性能,而且必需满足生物相容性和具有必要的化学惰性的要求以及安全和卫生。所谓生物相容性(biocompatibility)是指生物材料在特定的应用中,可引起适当的宿主反应和产生有效作用的能力,并且与生物体接触时并无不利的影响,自身性能和机能也不受生物体组织的影响。生物材料有金属材料、无机非金属材料、高分子材料和复合材料四大类;它可以是天然材料、合成材料或两者的结合,也可以是有生命力的活体细胞或天然组织与无生命的材料结合而成的杂化材料。

生物无机非金属材料包括生物玻璃、生物陶瓷、生物水泥以及生物玻璃陶瓷等。它们的优点主要是在生物体内化学稳定性好,生物相容性好,抗压强度高,易于高温消毒等;而缺点是脆性大,抗冲击性能差,加工成型困难等。为使生物无机非金属材料具有较适宜的表面性能或具有某些特定的功能,可对其进行表面处理,有时也称表面修饰。下面,对某些生物无机非金属材料的表面改性做简略的介绍。

1. 生物陶瓷的表面改性

生物陶瓷(bioceramscs)可以分为四大类:一是接近惰性的生物陶瓷,例如氧化铝、氧化锆、碳纤维等都是能长期使用的惰性生物陶瓷;二是表面生物活性陶瓷,这类材料的组成中含有能够通过人体正常的新陈代谢途径进行置换的钙、磷等元素。或含有能与人体组织发生键合的羟基(‑OH)等基团,与生物组织表面发生化学键合,表现出极好的生物相容性;三是可吸收生物陶瓷,如 β‑磷酸三钙、磷酸钙骨水泥等,它们是一种暂时性的替代材料,植入人体后会被逐渐吸收和降解;四是生物陶瓷复合材料,包括生物陶瓷或生物陶瓷与其他材料的复合。生物陶瓷在临床上主要用于肌肉、骨骼系统等硬组织的修复和替换,以及用于心血管系统的修复和制作药物释放的传递载体。还有一些陶瓷材料在使用时不与生物基体直接接触,主要用于固定酶、分离细菌和病毒以及作为生物化学反应的催化剂等。这类材料被广义地归为生物陶瓷。

生物陶瓷的表面改性受到了人们的重视,不少研究成果已用于临床或治疗。

例如研究发生生物陶瓷表面形态对生物材料的活性发挥是有影响的:表面粗糙花或设计成螺旋状可提高种植体与周围组织的接触面积,从而使其活性得到更大发挥;有报道称,表面粗糙度有一个最佳范围,当表面粗糙度为 1~3μm 时,可显著促进细胞在材料表面的附着生长和降低包囊组织的厚度,更粗糙和更光滑的表面则无此效应;表面平整光洁的材料与生物组织接触后,周围形成的是一层较厚的、与材料无结合的包囊组织,这种组织由成纤维细胞平行排列而成,容易形成炎症和瘤;进一步研究表明,与骨接触的材料表面具有一定粗糙度,会促进骨与材料的接触,可显著促进矿化作用;粗糙表面的形态还对细胞生长有"接触诱导"作用,即细胞在材料表面的生长形态受材料表面形态的调控,并且在随后的组织生长过程中仍会影响组织生长的取向。因此,生物陶瓷在用于种植体等场合时,需要通过一定的表面处理来获得合适的粗糙度和表面形态。

羟基磷灰石生物活性陶瓷(hydroxyapatite bioactive ceramics)是由羟基磷灰石(HA)构成的生物活性陶瓷,具有优良的生物相容性,其 Ca/P 原子比为 1.67,在 1 250℃ 以下是稳定的,致密 HA 的抗压强度为 400~917MPa,抗弯强度为 80~195MPa,用于人体硬组织的修复和替换,如人工骨、牙种植体、骨充填材料等。但是,块状的 HA 陶瓷的脆性大,在生理条件下易发生疲劳破坏,所以单独作为承载种植材料是困难的。人们将羟基磷灰石颗粒与氧化物陶瓷组成羟基磷灰石—氧化物陶瓷复合材料,将羟基磷灰石颗粒与高分子聚乙烯组成羟基磷灰石增强聚乙烯复合材料。另一方面,将羟基磷灰石作为涂层材料,用等离子喷涂、涂覆—烧结、电化学、溶胶—凝胶、仿生溶液生长、激光熔覆、爆炸喷涂等表面技术,涂覆在金属基体表面,既改变了金属材料的无生物活性、易腐蚀的特点,又能克服生物陶瓷材料力学性能差的缺陷,成为一种较为理想的硬组织植入材料。其中,利用等离子喷涂法,将羟基磷灰石喷涂在钛(Ti)种植体的表面,显著改善了钛种植体的生物相容性,制成良好的骨替代产品。它还存在一些问题,需要通过表面改性等方法来解决。例如,怎样更好地发挥活性物质的作用?研究表明,减小材料表面的晶粒尺寸,增多表面缺陷,有利于对活性物质的吸收。研究还表明,纳米级的 HA 微观结构类似于天然骨基质,因此纳米粒子在植入人体后,可以很好地与人体骨组织结合,加快涂层与骨的键合,提高种植体的稳定性。

2. 生物玻璃的表面改性

生物玻璃(bioglass)是一类具有生物活性、能诱发生物学反应从而实现一定生物学功能的医用玻璃。其主要由 $Na_2O-CaO-SiO_2-P_2O_5$ 等系统为基础形成,植入人体内能在其表面形成羟基磷灰石层,与组织形成化学键结合,主要用于人工骨、指骨、关节等的制备。另一种实用状态为涂层,即在医用金属或生物惰性陶瓷基底上形成生物玻璃涂层(bioglass coating),用作骨、牙等硬组织的替换材料。常用的基底有 Fe-Cr-Ni-Co 合金、Ti-6Al-4V 合金等。

$Na_2O-CaO-SiO_2-P_2O_5$ 系统的生物活性玻璃,与人体相容性好,可与骨骼牢固地结合在一起,经多年临床试验,现已批量生产。这种玻璃是在 1971 年由美国 Hench 教授发明的。生物玻璃的活性与其组成有关:SiO_2 含量应低于 60%,并且具有高含量的 Na_2O 和 CaO 以及高的 CaO/P_2O_5 比。用溶胶—凝胶法制备的多孔玻璃材料可以进一步提高原材料的生物活性。另一类具有良好表面活性的生物玻璃是生物微晶玻璃,人们先后开发了多种实用的生物微晶玻璃。例如,由德国 Vogel 教授研制的 $CaO-K_2O-MgO-Na_2O-P_2O_5-SiO_2$ 系统的生物微晶玻璃,由日本小久保正教授发明的 $CaO-MgO-P_2O_5-SiO_2-F$ 系统的生物微晶玻璃(成为 A-W 微晶玻璃)等。A-W 微晶玻璃具有很高的抗折强度和优异的生物活性,可用于脊椎、胸骨等部位,现已批量生产。这些成果给生物玻璃的表面改性研究以良好的启迪。

6.3 高分子材料表面改性

高分子材料的表面性质由表面结构和化学组成决定。现有的表面性质往往不能满足实际应用的需要。例如 PP、PE、PS、PVC、PTTE 等聚烯烃材料是经常使用的高分子材料,而这些材料因其表面能低,故表面呈惰性,对水不浸润,施涂性、染色性和印刷性差,与其他材料接触时产生静电等,严重影响了使用或后续加工。为了改善高分子材料表面性质,如亲水性、疏水性、导电性、抗静电性、表面粗糙度、光泽、黏结性、润滑性、抗污性、生物相容性、表面硬度、耐磨性、抗划伤性等,就需要进行涂装、电镀、化学镀、热喷涂、真空镀、印刷等覆盖处理以及偶联剂处理、化学改性、辐照处理、等离子体改性、火焰处理、生物酶表面改性等各种表面改性处理。本节介绍几种重要的高分子材料表面改性技术。

6.3.1 偶联剂处理

偶联剂是一类能使两种性质截然不同、原本不易结合(粘结)的材料经它处理后,通过化学的和(或)物理的作用较牢固地结合(粘结)起来的特殊化学物质。其分子结构中存在两种官能团,一种官能团可与高分子基体发生化学反应或至少有好的相容性,另一种官能团与无机物(玻璃、填充剂、金属)形成化学键,以此可以改善高分子材料与无机物之间的界面性能,提高其界面黏合性。主要品种有:硅烷偶联剂,钛酸酯偶联剂,有机铬偶联剂,铝酸锆偶联剂及高分子偶联剂等。常用的品种是硅烷偶联剂和钛酸酯偶联剂。

1. 硅烷偶联剂

1945 年美国联碳(UC)和道康宁(Dow Corning)等公司公布硅烷偶联剂之后,已有了系列产品如改性氨基硅烷偶联剂、含过氧基硅偶联剂、叠氮基硅烷偶联剂等问世。它们的通式为 $R_n SiX_{(4-n)}$。其中:

① R 为非水解的、可与有机基体进行反应的活性官能团,如乙烯基、环氧基、甲基丙烯酯基、疏基等。

② X 为能够水解的基团,如甲氧基、乙氧基、卤基、过氧化基、多硫原子基团等,它们在水溶液、空气中的水分或无机物表面吸附水分的作用下均可引起分解,与无机物表面有较好的反应性。

硅烷偶联剂可用在各种环境条件下做有机高分子材料与无机物之间的粘结增进剂,起提高复合材料性能和增加粘结强度的作用。硅烷偶联剂有不少品种,可参考改性材料的化学结构来选用。硅烷偶联剂中有机官能团对聚合物的反应有选择性,例如氨基易与环氧树脂、尼龙、酚醛树脂反应,而乙烯基易与聚酯等反应。

2. 钛酸酯偶联剂

20 世纪 70 年代,美国 Kenrich 石油化学公司首先开发出这类偶联剂,至今已有几十个品种。其通式为 $(RO)_m Ti(OXR'Y)_n$。其中:

① RO 基团与无机填料表面的羟基、表面吸附水和 H^+ 起作用,形成能包围填料单分子层的基团。

② Ti(OX)为与聚合物原子连接的原子团(粘合基团),可以是烷氧基、羟基、硫酰氧基、磷氧基、亚磷酰氧基、焦磷酰氧基等。这类基团决定着钛酸酯偶联剂的特性。

③ R′为长链部分,可与聚合物分子缠绕,即长链的缠绕基团,保证与聚合物的分子混溶,提高材料的冲击强度,对于填料填充体系而言,可降低填料的表面能,使体系的粘度显著降低,并具有良好的润滑性和流变能。

④ Y是与钛酸酯可进行交联的官能团,即固化反应基团,包括不饱和双键、氨基、羟基等。通式中 m、n 为官能团数,可据此控制交联程度。

钛酸酯偶联剂按分子结构和偶联机理可分为单烷氧基型钛酸脂、单烷氧基焦磷酸酯基钛酸酯、螯合型钛酸脂和配位体型钛酸脂。不同类型的钛酸脂偶联剂处理不同的无机物:单烷氧基型钛酸脂只适合不含游离水而含化学键键合或物理结合水的干燥填充剂(如碳酸钙、水合氧化铝)体系;单烷氧基焦磷酸酯基钛酸脂适合于含湿量较高的填料(如陶土、滑石粉)体系;螯合型钛酸脂适用于高湿填料和含水聚合物体系;配位体钛酸脂适合于多种填充体系。

钛酸酯偶联剂是为了解决硅烷偶联剂对聚烯烃等热塑性塑料缺乏偶联效果而研制的,它在使用中有相当好的效果。

6.3.2 化学改性

高分子材料表面的化学改性主要有三个含义:一是采用某种化学试剂处理聚合物的表面,使其形成一定的粗糙结构或将其表面蚀刻成多孔性结构,改善表面的附着力;二是通过化学反应,在聚合物表面产生羟基、羧基、氨基、磺酸基、不饱和基团,或是在聚合物表面接枝一定的改性链段,从而活化聚合物的表面,提高它与其他物质的黏结能力;三是赋予聚合物表面的某种特性。

1. 化学表面氧化

它是主要采用氧化剂,使聚合物表面氧化或磺化,以改变表面粗糙度和表面极性基团含量的一种表面改性方法。对于不同的聚合物,要恰当选择氧化剂。例如聚烯烃类塑料制品,常用的氧化剂有无水铬酸-四氯乙烷系、铬酸-硫酸系、氯酸-硫酸系、重铬酸盐-硫酸系、铬酸-乙酸系、$(NH_4)_2S_2O_3$ $AgNO_3$ 等。又如氟塑料制品,一般采用碱金属氨分散液、芳香烃稠环化合物及醚类等。

(1) 铬酸-硫酸氧化法　在诸多的氧化剂中,铬酸-硫酸系是最常用的氧化剂,可在多种塑料的表面引入 $C=O$、$-COOH$、$=C-OH$、$-SO_3H$ 等极性基团,使塑料由低表面能变为高表面能,增强了塑料表面的结合力。同时在氧化过程中,聚合物表层部分分子链断裂,形成一定的凹坑结构,增加表面粗糙度,从而增强了表面结合力。现以 PP 和 PE 的表面处理为例说明如下:

① 选用 $H_2SO_4-CrO_3$ 系的氧化剂。它的强氧化作用使 PP 和 PE 表面上的双键 $C=O$ 氧化成醚键基、羰基、羟基和烷基磺酸酯基 $R-SO_3H$ 等极性基团。其反应过程是先生成初生态 $[O]$,即 $H_2SO_4+CrO_3 \longrightarrow Cr_2(SO_4)+H_2O+[O]$

然后由 $[O]$ 对 PP 和 PE 表面进行强烈的氧化。在极性基团中,特别是在羟基中,可使塑料表面活化,在表面链断裂处产生较多亲水性极性基团,显著提高了塑料表面的亲水性,有利于化学结合力和涂层粘结力的增强。

② 用 $H_2SO_4-CrO_3$ 系进行表面处理。其中,H_2SO_4 为强酸,CrO_3 为强氧剂,能使 PP 和 PE 表面分子被腐蚀(蚀刻)和断链(氧化),即长链高分子断裂成短链高分子,再变为小分子,从而得到粗化的效果。

在氧化剂处理时，要注意以下几点：一是依据聚合物的耐酸及氧化能力，选择合适的酸和氧化剂；二是选择合适的处理温度，一般应低于聚合物热变形温度 15~30℃；三是要通过试验来确定处理液中各组分的用量和时间。

(2) 臭氧及过氧化物氧化法　臭氧的氧化能力较强，可以对聚合物表面进行改性。例如聚丙烯经臭氧氧化处理后，表面的接触角由 97°下降到 67°，临界表面张力由 2.95×10^{-5} N/cm 增加到 36.0×10^{-5} N/cm。过氧化物是含有过氧离子 O_2^- 或过氧链 -O-O- 的化合物，一般具有强氧化性，可用作一些聚合物的表面改性。例如在兔毛纤维等蛋白质类纤维材料中，所用的蛋白酶的分子较大，不易进入兔毛纤维鳞片层的内部，或存在酶处理不均匀，故需进行双氧水的预处理，使纤维表面鳞片疏松、膨胀、软化，并且相对于一些还原剂、氧化剂等处理剂，双氧水对兔毛蛋白质的氧化比较缓和，且无污染。

(3) 钠蚀刻法　对于化学稳定和难以粘结的氟碳聚合物，可用这个方法来提高粘结性能。例如聚四氟乙烯（PTFE），其分子链上由强氟碳键构成，具有优异的耐化学腐蚀性能，但难于粘结。为提高它的粘结性能，可利用高反应活性的钠-萘溶液进行表面改性。钠-萘溶液的常用配方是：四氢呋喃 1L，萘 128g，钠 23g。处理时，PTFE 表面上的部分氟原子因 C-F 键的破坏而被除掉，并且留下碳化层和羰基 $\rangle C=O$、羧基 $-\overset{O}{\underset{\|}{C}}-OH$ 等极性基团，从而使 PTFE 的表面能增加，接触角减小，湿润性提高，采用氯 T-酚醛粘剂粘合，180°剥离强度可达 32.0MPa。

(4) 碱处理法　这种表面处理法常用于天然纤维和合成纤维的表面改性。例如在棉纤维的丝光处理过程中，小分子的碱液较容易进入纤维结晶的链片间隙，使片间氢键破裂，还除去部分粘连物质，从而分散成直径较小的纤维。经碱液处理后，其他反应试剂更容易接触纤维表面的羟基，并与之发生反应。

2. 化学法表面接枝

聚合物的表面接枝与一般所说的接枝共聚物是不相同的：

(1) 接枝共聚物　又称接枝聚合物，其高分子主链是由一种（单体）结构单元连结而成的均聚物，而支链则由另一种（单体）结构单元形成的均聚物。接枝共聚物的制备，通常由两种单体分别经预聚后再相互反应而成，或将两种单体中的一种单体的均聚物分子主链上引入一些接枝点或可反应功能团，再加入第二种单体进行反应形成支链。此类共聚物往往具有构成它的两种或三种均聚物性能加合的特性。例如丙烯腈—丁二烯—苯乙烯共聚物（ABS 树脂）就是一种接枝共聚物，兼有聚苯乙烯良好的加工性、聚丁二烯的韧性与弹性、聚丙烯腈的高度耐化学稳定性与硬度等，综合性能优良。

(2) 表面接枝　这是一类非均相反应，接枝改性的材料是固体，而接枝单体则多为气相或液相，接枝反应仅发生在固体高分子材料表面，改性材料的本体仍保持原状。因此，表面发生接枝的产物不能称为接枝共聚物，只能称为表面接枝改性聚合物。这层从表面上生成的接枝聚合物层，可具有特殊的性能，从而在本体性能不受影响的情况下使聚合物得到显著的表面改性效果。例如聚丙烯纤维增强混凝土，为提高纤维的表面亲水性，可采用如下的表面改性处理：通过强氧化剂氧化，在纤维表面形成接枝活性点，再与带活性官能团的单体发生接枝反应；所采用的引发剂包括过氧化苯甲酰（BPO）、高锰酸钾/硫酸体系。接枝单体包括丙烯酸单体、不饱和羧酸等。

6.3.3 辐射处理

聚合物表面辐射处理是指利用各种能量射线进行辐射,促使聚合物表面氧化、接枝、交联等,从而实现表面改性的一种方法。可进行辐射处理的射线类型较多,如激光、电子束、紫外光、X射线、γ射线等。现举例介绍辐射处理的某些情况。

1. 紫外光辐射处理

例如聚丙烯可用γ射线、X射线及紫外光等进行辐射黑醋栗,使聚丙烯材料表面发生氧化、交联及与极性单体的接枝共聚,生成极性基团,从而提高表面的极性和粘结性。其中,紫外光辐射是经常使用的一种表面改性方法。研究表明:在紫外光波长小于253.7nm、存在氯气以及压力小于0.13kPa的条件下辐射30min后,其附着剥离强度迅速增加;当以中压汞灯为光源,辐照温度为40℃处理聚丙烯后,在表面发现羰基和羟基等极性基团增加,同时出现了聚合物键的断裂现象。

又如聚酯类塑料也经常采用紫外线辐射处理:以低压汞灯为光源,经紫外线辐射处理的聚酯,其附着力可比未处理的提高15倍左右。聚酯采用紫外线处理的效果较显著,主要是因为其含有苯环,光学活性大。

2. 辐射接枝改性

利用电离辐射,尤其是能量高、穿透力强的γ辐射,对固态纤维进行接枝改性时,可以在整个纤维中均匀地形成自由基,便于接枝反应的进行,因而比化学法接枝更为均匀有效。常用的辐射接枝法按照辐射与接枝程序的不同,可以分为以下两种:一是共射接枝法,即辐照与接枝同步进行;二是预辐射接枝法,即辐照与接枝分步进行。

预辐射接枝法是将聚合物A在有氧或真空条件下辐照,然后在无氧条件下放入单体B中进行接枝聚合。其缺点是产生的自由基存活时间不长,接枝时的自由基利用率低。

共辐照接枝法是指待接枝的聚合物A和乙烯基单体B共存的条件下辐照,其中B可以是气态、液态或溶液状态,与A保持良好的接触。辐照会在聚合物A和单体B上同时产生活性粒子,相邻两个自由基成键,单体发生接枝聚合反应。其优点是聚合物自由基的利用率可高达100%,共辐射接枝要求辐射剂量较低,同时单体B对聚合物A有一定的保护作用。它的缺点是在体系发生接枝反应的同时,单体B会发生均聚反应,降低了接枝效率,并且生成的均聚物附着在聚合物的表面而增加了去除均聚物的难度。

通过共辐射接枝,可以改善聚合物的亲水性、耐油性、染色能力、抗静电性、可印刷性、防霉性、抗溶剂性、导电性、生物相容性等。例如将乙烯基单体接枝在聚偏氟乙烯超滤膜上,再进行磺化,使聚偏氟乙烯成为具有磺酸基团的聚偏氟乙烯,改善了膜表面的亲水性,有利于提高膜的抗污染性能。在改性过程中,增加辐射剂量,延长接枝反应时间,适当提高磺化反应温度和延长磺化反应时间,这样可增加膜的交换容量。

共辐射接枝的表面改性处理还有其他一些重要的应用,如改善共混体系的相容性、提高增强纤维与树脂基体的黏合性以及制备一些具有某种特殊性能的功能材料。

6.3.4 等离子体改性

利用非聚合性无机气体如 Ar、N_2、H_2、O_2 等的辉光放电等离子体,可以对塑料、纤维、聚合物薄膜等高分子材料进行表面改性处理,有效地改善其表面性质以适合各种用途。

等离子体表面处理的优点主要是：作用深度仅为高分子材料表面的极薄一层，厚度在几微米以下，即表面得到改性而材料体相不受影响；它为一种干式工艺，省去了湿法化学处理工艺中不可缺少的烘干、废水处理等环节，节能而且环保；处理效果显著，并且处理效果的持续时间也比较长。因此，高分子材料的等离子体表面改性技术获得了普遍使用。

1. 等离子体与高分子材料表面的作用

主要有下列两方面的作用：

（1）物理作用　即等离子体中带电粒子轰击聚合物表面，形成了微细的凹凸群和增大了表面积，对附着力或粘结性的改善起了很大的作用。带电粒子的轰击，一方面引起聚合物表面的溅射侵蚀，而表面的晶体部分和非晶部分被侵蚀的速率不同，造成微细的凹凸群，另一方面被溅射出来的物质分解生成的气态成分在等离子体中受到激励后又会向表面逆扩散，这样边侵蚀边重新聚合的结果，使聚合物表面形成大量凸起物，进一步增大了表面粗糙度和表面积。

（2）化学作用　等离子体表面处理能有效地使聚合物表面产生大量自由基，实际上这种过程在数十秒到几秒的短时间内就产生了。例如，O_2 等离子体的辉光放电可产生多种活性成分：

$$O_2 \xrightarrow{\text{等离子体化}} h\nu + e + O_2^+ + O_2^* + O\cdot + \cdots$$

其中，$h\nu$ 是等离子体辐射的紫外光，O_2^* 表示激发态氧分子。等离子体中的这些活性成分与聚合物表面发生一系列自由基反应，新产生的自由基还可以继续参与各种反应。例如，在表面导入各种官能团与其他高分子单体反应形成表面接枝层或形成交联结构的表面层等。显然，这些后续反应对表面改性起重要作用。

由等离子体产生的表面自由基，通过气体等离子体的辉光放电，可以把相应的官能团导入高分子材料表面，并且进而加以固定。其中含氧官能团的导入更为普遍，如-OH，-OOH等。最典型的例子是当聚合物表面与氧等离子体接触时，产生自由基羟基化或羧基化，使聚合物表面产生了含氧基团，对改善聚合物表面的润湿性、附着力或粘结性起着显著的作用。

2. 等离子体改性的实例

① 在纤维增强聚合物基复合材料中，所使用的纤维如碳纤维、芳纶、聚苯并双恶唑（PBO）等，与聚合物如环氧、酚醛等基体材料之间的粘结性差，极易形成复合界面的弱层结构，利用等离子体表面处理，可以显著改善纤维与基体材料的粘结性。

② 利用氧化性的气体等离子体对PP进行表面处理，并将其在真空下热压到低碳钢板上，可以大大提高热压材料的剪切强度。

③ 为了提高溅射镍层在有机玻璃（聚甲基丙烯酸甲酯，PMMA）上的附着力，有机玻璃在溅射镀镍之前先进行等离子体表面处理。例如，将有机玻璃放在工作室内，抽真空至 2×10^{-2} Pa，再充氩气至真空度 2.2Pa，加轰击电压为 3 000V，电流 0.2A，轰击 3min，离子轰击后关闭氩气阀和轰击电源，抽高真空达 6×10^{-3} Pa，充氩气至真空度 1.7×10^{-1} Pa，接上溅射电源，电流为 40A，电压为 480V，溅射时间为 1min。这种等离子体的表面处理，显著提高了溅射镀镍层在有机玻璃上的附着力。生产上一种简便的判别方法是用标准黏胶纸做拽拉试验。试验表明，未做表面改性的，当用标准黏胶纸紧贴有机玻璃表面后迅速拽拉，粘附在胶纸上的镍层就会与有机玻璃脱离。等离子体表面处理后，这种现象就不会出现，即溅射镍层牢固地附着在有机玻璃表面上。

④ 高密度聚乙烯（HDPE）薄膜分别用 O_2 和空气做辉光放电的工作气体，进行等离子体表面处理，然后测定薄膜与蒸馏水接触角 θ 随处理时间 t 变化的曲线。测试表明：处理前，HDPE 薄膜与蒸馏水的接触角为 84°；用 O_2 工作气体处理 1s 时，接触角下降至 51°，在 10s 内下降较快，1min 后趋于平缓，大约为 27°；用空气处理 1s，接触角下降至 53°，在 10s 内也下降较快，但比 O_2 处理略慢些，1min 后基本上与 O_2 处理一致，最后接触角趋于 27°左右。

6.3.5 酶化学表面改性

1. 酶的特性

酶是生物体内自身合成的生物催化剂。多数酶的化学组成为蛋白质，现已鉴定出 3 000 种以上的酶。有些酶属于结合蛋白质，如脲酶、淀粉酶等。另一些酶属于结合蛋白质，其酶蛋白与辅助因子结合形成的复合物称为"全酶"。酶蛋白分子可以分为三类：一是只有多肽链的单体酶；二是由多个相同或不相同的多肽链构成的寡聚酶；三是由几种不同酶彼此嵌合形成的多酶体系。根据酶的作用可以分为六大类：氧化还原酶，转移酶，水解酶，裂解酶，异构酶和连接酶（合成酶）。这些酶都有一定的功能和作用。例如，用于化妆品的超氧化物歧化酶（SOD），能清除人体内过多的超氧化性物质和超氧自由基（人体的致衰老因子）；含 SOD 的化妆品有防止皮肤衰老、起皱作用，并有消除色素沉着、增白及防晒等功效。

酶具有催化效率高、专一性强以及容易受外界（强酸、强碱、高温等）作用而失活等特点。酶通常以亲液胶体形态存在，分子大小约为 3～100nm，在催化作用上通常具有如下三个特点：一是选择性很高，即具有作用专一性或底物专一性，后者表示一种酶对其作用底物具有严格选择性；二是效率（活性）很高，例如一个过氧化氢分解酶分子在一分钟内可分解五千万个过氧化氢分子；三是反应条件温和，可在室温、常压和中性 pH 下进行。

近年来发现，某些核糖核酸（RNA）分子也具有酶的活性，因此，蛋白质不是生物催化剂组成中的唯一物质。酶在水溶液中一般不很稳定，使用过程中易流失，回收困难，不能重复使用，故常将水溶性酶用一定方法处理，使其成为不溶于水但仍保持酶活性的酶的衍生物，成为固定化酶。酶在生理学、生物化学、农业、工业等领域具有重大意义。

2. 酶在聚合物表面改性中的应用

主要应用在天然纤维织物和皮革制品方面，也可应用于合成纤维等聚合物方面。现举例如下：

① 为提高纱线的强度、纤维抱合力、纱的润滑性和抗静电性，常用淀粉浆（棉）。PVA、羧甲基纤维素、聚丙烯酸酯（涤、锦）等对其进行上浆处理。如果采用碱退浆，则存在堆置时间长、不利于生产的连续化、织物再沾污以及造成环境污染等大问题。酶退浆是绿色纺织的一项重要技术，它是利用酶的特点，将淀粉催化水解变成可溶状态的小分子，易于洗去，达到高效、环保退浆的目的，同时对纤维的损伤不大。对于淀粉浆料，可用 α-淀粉酶对其进行降解，最终得到小分子的葡萄糖。

② 牛仔布的"酶洗"。它是将牛仔布上的浆料充分去除，利用纤维素酶对牛仔布表面的剥蚀作用，使部分纤维素水解，造成纤维在洗涤时借助于摩擦而脱落，并把吸附在纤维表面的靛蓝染料一起去除掉，从而产生石磨洗涤的效果。酶洗工艺可减少浮石用量，减少浮石对机器的损伤，降低浮石尘屑对环境的污染。同时也缓和对缝线、边角、标记的磨损。酶洗可以使牛仔布获得艳丽的外表和柔软的手感，以及通过多酶的组合和不同的工艺而取得数百种的外观

效果。

③ 制革是一个复杂的过程,从裸皮到成革,需要上百种化工原料和几十道工序。其中,脱毛和修饰是两个重要环节,使用酶制剂,相对于传统的处理工艺,具有快捷、高效和环保的优点。酶制剂是从动物、植物、微生物中提取的具有酶活力的酶制品。由于微生物具有繁殖快、品种多、制备成本低等特点,酶制剂的原料几乎都被微生物所取代。酶制剂广泛应用于制药、食品、制革、酿造和纺织工业,对改革工艺、降低成本、节约能源、保护环境起着很好的作用。

第7章 表面复合工程

单一的表面技术往往有着一定的局限性，不能满足人们对材料越来越高的使用要求，因此，综合运用两种或两种以上的表面技术进行复合处理的方法得到了迅速发展。将两种或两种以上的表面技术用于同一工件的表面处理，不仅可以发挥各种表面技术的特点，而且更能显示组合使用的突出效果。这种优化组合的表面处理方法称为复合表面处理(complex surface treatments)。

表面工程的一个显著特点就是经常需要多种学科的交叉、多种表面技术的复合或多种先进表面技术和适用表面技术的集成。表面复合工程把各种表面技术及基体材料作为一个系统工程进行优化设计和优化组合，以最经济、最有效而又最环保的方式满足工程的需要。复合工程在表面工程中占有很大的比重。多年来，各种表面技术的优化组合已经取得了突出的效果，有了许多成功的范例，并且发现了一些重要规律。通过深入研究，表面复合工程将发挥越来越大的作用。本章通过一些典型实例的介绍和分析，阐述表面复合工程的重要意义和发展趋势。

7.1 电化学技术与某些表面技术的复合

7.1.1 电化学技术与物理气相沉积的复合

电化学(electrochemistry)是化学的一个分支，涉及电流与化学反应的相互作用，以及电能的相互转化。电化学的应用领域广泛，在表面处理中主要涉及四个领域：一是电化学镀膜，包括电镀、电铸等；二是电化学转化，即金属工件在电解液中通过对外电流的作用，与电解液发生反应，使金属工件表面形成结合牢固的保护膜，包括耐蚀阳极氧化、粘结阳极氧化、瓷质阳极氧化、硬质阳极氧化、微弧等离子体阳极氧化和阳极氧化原位合成等；三是电化学涂装，即利用电化学原理进行涂装，称为电泳法或电沉积法，包括阳极电泳和阴极电泳两种；四是电化学加工，包括电解抛光以及在电解抛光的基础上，利用金属在电解液中因电极反应而出现阳极溶解的原理，对工件就行打孔、切槽、雕模、去毛刺等加工。

物理气相沉积(PVD)又称为真空镀膜，主要包括真空蒸镀、溅射镀膜、离子镀膜等。真空镀膜属于干法成膜技术，而电镀通常属于湿法成膜技术，两者各有显著的特点。真空镀膜与电镀相比较，主要优点在于：可对各种基材(包括金属材料、无机非金属材料和高分子材料)进行直接镀膜；可镀制膜层的材料和色泽种类很多；镀膜过程和镀膜成分容易控制；基体材料的前处理较为简单；能耗较低，耗水量和金属材料消耗都很少；不存在废水、废渣的污染，尤其是不存在有毒重金属离子的污染。但是，真空镀膜与电镀相比，也存在一些明显的缺点：镀层很薄，一般镀层厚度在几微米以下，超过一定厚度后，镀层容易脱落；通常用来镀覆形状较为简单的工件，而对形状复杂的工件，真空镀膜往往存在较大的困难；制造大型或高精度的真空镀膜设备，一般需要较大的费用。

电化学技术在表面处理中有着良好的应用前景。如果将电化学技术与物理气相沉积技术优化组合，相互取长补短，就有可能发挥更大的作用。现举例说明如下。

1. 镁合金的表面处理

镁的密度小（$1.74g/cm^3$），镁合金具有高的比强度、良好的加工焊接性能和阻尼性能以及尺寸稳定、价格低廉、可以回收利用等优点，因而越来越受到人们的重视。我国是镁资源大国，储量居世界首位，原镁的生产量约占世界的 2/3，目前正在努力从资源优势向经济优势转化，从原镁生产大国向镁合金产品加工和应用的强国迈进。镁的化学性质活泼，Mg 和 Mg^{2+} 的标准电极电位为 $-2.37V$（$25℃$，离子活度为 1，分压为 $1×10^{-5}Pa$），是非常负的，很差的耐腐蚀性能严重地制约了镁合金的实际应用。采用电化学技术，可以显著改善镁合金的耐腐蚀性能，目前已经取得很大的进展，成为镁合金表面处理的重要方法。然而，单一的电化学处理仍然面临较大的困难。例如，镁合金属于难镀的材料，要在镁合金表面获得优良的电镀层，必然会遇到很大的困难，并且还存在环保等问题。将电化学技术与其他表面技术进行优化组合，是解决这些问题的一个有效途径。其中一个优化组合，是将镁合金表面的防护装饰层设计成由以下四部分组成（由内向外）：微弧氧化层，电泳镀层，离子镀层，中频磁控溅射镀层。

微弧氧化采用等离子体电化学方法，在镁合金表面形成陶瓷质氧化物膜（包括立方晶 MgO 等多种氧化物），具有高硬度和优良的致密性，大大提高镁合金表面的耐磨、耐压、绝缘、抗高温冲击性能。膜层厚度可根据需要，通过工艺调整，控制在 $5\sim70\mu m$，中性盐雾试验可达 500h，显微硬度约 400HV，漆膜附着力为 0 级。镁合金微弧氧化层通常具有三层结构，由内到外分别为界面层、致密层和疏松层。界面层是致密层与镁合金基体的结合处，氧化物与基体相互渗透，为一种冶金结合。致密层通常占整个膜厚的 60%～70% 左右，疏松层约占膜厚的 20% 左右。它们的厚度可通过工艺来调节。

虽然微弧氧化层具有优良的性能，但对许多产品来说，在防护和装饰两个方面还不能满足实际需要。采用真空镀膜，可以在微弧氧化层的基础上显著提高表面的防护装饰性能。真空镀膜需要一种平坦和附着力好的基底层。从显微镜观察来看，镁合金微弧氧化层表面有许多沟壑和孔隙。针对这个情况，在微弧氧化处理后，采用电泳涂装是一个较好的方法。作为真空镀与微弧氧化之间的过渡层，通常用具有高 pH 值、高电压、高泳透力的阴极电泳涂料来进行涂装，涂膜厚度 $18\sim20\mu m$，pH 值为 6 左右，施工电压 200V 左右，泳透力（钢管法）>75%。

有了均匀平坦的电泳涂层，便能用真空镀膜的方法镀覆一层高质量的金属或合金薄膜。真空镀膜在工程上主要有真空蒸镀、磁控溅射和离子镀三种方法，可根据实际要求来选择。例如真空镀铬，可以采用离子镀。它的主要特征是工件上施加负高压（也称负偏压），用来加速离子，增加沉积能量。离子镀的优点主要是膜层附着力好、膜层组织较为致密、绕射性能优良、沉积速度快、可镀基材广泛。目前，生产上使用最多的离子镀是阴极电弧离子镀。这种离子镀的优点很多，尤其是高效和经济，但也存在一些突出的问题，最主要的是"大颗粒"的污染。虽然可采用一定方法减少这种污染，但完全消除是困难的。

为了进一步提高真空镀层的性能和可靠性，可在表面再镀覆一层透明的化合物薄膜。一般选择透明的氧化物薄膜，并且采用中频磁控溅射法进行镀覆。实际使用中常采用两个尺寸和外形完全相同的靶（平面靶或圆柱靶）并排配置，称为孪生靶。中频电源的两个输出端与孪生靶相连。两个磁控靶交替地互为阳极和阴极，不但保证了在任何时刻都有一个有效的阳极，消除了"阳极消失"的现象,而且还能抑制普通直流反应磁控溅射中的"靶中毒"(即阴极位降区的电位降减到零,放电熄灭,溅射停止)和弧光放电现象,使溅射过程得以稳定进行。

通过上述设计的实施,该复合膜的附着力、表面硬度、耐蚀性、耐热性、耐温变性能等都良好,有可能在汽车、航空、机械、电子等领域获得重要的应用。

2. 高分子材料的表面处理

(1) 印制板的溅射/电镀复合处理 经过长期发展,电镀技术已达到高度先进化的程度,从应用领域来看,它已不局限于传统的表面装饰和用作防护层,而且在微电子工业部门成为制备功能材料或微观结构体的重要方法。

印制板是印制电路板(printed circuit boad,PCB)与印制线路板(printed wiring boad,PWB)的通称,包括刚性、挠性和刚挠结合的单面、双面和多层印制极等。习惯上把 PCB 和 PWB 统称为 PCB。它们都是在绝缘基材上制备的。用于制造 PCB 的绝缘材料中,基材主要有绝缘浸渍纸、玻璃布和塑料薄膜等。绝缘树脂主要有酚醛树脂、环氧树脂、聚酰亚胺树脂和聚四氟乙烯等。印制板制造方法可分为三种:一是减成法,即选择性地除去部分不需要的导电箔而形成导电图形的工艺;二是全加成法,即在未镀覆箔的基材上完全用沉积法沉积金属而形成所要求的导电图形的工艺;三是半加成法,即在未镀覆箔的基材上用沉积法沉积金属,结合电镀或蚀刻,或者三者并用形成导电图形的工艺。

在高密度(HDI)板方面,传统的减成法已越来越不适用,半减成法将逐步替代减成法成为高密度板生产的主要工艺,线宽/间距可达 $15\mu m/15\mu m$。要制作微细电路,需要克服侧蚀难点,因此要用超薄铜箔($5\sim9\mu m$)的覆铜板。在这个趋势下,半导体生产中常用的真空镀膜工艺,特别是磁控溅射镀膜工艺被引用到 PCB 生产工艺中来,成为一种新的工艺技术发展方向。半加成法制作时,先用溅射法在绝缘基板上形成薄的导电层,称作籽晶层(seed layer)。由于绝缘基板与铜的结合力差,需要在两者之间镀覆过渡层,如涂覆 Ni、Cr、NiCr 等。制作完籽晶层后,再电镀 Cu 增厚到 $5\sim7\mu m$。在这项技术中,溅射法所具有的优点,如膜层致密、结晶性好、均匀性好、附着力强、适合大面积生产、无废水废气污染等,得到了充分的体现。溅射法与电镀法的优化组合,是印制板生产的发展方向之一。

(2) 有机导电纤维和织物表面的电镀/真空镀复合镀导电纤维是比电阻小于 $10^5\Omega\cdot cm$ 的纤维,可用作无尘服、无菌服、手术服、抗静电工作服、地毯、毛毯、过滤袋、消电刷、人工草坪、发热元件和电磁波屏蔽的材料,也可用于海底探矿、飞机导线及其他轻质导电材料。

目前,已生产使用的导电纤维大体有两类:ⓐ金属纤维、碳纤维等本身具有导电性的纤维;ⓑ有机导电纤维。第二种导电纤维按导电成分的分布可分为三种:一种是添加型,它是根据需要添加银粉、铜粉、碳粉、石墨粉、镍化合物粉等,使涤纶、棉纶和晴纶等具有一定的导电性,电阻率为 $10^2\sim10^4\Omega\cdot cm$;二是复合型,它可按不用的复合形式分为皮芯型、共轭(并列)型和海岛型等,由复合成分之一产生导电性;三是被覆型,它是靠长丝或织物表面镀覆金属或合金而赋予导电性。

织物表面镀覆金属既方便、迅速,又可得到导电性能优良和可靠的镀层。镀覆时,可先采用卷筒型真空镀机进行连续镀膜,所用的金属镀料要与织物表面结合良好,并且稳定可靠。然后在这些金属镀层的基础上连续电镀两层,使镀层增厚,其中一层的金属可与真空镀层一致,另一金属镀层(通常为 Cu)的导电性能优良。电镀后,可考虑用真空镀方法镀覆一层材料做保护层以及达到所需的色泽等要求。

7.1.2 电化学技术与表面热扩散处理的复合

电镀后的工件再经过适当的表面热扩散处理,使镀覆层金属原子向基体扩散,不仅增强了镀覆层与基体的结合强度,同时也能改变表面镀层本身的成分,防止镀覆层剥落并获得较高的强韧性,可提高表面抗擦伤、耐磨损和耐腐蚀能力。现举例如下:

① 在钢铁工件表面电镀 20μm 左右含铜(铜的质量分数约为 30%)的 Cu-Sn 合金,然后在氮气保护下进行热扩散处理。升温到 200℃ 左右保温 4h,再加热到 580~600℃ 保温 4~6h,处理后表层是 1~2μm 厚的锡基含铜固溶体,硬度约 170HV,有减摩和抗咬合作用。其下为 15~20μm 厚的金属间化合物 Cu_4Sn。硬度约为 550HV。这样,钢铁表面覆盖了一层具有高耐磨性和高抗咬合能力的青铜镀层。

② 铜合金先镀 7~10μm 锡合金,然后加热到 400℃ 左右(铝青铜加热到 450℃ 左右)保温扩散,最表层是抗咬合性能良好的锡基固溶体,其下是 Cu_3Sn 和 Cu_4Sn,硬度 450HV(锡青铜)或 600HV(含铅黄铜)左右。提高了铜合金工件的抗咬合、抗擦伤、抗磨料磨损和粘着磨损性能,并提高了表面接触疲劳强度和抗腐蚀能力。

③ 在钢铁表面上电镀一层锡锑镀层,然后在 550℃ 进行扩散处理,可获得表面硬度为 600HV(表层碳的质量分数为 0.35%)的耐磨耐蚀表面层。也可在钢表面上通过化学镀获得镍磷合金镀层,再在 400~700℃ 扩散处理,提高了表面层硬度,并具有优良的耐磨性、密合性和耐蚀性。这种方法已用于模具、活塞和轴类等零件。

④ 在铝合金表面同时镀 20~30μm 厚的铟和铜,或先后镀锌、铜和铟,然后加热到 150℃ 进行热扩散处理。处理后最表层为 1~2μm 厚的含铜与锌的铟基固溶体,第二层是铟和铜含量大致相等的金属间化合物(硬度为 400~450HV);靠近基体的为 3~7μm 厚的含铟铜基固溶体。该表层具有良好的抗咬合性和耐磨性。

7.2 真空镀膜与某些表面技术的复合

7.2.1 真空镀膜与涂装技术的复合

真空镀层与有机涂层的复合技术是一种应用广泛的表面复合处理技术,已经有几十年的发展历史,在塑料、金属基体上制备装饰镀层以及防护装饰镀层等方面,国内外已形成很大的生产规模。相对于湿法电镀而言,有些技术专家为方便起见,把真空镀层与有机涂层的复合简称为"干法镀"。实际上真空镀膜是一种气相沉积方法,而有机涂层通常是由有机聚合物涂液经固化成膜的。

一般的真空镀层与有机涂层的复合工艺如图 7-1 所示,处理后具有三层结构:底涂层/真空镀层/面涂层。有些对防护性或其他性能要求较高的产品,各涂(镀)层可能由若干膜层组成。现举例如下。

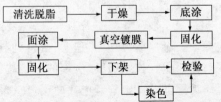

图 7-1 一般的真空镀膜与涂料涂装复合处理的工艺流程

1. 塑料制品的真空镀膜与涂料的复合

(1) 预处理　首先,在不损伤塑料制品的前提下,对制品表面进行清洗和干燥。对各种矿物油脂采用乳化力较强的洗衣粉、洗洁精或专用的清洗剂等进行清洗;对动植物油脂用 10% 氢氧化钠溶液,或乙醇、丙酮等有机溶剂进行清洗;对表面残留的硅酮脱模剂的塑料制品,采用三氯乙烯或全氯乙烯进行清洗。由于一般塑料都有一定的吸水性,所以在上底涂料之前应进行干燥。通常采用烘烤法,尽可能去除水分。干燥后,还要用经过滤、去水气的压缩空气进行吹灰处理。

(2) 底涂　许多塑料制品在真空镀膜之前要涂覆底涂层,其主要原因是:

① 塑料形成后,表面不可避免产生一定的粗糙度,例如有 $0.5\mu m$ 的粗糙度。真空镀膜层很薄,难以掩盖基材表面的凹凸不平,而采用有机聚合物涂料进行底涂,涂层厚约 $10\sim30\mu m$,依靠涂料的流平性,涂层粗糙度可在 $0.1\mu m$ 以下,因此可大大提高镀层的光亮度。

② 塑料中含有水分、残留溶剂、单体、低聚物、增塑剂等,挥发性小分子会在真空或升温环境下逸出表面,严重影响真空镀层对基材的附着力,而采用底涂技术就可以阻碍这些小分子的逸出,提高真空镀层对基材的附着力。

③ 塑料基材与真空镀层(通常为金属)两者热膨胀系数相差很大,在真空镀膜升温、降温过程中膜层容易破裂;膜层越厚,破裂的可能性越大,因此选用合适的涂层作为过渡层,可以减少内应力的积累和破裂的发生。

选择底涂料时,应考虑以下五个方面:一是底涂料与基材及真空镀膜层都有良好的结合力,并且相互之间不发生化学反应;二是底涂料在真空条件下很少有挥发物成分,并且不吸收湿气和水分;三是底涂料在固化后具有良好的封闭性能,阻止塑料基体在随后过程中逸出气体和其他挥发物;四是底涂料的固化温度必须低于塑料基体的热变形温度,即底涂料固化后塑料基体没有变形,并且底涂料的固化表面具有高度光滑性;五是底涂料必须具有足够的耐蚀性、耐热性、抗温差骤变形以及抗龟裂性。

对于不同的塑料基材,底涂料的选择及使用方法存在较大的差异。ABS、PVC 等极性塑料使用的底涂料容易选择,而聚丙烯、聚乙烯等表面无极性的塑料,要找到适合的底涂料比较困难。最常用的底涂料是聚氨酯涂料和双酚 A 型环氧树脂以及两者混合涂料。其他还有丙酸酸酯、醇酸树脂、有机硅等涂料。

(3) 真空镀膜　塑料制品的真空镀膜有真空蒸镀、磁控溅射和离子镀三种方法。

塑料制品采用真空蒸镀方法进行镀膜,已经很普遍。按照蒸发源的种类,有电阻加热蒸发、电子枪蒸发、高频感应蒸发和激光蒸发四种方法。其中,最常用的电阻加热蒸发和电子枪加热蒸发两种。

磁控溅射常用直流平面靶和圆柱靶以及中频孪生靶。离子镀常用阴极电弧离子镀方法。磁控溅射和离子镀对底涂层的耐热性和耐辐射性提出了高的要求,主要是在承受离子轰击时不会变质和产生破坏。

(4) 面涂　真空镀膜后通常要涂覆面涂层,使真空镀膜层得到保护。对面涂层的基本要求是:与真空镀膜层(一般是金属镀层)的附着力要好;固化后涂层无大的内应力;与底涂层有一定的相容性;有足够的硬度、耐划伤性、耐磨性以及较高的耐水性、耐蚀性、耐候性、耐化学品影响等性能;有适宜的粘度和良好的流平性。对于需要突出真空镀膜层的亮度和色泽时,面涂层还应具有高的可见光透过率和表面光泽度。

目前，在塑料镀膜中，常用的面涂料有聚氨酯涂料、聚乙烯醇涂料和有机硅涂料。面涂层的厚度约为 $10 \sim 25\mu m$。

真空镀层很薄，通常不会超过几个微米，在整个复合镀层中只占很小的比例，但是底涂与面涂往往在很大程度上是按照真空镀层的要求来选择涂料及施涂方法的。目前，塑料制品的真空镀膜种类很多，如铝、铜、镍铬合金、1Cr18Ni9Ti 不锈钢、SiO、SiO_2、Al_2O_3、Gd_2O_3、Y_2O_3、ZnS - SiO（七彩膜）等，尤其是铝最为常用。

与真空镀层相配合使用的有机聚合物涂料主要有热固化和紫外光固化两种。其中用紫外光固化的涂料（简称光固化涂料）日益受到人们的重视。它的主要特点是：固化速度快，在紫外灯辐照下只需几秒或几十秒就可固化完全；对环境友好，在光照时大部分或绝大部分的成分参与交联聚合而进入膜层；节约能源，紫外光固化所用的能量约为溶剂型涂料的 1/5；可涂装各种基材，避免因热固化时高温对热敏感基材（如塑料、纸张或电子元件等）可能造成的损伤；费用低，由于节省大量能耗、涂料中有效成分含量高以及简化工序、显著减少厂房占地面积等因素而降低了生产成本。由上分析可见，光固化涂料在真空镀膜工业中的应用具有广阔的前景。

图 7-2 为适合于平板和单件产品连续式生产的光固化生产线示意图。它主要包括以下六个部分：一是涂料存放及检查部分。涂料应在安全、清洁的地方存放，涂装前要仔细检查涂料的表观粘度、流变性和稳定性等。二是工件的预处理部分。主要是清除基材表面的油污、残存的脱模剂、静电和灰尘。三是涂料的涂覆部分根据工艺规范选择喷涂、淋涂、辊涂等；四是涂料的流平部分。即涂覆后有一定的流平时间，有时还要加热到一定温度（如 $40\sim60℃$）来促进流平和溶剂挥发。五是涂料的光固化部分。主要是将流平后的工件放入光固化段，用事先选择好的光源种类、数量、排布方式以及与工件的距离等，换算成紫外光辐照能量，使涂膜迅速固化。六是涂料固化后的延伸部分。主要是将工件放入真空镀膜设备。

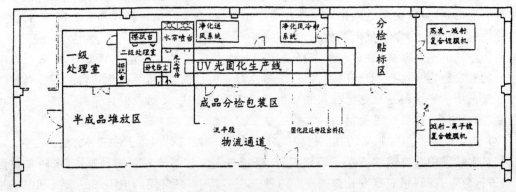

图 7-2 适合于平板和单件产品连续式生产的光固化生产线示意图

目前，塑料的真空镀层与光固化有机涂层的复合，一般较多采用真空镀铝与光固化有机涂层的复合，在防护等性能上受到很大的限制。真空镀铬层具有比铝镀层更美丽的银白色金属光泽，在大气中有很强的钝化性能，在碱、硝酸、硫化物、碳酸盐、有机酸等腐蚀介质中较稳定，还有较高的硬度，良好的耐磨性和耐热性。电镀铬存在六价铬等重金属离子，对人体会产生很大的危害，而真空镀铬却不存在六价铬等重金属离子，其生产是清洁的。由于铬的熔点为 1900℃，在 1397℃ 时铬的蒸汽压为 1.33Pa，铬的蒸发温度高，用电阻加热蒸发镀铬较为困难，故生产上一般采用磁控溅射和离子镀方法进行真空镀铬。例如采用阴极电弧离子镀方法镀铬,可以获得与电镀铬一样的色泽。

真空镀铬时,要求底涂层具有足够的耐热性和耐辐射性,与基材及真空镀铬层有良好的结合力而不发生化学反应,并且在真空条件下只有很少的挥发成分,有良好的流平性,固化后表面高度光滑。同时,又要考虑到塑料的热变形温度一般都低,涂料的固化温度不能太高。目前能满足这些要求的涂料还很少。据研究,光固化脂环族环氧树脂改性丙烯酸酯涂料基本上能满足上述要求。脂环族环氧树脂是环氧树脂的一个分支,其结构中的环氧基不是来自环氧丙烷,而是直接连在脂环上,因此在性能上与双酚A型环氧树脂相比较,具有良好的热稳定性、耐候性、安全性、工艺性以及优异的绝缘性。然而,脂环族环氧树脂与普通环氧树脂一样,有质脆的缺点,故在实际应用中要设法进行增韧改性,例如加入一定的物质在碘盐的引发作用下进行阳离子聚合,使制得的分子链中含有软链段结构的聚合物。

由于真空镀铬层具有优异的性能,因而在许多应用场合,可以用真空镀透明陶瓷薄膜来替代原来的有机聚合物面涂层,使综合使用性能与工艺性能有了进一步提高。

工程上经常使用ABS、PC、PC+ABS等三种塑料:ABS塑料是由丙烯腈(A)、丁二烯(B)和苯乙烯(S)三元共聚物组成的热塑性塑料,比重$1.05g/cm^3$,成型收缩率$0.4\%\sim0.7\%$,成型温度$200\sim240℃$,工作温度$-50\sim+70℃$,其使用性能取决于三种单体的比例以及苯乙烯-丙烯腈连续相和聚丁烯分散相两者中的分子结构;PC通常为双酚A型聚碳酸酯,在结构上是较为柔软的碳酸脂链与刚性的苯环相连的聚合物,硬度与强度较高,耐冲击力强,耐候性、耐热性都较好,可在$-60\sim+120℃$下长期工作,热变形温度为$130\sim140℃$,玻璃化温度为$149℃$,极性小,吸水率、收缩率低,耐电晕性好,电性能优秀,缺点是容易产生应力开裂,耐化学试剂、耐腐蚀性较差,高温下易水解;用一定比例的PC加入到ABS中组成的PS+ABS塑料,可以获得优良的综合性能。为了进一步提高这些工程塑料的防护—装饰性能,可采用新的真空镀膜与涂料涂装复合处理技术,即将其镀制成具有"脂环族环氧改性丙烯酸酯涂层/离子镀铬层/钛的氧化物镀层"结构的真空镀铬制品。其中,离子镀铬是在耐热、耐辐射的脂环族环氧树脂改性丙烯酸酯底涂层上进行的。这是一种清洁镀膜方法。钛的氧化物镀层是用中频孪生靶磁控溅射法镀制的,在组成上为二氧化钛和其他钛的氧化物混合体。其在可见光波段是透明的,并且对真空镀铬层有很好的保护作用。复合镀层的主要性能如下:表面色泽为银白色;60°光泽$\geqslant90\%$;铅笔硬度$1\sim2H$;附着力(百格)100%;CASS腐蚀加速试验72h。作为防护-装饰性用途,这类复合镀膜制品,可以广泛取代电镀铬塑料制品,实现塑料镀铬的清洁生产,同时节约铜、镍等金属资源,大量减少水、电的消耗,显著简化生产工序和降低生产成本。

2. 铝合金制品的真空镀膜与涂料涂装的复合

铝合金材料及加工、处理技术的发展是当今世界铝产量和应用量大幅度增加的关键。其中,铝合金表面处理技术的发展,越来越受到人们的关注。现以复合镀涂铝合金轮毂为例分析铝合金表面处理技术的发展趋势。

(1)电镀铝合金轮毂的生产工艺 全世界汽车、摩托车的生产量巨大。目前,由于铝合金的重量轻,节能效果显著,散热快,整车安全性高,行驶性能好,以及款式多变,更适合现代人的要求,因而成为轮毂制造的主要产品。所用的铝合金主要是Al-Si7-Mg0.3,变质剂主要有Sb、Sr、Na等,且以压铸成形。表面处理主要有涂装、抛光、电镀、真空镀膜,用得最多的是涂装和电镀。

电镀生产技术已趋成熟,所镀制的铝合金轮毂具有很高的表面质量。铝合金属于难电镀的金属材料,电镀工艺复杂,通常需要几十道工序。电镀铝合金轮毂存在的主要问题是三废的治理难度大,成本高,同时在生产过程中要消耗大量的水资源和铜、镍、铬等金属资源。另外,铝合金成形后表面不平度大,至少有几十微米,故在预处理中,先要进行非常细致的抛光,耗时多,成本高,劳动条件差。电镀铝合金轮毂的综合生产成本高。

(2) 复合涂镀铝合金轮毂的生产工艺　采用复合技术,可以显著改善上述情况。其主要特征是用"有机聚合物涂料底涂层/真空镀层/有机聚合物涂料面涂层"的镀层结构取代电镀的"镍/铜/铬"三金属镀层的结构。例如,一种工艺流程是:毛胚→检验→除油→清洗干燥→预处理→粉末涂料喷涂及热固化→研磨Ⅰ→甲基丙烯酸甲酯—丙烯酸酯(共聚)涂料喷涂及热固化→研磨Ⅱ→聚丁二烯耐高温涂料喷涂及热固化→真空镀铝→丙烯酸酯—异氰酸酯透明涂料喷涂及热固化→检验包装。复合涂镀处理后,产品表面镀层结构见图7-3。这种复合处理的铝合金轮毂具有较好的表面性能,已经投入大量生产。用真空镀铬取代真空镀铝,并且底涂层与面涂层做相应的调整,可以进一步提高轮毂的综合使用性能。

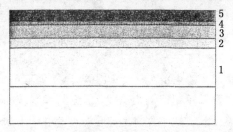

图7-3　复合涂镀层结构示意图
1—环氧聚酯粉末涂层;2—甲基丙烯酸甲酯丙烯酸酯(共聚)涂层;3—聚丁二烯耐高温绝缘涂层;
4—真空镀铝层;5—面涂层:丙烯酸酯—异氰酸酯透明涂层

过去真空镀膜与涂装技术的复合,主要用于装饰,真空镀膜往往以真空蒸镀方法为主,相应的有机聚合物涂料的底涂和面涂要求也较低。随着经济的迅速发展以及社会对环保、节能、节水、节材等要求越来越高,人们开始将这项技术应用于性能和质量要求更高的产品,所采用的工艺技术有了新的发展。复合涂镀铝合金轮毂的真空镀膜通常采用磁控溅射法。这种方法的溅射功率,尤其是溅射电压的选择很重要。这是因为在一般有机聚合物涂层上进行溅射镀膜时,涂层中会有某些物质逸出,如果沉积粒子的能量和速率不高,就会影响真空镀层与有机底涂层之间的附着力,同时也会影响到膜层的色泽和深镀的能力。

复合涂镀铝合金轮毂取得了良好的效益:环保方面得到了明显的改善,尤其避免了六价铬离子的危害;能耗约为电镀的1/2~1/3;用水量约为电镀的1/7~1/8;不用铜和镍,只用廉价的有机聚合物涂料和少量的铝或铬,节约了大量的金属资源;生产工序显著减少,约为电镀的1/2;综合生产成本约为电镀的1/2~1/3。另外,有机底涂层尤其是第一层的粉末涂层,厚度通常达80μm,利用涂料的流平性,使轮毂表面的不平度得到了有效的消除,故可省去镀前繁重的抛光工序。在用有机聚合物涂料底涂时,前两种形式底涂后要用砂纸进行适当的研磨,但劳动强度和工作环境得到了很大的改善。

7.2.2　真空镀膜与离子束技术的复合

本节所述的离子束,是指利用离子源中电离产生的离子,引出后经加速、聚焦形成离子束后,向真空室中的工件表面进行轰击或注入。真空镀膜与离子束技术的复合主要发生在下面四种情况下:一是真空镀膜过程中伴随着离子束轰击,增加了沉积原子的能量,包括纵向与横向的运动能量,并产生其他一些效应,从而减少膜层内空洞的形成,显著改善沉积膜层的质量;二是真空镀膜过程中,不仅由于离子束轰击,而且由于离子束中的一些离子成分也成为沉积膜层的组分,因而形成新的、高质量的薄膜;三是先用离子束轰击基材表面,将离子注入表面,改变表面成分和结构,形成过渡层,然后再进行真空镀膜,结果增强了薄膜与基材表面的结合力,改善了使用性能;四是先在基材表面沉积薄膜(真空镀膜),然后用离子束轰击薄膜,将离子注入薄膜而达到表面改性的目的。

真空镀膜与离子束技术的复合,使真空镀膜技术得到迅速发展,出现了许多新设备和新工艺,特别是拓展了在高技术和工业中的应用领域,这在第5、6两章中已做了介绍,本节对此再深入阐述。

1. 离子束辅助沉积技术

(1) 真空蒸镀离子束辅助沉积　离子束辅助沉积(IBAD)又称离子束增强沉积(IBED),最初在1979年由Weissmantel等人提出,后来获得了推广应用,实现了工业生产。现介绍20世纪90年代上海交通大学表面工程研究人员开发的一个工业应用项目。

多层薄膜复合材料在工业上有许多应用,冷光灯镀膜是其中之一。所谓冷光灯,是指具有高的可见光反射比和红外光透过比光学特性的反射灯,即能使大量热量透过玻璃壳而散失,同时又有强烈的可见光反射。该膜系由两个不同中心波长的长波通滤光片耦合而成的:

$$G \left| \left(\frac{H}{2} L \frac{H}{2}\right)^6 \left(\frac{H'}{2} L' \frac{H'}{2}\right)^6 \right| A$$

其中,G为玻璃,折射率$n_G=1.52$;A为空气,折射率$n_A=1$;H(或H')为具有$(1/4)\lambda_0$(或λ'_0)的高折射率物质,这里的H(或H')为硫化锌,$n_H=n_{H'}=2.35$;L或(L')为具有$(1/4)\lambda_0$(或λ'_0)的低折射率物质,这里为L(或L')为氟化镁,$n_L=n_{L'}=1.38$;$\lambda_0=630nm$;$\lambda'_0=490nm$。后来设计确定为23层薄膜,厚度为几十纳米至一百多纳米不等,高折射率薄膜与低折射率薄膜交替排列。试验设备系统如图7-4所示。镀膜室尺寸(宽×深×高)为1 200mm×958mm×1 250mm。蒸发源有电子枪和电阻加热两种。工件架为球面行星、公自转结构,夹具数量为三个,各可装数十个冷光灯的玻璃壳。烘烤采用管状加热器辐射加热方式。

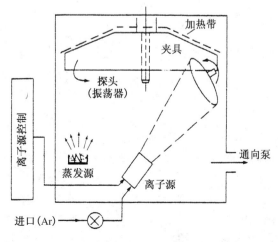

图7-4　真空蒸镀IBAD设备示意图

由于真空蒸镀23层薄膜,即连续生长几微米厚的复合膜层,所以镀覆的膜层很不致密,并且膜层的附着力很差。为此,该研究采用了IBAD法,也就是在真空蒸镀的同时,具有一定能量的离子不断地轰击膜与工件的界面,借助于级联碰撞导致界面原子混合,在初始界面附近形成的原子混合区上,再在离子束参与下继续生长出所要求厚度和特性的薄膜。IBAD所用的离子束能量一般在30eV~100keV之间。对于光学薄膜、单晶薄膜以及功能性复合薄膜等,通常以较低能量的离子束为宜,而合成硬质薄膜一般要用较高能量的离子束。

离子源是自行设计制造的,外径为160mm,输入电压为220V,50Hz,±10%。阴极灯丝用 ϕ0.5mm 的钨丝制成,长度120mm,工作电流为16~20A,放电电压一般为50V,电流2~3A,即放电功率一般控制在100~150W。该离子源不用栅级,结构较为简单,容易进行维修。离子源的工作气体为氩气。

膜厚监控采用石英晶体震荡仪。监测厚度范围为0.1~999.9nm,自动换挡,分辨率为0.1nm;监控速率范围0.1~99.99nm/s,分辨率0.1nm。输入电压220V,50Hz,功率小于40W。

冷光灯镀膜达23层,每层几何精度要求严格,用一般的人工操作和半自动控制都难以保证镀膜的可靠性和稳定性,必须用计算机监控系统进行全自动控制,或者至少在镀膜过程中进行全自动控制。这个控制系统主要由以下六个部分组成:一是控制对象,主要是蒸发挡板,即根据工艺要求选择接通哪个蒸发源,调节加在蒸发源上的电流大小,打开或关闭蒸发源挡板;二是执行器,包括控制蒸发源挡板开、合的气缸,蒸发源开、合的继电器等;三是测量环节,它是频率采集系统,即通过监测与被镀工件接近的石英晶片固有频率的变化来获得镀膜厚度、瞬时蒸发速率;四是数字调节器,计算机是它的核心,而数字调节器的控制规律是由编制的计算机程序来实现的;五为输入通道,包括多路开关、采样保持器、模—数转换器;六为输出通道,包括数—模转换器及保持器。真空镀膜计算机控制系统框图如图7-5所示。

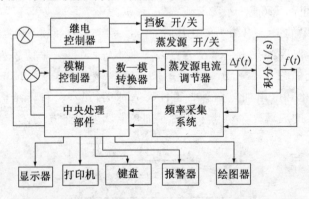

图7-5 真空镀膜机计算机控制系统框图

在镀膜过程中,除了精确控制每层膜厚外,有效控制蒸发速率也是非常重要的。由于蒸发速率的调节具有非线性及各种不确定性,难以建立精确的数学模型,因此要设计模糊控制器。蒸发速率的控制包括两个阶段,即先打开蒸发源后让蒸发源电压迅速从零达到某指定值,然后打开模糊控制器让蒸发速率控制在某一范围。模糊化是将检测出的输入变量变换成相应的论域,将输入数据转换成合适的语言值,如"正大"、"正中"、"正小"、"零"、"负小"、"负中"、"负大"。知识库包括应用领域的知识和控制目标,它由数据和模糊语言控制规则组成。例如,IF(蒸发速率过快)、AND(蒸发速率变化过长)、THEN(电压值调节到较小)。推理算法是从一些模糊前提条件下推导出某一结论,这种结论可能存在模糊和确定两种情况。去模糊化是控制量输出的隶属度函数,通过加权平均判断得到。

通过分析,把控制系统频率变化量输出修正值的偏差δ和算出的偏差变化率δ_c作为输入信号,而把电流控制量的变化作为控制器的输出信号,这样就确定了模糊控制器的结构,如图7-6所示。其中,K_e,K_c表示量化因子,K_u表示比例因子。

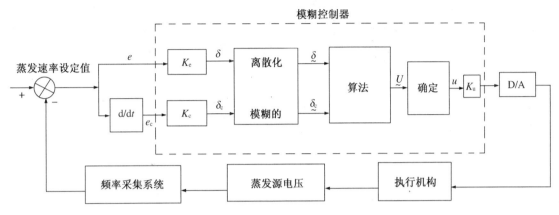

图7-6 模糊控制器结构图

镀膜工艺为:工件放置于工件架夹具中,进入镀膜室后,先抽真空至$1×10^{-2}$Pa,然后充Ar气,使气压稳定在$(5～6)×10^{-2}$Pa。离子源放电电压为50V,放电电流2～3A,整个镀膜过程用计算机监控。蒸发速率控制在1～2nm/s范围。这样制备得到的ZnS/MgF_2冷光膜具有高的可见光反射比和红外光透过比、良好的附着性、强度、防潮性、致密性和耐蚀性。其中一个生动的测试结果是:用真空蒸镀法制得的冷光膜浸入沸水后很快便脱离基材表面且粉碎,而用真空蒸镀IBAD法镀制的冷光膜,浸在沸水中半个小时后仍保持完好且未与基材表面脱离。这项技术转移到企业后即投入批量生产。

(2) 离子束辅助沉积的特点　通过上面实例的介绍,可以对IBAD设备和工艺的基本要点有一个直观的印象。实际上IBAD设备和工艺根据使用要求的不同,有着很多的变化:

① 离子束能量约在30eV～100keV范围内变动;使用的束流密度约在1～100$\mu A/cm^2$量级范围内变动;到达靶面的轰击离子数与沉积粒子流中原子数的比在10^{-2}～1的量级范围内变动。

② IBAD有两种不同的离子束轰击方式,一种是轰击与沉积同时进行的,另一种是沉积与离子束对沉积膜生长面的轰击是交替进行的。

③ 除了真空蒸镀外,溅射镀膜等也可进行离子束辅助沉积。在溅射沉积条件下用作溅射的可以是惰性气体离子,也可以是活性气体离子。对于后者,不仅从溅射靶及射向沉积面的离子会参与膜的生成,并且活性气体离子到达溅射靶后,与溅射靶的原组分反应生成化合物,这时,从溅射靶上溅射出来的粒子流中拥有大量的离子成分,它们必然会参与沉积膜的组成。此外,镀膜室中的残余气体以及在某些工艺中专门充入的活性气体,也会参与进来。

④ 离子束轰击所诱发的级联碰撞,除了它本身所起的物质输运作用外,还可能增强基材表面的原子扩散,把基体中的组分带入沉积膜。

离子束辅助沉积薄膜组分的来源如图7-7所示。

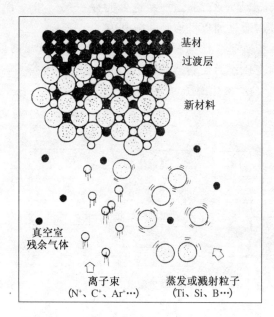

图 7-7 离子束辅助沉积组分来源示意图

虽然离子束辅助沉积的设备和工艺可有许多变化,然而它有以下三个基本特点:一是可在室温条件下给工件表面镀覆上与基材完全不同且厚度不受轰击能量限制的薄膜;二是可在薄膜与基材之间建立宽的过渡区,使薄膜与基材牢固结合;三是可以精密调节离子种类、离子能量、束流密度(或轰击离子与沉积离子的到达比,简称到达比)以及离子束轰击的功率密度等要素,用以控制沉积膜的生长,调整膜的组成和结构,使沉积膜达到使用要求。

(3) 离子束辅助沉积的机理　IBAD 的薄膜组分来自多方面,这些组分如何聚合成膜,涉及到许多物理和化学变化,包括粒子的碰撞、能量的变化、沉积粒子及气体吸附粒子的粘附、表面迁移和解吸、增强扩散、形核、再结晶、溅射、化学激活、新的化学键形成等。因此,离子束辅助沉积是一个包括许多因素相互竞争的复杂过程。它在总体上是非平衡态的,但也包含了局部的平衡或准平衡态的过程。人们对 IBAD 机理的认识正在逐步深化,目前有些观点获得了较多的认同。例如:

① 在沉积原子(能量约为 $0.15\sim20\mathrm{eV}$)与轰击离子(能量约为 $10\sim15^5\mathrm{eV}$)同时到达基材表面时,离子与沉积原子、气体分子发生电荷交换而中和;沉积原子受到离子轰击而获得能量,提高了迁移率,从而影响晶体生长过程以及晶体结构的形成。

② 轰击离子与电子发生非弹性碰撞,而与原子发生弹性碰撞,原子可能被撞出原来的点阵位置。在入射离子束方向和其他方向上发生材料的转移,即产生离子注入、反冲注入和溅射过程。其中,某些具有较高能量的撞击原子又会发生二次碰撞,即级联碰撞,导致沿离子入射方向上原子的剧烈运动,形成了膜层原子与基材原子的界面过渡区。在该区内,膜原子与基材原子的浓度是逐渐过渡的。级联碰撞完成了离子对膜层原子的能量传递,增大了膜原子的迁移能力及化学激活能力,有利于原子点阵排列的调整而形成合金相。级联碰撞也可能发生在远离离子入射方向上。

③ 离子轰击会造成表面粒子的溅射和亚溅射。后者是指由级联碰撞造成的表面原子外

向运动因不能越过表面势垒而折回表面的现象。溅射和亚溅射都会引起已凝聚原子的脱逸及在表面上的再迁移。有些离子轰击及能量沉积所引发的非平衡态声子分布及其交联,不仅给沉积粒子的凝聚造成差异的微区"热"背景,而且会降低表面迁移势垒,与溅射及亚溅射一起具有增强原在表面漂移粒子的迁移及脱逸的作用。

④ 离子轰击会引起辐照损伤,产生晶体表面缺陷。当入射离子沿生长薄膜的点阵面注入时,将会产生沟道效应。这些因素都会影响沉积粒子的粘附和形核等过程。

图 7-8 形象地表达了离子束辅助沉积的各种微观过程。

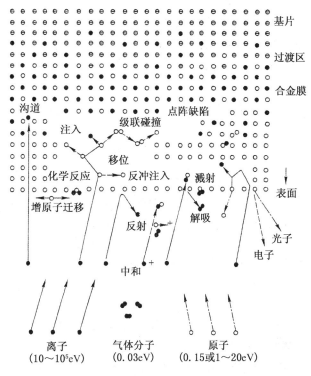

图 7-8　离子束辅助沉积的各种微观过程

(4) 离子束辅助沉积的应用　IBAD 技术已有 30 多年的发展历史,主要用于某些高性能光学膜、硬质膜、金属与合金膜、功能膜、智能材料等薄膜的镀制。

图 7-9 是由中国科学院上海冶金研究所在 20 世纪 80 年代研制的离子束溅射和离子束轰击相结合的宽束离子束混和装置示意图。它有三个考夫曼源。从圆形多孔网栅引出的离子束具有圆形截面,分别用于溅射、中能离子轰击及低能离子轰击。离子能量相应为 2keV、5~100keV、0.4~1keV。中能离子束在靶台平面上的直径为 4 200mm,最大束流密度为 60μA/cm^2。低能束斑在靶台平面呈椭圆形,束流小于 120μA/cm^2。水冷靶台的直径为 350mm,可绕台轴旋转和倾斜。基础真空度为 6.5×10^{-4}Pa。工作时因离子源气体泄出而降至约 10^{-2}Pa 时,薄膜的沉积速率为 3~20nm/min。在溅射靶座上可安装三个溅射靶,可以在不破坏真空的条件下沉积三种材料。该装置因工作室较大,可处理较大的部件和数量较多的小部件。

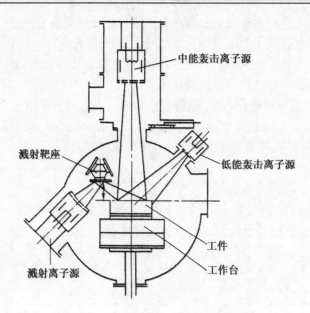

图 7-9 宽束离子束混和装置示意图

例如硅功率器件中背电极的镀制。背电极通常由最外面的导电层、中间的扩散阻挡层及与硅直接相接的接触层组成。它工作在特高的电流密度下,并且长期承受冷热循环,因此要求膜与膜、膜与基材之间有良好的结合力。为了达到这个要求,改为采用图 7-9 所示的装置,镀制 Ag/Ni-Cr 合金双层膜背电极。具体方法是:Ni-Cr 合金膜及 Ag 膜先后由溅射沉积,在沉积的同时以 10KeV 的氩离子束做辅助轰击,并且在沉积前先用氩离子束对硅表面做离子束清洗。结果表明,其使用效果比原来的化学镀和电子束蒸发沉积 Ag/Cr/Ni 三层系统的工艺方法要好。

图 7-10 为美国 Eaton 公司制造的以电子束蒸发与离子束辅助轰击相结合的 Z-200 装置。图中下方为电子束蒸发装置,蒸发台上有四个坩埚。沉积靶台与蒸发粒子流及离子束都成 45°。由弗里曼离子源引出的离子束在靶台处成 8 英寸×1 英寸(即 20.32cm×2.54cm)的矩形,通过离子源与引出电极系统的同步摇摆实现离子束在靶台的机械扫描。离子能量在 20~100keV 内可调,束流最大可达 6mA。该装置工作室的基础真空可达 $6.5×10^{-5}$ Pa,工作时由离子源中气体的泄出而下降至 $1.2×10^{-2}$ Pa。通常膜生长速率在 0.1~1.0nm/s 的范围内。

例如纪念币 GCr15 或 Cr12 钢压制膜表面沉积 TiN 膜。具体方法是:采用图 7-10 所示的装置,工作室中充入适量的氮气,通过电子束蒸发在模具上沉积钛,同时辅以 X_e^+ 离子束来轰击,使钛在沉积过程中与氮反应形成氮化钛。X_e^+ 束的轰击不仅大大促进 TiN 的合成,而且使膜成为致密的、结合牢固的镀层。膜的生长速率为 60nm/min,X_e^+ 束的能量为 40keV,束流密度为 $40μA/cm^2$。膜层厚度为 $2μm$,由多晶构成。它的努氏显微硬度约为 2 300HK,是模具基材 GCr15 个 Ce12 钢淬硬后的 3~4 倍,比起电镀铬材料也高出约 1 300HK。在 3 600N 水压机上压制银纪念币,结果表明:电镀铬层的模具在压制 300 枚银币后,表面出现密集的棒状痕,而经离子束辅助沉积氮化钛的模具表面一直到压制 900 枚以后才有稀疏细微的压痕。

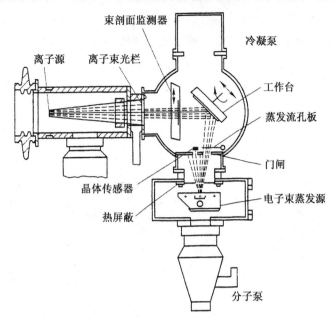

图 7-10 Z-200 离子束辅助沉积装置示意图

图中 7-11 为中国科学院空间中心与清华大学合作研制的多功能离子束辅助沉积装置示意图。该装置有三台离子源：中能宽束轰击离子源 1，离子能量为 2～50keV，离子束流 0～30mA；低能大均匀区轰击离子源 8，离子能量 100～750keV，离子束流为 0～80mA；可变聚的溅射离子源 7，离子能量 1～2keV(2～4keV)，离子束流为 0～180mA。该装置轰击离子能量范围广，覆盖面大，可从 50～750keV 和 2～50keV 均可获得辅助沉积所需离子束流。

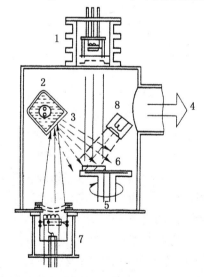

图 7-11 多功能离子束辅助沉积装置
1-轰击离子源；2-四工位靶；3-靶材；4-真空系统；5-样品台；6-样品；7-溅射离子源；8-低能离子源

目前，霍尔离子源是用于离子束辅助沉积最具代表性的离子源。图 7-12 为霍尔离子源的工作原理图。它是一种热阴极离子源，依靠热阴极发射电子束来维持放电。发射出来的电子沿磁力线向阳极移动。由于在阳极表面附近区域内的磁力线和电力线几乎成正交,因而电子在电磁场作用下被束缚在该区域。这些电子绕着磁力线旋转且做飘逸,形成环形的霍尔电流,增加了电子与所充入的中性气体分子或原子间的碰撞几率,因而提高了气体的离化率,在阳极和通气孔相交区域形成一个球状的等离子体团,其中,离子团在阴-阳极电位差以及电磁场所形成的霍尔电流两者共同加速下从离子源中引出。

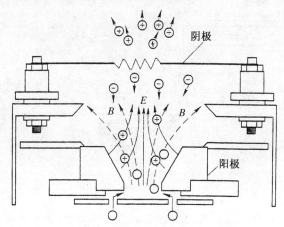

图 7-12　霍尔离子源的工作原理图
E-电场;B-磁场

霍尔离子源中热阴极发射的电子除了向放电区中提供电子外,还补偿了离子束的空间电荷,使离子源发射的离子束成为做一定程度补偿的等离子束。由于离子在离开加速区时,正好处于磁场的端部,并且引出的离子束在离子源出口处被阴极发射的部分电子中和,形成等离子体;因此,这种离子源又被成为端部霍尔离子源。

霍尔离子源的外形有圆柱形和条形两种,在结构上一般分为有灯丝与无灯丝两类。无灯丝的霍尔离子源,是通过内部磁场的改变,将靶面附近的电子都束缚在靶面的周围,同样起到提供大量电子的目的。

在霍尔离子源中,阳极放置在一端,阴极一般为钨丝或空心阴极,并且位于源的顶部。磁路设计对霍尔离子源是至关重要的。磁路组件主要有永久磁铁和磁极靴等。

霍尔离子源的主要特点有:一是结构较为简单,不需要栅级,引出的束流很大,最大可达3A,离子束能量为70~280keV,距源出口 500mm 处束密均匀区可达 ϕ 700mm,采用适当的电磁场设计可获得大面积均匀分布的离子束;二是因无栅级,消除了由电荷交换和离子直接轰击而引起的栅极寿命问题;三是引出的离子束能量可在一定范围内通过改变放电电流来调节,以适应不同镀层材料的需要;四是引出的离子束在离子源出口处就与阴极发射的部分电子中和,到达靶区时已为等离子体,故对导电膜与绝缘膜都可直接进行辅助沉积,不会因基材表面的电荷积累而引起闪烁或打火;五是在离子源工作时灯丝受到离子轰击而不断变细,存在寿命问题,同时这批镀膜工件因灯丝损坏而可能报废;六是灯丝型霍尔离子源的污染主要来自灯丝,为了减少灯丝的污染,应控制离子轰击能量和灯丝表面原子的热能,这两者之和要小于溅射阈值,更严格、更有效的方法是改用空心阴极电子源型的霍尔离子源。

霍尔离子源可用来进行高质量的离子束辅助沉积,并且可以采用这种离子源进行基材的清洗和活化。在表面工程的研究和生产中,霍尔离子源辅助沉积法将越来越多地被应用。

2. 离子束混合技术

离子束混合技术(ion beam mixing)常泛指离子束与薄膜技术相结合的表面技术。在第6章阐述离子注入工艺时,把它分为普通离子注入、反冲离子注入和离子束动态混合注入三类。后两类实际上都归为离子束混合。有时,又把反冲离子注入的多种情况分开阐述,如:

① "离子束混合技术"专门指:"先沉积单层或多层薄膜,然后用离子束轰击薄膜,通过原子的级联碰撞等效应,使膜层与基底的界面或多层膜界面逐步消失,形成原子尺度上的均匀混合,而在基材上生成新的合金表面"的技术。这一技术首先是由 Mayer 提出来的。提出这一技术主要是为了适应大规模集成电路浅级欧姆接触的需要而研制硅化物。具体方法是先在硅基材上沉积单层金属膜,然后用离子束轰击该金属膜,使膜层与基材的界面处形成硅化物,降低欧姆的接触电阻。离子束混合除了可以在膜层与基材的界面处进行之外,也可以在多层金属膜间进行,使交替叠加的 A、B 金属膜层(每层很薄,约 10nm)组分混合,逐步均匀化。多层膜离子束混合适用于研究合金相的形成、固态反应、形态聚集生长以及固体中的缺陷等。

② "离子束反冲注入"专门指"将所需的材料,尤其是难熔金属,用 PVD 等方法,先在基材表面形成膜层,然后用惰性离子如 X_e^+、Ar^+、Kr^+ 等进行轰击,使膜层的原子在撞击时反冲到基材中,起到对所需元素进行间接注入的作用"的技术。这种反冲离子分为下面两种方式:一是静态注入,即先在基材表面真空镀膜(几十纳米),然后在离子注入机的真空靶室中用几十万电子伏的惰性气体离子轰击镀膜层,使镀层原子反冲注入到基材中;二是动态注入,即用多功能离子注入机同时进行镀膜和反冲注入,其过程是一个动态过程,与离子束辅助沉积类同。其中,动态注入通常单独列为"离子束动态混合技术"。进行静态注入时,轰击离子的能量和种类必须与薄膜的材料和厚度相匹配,薄膜厚度不能太厚,以避免反冲注入效果不佳。在较高温度下进行反冲离子注入,称为离子轰击扩散镀膜。它使反冲离子在金属基体内的扩散得到加强,形成较厚的合金化表面层,显著提高使用性能。例如,在 Ti-6Al-4V 钛合金的表面先镀一层厚约 70nm 的 Sn 膜,然后在 450~500℃,用剂量为 4×10^{17} 离子数/cm² 的 N^+ 离子进行轰击,检测表明 Sn 的扩散深度达 3~5μm,Ti 合金的摩擦系数和磨损速率明显下降,同时还因 N^+ 产生的化学作用而使 Ti 合金的抗氧化性得到提高

3. 离化团束沉积

离化团束沉积又称簇团离子束沉积(ICBD),是日本 Takagi 和 Yamada 等人在 1972 年首先提出来的。ICBD 已在第 5 章中做了初步的介绍,它实际上是一种真空蒸镀和离子束反冲注入相结合的、在非平衡条件下的薄膜沉积技术。

采用 ICBD 法,能形成与基材附着力强的薄膜。其结晶性好,结构致密。而且,它可以在金属、半导体以及绝缘体上沉积各种不同的蒸发物质,镀制金属、化合物、复合物、半导体等薄膜。由于离子簇束的电荷/质量比小,即使进行高速沉积也不会造成空间粒子的排斥作用或膜层表面的电荷积累效应。通过各自独立地调节蒸发速率、电离效率和加速电压等,可以在 1~100eV 的范围内对沉积原子的平均能量进行调节,从而有可能对薄膜沉积的基本过程进行控制,得到所需要特性的膜层。

ICBD 与离子镀相比较,每个入射原子的平均能量小,即对基材及薄膜的损伤小,因此可用于半导体膜及磁性膜等功能薄膜的沉积。

ICBD 与离子束沉积相比较,尽管每个入射原子的平均能量小,但因不受空间电荷效应的制约,即可大量输运沉积原子,所以沉积速率高。

ICBD 可以用来镀制高质量的薄膜,目前已在电子、光学、声学、磁学、超导等领域中被广泛应用,今后将有更大拓展。

7.3 表面镀(涂)覆与微/纳米技术的复合

在表面工程中,镀(涂)覆与微/纳米技术的复合表面处理是众多学者、工程技术人员所关注和研究的热点之一,不少研究成果已用于生产,呈现出良好的发展前景。其涉及的领域较广,目前主要有:

① 复合电镀、复合电刷镀和复合化学镀。
② 纳米材料改性涂料与涂膜。
③ 微/纳米粘结、粘涂。
④ 纳米晶粒薄膜和纳米多层薄膜。
⑤ 微/纳米热喷涂。
⑥ 纳米固体润滑膜与纳米润滑自修复膜。

本节以①和②两项为例,对镀(涂)覆与微/纳米技术的复合表面处理做某些扼要的介绍。

7.3.1 复合电镀、复合电刷镀和复合化学镀

1. 复合镀的概念、分类和特点

(1) 复合镀的概念和分类　复合镀是将不溶性的固体微粒添加在镀液中,通过搅拌使固体微粒均匀地悬浮于镀液,用电镀、电刷镀和化学镀等方法,与镀液中某种单金属或合金成分在阴极上实现共沉积的一种工艺过程。复合镀得到的镀层为固体微粒均匀地分散在金属或合金的基质中,故又称为分散镀或弥散镀。其中,用电镀方法制备复合镀层的称作复合电镀,而用电刷镀方法制备复合镀层的称作复合电刷镀,两者合称电化学复合镀;用化学镀方法制备复合镀层的,则称为化学复合镀。

复合镀也可按基质金属分类,目前镍基复合镀应用较广泛,其他还有锌基、铜基、银基复合镀等。

根据使用的不溶性微粒种类,可以将复合镀层分为三类:一是无机复合镀层,使用的微粒有碳化物(SiC、WC、B_4C、ZrC、氟化石墨等)、氧化物(Al_2O_3、TiO_2、ZrO_2、Cr_2O_3 等)、氮化物(BN、TiN、Si_3N_4 等);二是有机复合镀层,目前使用最多的有机微粒是聚四氟乙烯树脂(PTFE)、环氧树脂、聚氯乙烯、有机荧光染料等;三是金属复合镀层使用的金属微粒主要指不同于基质金属的另一种金属微粒。除了上述固体微粒之外,还可用某些非金属或金属的短纤维和长丝作为复合相,用电镀法制备高强度和优良热稳定性的增强复合镀层。

另外一种分类方法,是按照复合镀层的用途分为耐磨复合镀层、自润滑复合镀层、分散强化合金复合镀层、电接点用复合镀层、耐蚀复合镀层、装饰性复合镀层等。

目前生产上复合镀使用的固体微粒尺寸一般为微米级,从零点几个微米到几个微米不等。微粒的数量按每升计,有几克、十几克,也有几十克、上百克的,甚至达几百克,因此在复合镀过程中必须有良好的搅拌措施。

自 20 世纪 90 年代起,人们就在复合镀中引入纳米微粒尺寸大约在 30~80nm,将纳米粒子独特的物理及化学性质赋予金属镀层而形成纳米复合镀技术,除了传统的复合镀层用途外,

许多具有特殊性能的功能复合镀层也陆续研制出来。然后,这项技术尚需深入研究和完善。在镀覆工艺上重点是如何正确选择和配制纳米不溶性微粒,镀覆过程中如何将微粒输送到阴极(工件)表面,并且在基质金属中保持均匀弥散分布。

(2) 复合镀的特点　主要有下列几个方面:一是保持普通电镀、电刷镀和化学镀的优点,仍使用原有基本设备和工艺,但要配制复合镀溶液并对工艺做适当调整或改进;二是复合镀层由基质金属与弥散分布的固体微粒构成;三是在同一基质金属的复合镀层中,固体微粒的成分、尺寸和数量可在较宽的范围内变化,从而获得不同性能的镀层材料;四是固体微粒的尺寸有微米级和纳米级的,它们的复合镀工艺、机理和镀层性能往往存在一定的差异。

2. 复合电镀

(1) 复合电镀工艺　主要包括以下四部分:

① 基质金属与固体微粒的选择。镀液体系对复合镀层有重要影响,例如铜和 Al_2O_3 微粒在酸性硫酸铜溶液中几乎不能共同沉积,但在氰化物镀铜溶液却很容易共同沉积。复合镀液主要由电镀基质溶液、固体微粒和共沉积促进剂组成。固体微粒必须是高纯度的,并且在复合镀层中的量直接影响着镀层的性能。用化学符号表示复合镀层时,一般将基质金属写在前面,固体微粒写在后面,两者之间用短线或斜线链接。当基质金属为合金时,可用括号将基质金属与固体微粒分开,例如(Cu-Sn)-SiC。

② 固体微粒的活化处理。多数固体微粒是经粉碎制备的,表面受到污染,故对微粒进行活化处理是必要的。通常进行以下三步处理:一是碱液处理,可使用质量分数为10%～20%的 NaOH 溶液煮沸5～10min,也可使用化学除油溶液,用热水和冷水冲洗数遍,以达到除去微粒表面油污的目的;二是酸处理,可分别使用盐酸、硫酸或硝酸洗涤,一般使用的酸质量分数为10%～15%,然后用清水彻底洗掉微粒表面含有的可溶性杂质,如 Cl^-、NO_3^-、SO_4^{2-} 等;三是表面活性剂处理,对于憎水性强的固体微粒,如石墨、氟化石墨、聚四氟乙烯等,在进入镀液前应先与适量的表面活性剂混合,高速搅拌1小时至数小时,静置后待用。

当使用的微粒很细小时,直接加入到镀液中会出现结块现象,为此可用少量镀液润湿微粒并调成糊状,再倒入镀液中。对于一些导电能力较强的固体微粒,特别是金属粉末,在共沉积时复合镀层表面很快会变得粗糙,为防止这种情况发生,一个较方便的方法是向镀液中加入一些对这种微粒有强烈吸附作用的表面活性剂,即把微粒包围和隔开。

有些固体微粒不直接加入到镀液中,而是以可溶性盐的形式加入镀液,发生反应,生成固体沉淀。例如,在瓦特镍镀液中电沉积 $Ni-BaSO_4$ 复合镀层时,向镀液中加入需要的 $BaCl_2$ 水溶液,与硫酸根离子生成 $BaSO_4$ 沉淀。这种加入方法不用碱液、酸液处理,镀层中存在的微粒较小,呈球状,并且容易均匀分布。

③ 固体微粒在镀液中的悬浮方法。在复合电镀中,必须配备良好的搅拌装置,使微粒均匀地悬浮在镀液中。目前所用的搅拌方式,大都是连续搅拌,具体方式多种多样,如机械搅拌法、压缩空气搅拌法、超声波搅拌法、板泵法和镀液高速回流法等,也可采用联合搅拌法。除连续搅拌外,也有间歇搅拌。间歇搅拌可使镀层中微粒含量提高,但搅拌时间与间歇时间之比对不同微粒的材质和粒径都有一个最佳值。

④ 基质金属与固体微粒共沉积。现以 Ni-SiC 复合镀为例予以说明。镀液配方和相关数据如下:

硫酸镍($NiSO_4 \cdot 7H_2O$)　250～300g/L

氯化镍($NiCl_2 \cdot 6H_2O$) 30～60g/L

硼酸(H_3BO_3) 35～40g/L

碳化硅微粒(1～3μm) 100g/L

镀层中微粒的质量分数 2.5%～4.0%

pH 值 3～4

温度 45～60℃

阴极电流密度 5A/dm^2

搅拌方式 机械搅拌或板泵法搅拌

其中,机械搅拌是用调速电机带动搅拌棒,按规定的速度旋转,其速度以镀液上部没有清液、下部没有微粒沉淀为宜。板泵法是在镀槽的近底处,放置一块开有许多小孔的平板,它与槽底平行,驱动平板以一定频率和振幅上下往复运动,使槽底的微粒搅起,均匀而充分地悬浮在镀槽中。固体微粒的嵌入,使镀层的硬度和耐磨性得到显著的提高。

(2) 复合电镀机理 研究者对基质金属与固体微粒共沉积的机理提出了一些理论,主要有:一是吸附机理,认为共沉积的先决条件是微粒在阴极上的吸附;二是力学机理,认为共沉积过程只是一个力学过程;三是电化学机理,认为共沉积的先决条件是微粒有选择地吸附镀液中的正离子而形成较大的正电荷密度,荷电的微粒在电场作用下运动(电泳迁移)是微粒进入复合镀层的关键因素。根据这几种理论,研究者建立了不少模型,即从不同侧面描述共沉积的过程,虽然目前尚无普遍适用的理论,但共沉积过程大致可以分为以下三个步骤:

① 悬浮于镀液中的微粒,在镀液循环系统的作用下向阴极(工件)表面输送,其效果主要取决于镀液的搅拌方式和搅拌强度。

② 微粒粘附于阴极。这种粘附不仅与微粒的特性有关,而且与镀液的成分和性能以及具体的操作工艺等因素有关。

③ 微粒被沉积金属包埋,沉积在镀层中。附着于阴极上的微粒,必须停留超过一定时间后才有可能被沉积金属俘获。

由上可以推知,在基质金属与固体微粒的共沉积过程中,搅拌方式、微粒特性、微粒在镀液中的载荷量、添加剂、电流密度、温度、pH 值、电流波形、超声波、磁场等因素都会产生影响,并且对不同的镀液和微粒会有不同的影响。

(3) 复合电镀的应用 目前镍基复合镀应用较多,其次是锌基、铜基和银基等复合镀。按用途大致有:

① 耐磨复合镀层。基质金属是镍、镍基合金、铬等。固体微粒有 SiC、WC、AlO_3 等。例如,在氨基磺酸盐镀镍液中加 1～3μm 尺寸的 SiC 微粒,就可获得质量分数为 2.3%～4.0%的 Ni-SiC 复合镀层,用来做汽车发动机汽缸内腔表面的电镀层,其磨损量只有铁套气缸的60%,比镀铬降低成本 20%～30%。

② 自润滑复合镀层。这种镀层具有自润滑特性,不必另加润滑剂。例如,镍与 MoS_2、WS_2、氟化石墨$(CF)_n$、石墨、聚四氟乙烯 PTFE、BN、CaF_2 等微粒可通过共沉积获得这类镀层。

③ 分散强化合金复合镀层。它是一种金属微粒弥散分布在另一种金属基体上的复合镀层,其后通过热处理可获得新合金镀层。例如,将 Mo、Ta、W 等金属粉末加入到镀铬液中,获得的复合镀层在 1 100℃下热处理,可获得 Cr-Mo、Cr-Ta、Cr-W 等分散强化合金镀层。

④ 提高金属基材与有机涂层结合强度的复合镀层。在工程中为了提高金属基材与有机涂层之间的结合力,常采用磷化镀锌或铬酸盐钝化处理方法,然而在有些场合采用复合镀方法就能很好地解决这方面的结合强度问题。例如,在酸性镀锌液中加酚醛树脂微粒 30g/L,在钢板上沉积锌-酚醛树脂复合层 5μm 厚,可使钢与有机涂层的结合力大大提高。

⑤ 电接触复合镀层。Au、Ag 常用作电接触镀层,缺点是耐磨性差、摩擦系数大,Ag 层又易变色,抗电弧烧蚀性能较差,为此可采用 Au - WC、Au - BN、Ag - La_2O_3、Ag - 石墨、Ag - CeO_2 等复合镀层,来改善性能,提高使用寿命。

⑥ 耐蚀性复合镀层。它是将一些 TiO_2、SiO_2、$BaSO_4$ 等非导电微粒加入到镀镍液中,获得 Ni - TiO_2、Ni - SiO_2 等复合镀层,然后镀铬得到微孔铬层,显著提高耐蚀性能。

(4) 纳米复合电镀。它是在电解质溶液中加入纳米尺度(1~100nm,通常为 30~80nm)的不溶性固体颗粒,并且均匀悬浮于其中,利用电沉积原理,使金属离子被还原、沉积在工件表面的同时,将纳米尺度的不溶性固体颗粒弥散分布在金属镀层中的工艺方法。

纳米微粒的高表面活性使其极易以团聚状态存在,团聚后往往失去其特性,所以分散技术是纳米复合电镀的关键技术之一。分散技术有机械搅拌、球磨、超声分散、表面改性、添加高分子团聚电解质和表面活性剂等。例如,先 1-5h 球磨或搅拌纳米微粒的悬浊液,然后再用超声波处理,这样可以消除某些纳米微粒的团聚。又如在纳米复合电镀液中添加某些表面活性剂,可以使电镀液迅速润湿纳米微粒,使其吸附在微粒表面防止微粒之间的团聚,而吸附在已经团聚的微粒团缝隙表面的微粒又可使微粒团重新分散开来,从而成为一类有效的分散物质。

纳米复合电镀的过程与普通复合电镀的过程大致相同,即包括复合电镀液的配制、镀前工件处理、复合电镀和镀后处理四部分。镀液配制时,先根据使用要求选择基质镀液及对镀液的理化性能进行调整,同时选择好纳米微粒的成分和尺寸,并对其进行预处理,然后以一定的比例加入到镀液中,予以充分的复合,使纳米微粒在基质镀液中均匀悬浮,最后检测合格后投入使用。镀前工件处理主要有六项:一是机械预处理,包括磨光、抛光、喷砂等;二是脱脂处理,包括采用有机溶剂、化学、电化学、超声波等处理方法;三是去氧化膜处理,通常采用酸侵蚀方法,对于易发生氢脆而不宜用酸侵蚀的工件可采用喷细沙、磨光、滚光等方法;四是弱侵蚀,使工件表面处于活化状态;五是中和,一般在 30~100g/L 的碳酸钠溶液中浸 10~20s,以防止工件在弱侵蚀后表面的残液带入镀液;六是预镀,即在复合电镀前,先镀一层很薄的镀层,以防止钢铁基体在某些镀液中被溶解而置换出结合强度不高的镀层。复合电镀时,要开启镀液搅拌装备,使纳米微粒始终保持悬浮状态。镀后处理包括干燥、涂油和去应力等。

目前,纳米微粒与基质金属共沉积的机理尚缺乏深入研究,主要有选择性吸附、外力输送和络合包覆等理论。前两种理论与普通复合电镀的理论相似。络合包覆理论的要点是:纳米微粒经预处理后加入到基质镀液中,进行充分的搅拌,同时加入表面活性剂、络合剂等作为分散纳米微粒的物质,使纳米微粒与金属正离子同时被络合包覆在一个络合离子团内,这些络合离子团到达阴极(工件)表面后发生表面活性剂或络合物的脱附反应,在金属离子被还原沉积在工件表面的同时,纳米微粒陆续被镶嵌到镀层中去。

3. 复合电刷镀

(1) 复合电刷镀工艺　电刷镀是不用镀槽而用浸有专用镀液的镀笔与镀件做相对运动,通过电解而获得镀层的电镀过程。由于电刷镀的特殊性,在复合电刷镀中,人们更多地研究了纳米复合电刷技术。

常用的纳米复合电刷镀溶液体系见表7-1。

纳米复合电刷镀过程包括下列八道工序：一是表面准备，即用机械或化学方法去除表面油污、修磨表面和保护非镀表面；二是电净，镀笔接正极，进行电化学除油；三是进行强活化，镀笔接负极，电解蚀刻表面，进行除锈等工作；四是进行弱活化，镀笔接负极，电解蚀刻表面，去除碳钢表面炭黑；五是镀底层，镀笔接正极，提高表面结合强度；六是镀尺寸层，镀笔接正极，使用纳米复合电刷镀液，快速恢复尺寸；七是镀工作层，镀笔接正极，使用纳米复合电刷镀液，确保工件尺寸精度和表面性能；八是镀后处理，按使用要求选择吹干、烘干、涂油、去应力、打磨、抛光等。每道工序间须用清水冲洗。

表7-1 常用纳米复合刷镀溶液体系

基质金属	纳米微粒
Ni, Ni 基合金	Cu, Al_2O_3, TiO_2, ZrO_2, ThO_2, SiO_2, SiC, B_4C, Cr_3C_2, TiC, WC, BN, MoS_2, 金刚石, PTFE
Cu	Al_2O_3, TiO_2, ZrO_2, SiO_2, SiC, ZrC, WC, BN, Cr_3O_2, PTFE
Fe	Cu, Al_2O_3, SiC, B_4C, ZrO_2, WC, PTFE
Co	Al_2O_3, SiC, Cr_3C_2, WC, TaC, ZrB_2, BN, Cr_3B_2, PTFE

影响镀层质量的工艺参数较多，主要有工作电压、镀液温度、镀笔与工件相对运动速度以及电源极性等。纳米复合电刷镀的工艺参数选择范围通常为：工作电压10～40V；镀液温度15～50℃；镀笔与工件相对运动速度6～10m/min；电源极性 正接或反接。

(2) 纳米复合电刷镀层的组织　在纳米复合电刷镀过程中，镀笔与工件保持一定的相对运动速度，镀液中的金属正离子仅在镀笔（阳极）与工件（阴极）接触的部位被还原，当镀笔移开后此部位的还原过程即终止，只有镀笔移回该部位时还原过程又开始，所以，纳米复合电刷镀层是断续结晶形成的，具有超细晶组织、高密度位错，还有大量的孪晶和其他晶体缺陷。弥散分布的纳米微粒起到了强化镀层的作用。

此外，从横断面形貌分析发现，纳米复合电刷镀层与基底结合良好。例如，在20号钢表面先电刷镀特镍做底层，再进行 $n-Al_2O_3/Ni$ 纳米复合电刷镀，然后对镀层的横断面进行显微观察，分析表明，镀层与特镍间基本不存在裂纹和孔隙等缺陷。$n-Al_2O_3/Ni$ 复合电刷镀层的组织由微晶、纳米晶和非晶组成。

(3) 纳米复合电刷镀层的性能　主要有下列特征：一是硬质纳米微粒的加入可以显著提高电刷镀层的硬度，并且随纳米微粒的增加而增高，达最大值后开始下降；二是纳米复合镀层的结合强度大于普通电刷镀层，只是在纳米复合电刷镀之前须有底镀；三是纳米复合电刷镀层的耐磨性比普通电刷镀层好。例如 $n-Al_2O_3/Ni$ 纳米复合电刷镀层的磨损失重量明显比快镍电刷镀层小，当 $n-Al_2O_3$ 微粒含量为20g/L时，磨损失重量最小；四是纳米复合电刷镀层的抗接触疲劳性能在一定条件下显著提高，例如在一定的电刷镀工艺参数下，当 $n-Al_2O_3$ 纳米微粒含量为20g/L时，$n-Al_2O_3/N$ 纳米复合镀层的抗接触疲劳特征寿命（载荷为300kgf/mm^2）可达到 2×10^6 周次，而普通快镍电刷镀层仅为 10^5 周次，但是在 $n-Al_2O_3$ 纳米微粒含量超过20g/L后，其抗接触疲劳性能急剧下降，这可能是因为纳米微粒含量很高时受到电刷镀液分散能力的限制而出现微粒团聚体，引发初始微裂纹的形成；五是纳米复合电刷镀层的高温硬度和高温耐磨性等高温性能得到明显的提高，普通电刷镀层一般只适宜在常温下使用，而纳米复合电刷镀层,尤其是 n-Al$_2$O$_3$/Ni 纳米复合电刷镀层在400℃时仍具有较高的硬度和良好的耐磨性,可以在400℃条件下使用。

4. 复合化学镀

(1) 复合化学镀工艺　化学镀是在无外电流通过的情况下,利用还原剂将电解质溶液中的金属离子化学还原到呈活性催化的工件表面,沉积出与基材牢固结合的镀覆层。复合化学镀工艺的难点之一在于固体微粒不能促进化学镀液的稳定性,为此要适量添加稳定剂。同时,选用的固体微粒尽可能是对基质金属催化活性低的材料。影响复合化学镀层质量的工艺参数主要有镀液的固体微粒含量、微粒在镀液和镀层中的分散程度、微粒的尺寸、pH 值、反应温度、搅拌方法和速度等。一种复合化学镀 Ni-P-SiC 的镀液组成即工艺规范如下:

硫酸镍(NiSO$_4$·7H$_2$O)	21g/L
次磷酸钠(NaH$_2$PO$_2$H$_2$O)	24g/L
乙醇胺(NH$_2$C$_2$H$_5$O)	12g/L
丙酸(C$_3$H$_6$O$_2$)	2.2g/L
氟化钠(NaF)	2.2g/L
硝酸铅[Pb(NO$_3$)$_2$]	0.002g/L
碳化硅(SiC)(1~10μm)	10g/L
pH 值	4.4~4.6
温度	93~95℃
镀层中微粒含量	4.5%~5%(质量分数)
搅拌	机械法或其他方法

(2) 复合化学镀的应用　某些应用已令人瞩目。例如,Ni-P-SiC 复合化学镀层具有良好的耐磨性,显著提高了塑压模、金属膜、铸造膜等模具的使用寿命,在塑料、纺织、造纸、机械等工业部门迅速获得了推广使用。

在复合化学镀层中,所用的固体微粒除 SiC 外,还可采用 Al$_2$O$_3$、金刚石、氟化石墨、PTFE 的弥散型镍磷复合镀层及 Zr、Nb、Mo、W 等合金型镍磷复合镀层。例如,Ni-P-PTFE 复合化学镀层,虽然硬度不高,镀态硬值约为 HV300,但具有减摩、自润滑特性。它的耐磨性,在磨损初期不如 Ni-P 化学镀层(因为 Bi-P 具有高的硬度),但在磨损后期,由于 Ni-P-PTFE 镀层中 PTFE 的自润滑作用,使其有更好的抗粘附磨损的性能。Ni-P-PTFE 镀层的摩擦系数比 Ni-P 镀层降低 2~3 倍。

7.3.2 纳米材料改性涂料与涂膜

1. 纳米材料改性涂料的概念及作用

(1) 概念　将纳米粒子加入到涂料中得到一类具有优良性能或新功能的涂料,称为纳米材料改性涂料(nano-sized materials modified coatings),通常又称纳米复合涂料。这就是说,该涂料必须满足两个条件:一是至少含一相尺寸为 1~100nm;二是由于纳米相的存在而使涂料性能得到显著提高或者形成新功能。目前,在涂料中加入的纳米材料主要有二氧化硅、二氧化钛、碳酸钙、氧化锌、氧化铁、纳米黏土、碳纳米管等。

加到涂料中的纳米材料多为纳米粒子,即粒径大约为 1~100nm 的固体粒子。从化学角度看,纳米粒子属胶体大小范围内,具有胶体粒子的一般特点。纳米粒子的制备方法主要有两大类：一是物理方法，如蒸气冷凝法、粉碎法、溅射法、混合等离子体法等，大多为分散方法；二是化学方法，如化学沉淀法、溶胶—凝胶法、水热法、微乳和乳状液法、分子模板法等，大多为凝聚方法。纳米粒子因其粒径小、有大的表面能、表面有严重失配键态，因而有独特的物理和化学性质。

(2) 作用　涂装技术是表面工程科学领域的一个重要分支。涂装的目的在于通过涂装，使被涂物表面形成连续的涂膜，发挥其装饰、保护和特殊功能等作用。显然，涂料的质量和作业配套性是获得优质涂层的基本条件。由于经济的迅速发展和人们生活的逐步提高，对涂料提出了越来越高的要求。但是，涂料的改进速度往往达不到要求。涂料也存在一些弊病，如涂膜的剥落、早期起泡和损坏、化学介质渗漏、涂膜的粉化、退色或失光以及涂膜易划伤、磨耗、滋生霉、菌沾污等，仍经常出现；与此同时，又要求涂料与涂膜具有一定的使用性能，如机械强度、附着力、防腐性能、耐光性、耐候性等，并能够赋予新的功能。过去，涂料工作者总是借助于改进成膜物质结构、采用成膜物共混、选择不同填料、利用各种颜料、使用特殊助剂、改变配方中颜料体积浓度以及改进被涂物的前处理和涂装技术等传统方法来提高涂料性能，但是所得到的效果往往不太理想。后来引入了纳米技术，涂料因纳米粒子的奇特效应而出现很大的改观。这是改进涂料的新途径之一。

2. 纳米材料与有机聚合物的复合方法

(1) 物理共混法　在有机聚合物中，共混是指两种或两种以上不同的聚合物以熔融方式混合在一起，以便通过改变组分和组分含量使产品达到一定性能要求、满足一定应用需要的加工过程。在纳米材料改性涂料中，将纳米粉体经表面处理或预制成稳定分散的浆料，直接分散到有机成膜物中，通过纳米结构材料引入多元体系涂料，发挥各组分协同作用，以改进涂料性能。

(2) 插层和原位聚合法　它有两层含义：一是利用具有层状结构、薄片体三维尺寸中至少有一维是纳米范围的黏土，如蒙脱土、累托土，采用有机插层剂、单体或预聚物插入层间，引起黏土的层片分离或崩塌成分散相，原位形成有机/无机纳米复合材料，用以改进涂料性能；二是在成膜物聚合过程中，直接加入无机纳米材料，有机单体或预聚物与纳米微粒表面的不饱和键、活性基团直接反应，原位实现有机/无机复合，达到改进涂料性能的目的。

(3) 溶胶-凝胶法　该法通常将易于水解的金属化合物(无机盐或金属醇盐)放入某种溶剂中使之与水发生反应，经过水解和缩聚过程而逐渐凝胶化，再经干燥、烧结等后处理，最终制得所需的材料。在涂膜方面，溶胶-凝胶法主要用于制备金属涂层和无机涂层，也可将纳米结构相引入涂料成膜物中，合成有机/无机纳米杂化涂料。

3. 纳米微粒的表面改性、分散方法和浆料的制备

制备无聚集且稳定分散的纳米微粒，是关键技术之一，也是一个难题。解决这个难题主要从表面改性、分散方法和浆料制备三个方面入手。

(1) 纳米微粒的表面改性　其又称为表面修饰，可分为物理修饰与化学修饰两种方法。纳米微粒的物理修饰主要包括无机物和有机物修饰。这些无机物和有机物通过吸引、静电吸附沉积在纳米微粒表面或包裹到纳米微粒表面。纳米微粒之间存在范德瓦尔斯力，为了避免团聚，可考虑加入有机表面活性剂或无机反絮凝剂，通过附着力和静电引力，吸附、沉积在纳米微粒表面。

纳米微粒表面化学修饰有三种类型：一是偶联剂法，如 SiO_2、Al_2O_3、TiO_2、$CaCO_3$ 等纳米

微粒,常用硅烷偶联剂、钛酸酯偶联剂处理,得到稳定并能更好地与聚合物基体(乳液)结合或发生纳米尺度上的相容;二是酯化反应法,如通过这个方法,将 Mn_2O_3、ZnO、Fe_3O_4、TiO_2、Fe_2O_3、SiO_2、Al_2O_3 等纳米微粒的亲水疏油表面修饰成为疏水亲油表面;三是表面接枝改性,即修饰层高分子材料的活性基团与纳米粒子表面活性基团的羟基(-OH)、羧基 $\left(\begin{smallmatrix}O\\\|\\-C-OH\end{smallmatrix}\right)$ 发生强相互作用,甚至引起化学键合,最大程度地激活纳米离子表面活性,提高纳米材料与介质及聚合物基体间的亲和性,克服纳米粒子的自团聚。

(2) 纳米微粒在聚合物中的分散 微粒的团聚有两种类型:一是软团聚,由于微粒间的静电力和范德瓦尔斯力或因团聚体内液体的存在而引起的毛细管力所致,相互作用力较小;二是硬团聚,它的形成除了静电力和范德瓦尔斯力之外,还存在化学键等强烈结合作用,相互作用力大。为了克服微粒间的团聚,避免材料性能劣化,要选用各种物理分散和化学分散方法。

①物理分散方法。主要有下列三种:一是机械分散法,包括研磨分散、胶体磨分散、球磨分散、空气磨分散、机械搅拌分散等;二是超声波分散法,即利用超声空化产生的局部高温、高压或强烈冲击波和微射流,较大幅度地弱化微粒间的纳米作用能;三是高能处理法,即通过电晕、紫外线、微波、等离子体射线等高能粒子的作用,在微粒表面产生活性点,增加活性,使其易与其他物质发生化学反应或附着,对微粒表面改性而容易分散。

②化学分散方法。它是利用表面化学原理,加入表面处理剂,实现纳米微粒在介质中的分散。其实质是通过微粒表面上处理剂之间的化学反应或化学吸附,改变微粒表面结构、状态和电荷分布,达到表面改性的目的,通过双电层静电稳定作用和空间位阻稳定作用来提高分散效果。双电层静电稳定机理是由前苏联学者 Darjaguin 和 Landon,以及荷兰学者 Verwey 和 Overbeek 分别在 20 世纪 40 年代提出的,故称为 OLVO 理论。静电稳定是指粒子表面带电,在其周围吸附一层相反的电荷,形成双电层,通过静电斥力实现体系的稳定。DLVO 理论对水介质和部分非水介质的粒子分散体系是适用的,而对另一部分非水性介质中粒子的分散则不适用。其重要原因是忽略了吸附聚合物层的作用。胶体吸附聚合物后产生了一种新的排斥能 V_R^S,称为空间排斥势能。此时,微粒之间的总势能 V_T 应为范德瓦尔斯吸引能 V_A、双电层静电排斥能 V_R、空间排斥势能 V_R^S 之和,即

$$V_T = V_A + V_R + V_R^S$$

化学分散主要有三种方法:一是偶联剂法,常用的有硅烷偶联剂、钛酸酯偶联剂、铝酸酯偶联剂、硬脂酸类偶联剂、锆铝酸脂偶联剂、铝钛复合偶联剂和稀土偶联剂等;二是酯化反应,即金属氧化物与醇的反应,使原来亲水疏油的表面变成亲油疏水的表面,尤其对表面为弱酸性和中性的纳米粒子最有效;三是分散剂分散,常用的分散剂主要有:由亲油基和亲水基组成的表面活性剂,如长链脂肪酸、十六烷基三甲基溴化铵(CTAB)等;小分子量的无机电解质或无机聚合物,如硅酸钠、六偏磷酸钠等;大分子量的聚合物和聚电解质,如明胶、羟甲基纤维素、聚甲基丙烯酸盐、聚乙烯亚胺等。

物理分散与化学分散各有所长,在实际生产中应将这两类方法结合,用物理方法解团聚,用化学方法保持分散稳定,以达到较好的效果。

(3) 无机纳米粉体浆料的制备 为使纳米微粒稳定、均匀地分散在涂料体系中,以方便生产上使用,可预先将纳米粉体与涂料成膜物树脂、助剂等制成均匀分散和稳定的浆料,然后在生产使用时再加到涂料体系中去。常用的纳米 SiO_2 水性浆料的基本制备方法是:按配方的

量,依次将水、分散剂、润滑剂、纳米 SiO₂、消泡剂、pH 调节剂、防沉剂和水性树脂加入到容器中,并且在加入原料的同时进行搅拌;在原料加完之后,用高速分散、砂磨和超声波等方法进行分散。其中,纳米 SiO_2、分散剂、润滑剂的类型和用量,pH 值,水性树脂的加入量以及分散方法等,都会对浆粉分散稳定产生显著的影响。

4. 纳米材料改性涂料的应用

(1) 应用领域 纳米材料改性涂料有着很大的使用价值,其主要应用价值是:一是显著提高涂膜的机械能,增加交联密度,改善涂膜致密性,在获得高硬度、高强度的同时又有良好的韧性,而抗刮划性、抗擦伤性成倍地增强;二是大幅度提高涂膜的耐腐蚀性能,这主要是因为其防渗透性、屏蔽性能得到显著提高,空隙率显著下降;三是具有优良的抗辐射、耐老化性能,例如纳米 TiO_2 比颜料级 TiO_2 具有更大的紫外线屏蔽性,它添加到涂料中能使涂料产生屏蔽作用,得到抗紫外老化的效果;四是改进涂膜电学性能,如提高表面静电电耗散性,增加防静电性能,有的可提高绝缘性能;五是涂膜可获得优异的光学性能,例如清漆加入纳米粒子后仍能基本保持原有的透光性(因为纳米粒子的粒径远小于可见光波长),同时提高了涂膜的耐磨性,还可以吸收雷达波而用作先进飞机的隐身涂料;六是降低涂膜表面能,制成自清洁涂料、荷叶效应涂料、自修复涂料等;七是提高涂膜的阻燃性,延长阻燃时间;八是赋予涂料灭菌清污性能,制成净化环境的涂料。现举三个实例如下。

(2) 纳米 TiO_2 改性醇酸涂料 选用醇酸树脂做基料,松香水做溶剂,按一定配比加入金红石型 TiO_2 纳米粒子、分散剂及其他助剂,用高速搅拌机和磨砂机进行分散,制成涂料。基材为 A3 钢,经机械磨光、丙酮除油和无水乙醇除水后,用制备的涂料对其刷涂两遍,表干时间为 2h,涂层厚度为 $(104\pm10)\mu m$。经激光粒度仪和透射电镜分析,发现纳米 TiO_2 粒子在涂料中均匀分散,无凝聚现象。在稳定性测试中,历时 11 个月的静态沉降实验没有发现凝聚和沉降现象。从经 30h 紫外光照射后的涂层表面形貌图中看到:醇酸清漆涂层有空穴生成,并且表面泛黄;含有 4%(质量分数)普通钛白粉的醇酸涂层失光严重且粉化;纳米 TiO_2 改性醇酸涂层虽然表面光洁度下降,但没有前两者出现的现象,说明添加 TiO_2 纳米粒子后,涂层具有很强的抗紫外性能。在耐蚀性能方面,经 144h 盐雾试验后,未改性的醇酸涂层 A3 钢样品,表面出现明显锈蚀,涂层也有起皮现象,而经纳米 TiO_2 改性的醇酸涂层 A3 钢样品,表面完好无损,说明改性后的醇酸涂层有很好的耐蚀性能。另外,经耐磨性测试表明,含 4%(质量分数)TiO_2 纳米粒子改性醇酸涂层的耐磨性最佳,其静摩擦系数仅为 0.325,与 4% 普通钛白粉醇酸涂层样品做同样的耐磨性试验,在后者已露出基材时,前者样品却无明显变化。

(3) 纳米蒙脱土改性苯乙烯-丙烯酸丁酯涂料 苯乙烯和丙烯酸酯共聚物乳液涂料又简称苯丙乳液涂料,具有良好的耐水性、耐碱性、硬度和抗污性,可作为水泥、沙浆、木材和混凝土底材的涂装,在乳液涂料中占有很大的比例。其缺点是耐寒、耐水和耐热性较差,限制了使用范围。将苯乙烯-丙烯酸丁酯共聚物插层到改性的蒙脱土片层间,不单能提高力学性能,而且因蒙脱土特殊的二维片层结构,赋予复合材料较好的热力学稳定性。制备分两步进行:

① 有机蒙脱土的制备。称取蒙脱土若干克,在强烈搅拌下分散于水中,形成 5% 的蒙脱土悬浮体。将十六烷基三甲基溴化铵在室温下溶于水中,然后将此溶液在 80℃ 下加入蒙脱土水悬浮体中,强烈搅拌 2h 后静置,隔天除去上层溶液,抽滤,再用大量去离子水洗至无 Br^-(用 0.01mol/L $AgNO_3$ 溶液检验)。用真空烘箱烘干,然后碾碎,用 300 目筛子过筛,得到有机蒙脱土。

② 纳米蒙脱土改性苯乙烯-丙烯酸丁酯复合涂膜的制备。以一定比例的丙烯酸丁酯、苯乙烯、有机蒙脱土和蒸馏水以及少量十二烷基磺酸钠，加到连接有搅拌器、冷凝管和氮气的四口烧瓶中，室温下搅拌乳化 1h，然后升温到 80℃，慢慢滴加引发剂 $(NH_4)_2S_2O_8$ 水溶液，反应 1.5h 得到苯乙烯-丙烯酸丁酯/蒙脱土纳米复合乳液。将乳液倒在铝箔上，自然晾干成膜。

测试表明，含 2% 有机蒙脱土的苯丙/蒙脱土纳米复合涂膜的扯断强度较纯苯丙增加了近 200%，而有机蒙脱土质量分数为 1.5% 时扯断伸长率最大。从阻燃试验来分析，它们的耐燃时间和火焰传播比值均较好。

(4) 油脂、醇酸/无机纳米杂化涂料　用溶胶—凝胶法制备有机/无机纳米杂化涂料是一个重要的研究课题。有机/无机杂化材料的有机相和无机相之间的界面非常大，界面相互作用强，使常见的尖锐、清晰的界面变得模糊，微区尺寸在纳米数量级，甚至有些情况下减小到分子复合的水平，因此它与传统意义上的复合材料有着本质上的不同，具有许多优异的性能。另一方面，有机涂层与无机涂层各有一定的优缺点，而有机/无机纳米杂化涂料，由于有机/无机分子之间形成了稳定的化学键，有机和无机网络交联在一起，从而实现了有机、无机相的纳米级分散，不仅综合了两者的优点，同时在较大程度上弥补了两者的缺点，即涂层兼有有机涂层较好的抗渗性、附着性、柔韧性和无机涂层优良的耐磨性、耐热性、耐蚀性，而且起始反应在液相中进行，有机/无机分子之间混合相当均匀，所制备的涂层也相当均匀。因此，有机/无机纳米杂化涂料受到了人们的重视，做了多种类型涂料的研究，目前较为重视的是用溶胶-凝胶法制备油脂、醇酸/无机纳米杂化涂料。由于用溶胶-凝胶法生产高均匀性、低温（与陶瓷烧结温度相比）的无机陶瓷涂层已有许多年了，故用溶胶-凝胶法制得的油脂或醇酸/无机纳米杂化涂料也称为陶瓷涂料或陶瓷合金涂料。

制备时，采用烷氧基钛、锆，如四丙氧基钛(TiP)、二异丙氧基二乙酰丙酮酸钛(TiA)和四正丙氧基锆(ZrP)做前驱体，利用 Ti 和 Zr 的多配位性，用配位体的位阻作用降低与调节 Ti 和 Zr 的前驱体的活性，以符合稳定的要求。

以干性油和半干性油的醇酸树脂为基础，与前驱体 TiP、TiA、ZrP 通过溶胶-凝胶法制备的有机/无机纳米杂化涂料，显示出优良的性能：降低了烘干温度，缩短了固化时间，在 150℃/h 的条件下得到性能优良的涂膜，接近实际工业涂装底漆应用要求；拉伸强度和硬度增加，又不牺牲涂膜的柔韧性；固体含量提高到 90% 以上，大幅度降低有机挥发物(VOC)，符合环境友好型高性能涂料新品种的研究开发要求。它的主要用途之一，就是在环境友好的前提下，替代含铅、铬等重金属的防锈涂料。

7.4 表面热处理与某些表面技术的复合

7.4.1 复合表面热处理

将两种或两种以上表面热处理方法复合起来，往往比单一的表面热处理具有更好的效果，因而发展了许多复合表面热处理技术，在生产实际中获得了广泛的应用。现举例如下。

1. 复合表面化学热处理

(1) 渗钛与离子渗氮的复合表面处理　它是将工件进行渗钛的化学热处理，然后再进行离子渗氮的化学热处理。经过这两种化学热处理的复合表面处理后，在工件表面形成硬度高、耐磨性好且具有较好耐蚀性的金黄色 TiN 化合物层。其性能明显高于单一渗钛层和单一渗氮层的性能。

(2) 渗碳、渗氮、碳氮共渗与渗硫复合处理　渗碳、渗氮、碳氮共渗对提高零件表面的强度和硬度有十分显著的效果，但这些渗层表面粘着能力并不十分令人满意。在渗碳、渗氮、碳氮共渗层上再进行渗硫处理，可以降低摩擦系数，提高抗粘着磨损的能力，提高耐磨性。如渗碳淬火与低温电解渗硫复合处理工艺是先将工件按技术条件要求进行渗碳淬火，在其表面获得高硬度、高耐磨性和较高的疲劳性能，然后再将工件置于温度为 190℃ ±5℃ 的盐浴中进行电解渗硫。盐浴成分为 75%KSCN+25%NaSCN[①]，电流密度为 2.5～3A/dm²，时间为 15min。渗硫后获得复合渗层。渗硫层是呈多孔鳞片状的硫化物，其中的间隙和孔洞能储存润滑油，因此具有很好的自润滑性能，有利于降低摩擦系数，改善润滑性能和抗咬合性能，减少磨损。

2. 表面热处理与表面化学热处理的复合强化处理

表面热处理与表面化学热处理的复合强化处理在工业上的应用实例较多，如：

(1) 液体碳氮共渗与高频感应加热表面淬火的复合强化　液体碳氮共渗可提高工件的表面硬度、耐磨性和疲劳性能。但该项工艺有渗层浅、硬度不理想等缺点。若将液体碳氮共渗后的工件再进行高频感应加热表面淬火，则表面硬度可达 60～65HRC，硬化层深度达 1.2～2.0mm，零件的疲劳强度也比单纯高频淬火的零件明显增加，其弯曲疲劳强度提高 10%～15%，接触疲劳强度提高 15%～20%。

(2) 渗碳与高频感应加热表面淬火的复合强化　一般渗碳后要经过整体淬火和回火，虽然渗层深，其硬度也能满足要求，但仍有变形大，需要重复加热等缺点。使用该项工艺的复合处理方法，不仅能使表面达到高硬度，而且可减少热处理变形。

(3) 氧化处理与渗氮化学热处理的复合处理工艺　氧化处理与渗氮化学热处理的复合称为氧氮化处理。这种处理工艺就是在渗氮处理的氨气中加入体积分数为 5%～25% 的水分，处理温度为 550℃，适合高速钢刀具。高速钢刀具经过这种复合处理之后，钢的最表层被多孔性质的氧化膜（Fe_3O_4）覆盖，其内层形成由氮与氧富化的渗氮层。其耐磨性、抗咬合性能均显著提高，改善了高速钢刀具的切削性能。

(4) 激光与离子渗氮复合处理　钛的质量分数为 0.2% 的钛合金经激光处理后再离子渗氮，硬化层硬度从单纯渗氮处理的 600HV 提高到 700HV；钛的质量分数为 1% 的钛合金经激光处理后再离子渗氮，硬化层硬度从单纯渗氮处理的 645HV 提高到 790HV。

7.4.2 表面热处理与表面形变强化、镀覆处理的复合

1. 表面热处理与表面形变强化处理的复合

普通淬火回火与喷丸处理的复合处理工艺在生产中应用很广泛，如齿轮、弹簧、曲轴等重要受力件经过淬火回火后再经喷丸表面形变处理，其疲劳强度、耐磨性和使用寿命都有明显提高。表面热处理与表面形变强化的复合，同样有良好的效果。例如：

(1) 复合表面热处理与喷丸处理的复合工艺　离子渗氮后经过高频表面淬火后再进行喷丸处理，不仅使组织细致，而且还可以获得具有较高硬度和疲劳强度的表面。

(2) 表面形变处理与表面热处理的复合强化工艺　工件经喷丸处理后再经过离子渗氮，

---

① 百分数为质量分数

虽然工件的表面硬度提高不明显,但能明显增加渗层深度,缩短化学热处理的处理时间,具有较高的工程实际意义。

2. 镀覆处理与表面扩散热处理的复合

镀覆后的工件再经过适当的热处理,使镀覆层金属原子向基体扩散,不仅增强了镀覆层与基体的结合强度,同时也能改变表面镀层本身的成分,防止镀覆层剥落并获得较高的强韧性,可提高表面抗擦伤、抗磨损和耐腐蚀能力。例如:

(1) 在钢铁工件表面电镀 $20\mu m$ 左右含铜(铜的质量分数约为 30%)的 Cu-Sn 合金,然后在氮气保护下进行热扩散处理。升温时在 200℃ 左右保温 4h,再加热到 580~600℃ 保温 4~6h,处理后表层是 $1\sim 2\mu m$ 厚的锡基含铜固溶体,硬度约 170HV,有减摩和抗咬合作用。其下为 $15\sim 20\mu m$ 厚的金属间化合物 Cu_4Sn,硬度约 550HV。这样,钢铁表面覆盖了一层高耐磨性和高抗咬合性能力的青铜镀层。

(2) 铜合金先镀 $7\sim 10\mu m$ 锡合金,然后再加热到 400℃ 左右(铝青铜加热到 450℃ 左右)保温扩散,最表层是抗咬合性能良好的锡基固溶体,其下是 Cu_3Sn 和 Cu_4Sn,硬度为 450HV(锡青铜)或 600HV(含铅黄铜)左右。提高了铜合金工件的抗咬合、抗擦伤、抗磨料磨损和粘着磨损性能,并提高表面接触疲劳强度和抗腐蚀能力。

(3) 在钢铁表面上电镀一层锡锑镀层,然后在 550℃ 进行扩散处理,可获得表面硬度为 600HV(表层碳的质量分数为 0.35%)的耐磨耐蚀表面层。也可在钢表面上通过化学镀获得镍磷合金镀层,再在 400~700℃ 扩散处理,提高了表面层硬度,并具有优良的耐磨性、密合性和耐蚀性。这种方法已用于制造玻璃制品的模具、活塞和轴类等零件。

(4) 在铝合金表面同时镀 $20\sim 30\mu m$ 厚的铟和铜,或先后镀锌、铜和铟,然后加热到 150℃ 进行热扩散处理。处理后最表层为 $1\sim 2\mu m$ 厚的含铜与锌的铟基固溶体,第二层是铟和铜含量大致相等的金属间化合物(硬度 400~450HV);靠近基体的为 $3\sim 7\mu m$ 厚的含铟铜基固溶体。该表层具有良好的抗咬合性和耐磨性。

(5) 锌浴淬火法是淬火与镀锌相结合的复合处理工艺。如碳的质量分数为 0.15%~0.23% 的硼钢在保护气氛中加热到 900℃,然后淬入 450℃ 的含铝的锌浴中等温转变,同时镀锌。这种复合处理缩短了工时,降低了能耗,提高工件的性能。

7.5 高束能表面处理与某些表面技术的复合

高密度光子、电子、离子组成的激光束、电子束、离子束,可以通过一定的装置,聚集到很小的尺寸,形成极高能量密度(达 $10^3\sim 10^{12} W/cm^2$)的粒子束。这种高束能作用于材料表面,可以在极短的时间内以极快的加热速度使表面特性发生改变,因而在材料表面改性等领域中得到了广泛的应用。高束能表面处理与某些表面技术恰当地复合,则可发挥更大的作用。现以激光束为例介绍如下。

7.5.1 激光表面合金化、陶瓷化和增强电镀

1. 激光表面合金化

利用各种工艺方法先在工件表面上形成所要求的含有合金元素的镀层、涂层、沉积层或薄膜,然后再用激光、电子束、电弧或其他加热方法使其快速熔化,形成一个符合要求的、经过改

性的表面层。例如：

柴油机铸铁阀片经过镀铬、激光合金化处理，表层的表面硬度达 60HRC，该层深度达 0.76mm，延长了使用寿命。45 钢经过 Fe-B-C 激光合金化后，表面硬度可达 1 200HV 以上，提高了耐磨性和耐蚀性。

复合表面处理在有色金属表面处理中也获得应用，ZL109 铝合金采用激光涂覆镍基粉末后再涂覆 WC 或 Si，基体表面硬度由 80HV 提高到 1 079HV。

表 7-2 列出了 AISI6150① 钢基体进行激光表面合金化所选涂敷材料。这些涂敷材料先用等离子喷涂，再用 1.2kW CO_2 激光器进行熔融和合金化。

在激光照射前，工具的预涂敷还可采用电镀沉积（镍和磷）、表面固体渗（硼等）、离子渗氮（获得氧化铁）等。激光处理层的问题是出现裂纹，通过调整激光参数、涂敷材料和激光处理方法可减少裂纹。

表 7-2 AISI6150 钢激光表面合金化前等离子喷涂材料

Metco 粉末	名称	组成元素的质量分数/%												备注
		Cr	Si	B	Fe	Cu	Mo	W	WC+8%Ni	C	Ni	碳化铬	ZrO_2	
19E	S/FNi-Cr 合金	16.0	4.0	4.0	4.0	2.4	2.4	2.4		0.5	余量			
36C	S/FWC 合金	11.0	2.5	2.5	2.5				35.0	0.5	余量			
81VF-NS	碳化铬-Ni-Cr	余量									20.0	75.0		
201B-NS-1	ZrO_2-陶瓷								$CaCO_3$ 8.0				92.0	
	Mo						99.0							

2. 激光表面复合陶瓷化

利用激光束与镀覆处理复合，可以在金属基材表面形成陶瓷化涂层。例如：

（1）供给异种金属粒子，并利用激光照射使之与保护气体反应而形成陶瓷层。研究表明，在 Al 表面涂敷 Ti 或 Al 粒子，然后通入氮气或氧气，同时用 CO_2 激光照射，可形成高硬度的 TiN 或 Al_2O_3 层，使耐磨性提高 $10^3 \sim 10^4$ 倍；

（2）在材料表面涂覆两层涂层（例如在钢表面涂覆 Ti 和 C）后，再用激光照射使之形成陶瓷层（例如 TiC）的复层反应；

（3）一边供给氮气或氧气一边用激光照射，使 Ti 或 Zr 等母材表面直接氮化或氧化而形成陶瓷表面层的方法。

3. 激光增强电镀

在电解过程中，用激光束照射阴极，可极大地改善激光照射区的电沉积特性。激光增强电沉积，可迅速提高沉积速度而不发生遮蔽效应，能改善电镀层的显微结构，可在选择性电镀、高速电镀和激光辅助刻蚀中获得应用。例如，在选择性电镀中，一种被称为激光诱导化学沉积的方法尤其引人注目，即使不施加槽电压，对浸在电解液中的某些导体或有机物进行激光照射，也可选择性地沉积 Pt、Au 或 Pb-Ni 合金，具有无掩膜、高精度、高速率的特点，可用于微电子电路和金属电路的修复等高新技术领域。在高速电镀中，当激光照射到与之截面积相当的阴

---

① 美国合金结构钢号，相当于我国 50CrVA 钢

极面上时，不仅其沉积速率可提高 $10^3 \sim 10^4$，而且沉积层结晶细致，表面平整。

成都表面装饰应用研究所采用如图 7-13 的一种激光电镀试验装置，研究了在高强度 CO_2 激光束照射下（图中为背向照射阴极，也可以正向照射阴极），瓦特镍 Ni/Ni^+ 电极体系电沉积镍层的性质和变化规律。研究表明，激光照射能提高阴极极化效果。虽然激光电沉积镍层为微裂纹结构，但与基体结合力高，在一定的光照时间内，可获得结晶细致、表面平整的镍镀层。这类装置也可用来电镀 Cu、Au 等金属，并取得了良好的效果。

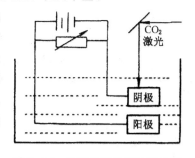

图 7-13 激光增强电镀试验装置

钛合金采用激光气相沉积 TiN 后再沉积 Ti(C,N)，形成复合层，硬度层，硬度可达 2 750HV。

7.5.2 激光束表面处理与等离子喷涂的复合

等离子喷涂是热喷涂的一种方法，它是利用等离子弧发生器（喷枪）将通入喷嘴内的气体（常用氩、氮和氢等气体）加热和电离，形成高温高速等离子射流，熔化和雾化喷涂材料，使其以很高速度喷射到工件表面上形成涂层的方法。等离子弧焰温度高达 10 000℃ 以上，几乎可喷涂所有固态材料，包括各种金属和合金、陶瓷、非金属矿物及复合粉末材料等。喷涂材料经加热熔化或雾化后，在高速等离子焰流引导下高速撞击工件表面，并沉积在经过粗糙处理的工件表面形成很薄的涂层。其与基材表面的结合主要是机械结合，在某些微区形成了冶金结合和其他结合。等离子弧流速度高达 1 000m/s 以上，喷出的粉粒速度可达 180~600m/s。得到的涂层氧化物夹杂少，气孔率低，致密性和结合强度均比一般的热喷涂方法高。等离子弧喷涂工件不带电，受热少，表面温度不超过 250℃，基材组织性能无变化，涂层厚度可严格控制到几微米到一毫米左右。因此，在表面工程中，可利用等离子喷涂的方法，先在工件表面形成所需的含有合金化元素的涂层，然后再用激光加热的方法，使它快速熔化，最终冷却形成符合性能要求、经过改性的优质表面层。现举例如下。

1. **钢铁材料等离子喷涂与激光表面处理的复合**

低碳钢具有良好的塑性和韧性，容易变形加工，但表面硬度低，不耐磨。经等离子喷涂 CrC_2-80NiCr 或 WC-17Co 以及然后的 CO_2 激光表面熔化处理后，表面硬度大幅度提高，如 WC-Co 喷涂层达 1 000HV，并改善了喷涂层的耐磨性，而低碳钢的韧性没有改变。

又如低碳钢经等离子喷涂司太立 6 号粉料，涂层厚 0.1~0.3mm，然后进行激光表面熔化处理，结果消除了涂层的孔隙，分解氧化物，改善均匀性，提高涂层与基材的结合力。

奥地利 GFM 公司生产的大型精锻机被世界大多数国家采用，其芯棒是用美国联合碳化公司垄断的涂层技术制造的，即采用爆炸喷涂工艺在芯棒表面制备一层耐高温、耐冲击、耐磨蚀、抗疲劳的薄涂层。这项技术可被其他技术所替用，其中之一就是采用等离子喷涂与激光重熔的复合表面处理。具体方法是：先用超音速等离子喷涂法，将平均粒度为 7.3μm 的 WC-10Cr-4Cr 粉末，喷涂到 ϕ76mm 的精锻机芯棒表面上，然后进行 CO_2 激光表面熔化，使涂层更加致密和相结合更稳定，并使涂层中的组分对芯棒基材有一定的扩散作用，进一步提高 WC-10Co-4Cr 涂层与芯棒基材的结合强度，延长芯棒在 850~900℃ 高温高速的锻造条件下的使用寿命。

2. 有色金属材料等离子喷涂与激光表面处理的复合

一般的有色金属与钢铁材料相比较,具有高导热、高导电、易加工、比强度高、密度小、抗冲击等优点,而主要缺点是硬度低、不耐磨、易腐蚀。有色金属若采用单一的表面硬化涂层,则因受力时发生塑性变形,削弱了硬化层的结合强度及硬化层与基体的附着力,使硬化层塌陷,并且会脱离而形成为磨粒,导致材料的早期失效。为解决这个问题,可以采用复合表面处理方法:先采用激光合金化,增加基材的承载能力,然后再复合一层所需的硬化层,提高耐磨性和耐蚀性。有时,对工况复杂的零件,虽进行了两种表面技术的复合处理,仍难以满足工况要求,因此需要采用由两种以上表面技术组成的复合处理。例如,钛合金进行了物理气相沉积 TiN 和离子渗氮复合处理后,虽然提高了表面耐磨性,但因表层厚度仅为 $1\sim3\mu m$(PVD),经离子渗氮后也仅为 $10\mu m$,当该零件达到临界接触应力时发生基体的塑性变形,使表面硬化层塌陷和脱落,形成磨粒,导致早期失效。如果在 PVD 和离子渗氮处理前,先进行高能束氮的合金化,增加基体承载能力,这样可避免表面硬化层的塌陷。

对于有些有色金属,则是另一种情况。例如,燃烧室和叶片,多用镍基耐热合金等材料制造,为了提高隔热性能,可使用陶瓷热障涂层(TBC),或称隔热涂层。TBC 具有热导率低、可隔绝热传导的作用,使耐热合金表面温度降低几百摄氏度,让具有较高强度的合金能在较低温度范围内工作。它有多种类型,其中高温隔热涂层主要采用等离子喷涂法,这种涂层有适用范围广、简单实用的特点,但在涂层中存在气孔、裂纹及未熔化的粉末粒子,使涂层的力学性能受到影响,同时它们也成为腐蚀气体的通道,使中间结合层氧化和耐蚀性降低。研究表明:激光表面重熔等离子喷涂 TBC 可获得等离子喷涂层所不具备的外延生长致密的柱状晶组织,改善结合强度,降低气孔率,提高涂层力学性能及热震性。

第8章 表面加工制造

表面加工制造,尤其是表面微细加工,是表面工程的一个重要组成部分。经济建设的不断发展和先进产品的大量涌现,对表面加工制造的要求越来越高,在精细化上已从微米级、亚微米级发展到纳米级,表面加工制造的重要性日益提高。

例如,微电子工业的发展在很大程度上取决于微细加工技术的发展。集成电路的制作,从晶片、掩模制备开始,经历多次氧化、光刻、腐蚀、外延、掺杂等复杂工序,以后还包括划片、引线焊接、封装、检测等一系列工序,最后得到产品。在这些繁杂的工序中,表面的微细加工起了核心作用。对于微电子工业来说,所谓的微细加工是一种加工尺度从微米到纳米量级的元器件或薄膜图形的先进制造技术。

微电子工业的发展,是电子元器件从宏观单体元器件向结构尺寸达到几十纳米的、包含极大量元器件的过程,不仅使人类进入信息化的时代,而且也使微细加工技术得到迅速的发展。目前,几何尺寸达到以微米和纳米计量的微细加工又被称为微纳加工,其应用领域已远超微电子技术的范围,涵盖了许多技术领域,如集成光学、微机电系统、微传感、微流体、纳米工艺、生物芯片、精密机械加工等,并有着不断扩大的趋势。

本章先简略介绍一些表面加工技术,包括微细加工和非微细加工,然后分别介绍微电子工业和微机电系统的微细加工制造。

8.1 表面加工技术简介

8.1.1 超声波加工

超声波通常指频率高于16kHz以上,即高于人耳听觉频率上限的一种振动波。超声波的上限频率范围主要取决于发生器,实际使用的在5 000MHz以内。超声波与声波一样,可以在气体、液体和固体介质中传播,但由于频率高、波长短、能量大,所以传播时反射、折射、共振及损耗等现象很显著。超声波具有下列主要性质:一是能传递很强的能量,其能量密度可达100W/m² 以上;二是具有空化作用,即超声波在液体介质传播时局部会产生极大的冲击力、瞬时高温、物质的分散、破碎及各种物理化学作用;三是通过不同介质时会在界面发生波速突变,产生波的反射、透射和折射现象;四是具有尖锐的指向性,即超声波换能器设为小圆片时,其中心法线方向上声强极大,而偏离这个方向时,声强就会减弱;五是在一定条件下,会产生波的干涉和共振现象。

超声波加工又称超声加工(ultrasonic machining),不仅能加工脆硬金属材料,而且适合于加工半导体以及玻璃、陶瓷等非导体。同时,它还可应用于焊接、清洗等方面。

超声波加工硬脆材料的原理如图8-1所示。由超声波发生器产生的16kHz以上的高频电流作用于超声换能器上,产生机械振动,经变幅杆放大后可在工具端面(变幅杆的终端与工具相连接)产生纵向振幅达 0.01~0.1mm 的超声波振动。工具的形状和尺寸取决于被加工面的形状和尺寸,常用韧性材料制成,如未淬火的碳素钢。工具与工件之间充满磨料悬浮液(通常是在水或煤油中混有碳化硼、氧化铝等磨料的悬浮液,称为工作液)。加工时,由超声换能器引起的工具端部的振动传送给工作液,使磨料获得巨大的加速度,猛烈地冲击工件表面,再加上超声波在工作液中的空化作用,可实现磨料对工件的冲击破碎,完成切削功能。通过选择不同工具端部形状和不同的运动方法,可进行不同的微细加工。

超声波加工适合于加工各种硬脆材料,尤其是不导电的非金属硬脆材料,如玻璃、陶瓷、石英、铁氧体、硅、锗、玛瑙、宝石、金刚石等。对于导电的硬质金属材料如淬火钢、硬质合金等,也能进行加工,但加工效率较低。加工的尺寸精度可达±0.01mm,表面粗糙度可达 $R_a=0.63\sim0.08\mu m$。主要用于加工硬脆材料的圆孔、弯曲孔、型孔、型腔等;可进行套料切割、雕刻以及研磨金刚石拉丝模等。此外,也可加工薄壁、窄缝和低刚度零件。

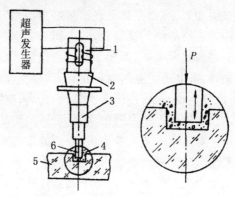

图 8-1 超声加工原理示意图
1-换能器;2、3-变幅杆;4-工作液;5-工件;6-工具

超声加工在焊接、清洗等方面有许多应用。超声波焊接是两焊件在压力作用下,利用超声波的高频振荡,使焊件接触面产生强烈的摩擦作用,表面得到清理,并且局部被加热升温而实现焊接的一种压焊方法。用于塑料焊接时,超声振动与静压力方向一致,而在金属焊接时超声振动与静压力方向垂直。振动方式有纵向振动、弯曲振动、扭转振动等。接头可以是焊点;相互重叠焊点形成的连续焊缝;用线状声极一次焊成直线焊缝;用环状声极一次焊成圆环形、方框形等封闭焊缝。相应的焊接机有超声波点焊机、缝焊机、线焊机、环焊机。超声波焊接适于焊接高导电、高导热性金属,以及焊接异种金属、金属与非金属、塑料等,也可焊接薄至 $2\mu m$ 的金箔,广泛用于微电子器件、微电机、铝制品工业以及航空、航天领域。

超声清洗是表面工程中对材料表面常用的清洗方法之一。其原理主要是基于超声波振动在液体中产生的交变冲击波和空化作用。图 8-2 为超声清洗装置示意图。清洗液通常使用汽油、煤油、酒精、丙酮、水等液体。超声波在清洗液中传播时,液体分子高频振动产生正负交变的冲击波,声强达到一定数值后液体中急剧生长微小空化气泡并瞬时强烈闭合,产生微冲击波,使材料表面的污物遭到破坏,并从材料表面脱落下来,即使是窄缝、细小深孔、弯孔中的污物,也很容易被清洗干净。

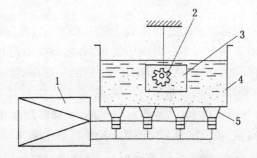

图 8-2 超声清洗装置示意图
1-超声波发生器;2-被清洗工件;
3-清洗篮;4-清洗槽;5-换能器

8.1.2 磨料加工

磨料加工(abrasive machining)是采用一定的方法使磨料作用于材料表面而进行加工的技术。现介绍几种在表面工程中使用的磨料加工技术。

1. 磨料喷射加工

磨料喷涂加工(abrasive jet machining)是利用磨料细粉与压缩气体混合后经过喷嘴形成的高速束流,通过高速冲击和抛磨作用来去除工件表面毛刺等多余材料或进行工件的切割。图8-3为磨料喷射加工示意图。磨料室往往利用一个振动器进行激励,以使磨料均匀混合。压气瓶装有一氧化碳或氮气,气体必须干燥和洁净,并具有适当的压力。喷嘴靠近工件表面,并具有一个很小的角度。喷射是在一个封闭的防尘罩内进行的,并安置了能排风的集收器,以防止粉尘对人体的危害。不能用氧作为运载气体,以避免氧与工件屑或磨料混合时可能发生强烈的化学反应。

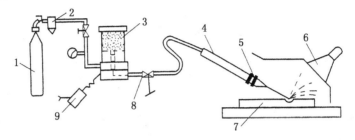

图 8-3 磨料喷射加工示意图
1—压气瓶;2—过滤器;3—磨料室;4—手柄;5—喷嘴;6—集收器;7—工件;8—控制阀;9—振动器

磨料喷射加工有不少用途,如脆硬材料的切割、去毛刺、清理和刻蚀;小型精密零件和一些塑料零件的去毛刺;不规则表面的清理;磨砂玻璃、微调电路板、半导体表面的清理;混合电路电阻器和微调电容的制造等。

2. 磁性磨料加工

磁性磨料加工在精密仪器制造业中使用日益广泛,适用于对精密零件进行抛光和去毛刺。目前这类加工主要有两种方式:一是磁性磨料研磨加工(magnetic abrasive machining),其原理在本质上与机械研磨相似,只是磨料是导磁的,磨料作用于工作表面的研磨力是由磁场形成的;二是磁性磨料电解研磨加工(magnetic abrasive eletrochemical machining),它是在普通的磁性磨料研磨的基础上,增加了电解加工的阳极溶解作用,以加速阳极工件表面的整平过程,提高工艺效果。

图8-4为磁性磨料研磨加工示意图。它是以圆柱面磁性磨料研磨加工为例的。在垂直于工件圆柱面轴线方向加磁场,工件处于一对磁极N、S所形成的磁场中间,在这个磁场中填充磁性磨料,即工件置于磁性磨料中。磁性磨料吸附在磁极和工件表面上,并沿磁力线方向排列成有一定柔性的"磨料刷",或称"磁刷"。旋转工件,使磁刷与工件产生相对运动。磁性磨粒在工件表面上的运动状态通常有滑动、滚动和切削三种形式,当磁性磨粒受到的磁场力大于切削阻力时,磁性磨粒处于正常的切削状态,从而将工件表面上很薄的一层金属及毛刺去除掉使表面逐步整平。

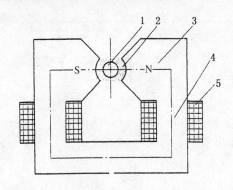 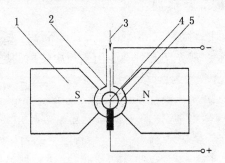

图 8-4 磁性磨料研磨加工示意图　　　　图 8-5 磁性磨料电解研磨加工示意图
1-工件;2-磁性磨料;3-磁极;4-铁心;5-励磁线圈　　1-磁极;2-阴极及喷嘴;3-电解液;4-工件;5-磁性磨料

图 8-5 为磁性磨料电解研磨加工示意图。它对工件表面的整平效果是在三重因素作用下产生的:一是电化学阳极溶解作用,即阳极工件表面原子失去电子成为金属离子而溶入电解液,或在工件表面形成氧化膜、钝化膜;二是磁性磨料的切削作用,若工件表面形成氧化膜、钝化膜,则切削除去这些膜,使外露的新金属原子不断发生阳极溶液;三是磁场的加速和强化作用,即电解液中的正、负离子在磁场中受到洛仑兹力的作用,使离子运动轨迹复杂化,增加了运动长度,提高了电解液的电离度,促进电化学反应和降低浓差极化。

磁性磨料既有对磁场的感应能力,又有对工件的切削能力。常用的原料包括两种类型:一是铁粉或铁合金如硼铁、锰铁、硅铁;二是陶瓷磨料如 Al_2O_3、SiC、WC 等。磁性磨料的一般制造方法是将一定粒度的 Al_2O_3 或 SiC 与铁粉混合、烧结,然后粉碎、筛选,制成一定尺寸的磁性磨料;也有将两种原料混合后用环氧树脂等粘结成块,然后粉碎和筛选成不同粒度。

磁性磨料加工的特点是只要将磁极形状大体与加工表面形状吻合,就可精磨有曲面的工件表面,因而适用于一般研磨加工难以胜任的复杂形状零件表面的光滑加工。

3. 挤压珩磨

挤压珩磨又称磨料流动加工(abrasive flow machining),最初主要用于去除零件内部通道或隐蔽部分的毛刺,后来扩大应用到零件表面的抛光。

挤压珩磨的原理如图 8-6 所示。工件用夹具夹持在上、下料缸之间,黏弹性流体磨料密封在由上、下料缸及夹具、工件构成的密闭空间中。加工时,磨料先填充在下料缸中,在外力(通常为液压)的作用下,料缸活塞挤压磨料通过工件中的通道,到达上料缸,而工件中的通道表面就是要加工的表面,这一加工过程类似于珩磨。当下料缸活塞到达顶部后,上料缸活塞开始向下挤压磨料再经工件中的通道回到下料缸,完成一个加工循环。在实际加工过程中,上、下活塞是同步移动的,使磨料反复通过被加工表面。通常加工需经过几个循环完成。

流动磨料是由具有黏弹性的高分子聚合物与磨料以一定比例混合组成的半固态物质,磨料可采用氧化铝、碳化硅、碳化硼、金刚石粉等。黏弹性高分子聚合物是磨料的载体,可以与磨料均匀粘结,而与金属工件不发生粘附,且不挥发,主要用来传递压力,保证磨料均匀流动,同时还起着润滑作用。流动磨料根据实际需要还可加入一定量的添加剂如减粘剂、增塑剂、润滑剂等。

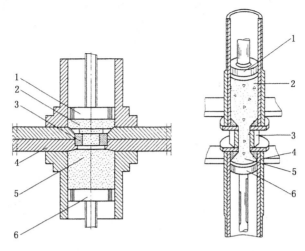

图 8-6 挤压珩磨原理图

1-上活塞；2-上部磨料室和粘性磨料；3-工件；4-夹具；5-下部磨料室和黏性磨料；6-下活塞

挤压珩磨能适应各种复杂表面的抛光和去毛刺，有良好的抛光效果，可以去除在 0.025mm 深度的表面残留应力以及一些表面变质层等。它的另一个突出优点是抛光均匀，现已广泛应用于航天、航空、机械、汽车等制造部门。

8.1.3 化学加工

化学加工（chemical machining，CHM）是利用酸、碱、盐等化学溶液对金属的化学反应，使金属腐蚀溶解而改变工件尺寸、形状或表面性能的一种加工方法。化学加工的种类较多，主要有化学蚀刻、化学抛光、化学镀膜、化学气相沉积和光化学腐蚀加工等方法。本节对化学蚀刻（或称化学铣切）和化学抛光做简单介绍，而化学镀膜和化学气相沉积已在前面做了介绍，本节不再重复。光化学腐蚀加工简称光化学加工（optical chemical machining，OCM）是光学照相制版和光刻（化学腐蚀）相结合的一种微细加工技术，它与化学蚀刻的主要区别是不靠样板人工刻形和划线，而是用照相感光来确定工件表面要蚀除的图形和线条，因此可以加工出非常精细的图形，这种加工方法在表面微细加工领域占有非常重要的地位，将在后面做单独介绍。

1. 化学蚀刻

化学蚀刻（chemical etcahing，CE）加工又称化学铣切（chemical milling，CHM），其原理如图 8-7 所示。先把工件非加工表面用耐蚀涂层保护起来，让需要加工的表面暴露出来，浸入到化学溶液中进行腐蚀，使金属特定的部位溶解去除，达到加工的目的。

金属的溶解作用不仅沿工件表面垂直深度方向进行，而且在保护层下面的侧向也进行溶解，并呈圆弧状，成为"钻蚀"，如图中的 H、R，其中 $H \approx R$。

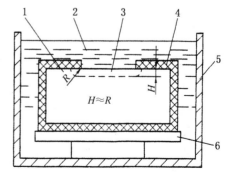

图 8-7 化学蚀刻加工示意图

1-工件材料；2-化学溶液；3-化学腐蚀部分；
4-保护层；5-溶液箱；6-工作台

化学蚀刻主要用于较大工件金属表面的厚度减薄加工,适宜于对大面积或不利于机械加工的薄壁、内表层的金属进行蚀刻,蚀刻厚度一般小于 13mm。也可以在厚度小于 1.5mm 的薄壁零件上加工复杂的型孔。

化学蚀刻的主要工序有三个:一是在工件表面涂覆耐蚀保护层,约为 0.2mm 厚度左右;二是刻形或划线,一般用手术刀沿样板轮廓切开保护层,把不要的部分剥掉;三是化学腐蚀,按要求选定溶液配方和腐蚀规范进行加工。

2. 化学抛光

化学抛光(chemical polishing,CP)是通过抛光溶液对样品表面凹、凸不平区域的选择性溶解作用消除磨痕、浸蚀整平的一种方法,用来改善工件的表面质量,使表面平滑化、光泽化。抛光溶液一般采用硝酸或磷酸等氧化剂溶液,在一定条件下使工件表面氧化,形成的氧化层又能逐渐溶入抛光溶液,表面微凸处被氧化得较快且多,微凹处则被氧化得较慢且少。同样,凸起处的氧化层比凹处扩散快,更多地溶解到溶液中,从而使工件表面逐渐被整平。

金属材料化学抛光时,有时在酸性溶液中加入明胶或甘油等添加剂。溶液的温度和时间要根据工件材料和溶液成分经试验后确定最佳值,然后严格控制。除金属材料外,硅、锗等半导体基片经机械研磨平整后,最终用化学抛光去除表面杂质和变质层,所用的抛光溶液常采用氢氟酸和硝酸、硫酸的混合溶液,或双氧水和氢氧化铵的水溶液。

化学抛光可以大面积地或多件地对薄壁、低刚度零件进行抛光,精度较高,抛光产生的破坏深度较浅,可以抛光内表面和形状复杂的零件,不需外加电源,操作简单,成本低。缺点是抛光速度慢,抛光质量不如电解抛光好,对环境污染严重。

8.1.4 电化学加工

电化学加工(electrochemical machining,ECM)是指在电解液中利用金属工件做阳极所发生的电化学溶蚀或金属离子在阴极沉积进行加工的方法。它按作用原理可以分为三类:一是利用电化学阳极溶解来进行加工,主要有电解加工和电解抛光;二是利用电化学阴极涂覆(沉积)进行加工,主要有电镀和电铸;三是利用电化学加工与其他加工方法相结合的方法进行电化学复合加工,如电解磨削(包括电解珩磨、电解研磨)、电解电火花复合加工、电化学阳极加工等。这些复合加工都是阳极溶解与其他加工(机械刮除、电火花蚀除)的复合。本节扼要介绍电化学抛光、电解加工和电铸。

1. 电化学抛光

电化学抛光是指在一定电解液中对金属工件做阳极溶解,使工件表面的粗糙度下降,并且产生一定金属光泽的一种方法。图 8-8 为电化学抛光加工示意图。它是将工件放在电解液中,并使工件与电源正极连接,接通工件与阴极之间的电流,在一定条件下使零件表层溶解,表面不平处变得平滑。

电化学抛光时,工件(阳极)表面上可能发生以下一种或几种反应:

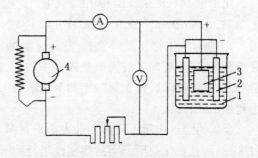

图 8-8 电化学抛光加工示意图
1—电解液;2—阴极;3—阳极;4—发电机

① 金属氧化成金属离子溶入到电解液中：
$$Me \rightarrow Me^{n+} + ne_O$$

② 阳极表面生成钝化膜：
$$Me + nOH^- \rightarrow \frac{1}{2}Me_2O_n + \frac{n}{2}H_2O + ne_O$$

③ 气态氧的析出：
$$4OH^- \rightarrow O_2 + 2H_2O + 4e_O$$

④ 电解液中各组分在阳极表面的氧化。

电解液有酸性、中性和碱性三种，具体种类较多，通用性较好的酸性电解液为磷酸-硫酸系抛光液。在抛光液中加入少量添加剂可显著改善溶液的抛光效果。通常是有机添加剂：含羟基、羧基类添加剂，主要起缓蚀作用；含胺基、环烷烃类添加剂，主要起整平作用；糖类及其他杂环类添加剂，主要起光亮剂作用。这些添加剂相互匹配可发挥多功能的作用。

电化学抛光的工艺主要由三部分组成：一是预处理，先使工件表面粗糙度达到抛光前的基本要求，即 R_a 达到 $0.16\sim0.08\mu m$，然后进行化学处理，去除工件表面上的油脂、氧化皮、腐蚀产物等；二是电化学抛光，先将抛光液加热到规定温度，把夹具带工件放入抛光液中，工件上部离电解液表面不小于 $15\sim20mm$，接通电源，控制好电流密度和通电时间，同时要加强搅拌，到预定时间后切断电源，用流动水冲洗取出的工件约 $3\sim5min$，然后及时干燥；三是后处理，要保持清洁和干燥，对于钢件，为了显著提高表面耐蚀性，在冷水清洗后，再放入质量分数为 10% 的 NaOH 溶液中，再 $70\sim95℃$ 进行 $15\sim20min$ 的处理，以加强钢件表面钝化膜的紧密性。工件经此处理后，先在 $70\sim90℃$ 的热水中清洗，然后用冷水清洗干净并及时干燥。

电化学抛光后，材料表层的一些性能会发生变化，如摩擦系数降低，可见光反射率增大，耐蚀性能显著提高，变压器钢的导磁率可增大 $10\%\sim20\%$，而磁滞损失降低，强度几乎不变。电化学抛光能消除冷作硬化层，这会降低工件的疲劳极限，另一方面表面光滑化能提高疲劳极限，因此工件的疲劳极限是提高还是降低，由综合因素来决定。

电化学抛光有机械抛光及其他表面精加工无法比拟的高效率，能消除加工硬化层，材料耐蚀等性能得到提高，表面光滑、美观，并且适用于几乎所有的金属材料，因而获得了广泛的应用。

2. 电解加工

电解加工(electrolytic machining)是利用电化学阳极溶解的原理对工件进行加工。它已广泛用于打孔、切槽、雕模、去毛刺等。

电解加工的特点是：加工不受金属材料本身硬度和强度的限制；加工效率约为电火花加工的 $5\sim10$ 倍；可达到 $R_a=1.25\sim0.2\mu m$ 的表面粗糙度和 ±0.1 的平均加工精度；不受切削力影响，无残余应力和变形。其主要缺点是难以达到更高的加工精度和稳定性，并且不适宜进行小批量生产，电解液有腐蚀性。

电解加工时，把按照预先规定的形状制成的工具电极与工件相对放置在电解液中，两者距离一般为 $0.02\sim1mm$，工具电极为负极，工件接电源正极，两级间的直流电压为 $5\sim20V$，电解液以 $5\sim20m/s$ 的速度从电极间隙中流过，被加工面上的电流密度为 $25\sim150A/cm^2$。加工开始时，工具与工件相距较近的地方通过的电流密度较大，电解液的流速也较高，工件(正极)溶解速度也就较快。在工件表面不断被溶解(溶解产物随即被高速流动的电解液冲走)的同时，工具电极(负极)以 0.5～3.0mm/min 的速度向工件方向推进,工件被不断溶解,直到与工具电极工作面基本相符的加工形状形成和达到所需尺寸时为止。

电解液通常为 $NaCl$、$NaNO_3$、$NaBr$、NaF、$NaOH$ 等,要根据加工材料的具体情况来配置。

电解加工除上述用途外,还可用于抛光。例如,将电解与其他加工方法复合在一起,构成复合抛光技术,显著提高了生产效率与抛光质量。而电解研磨复合抛光是把工件置于 $NaNO_3$ 水溶液($NaNO_3$ 与水的质量比为 1∶10 至 1∶5)等"钝化性电解液"中产生阳极溶解,同时借助分布在透水黏弹性体上(无纺布之类的透水黏弹性体覆盖在工具表面)的磨粒,刮擦工件表面波峰上随着电解过程产生的钝化膜,如图 8-9 所示。工件接在直流电源的正极上,电解液经透水黏弹性体流至加工区,磨料含在透水黏弹性体中或浮游在电解液中。

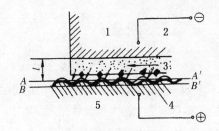

图 8-9 电解研磨复合抛光原理图
AA'-起始加工位置;BB'-最终加工位置
1-工具电极;2-黏弹性体;3-电解液;4-钝化膜;5-工件

这种抛光技术能以很少的工时使钢、铝、钛等金属表面成为镜面,甚至可以降低波纹度和改善几何形状精度。

目前,传统的电解加工技术已引入计算机控制等先进技术,开发出不少新工艺和新设备,从而使电解加工的应用有了扩展。例如,用周期间歇脉冲供电代替连续直流供电的脉冲电流电解加工技术,从根本上改善了电解加工间隙的流场、电场及电化学过程,从而可采用较小的加工间隙(如小于 0.1mm),得到较高的集中蚀除能力,在保证加工效率的前提下大幅度提高电解加工精度。又如精密电解加工(PECM)技术,代表了新的发展方向。它具有下列特点:一是阴极工具进行 30～50Hz 的机械振动;二是脉冲电流的脉宽与频率可通过编程控制;三是可按需要,实现正负脉冲的组合;四是可随时从传统电解加工(ECM)模式切换到 PECM 模式;五是可识别电流波形的异常变化,实现自动断电,短路保护时间为 200ns;六是工艺参数控制系统智能化。PECM 的成型精度一般为 0.03～0.05mm,最高为 0.003～0.005mm,而 ECM 的一般成型精度为 0.25～0.45mm,最高为 0.08～0.1mm。

3. 电铸

电铸(electroforming)的原理与电镀相同,即利用金属离子阴极电沉积原理。但电镀仅满足于在工件表面镀覆金属薄层,以达到防护或具有某种使用性能,而电铸则是在芯模表面镀上一层与之密合的、有一定厚度但附着不牢固的金属层,镀覆后再将镀层与芯模分离,获得与芯模型面凹凸相反的电铸件。

电铸的特点主要有:

① 能精密复制复杂型面和细微纹路。

② 能获得尺寸精度高,表面粗糙度优于 $R_a=0.1\mu m$ 的复制品,生产一致性好。

③ 芯模材料可以是铝、钢、石膏、环氧树脂等,使用范围广,但用非金属芯模时,需对表面做导电化处理。

④ 能简化加工步骤,可以一步成型,而且需要精加工的量很少。

⑤ 主要缺点是加工时间长,如电铸 1mm 厚的制品,简单形状的需 3～4h,复杂形状的则需几十个小时。电铸镍的沉积速度一般为 0.02～0.5mm/h;电铸铜的沉积速度为

0.04～0.05mm/h。另外，在制造芯模时，需要精密加工和照相制版等技术。电铸件的脱模也是一种难度较大的技术，因此与其他加工相比电铸件的制造费用较高。

电铸加工的主要工艺过程为：芯模制造及芯模的表面处理-电镀至规定厚度-脱模、加固和修饰→成品。

芯模制造前要根据电铸件的形状、结构、尺寸精度、表面粗糙度、生产量、机械加工工艺等因素来设计芯模。芯模分永久性的和消耗性的两大类。前者用在长期制造的产品上，后者用在电铸后不能用机械方法脱模的情况下，因而要求选用的芯模材料可以通过加热熔化、分解或用化学方法溶解掉。为使金属芯模电铸后能够顺利脱模，通常要用化学或电化学方法使芯模表面形成一层不影响导电的剥离膜，而对于非金属芯模则需用气相沉积和涂敷等方法使芯模表面形成一层导电膜。

从电镀考虑，凡能电镀的金属均可电铸，然而顾及性能和成本，实际上只有少数金属如铜、镍、铁、镍钴合金等的电铸才有实用价值。根据用途和产品要求来选择电铸材料和工艺。

电镀后，除了较薄电铸层外，一般电铸层的外表面都很粗糙，两端和棱角处有结瘤和树枝状沉积层，故要进行适当的机械加工，然后再脱模。常用的脱模方法有机械法、化学法、熔化法、热胀或冷缩法等。对某些电铸件如模具，往往在电铸成型后需要加固处理。为赋予电铸制品某些物理、化学性能或为其提高防护与装饰性能，还要对电铸制品进行抛光、电镀喷漆等修饰加工。

电铸制品包括分离电铸和包覆电镀两种。前者是在芯膜上电镀后再分离，后者则在电镀后不分离而直接制成电镀制品。目前电镀制品的应用主要有以下四个方面：

① 复制品。如原版录音片及其压模、印模，以及美术工艺制品等。

② 模具。如冲压模、塑料或橡胶成型模、挤压模等。

③ 金属箔与金属网。电铸金属箔是将不同的金属电镀在不锈钢的滚筒上，连续一片地剥离而成。例如印刷电路板上用的电铸铜箔片。电铸金属网的应用较广，如电动剃须刀的刀片和网罩，食品加工器中的过滤帘网，各种穿孔的金属箍带，印花滚筒等等。

④ 其他。例如雷达和激光器上用的波导管、调谐器，可弯曲无缝波导管，火箭发动机用喷射管等等。

电铸与其他表面加工一样，积极引入一些先进技术，来提高电铸质量和效率，扩展应用范围。例如，在芯模设计和制造上，开发了现代快速成型技术，它是由 CAD 模型设计程序直接驱动的快速制造各种复杂形状三维实体技术的总称。具体方法较多，直接得到芯模的方法有光固化成型（SL 工艺）、融丝堆积成形（FDM 工艺）、激光选择性烧结（SLS 工艺）、激光分层成形（LOM 工艺）等；间接得到芯模的方法有三维印刷（3DP 工艺）、无模铸型制造（PCM 工艺）等。又如微型电铸与微蚀技术相结合，现在已发展成为微细制造中的一项重要的加工技术。

8.1.5 电火花加工

电火花加工（electro-discharge machining，EDM）是指在一定的介质中，通过工件和工具电极间的脉冲火花放电，使工件材料熔化、汽化而被去除或在工件表面进行材料沉积的加工方法。电火花表面涂覆已在第 4 章中做了介绍，这里仅简略介绍用电火花加工去除材料的过程、特点和工艺。

1. 电火花加工过程

电火花加工是基于工件电极与工具电极之间产生脉冲性的火花放电。这种放电必须在有一定绝缘性能的液体介质中进行的,通常是低粘度的煤油或煤油与机油、变压器油的混合液等。此类液体介质的主要作用是:在达到击穿电压之前为非导电性,达到击穿电压时电击穿瞬间完成,在放完电后迅速熄灭火花,火花间隙就能消除电离,具有较好的冷却作用,并会带走悬浮的切削粒子。火花放电有脉冲性和间隙性两种,放电延续时间一般为 $10^{-7} \sim 10^{-4}$ s,使放电所产生的热量不会有效扩散到工件的其它部分,避免烧伤表面。电火花加工采用了脉冲电源。

工件电极与工具电极之间的间隙一般为 0.01~0.02mm,视加工电压和加工量而定。当放电点的电流密度达到 $10^4 \sim 10^7$ A/mm² 时,将产生 5 000℃ 以上的高温。间隙过大,则不发生电击穿;间隙过小,则容易形成短路接触。因此,在电火花加工过程中,工具电极应能自动进送调节间隙。经实验分析,每次电火花蚀除材料的微观过程是电力、磁力、热力和流体动力等综合作用的过程,连续经历了电离击穿、通道放电、熔化、气化热膨胀、抛出金属、消除电离、恢复绝缘及介电强度等几个阶段。

2. 电火花加工的特点

① 脉冲放电的能量密度较高,可加工任何硬、脆、韧、软、高熔点的导电材料。

② 用电热效应实现加工,无残余应力和变形,同时脉冲放电时间为 $10^{-6} \sim 10^{-3}$ s,因而工件受热的影响很小。

③ 自动化程度高,操作方便,成本低。

④ 在进行电火花通孔和切割加工中,通常采用线电极结构方式,因此把这种电火花加工方式称为"无型电极加工"或称为"线切割加工"。

⑤ 主要缺点是加工时间长,所需的加工时间随工件材料及对表面粗糙度的要求不同而有很大的差异。此外,工件表面往往由于电介质液体分解物的黏附等原因而变黑。

3. 电火花加工工艺

在电火花加工设备中,工具电极为直流电源的负极(成型电极),工件为正极,两极间充满液体电介质。当正极与负极靠得很近时(几微米到几十微米),液体电介质的绝缘被破坏而发生火花放电,电流密度达 $10^4 \sim 10^7$ A/cm²,然而电源供给的是放电持续时间为 $10^{-7} \sim 10^{-4}$ s 的脉冲电流,电火花在很短时间内就消失,因而其瞬间产生的热来不及传导出去,使放电点附近的微小区域达到很高的温度,金属材料局部蒸发而被蚀除,形成一个小坑。如果这个过程不断进行下去,便可加工出所需形状的工件。使用液体电介质的目的是为了提高能量密度,减小蚀斑尺寸,加速灭弧和清除电离作用,并且能加强散热和排除电蚀渣等。电火花加工可将成型电极按原样复制在工件上,因此加工所用的电极材料应选择耐消耗的材料,如钨、钼等。

对于线切割加工,工具电极通常为直径 0.03~0.04mm 的钨丝或钼丝,有时也用 0.08~0.15mm 直径的铜丝或黄铜丝。切割加工时,线电极一边切割,一边又以 6~15mm/s 的速度通过加工区域,以保证加工精度。切割的轨迹控制可采用靠模仿型、光电跟踪、数字程控、计算机程序控制等。这种方法的加工精度为 0.002~0.004mm,粗糙度 R_a 达 1.6~0.4μm,生产速率达 2~10mm/min 以上,加工孔的直径可小到 10μm。孔深度为孔径的 5 倍为宜,过高则加工困难。

电化学加工已获得广泛应用,除加工各种形状工件,切割材料以及刻写、打印铭牌和标记等,还可用于涂覆强化,即通过电火花放电作用把电极材料涂覆于工件表面上。

8.1.6 电子束加工

电子束加工(electron beam machining,EBM)是利用阴极发射电子,经加速、聚焦成电子束,直接射到放置于真空室中的工件上,按规定要求进行加工。这种技术具有小束径、易控制、精度高以及对各种材料均可加工等优点,因而应用广泛。目前主要有两类加工方法:

① 高能量密度加工,即电子束经加速和聚焦后能量密度高达 $10^6 \sim 10^9 \, \text{W/cm}^2$,当冲击到工件表面很小的面积上时,于几分之一微秒内将大部分能量转变为热能,使受冲击部分到达几千摄氏度高温而熔化和气化。

② 低能量密度加工,即用低能量电子束轰击高分子材料,使之发生化学反应,然后进行加工。

1. 电子束加工装置

电子束加工装置通常由电子枪、真空系统、控制系统和电源等部分所组成。电子枪产生一定强度的电子束,可利用静电透镜或磁透镜将电子束进一步聚成极细的束径。其束径大小随应用要求而确定。如用于微细加工时,约为 $10\mu m$ 或更小;用于电子束曝光的微小束径是平行度好的电子束中央部分,仅有 $1\mu m$ 量级。

2. 电子束高能量密度加工

电子束高能量密度加工有热处理、区域精炼、熔化、蒸发、穿孔、切槽、焊接等。在各种材料上加工圆孔、异形孔和切槽时,最小孔径或缝宽可达 $0.02 \sim 0.03 \text{mm}$。在用电子束进行热加工时,材料表面受电子束轰击,局部温度急剧上升,其中处于束斑中心处的温度最高,而偏离中心的温度急剧下降。图 8-10 为电子束轰击下半无限大工件表面的温度分布。图中 θ_0 表示电子束轰击时间 $t \to \infty$ 时平衡态下的表面中心温度,称为饱和温度。t_c 表示表面中心温度为 $0.84\theta_0$ 所需的时间,称为基准时间。有

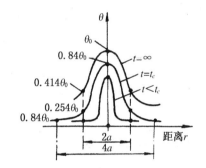

图 8-10 在电子束轰击下半无限大工件表面的温度分布

$$t_c = \pi a^2 \rho c / \lambda \tag{8-1}$$

$$\theta_0 = \Phi / \pi a \lambda \tag{8-2}$$

式中。a 为电子束斑半径;ρ 为材料密度;c 为材料比热容;λ 为材料的热导率;Φ 为电子束输入的热流量。由图可以看出,电子束轰击时间达 t_c 后,中心处的温度为 $0.84\theta_0$,离中心约 a 处的温度为 $0.25\theta_0$,两者相差很大。因此在电子束热加工中,可以做到局部区域蒸发,其他区域则温度低得多。若反复进行多脉冲电子束轰击,可以形成急陡的温度分布,用于打孔、切槽等。

3. 电子束低能量密度加工

它的重要应用是电子束曝光,即利用电子束轰击涂在晶片上的高分子感光胶,发生化学反应,制作精密图形。电子束曝光分为两类:一是扫描曝光,它是将聚焦到小于 $1\mu m$ 的电子束斑在大约 $0.5 \sim 5\text{mm}$ 的范围内自由扫描,可曝光出任意图形,特点是分辨率高,但生产效率低;二是投影曝光,是使电子束通过原版,这种原版是用别的方法制成的,它比加工目标的图形大几倍,然后以 $1/5 \sim 1/10$ 的比例缩小投影到电子抗蚀剂上进行大规模集成电路图形的曝光,既保证了所需的分辨率,又使生产效率大幅度提高,可以在几毫米见方的硅片上安排十万个晶体管或类似的元件。

为说明电子束曝光的工作原理,图 8-11 给出了典型的扫描电子束曝光系统方框图。电子枪阴极发射的电子经阳极加速汇聚后,穿过阳极孔,由聚光镜聚成极细的电子束,对工件进行扫描。完成一个扫描后,由计算机控制工件台移动一个距离。经许多次扫描后,完成对整个工件面的曝光。工件台移动时由激光干涉仪实时检测,分辨率可达到 0.6nm。计算机在比较工件台理想位置与激光干涉仪实测位置后,计算出位置误差,再通过束偏转器移动电子束斑位置,对工件台位置误差进行实时修正。电子检测器通常用于电子光学参数检测和图形的套刻对准。

电子束曝光技术主要用于掩膜版制造,微电子机械、电子器件的制造,全息图形的制作,以及利用电子束曝光技术直接产生纳米微结构(称为电子束诱导表面沉积技术)等。

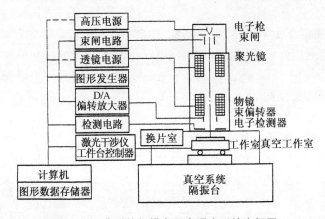

图 8-11 典型的扫描电子束曝光系统方框图

8.1.7 离子束加工

离子束加工(ion beam machining,IBM)是利用离子源中电离产生的离子,引出后经加速、聚焦形成离子束,向真空室的工件表面进行冲击,以其动能进行加工。它主要用于离子束注入、刻蚀、曝光、清洁和镀膜等方面。关于离子源以及离子束注入、清洁和镀膜的应用都在第5、6 章中做了介绍。本节对离子束加工的特点和离子束刻蚀、离子束曝光做一简介。

1. 离子束可以加工的特点

① 离子束可以通过电子光学系统进行聚焦扫描,而离子束流密度及离子能量可以精确控制,因此离子束加工是一种最精密、最微细的加工方法。

② 离子束加工是在高真空中进行的,污染少,适宜于易氧化的金属材料和高纯度半导体材料的加工。

③ 离子束加工所造成的加工应力和热变形很小,适合于对各种材料和低刚度零件的加工。

④ 设备费用很高,加工效率低,因此应用范围受到限制。

2. 离子束蚀刻

离子束蚀刻(ion beam etching)又称离子束铣、离子束研磨、离子束溅射刻蚀或离子刻蚀,是离子束轰击工件表面,入射离子的动量传递到表面原子,当传递能量超过原子间的键合力时,原子就从工件表面溅射出来,从而达到刻蚀目的的一种加工方法。为了避免入射离子与工件材料发生化学反应,必须采用惰性元素的离子。其中,氩的原子序数大,并且价格便宜,所以通常用氩离子进行轰击刻蚀。由于离子直径很小,约十分之几个纳米,可以认为刻蚀的过程是逐个原子剥离的过程,刻蚀的分辨率可达微米甚至亚微米级,但刻蚀速度很低,剥离速度大约每秒剥离一层到几层原子。例如,在 1 000eV、1mA/cm² 垂直入射条件下,Si、Ag、Ni、Ti 的刻蚀率(单位为 nm·min⁻¹)分别是 36、200、54、10。

蚀刻加工时,主要工艺参数如离子入射能量、束流大小、离子入射到工件上的角度、工作室气压等,都能分别调节控制。用氩离子蚀刻工件时,其效率取决于离子能量和入射角度。离子能量升到 1 000eV,刻蚀率随离子能量增加而迅速提高,而后速率逐渐减慢。离子刻蚀率起初随入射角 θ 增加而提高,一般在 $\theta=40°\sim60°$ 时刻蚀效率最高;θ 再增加,则会使表面有效束流减小。

离子刻蚀在表面微细加工中有许多重要应用,如用于固体器件的超精细图形刻蚀、材料与器件的减薄、表面修琢与抛光及清洗等,因而成为研究和制作新材料、新器件的有力手段。

3. 离子束曝光

离子束曝光(ion beam lithography)又称离子束光刻,是利用原子被离化后形成的离子束流作为光源,可对耐蚀剂进行曝光,从而获得微细线条图形的一种加工方法。

离子束曝光与电子束曝光相比,主要有四个特点:一是有更高的分辨率,原因是离子的质量比电子大得多,而离子射线的波长又比电子射线的波长短得多;二是可以制作十分精细的图形线条,这是因为离子束曝光克服了电子散射引起的邻近效应;三是曝光速度快,对于相同的抗蚀剂,它的灵敏度比电子束曝光灵敏度高出一到二个数量级;四是可以不用任何有机抗蚀剂而直接曝光,并且可以使许多材料在离子束照射下产生增强性腐蚀。

离子束曝光技术相对于较为完善的电子束曝光技术,是一项正在积极发展的图形曝光技术,出现了与电子束曝光相对应的聚焦离子束曝光与投影离子束曝光。聚焦离子束曝光的效率较低,难于在生产上应用,因此投影离子束曝光技术的发展受到重视。

8.1.8 激光束加工

激光束加工(laser beam machining,LBM)是利用激光束具有高亮度(输出功率高),方向性好,相干性、单色性强,可在空间和时间上将能量高度集中起来等优点,使工件材料被去除、变形、改性、沉积、连接等的一种加工方法。当激光束聚焦在工件上时,焦点处功率密度可达 $10^7\sim10^{11}\mathrm{w/cm^2}$,温度可超过 1 000℃。

1. 激光束加工的优点

① 不需要工具,适合于自动化连续操作。
② 不受切削力影响,容易保证加工精度。
③ 能加工所有材料
④ 加工速度快,效率高,热影响区小。
⑤ 可加工深孔和窄缝,直径或宽度可小到几微米,深度可达直径或宽度的 10 倍以上。
⑥ 可透过玻璃对工件进行加工。
⑦ 工件可不放在真空室中,也不需要对 X 射线进行防护,装置较为简单。
⑧ 激光束传递方便,容易控制。

目前用于激光束加工的能源多为固体激光器和气体激光器。固体激光器通常为多模输出,以高频率的掺钕钇铝石榴石激光器为最常使用。气体激光器一般用大功率的二氧化碳激光器。

2. 激光束加工技术的主要应用

① 激光打孔。如喷丝头打孔，发动机和燃料喷嘴加工，钟表和仪表中的宝石轴承打孔，金刚石拉丝模加工等。

② 激光切割或划片。如集成电路基板的划片和微型切割等。

③ 激光焊接。目前主要用于薄片和丝等工件的装配，如微波器件中速调管内的钽片和钼片的焊接，集成电路中薄膜的焊接，功能元器件外壳密封焊接等。

④ 激光热处理。如表面淬火，激光合金化等。

实际上激光加工有着更广泛的应用。从光与物质相互作用的机理看，激光加工大致可以分为热效应加工和光化学反应加工两大类。

激光热效应加工是指用高功率密度激光束照射到金属或非金属材料上，使其产生基于快速热效应的各种加工过程，如切割、打孔、焊接、去重、表面处理等。

光化学反应加工主要指高功率密度激光与物质发生作用时，可以诱发或控制物质的化学反应来完成各种加工过程，如半导体工业中的光化学气相沉积、激光刻蚀、退火、掺杂和氧化，以及某些非金属材料的切割、打孔和标记等。这种加工过程，热效应处于次要地位，故又称为激光冷加工。

3. 准分子激光技术及其在微细加工中应用

如前所述，掺钕钇铝石榴石（Nd：YAG）和二氧化碳（CO_2）两种激光器，大量应用于打孔、切割、焊接、热处理等方面。另有一种激光器叫准分子激光器，则在表面微细加工方面发挥了很大的作用。

准分子是一种在激发态能暂时结合成不稳定分子，而在基态又迅速离解成原子的缔合物，因而又称为"受激准分子"。其激光跃迁发生在低激发态与排斥的基态（或弱束缚）之间，荧光谱为一连续带，可实现波长可调谐运转。由于准分子激光跃迁的下能级（基态）的粒子迅速离解，激光下能级基本为空的，极易实现粒子数反转，因此量子效率接近 100%，且可以高重复频率运转。准分子激光器输出波长主要在紫外线可见光区，波长短、频率高、能量大、焦斑小、加工分辨率高，所以更适合于高质量的激光加工。

准分子激光器按准分子的种类不同可分为以下几类（* 表示准分子）：一是惰性气体准分子，如氙（Xe_2^*）、氩（Ar_2^*）等；二是惰性气体原子和卤素原子结合成准分子，如氟化氙（XeF^*）、氟化氩（ArF^*）、氯化氙（$XeCl^*$）等；三是金属原子和卤素原子结合成准分子，如氯化汞（$HgCl^*$）、溴化汞（$HgBr^*$）等。准分子激光器上能级的寿命很短，如 KrF^* 上能级的寿命为 9ns，$XeCl^*$ 为 40ns，不适宜存储能量，因此准分子激光器一般输出脉宽为 10～100ns 的脉冲激光；输出能量可达百焦耳量级，峰值功率达千兆瓦以上，平均功率高于 200W，重复频率高达 1kHz。

准分子激光技术在医学、半导体、微机械、微光学、微电子等领域已有许多应用，尤其对脆性材料和高分子材料的加工更显示其优越性。准分子激光在表面微细加工上有一系列应用。例如：在多芯片组件中用于钻孔；在微电子工业中用于掩模、电路和芯片缺陷修补，选择性去除金属膜和有机膜，刻蚀、掺杂、退火、标记、直接图形写入，深紫外光曝光等；液晶显示器薄膜晶体管的低温退火；低温等离子化学气相沉积；微型激光标记、光致变色标记等；三维微结构制作；生物医学元件、探针、导管、传感器、滤网等。

8.1.9 等离子体加工

在现代加工或特种加工领域中,等离子体加工通常指等离子弧加工(Plasma arc machining,PAM),即利用电弧放电,使气体电离成过热的等离子气体流束,靠局部熔化及气化来去除多余材料。目前,在工业中广泛采用压缩电弧的方法来形成等离子弧,即把钨极缩入喷嘴内部,并且在水冷喷嘴中通以一定压力和流量的离子气,强迫电弧通过喷嘴孔道,以形成高温、高能量密度的等离子弧,此时电弧受到机械、热收缩和电磁三种压缩作用,直径变小,温度升高,气体的离子化程度提高,能量密度增大,最后与电弧的热扩散作用相平衡,形成稳定的压缩电弧。这种工业中的等离子弧作为热源,广泛应用于等离子弧焊接、切割、堆焊和喷涂等。

在表面工程中,等离子加工有着广泛的涵义,即利用等离子体的性质和特点,对材料表面进行各种非微细加工和微细加工,尤其是将等离子体化学与真空技术、等离子体诊断技术和放电技术等结合,实现低温等离子体及其应用。

关于辉光放电等离子体技术与应用、微波放电等离子体技术与应用、放电等离子体技术及其在薄膜制备中的应用以及等离子体表面处理等已在第5、6两章中做过介绍,这里简略了解等离子体蚀刻技术的概况。

1. 等离子体溅射蚀刻和离子束蚀刻

蚀刻是通过腐蚀等物理、化学手段,有选择性地去除表面薄层的物质,以形成某种薄膜微细结构的一种加工方法。早在20世纪60年代等离子刻蚀(干法)已开始逐步取代化学腐蚀(湿法)刻蚀。目前,这仍是一种最成功、最广泛应用的微刻蚀技术。湿法刻蚀在很大程度上被干法刻蚀所取代,主要原因之一是湿法刻蚀难以实现垂直向下的各向异性刻蚀。等离子溅射刻蚀是干法刻蚀中的一个重要方法。其刻蚀时,等离子体内的离子在电场加速作用下轰击被刻蚀的工件。在导体表面附近电场近似垂直表面,离子轰击表面也近似于垂直,形成纵向刻蚀,以最大程度减少蚀刻的误差和钻刻的发生,从而提高微细加工的质量,同时在等离子体产生的物质组分具有更大的化学活性。等离子体溅射蚀刻的过程可以用气体放电的电参数控制,均匀度达到±1‰~±2‰,重复性也较好。此外,这种蚀刻方法没有液相腐蚀的废液和废渣等问题,对大规模集成电路的制作非常重要。等离子体溅射刻蚀的主要缺点是蚀刻选择性较差。

另一种干法蚀刻方法是离子束蚀刻,其离子束由一个离子源和加速-聚焦系统产生,再注入到高真空度的工作室内。这种蚀刻加工有时又被称为离子铣,即利用离子束的溅射作用,精确定位对工件表面原子一层一层地进行剥离加工,形成立体的微细结构;工作时,可以不使用掩模。如果工件表面的物质是非导体,可在工作室内设辅助电子枪,轰击电子的负电荷可以中和离子轰击的充电正电荷。离子束蚀刻是纯粹的轰击溅射,具有非常好的蚀刻纵向方向性。

2. 基于化学作用的等离子体蚀刻

蚀刻按物理和化学作用可以分为三类:一是化学作用型蚀刻,即利用液体腐蚀剂或气体腐蚀剂进行蚀刻,特点是可按工件物质的不同来选择腐蚀剂,具有多样性和选择性,缺点是缺乏纵向蚀刻的各向异性;二是物理作用型蚀刻,主要利用低气压等离子体中高能量离子轰击工件表面引起的溅射作用,特点是具有高度的纵向蚀刻各向异性,但缺乏必要的选择性;三是混合型蚀刻,既利用气体放电等离子体中具有特殊化学性质的增强腐蚀剂的腐蚀作用,又利用等离子体中的电子和离子轰击增强腐蚀剂的化学腐蚀作用。其蚀刻的选择性与纵向蚀刻的各向异性，介于前面两种类型之间。

基于物理作用的离子溅射蚀刻缺乏选择性，即不同物质溅射去除的速率相差不大，对实现多种工艺的目标很不利，而依靠化学反应的等离子体蚀刻，在许多情况下，不仅蚀刻速率显著提高，而且不同物质溅射去除的速率可存在很大的差异。基于化学作用的等离子体蚀刻有高压强等离子体蚀刻、反应离子蚀刻和高密度等离子体蚀刻。

以高压强等离子体蚀刻为例。它是使用较多的蚀刻方法，其气体放电的工作气体不是惰性气体，而是具有化学活性的气体。通常是把 CF_4 之类的气体导入反应器，放电产生等离子体。在大约 50Pa 的压强下，CF_4 的密度大约为 $3×10^{16}\ cm^{-3}$。单纯的 CF_4 不能腐蚀硅(Si)，Si－Si 的化学键非常强。但在等离子体中，能量较高的电子的碰撞，使部分 CH_4 分子离解，因而除 CH_4 之外，还有 CF_3、CF_2、C 和 F 等原子和分子及其电离后的离子，可称之为化学基，具有很高的化学活性，其中以 CF_3^+ 的丰度最高。这种高化学活性的化学基与 Si 反应，达到蚀刻目的。CH_4 等离子体的蚀刻作用是选择性的，在室温下它对 Si 及 SiO_2 的蚀刻速率比值为 50∶1，在 －30℃时达到 100∶1，加入一定量的 O_2、H_2、H_2O 等气体还可使这种选择性得到增强或减弱。

8.1.10 光刻加工

光刻加工(lithography)的最初涵义是照相制版印刷。在微电子和光电子工艺中，光刻加工是一种复印图像与蚀刻相结合的综合技术，其目的在于利用光学等方法，将设计的图形转换到芯片表面上。

光刻加工的基本原理是利用光刻胶在曝光后性能发生变化这一特性。光刻胶又称为光致抗蚀剂，是一类经光照可发生溶解度变化并有抗化学腐蚀能力的光敏聚合物。光刻工艺按技术要求不同而有所不同，但基本过程通常包括涂胶、曝光、显影、坚膜、蚀刻、去胶等步骤。在制造大规模、超大规模集成电路等场合，需采用电子计算机辅助设计技术，把集成电路的设计和制版结合起来，进行自动制版。

图 8-12 是光刻加工的一个实例：硅片氧化，表面形成一层 SiO_2[见图 8-12(a)]→涂胶，即在 SiO_2 层表面涂覆一层光刻胶[见图 8-12(b)]→曝光，它是在光刻胶层上面加掩模，然后利用紫外光进行曝光[见图 8-12(c)]→显影，即曝光部分经显影而被溶解除去[见图 8-12(d)]→蚀刻，使未被光刻胶覆盖的 SiO_2 这部分被腐蚀掉[见图 8-12(e)]→去胶，使剩下的光刻胶全部去除[见图 8-12(f)]→扩散，即向需要杂质的部分扩散杂质[见图 8-12(g)]。

为实现复杂的器件功能和各元件之间的互连，现代集成电路设计通常要分成若干工艺层，通过多次光刻加工。每一个工艺层对应于一个平面图形，不同层相互对应的几

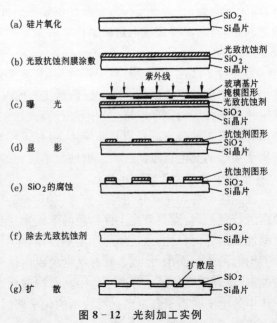

图 8-12 光刻加工实例

何位置须通过对准套刻来实现。光刻是微电子工艺中最复杂和关键的工艺,其加工成本约占 IC 总制造成本的 1/3 或更多。光刻加工主要由光刻和蚀刻两个步骤组成,前面有关电子束、离子束、激光束、等离子体加工的介绍中,已涉及到光刻或蚀刻的内容,下面将对光刻和蚀刻技术做一较完整的简介。

1. 光刻胶

又称光致抗蚀剂(photoresist),是涂覆在硅片或金属等基片表面上的感光性耐蚀涂层材料。光刻胶最早用于印刷制版,后来应用到集成电路、全息照相、光盘制备与复制、光化学加工等领域。在微细加工中,光刻过程是光子被光刻胶吸收,通过光化学作用,使光刻胶发生一定的化学变化,形成了与曝光物一致的"潜像",再经过显影等过程,获得由稳定的剩余光刻胶构成的微细图形结构。显然,其中所包含的光化学过程与照相的光化学过程有着实质上的区别。

光刻胶可分为两大类:一是正型光刻胶,以邻重氮萘醌感光剂—酚醛树脂型为主,其特点是光照后发生光分解、光降解反应,使溶解度增大;二是负型光刻胶,以环化橡胶-双叠氮化合物、聚乙烯醇肉桂酸酯及其衍生物等为主,特点是光照后发生交联、光聚合,使溶解度减小。正型光刻胶中被曝光的部分将会在显影溶液里基本上是不溶解的,以后能够充分地保留其抗腐蚀的掩模能力。对于与负型光刻胶,情况恰好相反,即曝光部分的光刻胶在显影溶液中基不上不溶解,而未曝光的部分则在显影溶液中迅速溶解掉。通常正型光刻胶比负型光刻胶有更高的分辨率,因而在集成电路的光刻工艺中较多使用。

为了提高分辨率,以制造更高密度的超大规模集成电路,可采用其他方法。例如,从光学上采用相位移技术,在化学上可使用反差增强技术。

光刻胶的主要技术指标有两个:一是曝光的灵敏度,即光刻胶充分完成曝光过程所需的单位面积的光能量(mj/cm^2),这意味着灵敏度越高,曝光时间越短;二是分辨率,即光刻胶曝光和显影等工艺过程限定的、通过光刻工艺能够再现的微细结构的最小特征尺寸。

科学工作者为提高光刻胶的性能,做了很大的努力,并且取得了一定的成效。近来,为了提高光刻胶曝光的灵敏度,化学增幅光刻胶成为研究热点之一。

2. 光刻

根据曝光时所用辐照源波长的不同,光刻可分为光学光刻法、电子束光刻法、离子束光刻法、X 射线光刻法等。

(1) 光学光刻法　目前大规模集成电路制造中,主要使用电子束曝光光刻技术来制备掩模,而使用紫外线光学曝光光刻技术来实现半导体芯片的生产制造。通常用水银蒸气灯做紫外线光源,其光波波长为 435nm(G 线)、405nm(H 线)和 365nm(I 线)。后来开始使用工作波长为 248nm(KrF)或 193nm(ArF)的激光以得到更高的曝光精度。因光刻胶对黄光不敏感,为避免误曝光,光刻车间的照明通常采用黄色光源,这一区域也通常被称为"黄光区"。

光学光刻的基本工艺包括掩模的制造、晶片表面光刻胶的涂覆、预烘烤、曝光、显影、后烘、刻蚀以及光刻胶的去除等工艺,各步骤的主要目的及其方法依次说明如下:

① 掩模的制造。形成光刻所需要的掩模。它是利用电子束曝光法将计算机 CAD 设计图形转换到镀铬的石英板上。

② 光刻胶的涂覆。在晶片表面上均匀涂覆一层光刻胶,以便曝光中形成图形。涂覆光刻胶前应将洗净的晶片表面涂上附着性增强剂或将基片放在惰性气体中进行热处理,以增加光刻胶与晶片间的黏附能力,防止显影时光刻图形脱落及湿法刻蚀时产生侧面刻蚀。光刻胶的

涂覆是用转速和旋转时间可自由设定的甩胶机来进行的,利用离心力的作用将滴状的光刻胶均匀展开,通过控制转速和时间来得到一定厚度的涂覆层。

③ 预烘。在80℃左右的烘箱中惰性气氛下预烘15~30min,以去除光刻胶中的溶剂。

④ 曝光。将高压水银灯的G线或I线通过掩模照射在光刻胶上,使其得到与掩模图形同样的感光图案。

⑤ 显影。将曝光后的基片在显影液中浸泡数十秒钟时间,则正性光刻胶的曝光部分(或者负性光刻胶的未曝光部分)将被溶解,而掩模上的图形就被完整地转移到光刻胶上。

⑥ 后烘。为使残留在光刻胶中的有机溶液完全挥发,提高光刻胶与晶片的粘接能力及光刻胶的蚀刻能力,通常将基片在120~200℃的温度下烘干20~30min,这一工序称为后烘。

⑦ 蚀刻。经过上述工序后,以复制到光刻胶上的图形作为掩模,对下层的材料进行蚀刻,这样就将图形复制到了下层的材料上。

⑧ 光刻胶的去除。在蚀刻完成后,再用剥离液或等离子蚀刻去除光刻胶,完成整个光刻工序。

根据曝光时掩模与光刻胶之间的位置关系,可分为接触式曝光、接近式曝光及投影式曝光。在接触式曝光中,掩模与晶片紧密叠放在一起,曝光后得到尺寸比例为1:1的图形,分辨率较好。但如果掩模与晶片之间进入了粉尘粒子,就会导致掩模上的缺陷。这种缺陷会影响到后续的每次曝光过程。接触式曝光的另一个问题是光刻胶层如果有微小的不均匀现象,会影响整个晶片表面的理想接触,从而导致晶片上图形分辨率随接触状态的变化而变化。不仅如此,这个问题随后续过程的进行还会变得更加严重,而且会影响晶片上的已有结构。

在接近式曝光中,掩模与晶片间有10~50μm的微小间隙,这样可以防止微粒子进入而导致掩模损伤。然而由于光的波动性,这种曝光法不能得到与掩模完全一致的图形。同时,由于衍射作用,分辨率也不太高。采用波长为435nm的G线,接近距离为20μm曝光时,最小分辨率约为3μm。而利用接触式曝光法,使用1μm厚的光刻胶,分辨率则为0.7μm。

由于上述问题,两种方法均匀不适合现代半导体生产线。然而在微技术领域,对最小结构宽度要求较少,所以这些方法仍然有重要意义。在现代集成电路制造中用到的主要是采用成像系统的投影式曝光法。该方法又分为等倍投影和缩小投影,其中缩小投影曝光的分辨率最高,适合做精细加工,而且对掩模无损伤。它一般是将掩模上的图形缩小为原图形的1/5~1/10复制到光刻胶上。

缩小投影 曝光系统的主要组成是高分辨率、高度校正的透镜,透镜只在约$1cm^2$的成像区域内,焦距为1μm或更小的情况下才具备要求的性能。因此,这种光刻过程中,整个晶片是一步一步,一个区域一个区域地被曝光的。每步曝光完成后,工作台都必须精确地移动到下一个曝光位置。为保证焦距正确,每部分应单独聚焦。完成上述重复曝光的曝光系统称为步进机。

在缩小投影曝光中一个值得关注的问题是成像时的分辨率和焦深。由光学知识可知,波长的减小和数值孔径的增大均可以提高图形的分辨率,但同时也可能导致焦深的减小。当焦深过小时,晶片的不均匀性、光刻胶厚度变化及设备误差等很容易导致不能聚焦。因此,必须在高分辨率和大焦深中寻找合适的值以优化工艺。调制传递函数(MTF)规定了投影设备的成像质量,通过对衍射透镜系统MTF的计算可以知道,为了得到较高的分辨率,使用相干光比非相干光更有利。

(2) 电子束光刻法 它是利用聚焦后的电子束在感光膜上准确地扫描出所需要的图案的

方法。最早的电子束曝光系统是用扫描式电子显微镜修改而制成的,该系统中电子波长约 0.2~0.05Å,可分辨的几何尺寸小于 0.1μm,因而可以得到极高的加工精度,对于光学掩模的生产具有重要的意义。在工业领域内,这是目前制造出纳米级尺寸任意图形的重要途径。

电子束在电磁场或静电场的作用下会发生偏转,因此可以通过调节电磁场或静电场来控制电子束的直径和移动方式,使其在对电子束敏感的光刻胶表面刻写出定义好的图形。根据电子束为圆形波束(高斯波束)或矩形波束可分为投影扫描或矢量扫描方式,这些系统都以光点尺寸交叠的方式刻写图形,因而速度较慢。

为生成尽可能精细的图形,不仅需要电子束直径达到最小,而且与电子能量、光刻胶及光刻胶下层物质有很大的关系。电子在进入光刻胶后,会发生弹性和非弹性的散射,并因此而改变其运动方向直到运动停止。这种偏离跟入射电子能量和光刻胶的原子质量有很大的关系。当光刻胶较厚时,在入射初期电子因能量较高运动方向基本不变,但随能量降低,散射将使其运动方向发生改变,最后电子在光刻胶内形成上窄下宽的"烧瓶状"实体。为得到垂直的侧壁,需要利用高能量的电子对厚光刻胶进行曝光,以增大"烧瓶"的垂直部分,如图 8-13(a)所示。

然而,随着入射电子束能量的加大,往往产生一种被称为"邻近效应"的负面结果。在掩模刻写过程中,过高的能量可能导致电子完全穿透光刻胶而到达下面的基片。由于基片材料的原子质量较大,导致电子散射的角度也很大,甚至可能超过 90°。因此光刻胶上未被照射的部分被来自下方的散射电子束曝光,这种现象称为"邻近效应"。当邻近区域存在微细结构时,这种效应可能导致部分细结构无法辨认[见图 8-13(b)]。

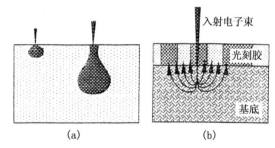

图 8-13 电子能量对曝光的影响
(a) 不同能量电子在光刻胶中的深度分布;
(b) 光刻胶内电子的邻近效应

邻近效应是限制电子束光刻分辨率的一个因素,它受入射电子的能量、基片材料、光刻胶材料及其厚度、对比度和光刻胶成像条件等的影响,通过改变这些参数或材料可以降低影响。另外,还可将刻写结构分区,不同的区域依其背景剂量采用相应的参数,如采用不同的电子流密度或不同的曝光方法等来补偿邻近效应的影响。

采用电子束光刻法时,因其焦深比较大,故对被加工表面的平坦度没有苛刻的要求。除此之外,相对于光学光刻法电子束光刻法还具有如下特点:

① 电子束波长短,衍射现象可忽略,因此分辨率高。

② 能在计算机控制下不用掩模直接在硅晶片上生成特征尺寸在亚微米范围内的图案。

③ 可用计算机进行不同图案的套准,精度很高。电子束光刻法没有普遍应用在生产中的原因:邻近效应降低了其分辨就绪;与光学方法相比曝光速度较慢。

(3) 离子束光刻法 除离子源外,离子束曝光系统和电子束曝光系统的主要结构是相同的,它的基本工作原理是,通过计算机来控制离子束使其按照设定好的方式运动,利用被加速和被聚焦的离子直接在对离子敏感的光刻胶上形成图形而无需掩模。

离子束光刻法的主要优点:

① 邻近效应很小,这是因为离子的质量较大,不大可能出现如同电子般发生大于 90°的散射而运动到邻近光刻胶区域的现象。

② 光敏性高，这是由于离子在单位距离上聚集的能量比电子束要高得多。

③ 分辨率高，特征尺寸可以小于 10nm。

④ 可修复光学掩模（将掩模上多余的铬去掉）。

⑤ 直接离子刻蚀（无需掩模），甚至可以无需光刻胶。

虽然有众多的优点，但离子束光刻法在工业上大规模推广应用的主要困难在于难以得到稳定的离子源。此外，能量在 1MeV 以下的重离子的穿入深度仅 30～500nm，并且离子能穿过的最大深度是固定的，因此离子光刻法只能在很薄的层上形成图形。离子束光刻法的另一局限性表现为，尽管光刻胶的感光度很高，但由于重离子不能像电子那样被有效地偏转，离子束光设备很可能不能解决连续刻写系统的通过量问题。

离子束光刻法最有吸引力之处是它可以同时进行刻蚀，因而有可能把曝光和刻蚀在同一工序中完成。但离子束的聚焦技术还没有电子束的成熟。

（4）X 射线光刻法　X 射线的波长比紫外线短 2～3 个数量级，用作曝光源时可提高光刻图形的分辨率，因此，X 射线曝光技术也成为人们研究的新课题。但由于没有可以在 X 射线波长范围内成像的光学元件，X 射线光刻法一般采用简单的接近式曝光法来进行。

产生可利用的 X 射线源包括高效能 X 射线管、等离子源、同步加速器等。采用 X 射线管产生 X 射线曝光的基本原理是，采用一束电子流轰击靶使其辐射 X 射线，并在 X 射线投射的路程中放置掩模版，透过掩模的 X 射线照射到硅晶片的光刻胶上并引起曝光。而等离子源 X 射线是利用高能激光脉冲轰射靶电极产生放电现象，结果靶材料蒸发形成极热的等离子体，离子通过释放 X 射线进行重组。

X 射线的掩模材料包括非常薄的载体薄片和吸收体。载体薄片一般由原子数较少的材料如铍、硅、硅氮化合物、硼氮化合物、硅碳化合物和钛等构成，以使穿过的 X 射线的损失最小化。塑料膜由于形状稳定性和 X 射线耐久性差，不适合使用。吸收体材料一般采用电镀金，也可以使用钨和钽。为了使照射过程中掩模内的变形最小，掩模的尺寸一般不超过 50mm×50mm，所以晶片的曝光应采用分步重复法完成。

对简单的接近曝光法而言，X 射线的衍射可忽略不计，影响分辨率的主要原因是产生半阴影和几何畸变。其中半阴影大小跟靶上斑的尺寸、靶与光刻胶的距离及掩模与光刻胶的距离有关；而因入射 X 射线跟光刻胶表面法线不平行所导致的几何畸变，则跟曝光位置偏离 X 射线光源到晶片表面垂直点的距离有关，距离越大畸变也越大。

除了波束不平行容易导致几何畸变外，采用 X 射线管和等离子源的最大缺点还在于 X 射线产生和曝光的效率低，在工业应用中还不够经济。而采用同步加速器辐射产生的 X 射线则具备下列优点：ⓐ连续光谱分布；ⓑ方向性强，平行度高；ⓒ亮度高；ⓓ时间精度在 10^{-12}s 范围内；ⓔ偏振；ⓕ长时间的高稳定性；ⓖ可精确计算等。就亮度和平行度而言，这种光源完全能够满足光刻法要求的边界条件。

多年来，人们一直在讨论 X 射线光刻法在半导体制造业中的应用，目前存在的主要技术问题是如何提高掩模载体薄片的稳定性以及校正的精确性。近年来，由于光学光刻领域取得了显著成就，使得可制造的最小结构尺寸不断缩小，因此推迟了 X 射线光刻技术的应用。但采用同步加速辐射 X 射线光刻法，以其独特的光谱特性在制作微光学和微机械结构中发挥了重要的作用。

3. 蚀刻

蚀刻是紧随光刻之后的微细加工技术，是指将基底薄膜上没有被光刻胶覆盖的部分，以化学反应或者物理轰击的方式加以去除，将掩模图案转移到薄膜上的一种加工方法。蚀刻类似于光刻工序中的显影过程，区别在于显影是通过显影液将光刻胶中未曝光的洗掉，而蚀刻去掉的则是未被覆盖住的薄膜，这样在经过随后的去胶工艺后即可在薄膜上得到加工精细的图形。最初的微细加工是对硅或薄膜的局部湿化学蚀刻，加工的微元件包括悬臂梁、横梁和膜片，至今，这些微元件还在压力传感器和加速度计中使用。

根据采用的蚀刻剂不同，蚀刻可分为湿法蚀刻和干法蚀刻。湿法是指采用化学溶液腐蚀的方法，其机理是使溶液内的物质与薄膜材料发生化学反应生成易溶物。通常硝酸与氢氟酸的混合溶液可以蚀刻各向同性的材料，而碱性溶液可以蚀刻各向异性的材料。干法蚀刻则是利用气体或等离子体进行的，在离子对薄膜表面进行轰击的同时，气体活性原子或原子团与薄膜材料反应，生成挥发性的物质被真空系统带走，从而达到蚀刻的目的。

理想的蚀刻结果是在薄膜上精确地重现光刻胶上的图形，形成垂直的沟槽或孔洞。然而，由于实际蚀刻过程中往往产生侧向的蚀刻，会造成图形的失真。为尽可能得到符合要求的图形，蚀刻工艺通常要着重考虑一些技术参数：蚀刻的各向异性、选择比、均匀性等。

蚀刻的各向异性中的"方向"包含两重含义。其一是指有不同晶面指数的晶面，通常用在半导体芯片以外的微机械加工中。对晶体进行蚀刻处理时，某些晶面的蚀刻速度比其他晶面要快得多，例如采用某些氢氧化物溶液和胺的有机酸溶液蚀刻时，(111)晶面比(100)和(110)晶面要慢得多。这种各向异性在微细加工中有重要意义，它使微结构表面处于稳定的(111)晶面。另一种含义是指蚀刻中的"横向"和"纵向"，通常用在半导体加工中。在要求形成垂直的侧面时，应采用合适的蚀刻剂和蚀刻方法使垂直蚀刻速度最大而侧向蚀刻速度最小，从而形成各向异性蚀刻。此时，若采用各向同性蚀刻，侧向的蚀刻会导致线条尺寸比设计的要宽，达不到要求的精度。蚀刻的方向性示意如图 8-14 所示。

在蚀刻过程中，同时暴露于蚀刻环境下的两种物质被蚀刻的速率是不同的，这种差异往往用选择比来度量。一般将同一蚀刻环境下物质 A 的蚀刻速率和物质 B 的蚀刻速率之比称为 A 对 B 的选择比。例如，除了裸露的基底薄膜被蚀刻去除外，光刻胶也被蚀刻剂减薄了，尤其对于干法蚀刻，离子轰击导致光刻胶被蚀刻得更加明显，此时，薄膜的蚀刻速率与

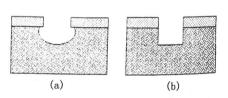

图 8-14 蚀刻方向
(a) 各向同性；(b) 各向异性

光刻蚀刻速率之比被称为薄膜对光刻胶的选择比。一般而言，选择比越大越好，在采用湿法蚀刻时选择比甚至可以接近无穷大。干法和湿法蚀刻的详细原理将在后面加以介绍。

蚀刻均匀性是衡量同一加工过程中蚀刻形成的沟槽或孔洞蚀刻速率差异的重要指标。在晶片不同位置接触到的蚀刻剂浓度、蚀刻等离子体活性原子、离子轰击强度不同是造成蚀刻速率差异的主要原因。此外，蚀刻孔洞的纵横比（aspect ratio，深度和直径之比）不同也是造成蚀刻速率差异的重要原因。

(1) 湿法蚀刻　湿法蚀刻的反应过程同一般的化学反应相同，反应速率跟温度、溶液浓度等有很大关系。例如，在采用氢氟酸来蚀刻二氧化硅时，发生的是各向同性蚀刻，典型的生成物是气态的 SiF_4 和水。在现代半导体加工中这种蚀刻往往是各向同性的，因侧壁的腐蚀可能

会导致线宽增大,当线宽度要求小于 $3\mu m$ 时通常要被干法蚀刻所代替。而在硅的微机械加工中,由于具有操作简单、设备价格低廉等优点,湿法蚀刻仍有广泛的用途。在硅的湿法蚀刻技术使用至今 30 多年的时间内,生产出了大量的微结构产品,如由硅制造或者建立在硅基础上的膜片、支撑和悬臂,光学或流体中使用的槽、弹簧、筛网等,至今仍被广泛应用于各种微系统中。

在半导体加工领域,湿法蚀刻具有如下特点:ⓐ反应产物必须是气体或能溶于蚀刻液的物质,否则会造成反应产物的沉淀,从而影响蚀刻过程的正常进行;ⓑ一般而言,湿法蚀刻是各向同性的,因而产生的图形结构是倒八字型而非理想的垂直墙;ⓒ反应过程通常伴有放热和放气。放热造成蚀刻区局部温度升高,引起反应速率增大;反过来温度会继续升高,从而使反应处于不可控的恶劣环境中。放气会造成蚀刻区局部地方因气泡使反应中断,形成局部缺陷及均匀性不够好等问题。解决上述问题可通过对溶液进行搅拌、使用恒温反应容器等。

根据不同加工要求,微机械领域通常使用的蚀刻剂包括 HNA 溶液(HF 溶液+NHO_3 溶液+CH_3COOH 溶液+H_2O 的混合液)、碱性氢氧化物溶液(以 KOH 溶液最普遍)、氢氧化铵溶液(如 NH_4OH、氢氧化四乙铵、氢氧化四甲基铵的水溶液,后两者可分别缩写为 TEAH 和 TMAH)、乙烯二胺—邻苯二酚溶液(通常称为 EDP 或 EDW)等,分别具有不同的蚀刻特性,可用于不同材料的蚀刻。其中,除 HNA 溶液为各向同性的蚀刻外,其他几种溶液均为各向异性蚀刻,对不同晶面有不同的蚀刻速率。

采用各向异性的蚀刻剂可制造出各种类型的微结构,在相同的掩模图案下,它们的形状由被蚀刻的基体硅晶面位置和蚀刻速度决定。(111)晶面蚀刻很慢,而(100)晶面和其他晶面蚀刻相当快。(122)晶面和(133)晶面上的凸起部分因为速度快而被切掉了。利用这些特性可以制造出凹槽、薄膜、台地、悬臂梁、桥梁和更复杂的结构。

对蚀刻的结果主要是通过控制时间来进行的,在蚀刻速率已知的情况下,调整蚀刻时间可得到预定的蚀刻深度。此外,采用阻挡层是半导体加工中常用的方法,即在被蚀刻薄膜下所需深度处预先沉积一层对被加工薄膜选择比足够大的材料作为阻挡层,当薄膜被蚀刻到这一位置时将因蚀刻速率过低而基本停止,这样可以得到所要求的蚀刻深度。

(2) 干法蚀刻　它是以等离子体来进行薄膜蚀刻的一种技术。因为蚀刻反应不涉及溶液,所以称之为干法蚀刻。在半导体制造中,采用干法蚀刻避免了湿法蚀刻容易引起重离子污染的缺点,更重要的是它能够进行各向异性蚀刻,在薄膜上蚀刻出纵横比很大,精度很高的图形。

干法蚀刻的基本原理是,对处于适当低压状态下的气体施加电压使其放电,这些原本中性的气体分子将被激发或离解成各种不同的带电离子、活性原子或原子团、分子、电子等。这些粒子的组成称为等离子体。等离子体是气体分子处于电离状态下的一种现象,因此,等离子体中有带正电的离子和带负电的电子,在电场的作用下可以被加速。若将被加工的基片置于阴极,其表面的原子将被入射的离子轰击,形成蚀刻。这种蚀刻方法以物理轰击为主,因此具备极佳的各向异性,可以得到侧面接近 90°垂直的图形,但缺点是选择性差,光刻胶容易被蚀刻。另一种蚀刻方法是利用等离子体中的活性原子或原子团,与暴露在等离子体下的薄膜发生化学反应,形成挥发性物质的原理,与湿法蚀刻类似,因此具有较高的选择比,但蚀刻的速率比较低,也容易形成各向同性蚀刻。

现代半导体加工中使用的是结合了上述两种方法优点的反应离子蚀刻法(reactive lon etch,RIE)。它是一种介于溅射蚀刻与等离子体蚀刻之间的蚀刻技术,同时使用物理和化学的方法去除薄膜。采用 RIE 可以得到各向异性蚀刻结果的原因在于,选用合适的蚀刻气体,能使化学反应的生成物是一种高分子聚合物。这种聚合物将附着在被蚀刻图形的侧壁和底部,导致反应停止。但由于离子的垂直轰击作用,底部的聚合物被去除并被真空系统抽离,因此反应可继续在此进行,而侧壁则因没有离子轰击而不能被蚀刻。这样可以得到一种兼具各向异性蚀刻优点和较高选择比与蚀刻速率的满意结果。

对硅等物质的蚀刻气体,通常为含卤素类的气体如 CF_4、CHF_3 和惰性气体如 Ar、XeF_2 等。其中,C 用来形成以 $-[CF_2]-$ 为基的聚合物,F 等活性原子或原子团用来产生蚀刻反应,而惰性气体则用来形成轰击及稳定等离子体等。

干法蚀刻的终点检测通常使用光发射分光仪来进行,当到达蚀刻终点后,激发态的反应生成物或反应物的特征谱线会发生变化,用单色仪和光点倍增器来监测这些特征谱线的强度变化就可以分析薄膜被蚀刻的情况,从而控制蚀刻的过程。

干法蚀刻在半导体微细加工中具有重要地位。主要存在的问题包括:ⓐ离子轰击导致的微粒污染问题;ⓑ整个晶片中的均匀性问题,包括所谓的"微负载效应"(被蚀刻图形分布的疏密不同导致蚀刻状态的差异);ⓒ等离子体引起的损伤,包括蚀刻过程中的静电积累损伤栅极绝缘层等。

8.1.11 LIGA 加工

为了克服光刻法制作的零件厚度过薄的不足,20 世纪 70 年代末德国卡尔斯鲁厄原子研究中心提出了一种进行三维微细加工颇有前途的方法——LIGA 法(X 射线刻蚀电铸模法)。它是在一种生产微型槽分离喷嘴工艺的基础上发展起来的。LIGA 一词源于德文缩写,代表了该工艺的加工步骤。其中,LI(Lithograhic)表示 X 射线光刻,G(galvanofornung)表示金属电镀,A(abformung)表示注塑成型。

自 LIGA 工艺问世以来,德国、日本、美国、法国等相继投入巨资进行开发研究,我国也逐步开始了在 LIGA 技术领域的探索应用。上海交通大学在 1995 年利用 LIGA 技术成功地研制出直径为 2mm 的电磁微马达的原理性样机。上海冶金所采用深紫外线曝光的准 LIGA 技术,电铸后得到了 $10\mu m$ 的 Ni 微结构,且零件表面性能优良。可见 LIGA 技术在微细加工领域具有巨大的潜力。

LIGA 工艺具有适用多种材料、图形纵横比高,以及任意侧面成型等众多优点,可用于制造各种领域的元件,如微结构、微光学、传感器和执行元件技术领域中的元件。这些元件在自动化技术、加工技术、常规机械领域、分析技术、通信技术和化学、生物、医学技术等许多领域得到了广泛的应用。

1. LIGA 的工艺过程

(1) X 射线光刻 这是 LIGA 工艺的第一步,包括:ⓐ将厚度约为几百微米的塑料可塑层涂于一个金属基底或一个带有导电涂覆层的绝缘板上作为基底,X 射线敏感塑料(X 射线抗蚀剂)直接被聚合或粘合在基底上;ⓑ由同步加速器产生的平行、高强度 X 射线辐射,通过掩模后照射到 X 射线抗蚀剂上进行曝光,完成掩模图案转移;ⓒ将未曝光部分(对正性抗蚀剂而言)通过显影液溶解,形成塑料的微结构。

(2) 金属电镀 这是指在显影处理后用微电镀的方法由已形成的抗蚀剂结构形成一个互补的金属结构,如铜、镍或金等被沉积在不导电的抗蚀剂的空隙中,同导电的金属底板相连形成金属模板。在去除抗蚀剂后,这一金属结构既可作为最终产品,也可以作为继续加工的模具。

(3) 注塑成型 这是将电镀得到的模具用于喷射模塑法、活性树脂铸造或热模压印中,几乎任何复杂的复制品均可以相当低的成本生产。由于用同步 X 射线光刻及其掩模成本较高,也可采用此塑料结构进行再次电镀填充金属,或者作为陶瓷微结构生产的一次性模型。LIGA 工艺基本过程如图 8-15 所示。

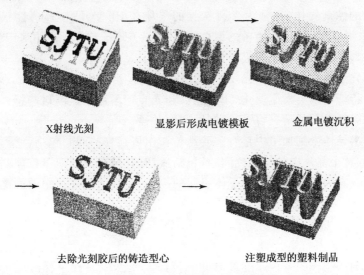

图 8-15 LIGA 工艺基本过程

2. LIGA 加工的特点

LIGA 加工是一种超微细加工技术。由于 X 射线平行性很高,使微细图形的感光聚焦深度远比光刻法为深,一般可达 25 倍以上,因而蚀刻的图形厚度较大,使制造出的零件具有较大的实用性。此外,X 射线波长小于 1nm,可以得到精度极高、表面光洁的零件。对那些降低要求后不妨碍精度和小型化的结构而言,X 射线光刻也可用光学光刻法来代替,同时也应采用相应的光刻胶。但由于光的衍射效应,获得的微结构在垂直度、最小线宽、边角圆化方面均有不同程度的损失。采用直接电子束光刻也可完成这一步骤,其优缺点见本章关于光刻的叙述。

综上所述,采用 LIGA 技术进行微细加工具有如下特点:
① 制作的图形结构纵横比高(可达 100∶1)。
② 适用于各种材料,如金属、陶瓷、塑料、玻璃等。
③ 可重复制作,可大批量生产,成本低。
④ 适合制造高精度、低表面粗糙度要求的精密零件。

3. LIGA 技术的发展

为最大限度地覆盖所有可能的应用范围,由标准的 LIGA 工艺又衍生出了很多工艺和附加步骤,比较典型的如牺牲层技术、三维结构附加技术等。

如果采用传统的微机械加工方法来制造微机械传感器和微机械执行装置,那么在许多情况下必须设计静止微结构和运动微结构。通常,运动微结构和静止微结构都是集成的,难以混合装配,即使能混合装配也往往受到所需尺寸公差的限制。此时,通过引入牺牲层,也可以用 LIGA 工艺来生产运动微结构。因此,对运动传感器和执行装置的生产而言,由很多材料可以使用,同时可以生产没有侧面成型限制的结构。

牺牲层一般采用与基底和抗蚀剂都有良好附着力的材料,与其他被使用的材料一样均有良好的选择蚀刻的能力和良好的图案形成能力等。牺牲层参与整个 LIGA 过程,在形成构件后被特定的蚀刻剂全部腐蚀掉,钛层由于具备上述优良的综合性能,通常被选做 LIGA 工艺中的牺牲层材料。

尽管标准的 LIGA 工艺难以生产复杂的三维结构,但通过附加的其他技术,如阶梯、倾斜、二次辐射等技术,就可以生产出结构多变的立体结构。例如,通过在不同的平面上成型,将掩模和基底相对于 X 射线偏转一定角度,有效地利用来自薄片边缘的荧光辐射,就可以分别加工出台阶状、倾斜、圆维形等结构。

由于需要昂贵的同步辐射 X 光源和制作复杂的 X 射线掩模,LIGA 加工技术的推广应用并不容易,并且与 IC 技术不兼容。因此,1993 年人们提出了采用深紫外线曝光、光敏聚酰亚胺代替 X 射线光刻胶的准 LIGA 工艺。

除了光刻和 LIGA 加工以外,采用微细机械加工和电加工技术来制造微型结构的例子也并不少见。这些方法包括机械微细加工、放电微细加工、激光微细加工等,它们往往是几种技术的结合体,能够完成一些非常规的加工工艺。

8.1.12 机械微细加工

用来进行机械微细加工的机床,除了要求有更加精密的金刚石刀具外,还需要满足一系列苛刻的限制条件。主要包括:各轴须有足够小的微量移动、低摩擦的传动系统、高灵敏高精度的伺服进给系统、高精度定位和重复定位能力、抗外界振动和抗干扰能力,以及敏感的监控系统等。虽然各部件的尺寸在毫米或厘米量级,但机械微细加工的最小尺寸却可以达到几个微米。

金属薄片式结构和其他凸形(外)表面的切削,大多可以用单晶金刚石微车刀或微铣刀两种精密刀具来加工完成。典型的金刚石微刀具的切削宽度是 $100\mu m$,头部契形角为 $20°$,切削深度为 $500\mu m$。金属薄片微结构体可以应用于各种场合。除此之外,微结构也可以使用非常小的钻头和平底铣刀加工。在加工凹形(内)表面时,最小的加工尺寸受刀具尺寸的限制,如用麻花钻可加工小至 $50\mu m$ 的孔,更小的则无麻花钻商品,可采用扁钻。

机械微细加工中精确的刀具姿态和工件位置是保证微小切除量的前提条件。其中,最关键的问题是刀具安装后的姿态及其与主轴轴线的同轴度是否和坐标一致。为此,可在同一机床上制作刀具后再进行加工,使刀具的制作和微细加工采用同一工作条件,避免装夹的误差。如果在机床上采用线放电磨削制作铣刀,这样的铣刀可以铣出 $50\mu m$ 宽的槽。

机械微细加工为钢模的三维制造提供了一种选择,除此以外还可以获得较高的表面质量。使用前述的光刻,蚀刻等微结构制造技术进行轮廓加工是很困难的,因此机械微细加工是对这些传统微结构制造技术的补充,特别是当加工比较大的复杂结构(大于 $10\mu m$)时,机械微细加工更为有效。

采用机械微细加工生产的产品,很多已投入到实际的应用中。以德国 FZK 研究中心的成果为例,在航空、生物、化工、医疗等各种领域获得广泛应用的产品,包括微型热交换器、微型反应器、细胞培养的微型容器、微型泵、X 射线强化屏等。随着与其他微加工机械的相结合,机械微细加工产品必然会应用于更加广泛的领域。

8.2 微电子工艺和微机电系统的微细加工

8.2.1 微电子工业的微细加工

1. 微细加工技术对微电子技术发展的重大影响

近50多年来,微电子技术的迅速发展,使人们的生产和生活发生了很大的变化。所谓微电子技术,就是制造和使用微型电子器件、元件和电路而能实现电子系统功能的技术。它具有尺寸小、重量轻、可靠性高、成本低等特点,使电子系统的功能大为提高。这项高技术是以大规模集成电路为基础发展起来的,而集成电路又是以微细加工技术的发展作为前提条件的。在一块陶瓷衬底上可包封单个或若干个芯片,组成超小型计算机或其它多功能电子系统。同时,可与系统设计、芯片设计自动化、系统测试等其他现代科技技术相结合,组成微电子技术整体。它还能与其它技术互相渗透,逐步演变成极其复杂的系统。

自1958年世界上出现第一块平面集成电路以来,集成电路的集成度不断提高:一个芯片包含几个到几十个晶体管的小规模集成电路(SSI)→包含几千、几万个晶体管的大规模集成电路(LSL)→包含几十万、几百万、几千万个晶体管的超大规模集成电路(VLSL),然后又从特大规模集成电路(VLSI)向吉规模集成电路(GSI 或称吉集成)进军,可在一个芯片上集成几亿个、数十亿个元器件。由上可见,一个芯片上的集成度有了高速度发展,而这样巨大的变化首先应归功于高速发展的微细图形加工技术。

微电子技术的发展除了不断提高集成度之外,另一个方向就是不断提高器件的速度。要发展更高速度集成电路,一是把集成电路做得小,二是使载流子在半导体内运动更快。提高电子运动速度的基本途径是选用电子迁移率高的半导体材料。例如砷化镓等材料,它们的电子迁移率比硅高得多。另一类引人注目的材料是超晶格材料。这是通过材料内部晶体结构的改变而使电子迁移率显著提高的。如果把一种材料与另一种材料周期性地放在一起,比如把砷化镓和镓铝砷一层一层夹心饼干似地生长在一起,并且每一层做得很薄,达几个原子厚度,就会使材料的横向性能和纵向性能不一样,形成很高的电子迁移率。原来认为工业生产这种超晶格材料很难,但是由于分子束外延(MBE)和有机化学气相沉积(MOCVD)等生产超薄层表面技术的发展,在制作工艺上取得了重大突破。

当晶体管本身的速度上去了,在许多情况下集成电路延迟时间的主要矛盾会落在晶体管与晶体管之间的引线(互联线)上。要降低引线的延迟时间,可采用多层布线,减少线间电容。据估计,多层布线达8层到10层,才能使引线对延迟时间的影响不起主要作用。多层布线是一项重要的微细加工技术,人们关注它的发展,不仅在于它的功能、质量,还在于它的成本。

人们为满足不同领域的应用需要,生产了许多标准通用集成电路。目前全世界集成电路(IC)的品种多达数万种,但是仍然不能满足用户的广泛需要。用标准IC组合起来很难满足各种不同的用途,同时增加了IC块数、器件的体积和重量,并且可能降低器件的性能和可靠性,于是专门集成电路(ASIC)便应运而生。ASIC的生产,例如采用门阵列的方式,把门列阵预先设计制作在半导体内,有的把第一次布线也布好了。然后根据需要进行第二次布线,做成需要的品种。这种方法能做到多品种、小批量的生产,周期短,成本低,使超大规模集成电路的应用范围大大扩展。

综上所述,表面微细加工技术是微电子技术的工艺基础,并且对微电子技术的发展有着重大的影响。

2. 微电子微细加工技术的分类和内容

从目前的研究和生产情况来归纳,微电子微细加工技术的主要由微细图形加工技术、精密控制掺杂技术和薄膜晶体及薄膜生长技术三部分组成。

它们的概况归纳在表 8-1 中。

表 8-1 微电子微细加工技术

类 别	涵 义	内 容
微细图形加工技术	在基板表面上微细加工成所要求的薄膜图形,具体方法有反向蚀刻法、一般光刻法和掩模法等。目前,通常采用掩模法,包括光掩模制作技术(简称制版)和芯片集成电路图形曝光蚀刻技术(简称光刻)	(1)掩模制作技术。包括计算机辅助设计,计算机辅助制版,中间掩模版制作技术,工作掩模制作技术,掩模缺陷检查技术,掩模缺陷修补技术 (2)图形曝光技术。包括遮蔽式复印曝光技术,投影成像曝光技术,扫描成像技术 (3)图形蚀刻技术。包括湿法蚀刻技术,干法蚀刻技术
精密控制掺杂技术	应用离子掺杂技术,精密地控制掺杂层的杂质浓度、深度及掺杂图形几何尺寸	(1)离子注入技术 (2)离子束直接注入成像技术
超薄层晶体及薄膜生成技术	在集成电路生产过程中,半导体基板表面上生长或沉积各种外延膜、绝缘膜或金属膜的工艺技术	(1)离子注入成膜技术 (2)离子束外延技术 (3)分子束外延技术 (4)低温化学气相沉积技术 (5)热生长技术

3. 集成电路的制作

图 8-16 为集成电路制作工程示意图。其中,芯片的制造是整个集成电路制作过程的核心,它所用到的技术很多,如掩模生长和沉积(如:氧化、CVD),图形生成(如:光刻),掺杂(如:扩散、离子注入),隔离(如:介质隔离、PN 结隔离、等平面隔离等),金属化互连(如:蒸镀、溅射、合金镀、剥离、蚀刻、多金属化),钝化(如:低压 CVD、溅射、阳极氧化)以及工艺检测和监控技术等。

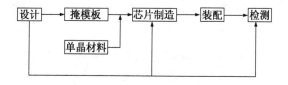

图 8-16 集成电路制作过程示意图

下面以 CMOS 集成电路为例,对集成电路的制作过程做简要的介绍。

先说明一下关于 MOS 晶体管的概念。它是一个有代表性的有源器体,是金属-氧化物-半导体场效应晶体管(MOSFET)的简称。其有四个电极(见图 8-17):源(S),漏(D),栅(G),衬底(B)。源和漏是 P 型硅表面高浓度磷元素形成的两个 N^+ 扩散区;栅是用真空蒸镀法在绝缘体 SiO_2 上形成的金属电极。通常,衬底与源是通过把硅表面上的金属连接起来使用的,故此时 MOS 晶体管可看作三电极器件。

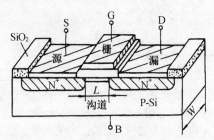

图 8-17 MOS 晶体管的基本结构图

MOS 晶体管有多种分类方法。按沟道类型可分为 N 沟道增强型、N 沟道耗尽型、P 沟道增强型和 P 沟道耗尽型四种。所谓"增强型",是指在零栅压下源-漏之间基本上无电流通过,只有当源-漏电压超过阈电压时才有明显的电流。所谓"耗尽型"是指在零栅极下已有明显电流,只有外加适当大小的负栅压时才能使电流消失。

互补金属-氧化物-半导体(CMOS)集成电路由 NMOS 和 PMOS(即 N 沟道 MOS 管和 P 沟道 MOS 管)两种类型器件组成。它的基本电路单元是倒相器和传输门。前者,PMOS 和 NMOS 器件相串联;后者,PMDS 和 NMOS 器件相并联。由它们或它们的变型,可组成各种 CMOS 电路。CMOS 是一种适合于超大规模集成电路的结构。实现 CMOS 电路的工艺技术有多种。图 8-18 和图 8-19 所示为这类集成电路结构和制作过程的实例。

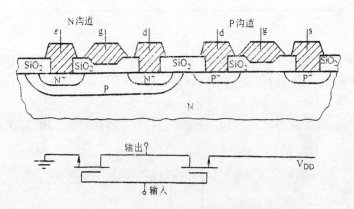

图 8-18 CMOS 单元复合图和等效电路

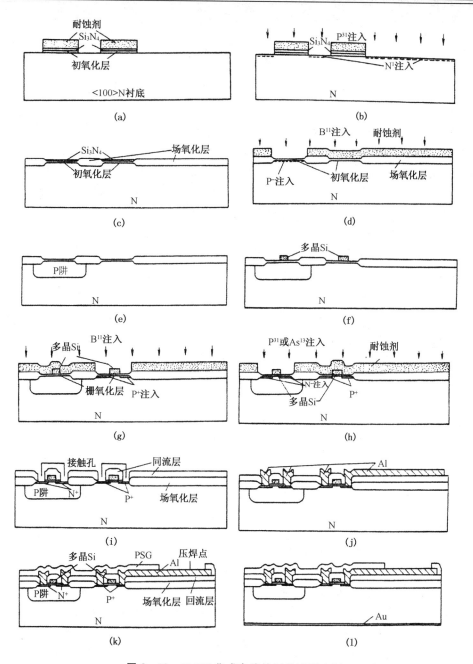

图 8-19 CMOS 集成电路的制作过程实例

上图中(a)为原始基片准备:硅圆片 $\phi 76 \sim 100$mm,其电阻系数 $\rho=2 \sim 4\Omega \cdot $cm;对硅片表面进行高温氧化(初氧化),$900 \sim 1\,050$℃,形成厚度为 $80 \sim 150$nm 的 SiO_2 薄膜;采用 LPCVD(低压 CVD)方法在 SiO_2 表面生长一层厚度为 $80 \sim 150$nm 的 Si_3N_4 薄膜;第一次光刻,形成图中所示的场区;采用等离子蚀刻法,将露出的 Si_3N_4 和 SiO_2 去除。

上图中(b)为场区磷注入:离子注入能量 $E=100 \sim 150$keV;注入剂量 $D=6 \times 10^{12} \sim 6 \times 10^{13}$cm^{-2}。

上图中(c)为场氧化：950～1 050℃，水气氧化时间为6～15h，厚度$d_{SiO_2}=1\sim7\mu m$。

上图中(d)为第二次光刻：对P阱进行光刻，先腐蚀SiO_2，然后用等离子蚀刻Si_3N_4；P阱注入硼，离子注入能量$E=40\sim80keV$，注入剂量$D=1\times10^{12}\sim2\times10^{12}cm^{-2}$。

上图中(e)为去胶和P阱推进：将光刻胶去除后，在1 150～1 200℃、N_2气氛中推进P阱，扩散时间为12～24h。

上图中(f)为腐蚀SiO_2和栅氧化：先腐蚀掉有源区上的SiO_2，然后进行栅氧化，工艺为900～1 000℃下形成厚度为$d_{SiO_2}=60\sim90nm$的氧化层；用LPCVD法沉积多晶硅，厚度为400～600nm；掺磷方块电阻$\rho=30\sim45\Omega/\square$；进行第三次光刻，蚀刻多晶硅，形成多晶硅引线图案。

上图中(g)为第四次光刻：蚀刻P管源漏区，并对P管源漏进行硼注入掺杂，离子注入能量$E=40\sim60keV$，注入剂量$D=4\times10^{14}\sim10^{15}/cm^2$。

上图中(h)为第五次光刻：蚀刻N管源漏区，并对N管源漏进行磷注入掺杂，离子注入能量$E=80\sim150keV$，注入剂量$D=8\times10^{14}\sim4\times10^{15}/cm^2$。

上图中(i)为第六次光刻：用LPCVD法沉积PSG(硅酸磷玻璃)绝缘膜，其中磷的质量分数为7%～9%，绝缘膜的厚度为400～800nm；对绝缘膜进行光刻，刻出接触孔和腐蚀接触孔。

上图中(j)为第七次光刻：在蒸镀Al前，用$H_2SO_4+H_2O_2$液加质量分数为5%的HF对表面进行漂洗；蒸镀Al，膜厚0.6～0.8μm；然后进行第七次光刻，蚀刻Al膜，形成导电层。

上图中(k)为第八次光刻：400～500℃，在含H_2(质量分数为30%)的N_2气氛中测试；用等离子体化学气相沉积(PECVD)法沉积一层钝化膜SiO_2-PSG-SiO_2；进行第八次光刻，形成压焊焊盘。

上图中(l)为背面减薄，最后在背面蒸镀一层厚度$d_{Au}=0.2\sim0.4\mu m$的金膜。工艺条件为：380～420℃，在N_2气氛中。

8.2.2 微机电系统的微细加工

1. 微机电系统加工制造的特点

微机电系统(microelectromechanical system, MEMS)是微电子技术与微型机械技术相结合制造的微型机电系统。它是集微型机构、微型传感器、微型执行器、信号处理与控制的电路、接口、通讯、电源等组成于一体的微型器件。

MEMS的产品设计包括器件、电路、系统、封装四部分。它的加工技术有：硅的表面加工、体硅微细加工、LIGA加工、紫外光光刻的准LIGA加工、微细电火花加工、超声波加工、等离子体加工、电子束加工、离子束加工、激光束加工、机械微细加工、立体光刻成形、微机电系统的封装等。虽然，这些加工技术包括非微细加工和微细加工两类，但是MEMS的加工核心是微细加工。

MEMS的制造过程可有两条途径：一是"由大到小"，即用微细加工的方法，将大的材料割小，形成结构或器件，并与电路集成，实现系统微型化；二是"由小到大"，即采用分子、原子组装技术，把具有特定性质的分子、原子，精细地组成纳米尺度的线、膜和其他结构，进而集成为微系统。

MEMS具有体积小、重量轻、能耗低、惯性小、谐振频率高、响应时间短等优点，同时能把不同的功能和不同的敏感方向形成的微传感器阵列、微执行器阵列等集成起来，形成一个智能集成的微系统。

MEMS 涉及电子、机械、光学、材料、信息、物理、化学、生物学等众多学科或领域。它既能充分利用微电子工艺发展起来的微纳米加工和器件处理技术，又不需要微电子工业那样巨大的规模和投资，因此今后会取得巨大的进展。目前，半导体加工尺度为几十到几百纳米，印刷电路板加工尺度为几十到几百微米，两者之间有未覆盖的空白区，而 MEMS 的加工尺度一般为几微米至几十微米，正好填补这个空白区，因而将会产生新的元件功能和加工技术。MEMS 通过特有的微型化和集成化，可以探索出一些具有新原理、新功能的元器件与集成系统，开创一个新的高技术产业。

2. 微机电系统的现状与发展

MEMS 器件的研制始于 20 世纪 80 年代后期。1987 年，美国研制出转子直径为 $60\sim120\mu m$ 的硅微静电电机，执行器直径约为 $100\mu m$，转子与定子的间隙约为 $1\sim2\mu m$，工作电压为 35V 时，转速达 15 000r/min，这是主要用刻蚀等微细加工技术在硅材料上制作三维可动机电系统。1993 年，美国 ADI 公司将微型加速度计商品化，大量用于汽车防撞气囊。近 20 多年来，MEMS 技术与产品在全世界获得了迅速的发展，主要表现在如下一些方面：

① 微型传感器。例如微型压力传感器、微型加速度计、喷墨打印机的微喷嘴、数字显微镜的显示器件等已实现产业化。

② 微型执行器。微型电机是典型的微型执行器，其他有微开关、微谐振器、微阀、微泵等。

③ 微型燃料电池。例如，先在硅晶圆上用 4 次光刻工序做成互连结构；然后用干法蚀刻，在硅晶圆上开孔，制成燃料 H_2 的供应口；最后，用光刻技术形成高 $100\mu m$ 左右的同心圆状筒结构，形成三维电极，并在筒内充满聚苯乙烯(PS)微粒的胶体溶液，使其干燥以形成 PS 微粒堆积物。

④ 微型机器人。

第 9 章 表面工程设计

表面工程在工农业和国防建设等各个领域中发挥了巨大作用,同时对节能、节水、节材和保护环境具有重要的意义。表面工程的实施,必须有科学的设计,在技术上要满足材料或产品的性能及质量要求,在经济上要以最少的投入获得最大的效益,而且还必须满足资源、能源和环境三方面的实际要求。这对表面工程设计提出了更高、更严格的要求。反过来,表面工程设计的不断改进和完善,对表面工程项目的实施,起着关键的引领作用。

表面工程是一门涉及力学、物理、化学、数学、生物、计算机、材料科学、工程科学等的边缘性学科,而它的应用又遍及冶金、机械、电子、建筑、宇航、兵器、能源、化工、轻工、仪表等各个工业部门乃至农业、生物、医药和人们日常生活中,包括耐蚀、耐磨、修复、强化、装饰、光、电、磁、声、热、化学、特殊机械性能等方面的性能要求,因此表面工程在长期发过程中积累了丰富的经验,归纳了众多的实验,总结了科学的理论以及形成了演绎的方法,为表面工程设计奠定了较为坚实的基础,同时也显示了表面工程设计的多样性和复杂性。

当前,表面工程设计主要是根据经验和试验的归纳分析进行的,需要花费较多的人力、物力和时间,并且会受到各种条件的限制而难以获得最佳的结果。另一方面,由于近代物理和化学等基础学科的发展和各种先进分析仪器的诞生,使人们能够对材料表层或表面做深入到原子或更小物质尺度的研究,并且随着计算技术的长足进步,特别是人工智能、数据库和知识库、计算机模拟等技术的发展,使一种完全不同于传统设计的计算设计正在逐步形成,尽管离目标尚有很长路程,但是它代表了一种重要的发展方向。

本章主要阐述表面工程设计的要素与特点,介绍表面工程设计的类型与方法。

9.1 表面工程设计的要素与特点

9.1.1 表面工程设计的要素

材料的表层或表面是材料的一个组成部分,因此表面工程设计的要素在很大程度上与材料设计一致。

1. 要素 1:性能

表面工程设计首先要保证设计的设备和工艺能使工件和产品达到所要求的性能指标。如第 3 章所述,材料表面的性能包含使用性能和工艺性能两方面。使用性能是指材料表面在使用条件下所表现出来的性能,包括力学、物理和化学性能;工艺性能是指材料表面在加工处理过程中的适应加工处理的性能。

质量是表示工件或产品的优劣程度。实际上质量指标就是性能指标。另一方面,材料表面质量又常指表面缺陷、表面粗糙度、尺寸公差等,而这些质量问题直接影响到材料的性能,如果工件或产品达不到性能指标,就成为废品。

2. 要素2:经济

表面工程设计必须进行成本分析和经济核算。一般情况下,以最少的投入获得最大的经济效益,是表面工程设计所追求的目标。同时,对表面工程项目进行成本分析,从中可以找出降低成本的环节,从而改进设计。

3. 要素3:资源

表面工程项目的实施,必然涉及到资源的使用。由于地球资源的有限性,特别是有些资源属于国家战略性资源或者是国内稀缺资源,故表面工程设计要力求做到单位工件或产品所用的资源尽可能少或由尽量多的可再生资源构成,有的稀缺资源尽可能用较丰富的资源来代替。

4. 要素4:能源

能源种类和能源消耗,涉及到一些重大的问题,尤其涉及到污染物的排放和经济可持续发展。此外,也涉及到效益。因此,表面工程设计要严格审核所需要能源的种类以及如何节约使用能源。

5. 要素5:环境

表面工程项目的实施往往对周围环境的影响很大,有的还对地球自然环境和气候产生不利的影响,因此,表面工程设计,尤其是重大项目设计,必须做严格的环保评估,不仅要重视生产的排污评价工作,还要对项目中使用的材料,从开采、加工、使用到废弃等过程作出全面的评估。表面工程项目要尽可能采用清洁生产方式。

9.1.2 表面工程设计的特征

材料表层或表面虽属材料的一部分,但是由于材料表面的结构与内部存在很大的差异,因而在性能上存在明显的差别,并且材料表面性能对材料整体性能在不少方面有着决定性的影响,因此表面工程设计具有一些明显的特点。

1. 作为一个系统工程进行优化设计

如第1章所述,虽然通常将表面工程与表面技术合为一谈,实际上表面工程有着两个特点:一是根据工程需要,用比较大而复杂的设备实施工艺,花费较大的人力和物力;二是经常需要多种学科的交叉、多种表面技术的复合或多种先进技术、适用技术的集成,它把各类表面技术和基体材料以及经济核算、资源选择、能源使用、环境保护等作为一个系统工程来进行优化设计,以最佳的方式满足工程需要。

2. 十分重视表面技术优化组合的设计

表面技术大致可分为表面覆盖、表面改性和表面加工三大类。将两种或两以上的表面技术应用于同一工件或产品,不仅可以发挥各种表面技术的特点,而且更能显示组合使用的突出效果。这种优化组合的复合表面技术在表面工程中得到越来越广泛的使用。因此,表面工程十分重视表面技术优化组合的设计。

3. 在局部设计上可以实现计算设计

表面工程设计大致可分为三种类型的设计:选用设计,计算设计,以及兼有选用和计算的混合设计。其中,计算设计是高层次的设计,要在总体设计上做到这一点是十分困难的,但在局部设计上却有可能实现。

9.2 表面工程设计的类型与方法

9.2.1 表面工程设计的类型

1. 总体设计与局部设计

(1) 总体设计 主要包括下列内容：

① 材料或产品的技术、经济指标。

② 表层或表面的化学成分、组织结构、处理层或涂镀层厚度、性能要求。

③ 基本材料的化学成分、组织结构和加工状态等。

④ 实施表面工程的流程、设备、工艺、质量监控和检验等设计。

⑤ 环境评估与环保设计。

⑥ 资源和能源的分析和设计。

⑦ 生产管理和经济成本的设计。

⑧ 厂房、场地等设计。

(2) 局部设计 它是对总设计中某一部分的内容进行设计，或对表面工程中某种要求进行设计。

2. 选用设计、计算设计和混合设计

(1) 选用设计 表面工程设计包含多方面内容。在技术方面，它包括从原材料到应用的全过程。通常要经历原料准备、外界条件的确定、试样制备、组织结构分析、各种性能测试、评价、改进等过程，从小型试验到中间试验，一直到用户确认，最后完成技术设计。

表面工程经过长期的发展，已积累了丰富的经验和研究成果，为合理选用和优化设计提供了良好的条件。选用设计不完全是经验设计。它可以借助于现代计算机技术，通过数据库、知识库等工具，从分析比较中选择最佳的方案或参数；同时，可在已积累的经验、归纳的实验规律和总结的科学原理的基础上，制订几套方案或参数，经过严格的试验研究，从中选择最佳的方案或参数。选用设计是当前表面工程设计的主导。

(2) 计算设计 它对技术设计来说，主要是通过理论模型和模拟分析的建立，用数学计算来完成设计。表面工程计算设计的形成，得益于物理、化学、力学、数学和计算机学科的发展，但其主要依据还在于材料科学。材料表层或表面结构决定了性能，外界条件通过结构的变化来改变性能。定量描述材料表层或表面的结构、性能和外界条件三者关系是表面工程计算设计的基本原理。计算设计的重要意义在于：使表面工程的选用设计逐步走向科学预测的新阶段，为新技术、新材料、新产品的研制和工程实施指明了方向和提供依据，并且节省了大量的人力和物力。当前，计算设计尚处在初级阶段，但它是一个重要发展方向。

(3) 混合设计 它是兼有选用设计和计算设计的一种设计类型。

9.2.2 表面工程设计的方法

材料表层或表面是材料的一个组成部分，表面工程设计与材料设计有不少共同之处，材料设计的部分理念和方法适用于表面工程设计。另一方面，材料表面与材料内部有明显的差别，材料表面的结构和性能，不仅与材料内部组织结构有关，而且又受到周围环境很大的影响，因此,表面工程设计的一些理念与方法有着明显的个性,概括起来,表面工程设计大致有下列理念和方法。

1. 全寿命成本及其控制方法

材料的全寿命成本及其控制是影响社会发展的重大课题。人们在面临技术、经济、能源、资源、环境等重大挑战时,材料设计必须充分考虑其全寿命成本,既要实现技术、经济目标,又要减少能源、资源的消耗以及尽量避免对环境的污染和破坏。材料的全寿命成本是材料寿命周期中对资源、能源、人力、环境等消耗的叠加,包括原料成本、制造成本、加工成本、组装成本、检测成本、维护成本、修复成本以及循环使用成本或废弃处置成本等。这种全寿命成本及其控制的理念和方法,对表面工程设计是同样重要的。

2. 从结构或性能着手进行技术设计

材料表面的性能取决于材料表面的结构,要全面描述材料表面结构,阐明和利用各种性能,须从宏观到微观逐层次对表面进行研究,包括表面形貌和显微组织结构,表面成分,表面原排列结构,表面原子动态和受激态,表面的电子结构(表面电子能级分布和空间分布)。材料的部分物理性能,如光学、磁学性能,通过电子结构层次的研究和计算,可以解决不少问题;而对于力学等一些性能,则往往与宏观组织结构多层次结构密切相关,需要多层次地联合模拟来进行研究和计算。这是很复杂的情况,目前往往要利用一些经验和半经验以及试验研究的数据或模型来进行计算设计。

当前,表面工程的技术设计一般都为选用设计。如果设计对象的结构与性能的因果关系明确,那么除了从性能着手外,也可从结构或者从结构—性能同时着手进行选用设计,有的还要从几套方案或参数中,经过试验研究和分析比较,选择最佳方案参数。如果设计对象的结构—性能因果不明确,尤其是复合表面技术等新兴技术,则更多地从所要求的性能着手,进行优化设计。

在表面工程的技术设计时,必须清楚了解工件或产品的整体要求和有关情况,如:工件的技术要求、工件的特点、工况条件、工件的失效机理、工件的制造工艺过程等。同时,对所选择的表面技术要有深刻的理解,如:技术原理、工艺过程、设备特点、前后处理、表面性能等。对于具体的工件,怎样从众多可用的表面技术中选择一种或多种技术进行复合,达到规定的技术、经济指标,符合资源、能源、环保要求,是表面工程设计中运用各种方法的根本目的。

3. 数据库和知识库

数据库和知识库都是随着计算机技术的发展而出现的新兴技术。现在已建立了许多类型的数据库和知识库。例如材料数据库和知识库是以存取材料知识和数据为主要内容的数值数据库。材料数据库一般包括材料成分、性能、处理工艺、试验条件、应用、评价等内容。材料知识库通常是材料成分、结构、工艺、性能间的关系以及有关理论研究成果。数据库中存储的是具体数据,而知识库存储的是规则、规律,通过推理运算,以一定的可信度给出所需的性能等数据。在有些场合下,两者没有严格的划分而统称为数据库。当前,表面工程已陆续出现多种形式的数据库和设计软件,发挥了较大的作用,但较为分散,期望由表面工程、材料、物理、化学、生物、计算机的等领域的科学工作者和技术人员通力合作,逐步建立信息收集齐全、有权威的表面工程数据库和知识库。这不仅对选用设计很有帮助,而且有利于计算设计的发展。

4. 表面工程设计的专家系统

表面工程设计的专家系统是指具有丰富的与表面工程有关的各种背景知识,并有能运用这些知识解决表面工程设计中有关问题的计算机程序系统。它主要有三类：一是以知识检索、简单计算和推理为基础的专家系统；二是以模式识别和人工神经网络为基础的智能专家网络系统，主要是依据表面结构—外界条件—性能三者关系，从已知实验模拟和计算数据归纳总结出数学模型，预测材料的表面性能及相应的组成配比和工艺；三是以计算机为基础的表面工程设计系统，即在对材料表面性能已经了解的前提下，有可能对材料的结构与性能关系进行计算机模拟或用相关的理进行计算，预测表面性能和工艺规范。

目前，专家系统的设计结果只是初步方案，尚需进行实验验证，并需对初步方案进行修正，然后将修正后的实验结果输入数据库系统，不断丰富和完善专家设计系统。

5. 表面工程设计的模拟与设计

(1) 计算设计与模拟设计　这两种设计实际上有着不同的涵义。例如，材料的计算设计有第一性原理计算、相图计算、专家系统设计等；模拟设计通常有物理模拟和数值模拟。但是，相对于"选用设计"来说，本书将模拟设计归入计算设计。

(2) 第一性原理　按照材料所起的作用，材料大致分为结构材料和功能材料两大类。这样的分类反映了电子结构特性的分类。在本质上，电子结构特性决定了材料的特性。从电子结构的角度来看，结构材料的基础是大量电子的集团，而功能材料则是基于少量电子的集团，可分别称为多子和少子。多子与少子的运动应该遵循第一性原理，即万物运动服从的基本原理。用第一性原理计算，或"从头算起"(ab inito)，基本方法有固体量子理论和量子化学理论。这一理论特别适用原子级、纳米级工程的材料，超小型器件用材料，电子器件材料等方面的计算设计。

实际上，材料中的电子运动是十分复杂的，其粒子数之多，边界条件之无穷尽，使人们难以用第一性原理通过计算来设计材料。现代计算机技术的发展，虽然可以处理数十个粒子的系统，但是这与实际要求相差甚远。解决的办法是：既要基于第一性原理，又必须采用合理的假设予以简化及做近似处理。许多研究成果表明，这个方法是探索材料微观世界规律的有效途径。

第一性原理的计算方法很多，如密度泛函理论、准粒子方程、Car - Parrinello 方法、紧束缚方法、赝势方法、Monte - Carlo 方法等，目前还在不断发展着。所有的方法都需在不同的应用情况下做某些合理的假设和近似计算。当前，表面工程的一些研究者，正在用第一性原理的计算方法来解决表面工程的某些重要问题，并且取得了较好的进展。

(3) 多尺度关联模型　材料的性能取决于结构，要全面描述材料的结构，需从宏观到微观逐层次进行研究，而量化地预测结构与性能的变化关系，显得十分困难，所以有必要采用各种模型的模拟方法进行研究，尤其对不能给出严格解析或不易在实验上进行研究的问题，应用模型和模拟方法更为重要。模型和模拟，实质上具有相同的涵义。

材料设计包括表面设计在内，需要对设计层次做一划分。大致可分为三个层次：一是宏观设计层次，尺度对应于宏观材料；二是介观设计层次，典型尺度约 $1\mu m$ 数量级，对应于材料中组织结构，材料被视为连续介质；三是微观设计层次，典型尺度约 1nm 数量级，对应于材料中的电子、原子、分子层次。由于单一层次的设计局限性大，必将被多层次设计所代替。多层次设计必须要建立多尺度材料模型(multiscale materials modeling, MMM)和各层次间相互关联的数理模型。发展多层次理论的主要目的在于建立微观结构参数与性能的定量关系。

多尺度材料模型是指包含一定空间和时间的多尺度材料模拟结合了上述各个尺度的模拟

方法。目前主要有下列几种模型:一是大尺度原子模拟方法,即要求不断增加系统的尺寸,直至大于所研究问题的本征尺寸,如微裂纹长度;二是原子模拟的边界技术,即因大尺度原子模拟系统的大小受到计算机能力的限制而发展了柔性边界技术和位移边界技术等有效增加原子系统尺寸的方法;三是原子模拟方法与有限元方法耦合技术,即基于内部完全的原子区和外层有限元区的直接耦合;四是本构关系逼近法,基本思想是在远离缺陷的体材料区假设一个标准的组分模型(如线弹性),同时在缺陷附近区域描述材料的特殊行为(如应用运动位错 Peierls 模型描述特殊的应力—应变关系等)。每种方法都有一定的优缺点。它们虽然离实现理想的计算材料模型尚有较大的距离,但在多尺度材料过程的模拟计算中发挥了重要的作用,并且可以在一定场合下应用到表面工程设计中。

(4) 表面工程设计的计算机模拟　计算机模拟是介于实验与理论之间的一种方法:与实验相比,需要建立一定的数学模型,依赖于有关的科学定律,通过模拟可以很快确定结构与性能的关系,并且能完成苛刻条件下一般实验难以进行的工作;与理论方法相比,计算机模拟更接近实际情况,虽然一些经验方程缺少理论根据,然而却是非常实用的。

表面工程实施过程中,材料表面所处的状态多半为非平衡状态,有的还是远离平衡态。例如用物理气相沉积法制备薄膜,其生长过程所发生的现象都涉及到非平衡过程的问题。此时的薄膜形成过程可采用计算机模拟方法来预测,常用的具体方法为蒙特卡罗(monte carlo, MC)法和分子动力学(molecular dynamics, MD)法。

① 蒙特卡罗模拟。又称为随机模拟法或统计试验法。处理问题时,先要建立随机模型,然后制造一系列随机数用以模拟这个过程,最后再做统计性处理。MC 模拟方法是介观尺度组织结构模拟的有效方法。现举例说明如下。

设原子间相互作用采用球对称的 Lennard-Jonrs 势能 $V(r)$

$$V(r) = 4\varepsilon \left[\left(\frac{\sigma}{r} \right)^{12} - \left(\frac{\sigma}{r} \right)^{6} \right] \tag{9-1}$$

式中,r 为原子间距离,ε 为 Lennnard-Jones 势能高度,σ 与 r 有相同量纲,势能 $V(r)$ 在 $r = 2.5\sigma$ 处截断,原子间相互作用时间间隔 $\Delta t = 0.03\sigma/(m/\varepsilon)^{1/2}$,$m$ 是薄膜原子的质量。

在处理离子与原子,特别是惰性气体离子与原子相互作用时,采用排斥的 Moliere 势能 $\phi(r)$

$$\phi(r) = \frac{Z_1 \cdot Z_2 \cdot e^2}{r}(0.35 e^{\frac{-0.3r}{a}} + 0.55 e^{\frac{-1.2r}{a}} + 0.1 e^{\frac{-6.0r}{a}}) \tag{9-2}$$

式中,a 是 Firsov 屏蔽长度,$a = 0.4683(Z_1^{1/2} + Z_2^{1/2})^{-2/3}$,$Z_1$ 和 Z_2 分别是离子和薄膜原子的原子序数,r 是原子间距离。

在模拟薄膜形成过程中,我们将气相原子入射到基体表面以及吸附、解吸、吸附原子的凝结、表面扩散、成核、形成聚集体和小岛等都看成独立过程,并做随机现象处理。若入射的气相原子与基体原子是 Lennard-Jones 势能相互作用,则沉积气相原子在基体表面吸附过程中因表面势场作用而具有一定的横向迁移运动能量,并将沿势能最低方向从一个亚稳定位置跃迁到另一个亚稳定位置。沉积原子的迁移能量因不断转化为晶格的热运动能而逐渐降低。如果在它周围的适当距离内存在着其他沉积原子或原子聚集体,那么它们之间相互作用使沉积原子损失更多的迁移运动能量。当沉积原子能量低于某一临界值时,停止移动,吸附于基体表面。假设垂直入射的气相原子转换为水平迁移运动时,其动能在一定范围内是随机分布的。以此为基础编制计算程序,可模拟出沉积原子在基体表面上吸附分布状态,如图 9-1 所示。

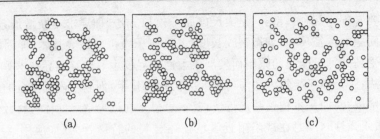

图 9-1 计算机模拟沉积原子在基体表面上的吸附分布
(E_0 为势垒高度,沉积速率 $J=1$,原子数为 50)
(a) $E_0=0.2$;(b) $E_0=15$;(c) $E_0=30$

MC 模拟法的数学步骤有三个:一是建立描述随机过程的控制微分方程,并给出其积分表达式;二是利用权重或非权重随机抽样方法对控制方程式进行积分求解;三是求出状态方程的根值,以及相关联的函数、结构信息和蒙特卡洛动力学参数。根据随机数分布中随机数的选择,可分为简单抽样 MC 法和重要抽样 MC 法。简单抽样使用均匀分布随机数;重要抽样采用与所研究的问题和谐一致的分布,即在被积函数具有大值的区域使用大的权重,而在被积函数取小值的区域则采用小的权重。

② 分子动力学模拟。它最早由 Alder 和 Waingh 在 1957 年及 1959 年间应用于理想"硬球"的液体模型,后来又在模拟理论和方法上得到不断发展。在气相沉积中,假定是球状原子或分子随机到达基体表面,可以出现两种情况:一是粘附在某个位置上,即迁移率为零,对于这个假说,能模拟出松散聚集的链状结构薄膜,链状分枝和合并则是随机的;二是移动到由三个原子支持的最小能量位置上,即对应于非常有限的迁移率,能模拟出直径为几个分子尺度的、从基体向外生长的树枝状结构。

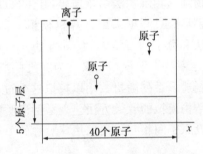

图 9-2 二维分子动力学计算机模拟原理

在上述研究基础上,提出了如图 9-2 所示原理的二维分子动力学模拟方法。其假设为:基体表面是无缺陷的理想表面,平行于 X 轴的每层含有 40 个紧密排列的原子;与基体表面垂直的 Z 轴为薄膜生长方向,入射的原子和离子都垂直于基体表面;基体温度为 0℃,忽略热效应对结构变化的影响;原子与原子相互作用采用 Lennard-Jones 势能,惰性气体离子与原子相互作用采用排斥的 Moliere 势能。

图 9-3 是在上述假设条件下模拟薄膜生长的结构图,其中 E 为气相原子动能,ε 为 Lennard-Janes 势能。由图可以看到 E 较小时薄膜有较大的孔洞,而 E 较大时薄膜中空洞减少。

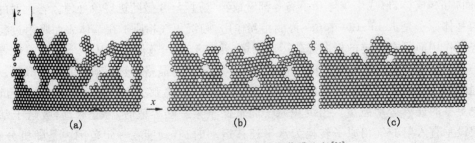

图 9-3 二维分子动力学模拟薄膜生长[96]
(a) $E=0.05\varepsilon$;(b) $E=0.3\varepsilon$;(c) $E=1.5\varepsilon$

图 9-4 为 Ti 在薄膜形成过程中离子束辅助沉积的计算机模拟图。从中可以看到,离子轰击可有效地抑制柱状结构的生长。真空蒸镀时,Ti 原子动能约为 0.1eV,形成的柱状结构很明显;用动能为 50eV 的 16% Ar^+ 轰击,Ti 原子的迁移能量增大,薄膜中孔洞显著减少;用 Ti^{4+} 离子对 Ti 薄膜进行轰击,因两者质量相同彼此吸引,Ti^{4+} 被注入到 Ti 薄膜中,使结构更加致密。

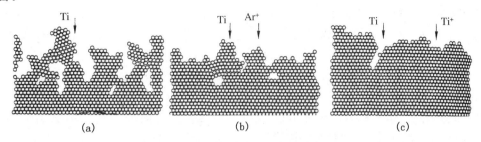

图 9-4 离子束辅助薄膜生长的计算机模拟[96]

(a) 真空蒸镀;(b) 50eV,16% Ar^+ 轰击;(c) 50eV,16% Ti^{4+} 轰击

蒙特卡洛方法和分子动力学方法是原子尺度模拟的主要方法。除了原子尺度模拟计算方法之外,还有以连续介质为基础的显微尺度模拟计算方法,以及宏观尺度的模拟计算方法。由于表面工程中的许多问题是关注原子或分子是如何结合形成材料表面的,因此 MC 和 MD 这两种模拟计算方法在表面工程计算设计中起着重要的作用,尤其对材料表面在非平衡状态下预测结构和性能,以及模拟预报许多转变过程,有很大的帮助。

6. 仿生表面的设计

(1) 仿生表面的作用　仿生表面是仿制天然生物的材料表面,包括仿制天然生物结构或功能的材料表面及制备有生物活性的材料表面,主要应用于工程和医学。仿生表面除了具有某种生物结构或功能的材料表面之外,还有将生物体组装所具有的刺激响应功能引入到工业材料中并开发成智能材料表面,有的尚有自组装、自诊断、自修复等功能,在许多工程或产品中起着重要的作用。

目前,具有某种生物结构或功能的仿生表面已开发出了许多。例如生物金属材料具有较高的强度、良好的韧性等优点,但存在耐蚀性和生物相容性差的缺点。在改善耐蚀性方面,除了发展一些耐蚀合金外,还加强了金属材料表面钝化和涂覆的研究。在改善相容性方面,发展了等离子喷涂和涂覆以形成羟基磷灰石晶相层,将生物活性玻璃粉末加热软化后覆盖于金属材料表面,或者通过电解、浸涂、化学处理等方法在金属材料表面形成生物活性陶瓷层。上述的羟基磷灰石[$Ca_{10}(PO_4)_6(OH)_2$]、生物活性玻璃、磷酸三钙等,都是生物活性无机非金属材料,它们的组成中含有能够通过人体正常的新陈代谢进行置换的 Ca、P 等元素,或含有能与人体组织发生化学键合的羟基(—OH)等基因,使材料在人体内能与组织表面发生化学键合,表现出极好的生物相容性。羟基磷灰石和磷酸钙在人体组织液及酶的作用下可被人体完全吸收降解,并诱发新生骨的生长。

从植物、动物到人类的生物体,一个显著特点是对环境的适应。人们以此得到启发,开发出一系列具有自组装、自诊断、自修复以及自清洁、流体减阻、防污降噪、超疏水、防冰雪等功能的仿生材料和仿生表面。例如树木表面受到损伤后,其内部会分泌出一种黏液填充到损伤缺口上,黏液固化后在表面形成坚硬的物质,达到自愈合目的,这说明生物具有自诊断、自修复的功能。从仿生角度看,可在人造材料中加入一些容易扩散的元素或物质,当材料表面出现微细裂纹时,扩散元素或物质到达裂纹处,实现自修复。仿生表面的自诊断是通过材料表面组分或结构的变化所产生的信号而进行的。自诊断的内容包括应力状态、应变量、缺陷或裂纹发展过程等。这种仿生表面对飞机、航天器、桥梁构件来说,为防止突然事故,具有重要意义。现代微小传感器、微电子芯片及计算机的发展,为仿生表面的自诊断、自修复,创造了良好的条件。

又如荷叶等植物叶子表面的自清洁功能引起人们的很大兴趣。研究发现,荷叶表面微米结构的乳突上存在着纳米结构,这种复合结构是引起荷叶表面具有超疏水性的根本原因。乳突的平均直径为 $5\sim9\mu m$,水在该表面上的接触角和滚动角分别为 $161.0°\pm2.7°$ 和 $2°$。超疏水性表面通常是指与水接触的角大于 $150°$ 的表面。荷叶表面上每个乳突是由平均直径为 $124.3\pm3.2nm$ 的纳米结构分支组成的。根据这一发现,研究者制备了类荷叶的 ACNT 膜。其中,纳米管的平均外径为 $30\sim60nm$,而乳突的平均直径和乳突之间的平均间距分别为 $2.89\pm0.32\mu m$ 和 $9.61\pm2.92\mu m$。这种膜表面的接触角约为 $160°$,滚动角约为 $3°$。另外,还制备了具有蜂房状、岛状、柱状管等阵列碳纳管膜。蜂房的平均直径为 $3\sim15\mu m$,每个碳纳米管的平均直径约 $25\sim50\mu m$。超疏水性表面可用来防污染、抗氧化和防雪等。除了碳纳米管阵列结构之外,还用高分子材料成功地制备了具有超疏水性表面的聚丙烯腈纳米纤维、聚乙烯醇纳米纤维等。

水滴在超疏水表面上滚动,有些是各向同性的,也有些是各向异性的。例如,水滴在荷叶表面可以在各个方向任意滚动,而在水稻叶表面存在着滚动的各向异性。研究表明,水稻叶表面的乳突沿着平行于叶边缘的方向有序排列,而沿着垂直方向则呈无序的任意排列。

(2) 仿生表面设计内容　仿生实质上也是一种模拟。仿生表面设计内容大致可分为三类:

一是结构仿生。可以从不同层次进行材料表面的结构仿生。例如,上述的类荷叶 ACNT 膜,因模拟荷叶表面的微米-纳米结构而获得了超疏水性能。又如,钛基体表面,用等离子喷涂等方法可以涂覆羟基磷灰石,做人体植入材料,但这些方法价格高以及难以精确控制羟基磷灰石的成分和结构,后来又开发一种利用 NaH_2PO_4 制得含高钙和磷酸根离子的溶液,将钛基体沉浸一定时间后,其表面形成一层较为理想的涂层,而且效率高。

二是功能仿生。生物体的一个非常重要的特点是具有自我调节功能,即在一定程度上调节自身的性质来适应周围环境。人们正在努力研究具有自我调节功能的仿生材料或仿生表面。例如,在陶瓷/碳复合材料中以 SiC、B_4C 微米级颗粒为主要陶瓷相,并添加一定量的 SiC 和 Si_3N_4 纳米粉。其中,B_4C 氧化后生成 B_2O_3,在 $550℃$ 以上呈液态,能够很好地浸润并覆盖碳材料的表面,这种涂层起到防止碳材料氧化的作用。因此,在高温时氧气通过陶瓷颗粒边界和空隙向碳材料处输运,受到致密玻璃层的阻挡,这一过程被称为碳材料的自愈合抗氧化过程。B_2O_3 保护膜的缺点是在 $1\ 000℃$ 以上、特别在有水蒸气存在时容易生成硼酸而大量蒸发。加入 SiC 后,其在 $1\ 100℃$ 以上氧化成 SiO_2 可以提高碳材料的抗高温氧化能力,并且能够与 B_2O_3 生成复相陶瓷,可以防止 B_2O_3 的过分蒸发。组分和颗粒大小的选择是十分重要的。B_4C-SiC 是一种良好的组合,但最大的缺点是在 $900\sim1\ 100℃$ 范围内因 B_2O_3 的蒸发及 SiO_2 仍呈固态而生成的玻璃相中存在大量气孔,造成较大的失重。除"自愈合"外,功能仿生表面的作用更多地体现在生物传感器、生物芯片等方面。

三是过程仿生。例如,人们研究发现,鲍鱼的食物是海水中的坐土,即碳化钙。一层层的碳化钙靠化学键的结合极有规律地整齐排列起来，形成了坚硬的壳，同时，碳化钙层能在有机蛋白质上滑动，故又很有韧性，可发生变形和变态之时不破裂。仿照这个过程，研究人员将铝分子充满在碳化硼分子之间，开发新的陶瓷材料。这种仿生表面，除了坚硬、柔软之外，还能感测并适应周围环境的变化。又如，生物体在一定场合下可能发生自组装过程，而某些仿生表面也可通过自组装过程来形成。CdTe 纳米颗粒在几何尺寸、表面化学等方面与蛋白质相似，CdTe 纳米颗粒自组装形成了类似于表面层(S-层)蛋白质的系统。用半经验的 PM_3 量子力学模型进行计算，并进行了蒙特卡洛分子动力学模拟，结果表明，偶极矩、小的正电荷和定向厌水性引力是该自组装的以驱动力，在介观尺度下模拟得到特别的薄板状组织结构。

第10章 表面测试分析

表面测试分析在表面工程中起着十分重要的作用。对材料表面性能的各种测试和对表面结构从宏观到微观的不同层次的表征是表面工程的重要组成部分。通过表面测试,正确客观地评价各个表面工程实施后以及实施过程中的表层或表面质量,不仅可以用于技术的改进、复合和创新以获得优质或具有新性质的表面层,还可以对所得的材料和零部件的使用性能作出预测,对服役中的材料和零件的失效原因进行科学的分析。因此,掌握各种表面分析方法和测试技术并结合各种表面的特点,对其正确应用非常重要。

由于电测技术、真空技术、计算机技术以及表面制备技术等一系列先进技术的迅速发展,各种显微镜和分析谱仪不断出现和完善,为表面研究提供了良好的条件,有可能精确地获取各种表面信息,有条件从电子、原子、分子水平去认识表面现象。另一方面,工程技术上各种表面的检测,对保证产品质量和分析产品失效原因乃是必要的,也是重要的。就表面分析而言,通常在分析前要对"大量的"或"大面积的"性能进行测量以及对有关项目进行检测,这样才能对表面分析的结果有正确或合理的解释。

需要指出的是,表面分析经过多年的发展,在分析的层次与精度上有了显著的提高,功能上也有了较大的扩展。有些精密的分析仪器,能同步完成材料表面的微观结构表征与原位性能测试,例如用 TEM 在研究微观结构的同时,对纳米管、纳米带和纳米线的力学性质、碳纳米管的电学性质、碳纳米管针尖的功函数等进行原位测量。又如,用特殊设计的样品杆原位研究在温度、应力、电场、磁场等外场作用下的微观结构演变。另一方面,表面分析还能对加工进程本身进行观察、监测和分析,这对微细加工具有特别重要的意义。

表面测试已在第3章和其他有关章节中做了介绍,本章简要阐述表面分析的类别、特点和功能,然后对某些重要的表面分析技术做一简介。

10.1 表面分析的类别、特点和功能

10.1.1 表面分析用主要仪器

目前,表面分析用的仪器主要有三大类:一是显微镜,其类别、特点和功能见表 10-1;二是分析谱仪,常用的谱仪名称和主要用途见表 10-2;三是显微镜与分析谱仪的组合仪器,这类仪器主要是将分析谱仪作为显微镜的一个组成部分,它们在获得高分辨图像的同时还可获得材料表面结构和成分的信息。有的分析仪器可以观察和记录表面的变化过程;也有些先进的分析仪器能同步完成材料表面的微观结构表征与原位性能测试。

表 10-1 显微镜及其特点和功能

序号	类别	特点	主要功能
1	光学显微镜 (optical microscope, OM)	1. 用可见光(波长 400~760nm)作为照明源以获得微细物体放大像 2. 一般由光、聚光镜、物镜和目镜等元件组成,也有用记录装置代替目镜 3. 放大倍数:$(5~2)×10^3$,最大分辨率 $0.2\mu m$	1. 观察材料显微组织 2. 观察微细浮雕和测量其高度 3. 高温光学显微镜可有用来观察显微组织随温度的变化情况 4. 有些光学显微镜具有显示与数据分析处理系统
2	激光扫描共焦显微镜 (laser scanning confocal microscope, LSCFM)	1. 利用聚焦的激光光束做光源,其获取光学图像的形式是扫描成像 2. 图像信号是随时间变化的扫描(电)信号,易于进行图像处理,成像的景深特别短,可以通过变化成像平面的位置,由合成处理来获得分层图像或三维的表面轮廓图像 3. 是一种新型的光学显微镜,其分辨率略高于传统光学显微镜 4. 图像散射背景小,图像因而比较清晰,信噪比高 5. 几乎没有色差,相干的程度非常高,还可利用入射光与样品作用产生的荧光,构成荧光显微镜	1. 测定表面的形貌图像 2. 测定反射率图像 3. 测定透射率图像 4. 测定三维层析图像 5. 可用来进行微细加工等
3	透射电子显微镜 (transimission elechron microscope, TEM)	1. 其构造原理与光学显微镜相似,也由照明系统和成像系统构成,只是把照明源由光束改为电子束;把成像系统的光学透镜改为电磁透镜 2. 放大倍数:$10^2~10^6$ 最大分辨率 $0.2~0.3nm$ 3. 样品为厚度小于 200nm 的薄膜或复膜	1. 单独利用透射电子束或衍射电子束成像,可获反映材料微观组织和结构的明场像或暗场像 2. 同时利用透射电子束和衍射电子束成像可获得材料内部原子尺度微观结构的高分辨结构
4	扫描电子显微镜 (scanning electron microscope, SEM)	1. 用聚焦得非常细的电子束作为照明源,以光栅状扫描方式照射到样品上,然后把激光发出的表面信息加以处理放大 2. 放大倍数$(5~2)×10^3$ 最大分辨率 3nm 3. 样品无特殊要求,包括形状和厚度等	1. 对表面形貌进行立体观察和分析 2. 相组织的鉴定和观察,放大倍数连续可变,能实时跟踪观察 3. 对局部微区进行结晶学分析和成分分析
5	高压电子显微镜 (high voltage electron microscope, HVEM)	1. 与常规电子显微镜的主要区别是其加速电压很高(可达 1 000kV 以上);透镜的励磁电流强 2. 分辨率高,点分辨率达 0.1nm 3. 可观察较厚的样品。加速电压为 1 000kV 时,可观察钢铁样品的厚度 $2\mu m$,铝为 $6\mu m$,硅为 $9\mu m$	1. 对材料内部组织的高分辨观察 2. 试样室很大,可以安装各种试验台,以便分析微观结构和缺陷的动态变化

续表

序号	类别	特点	主要功能
6	分析电子显微镜 (analytical electron microscope, AEM)	将扫描电子技术应用到透射电子显微镜上，用更小的电子束（典型束斑直径10nm），依次扫描产生电子像，该仪器称为扫描透射电子显微镜。在此基础上结合能量分析仪和各种能谱仪就构成了分析电子显微镜。这是一种能收集、测定和分析从样品局部区域（被高能电子束照射时）发射出的各种不同信号的仪器。放大倍数 $10^2 \sim 10^6$，最大分辨率 3nm	1. 材料相组织观察 2. 晶体缺陷的衍衬像观察 3. 从样品的极微小区域得到电子衍射花样，进行晶体结构分析 4. 微区成分分析 5. 材料表面电子结构分析
7	场离子显微镜 (field ion microscope, FIM)	它由超高真空室、液氦致冷头、稳压高压电源、像增强系统和成像气体供给系统等构成。试样为曲率半径为 20～50nm 的极细针尖，当施加数千伏正电压时针尖表面原子会逸出，并呈正离子态，在电场力线的作用下，以放射状飞至荧光屏，形成场离子像。放大倍数 10^6，最大分辨率 0.3nm	1. 直接观察材料内部的原子排列 2. 配置飞行时间质谱仪就构成了原子探针，可用来确定单个原子的化学种类
8	场发射电子显微镜 (fild emission electron microscope, FEEM) field electron microscope, FEM)	用单晶制成针状样品，经浸蚀，置于约 10^{-9} Pa 超高真空中，在约 10^7 V/cm 的阳极正电压作用下，针尖发射电子，电子飞至荧光屏。该仪器由于分辨率低于 FIM，又不便与其他方法结合，所以使用不多	1. 观察清洁表面的形貌和晶体结构 2. 观察加热过程中表面形貌变化和晶体转变 3. 研究吸附过程和催化作用
9	声学显微镜 (acoustic microscope, AM)	由超声探头、检测电路、机械装置、计算机等构成，通过检测散射声波幅度、相位和分布，获得样品内部结构参数图像。其分辨率接近样品内声波波长，最高为50nm，是一种无损检测设备	1. 无损检测。可测出极细微裂纹（厚度 10nm 量级）和不反光表面微坑（微米量级） 2. 测定杨氏模量、密度、应力、应变状态等参数 3. 材料微区结构分析
10	扫描隧道显微镜 (scanning tunneling microscope, STM)	由三维扫描控制器、样品逼近装置、减震系统、电子控制系统、计算机控制数据采集和图像分析系统等构成。其工作原理基于量子隧道效应。当把极细的金属针尖调节到距待测样品表面 1nm 以内的距离时，在外加偏压作用下，两电极间产生对距离十分敏感的隧道电流。这种仪器能实时、实空间地观察样品最表面层的局域信息，分辨率达到原子级，并可在真空、大气、常温、低温、电解液等不同环境下工作	1. 观察材料表面形貌 2. 分析表面电子结构 3. 测量样品表面的势垒变化

续表

序号	类别	特点	主要功能
11	原子力显微镜（atomic force microscopy，AFM）	它是在扫描隧道显微镜的基础上发展起来的一种新型分析仪器。其主体结构比较简单，主要由一个一端固定而另一端装有针尖的弹性微悬臂，以及检测器、样品台等组成。当样品在针尖下面扫描时，同距离有关的针尖及样品间相互作用力（吸引或排斥）会引起微悬臂的形变，如果用一束激光经微悬臂背面反射到光电检测器上时，检测器不同象限接收到的激光强度差值与微悬臂的形变量之间形成了一定的比例关系。如果微悬臂的形变小于0.01nm，激光束反射到光电检测器后变成3～10nm的位移，足够产生可测量的电压差。反馈系统根据检测器电压的变化不断调整针尖或样品z轴方向的位置，以保持针尖与样品间作用力恒定不变。这样，通过测量检测器电压对应样品扫描位置的变化，就可得到样品的表面形貌图像或其他表面性质与结构的信息。AFM有接触、非接触和轻敲三种操作模式	1. 与STM相比较，AFM不需要加偏压，所以适用于包括绝缘体在内的所有材料 2. AFM能够探测各种类型的力，于是派生出一系列的（扫描）力显微镜，如磁力显微镜（MFM）、电力显微镜（EFM）、摩擦力显微镜（FFM）化学力显微镜（CFM）等 3. AFM不仅可以进行高分辨率的三维表面成像和测量，还可以对材料的各种不同性质进行研究。同时，轻敲模式的发展为在许多表面上进行弱相互作用力和更高分辨率成像提供了可能

表 10-2　常用分析谱仪的名称和主要用途

序号	入射粒子	出射粒子	分析谱仪名称	英文名称	主要用途
1	电子	电子	低能电子衍射	low energy electron diffraction (LEED)	分析表面原子排列结构。研究界面反应和其他反应
2	电子	电子	反射式高能电子衍射	reflective high energy eloctron diffraction (RHEED)	分析表面结构。研究表面吸附和其他反应
3	电子	电子	俄歇电子能谱	auger electron spectroscopy (AES)	分析表面成分。能分析除H、He外的所有元素。还可用来研究许多反应
4	电子	电子	扫描俄歇微探针	scanning auger microprobe (SAM)	分析表面成分及各种元素在表面的分布
5	电子	电子	电离损失谱	ionizgtion loss spectrosopy (ILS)	分析表面成分。研究表面结构

续表

序号	入射粒子	出射粒子	分析谱仪名称	英文名称	主要用途
6	电子	电子	俄歇电子出现电势谱	auger electron appearance potontial spectroscopy（AEAPS）	分析表面成分。研究表面原子和吸附原子的电子态
7	电子	光子	软X射线出现电势谱	soft X-ray appearance potential spectroscopy（SXAPS）	分析表面成分。研究表面原子和吸附原子的电子态
8	电子	电子	消隐电势谱	disappearance potential spectroscopy（DAPS）	分析表面成分。对表面特别灵敏，可获1～3个原子层的信息
9	电子	电子	电子能量损失谱	electron energy loss spectroscopy（EELS）	分析表面成分。研究元素的化学状态和表面原子排列结构。其中低能电子能量损失谱（LEELS），又称高分辨率电子能量损失谱（HREELS），所探测到的是表面几个原子层的信息
10	电子	离子	电子诱导脱附	electron stimulated desorption（ESD）	分析表面成分。研究表面原子吸附态
11	电子	电子	能量弥散X射线谱	energy dispersive X-ray spectroscopy（EDXS）	分析表面结构和元素化合态
12	离子	离子	离子微探针质量分析	ion microprobe mass analyzer（IMMA）	分析表面成分
13	离子	离子	静态次级离子质谱	static secondary ion mass spectroscopy（SSIMS）	分析表面成分。可用来研究实际表面、固-液界面或溶液中分子以及易热分解的生物分子
14	离子	中性粒子	次级中性粒子质谱	secondary neutral — partficle mass spectroscopy（SNMS）	分析表面成分和进行深度剖析
15	离子	离子	离子散射谱	ion scattering spectrography（ISS）	分析表面成分。具有只检测最外层原子的表面灵敏度，尤其适用于研究合金表面偏折和吸附等现象。亦适用于半导体和绝缘体的分析
16	离子	离子	卢瑟福背散射谱	rutherford backscattering spectroscopy（RBS）	分析表面成分和进行深度剖析。只适于对轻基质中重杂质元素的分析
17	离子	电子	离子中和谱	ion neutralization spectrography（INS）	分析表面成分。研究表面原子电子态

续表

序号	入射粒子	出射粒子	分析谱仪名称	英文名称	主要用途
18	离子	光子	离子激发X射线谱	ion excited X-ray spectroscopy (IEXS)	分析表面结构
19	光子	电子	X射线光电子谱	X-ray photoemission spectroscopy (XPS)	分析表面成分。研究表面吸附和表面电子结构。目前已成为一种常规表面分析手段
20	光子	电子	紫外线光电子谱	ultra-violet photoemission spectroscopy (UPS)	分析表面成分。更适合于研究价电子状态，与XPS互相补充
21	光子	电子	同步辐射光电子谱	synchrotron radiation photoemission spectroscopy (SRPES)	分析表面成分。研究表面原子的电子结构。同步辐射是最理想的激发光源
22	光子	光子	红外吸收谱	infra-red spectrography (IR)	分析表面成分。研究表面原子振动
23	光子	光子	拉曼散射谱	raman scattering spectroscopy (RAMAN)	分析表面成分。研究表面原子振动
24	光子	电子	角分解光电子谱	angular resolved photoemission spectroscopy (ARPES)	分析表面成分。研究表面吸附原子的电子结构
25	光子	光子	表面灵敏扩展X射线吸收谱细致结构	surface-sensitive extended X-ray absorption fine sturcture (SEXAFS)	分析表面原子排列结构
26	光子	离子	光子诱导脱附	photom stimulated desorption (PSD)	分析表面成分。研究表面原子吸附态
27	电场	电子	场电子发射能量分布	field emission energy distribution (FEED)	研究表面原子的电子结构
28	热	中性粒子	热脱附谱	themal desorption spectroscopy (TDS)	获得有关吸附状态、吸附热、吸附动力学等信息
29	中性粒子	光子	中性粒子碰撞诱导辐射	surface composition by analysis of neutral and ion Impact radiation (SCANIIR)	分析表面结构
30	中性粒子	中性粒子	分子束散射	molecular beam scattering	分析表面结构

1. 显微镜

肉眼和放大镜的辨别能力很低,而用光学显微镜可以将微细部分放大成像便于人们用肉眼观察,已成为常用的分析工具。然而,由于受到可见光波长的限制,其分辨最大为200nm,远远不能满足表面分析的需要。为此,相继出现了一系列高分辨率的显微分析仪器:以电子束特性为技术基础的电子显微镜,如透射电子显微镜、扫描电子显微镜等;以电子隧道效应为技术基础的扫描隧道显微镜、原子力显微镜等;以场离子发射为技术基础的场离子显微镜;以场电子发射为技术基础的场发射显微镜等;以声学为技术基础的声学显微镜等。其中有的显微镜,分辨率可以达到原子尺度水平,约0.1nm。

2. 分析谱仪

分析谱仪是利用各种探针激发源(入射粒子)与材料表面物质相互作用以产生各种发射谱(出射粒子),然后进行记录、处理和分析。

目前,各种分析谱仪的入射粒子子或激发源主要有电子、离子、光子、中性粒子、热、电场、磁场和声波等八种,而能接收自表面出射、带有表面信息的粒子(发射谱)有电子、离子、中子和光子四种,因此总共有32种基本分析方法。如果考虑到激发源能量、进入表面深度以及伴生的物理效应等不同,那么又可派生出多种方法,加起来有一百多种分析方法。

用分析谱仪检测出射粒子的能量、动量、荷质比、束流强度等特征,或出射波的频率、方向、强度以及偏振等情况,就可以得到有关表面的信息。这些信息除了能用来分析表面元素组成、化学态以及元素在表面的横向分布和纵向分布等表面数据外,还有分析表面原子排列结构、表面原子动态和受激态、表面电子结构等功能。

表10-2列出了一些常用分析谱仪的名称和主要用途。

10.1.2 依据结构层次的表面分析类别

如第9章所述,要全面描述材料表面结构和状态,阐明和利用各种表面特征,需从宏观到微观逐层次地对表面进行分析研究,包括表面形貌和显微组织结构,表面成分,表面原子排列结构,表面原子动态和受激态,表面的电子结构。

1. 表面形貌和显微组织结构

材料、构件、零部件和元件器在经历各种加工处理后或在外界条件下使用一段时间之后,其表面或表层的几何轮廓及显微组织上会有一定的变化,可以用肉眼、放大镜和显微镜来观察分析加工处理的质量以及失效原因。肉眼与放大镜的分辨能力低,而用各种显微镜(见表10-1)可在宽广的范围内观察分析表面形貌和显微组织结构。

2. 表面成分分析

目前已有许多物理、化学和物理化学分析方法可以测定材料的成分。例如利用各种物质特征吸收光谱分析,以及利用各种物质特征发射光谱的发射光谱分析,都能正确、快速地分析材料的成分,尤其是微量元素。又如X射线荧光分析,是利用X射线的能量轰击样品,产生波长大于入射线波长的特征X射线,再经分光作为定量或定性分析的依据。这种分析方法速度快、准确,对样品没有破坏,适宜于分析含量较高的元素。但是,这些方法一般不能用来分析材料量少、尺寸小而又不宜做破坏性分析的样品,因此通常也难于做表面成分分析。

如果分析的表层厚度为$1\mu m$的数量级,那么这种分析称为微区分析。电子探针微区分析

(EPMA)是经常采用的微区分析方法之一。它是一种 X 射线发射光谱分析,用高速运动的电子直接轰击被分析的样品,而不像 X 射线荧光分析那样是用一次 X 射线轰击样品。高速电子轰击到原子的内层,使各种元素产生对应的特征 X 射线,经分光后根据波长及其强度做定性和定量分析。电子探针可与扫描电子显微镜结合起来,即在获得高分辨率图像的同时,进行微区成分分析。

在现代表面分析技术中,通常把一个或几个原子厚度的表面才称为"表面",而厚一些的表面称为"表层"。上述的 EPMA 是表层成分分析方法之一,所以在一些科学文献中不把这类分析方法列入"表面分析方法"内。但是许多实用表面技术所涉及的表面厚度通常为微米级,因此本书谈到的"表面分析",实际是包括表面和表层两部分。

对于一个或几个原子厚度的表面成分分析,需要更先进的分析谱仪(见表 10-2)即利用各种探针激发源(入射粒子)与材料表面物质相互作用以产生各种发射谱(出射粒子),然后进行记录、处理和分析。主要的方法有 AES、XPS、SNMS 等。

3. 表面原子排列结构分析

表面原子或分子的排列情况与体内不一。如第 2 章所述,晶体表面大约要经过 4~6 层原子层之后原子排列才与体内基本相似。晶体表面除重构和弛豫等之外,还有台阶、扭折、吸附原子、空位等缺陷。这是晶体清洁表面的情况。实际表面有更复杂的结构。表面吸附、偏析、化学反应以及加工处理,都会引起表面结构的变化。

测定表面结构,对于阐明许多表面现象和材料表面性质是重要的。目前经常采用 X 射线衍射和中子衍射等方法来测定晶体结构。X 射线和中子穿透材料的能力较强,分别达几百微米和毫米的数量级,并且它们是中性的,不能用电磁场来聚焦,分析区域为毫米数量级,难以获得来自表面的信息。电子与 X 射线、中子不同,它与表面物质相互作用强,而穿透能力较弱,一般为 $0.1\mu m$ 数量级,并且可以用电磁场进行聚焦,因此电子衍射法经常被用作微观表面结构分析,例如对材料表面氧化、吸附、沾污以及其他各种反应物进行鉴定和结构分析。利用电子衍射效应进行表面结构分析的谱仪较多,如表 10-2 所列的低能电子衍射(LEED)和反射式高能电子衍射(RHEED),还有未列入该表的反射电子衍射(RED)、电子通道花样(ECP)、电子背散射花样、X 射线柯塞尔花样(XKP)等。

除了利用电子衍射效应,其他一些谱仪如离子散射谱(ISS)、卢瑟福散射谱(RBS)、表面灵敏扩展 X 射线吸收细微结构(SEXAFS)、角分解光电子谱(ARPES)、分子束散射谱(MBS)等,都可直接或间接用来分析表面结构。

现在已经使用一些先进的显微镜来直接观察材料表面原子排列和缺陷情况,如表 10-1 中所列的高压电子显微镜(HVEM)、分析电子显微镜(AEM)、场离子显微镜(FIM)、场发射电子显微镜(FEM)、扫描隧道显微镜(STM)等。

4. 表面原子动态和受激态分布

这方面主要包括表面原子在吸附(或脱附)、振动、扩散等过程中能量或势态的测量,由此可获得许多重要的信息。

例如:用热脱附谱(TDS),通过对已吸附的表面加热,加速已吸附的分子脱附,然后测量脱附率在升温过程中的变化,由此可获得有关吸附状态、吸附热、脱附动力学等信息。其他分析谱仪如电子诱导脱附谱(ESD)、光子诱导脱附谱(PSD)等也可用来研究表面原子吸附态。TDS 是目前研究脱附动力学,测定吸附热、表面反应阶数、吸附态数和表面吸附分子浓度使用最为广泛的方法。它与质谱技术结合,还可测定脱附分子的成分。

又如表面原子振动与体内原子振动有差异。在完整晶体中,一个振动模式常扩展到整个晶体。若是实际晶体,则在缺陷附近有可能存在局域的振动模式。对材料表面而言,由于晶格的周期在此发生中断,因而也可能存在局域表面附近的振动模式,在距表面远处其振幅趋于零。这种表面振动影响着表面的光学、热学、电学性质,以及对电子或其他粒子的散射等产生影响。电子能量损失谱(EELS)、红外光谱(IR)、拉曼散射谱(RAMAN)等分析谱仪可用来分析表面原子振动。IR 和 RAMAN 主要是分子振动谱,利用这些振动谱,通过对表面原子振动态的研究可以获得表面分子的键长、键角大小等信息,并可推知分子的立体构型或根据所得的力常数可间接获得化学键的强弱信息。

5. 表面的电子结构分析

表面电子所处的势场与体内不同,因而表面电子能级分布和空间分布与体内有区别。特别是表面几个原子层内存在一些局域的电子附加能态,称为表面态,对材料的电学、磁学、光学等性质以及催化和化学反应中都起着重要的作用。

表面态有两种。一种是本征表面态,它是由晶体内部的周期性势场至表面附近时突然中断而产生的电子附加能态。另一种是外来表面态,它是由表面附近的杂质原子和缺陷引起的电子附加能态。因为晶体的周期性势场至杂质原子和缺陷附近时会突然中断,而表面处的杂质原子和缺陷比体内多得多,所以表面的这种电子附加能态也是重要的。

目前半导体制备技术已经达到很高的水平,可以制备出纯度和完整性非常高的半导体材料,体内杂质和缺陷极少,因此半导体的表面态是较为容易检测的。玻璃、金属氧化物和一些卤化物由于禁带中有电子、空穴和各种色心等引起的附加能级,所以表面态不容易从这些附加能级中区分开来。金属没有禁带,而体电子在费米(Fermi)能级处的能级密度很高,表面态也难以区分。虽然金属和绝缘体材料的表面态检测有困难,但是随着分析谱仪技术的发展,这些困难将逐步得到克服。

研究表面电子结构的分析谱仪主要有 X 射线光电子能谱(XPS)、角分解光电子谱(ARPES)、场电子发射能量分布(FEED)、离子中和谱(INS)等。XPS 测定的是被光辐射激发出的轨道电子,是现有表面分析方法中能直接提供轨道电子结合能的唯一方法。UPS 通过光电子动能分布的测定,可以获得表面有关的价电子的信息。此外,XPS 和 UPS 还广泛用于研究各种气体在金属、半导体及其他固体材料表面上的吸附现象以及表面成分分析。

10.2 表面分析仪器和测试技术简介

10.2.1 电子显微镜

1. 透射式电子显微镜(TEM)

电子被加速到 100keV 时,其波长仅为 0.37nm,为可见光的十万分之一左右,因此用电子束来成像,分辨率本领大大提高。现在电子显微镜的分辨本领可高达 0.2nm 左右。

透射式电子显微镜是应用较广的电子显微镜。电子穿过电磁透镜与光线穿过光学透镜有着相似的成像规律。如图 10-1 所示,在高真空密封体内装有电子枪、电磁透镜(双聚光镜、物镜、中间镜及投影镜)'样品室和观察屏(底片盒)等。电子枪由阴极(灯丝)、栅极和阳极组成。电子枪发出的高速电子经聚光镜后平行射到试样上。试样要加工得很薄,也可按被观察实物的表面复制成薄膜。穿过试样而被散射的电子束,经物镜、中间镜和投影镜三级放大,在荧光屏上成像。在物镜的后焦面处装有可控制电子束的入射孔径角的物镜光阑,以便获得最佳的像衬度和分辨率。

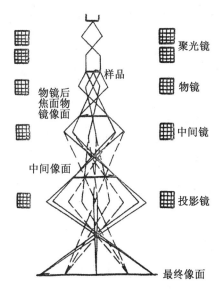

图 10-1　透射电镜的构造及光路图

实线:中间镜物平面与物镜像平面重合时观察到显微图像
虚线:中间镜物平面与物镜背焦面重合时观察到电子衍射谱

2. 扫描电子显微镜(SEM)

究竟能看清多大的细节,这不仅和显微镜的分辨本领有关,而且还与物体本身的性质有关。例如对于羊毛纤维、金属断口等,用光学显微镜,因其景深短而无法观察到样品的全貌。用透射电镜,因试样必须做得很薄,故也很难观察凹凸如此不平的物体的细节。扫描电镜则利用一极细的电子束(直径约7~10nm),在试样表面来回扫描,把试样表面反射出来的二次电子作为信号,调制显像管荧光屏的亮度,和电视相似,就可逐点逐行地显示出试样表面的像。扫描电镜的优点是景深长,视场调节范围宽,制样极为简单,可直接观察试样,对各种信息检测的适应性强,故是一种实用的分析工具。扫描电镜的分辨本领可达10~7nm。

图 10-2 为扫描电镜的原理图。由电子枪发出的电子束,依次经过两个或三个电磁透镜的聚集,最后投射到试样表面的一个小点上。末级透镜上面的扫描线圈的作用是使电子束做光栅式扫描。在电子束的轰击下,试样表面被激发而产生各种信号,如反射电子、二次电子、阴极发光光子、电导试样电流、吸收试样电流、X射线光子、俄歇电子、透射电子信。这些信号是分析研究试样表面状态及其性能的重要依据。利用适当的探测器接受信号,经放大并转换为电压脉冲,再经放大,

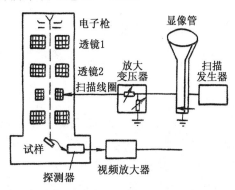

图 10-2　扫描电镜原理图

并用以调制同步扫描的阴极射线管的光束亮度,于是在阴极射线管的荧光屏上构在了一幅经放大的试样表面特征图像,以此来研究试样的形貌、成分及其他电子效应。

3. 高压电子显微镜(HVEM)

这种电镜的一个优点是电子的穿透能力强,可以观察厚试样。常用的 $10^5\mathrm{V}$ 电镜,要求试样的厚度不超过数百纳米。这种薄膜的性质由于受到上、下两表面的严重影响,往往与块状材料并不完全相同。如果用百万伏超高压电镜,则可直接观察几微米厚的试样,这不仅简化了制样技术,而且试样的性质已接近大块材料,为研究工作带来了很大的方便。但是,超高压电镜体积庞大,结构复杂,价格昂贵。

4. 分析电子显微镜(AEM)

将扫描电子技术应用到透射电子显微镜,形成了扫描透射电子显微镜(STEM),再在此基础上结合能量分析和各种能谱仪就构成了分析电子微镜(AEM)。

图 10-3 是 STEM 的原理图。它是由场发射枪、电子束形成透镜和电子束偏转系统组成,通常带有电子能量损失谱装置。STEM 可以观察较厚样品和低衬度样品。在样品下设有成像透镜,电子经过较厚样品所引起的能量损失不会形成色差,故能得到较高的分辨率。当分辨率相仿时,STEM 样品厚度可以是 TEM 的 2~3 倍。利用样品后接能量分析器,可以分别收集和处理弹性散射和非弹性散射电子,从而形成一种具有新的衬度源-z(原子序数)的衬度,用这种方法可以观察到单个原子。还因为 STEM 中单位内打到样品上的总电流很小,通常为 $10^{-10} \sim 10^{-12}\mathrm{A}$(常规透射电镜中约为 $10^{-5} \sim 10^{-7}\mathrm{A}$),所以电子束引起的辐射损伤也较小。利用场发射电子枪的较高亮度(比发叉形钨高 3~4 个数量级),照射到样品上的电子束直径可减少到 0.3~0.5nm,因此分辨率可达 0.3~0.5nm。

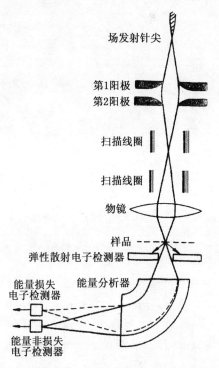

图 10-3 扫描透射电子显微镜的原理图
(带有电子能量损失谱装置)

10.2.2 场离子显微镜

它是结构示意图如图 10-4 所示,主要由超高真空室、冷却试样的液氮致冷头、稳压高压电源、像增强系统、成像气体供给系统等组成。试样为极细针尖(例如 用单晶细丝,通过电解抛光等方法得到),尖端曲率半径约为 20~50nm,并用液氮、液氢或液氦冷却至深低温,以减少原子的热振动,使原子的图像稳定可辨。试样上施加数千伏正电压时,尖端局部

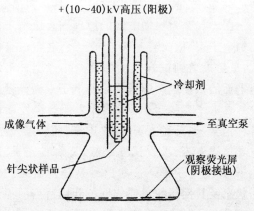

图 10-4 场离子显微镜结构示意图

电场强度可高达 30~50V/nm。此时靠近样品的成像气体原子(例如惰性气体氖和氦)由于隧道效应而被离化为正离子,沿表面法线方向飞向荧光屏产生场离子像。图 10-5 为 FIM 成像原理示意图。平行排列的原子面在近似为半球形的试样尖端表面形成许多台阶,此处场强最大,成像气体电离几率也最大,因而形成亮点。图中画阴影线的原子将成像,它们在屏上所成的像描绘了台阶处原子的行为。退火纯金属的场离子像由许多形成同心圆的亮点构成,每组同心圆即为某晶面族的像。FIM 放大倍数约一百万倍,能分辨单个原子,观察到表面排列。应用场蒸发逐原子层剥离可得到显微组织的三维图像。局限性是视野太小,要求被观察对象的密度足够高。

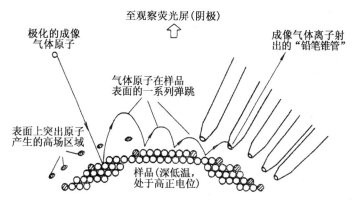

图 10-5 FIM 成像原理示意图

在 FIM 后配置飞行时间质谱仪就构成了原子探针,即组成所谓的原子探针场离子显微镜(APFIM),用它可以分析样品表面单个原子的化学成分。因此,用 FIM 和 APFLM 可以研究样品表面原子结构和原子运动。

10.2.3 扫描隧道显微镜

它是利用导体针尖与样品之间的隧道电流,并用精密压电晶体控制导体针尖沿样品表面扫描,从而能以原子尺度记录样品形貌以及获得原子排列、电子结构等信息。

STM 的主体由三维扫描控制器、样品逼近装置、减震系统、电子控制系统、计算机控制数据采集和图像分析系统等组成。其工作原理是利用量子隧道效应。图 10-6 为隧道电流原理图。先讨论金属 M_1-绝缘层(Ⅰ)-金属 M_2 的情况[见图(a)]。当绝缘层厚度 s 减至 0.1nm 以下,并且 M_2 相对于 M_1 加上正偏压 V 时,它们之间就有电流流过。图 10-6(b)示出了此结的位能图。由于在界面和绝缘层中出现势垒,经典理论不能解释这种电流,但量子力学理论可以解释它,并将其称之为最子隧道效应。当 $V \leqslant E_\phi$ 时,电流密度 j 可以写成:

$$j = (e^2/h)(K_0/4\pi^2 s)V_{\exp}(-2K_0 s) \tag{10-1}$$

式中,s 为有效隧道距离(此处单位为 nm);K_0 为界面外波函数密度衰减长度的倒数,$2K_0 = 0.1025\sqrt{E_b}$;$E_b \simeq (E_{\phi_1} + E_{\phi_2})/2$,为有效势垒($E_b$ 的单位为 eV);$e^2/h = 2.44 \times 10^{-4} \Omega^{-1}$。

图 10-6(c)表示出隧道电流集中在针尖附近。图 10-7(a)为 STM 结构原理图,其中 X、Y、Z 为压电驱动杆;L 为静电初调位置架;G 为样品架。图 10-7(b)为针尖顶端与样品架放大一万倍后的示意图;图 10-7(c)为图 10-7(b)放大一万倍后的示意图;圆圈代表原子,虚线代表电子云等密度线,箭头表示隧道电流的方向。如果在 Z 压电杆上加上可调节的直流电压

则可将隧道电流控制在 1~10nA 之间的任意值上。在 X 压杆上加锯齿波电压,使针尖做类似于电视中的行扫描,在 Y 压电杆上加另一台阶锯齿波电压,使针尖做帧扫描。当针尖因扫描而处于原子上或原子间时,隧道电流要发生变化。若要隧道电流保持不变,则针尖应随表面起伏(称为皱纹)而移动,即 Z 压杆上的电压要改变,其改变量与表面皱纹有关,这由电路自控完成。若在记录仪上画出行、帧扫描时按 Z 方向高度的变化,则可得到表面形貌图。

实际上,STM 是在五维空间提供信息,即实际空间 (x, y, z)、隧道电流 I_t 和隧道电压 V_t,因此可以有多种成像模式。上面描述的是通过电子反馈线路控制尖端与样品间距离恒定,扫描样品时针的运动轨迹直接表征了样品表面电子态密度的分布或原子排列图像。如果监测隧道电流与外加偏压的关系,就可得到样品表面电子结构的信息。如果利用隧道电流与间距之间的依赖关系还可以测定样品表面局域势垒的变化。

STM 是在 1981 年由 Binnig 和 Bohrer 发明的,他们为此获得 1986 年诺贝尔物理奖。STM 的纵向分辨率已达到 0.01nm,横向分辨率优于 0.2nm,可用来研究各种金属、半导体、生物样品的表面形貌,也可用来研究表面沉积、表面原子扩散和徙动、表面粒子的成核和生长以及吸附和脱险等等。STM 可在真空、大气、溶液、常温、低温等不同环境下工作。

10.2.4 原子力显微镜

在 STM 基础上,Binnig,Quate 和 Gerber 在 1986 年发明的原子力显微镜(AFM),正在成为许多科学技术领域中一个有效的工具。它是将 STM 的工作原理与针式轮廓曲线仪原理结合起来而形成的一种新型显微镜。如前所述,STM 是基于最子隧道效应工作的,当一个原子尺度的金属针尖非常接近样品,在

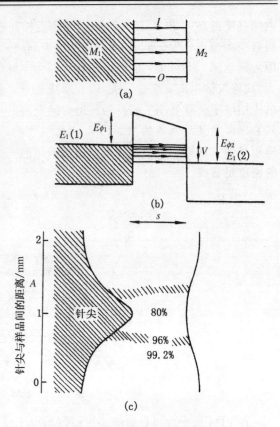

图 10-6 隧道电流原理图
(a) 金属 M_1-绝缘层(I)-金属 M_2 情况;
(b) M_1-I M_2 结的位能图;(c) 隧道电流集中在针尖附近

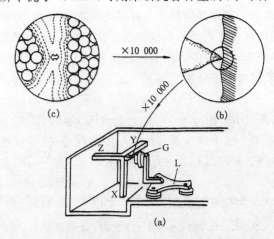

图 10-7 STM 结构原理图
(a) 结构主体;X、Y、Z—压电驱动杆,L-静电初调位置架,G-样品架;
(b) 针尖端与样品架放大一万倍后的示意图;
(c) 为(b)放大一万倍后的示意图

有外电场存在时,就有隧道电流 I_t 产生。I_t 强烈地依赖于针尖与样品之间的距离。例如,0.1nm距离的微小变化就能使 I_t 改变一个数量级,因而探测 I_t 就能得到具有原子分辨率的样品表面的三维图像。STM能获得表面电子结构等信息;样品又可在真空、大气、低温及液体覆盖下进行分析。因此STM得到了广泛的应用。但是STM因在操作中需要施加偏电压而只能用于导体和半导体。AFM是使用一个一端固定而另一端装有针尖的弹性微悬臂来检测样品表面形貌的。当样品在针尖扫描时,同距离有关的针尖与样品之间微弱的相互作用力,如范德瓦斯力、静电力等,就会引起微悬臂的形变,也就是说微悬臂的形变是对样品与针尖相互作用的直接测量。这种相互作用力是随样品表面形貌而变化的。如果用激光束探测微悬臂位移的方法来探测该原子力,就能得到原子分辨率的样品形貌图像。AFM不需要加偏压,故适用于所有材料,应用更为广泛。同时,AFM能够探测任何类型的力,于是派生出各种扫描力的显微镜,如磁力显微镜(MFM)、电力显微镜(EFM)、摩擦力显微镜(FFM)等。

AFM中微悬臂具有的弹簧常数一般为0.004~1.85N/m,针尖曲率半径约为30nm。即使小于0.01nm的微悬臂形变也可检测,此时激光束将它反射到光电检测器后,变成了3~10nm的激光点位移,由此产生一定的电压变化。通过测量检测器电压对应样品扫描位置的变化,就可得到样品的表面形貌图像。

AFM有三种不同的操作模式:接触模式、非接触模式以及介于这与两者之间的轻敲模式。图10-8给出了各模式在针尖和样品相互作用力曲线中的工作区间。在接触模式中,针尖始终同样品接触,两者互相接触的原子中电子间存在库仑排斥力。虽然它可形成稳定、高分辨图像,但探针在样品表面上的移动以及针尖与表面间的粘附力,可能使样品主产生相当大的变形并对针尖产生较大的损害,从而在图像数据中产生假象。非接触模式是控制探针在样品表面上方5—20nm距离处扫描,所检测的范德瓦尔斯吸引力和静电力等对成像样品没有破坏的长程作用力,但分辨率较接触模式的低。实际上,由于针尖容易被表面的粘附力所捕获,因而非接触模式的操作是很难的。在轻敲模式中,针尖同样品接触,分辨率几乎与接触模式的一样好,同时因接触很短暂而使剪切力引起的对样品的破坏几乎完全消失。轻敲模式的针尖在接触样品表面时,有足够的振幅(大于20nm)来克服针尖与样品之间的粘附力。目前,轻敲模式不仅用于真空、大气环境中,在液体环境中的应用研究也不断增多。

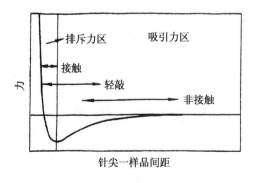

图10-8 针尖与样品相互作用力随距离变化的曲线

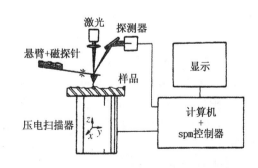

图10-9 磁力显微镜(MFM)结构示意图

AFM能够探测各种类型的力,目前已派生出磁力显微镜(MFM)、电力显微镜(EFM)、摩擦力显微镜(FFM)、化学力显微镜(CFM)等。例如 MFM,它的结构示意图如图 10-9 所示,由纳米尺度磁针尖加上纳米尺度的扫描高度使磁性材料表面磁结构的探测精细到纳米尺度。

10.2.5 X 射线衍射

目前电镜虽有很高的分辨本领,但最多只能看到一些特殊制备的试样中的原子与原子晶格平面,而测定的晶体结构通常是采用 X 射线衍射和电子衍射方法,即测定的依据是衍射数据。

X 射线管的结构如图 10-10 所示。在抽真空的玻璃管的一端有阴极,通电加热后产生的电子经聚焦和加速,打到阳极上,把阳极材料的内层电子轰击出来,当较高能态的电子去填补这些电子空位时,就形成了 X 射线。它从铍窗口射出,射到晶体试样上,晶体的每个原子或离子就成为一个小散射波的中心。由于结构分析用的 X 射线波长与晶体中原子间距是同一数量级,又由于晶体内质点排列的周期性,使这些小散射波互相干涉而产生衍射现象。可以证明,一束波长为 λ 的 X 射线,入射到面间距为 d 的 (hkl) 点阵平面上,当满足布拉格条件 $2d\sin\theta=n\lambda$ 时就可能产生衍射线,如图 10-11 所示。

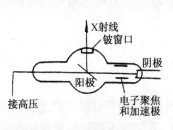

图 10-10 X 射线管的结构

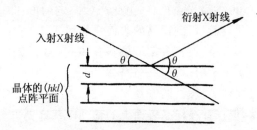

图 10-11 布拉格条件示意图

为了达到发生衍射的目的,常采用以下三种方式:ⓐ劳埃法,即用一束连续 X 射线以一定方向射入一个固定不动的单晶体,此时 X 射线的 λ 值是连续变化的,许多具有不同 θ 和 d 值的点阵平面都可能有一个相应的 λ 使之满足布拉格条件。ⓑ转晶法,即用单一波长的 X 射线射入一个单晶体,射线与某一轴垂直,并使晶体绕此轴旋转或回摆。ⓒ粉末法,它用一束单色 X 射线射向块状或粉末状的多晶试样,因其中小晶粒取向各不相同,故有许多小晶粒的晶面满足布拉格条件而产生衍射。记录衍射线的方法主要有照相法和衍射仪法。

10.2.6 电子衍射

X 射线的射入固体较深,一般用于三维晶体和表层结构分析。电子与表面物质相互作用强,而穿入固体的能力较弱,并可用电磁场进行聚焦,因此早在 20 世纪 20 年代已经提出低能电子衍射法,但当时在一般真空条件下较难得到稳定的结果,直到 60 年代由于电子技术、超高真空技术和电子衍射后加速技术的成熟,使低电子衍射法在表面二维结构分析方面的重要性大为增加。

1. 低能电子衍射(LEED)

它是用能量很低的入射电子束(通常是 10~500eV,波长为 0.05~0.4nm),通过弹性散射和电子波间的相互干涉产生衍射图样。由于样品物质与电子的强烈相互作用,常使参与衍射的样品体积只有表面一个原子层,即使能量稍高($\geqslant$100eV)的电子,也只有 2~3 层原子,所以 LEED 是目前研究固体表面晶体结构的主要技术之一。

LEED 实际上是一种二维衍射。如果由散射质点构成单位矢量为 a 的一维周期性点列，则波长为 λ 的电子波垂直入射，如图 10-12 所示，那么在与入射反方向成 φ 角的背散射方向上，将得到相互加强的散射波：

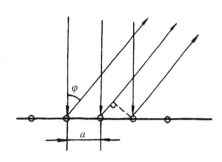

图 10-12 垂直入射的一维点阵的衍射

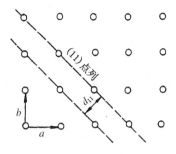

图 10-13 二维点阵示意

$$a\sin\varphi = h\lambda \quad (h \text{ 为整数}) \tag{10-2}$$

若考虑二维情况，平移矢量分别为 a 和 b（见图 10-13），则衍射条件还需满足另一条件：

$$b\sin\varphi' = K\lambda \quad (K \text{ 为整数}) \tag{10-3}$$

此时，衍射方向即为以入射方向为轴，半顶角为 φ 和 φ' 的两个圆锥面的交线。这是二维劳厄条件。LEED 图样是与二维晶体结构相对应的二维倒易点阵的直接投影，故其特别适用于清洁晶体表面和对有序吸附层等进行结构分析。

图 10-14 是一种电子衍射装置示意图。从电子枪的钨丝发射的热电子，经三级聚焦杯加速、聚焦并准直，照射到样品（靶极）表面，束斑直径约 0.4~1nm，发射角度约 1°。样品处于半球接收极的中心，两者之间还有三到四个半球形的网状栅极：

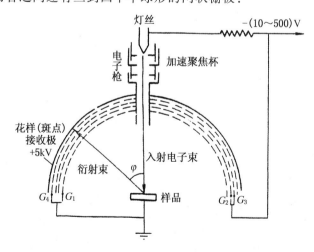

图 10-14 利用后加热技术的 LEED 装置示意图

① G_1 与样品同电位（接地），使靶极与 G_1 之间保持为无电场空间，使能量很低的入射和衍射电子束不发生畸变。

② G_2 与 G_3 相联并有略大于灯丝（阴极）的负电位，用来排拆损失了部分能量的非弹性散射电子。

③ G_4 接地，主要起着对接收极的屏蔽作用，减少 G_3 与接收极之间的电容。

半球形接收极上涂有荧光粉,并接 5kV 正电位,对穿过栅极的、由弹性散射电子组成的衍射束起加速作用,增加其能量,使之在接收极的荧光面上产生肉眼可见的低能电子衍射图样,可从靶极后面直接观察或拍照记录。低能电子发生衍射以后被加速,叫做"后加速技术"它能使原来不易被检测的微弱衍射信息得到加强,并不改变衍射图样的几何特性。

在实验过程中样品要处于超高真空状态;样品表面要净化,样品若受到污染则不能反映真实的表面结构。另外,低能电子受到晶体中声子和光子的强非弹性散射,衍射束强度一般仅为入射强度的 1‰ 左右,故实验要做得精细。

低能电子衍射点排布的图样表明了单元网格的形状和大小,但不能确定原子的位置、吸附原子与基底之间的距离等。为此需要分析各级衍射束强度与电压有关的曲线($I-V$),此曲线称为低能电子衍射谱。在实际分析时,通常是固定入射电子束的方向,然后测某几级衍射束的强度随电子束能量的变化数据,再将此实验数据与根据某种模型计算出来的谱进行比较,调整原子的位置使两者符合得最好,即可确定表面原子的位置。

LEED 有许多应用,如分析晶体的表面原子排列、气相沉积表面膜的生长、氧化膜的形成、气体吸附和催化、表面平整度和清洁度、台阶高度和台阶密度等。LEED 使我们了解表面一些真正的结构和发生的变化。

2. 高能电子衍射(HEED)和反射式高能电子衍射(RHEED)

高能(大于 10keV)电子也会产生衍射,它有较大的穿透力,平均自由程为 2~10nm。为分析表面结构,宜用掠入射,而不像 LEED 那样采用垂直入射。

反射式高能电子衍射示意图如图 10-15 所示。电子枪发射的电子束经准直、聚焦和偏转,以掠入射的方式到达样品表面,衍射束在荧光屏上显示出反射电子图像。

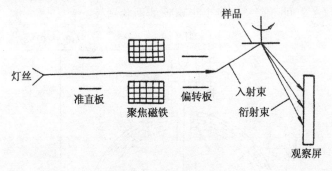

图 10-15 RHEED 示意图

高能电子束衍射采用掠入射时,入射束要覆盖住约 1cm 长的表面,因此要求样品表面平整。

高能电子束强度高,平行度好,在实际应用方面,RHEED 可以弥补 LEED 的一些不足。例如,LEED 的样品温升到 500℃ 以上时就观察不到衍射图样,而在 RHEED 中,温度高达 1 300℃ 时也能观察到衍射图,因此 RHEED 可用于研究与温度有关的表面过程及结构变化情况。

10.2.7 X 射线光谱仪和电子探针

1. X 射线光谱仪

在 X 射线分析仪器中,除了主要用于晶体结构分析的 X 射线仪之外,还有用于成分分析的 X 射线荧光分析仪(即 X 射线光谱仪)。所谓 X 射线荧光分析,就是用 X 射线作为一种外来的能量去打击样品,使试样产生波长大于入射线的特征 X 射线,而后经分光做定性和定量分析。

图 10-16 是 X 射线荧光光谱仪的原理图。由 X 射线管射出的 X 射线打在试样上,由试样产生所含元素的二次 X 射线(X 射线荧光)向不同方向发射,只有通过准直管的一部分形成一束平行的光投射到分光晶体上。分光晶体用 LiF 或 NaCl 等制成,它起光栅或棱镜的分光作用,把一束混杂各种波长的二次 X 射线按不同波长的顺序排列起来。改变分光晶体的旋转角 θ,则检测器相应地回转 2θ,

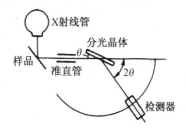

图 10-16 X 射线荧光光谱仪的原理图

投射到检测器上的 X 射线只能为某一种(或几种)波长。由于分光晶体的旋转角 θ 在一定条件下对应于某一定波长,故角 θ 就是定性分析的依据。从检测器接收到的 X 射线强度就对应于某一波长 X 射线的强度,它表示样品中含有该原子的数量,因此这就是定量分析的依据。

X 射线荧光光谱仪的特点是分析速度快、准确,对样品没有破坏性等,因此用途甚广。

2. 电子探针

在 X 射线光谱仪中,除 X 射线荧光光谱仪外,还有一种是 X 射线发射光谱分析仪。它是用高速运动的电子直接打击被分析的样品,而不像 X 射线荧光分析仪那样是用一次 X 射线打击样品的。高速电子轰击到原子的内层,使各种元素产生对应的特征 X 射线,经过分光,根据波长进行定性分析,根据特征波长强度做定量分析。但是在单纯的 X 射线分析仪器中这一类应用较少,主要是用在电子探针上。

电子探针又称微区 X 射线光谱分析仪。它实质上是由 X 射线光谱仪和电子显微镜这两种设备组合而成的。图 10-17 是电子探针的原理图,它主要由五个部分组成:ⓐ电子光学系统,包括电子枪、两对电子透镜、电子束扫描线圈。ⓑX 射线光谱仪部分,包括分光晶体、计数器、X 射线显示装置。ⓒ光学显微镜目测系统,它用来观察电子束所处的位置和调整样品与电子束的相对位置,以便对准所需分析的微区。ⓓ背散射电子图像显示系统。当高速电子轰击样品表面时,除发射特征 X 射线光谱外,还有一部分电子被样品表面的原子散射出来,称为背散射电子,把它给出的信号在荧光屏上显示出来,以此来研究样品表面的组织结构,而且可以说明样品表面各种原子序数的原子分布情况。ⓔ吸收电子图像显示系统。电子束打到样品上,有一部分电子被分布在表面的各种不同元素的原子所吸收,把它给出的信号显示出来,同样可以说明样品表面各种不同元素原子的分布状态。

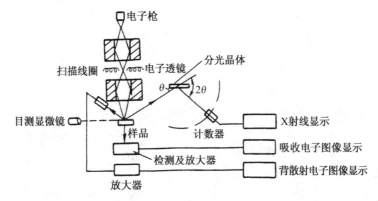

图 10-17 电子探针原理图

电子探针具有分析区域小（一般为几个立方微米）、灵敏度较高，可直接观察选区，制样方便，不损坏试样以及可做多种分析等特点，故是一种有力的分析工具。电子探针可与扫描镜结合起来，即在获得高分辨率图像的同时，进行微区成分分析。

10.2.8 质谱仪和离子探针

1. 质谱仪

质谱仪与离子探针的关系犹如 X 射线光谱仪与电子探针，故合在一起介绍。

质谱仪是一种根据质量差异而进行分析仪器。因为不同元素或同位素的原子质量是不同的，因此可以把原子质量作为区分各种元素或同位素（化合物也是如此）的标志。不同质量的正、负离子，在其能量相同的条件下运动速度是不同的。速度（或动量）不同的正或负离子在磁场或交变电场或自由空间中运动，将发生不同程度的偏转或飞行时间不同，从而使不同质量的离子区分开来。因此，质谱仪是先使元素电离成正离子，然后在电场扫描作用下，使不同荷质比的离子顺序地到达捕集器，发生信号，加以记录和构成质谱图。质谱仪在设备上主要由离子源（包括有关供电系统）、质量分析系统（包括有关供电系统）、离子检测系统（包括离子质量、数量测量和显示）三大部分组成（见图 10-18）。由于它能分析所有元素，分辨本领强，灵敏度高，效率高和速度快，故应用很广。在材料研究上，主要用作超纯分析。

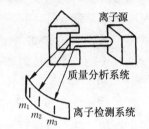

图 10-18 质谱仪结构示意图

2. 离子探针

离子探针的结构的与电子探针相似，但它是离子显微镜与质谱仪相结合的产物。它是用聚焦离子束轰击试样，使之产生反映试样特征的离子束，由质谱仪检测得出分析结果的仪器。离子探针具有质谱仪的高灵敏、全分析的特点，又兼有电子探针微区分析的性质。但是它对样品有破坏性（这与电子探针不同），因此可使样品从表面开始逐层剥离，逐层深入，从而了解固体表面以内不同深度的状态及组成情况，是薄膜分析和微区分析中最有前途的分析工具之一。

10.2.9 激光探针

激光在分析仪器中有一系列重要的用途。其中一个用途是，作为发射光谱仪中的激发源，利用高度聚焦的激光束使试样表面被照射点产生局部高温而激发。这点特别适用于非导体试样（例如离子晶体等）的微区分析。缺点是分析体积稍大，灵敏度不很高。

图 10-19 为激光探针（或称激光显微镜光谱分析仪）的原理图。输出的激光经聚光路的转向

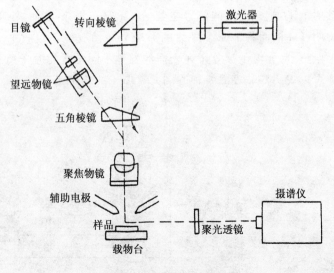

图 10-19 激光探针原理图

棱镜,将激光光束转 90°,再经聚焦物镜把激光会聚在焦点处,即在样品上获得功率密度极大的微小光斑,使此处物质气化,当气体云通过辅助电极时放电激发(整个过程约需 10^{-3} s)。激发所产生的样品成分的信息经聚光系统引入摄谱仪(或光电记录光谱仪)分光记录光谱。

10.2.10 电子能谱仪

对表面成分的分析,有效的工具是 20 世纪 70 年代以来迅速发展起来的电子能谱仪,如光电子谱(PES)、俄歇电子谱(AES)、能量损失谱(ELS)、出现势谱(APS)和特征 X 射线谱等。它们对样品表面浅层元素的组成一般能给出比较精确的分析。同时,它们还能在动态条件下进行测量,例如对薄膜形成过程中成分的分布、变化给出较好的探测结果,使监制备高质量的薄膜器件成为可能。下面简略介绍几种经常使用的电子能谱仪。

1. 光电子能谱(PES)

任何材料在光子作用下都能发射电子。光电子谱仪分析样品成分的基本方法,就是用已知光子照射样品,然后检测从样品上发射的电子所带的关于样品成分的信息。检测的光电流是许多参量的函数:

$$I = F(hv, \boldsymbol{P}, \theta_p, \varphi_p; E, \theta_e, \varphi_e, \sigma) \qquad (10-4)$$

式中,hv 是光电子能量;$\boldsymbol{P}$ 是光的偏振矢量;θ_p、φ_p 是入射光的极角和方位角;E 是逸出光电子的能量;θ_e、φ_e 是逸出光电子的极角和方位角;σ 是逸出光电子的自旋特性。

在实验中,作为探针的光子,其参量是已知的。检测电子所带的信息为能量分布、角度分布和自旋特性,确定这些信息与样品成分的关系就可以分析样品的成分。

按光子的能量,PES 可分为两种类型:X 射线光电子谱(XPS),能量范围为 100eV~10keV;紫外光电子谱(UPS),能量范围为 10~40eV。

XPS 是用 X 射线激发内壳层电子(芯电子),然后分析这些芯电子的能量分布,从而进行元素的定性分析和化学状态分析。UPS 主要用于分析价电子和能带结构。

(1) X 射线光电子谱(XPS) 它的分析原理是基于爱因斯坦的光电理论。入射到样品上的光子与样品原子作用,激发电子。在单电子近似中,认为光子将其全部能量 hv 转交给电子,被激发的电子(称为光电子)增加了能量 hv。这个光电子在向表面输运过程中损失能量为 A,如果表面逸出功为 E_ϕ,则发射到真空中的光电子具有的动能为 E_K。这个发射过程方程为

$$hv = E_K + E_\phi + A + (E_F - E_i) \qquad (10-5)$$

式中,E_F 是费米能级;E_i 是电子的初态能量。这个光电子发射的能量关系如图 10-20 所示。

由于光电子在输运过程中会与晶格、自由电子、杂质发生散射,使能量损失变得复杂。如果在光电子能谱中只考虑那些没有发生非弹性碰撞的电子,可取 $A=0$。又知 $E_\phi = E_V - E_F$,这里 E_V 为真空能级,并取 $E_V = 0$,于是上式可写成

$$E_K = hv + E_i \qquad (10-6)$$

当已知 hv 测得 E_K,就可算出 E_i。这个初态能量表征了样品成分和结构的特性。

被光子激发的光电子来自于原子中的各轨道(壳层)。不

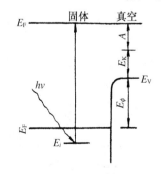

图 10-20 固体中光电子发射的能量关系

同壳层的电子具有不同的结合能(E_B), 如对应于 $K、L、M、N\cdots$ 有 $E_B(K)、E_B(L)、E_B(M)、E_B(N)、\cdots$。各种元素又都具有自己壳层结构的特征结合能。在周期表中,即相邻元素其相同壳层结合能也是相差很大的。对于固体(金属、半导体),$E_B=E_F-E_i$。通过光电子谱可测得结合能,而对照元素结合能谱图,就可以对元素进行"指纹"鉴定。例如,图 10-21 为化合物 $(C_3H_7)_4N^+S_2PF_2^-$ 的 XPS 谱图,从中可以看到各元素(除氢外)的光电子谱线。

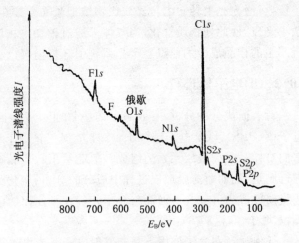

图 10-21 $(C_3H_7)_4N^+S_2PF_2^-$ 的 XPS 谱图

XPS 还可做定量分析,其依据是测量光电子谱线的强度(在谱图中它为谱线峰的面积),即由记录到的谱线强度反映原子的含量或相对浓度。

光电子谱不仅通过结合能来分析成分,而且通过结合能位移(称为化学位移)可以分析原子所处的化学环境,从而得到化合物构成的信息。

(2) 紫外光电子谱(UPS) UPS 的分析原理基本上与 XPS 的相似,不过紫外光光子的能量一般只有 20~40eV,只能电离结合能不大于紫外光能量的外壳层能级,实际探测深度约为一个纳米到几个纳米。UPS 的分辨能力高,它能很好反映表面价带的精细结构,并适于研究表面吸附现象。例如,首先对清洁表面测量 UPS 谱,然后引入吸附物,并再次测量表面的 UPS 谱,对这两种 UPS 谱线进行比较,就可了解吸附和解吸情况以及吸附的性质。XPS 与 UPS 各有特点,在实际分析中可以互相补充。

(3) 光电子能谱仪 光电子能谱仪主要由样品室、样品导入机构、激发光源、电子能量分析器、电子探测(倍增)器、高真空系统、测量系统和记录仪等组成。UPS 所用光源通常是能量在 15~40eV 的气体(He、Ne 等)共振灯;XPS 常用 MgK_α、AlK_α、CrK_α、CuK_α 等 X 射线做激发源。光电子谱仪有很高的灵敏度,并且基本上不破坏样品。

在光电子谱仪中,实际上光电子有三个物理量可测量:光电子的动能分布,角度分布及自旋分布。通常以测定动能分布为主,但角分布测量因可以获得更精细的表面信息而受到重视。用角分布光电子谱,不仅能分析元素组成、化学结构,而且可以分析能带结构。在实验时,可以使样品固定,旋转激发光源或电子能量分析器,测不同角度下的光电子能量分布时,也可以固定光源,旋转样品测角分布能量曲线。

2. 俄歇电子能谱仪(AES)

高速电子打到材料表面上,除产生 X 射线外,还能激发出俄歇电子。俄歇电子是一种可以表征元素种类及其化学价态的二次电子。由于俄歇电子的穿透能力很差,故只可用来分析距离表面 1nm 深处,即几个原子层的成分。如果配上溅射离子枪,则可对试样进行逐层分析,得到杂质成分的剖面分析数据。现在,扫描电镜上已附加这种俄歇谱仪,以便有目的地对微小区域做成分分析。俄歇谱仪几乎对所有元素都可分析,尤其对轻元素更为有效。因此,俄歇谱仪对轻元素分析和表面科学研究有重大意义。

图 10-22 是俄歇电子谱仪的原理图。电子枪用来发射电子束,以激发试样使之产生包含有俄歇电子的二次电子;电子倍增器用来接收俄歇电子,并将其送到俄歇能量分析器中进行分析;溅射离子枪用来分析试样进行逐层剥离。

AES 是以法国科学家俄歇(Auger)发现的俄歇效应而得名的。他在 1925 年用威尔逊云室研究 X 射线电离稀有气体时,发现除光电子轨迹外,还有 1~3 条轨迹,根据轨迹的性质,断定它们是由原子内部发射的电子造成的,以后把这种电子发射现象称为俄歇效应。

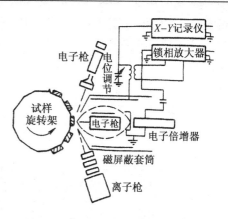

图 10-22 俄歇电子能谱仪原理图

俄歇电子的发射是一个双电子三能级的过程。原子在高能电子(聚焦的数千电子伏一次电子束)或 X 射线、质子等照射下,内层电子受激电离而留下空穴。当较外层电子跃迁入这个空穴时,多余能量可通过两种方式释放:一是发射 X 线(辐射跃迁),二是将能量转移给另一个电子,即发射俄歇电子(无辐射跃迁)。俄歇跃迁涉及到三个电子能级:空穴能级、填入空穴的电子能级、俄歇电子发射前所在能级。因此,需用三个符号描述。一般的情况是由 A 壳层电子电离,B 壳层电子向 A 壳层的空穴跃迁,导致 C 壳层电子的发射。考虑到后一过程中 A 电子的电离将引起原子库仑场的改组,使 C 壳层能级略有变化,可以看成原子处于失去一个电子的正离子状态,因而对于原子序数为 z 的原子,电离以后 C 壳层能级由 $E_C(z)$ 变为 $E_C(z+\Delta)$,于是俄歇电子的特征能量应为

$$E_{ABC}(z) = E_A(z) - E_B - E_C(z+\Delta) - E_W \tag{10-7}$$

式中,E_W 为样品材料逸出功;Δ 是一个修正量,为 1/2~3/4,近似取做 1。也就是说,式中 E_C 可以近似地被认为比 z 高 1 的那个元素原子中 C 壳层电子的结合能。可能引起俄歇电子发射的电子跃迁过程是多种多样的。例如,对于 K 层电离的初始激发关态,其后的跃迁过程中既可能发射各种不同能量的 K 系 X 射线光子($K_{\alpha1}$, $K_{\alpha2}$, $K_{\beta1}$, $K_{\beta2}$, …),也可能发射各种不同能量的 K 系俄歇电子(KL_1L_1, $KL_1L_{2,3}$, $KL_{2,3}L_{2,3}$, …),这是两个相互竞争的不同跃迁方式,它们的相对发射几率(即荧光产额 ω_K 和俄歇电子产额 $\bar{a}_K$)之和为 1。分析表明,对于 $z<15$ 的轻元素的 K 系,以及几乎所有的 L 和 M 系,俄歇电子的产额都是很高的,因此 AES 对于轻元素特别有效。对于中、高原子序数的元素来说,采用 L 和 M 系俄歇电子也比采用荧光产额很低的长波长 L 或 M 系 X 射线进行分析,灵敏度要高得多。通常,对 $z \leqslant 14$ 的元素,用 KLL 电子来鉴定。z 高于 14 时,LMM 电子较合适。$z \geqslant 42$ 的元素,以 MNN 和 MNO 电子为佳。为了激发上述这些类型的俄歇跃迁,产生必要的初始电离所需的入射电子能量都不高,例如 2keV 以下就足够了。一般俄歇谱中采用 50eV~2keV 的能量。如果俄歇电子的产生过程与价电子的迁移有关,则称该俄歇电子为 KVV、LVV…。物质的结合状态影响着价电子带结构,而价带的变化会伴随俄歇谱形状和位置的变化而变化。

俄歇跃迁是三体问题,理论处理为困难。目前 AES 分析通常采用"指纹对照法"和"形状对称法",即以标准物质(纯元素、合金或化合物)得到的谱作为标准谱,然后将实测的谱与它相比较,从而确定实测谱的性质。

AES 可采用 X—Y 记录仪或阴极射线显示记录。将能量分析器扫描电压取做 X 信号,锁

相放大器的输出信号取做 Y 信号,则可显示出微分形式的俄歇电子能谱 $dN(E)/dE$。图 10-23 为 X-Y 记录仪记录的不锈钢的 AES,读出谱线能量,进行元素鉴定,可以看出不锈钢表面存在 P、C、O、Cr、Ni、Fe 等元素。

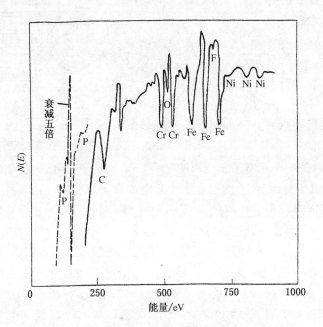

图 10-23　不锈钢表面的 AES

为了使定点微区(直径 $1\mu m$ 以下)的 AES 元素分析能够逐点进行,研制了扫描俄歇电子显微镜(SAEM 或 SAM)它是把普通扫描电子显微镜放在超高真空室中,并附上俄歇分光器。SAEM 可以方便地测出表面氧化、腐蚀、表面或晶界分凝、表面污染和薄层间扩散等。

3. 其他电子能谱仪

作为表面分析用的电子能谱仪,目前应用最广泛的是 PES 和 AES。此外还有一些电子能谱仪,下面对其他某些电子能谱仪做一简单说明。

(1) 电子能量损失谱(EELS) 它是用已知能量的电子束入射样品,电子与表面原子(分子)作用,使它们进入较高的轨道,入射电子因而损失一部分能量,即 $\Delta E=E_p-E_s$。其中,E_p 为入射电子能量,E_s 为散射电子能量。若 E_p 不变,只要测出 E_s 就可以显示被测原子(分子)的激发能。这种能量损失可有几种情况,即能量损失谱按其损失能量的情况可分为三种类型:

① 激发芯能级的电子能量损失谱。损失能量相当于芯能级电子结合能($\approx 1keV$)。

② 激发价带电子能量损失谱。损失能量是因为激发导带和价带中的电子,或体内和表面等离子激元($\approx 10eV$)。

③ 声子能量损失谱。损失能量是因为入射电子与点阵振动波(格波)相互作用($\approx 0.1eV$)。从电子能量损失谱中,可以获得各种元素激发的信息,了解表面的电子态。

(2) 出现电势谱(APS) 入射电子激发样品的芯能电子或满带电子至未占据态能或连续的电离态,入射电子将损失至少激发态或电离态的特征能量。检测特征能量损失有两种方法:一是检测退激发时的次级发射,即要么俄歇电子发射,要么特征 X 射线发射;二是检测激发电子束在阈值附近的变化。前者用的主要方法是俄歇电子出现势谱(AEAPS)和软 X 射线出现势谱(SXAPS);后者用的是消隐势谱(DAPS)。

① 俄歇电子出现势谱(AEAPS)。图 10-24 是测量 AEAPS 的装置原理图。电子枪发射电子,入射到样品上,产生次级电子发射。样品电流是入射电子流和次级电子流之差,它被送到锁相放大器中。测量电流中包含准弹性反射电子。有时采用高通能量滤波器,只检测俄歇电子的高能部分。当入射电子从 0~2 000eV 扫描,在入射电子能量只够产生芯能级空位,其退激发发射俄歇电子时,便可检测到俄歇电子,并作出 $\dfrac{dI}{dE}$ 或 $\dfrac{d^2 I}{dE^2}-E$ 曲线(谱)。

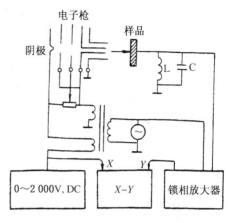

图 10-24 AEAPS 装置原理图

② 软 X 射线出现势谱(SXAPS)。入射到样品的电子束达一定值产生芯能级空位后的退激发为辐射跃迁时,将产生特征 X 射线辐射。一般是使这个软 X 射线照射特定的光电阴极,产生光电子,然后检测这个光电子。通常用一次或二次光电流的微商来标定信号强度。

③ 消隐势谱(DAPS)。当入射电子束在样品上扫描时,可以检测到准弹性反射电子。如果入射电子能量足以产生新的激发时,在样品中将产生芯能级空位,而损失特征能量。这样就出现入射电子能量的消隐,即在其反射电子中扣除了一个特征能量。结果在某个激发阈值,准弹性反射电子的强度急剧下降,记录下这个反射电子流和入射电子能量的关系,就可以得到消隐势谱。其谱的形式与 AEAPS 和 SXPAS 谱的形式基本相似,但 DAPS 的信号与 AEAPS、SXAPS 相反。DAPS 具有较高的分辨率,并且谱线简单易辨认。

10.2.11 弹道电子发射显微镜

固体的电子作为电的载流子在电场中的运动,是一个不断的自由加速→与晶格原子碰撞散射→自由加速→……随机运动,两次碰撞散射之间的自由加速运动有一个统计平均的自由程。如果涉及的运动范围小于平均自由程,则此范围内的电子运动基本上是不发生碰撞散射的自由运动,称为弹道运动。在固体材料或器件表面,可能形成很薄的势垒结构,有基于量子力学隧道效应的电子(固体内载流子)隧穿现象。测定隧穿电流随探针与样品间电压变化的曲线,可获得隧穿电流-隧穿电压函数关系的 $I-V$ 曲线,其被称为扫描隧道谱。在该研究的基础上发展出一种能够对界面系统进行直接、实时及无损探测的、具有纳米级空间分辨率的弹道电子发射显微镜(ballistic electron emission microscope,BEEM)。图 10-25 是 BEEM 的原理示意图。位于样品附近的探针为发射弹道电子的发射极。样品由金属薄膜(基极)与半导体(集电极)两者构

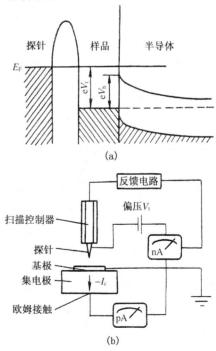

图 10-25 BEEM 的原理图
(a) BEEM 能带示意图;(b) BEEM 电路示意图

成。探针发明的电子经过隧道结进入基极后,有一小部分成为没有能量损失的弹道电子,从而到达金属。如果电子能量大于界面肖特基势垒高度 eV_b,有些电子能穿越界面进入半导体而形成 BEEM 电流 I_c。电子的能量由探针上所加的偏压 V_t 决定,即 $V_t > V_b$ 时,$I_c \neq 0$,$V_t < V_b$ 时,$I_c = 0$。一般采用下列两种方式能获得纳米级分辨率的金属-半导体界面性质的有关信息:

① 将探针固定在样品表面附近的某一位置上,并使隧道电流恒定,在连续扫描 V_t 的同时收集电流,以此获得 I_c-V_t 曲线(BEEM 谱)。

② 探针以恒流模式扫描样品表面,在采集表面形貌像的同时收集电流 I_c,以此来获得同一区域的 BEEM 图像。

BEEM 电流 I_c 的大小和 BEEM 谱形状,受到隧道电子的特性、电子在金属膜中的散射以及界面的传输性质等影响。人们力图从微观的角度在理论上描述电子从发射极到集电极的过程。例如,Bell 和 Kaiser 推导出当偏压 V_t 略大于阈值电压 V_b 时,$I_c \propto (V_t - V_b)^2$,这称为 BK 理论。商广义等用 BEEM 测得 Au/n-Si(100) 样品在不同 V_t 下定点的 BEEM 谱,并根据 BK 理论进行实验数据拟合,计算出界面的肖特基势垒高度值为 0.8eV。这是纳米尺度上的直接观测,而不是平均值,因此有重要意义。BEEM 有多方面的应用,并且在界面研究日益重要。

10.2.12 扫描近场光学显微镜和光子扫描隧道显微镜

1. 扫描近场光学显微镜(SNOM)

1981 年 G.Binning 和 H.Rohrer 发明的扫描隧道显微镜(STM)极大地提高了观测灵敏度,是显微镜发展史上的一个重要里程碑。它被应用到光学领域里,促进了扫描近场光学显微镜(scanning near-field optical microscope,简称 SNOM)的早日诞生和快速发展。人们认识到,应用微细光束作为探针,在离样品表面远小于光波波长的区域(近场区域),通过收集局域的散射、反射及衍射光束探测样品微结构,可以大大提高分辨率。1984 年,D.Pohl 等人利用微孔径作为探针制成了世界第一台 SNOM。

SNOM 的探针结构大致上可分为两大类:ⓐ屏蔽型探针(screened tip)。它是在金属薄膜上钻一微小孔径,或者在拉伸细光纤外镀银、铝等全反射包层而只留尖端通光。ⓑ非屏蔽型探针(unscreened-tip)。它是把不镀包层的拉伸光纤作为微针尖,以及结合了 STM 和 AFM 功能的探针。图 10-26 给出了这两类探针。每类探针都由针尖部分、收集光的部分和传输信号的部分组成。不同的是前者针尖为一微孔径,后者针尖则可视为一介质微球(拉细光纤头)。

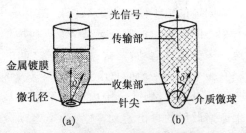

图 10-26 近场光学显微镜的两类探针
(a) 屏蔽型;(b) 非屏蔽型
(δ 为探针的收集角)

SNOM 的基本结构如图 10-27 所示。SNOM 的很多部件与关键技术类似于原子力显微镜那样的扫描探针显微镜,而区别在于光路系统。SNOM 通常使用可见光波段的激光光源。为了提高图像信号的信噪比,入射光通常要经过一个斩波器进行光的调制。这样,对探测到的图像信号可以采用相敏放大器来抑制干扰和噪声。SNOM 的探针-样品距离控制也有多种方法:一是用粘贴压电片使光探针做垂直于探针扫描方向的横向振动;二是利用到很近距离后振动幅度随距离变化的现象来探测针与样品间的微小距离。测量振动幅度的方法之一是粘贴另外一个压电片。为确保 SNOM 在近场范围工作,可利用探测出的、正比振动幅度的输出电压来进行反馈控制;还可以使用聚焦的激光束照射振动的探针,通过位敏光电探测器收集散射后的激光束,两个半边探测器组成一个光探测器,根据探测器输出幅度和频率,以探测到的光纤探针振动幅度来进行反馈控制。

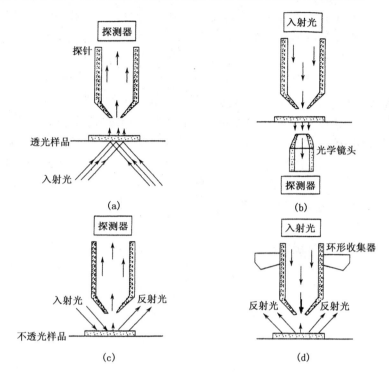

图 10-27 SNOM 结构原理图

(a) 外部照射-光纤探针透射收集式;(b) 光纤探针照射-外部透射收集式;
(c) 外部照射-光纤探针反射收集式;(d) 光纤探针照射-外部反射收集式

2. 光子扫描隧道显微镜(PSTM)

近 20 多年来,SNOM 有了许多新成员,其中光子扫描隧道显微镜(photon scanning turn-neling microscope,PSTM)因操作简单、概念清晰而得到广泛应用。图 10-28 为 PSTM 工作原理示意图,图中光以大于全反射角照射样品,在样品表面形成强度随表面高度呈指数衰减的局域化的光场分布,这个所谓近场的隐逝波(evanescent waves)与表面形状有关。通过探测这个隐逝波分布,可以了解样品表面的有关信息。

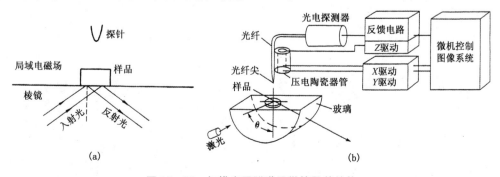

图 10-28 扫描光子隧道显微镜及其结构

(a) 工作原理示意图;(b) 结构示意图

光学显微镜的分辨率受到光衍射的限制，突破这一限制的一个有效方法是使用近场的隐逝波来获得光学图像。光线从光密物质入射到两个媒质的界面上，当入射角大于全反射角时，在光疏媒质中没有波动传输形式的电磁波或光波，但仍存在非传输形式的、限于界面附近的电磁场，其幅度随离开界面的距离而呈指数衰减，这就是隐逝波。如果有一定厚度的金属板垂直放置，其中开有一个直径远小于可见光波长的小孔，光从左边射入小孔，则根据电磁波导波理论，在小孔孔道构成的波导里不能形成传输形式的光导波，但存在着一种电磁场，其幅度随距离以指数形式衰减，这也是隐逝波。在金属板右边小孔孔道的另一端仍有电磁场，其分布范围限于孔径及其附近。这说明隐逝波的分布范围可以远远小于衍射限制的尺度。因此，使用小孔附近的隐逝波可形成超衍射限制的微小束斑，用来构建扫描式光学显微镜。

　　若两个光密媒质中间夹有一层很薄的光疏媒质，则其中一个光密媒质中传输的光，即使满足全反射条件，也会有一些光能量透入到另一光密媒质中，这一现象称为光子隧道效应。该效应是光能量以隐逝波的形式隧穿过光疏媒质薄层到达光密媒质，并且携带超过衍射极限图象高频分量的信息，因此以此为基础建立的光子隧道显微镜可以获得超过衍射极限的图像分辨率。

　　多年来，近场光学显微镜吸收了 STM、AFM 等优点，使探针既能探测到原子力的信息，以测定出样品表面形貌，同时又探测到光场分布，以了解样品的内部光信息，从而使功能和用途大为拓展。

参 考 文 献

[1] 钱苗根,姚寿山,张少宗.现代表面技术[M].北京:机械工业出版社,2000.
[2] 姚寿山,李戈扬,胡广彬.表面科学与技术[M].北京:机械工业出版社,2005.
[3] 石力开.材料辞典[M].北京:化学工业出版社,2006.
[4] 周公度.化学辞典[M].北京:化学工业出版社,2004.
[5] 徐滨士.表面工程与维修[M].北京:机械工业出版社,1996年.
[6] 徐滨士,刘世参.表面工程技术手册[上][下][M].北京:化学工业出版社,2009.
[7] 徐滨士.纳米表面工程[M].北京:化学工业出版社,2004.
[8] 戴达煌,周克崧,袁镇海,等.现代材料表面技术科学[M].北京:冶金工业出版社,2004.
[9] 戴达煌,刘敏,余志明,等.薄膜与涂层现代表面技术[M].长沙:中南大学出版社,2008.
[10] 曾晓雁,吴懿平.表面工程学[M].北京:机械工业出版社,2001.
[11] 高志,潘红良.表面科学与工程[M].上海:华东理工大学出版社,2006.
[12] 钱苗根.材料科学及其新技术[M].北京:机械工业出版社,1986.
[13] 胡赓祥,钱苗根.金属学[M].上海:上海科技出版社,1981.
[14] 顾迅.现代表面技术的涵义、分类和内容[J].金属热处理,1999,2:1~4.
[15] 顾迅,李克,乐杨.表面技术在微电子器件和材料上的应用[M]//钱苗根.材料表面技术及应用手册.北京:机械工业出版社.1998:967~977.
[16] 黄永昌.腐蚀与防护[M]//钱苗根.材料表面技术及应用手册.北京:机械工业出版社.1998:31~118.
[17] 陈春成.特殊基材上电镀[M]//钱苗根.材料表面技术及应用手册.北京:机械工业出版社.1998:172~192.
[18] 陈春成.化学镀[M]//钱苗根.材料表面技术及应用手册.北京:机械工业出版社.1998:197~211.
[19] 陈春成.金属的化学氧化和磷化[M]//钱苗根.材料表面技术及应用手册.北京:机械工业出版社.1998:212~226.
[20] 陈春成.铝和铝合金的阳极氧化[M]//钱苗根.材料表面技术及应用手册.北京:机械工业出版社.1998:227~247.
[21] 方博武.喷丸强化[M]//钱苗根.材料表面技术及应用手册.北京:机械工业出版社.1998:517~543.
[22] 方博武.机械零件的表层残余应力[M]//钱苗根.材料表面技术及应用手册.北京:机械工业出版社.1998:544~561.
[23] 薄鑫涛.钢的表面热处理[M]//钱苗根.材料表面技术及应用手册.北京:机械工业出版社.1998:562~590.
[24] 薄鑫涛.钢的化学热处理[M]//钱苗根.材料表面技术及应用手册.北京:机械工业出版社.1998:591~641.
[25] 薄鑫涛.等离子体扩渗处理[M]//钱苗根.材料表面技术及应用手册.北京:机械工业出版社.1998:642~655.
[26] 苏宝蓉.激光表面改性[M]//钱苗根.材料表面技术及应用手册.北京:机械工业出版社.1998:656~682.
[27] 苏宝蓉.电子束表面改性[M]//钱苗根.材料表面技术及应用手册.北京:机械工业出版社.1998:

683~689.
- [28] 姜祥祺.真空蒸镀[M]//钱苗根.材料表面技术及应用手册.北京:机械工业出版社.1998:700~715.
- [29] 姜祥祺.溅射镀膜[M]//钱苗根.材料表面技术及应用手册.北京:机械工业出版社.1998:716~730.
- [30] 杨锡良,章壮健.离子镀[M]//钱苗根.材料表面技术及应用手册.北京:机械工业出版社.1998:731~743.
- [31] 王季陶,张卫.普通化学气相沉积[M]//钱苗根.材料表面技术及应用手册.北京:机械工业出版社.1998:744~756.
- [32] 陈西善,柳襄怀.离子注入表面改性[M]//钱苗根.材料表面技术及应用手册.北京:机械工业出版社.1998:690~699.
- [33] 陈西善,柳襄怀.离子束合成薄膜技术[M]//钱苗根.材料表面技术及应用手册.北京:机械工业出版社.1998:798~810.
- [34] 顾迅.表面技术在光学材料及器件上的应用[M]//钱苗根.材料表面技术及应用手册.北京:机械工业出版社.1998:906~920.
- [35] 王承遇,陶瑛.玻璃的表面处理[M]//钱苗根.材料表面技术及应用手册.北京:机械工业出版社.1998:811~876.
- [36] 彭瑞伍.金属有机化学气相沉积[M]//钱苗根.材料表面技术及应用手册.北京:机械工业出版社.1998:776~785.
- [37] 李爱珍.分子束外延[M]//钱苗根.材料表面技术及应用手册.北京:机械工业出版社.1998:786~797.
- [38] 胡传炘,白韶军,安跃生,等.表面处理手册[M].北京:北京工业大学出版社,2004.
- [39] 宣天鹏.材料表面功能镀覆层及其应用[M].北京:机械工业出版社,2008.
- [40] 周达飞.材料概论(第2版)[M].北京:化学工业出版社,2009.
- [41] 张钧林,严彪,王德平,等.材料科学基础[M].北京:化学工业出版社,2006.
- [42] 贾红兵,朱绪飞.高分子材料[M].南京:南京大学出版社,2009.
- [43] 吴承建,陈国良,强文江,等.金属材料学(第2版)[M].北京:冶金工业出版社,2008.
- [44] 王高潮.材料科学与工程导论[M].北京:机械工业出版社,2006.
- [45] 曾令可,王慧.陶瓷材料表面改性技术[M].北京:化学工业出版社,2006.
- [46] 周元康,孙丽华,李晔.陶瓷表面技术[M].北京:国防工业出版社,2007.
- [47] 王琛,严玉蓉.高分子材料改性技术[M].北京:中国纺织出版社,2007.
- [48] 徐亚伯.表面物理导论[M].杭州:浙江大学出版社,1992.
- [49] 熊欣,宋常立,仲玉林.表面物理[M].沈阳:辽宁科学技术出版社,1985.
- [50] 华中一,罗维昂.表面分析[M].上海:复旦大学出版社,1992.
- [51] 吕世骥,范印哲.固体物理教程[M].北京:北京大学出版社,1990.
- [52] 曹立礼.材料表面科学[M].北京:清华大学出版社,2007.
- [53] 胡福增,陈国荣,杜永娟.材料表界面(第2版)[M].上海:华东理工大学出版社,2007.
- [54] 胡正飞,严彪,何国求.材料物理概论[M].北京:化学工业出版社,2009.
- [55] 张玉军.物理化学[M].北京:化学工业出版社,2008.
- [56] 李松林.材料化学[M].北京:化学工业出版社,2008.
- [57] 曾荣昌,韩恩厚.材料的腐蚀与防护[M].北京:化学工业出版社,2006.
- [58] 吴其胜,蔡安兰,杨亚群.材料物理性能[M].上海:华东理工大学出版社,2006.
- [59] 季惠明.无机材料化学[M].天津:天津大学出版社,2007.
- [60] 史鸿鑫,王农跃,项斌,等.化学功能材料概论[M].北京:化学工业出版社,2006.
- [61] 杨座国.膜科学技术过程与原理[M].上海:华东理工大学出版社,2009.
- [62] 王维一,丁启圣,等.过滤介质及其选用.北京:中国纺织出版社,2008.

[63] 韦丹.材料的电磁光基础(第2版)[M].北京:科学出版社,2009.
[64] 徐甲强,工程化学(第2版)[M].北京:科学出版社,2010.
[65] 童忠良,张淑谦,杨京京.新能源材料与应用[M].北京:国防工业出版社,2008.
[66] 董元彦,路福绥,唐树戈.物理化学(第四版)[M].北京:科学出版社,2008.
[67] 宋贵宏,杜昊,贺春林.硬质与超硬涂层——结构、性能、制备与表征[M].北京:化学工业出版社,2007.
[68] 许根慧,姜恩永,盛京,等.等离子体技术与应用[M].北京:化学工业出版社,2006.
[69] 鲁云,朱世杰,马鸣图,等.先进复合材料[M].北京:机械工业出版社,2004.
[70] 黄拿灿,胡社军.稀土表面改性及其应用.[M].北京:国防工业出版社,2007.
[71] 曹楚南.腐蚀电化学原理[M].北京:化学工业出版社.
[72] 方景礼.电镀添加剂理论应用[M].北京:国防工业出版社.
[73] 安茂忠.电镀理论与技术[M].哈尔滨:哈尔滨工业大学出版社.
[74] 梁志杰,谢凤宽.电刷镀技术的应用与发展[M].
[75] GB/T 15519-2002.化学转化膜,钢铁黑色氧化膜,规范和试验方法.
[76] 方震.化学转化膜的发展动态[J].电镀与精饰.2009,28(9):
[77] 周谟银.铝及合金的化学转化膜[J].上海电镀.1989,(4):
[78] 纪红木,朱祖芳.铝及铝合金无铬表面处理技术研究进展[J].电镀与涂饰.2009,128(6).
[79] 王彩丽,赵立新,邵忠财.铝合金、镁合金微弧氧化功能陶瓷膜的研究进展[J].电镀与环保.
[80] 黄娜莎,倪益华,杨将新,等.铝合金表面改性技术的研究与进展[J].轻工机械.2010,28(4):
[81] 刘彩文,吴士军.铝合金表面微弧氧化技术的研究进展[J].内蒙古石油化工.2006,(6):
[82] 邵志松,赵晴,周雅,等.铝合金微弧氧化工艺研究概况[J].电镀与涂饰.2008,(1).
[83] 高成,徐晋勇,叶仿拥,等.铝合金微弧氧化工艺产业化研究[J].技术与研究,28(2):
[84] 韦星,吴幸凯,植海深,等.铝及其合金表面微弧氧化工艺的研究进展[J].煤矿机械.2008,29(9):
[85] 陈研君,冯长杰,邵志松,等.铝合金微弧氧化技术的研究进展.材料导报[J].2010,24(5):
[86] 徐丽,陈跃良,郁大照,等.LY12铝合金微弧氧化后疲劳特性研究[J].新技术新工艺.2006(11):
[87] 黄剑锋.溶胶-凝胶原理与技术[M].北京:化学工业出版社,
[88] 潘建平,彭开萍,陈文哲.溶胶-凝胶法制备薄膜涂层的技术与应用[J].腐蚀与防护.2001,22(8):
[89] 游咏,匡加才.溶胶—凝胶法在材料制备中的研究进展.高科技纤维与应用.2002,27(2):
[90] 吴笛,刘炳,易大伟.热浸镀铝技术的研究进展及应用[J].电镀与精饰.2008,30(2):
[91] 陈伟伟,等.电火花沉积技术国内外研究现状[J].焊接.2006,(5):
[92] 罗成,等.电火花沉积表面技术研究的最新进展[J].材料导报.2008,22(11):
[93] 梁志杰,谢凤宽.电刷镀技术的应用与发展[J].
[94] 王海军.热喷涂材料及应用[M].北京:国防工业出版社,2008.
[95] 廖景娱,罗建东.表面覆盖层的结构与物性[M].北京:化学工业出版社,2010.
[96] 田民波.薄膜技术与薄膜材料[M].北京:清华大学出版社,2006.
[97] 张以忱.真空镀膜技术[M].北京:冶金工业出版社,2009.
[98] 王增福,关秉羽,杨太平,等.实用镀膜技术[M].北京:电子工业出版社,2008.
[99] 王福贞,马文存.气相沉积应用技术[M].北京:机械工业出版社,2007.
[100] 张通和,吴瑜光.离子束表面工程技术与应用[M].北京:机械工业出版社,2005.
[101] 张钧,赵彦辉.多弧离子镀技术与应用[M].北京:冶金工业出版社,2007.
[102] 郑伟涛.薄膜材料与薄膜技术(第2版)[M].北京:化学工业出版社,2009.
[103] 杨乃恒.幕墙玻璃真空镀膜技术[M].沈阳:东北大学出版社,1994.
[104] 薛增泉,吴全德,李浩.薄膜物理[M].北京:电子工业出版社,1991
[105] 王晓冬,巴德纯,张世伟,等.真空技术[M].北京:冶金工业出版社,2006.

[106] 张以忱,黄英. 真空材料[M]. 北京:冶金工业出版社,2005.
[107] 马晓燕,颜红侠. 塑料装饰[M]. 北京:化学工业出版社,2004.
[108] 石新勇,杨建军,陈璐. 安全玻璃[M]. 北京:化学工业出版社,2006.
[109] 刘缙. 平板玻璃的加工[M]. 北京:化学工业出版社,2008.
[110] 姜辛,孙超,洪瑞江,等. 透明导电氧化物薄膜[M]. 北京:高等教育出版社,2008.
[111] 刘志海,李超. 低辐射玻璃及其应用[M]. 北京:化学工业出版社,2006.
[112] 杨慧芬,陈淑祥. 环境工程材料[M]. 北京:化学工业出版社,2008.
[113] 张津,章宗和. 镁合金及应用[M]. 北京:化学工业出版社,2004.
[114] 钱苗根,潘建华,吴晓云. 铝合金轮毂的镀膜工艺. 中国,ZL200710164455.[P].
[115] 钱苗根,潘建华,真空镀层与有机涂层的复合及其应用[C]. 2009年全国电子电镀及表面处理学术交流会论文集[C]. 上海:2009:426.
[116] 陈范才. 现代电镀技术[M]. 北京:中国纺织出版社,2009.
[117] 沈杰,郁祖湛. 溅射技术在印制线路板表面处理中的应用[J]. 电子电镀,2008,14(1):16.
[118] 赵王涛. 铝合金车轮制造技术[M]. 北京:机械工业出版社,2004.
[119] 张学敏,郑化,魏铭. 涂料与涂装技术[M]. 北京:化学工业出版社,2006.
[120] 刘际伟,胡贵生. 涂层基镀层质量及其影响因素[C]. TFC99 论文集,1999:257.
[121] 钱苗根,潘建华,吴晓云. 汽车轮毂盖镀膜方法. 中国,ZL200710070670.0[P]
[122] 魏杰,金眷智. 光固化涂料[M]. 北京:化学工业出版社,2006
[123] 夏新年,张小华,陈义红. 新型含磷阻燃环氧树脂的合成与表征[J]. 化工进展. 2007,26(1):56-59
[124] 黄霞,郑元锁,高积强. 新型无毒可生物降解氨基酸衍生环氧树脂的合成表征[J]. 中国胶黏剂,2007,16(7):10-12
[125] 钱苗根,鲁旭亮. 一种塑料镀铬方法. 中国,ZL200910096551.1[P]
[126] 钱苗根,钱良,蒋玉兰. 电加热防雾镜. 中国,ZL200910098456.5[P]
[127] 熊惟皓. 模具表面处理与表面加工[M]. 北京:化学工业出版社,2007.
[128] 刘国杰. 纳米材料改性涂料[M]. 北京:化学工业出版社,2007.
[129] 张玉龙,王喜梅. 有机涂料改性技术[M]. 北京:机械工业出版社,2007.
[130] 胡传炘,杨爱弟. 特种功能涂层[M]. 北京:北京大学出版社,2009.
[131] 李东光. 功能性涂料生产与应用[M]. 南京:江苏科学技术出版社,2006.
[132] 张辽远. 现代加工技术(第2版)[M]. 北京:机械工业出版社,2008.
[133] 曹凤国. 物种加工手册[M]. 北京:机械工业出版社,2010.
[134] 唐天同,王北宏. 微纳米加工科学原理[M]. 北京:电子工业出版社,出版社,2010.
[135] 陆家和,陈长彦. 表面分析技术[M]. 北京:电子工业出版社,1987.
[136] 商广义,裘晓辉,王琛,等. 弹道电子发射显微术及其应用[J]. 物理. 1997,26(5):300~304.
[137] 黎兵. 现代材料分析技术[M]. 北京:国防工业出版社,2008.
[138] 戴起勋,赵玉涛. 材料设计教程[M]. 北京:化学工业出版社,2007.
[139] 戴起勋,赵玉涛. 材料科学研究方法[M]. 北京:国防工业出版社,2004.
[140] 苏达根,钟明峰. 材料生态设计[M]. 北京:化学工业出版社,2007.
[141] 贾贤. 材料表面现代分析方法[M]. 北京:化学工业出版社,2010.
[142] 中国科学院先进材料领域战略研究组. 中国至2050年先进材料发展路线图[M]. 北京:科学出版社,2009.
[143] Shaobing Wu, Matthew T. Sear, Mark D. Soucek, et al. Synthesis of Reactive Diluents for Cationic Cycloaliphatic Epoxide UV Coatings[J]. Polymer,1999(40):5675-5686.
[144] S. Wu, J. D. Jorgensen, M. D. Soucek. Synthesis Synthesis of Model Acrylic Latexes for Cross Lin King

with Cycloaliphatic Diepoxides[J]. Polymer, 2000(41):81-92.

[145] Shaobing Wu, Jon D. Jorgensen, Allen D. Skaja, et al. Effects of Sulphonic and Phosphonic Acrylic Latexes with Cycloaliphatic Epoxide[J]. Progress in Organic Coating, 1999(36):21-33.

[146] Robert Boboian. Corrosion tests and standards: application and interpretation[S]. American Society for Testing and Materials, Phlaephia, PA. 1995.

[147] Seymour K. Coburn. Corrosion Source Book[M]. American Society for Metals. 1994.

[148] Addison C. A, Kedward E. C. Trans, Tnst. Met. Finish, 1997, 55, 41.

[149] Russell J. Hill, Steven J. Nadel. Coated Glass Applications and Markets[M]. United States of Americal: BOC Group, Inc. 1999.

[150] Kutz, M. Handbook of Materials Selection[M]. U.S.A: John Wiley & Sons International Rights, Inc. 2002.

[中译本] 陈祥宝,戴圣龙,等译. 材料选用手册. 北京:化学工业出版社,2005.

[151] Modern Electroplating, fourth edition, Edited by M. Schlesinger and M. Paunovic, The Electrochemical Society Inc, Pennington, NJ, Wiley, New York, 2000, ISBN:0-471-16842-6;868 pp.

[152] Helen H. Lou and Yinlun Huang ; Encyclopedia of Chemical Processing DOI: 10.1081/E-ECHP-120007747; Copyright #2006 by Taylor & Francis. Electroplating.

[153] Gueinterschulz N, Betz H, Neue untersuchungen per dieelectrolytische ventilwirkung [J]. Z Physik, 1932, 78:196.

[154] Gueinterschulz N, Betz H, Elektronenstromung in isolatorenbei extremen feldstarken [J]. Z Physik, 1934, 91:70

[155] Vigh A K. Sparking voltages and side reactions duringano-dization of valve metals in terms of electron tunnelling [J]. Corr Sci, 1971, 11:41.

[156] Van T B, Brown S D. W irtz G P. Mechanism of anodic spark deposition[J]. Am Ceram Soc. Bull, 1977, 56(6):563.

[157] Nikoiaev A V, Rykaiin N N, Borzhov A P. Energy balance ofa high current hollow tungsten cathode [J]. Fiz Khim ObrabM ater, 1977, 2:32.

[158] Albella J M, Montero I. Electron injection sand avalanche during the anoxic oxidation of tantalum [J]. J ElectrochemSO c, 1984, 131:1101.

[159] Krysmann W. Kurze P, Dittrich G, Process characteristics and parameters of anodic oxidation by spark discharge (ANOF) [J]. Crystal Res Techn, 1984, 19 (7).

[160] Asquith D T, Yerokhin A L, Yates J R, et al. Effect of combined shot peening and PEO treatment on fatigue life of 2024 Al alloy[J]. Thin Solid Films, 2006, 515:1187.

[161] Lonyuk B Apachitei I, Duszczyk J. The effect of oxide coatings on fatigue properties of 7475-T6 aluminum alloy[J]. Surf Co at Techn, 2007, 201:8688.

[162] T. S. N. Sankara Narayanan and M. Subbaiyan, Acceleration of the Phosphating Process : An Overview, Prod. Finish, Sept 1992, p 6-7.

[163] D. Phillips, Practical Application of the Principles Governing the Iron Phosphate Process, Plat. Surf. Finish, March 1990, p 31-35.

[164] D. R UHLMANN; Sol-Gel Science and Technology:Current State and Future Prospects[J]. Journal of Sol-Gel Science and Technolohy 13, 153-162(1998).

[165] LARRY L. HENCH and JON K. WEST, The Sol-Gel Process Chem Rev. 1990, 90. 33-72.

[166] MASATO KAKIHANA, Invited Review, "Sol-Gel" Preparation of High Temperature Superconducting Oxides[J]. Journal of Sol-Gel Science Technology 6, 7-S (1996).